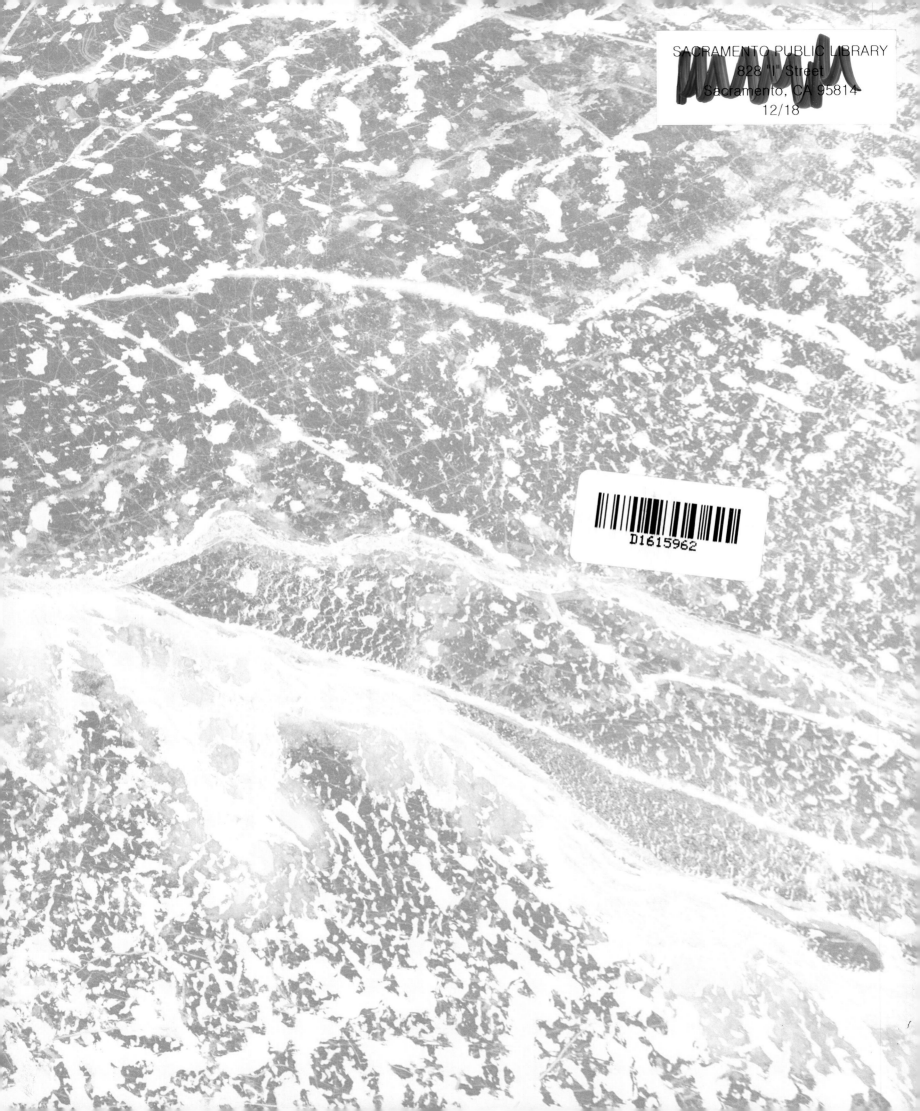

MARAVILLAS DEL MUNDO NATURAL

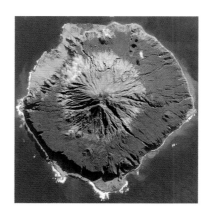

MARAVILLAS
DEL MUNDO
NATURAL

CONTENIDO

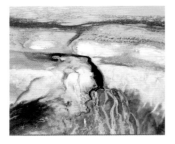    

INTRODUCCIÓN
08

10 ESTRUCTURA
DE LA TIERRA

12 PLACAS TECTÓNICAS

14 EL PASADO
DE LA TIERRA

16 LA VIDA
SOBRE LA TIERRA

AMÉRICA
DEL NORTE
18

20 TIERRA DE MONTAÑAS
Y PRADERAS

24 MONTAÑAS
Y VOLCANES

38 GLACIARES
E INLANDSIS

48 RÍOS Y LAGOS

62 COSTAS, ISLAS
Y ARRECIFES

66 BOSQUES

72 HERBAZALES
Y TUNDRA

74 DESIERTOS

AMÉRICA
CENTRAL
Y DEL SUR
82

84 DE LOS ANDES
AL AMAZONAS

88 MONTAÑAS
Y VOLCANES

100 GLACIARES
E INLANDSIS

104 RÍOS Y LAGOS

114 COSTAS, ISLAS
Y ARRECIFES

118 BOSQUES

122 HERBAZALES
Y TUNDRA

124 DESIERTOS

EUROPA
128

130 TIERRA DE RÍOS
Y LLANURAS

134 MONTAÑAS
Y VOLCANES

146 GLACIARES
E INLANDSIS

152 RÍOS Y LAGOS

162 COSTAS, ISLAS
Y ARRECIFES

172 BOSQUES

175 HERBAZALES
Y TUNDRA

ÁFRICA
176

178 LA TIERRA DEL RIFT

182 MONTAÑAS
Y VOLCANES

190 RÍOS Y LAGOS

198 COSTAS, ISLAS
Y ARRECIFES

200 BOSQUES

204 HERBAZALES

208 DESIERTOS

DK | Penguin Random House

DK LONDON

Edición sénior Peter Frances
Edición de proyecto Gill Pitts
y Miezan van Zyl
Edición Claire Gell, Frankie Piscitelli
y Kaiya Shang
Índice Elizabeth Wise
Edición de cubierta Claire Gell
**Coordinación de desarrollo
de cubiertas** Sophia MTT
Coordinación editorial
Angeles Gavira Guerrero
Coordinación de publicaciones
Liz Wheeler
Dirección de publicaciones
Jonathan Metcalf
Edición de arte sénior Ina Stradins

Edición de arte de proyectos
Francis Wong, Steve Woosnam-Savage
y Mik Gates
Coordinación sénior de infográficos
Sharon Spencer
Iconografía Liz Moore
Diseño de cubierta sénior Mark Cavanagh
Preproducción Gillian Reid
Producción sénior Anna Vallarino
Coordinación de edición de arte Michael Duffy
Dirección de arte Karen Self
Dirección de diseño Phil Ormerod

Ilustración Adam Benton, Peter Bull, Dominic
Clifford, Dynamo Ltd, Arran Lewis, Sofian
Moumene y Michael Parkin
Cartografía Ed Merritt

DK INDIA

Edición sénior Dharini Ganesh
Edición Riji Raju y Sonia Yooshing
Asistencia editorial Priyanjali Narain
Iconografía Ashwin Raju Adimari
y Surya Sankash Sarangi
Coordinación editorial de cubiertas
Priyanka Sharma
Coordinación editorial
Rohan Sinha
Dirección editorial de cubiertas
Sreshtha Bhattacharya
Coordinación de preproducción
Balwant Singh

Edición de arte sénior Vaibhav Rastogi
Edición de arte Debjyoti Mukherjee
Asistencia de edición de arte
Yashashvi Choudhary, Simar Dhamija
y Vaishali Kalra
Coordinación de arte Anjana Nair
Coordinación de iconografía
Taiyaba Khatoon
Diseño de cubierta Dhirendra Singh
Coordinación de maquetación
Harish Aggarwal
Maquetación Mohd Rizwan y Anita Yadav
Coordinación de producción Pankaj Sharma

ASIA
214

216 DE LA TUNDRA
A LOS TRÓPICOS

220 MONTAÑAS
Y VOLCANES

232 GLACIARES
E INLANDSIS

236 RÍOS Y LAGOS

250 COSTAS, ISLAS
Y ARRECIFES

254 BOSQUES

260 HERBAZALES
Y TUNDRA

262 DESIERTOS

AUSTRALIA
Y NUEVA
ZELANDA
268

270 UNA TIERRA
ANTIGUA

274 MONTAÑAS
Y VOLCANES

280 GLACIARES
E INLANDSIS

282 RÍOS Y LAGOS

284 COSTAS, ISLAS
Y ARRECIFES

292 BOSQUES

294 HERBAZALES

295 DESIERTOS

ANTÁRTIDA
300

302 EL CONTINENTE
HELADO

304 MONTAÑAS
Y VOLCANES

306 GLACIARES
E INLANDSIS

309 TUNDRA

LOS OCÉANOS
310

312 DORSAL DEL
ATLÁNTICO

314 SEYCHELLES

315 GRAN BANCO
DE CHAGOS

315 MALDIVAS

316 ARCHIPIÉLAGO
DE HAWÁI

320 ISLAS
GALÁPAGOS

322 DORSAL DEL
PACÍFICO ORIENTAL

324 FOSA DE
LAS MARIANAS

CLIMAS
EXTREMOS
326

328 CICLONES

330 TORMENTAS
ELÉCTRICAS

332 TORNADOS

334 TORMENTAS DE
ARENA Y DE POLVO

336 TORMENTAS
DE HIELO

338 AURORAS

342 APÉNDICE

404 GLOSARIO

424 ÍNDICE

438 AGRADECIMIENTOS

Publicado originalmente en Gran Bretaña
en 2017 por Dorling Kindersley Limited
80 Strand, London, WC2R ORL

Parte de Penguin Random House

Título original: *Natural Wonders of the World*
Primera edición 2018

Copyright © 2017 Dorling Kindersley Limited

© Traducción en español 2018 Dorling Kindersley Limited

Servicios editoriales: deleatur, s.l.
Traducción: Montserrat Asensio Fernández y Antón Corriente Basús

ISBN: 978-1-4654-7877-1

Impreso en China

UN MUNDO DE IDEAS
www.dkespañol.com

Colaboradores

Jamie Ambrose es escritora y editora, además de ganadora de una beca del programa Fulbright. Siente un
interés especial por la historia natural y ha colaborado en la edición de *Vida salvaje*, de DK.

Robert Dinwiddie escribe sobre ciencia y está especializado en ciencias de la Tierra, el universo, historia de la
ciencia y ciencia general. Cuando no escribe, disfruta recorriendo el mundo para explorar volcanes, glaciares,
arrecifes de coral y otros fenómenos naturales.

John Farndon ha escrito extensamente sobre geología e historia natural. Algunos de sus libros son *How the
Earth Works*, el aclamado *Gran Atlas de los océanos* y *Rocas, minerales y gemas*. Ha sido finalista del Young
People's Science Book Prize de la Royal Society en seis ocasiones.

Tim Harris siente fascinación por todos los aspectos del mundo natural desde que era pequeño. Ha estudiado
los glaciares de Noruega y ha escrito libros sobre historia natural para niños y para adultos, como el galardonado
Migration Hotspots: The World's Best Migration Sites.

David Summers es escritor y editor y tiene formación en historia natural y dirección de cine. Ha participado en
libros de temáticas muy diversas, como historia natural, geografía o ciencia.

Portadilla Isla Tristán de Acuña (océano Atlántico)
Portada Alud cerca del monte Everest (Nepal)
Prólogo Lago Wanaka (Nueva Zelanda)

PRÓLOGO

Te reto a que mires cualquier página de este libro y no desees estar allí, sobre la cima de una montaña, en la cresta de una duna o sumergido en aguas cristalinas; sobrevolando bosques, haciendo saltar piedras sobre las aguas de un lago o surfeando sobre olas gigantescas: tienes en tus manos la lista de destinos soñados para cualquiera que anhele explorar el planeta Tierra. Prepara bien el equipaje antes de partir: necesitarás botas de nieve, tubos de buceo, crampones y una brújula, porque este recorrido abarca todos los terrenos, todas las altitudes y todos los hábitats del planeta. Acabarás congelado, empapado y sudoroso. Llevarás tu cuerpo al límite.

Deja que la fantasía emprenda el vuelo y que este libro te revele la diversidad y la belleza de los maravillosos recursos naturales de nuestro planeta. Para mí, no puede haber un libro más apasionante, porque no solo nos ofrece extraordinarias fotografías de las maravillas que nos presenta, sino que incorpora datos concisos y fascinantes sobre el dónde, el cómo y el porqué. Es un fabuloso cóctel científico: geología, geografía, zoología, botánica… e incluso física y química, todo combinado con esmero para ofrecer explicaciones sencillas de fenómenos complejos. Abundan las perlas de información jugosa, los «¡ah!, ¡así se formó, así funciona, es por eso, está ahí, fue entonces!», que no interfieren jamás ni con el inevitable «¡guau!» que se escapa ante las revelaciones ni con el

romanticismo intrínseco al mundo natural. Recorrer estas páginas es escapar a un reino de belleza magnífica y anhelar saber más acerca del mismo. Es obvio que no se trata de un libro para niños, pero todos los niños deberían tenerlo tanto para despertar como para satisfacer su curiosidad acerca del mundo en el que viven y de su asombrosa diversidad.

En esta era digital sigo siendo un enamorado de los libros y, sobre todo, de los tomos lujosos como este. Hay algo mágico en tenerlos en la cocina o la mesita de noche, para poder abrirlos y hojearlos durante el desayuno, el almuerzo o justo antes de caer dormidos. Tienen un tacto sedoso y un aroma real, y son tangibles. Tengo libros preferidos, pero no descargas preferidas, porque en realidad no «existen». Aún conservo mis libros de infancia. ¿Conservarán tus hijos las aplicaciones o los libros electrónicos que descargaron de pequeños? Lo dudo. Este libro tiene un lugar asegurado en mi colección, porque jamás quedará obsoleto, porque siempre será una fuente de referencias valiosas y porque las maravillas que contienen sus páginas alimentan mi deseo de conocer el mundo natural.

CHRIS PACKHAM
SOBREVOLANDO EL LAGO MICHIGAN
(DETALLES EN PP. 50-51), 10 DE MAYO DE 2017

Lago en el rift
El lago Magadi (Kenia) es uno de los múltiples lagos en el Gran Valle del Rift, que se formó en África oriental cuando bloques de la corteza terrestre se deslizaron bajo el manto que tenían debajo. Los inusuales colores del agua se deben a los minerales arrastrados al lago.

Introducción

ESTRUCTURA DE LA TIERRA

La superficie de nuestro planeta es muy diversa y cuenta con una enorme variedad de paisajes y materiales, que van desde el agua hasta los gases, la materia orgánica, la tierra, el hielo y la roca. Por el contrario, su interior es mucho menos variado, y se compone fundamentalmente de rocas, metales y algo de agua.

Estructura interna

Debemos gran parte de lo que conocemos acerca de la estructura de la Tierra al estudio de las ondas sísmicas que generan los terremotos. El planeta tiene tres capas internas principales: núcleo, manto y corteza. El núcleo se compone esencialmente de hierro y algo de níquel, y tiene dos subcapas: un núcleo interno sólido rodeado de uno externo líquido.

Sobre el núcleo se halla el manto, que se compone principalmente de rocas silicatadas sólidas (aunque deformables en algunas zonas). La parte superior se denomina manto superior y tiene dos capas. La capa superior (manto litosférico) es sólida y quebradiza, y está unida a la corteza. Debajo se halla la astenosfera, más deformable. Bajo el manto superior hay una región conocida como zona de transición, que ahora sabemos que contiene cantidades importantes de agua «atrapada» en las rocas. Debajo de esta zona se halla el manto inferior, la capa interna más gruesa del planeta.

La capa superior es la corteza. Es sólida y la hay de dos tipos: la corteza continental es gruesa, se compone de muchos tipos distintos de roca y forma la tierra firme, mientras que la corteza oceánica, más delgada, relativamente densa y con poca variedad de roca, descansa bajo el océano. Ambas están unidas al manto litosférico, debajo de ellas, con el que forman una unidad rígida llamada litosfera.

La convección del manto

En el manto, las rocas circulan de manera lenta y gradual en un proceso denominado convección del manto y que se debe al calor que despide el núcleo terrestre. Se cree que el manto también contiene penachos ascendentes de roca semisólida o líquida más caliente. Cuando los penachos del manto llegan a la corteza, crean puntos calientes en la superficie (p. 13). La Tierra contiene en su interior una cantidad colosal de energía térmica, la mayor parte de la cual se generó durante la formación del planeta y sigue atrapada dentro. Además, se ve aumentada por la desintegración radiactiva de los isótopos inestables de varios elementos químicos del interior de la

▷ **CONVECCIÓN TERRESTRE**
Todavía no entendemos enteramente el proceso de convección del manto terrestre. La hipótesis que plasma la imagen sugiere que las celdas de convección elevan lentamente rocas desde la parte inferior del manto a la superior y, luego, vuelven a bajarlas.

punto caliente, donde material muy caliente alcanza la superficie

penacho del manto

célula de convección

Tierra. La energía terrestre intenta escapar constantemente, y la convección del manto, los penachos y otros fenómenos, como los terremotos, no son más que una expresión de esos esfuerzos. Aunque el manto y la corteza del planeta son predominantemente sólidos, los procesos asociados a la convección y a los penachos del manto hacen que tanto el uno como la otra alberguen magma, que es una acumulación de roca caliente fundida y de gases disueltos. La presencia de magma en la corteza se asocia a actividad volcánica y geotérmica (como los manantiales termales o los géiseres) en la superficie terrestre.

Las rocas y su ciclo

La corteza terrestre, moldeada en una miríada de paisajes y elementos físicos, se compone mayoritariamente de rocas. Hay tres tipos principales, que son combinaciones de las sustancias químicas a las que llamamos minerales: ígneas, sedimentarias y metamórficas. Las rocas ígneas se forman cuando el magma de las profundidades del planeta asciende a la superficie o se introduce en la corteza y, luego, se enfría y se solidifica. Las rocas sedimentarias se forman por la deposición y la cimentación de minerales o de partículas de roca desprendidas por la meteorización o la fragmentación de otras rocas. Y las rocas metamórficas se forman por la alteración de otros tipos de roca como consecuencia de

▽ **LA ESTRUCTURA EN CAPAS DE LA TIERRA**
La temperatura y la densidad de cada capa son más elevadas que en la inmediatamente superior. Las temperaturas varían entre los –50 °C y los 50 °C de la superficie hasta los más de 6000 °C del núcleo interno.

Atmósfera
Más de 1000 km de grosor

Corteza

Manto litosférico
40-120 km de grosor

Astenosfera
250-340 km de grosor

Zona de transición
250 km de grosor

Manto inferior
2230 km de grosor

Núcleo externo líquido
2200 km de grosor

Núcleo interno sólido
Radio de 1275 km

▽ ESCULPIR LA TIERRA
El paso de ríos y arroyos sobre la superficie terrestre da lugar a la erosión y forma parte del ciclo de las rocas y del agua, uno de los principales procesos que esculpen los paisajes de la superficie.

temperaturas o presiones elevadas o de una combinación de ambos factores. En la corteza y la superficie terrestres ocurren procesos que transforman continuamente las rocas de la corteza de un tipo a otro, en una sucesión infinita de acontecimientos llamada ciclo de las rocas. Los distintos elementos del ciclo de las rocas, que incluye, por ejemplo, el vulcanismo y múltiples procesos de erosión y de deposición, desempeñan un papel crucial en el modelado de los paisajes de la superficie terrestre.

La atmósfera de la Tierra

La atmósfera forma parte de la estructura global del planeta y se compone de varias capas. El aire circula solamente en la capa inferior, que es en la que suceden los fenómenos meteorológicos, como el viento, las precipitaciones (lluvia, granizo y nieve) y los cambios de presión, temperatura y humedad. Fundamentalmente, son consecuencia de una combinación de la energía procedente del Sol y de la rotación de la Tierra. El tiempo meteorológico promedio de una región a lo largo de un periodo de tiempo prolongado se denomina clima. Tanto el tiempo meteorológico como el clima y los procesos del ciclo del agua asociados a ellos (precipitaciones, el flujo de agua en los arroyos y ríos de tierra firme y

Se cree que **hay más agua** en la zona de transición del manto que en **todos los océanos**.

la evaporación del agua del mar) también son vitales para el moldeado de los paisajes. Los cambios en el clima terrestre, y en concreto el calentamiento global persistente causado por el aumento de los niveles de dióxido de carbono en la atmósfera, están teniendo consecuencias generalizadas sobre los paisajes de la superficie, como, por ejemplo, el retroceso y el encogimiento de los glaciares en todo el mundo.

◁ CICLÓN TROPICAL
El ciclón tropical (o huracán) es uno de los fenómenos meteorológicos más extremos, y se origina cuando el sol calienta la superficie de un océano tropical, lo que da lugar a una región de bajas presiones con nubes densas y vientos circulares.

PLACAS TECTÓNICAS

Muchas de las características y los procesos de la superficie terrestre, desde la actividad volcánica hasta los terremotos y la formación de cordilleras montañosas, se explican porque la capa externa del planeta está dividida en placas tectónicas que se mueven lentamente sobre la superficie.

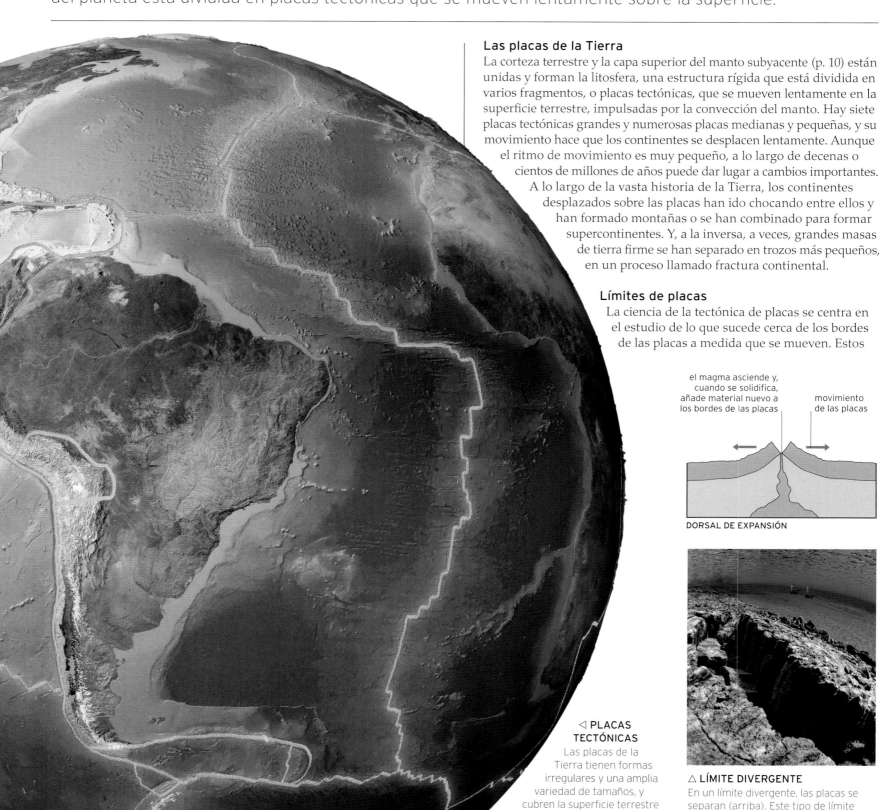

Las placas de la Tierra

La corteza terrestre y la capa superior del manto subyacente (p. 10) están unidas y forman la litosfera, una estructura rígida que está dividida en varios fragmentos, o placas tectónicas, que se mueven lentamente en la superficie terrestre, impulsadas por la convección del manto. Hay siete placas tectónicas grandes y numerosas placas medianas y pequeñas, y su movimiento hace que los continentes se desplacen lentamente. Aunque el ritmo de movimiento es muy pequeño, a lo largo de decenas o cientos de millones de años puede dar lugar a cambios importantes. A lo largo de la vasta historia de la Tierra, los continentes desplazados sobre las placas han ido chocando entre ellos y han formado montañas o se han combinado para formar supercontinentes. Y, a la inversa, a veces, grandes masas de tierra firme se han separado en trozos más pequeños, en un proceso llamado fractura continental.

Límites de placas

La ciencia de la tectónica de placas se centra en el estudio de lo que sucede cerca de los bordes de las placas a medida que se mueven. Estos

el magma asciende y, cuando se solidifica, añade material nuevo a los bordes de las placas

movimiento de las placas

DORSAL DE EXPANSIÓN

◁ **PLACAS TECTÓNICAS**

Las placas de la Tierra tienen formas irregulares y una amplia variedad de tamaños, y cubren la superficie terrestre como piezas de un rompecabezas. Aquí se ven algunas, con los límites destacados en naranja.

△ **LÍMITE DIVERGENTE**

En un límite divergente, las placas se separan (arriba). Este tipo de límite se ve en la fisura de Silfra, en Islandia (abajo), donde las placas euroasiática y norteamericana se separan.

límites son zonas dinámicas donde tienen lugar procesos importantes que alteran el paisaje, como la actividad volcánica, la formación de montañas e islas, la fractura de placas o los terremotos.

Hay tres tipos principales de límites de placas. Los límites divergentes ocurren cuando dos placas se alejan la una de la otra. En este tipo de límite, el material que asciende continuamente desde el manto llena el espacio y crea una placa nueva. Los límites divergentes abundan en el suelo oceánico, donde adoptan la forma de dorsales de expansión. También los hay en otros lugares, como Islandia u África oriental, a lo largo del Gran Valle del Rift (pp. 184–185). Siempre se asocian a actividad volcánica.

Los límites convergentes se hallan en puntos donde dos placas se acercan. En estos límites, una de las placas se desliza total o parcialmente debajo de la otra (se subduce) y se destruye. Si las dos placas transportan corteza continental, los fragmentos de corteza se funden y forman montañas. Este proceso explica el origen de muchas cordilleras, como la del Himalaya. En otros casos, una placa con corteza oceánica se subduce bajo la otra. Estos límites se caracterizan por elementos tales como: fosas oceánicas a lo largo del límite; cadenas de volcanes, siempre en el lado de la placa que no se ha subducido; y terremotos potentes y frecuentes.

Los límites transformantes aparecen cuando los bordes de las placas se deslizan en paralelo el uno respecto al otro y no hay ni construcción ni destrucción de las placas. Estos límites también son de alta actividad sísmica, y constituyen sitios que son fuente de terremotos. Los encontramos, por ejemplo, en California (a lo largo de la famosa falla de San Andrés, p. 30), en la Isla Sur de Nueva Zelanda y en otros lugares, como en muchos puntos del suelo oceánico.

Vulcanismo de puntos calientes

Aunque dos de los tres tipos principales de límites de placas se asocian con frecuencia al vulcanismo, no todos los volcanes se forman sobre los límites de placas: algunos aparecen en el centro de las mismas. Este tipo de vulcanismo suele tener que ver con la presencia de puntos calientes en el manto, que son zonas en la parte superior del manto terrestre que parecen ser la fuente de cantidades de energía especialmente grandes. Cuando una placa se desplaza sobre un punto caliente (cuya posición es fija) puede, a lo largo de mucho tiempo, crear una cadena de elementos volcánicos en la superficie. Esto explica, por ejemplo, los vestigios de una actividad volcánica muy antigua en una línea al suroeste del Parque Nacional Yellowstone (debido al movimiento de la placa norteamericana sobre este punto caliente). Se cree que esto supone también la mejor explicación de la formación de algunas cadenas de islas volcánicas, como las islas hawaianas (pp. 316–317).

Las **placas se mueven** entre **7 mm anuales** (una quinta parte del ritmo de crecimiento de las uñas) y **150 mm anuales** (el ritmo al que crece el cabello humano).

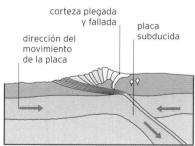

ZONA DE SUBDUCCIÓN

PLACAS QUE SE DESLIZAN

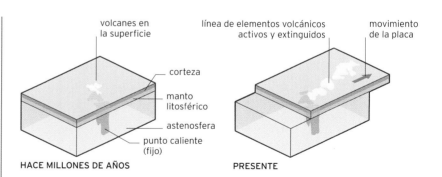

HACE MILLONES DE AÑOS   PRESENTE

△ **LÍMITE CONVERGENTE**
En este tipo de límite, una placa se subduce bajo la otra y se destruye gradualmente (arriba). Si ambas placas transportan corteza continental, forman montañas (abajo).

△ **LÍMITE TRANSFORMANTE**
En un límite transformante, dos placas se deslizan en paralelo y en sentido contrario (arriba). Este tipo de límite puede verse como una falla lineal sobre el terreno (abajo).

△ **CADENAS VOLCÁNICAS**
Cuando una placa se desliza sobre un punto caliente del manto, esta puede originar elementos volcánicos en la superficie. Las islas hawaianas se formaron así, por el movimiento de la placa pacífica sobre un punto caliente que ahora se encuentra bajo el volcán Kilauea (abajo), en la llamada isla Grande de Hawái.

EL PASADO DE LA TIERRA

Las características del paisaje que vemos hoy sobre la Tierra son el resultado de acontecimientos y procesos que se remontan a hace más de 4000 millones de años, pero que los científicos no empezaron a entender hasta hace tan solo unos siglos.

La edad y los orígenes de la Tierra

Hace unos 4550 millones de años (m.a.), múltiples colisiones entre cuerpos pequeños formaron un cuerpo precursor de lo que ahora es la Tierra: un disco de material que giraba sobre sí mismo alrededor del Sol y que, cuando tenía unos 40 m.a., experimentó una última colisión que llevó a la formación de lo que ahora llamamos Tierra y su satélite, la Luna.

Es probable que la primera Tierra naciera en un estado caliente y fundido. Los materiales más pesados, básicamente hierro, se hundieron hasta el centro, y los más ligeros formaron capas a su alrededor. Aproximadamente durante los primeros 150 m.a. no hubo ninguna corteza sólida, debido a los impactos constantes de cometas y asteroides y a que la actividad volcánica transformaba la superficie sin cesar. Hace unos 4370 m.a. empezaron a formarse los

◁ **COLISIÓN ANTIGUA**
Se cree que, hace unos 4510 m.a., una colisión entre la proto-Tierra y un objeto del tamaño de Marte formó el sistema Tierra-Luna.

océanos a partir de la condensación del agua liberada a la atmósfera por volcanes antiguos, y hace unos 4000 m.a. se empezaron a formar los primeros fragmentos de corteza continental. Los movimientos de las primeras placas tectónicas provocaron que las masas continentales colisionaran y se unieran, lo que dio lugar a la formación de los núcleos antiguos de los actuales continentes.

△ **EVIDENCIA CRISTALINA**
Un cristal de zircón hallado en Jack Hills (Australia) se ha datado en 4375 m.a., y es el material de origen terrestre más antiguo que se conoce.

Escala del tiempo geológico

Los científicos no se dieron cuenta de la extraordinaria antigüedad de la Tierra ni de que las capas de rocas sedimentarias (estratos) de su corteza continental se habían ido depositando de forma secuencial a lo largo de un periodo de tiempo larguísimo hasta entre los siglos XVII y XIX. Vieron que muchos de los estratos de rocas contenían fósiles, o restos de animales y plantas antiguos y aparentemente extintos. Dividieron los estratos de rocas con fósiles en tres eras: Paleozoico (vida antigua), Mesozoico (vida intermedia) y Cenozoico (vida nueva), que luego se subdividieron en periodos geológicos. Al principio, se creyó que no había vida en los estratos más profundos y más antiguos que las rocas con fósiles. Luego, estos estratos de roca se subdividieron en tres extensos intervalos de tiempo,

▷ TIEMPO GEOLÓGICO

En la historia de la Tierra, los periodos en los que no hubo vida o en los que la vida consistía en las formas más simples son más largos que las eras en las que ha habido organismos pluricelulares.

CLAVE

Cenozoico
66–0 M.A.

Mesozoico
252–66 M.A.

Paleozoico
541–252 M.A.

Proterozoico
2500–541 M.A.

Arcaico
4000–2500 M.A.

Hádico
4550–4000 M.A.

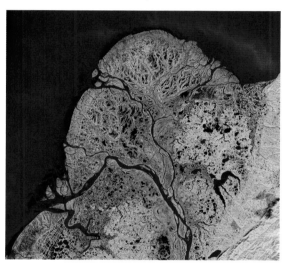

plantas terrestres

animales

vida pluricelular

procariotas

eucariotas

formación de la Tierra hace 4550 m.a.

los eones Hádico, Arcaico y Proterozoico. Ahora se sabe que durante el Hádico evolucionaron los procariotas (organismos unicelulares simples parecidos a las bacterias) y que pasaron unos 2000 m.a. antes de que evolucionaran los eucariotas, organismos más complejos (pp. 16–17).

Agentes de cambio

Los geólogos han debatido durante siglos acerca de la naturaleza de los procesos que operaron durante el pasado de la Tierra y que dieron lugar a los paisajes actuales. A finales del siglo XVIII cobró fuerza la hipótesis de que las características de la Tierra habían surgido a partir de cambios lentos, continuos y graduales. Por ejemplo, era evidente que la erosión había dado forma a todos los rincones del planeta. Esta postura se oponía a la doctrina rival, que afirmaba que la mayoría de las características de la superficie terrestre eran consecuencia de cataclismos. En la actualidad, se acepta que la mayoría de las masas continentales de la Tierra son resultado de procesos graduales. Sin embargo, también ha habido catástrofes: por ejemplo, se cree que el impacto de un asteroide o de un cometa hace unos 67 m.a. provocó incendios, terremotos colosales, oscuridad global y, posiblemente, la extinción de los dinosaurios.

Cambios en el clima y en el nivel del mar

El clima de la Tierra ha cambiado drásticamente a lo largo del tiempo. En un extremo, hubo momentos en los que no había casquetes glaciares y crecían bosques caducifolios en los polos. En el otro, parece probable que la Tierra se haya congelado por completo al menos una vez. Así mismo, el nivel del mar ha fluctuado radicalmente, y durante la mayor parte de los últimos 540 m.a. ha sido superior al actual. Sin embargo, durante la mayor parte de los últimos 2,5 m.a., el nivel del mar ha sido inferior, porque la Tierra ha estado en un periodo glacial, con gran parte del agua contenida en los inlandsis polares. Durante los últimos 17 000 años, aproximadamente, la Tierra ha entrado en una fase de atemperamiento dentro de este periodo interglacial, y el nivel del mar ha subido de nuevo. Desde finales del siglo XVIII, el planeta se ha calentado cerca de 1 °C debido al aumento del nivel de dióxido de carbono en la atmósfera, y el nivel del mar se ha elevado unos 30 cm.

◁ FORMACIÓN LENTA

Los deltas, como el del río Yukón, son ejemplos de masas continentales formadas lentamente a lo largo de mucho tiempo.

▽ FORMACIÓN EROSIONADA

El meandro llamado Curva de la Herradura (Arizona, EE UU) muestra los efectos de 75 m.a. de erosión. Los estratos de las paredes tienen entre 180 y 200 m.a. de edad.

LA VIDA SOBRE LA TIERRA

La tierra firme, los océanos y la atmósfera terrestres bullen de vida, la cual ha colonizado hasta el último rincón del planeta. Y esto resulta asombroso, dado que, cuando se formó, la Tierra no era más que roca inerte. La vida ha transformado drásticamente el aspecto de nuestro mundo y la química de la atmósfera.

Primeras formas de vida

Es probable que la vida en la Tierra se originara hace 4250 m.a., a partir de elementos químicos precursores. La primera prueba definitiva de vida tiene unos 3700 m.a. de antigüedad, y sugiere que, entonces, organismos unicelulares simples habitaban los océanos y eran capaces de realizar la fotosíntesis (usar la energía de la luz solar para producir azúcares a partir del agua y del dióxido de carbono disuelto y liberar oxígeno durante el proceso). Hace unos 1900 m.a., estos organismos habían liberado enormes cantidades de oxígeno a la atmósfera y esto fue crucial para que la vida siguiera evolucionando, ya que parte del oxígeno (O_2) se transformó en ozono (O_3), que formó alrededor del planeta una capa que filtraba los perjudiciales rayos ultravioleta. El oxígeno presente en la atmósfera y disuelto en los océanos también permitió la vida animal. Hace unos 1200 m.a. evolucionaron organismos pluricelulares formados por células eucariotas (más complejas que las primeras células procariotas unicelulares).

◁ **LOS SIGNOS DE VIDA MÁS ANTIGUOS**
Los fósiles más antiguos conocidos son estromatolitos de 3700 m.a. de edad que se hallan en esta roca de Groenlandia. Son estructuras estratificadas formadas por microbios que vivieron en suelo oceánico antiguo.

Evolución, propagación y extinciones

Hace entre 525 m.a. y 500 m.a., durante el periodo Cámbrico, se dio una gran proliferación y diversificación de vida marina con conchas y esqueletos mineralizados, en lo que se conoce como explosión cámbrica. Hace unos 490 m.a. aparecieron las primeras plantas en tierra firme, y hace 420 m.a. ya había animales terrestres. A partir de entonces, la vida siguió propagándose y diversificándose rápidamente, aunque también hubo extinciones.

A finales del Pérmico, hace unos 252 m.a., ocurrió una de las oleadas de extinciones más importantes. Aunque se desconoce la causa exacta, se sospecha de una serie de erupciones volcánicas masivas. A finales del Cretácico, hace unos 66 m.a., ocurrió otra, en la que perecieron más del 75 % de las especies, incluyendo la mayoría de los dinosaurios, aunque un grupo de ellos logró sobrevivir y evolucionar en aves.

▷ **FORMA DE VIDA EXTINTA**
Los erizos de mar *Tylocidaris*, de los cuales este fósil es un ejemplo, vivieron hace entre 140 m.a. y 40 m.a., pero se extinguieron.

Los reinos de la vida hoy

La vida en la Tierra es muy diversa, y se estima que hoy existen entre dos millones y un billón de especies, de las que se han identificado y descrito únicamente unos 1,6 millones. Se han propuesto varias maneras de clasificar en reinos las formas de vida conocidas. En 2015 se aceptó por consenso una propuesta de la Smithsonian Institution que define siete reinos. Dos de ellos se componen únicamente de

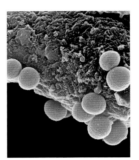 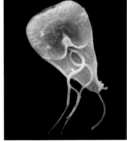 

△ **ARQUEAS**
Muchos de estos sencillos organismos unicelulares viven en entornos extremos, como los manantiales termales ácidos.

△ **PROTOZOOS**
Algunos protozoos provocan enfermedades. Este *Giardia lamblia* causa infecciones intestinales a las personas.

△ **PLANTAS**
Se conocen más de 300 000 especies de plantas. Son la base de la mayoría de los ecosistemas, sobre todo en tierra firme.

Se ha **hallado vida** en el interior de rocas a **19 km** bajo la superficie terrestre.

organismos procariotas (bacterias y arqueas). Los otros cinco se basan en células eucariotas: protozoos (formas de vida unicelulares, como las amebas); cromistas (algas de distintos tipos, como las diatomeas y los oomicetos); y tres grupos que nos resultan más conocidos, los hongos, las plantas y los animales. Las distintas formas de vida interactúan con la Tierra y afectan a los paisajes de varias maneras. Por ejemplo, las plantas cubren una amplia proporción de tierra firme y, con sus raíces, ayudan a impedir que el agua de lluvia se lleve el suelo. La vida también ha cambiado la composición química de la atmósfera terrestre, que ahora es extraordinariamente rica en oxígeno. Sin vida, la Tierra hubiera evolucionado de un modo muy distinto, y su aspecto y su funcionamiento no tendrían nada que ver con lo que conocemos.

▷ **VADEAR EL RÍO**
Una de las imágenes naturales más asombrosas sobre la Tierra es la migración anual de enormes manadas de ñus, cebras y gacelas (aquí, a punto de cruzar un río) en el ecosistema del Serengueti.

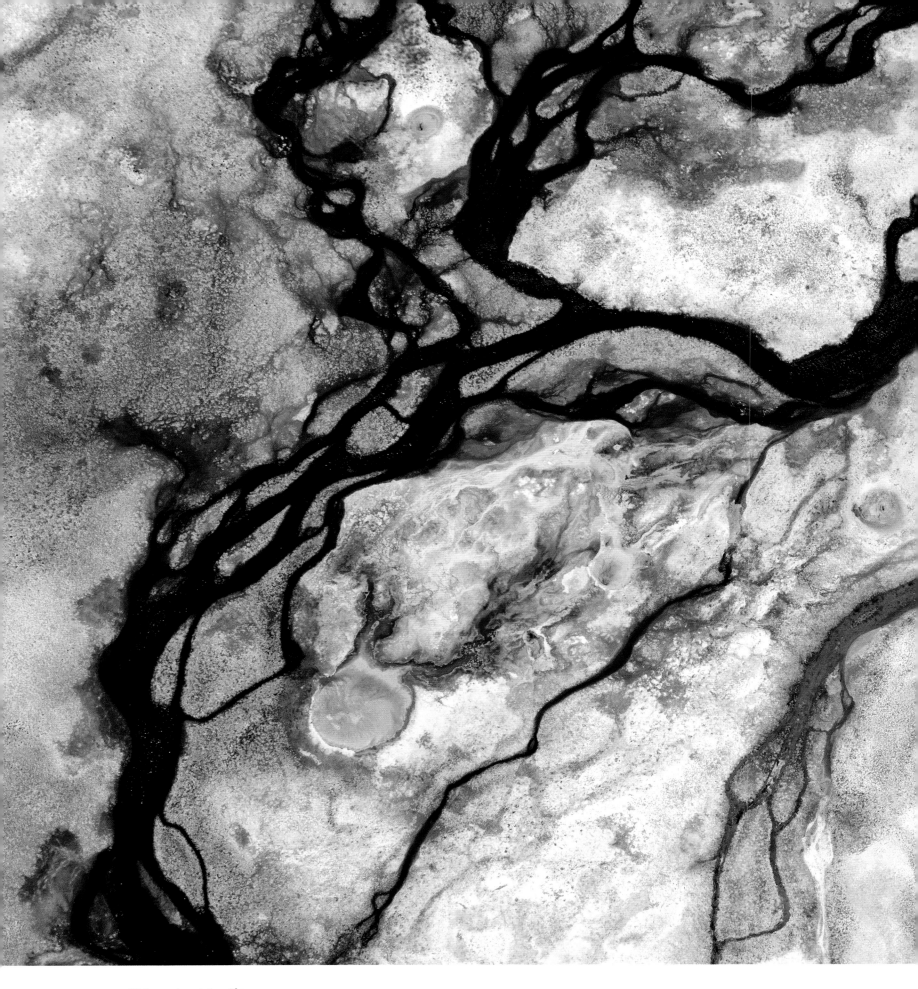

Sistema de calefacción
Alimentado por un enorme penacho de roca semisólida caliente
(o magma) a muchos kilómetros bajo la superficie, el Parque Nacional
Yellowstone contiene elementos geotérmicos espectaculares, como
géiseres, manantiales termales y charcas de lodo hirviendo.

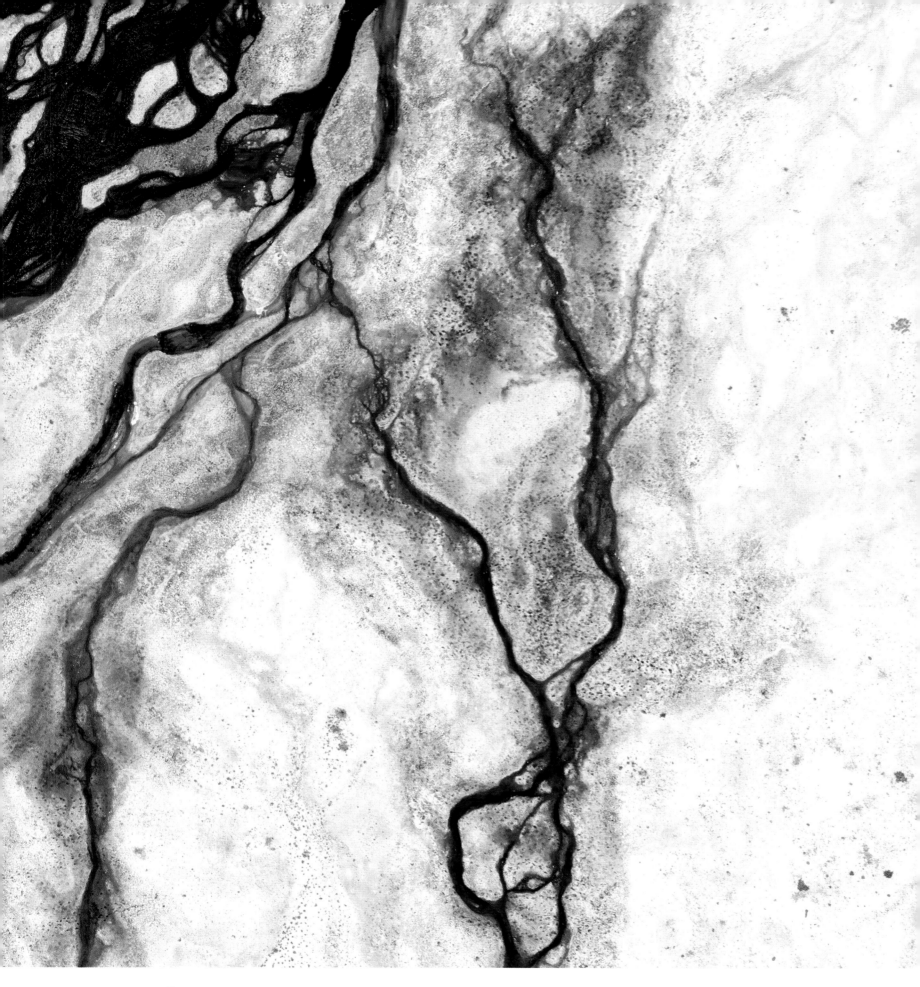

América del Norte

TIERRA DE MONTAÑAS Y PRADERAS

América del Norte

Si consideramos América del Norte un continente, es el tercero más grande, y geográficamente hablando, incluye también Groenlandia. La mayor parte de América del Norte descansa sobre una única placa tectónica, y pequeñas zonas de México y de California están sobre la placa pacífica, al oeste, que limita con la placa norteamericana a lo largo de la tristemente famosa falla de San Andrés.

América del Norte tiene un amplio y antiguo centro de tierras bajas, rodeado casi completamente por cinturones de cordilleras más jóvenes que se alzaron tras colisiones continentales en el pasado. Este corazón de tierras bajas está drenado casi en su totalidad por el sistema fluvial Misisipi-Misuri, uno de los más grandes del mundo, el cual lleva agua hacia el sur, hasta el golfo de México. Los montes

Apalaches, al este, son relativamente antiguos y se han ido erosionando a lo largo del tiempo. Por el contrario, la cordillera Norteamericana, que incluye las cordilleras de Alaska y de las Cascadas y la Cadena Costera del Pacífico, es joven en términos geológicos y aún es muy alta; tan alta que bloquea el flujo de aire húmedo procedente del Pacífico y hace que el clima del interior sea marcadamente continental, con inviernos crudos y veranos cálidos interrumpidos por tornados. En el sur, la falta de lluvia da lugar a extensos desiertos. Las montañas solo están ausentes en el norte, donde el escudo canadiense se extiende hasta el desierto ártico.

DATOS CLAVE

▲ **Punto más elevado** Denali (Alaska): 6190 m

▼ **Punto más bajo** Valle de la Muerte (California): −86 m

● **Temperatura más alta registrada** Valle de la Muerte (California): 57 °C

● **Temperatura más baja registrada:** Northice (Groenlandia): −66 °C

CLIMA

La mayor parte de América del Norte está en la zona templada, con un sur subtropical y un norte ártico. Las costas son húmedas, y el interior es más seco.

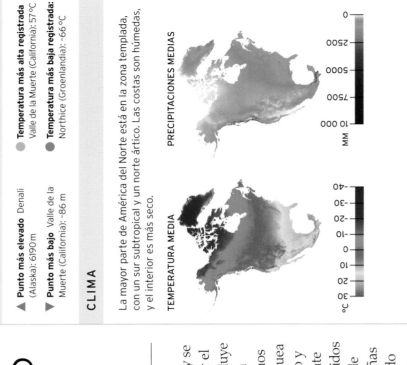

TEMPERATURA MEDIA

PRECIPITACIONES MEDIAS

°C
30
20
10
0
−10
−20
−30
−40

MM
0
2500
5000
7500
10 000

OCÉANO PACÍFICO

Mar de Bering

Islas Aleutianas

Estrecho de Bering

Isla de Kodiak

Golfo de Alaska

Islas de la Reina Carlota

Cordillera de Brooks

Yukón

Denali (Monte McKinley) 6194 m

Cordillera de Alaska

OCÉANO ÁRTICO

Mar de Beaufort

Montañas Mackenzie

Montañas

Cordil

Mackenzie

Isla de Banks

Gran Lago del Oso

Gran Lago del Esclavo

Lago Athabasca

Islas de la Reina Isabel

Isla Victoria

Islas Parry

Isla de Ellesmere

Bahía de Hudson

Groenlandia

Northice −66 °C

Bahía de Baffin

Isla de Baffin

Estrecho de Davis

Mar de Labrador

Labrador

Estrecho de Hudson

Península de Ungava

Bahía de

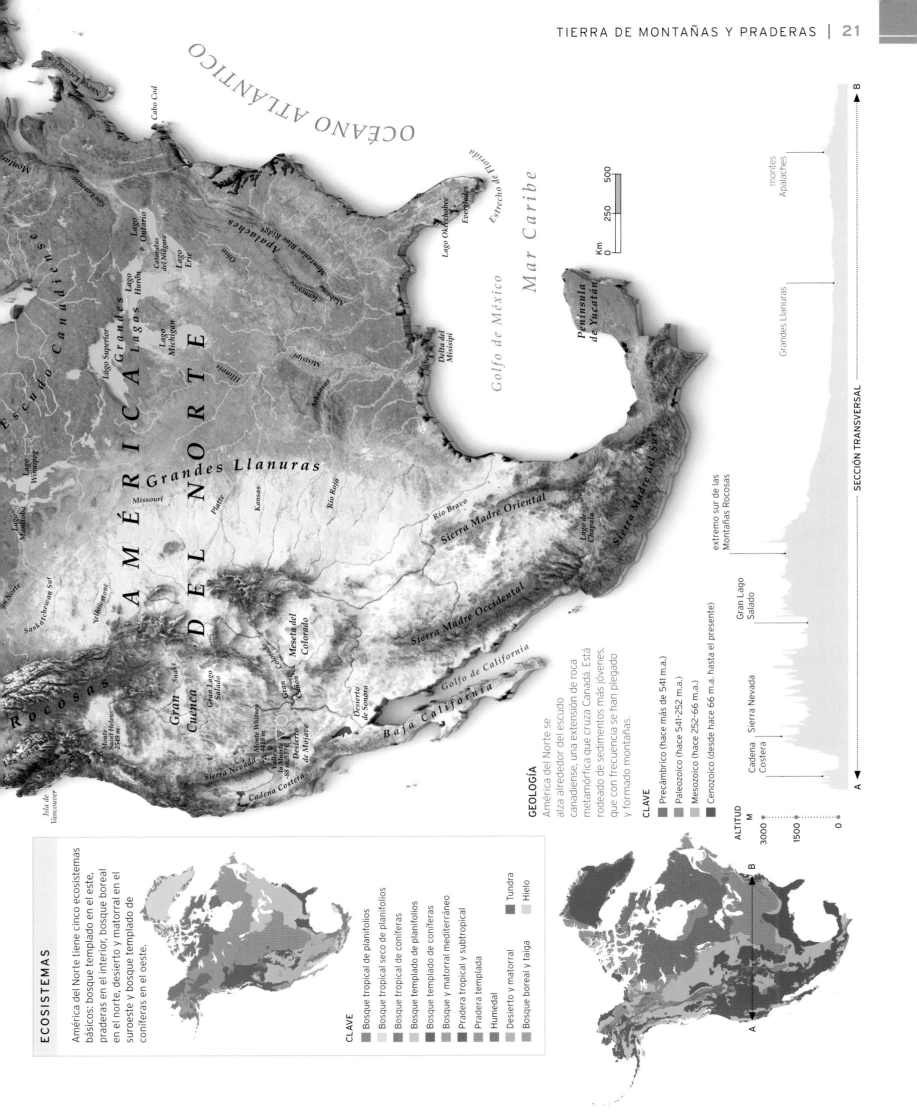

OCÉANO ATLÁNTICO

Mar Caribe

Golfo de México

GEOLOGÍA

América del Norte se alza alrededor del escudo canadiense, una extensión de roca metamórfica que cruza Canadá. Está rodeado de sedimentos más jóvenes, que con frecuencia se han plegado y formado montañas.

CLAVE

- Precámbrico (hace más de 541 m.a.)
- Paleozoico (hace 541–252 m.a.)
- Mesozoico (hace 252–66 m.a.)
- Cenozoico (desde hace 66 m.a. hasta el presente)

ECOSISTEMAS

América del Norte tiene cinco ecosistemas básicos: bosque templado en el este, praderas en el interior, bosque boreal en el norte, desierto y matorral en el suroeste y bosque templado de coníferas en el oeste.

CLAVE

- Bosque tropical de planifolios
- Bosque tropical seco de planifolios
- Bosque tropical de coníferas
- Bosque templado de planifolios
- Bosque templado de coníferas
- Bosque y matorral mediterráneo
- Pradera tropical y subtropical
- Pradera templada
- Humedal
- Desierto y matorral
- Bosque boreal y taiga
- Tundra
- Hielo

SECCIÓN TRANSVERSAL

ALTITUD
M
3000
1500
0

montes Apalaches

Grandes Llanuras

extremo sur de las Montañas Rocosas

Gran Lago Salado

Sierra Nevada

Cadena Costera

△ **BLOQUES GIGANTESCOS**
La erosión ha dejado expuestas partes del escudo canadiense (un gran bloque de rocas metamórficas y volcánicas muy duras y antiguas) en zonas como las orillas de ríos.

◁ **PICOS ESCULPIDOS**
Las Montañas Rocosas, esculpidas por glaciares, constituyen una de las cordilleras más grandes del mundo y recorren todo el borde occidental de América del Norte.

FORMACIÓN DE AMÉRICA DEL NORTE

América del Norte se originó a partir de la gran masa continental a la que los geólogos llaman Laurentia, que, durante su desplazamiento sobre el planeta, colisionó y se separó de otros continentes. El continente que conocemos hoy existe desde hace menos de 200 m.a.

Las edades de las rocas

Bajo la mayor parte de América del Norte hay un gran escudo de roca antigua que antaño formó el núcleo de Laurentia. En EE UU, dicho escudo está cubierto por un manto de roca sedimentaria más reciente; pero, en Canadá, donde el escudo ha quedado expuesto a la superficie, los geólogos han encontrado algunas de las rocas más antiguas del mundo, que han sobrevivido desde el principio de la historia de la Tierra, hace 4400 m.a.

Hace unos 750 m.a., este núcleo laurentino formaba parte del supercontinente Rodinia, pero, cuando este se fragmentó, Laurentia se desplazó hasta casi llegar al Polo Sur antes de volver a ascender hacia el norte. Durante un tiempo, Laurentia estuvo aislada, pero al final se reagrupó con el resto de masas continentales en el nuevo supercontinente Pangea.

Hace unos 480 m.a., la placa sobre la que descansaba Laurentia colisionó con las placas oceánicas vecinas, lo que provocó el alzamiento de los montes Apalaches, que tardaron 250 m.a. en alcanzar su máxima altitud. Es probable que, al principio, fueran tan altos y majestuosos como el Himalaya. En el suroeste, las mismas fuerzas tectónicas deformaron las rocas de Nevada y Utah.

La columna vertebral de América

Hace unos 200 m.a., Laurentia se separó de Pangea, y, durante su desplazamiento hacia el noroeste, abrió el océano Atlántico y creó América del Norte. La costa este del nuevo continente se fue asentando a medida que se alejaba y los Apalaches fueron perdiendo altitud como consecuencia de los millones de años de erosión y meteorización. Por eso, pese a ser más antiguos, son más bajos que las Montañas Rocosas.

Por el contrario, la costa oeste se convirtió en un campo de batalla entre titanes: la placa norteamericana colisionó con la corteza oceánica de la placa pacífica, que se vio obligada a subducirse (descender hacia el manto). Las Montañas Rocosas se alzaron a medida que la corteza

Los Apalaches tienen más de 480 m.a. de antigüedad.

ACONTECIMIENTOS CLAVE

Hace 480 m.a. Los Apalaches empiezan a alzarse, y seguirán haciéndolo durante otros 250 m.a., hasta alcanzar la altura del Himalaya. Desde entonces, la erosión los ha rebajado.

Hace 80-55 m.a. El alzamiento de las Montañas Rocosas provoca la elevación del terreno circundante. Como resultado, la vía marítima Interior Occidental, un mar interior, se seca.

Hace 18 m.a. Formación del inlandsis de Groenlandia, aunque podría ser más antiguo y es probable que, desde entonces, haya avanzado y retrocedido varias veces.

Hace 11 000 años Los últimos inlandsis que cubrían la mayoría de América del Norte retroceden, y la mayor parte del continente pierde la cobertura de hielo.

Hace 1500-1000 m.a. Formación de la mayor parte del terreno que comprende la corteza de América del Norte central y oriental actual.

Hace 200 m.a. La actividad tectónica separa Laurentia de la actual Europa, y la masa que se convertirá en América del Norte se desplaza hacia el noroeste.

Hace 26-22 m.a. El clima de la Tierra se enfría y favorece la formación de praderas. Aparecen las Grandes Llanuras, que cubren la región de terreno llano que solía ser la vía marítima Interior Occidental.

Hace 15 000 años Algunos glaciares empiezan a fundirse durante el último periodo glacial, y la acumulación de agua forma los Grandes Lagos.

Hace 10 000 años El hielo se funde y el nivel del mar asciende, lo que sumerge el puente de tierra que conecta Alaska y Rusia.

▽ **AJUSTE ISOSTÁTICO**
Cuando los inlandsis de América del Norte se derritieron, la masa terrestre hasta entonces aplastada bajo el hielo empezó a elevarse (proceso llamado isostasia). Los efectos de esto se pueden ver, por ejemplo, en las antiguas líneas de costa que quedan expuestas.

▽ **GRIETAS EN EL TERRENO**
La falla de San Andrés divide, literalmente, el desierto de Mojave a lo largo de la línea entre las placas norteamericana y pacífica.

△ **DRY FALLS**
El río Palouse fluye por una gigantesca garganta que excavaron las inundaciones del Missoula.

oceánica sumergida se fundía y creaba volcanes. Varias islas colisionaron con el continente y provocaron el alzamiento de estratos de roca en la costa continental. Las Montañas Rocosas son inusuales, porque ascendieron más hacia el interior de lo que suelen hacer las cordilleras costeras, como la de los Andes (América del Sur). Los geólogos aún no han sabido explicarlo, aunque podría deberse a que la placa oceánica descendió en un ángulo mucho más abierto y, por lo tanto, se fundió con el manto en un punto más lejano de la costa.

permaneció cubierta por un enorme inlandsis, y la mayor parte del océano Ártico era una banquisa. El peso del inlandsis dejó cicatrices sobre el terreno, que luego se convertirían en cuencas para los Grandes Lagos, y su deshielo formó el gigantesco lago Agassiz. Cuando el inlandsis se fundió del todo, desencadenó torrentes que recibieron el nombre de inundaciones del Missoula (en Washington y en Oregón) y excavaron cañones y cascadas gigantescas que ahora son enormes barrancos desnudos, como los de Dry Falls (Washington).

El congelador de América del Norte

En la historia de la Tierra ha habido tres grandes periodos glaciales. El más reciente empezó hace 1,8 m.a. y duró hasta hace solo 11 700 años. Durante ese periodo, gran parte de lo que hoy es Canadá y el norte de EE UU

PERIODO GLACIAL
banquisa

Durante la fase más fría del último periodo glacial, hace 24 500 años, un gigantesco inlandsis cubrió la mitad meridional de América del Norte, y el océano Ártico era una banquisa.

inlandsis

Línea de falla activa

La pequeña placa del Farallón estuvo atrapada entre las placas pacífica y norteamericana, pero hace 30 m.a. desapareció por completo cuando las dos placas principales colisionaron y se subdujeron. Cuando la subducción se detuvo, las dos placas gigantescas empezaron a deslizarse la una junto a la otra en lugar de aplastarse mutuamente. Y así se formó la falla transformante más famosa del mundo: la falla de San Andrés, de casi 1300 km de longitud, desde la costa de Mendocino, hacia el sur, hasta las montañas de San Bernardino y el lago Saltón. Desde su formación, la tierra situada a ambos lados se ha movido un mínimo de 550 km. Cada temblor provoca terremotos devastadores.

FORMACIÓN DEL CONTINENTE NORTEAMERICANO

CLAVE ▬ Límite convergente ▬ Límite divergente

tierra por encima del nivel del mar

vía marítima Interior Occidental

subducción de la placa del Farallón

la vía marítima Interior Occidental desaparece

las Montañas Rocosas siguen ascendiendo

un mar somero separa las Américas

el archipiélago ártico canadiense aún no se ha formado, y está oculto bajo el casquete de hielo

Asia y América del Norte están unidas por tierra

la costa sur llega hasta el golfo de México

HACE 94 M.A. La gran vía marítima Interior Occidental divide América del Norte por la mitad. Se creó cuando la subducción de la placa del Farallón arrastró hacia abajo el interior del continente.

HACE 50-40 M.A. Las Montañas Rocosas ascienden cada vez más y la vía marítima Interior Occidental pierde profundidad hasta que se seca del todo.

HACE 18 000 AÑOS Los inlandsis contienen enormes masas de agua, y el nivel del mar es tan bajo que, en ocasiones, gran parte de la línea de costa de América del Norte supera los límites actuales.

NO de América del Norte

Cordillera de Alaska

La cadena montañosa más elevada fuera de Asia, a excepción de los Andes de América del Sur.

Esta cordillera se extiende a lo largo de 650 km como una media luna a través del centro sur de Alaska y es una impresionante barrera de altísimos picos nevados. Las montañas más altas se agrupan alrededor de Denali, el nombre que los koyukon nativos dieron a la cima más elevada de la cordillera de Alaska. Las montañas son un obstáculo formidable para el flujo de aire húmedo procedente del golfo de Alaska, más al sur, y, como resultado, experimentan nevadas abundantes. Por eso, los valles de la cordillera están ocupados por grandes glaciares, como el de Black Rapids (p. 43), que, junto a los espectaculares paisajes árticos, han convertido la cordillera de Alaska en un imán para senderistas.

PICOS MÁS ALTOS DE LA CORDILLERA DE ALASKA

1. Denali 6190 m
2. Monte Foraker 5304 m
3. Monte Hunter 4442 m
4. Monte Hayes 4216 m
5. Monte Silverthrone 4029 m

▽ CIMAS DE ALTURA
El Denali, también conocido como monte McKinley, está cubierto de nieve, y no solo es el pico más alto de la cordillera de Alaska, sino de toda América del Norte.

DIVIDIDOS
La cumbre del Sunburst se alza sobre el lago Cerulean, en las Rocosas canadienses. A la izquierda, el monte Assiniboine descansa sobre la divisoria continental.

FALLAS DE CABALGAMIENTO

Una falla de cabalgamiento es una fractura de la corteza en la que estratos de roca más profundos (y normalmente más antiguos) son empujados hacia arriba hasta quedar sobre otros más recientes. A veces, además, se ven empujados hacia adelante a lo largo de cientos de kilómetros.

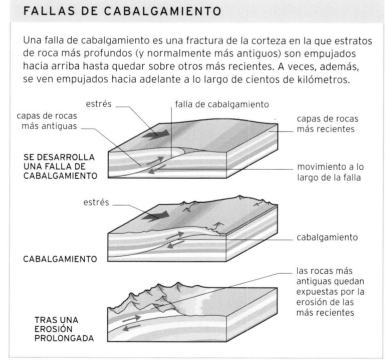

estrés — falla de cabalgamiento

capas de rocas más antiguas

capas de rocas más recientes

SE DESARROLLA UNA FALLA DE CABALGAMIENTO

movimiento a lo largo de la falla

estrés

CABALGAMIENTO

cabalgamiento

TRAS UNA EROSIÓN PROLONGADA

las rocas más antiguas quedan expuestas por la erosión de las más recientes

Las Montañas Rocosas cuentan con **más de 100 picos por encima de los 3000 m.**

Montañas Rocosas

De una belleza natural sublime, ocupan el centro de uno de los mayores cinturones montañosos de la Tierra, la cordillera Norteamericana.

O de América
del Norte

Las Montañas Rocosas, o las Rocosas a secas, se extienden a lo largo de casi 4800 km en dirección sur desde el norte de Columbia Británica (Canadá) y pasando por seis estados de EE UU, desde Montana a Nuevo México. En el interior de la cordillera se halla la divisoria continental de América del Norte: al oeste de la misma, los ríos fluyen hacia el océano Pacífico y, al este, hacia los océanos Atlántico y Ártico. El pico o cumbre más elevado de las Rocosas es el monte Elbert (Colorado), con 4401 m.

La formación de las Montañas Rocosas

Las Rocosas se han ido formando en distintas etapas a lo largo de los últimos 80 m.a., y su historia geológica es muy compleja. La cordillera contiene muchos ejemplos de pliegues y de fallas de cabalgamiento (p. anterior), por ejemplo, en las Rocosas canadienses y en Montana. También hay regiones muy afectadas por la actividad volcánica, como el parque Yellowstone (pp. 30–33), además de zonas que han pasado por varias glaciaciones.

Varios de los picos están cubiertos de bosques de coníferas, con tundra alpina por encima del límite arbóreo. La fauna de las Montañas Rocosas es muy diversa, e incluye alces, ciervos, cabras y ovejas montesas, osos, lobos y águilas calvas. Esta cordillera de paisajes extraordinarios es un destino turístico muy popular, sobre todo para actividades como la acampada, el senderismo, la pesca o la bicicleta de montaña.

▽ **JÓVENES Y AGRESTES**
La cordillera Teton (Wyoming) se alzó durante los últimos 13 m.a. y es una de las partes más recientes de las Rocosas. Cuenta con varios picos que superan los 3700 m de altitud.

El Capitán y Half Dome

Enormes afloramientos rocosos en el Parque Nacional Yosemite (California), compuestos casi íntegramente de granito.

O de América del Norte

TIPOS DE ROCA EN EL CAPITÁN

El Capitán se compone fundamentalmente de granito de El Capitán, una roca ígnea de 100 m.a. de antigüedad. El granito de Taft, más reciente, compone la mayoría del resto.

diorita en la «pared norteamericana»

granito de Taft

granito de El Capitán

Hace decenas de millones de años, en el subsuelo de lo que es ahora el centro de California, enormes cuerpos de magma ascendieron desde las profundidades de la corteza terrestre y se enfriaron, lo que dio lugar a la formación de múltiples plutones, o masas redondeadas de roca ígnea. Ahora, tras varios periodos de levantamientos y de erosión, muchos de esos plutones son visibles sobre la superficie, en forma de grandes acantilados y afloramientos rocosos. Dos de los más famosos se hallan en el Parque Nacional Yosemite: El Capitán y Half Dome.

Paredes imponentes

El Capitán es un coloso de granito de cerca de 1,5 km de anchura y unos 900 m desde la base hasta la cima en la cara más alta y debe su nombre a unos milicianos españoles que lo bautizaron así en 1851. A unos 8 km de distancia, se alza sobre el valle Yosemite el igualmente imponente Half Dome, cuyo nombre hace referencia a su forma. Una de sus caras es una pared vertical de unos 600 m de altura, mientras que las otras tres son lisas y redondeadas, por lo que desde algunos ángulos parece una cúpula partida por la mitad. Ambas formaciones son célebres por el reto que plantean a los escaladores. El Capitán, antaño considerado imposible de escalar, ya ha sido conquistado miles de veces y hay más de 70 vías de dificultad variable que llevan a la cima. En Half Dome, se ha construido un sendero desde el valle hasta la cima para los no aficionados a la escalada, que igualmente han de subir varios centenares de escalones excavados en el granito.

◁ **EL REGRESO DE LAS RAPACES**
El halcón peregrino anida de nuevo en El Capitán y otros puntos de Yosemite desde 2009, tras 16 años de ausencia.

O de
América
del Norte

Cordillera de las Cascadas

Una espectacular agrupación de volcanes y otros picos en el oeste norteamericano.

LA ERUPCIÓN DEL MONTE SAINT HELENS

En mayo de 1980, una violenta erupción desgarró el pico nevado del monte Saint Helens, el volcán más activo de la cordillera de las Cascadas. Durante varias semanas antes de la erupción, una de las laderas del volcán se había ido hinchando por el magma que se acumulaba en su interior. A las 8:32 del 18 de mayo, un terremoto provocó un corrimiento de tierras y una erupción lateral, a la que pronto siguió la desintegración total de parte de la ladera y de la cima del volcán.

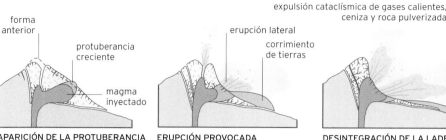

forma anterior
protuberancia creciente
magma inyectado

APARICIÓN DE LA PROTUBERANCIA

erupción lateral
corrimiento de tierras

ERUPCIÓN PROVOCADA POR EL TERREMOTO

expulsión cataclísmica de gases calientes, ceniza y roca pulverizada

DESINTEGRACIÓN DE LA LADERA

La cordillera de las Cascadas forma parte del Cinturón de Fuego, una franja de volcanes y montañas asociadas que presenta una forma de herradura y que bordea el océano Pacífico. La cordillera se extiende a lo largo de 1100 km, y se formó durante los últimos millones de años como resultado del proceso de subducción de la placa oceánica Juan de Fuca bajo la placa norteamericana.

Hervidero volcánico

La cordillera de las Cascadas incluye múltiples volcanes grandes y de aspecto magnificente, como los montes Baker, Rainier y Saint Helens (Washington), el monte Hood (Oregón) y el monte Shasta (California). Varios de los volcanes de las Cascadas han entrado en erupción al menos una vez durante los últimos 200 años, y todas las erupciones volcánicas en este mismo periodo en los llamados «EE UU contiguos» (todo los estados excepto Alaska y Hawái) han sido de volcanes de las Cascadas.

▽ **GIGANTE AMENAZADOR**
El monte Rainier, coronado por glaciares, es uno de los más peligrosos del mundo debido a su potencial eruptivo y su proximidad a la ciudad de Seattle.

▷ **MEGAEXPLOSIÓN**
La erupción del Saint Helens en 1980 fue la más letal en la historia de EE UU. La mayor parte de la ceniza emitida cayó sobre grandes áreas del noroeste del país.

La erupción del **monte Saint Helens en 1980** produjo un **penacho de ceniza** que **se alzó 24 km** en el aire.

◁ **ACANTILADOS DE DACITA**
Los acantilados de la imagen, con paredes verticales de casi 550 m de altura sobre el lago y que rodean un edificio llamado Llao Rock, son de dacita, un tipo de lava solidificada.

Borde de la caldera
El borde está cubierto por una gruesa capa de pumita y ceniza procedentes de la erupción que formó la caldera.

Plataforma sumergida
Este amplio montículo está compuesto por lava solidificada que brotó en el suelo de la caldera poco después de que el monte Mazama se desplomara.

Cono de escorias sumergido
La cima del cono Merriam está a 154 m bajo la superficie del lago.

▶ **LA CALDERA DEL LAGO DEL CRÁTER**
Este corte transversal del lago del Cráter atraviesa Wizard Island (una isla interior del lago). La caldera tiene unos 9 km de diámetro, y el lago que la llena es famoso por la excepcional claridad del agua y su intenso color azul, además de por ser uno de los lagos más profundos del mundo: casi 600 m.

Pico Hillman
A 606 m sobre la superficie del lago, es el punto más elevado del borde de la caldera.

Estrato basáltico
Este es el estrato de roca superior sobre el que se alzó el monte Mazama. Es lava solidificada de un volcán anterior.

Bloque hundido
Parte del suelo bajo el monte Mazama se fracturó en bloques, que se hundieron.

Conducto de magma
El magma ascendente produjo características volcánicas en el suelo de la caldera. Ahora, el conducto está bloqueado por lava solidificada.

Brecha volcánica
Los restos de la parte superior del monte Mazama formaron un grueso estrato de brecha volcánica, o fragmentos de roca sedimentaria cimentados.

los sedimentos tienen varios centenares de metros de grosor

Cámara magmática
La actividad hidrotermal del suelo del lago sugiere que aún hay una cámara magmática bajo la caldera.

Fractura anular
Apareció durante la erupción que provocó el hundimiento del monte Mazama.

◁ **WIZARD ISLAND**
Este cono de escorias creció unos siglos después del hundimiento del monte Mazama y, en la actualidad, alcanza los 230 m sobre la superficie del lago. Hace miles de años que no entra en erupción.

△ **VESTIGIOS VOLCÁNICOS**
Esta isla de forma peculiar, que sobresale unos 50 m sobre la superficie del lago, se llama Barco Fantasma. Está formada fundamentalmente de andesita, y son los restos de un volcán muy anterior al monte Mazama.

el nivel del agua es relativamente constante, a unos 1883 m sobre el nivel del mar

Estratos de rocas del Mazama
Enterrados alrededor de las orillas del lago yacen los restos del monte Mazama: lava y ceniza.

O de América del Norte

Lago del Cráter

El cráter hundido de un antiguo volcán de la cordillera de las Cascadas, ahora ocupado por un lago profundo.

El lago del Cráter (en Oregón) es uno de los mejores ejemplos del mundo de un volcán de caldera: un estratovolcán que, al hundirse parcialmente (normalmente durante la última fase de una erupción catastrófica), dio lugar a una depresión con forma de caldera gigantesca. Aunque la caldera se describe a veces como un gran cráter, suele ser un tipo de sumidero, ya que se forma tras un hundimiento, no tras una explosión. Con el tiempo, las calderas se suelen llenar de agua y forman un lago profundo, como el lago del Cráter.

El hundimiento de un estratovolcán

El estratovolcán que dio lugar a la caldera del lago del Cráter se llama monte Mazama. Antes de que la parte superior se hundiera, el Mazama alcanzaba unos 3700 m de altitud y era uno de los picos más altos de la cordillera de las Cascadas. Durante su erupción (dcha.), una columna de pumita y ceniza alcanzó los 50 km de altura. En la última fase de la erupción, un sistema de grietas circular (fractura anular) se abrió alrededor de las laderas inferiores del volcán y provocó la desintegración de la parte superior.

Tras este suceso, la actividad volcánica perduró durante un tiempo y creó características volcánicas relativamente pequeñas en el suelo de la caldera. Los sedimentos y el material arrastrado por el corrimiento de tierra cubrieron el suelo, y la caldera se fue llenando de agua gradualmente. Aunque no hay evidencias de que el lago del Cráter haya tenido actividad volcánica significativa alguna desde hace miles de años, es posible que vuelva a entrar en erupción en el futuro.

◁ **PINÁCULOS**
Estas formaciones con forma de aguja, a cierta distancia del lago, fueron antaño chimeneas de gas bajo una masa de pumita caliente. Las chimeneas se solidificaron y formaron tubos que ahora se alzan solitarios, porque los materiales más blandos que los rodeaban han desaparecido a causa de la erosión.

FORMACIÓN DEL LAGO DEL CRÁTER

Hace unos 7700 años, un gran estratovolcán llamado monte Mazama sufrió una erupción cataclísmica que dejó parcialmente vacía su cámara magmática. Una buena porción de su parte inferior y superior se hundieron, lo que formó una enorme depresión con forma de caldera y un borde elevado. Luego, la caldera se llenó de agua y formó el lago del Cráter.

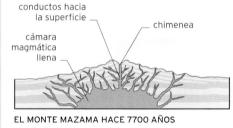

conductos hacia la superficie
chimenea
cámara magmática llena

EL MONTE MAZAMA HACE 7700 AÑOS

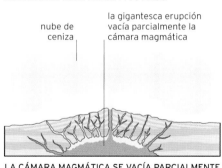

nube de ceniza
la gigantesca erupción vacía parcialmente la cámara magmática

LA CÁMARA MAGMÁTICA SE VACÍA PARCIALMENTE

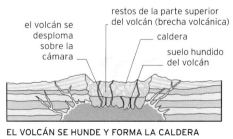

el volcán se desploma sobre la cámara
restos de la parte superior del volcán (brecha volcánica)
caldera
suelo hundido del volcán

EL VOLCÁN SE HUNDE Y FORMA LA CALDERA

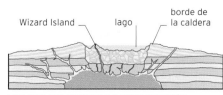

Wizard Island
lago
borde de la caldera

UNOS POCOS CIENTOS DE AÑOS DESPUÉS

El **lago del Cráter** es el **más profundo** de **Estados Unidos**, con **594 m** de profundidad.

O de
América
del Norte

Falla de San Andrés

Parte del límite a lo largo del cual dos placas tectónicas se deslizan la una junto a la otra y causan terremotos.

La falla de San Andrés es uno de los pocos lugares sobre la Tierra donde el límite entre dos placas tectónicas es visible sobre el terreno. Se extiende a lo largo de unos 1300 km en California, y es una falla continental transformante. A lo largo de la misma, la placa pacífica se desliza lentamente junto a la placa norteamericana (recuadro, abajo). Cada deslizamiento (que normalmente ocurre únicamente en una sección de la falla) viene acompañado de un terremoto. El gran temblor que asoló San Francisco en 1906 es el terremoto más famoso de los asociados a los movimientos de esta falla.

MOVIMIENTOS A LO LARGO DE LA FALLA

El desplazamiento relativo de las placas norteamericana y pacífica es de unos 4,6 cm anuales. Este movimiento da lugar a sacudidas en la falla, con periodos en los que el desplazamiento es nulo o escaso, interrumpidos por deslizamientos súbitos y significativos que dan lugar a grandes terremotos.

movimiento relativo de la placa pacífica

falla de San Andrés

movimiento relativo de la placa norteamericana

△ UNA CICATRIZ LINEAL
La falla de San Andrés divide visiblemente el paisaje en algunos puntos de California, como en la llanura de Carrizo, a unos 120 km al noroeste de Los Ángeles.

△ JUEGO CROMÁTICO
La Gran Fuente Prismática es el mayor manantial termal de Yellowstone y de EE UU. Debe sus colores a los pigmentos producidos por los microbios que viven en el agua y que proliferan con el calor.

▷ AGUA HIRVIENDO
La temperatura de estos manantiales termales puede acercarse al punto de ebullición, lo que significa que emiten continuamente vapor de agua, que se transforma en bellos penachos de vapor cuando la temperatura del aire sobre la superficie del manantial desciende.

NO de
América
del Norte

Yellowstone

Un parque nacional famoso por sus espectaculares manantiales termales, géiseres y otras características geotérmicas.

Yellowstone es el parque nacional más antiguo de EE UU y abarca casi 9000 km² de bosques, praderas, montañas, lagos y cañones. Contiene la mayor concentración de rasgos geotérmicos del mundo, como géiseres, llamativos manantiales termales y hervideros de lodo.

Fuente de calor
La actividad geotérmica de Yellowstone se debe a que parte de la región descansa sobre una gigantesca cámara magmática subterránea, que es una fuente de constante calor (pp. 32–33). La actividad hidrotermal se concentra en áreas separadas llamadas cuencas de géiseres: Upper Geyser Basin contiene unos 150 géiseres, entre ellos, el famoso Old Faithful, y arroyos de colores. Muchos géiseres lanzan chorros a más de 30 m de altura. Sus abundantes precipitaciones se filtran por la corteza terrestre y se calientan en la cámara magmática; el abastecimiento de agua caliente para los arroyos y los géiseres es continuo.

Diversidad geológica
Montañas escarpadas, profundos valles excavados por glaciares, cascadas, cañones y una fauna y una flora riquísimas contribuyen a su atractivo. El Gran Cañón de Yellowstone y las dos cascadas en el río del mismo nombre resultan espectaculares. Yellowstone se considera como el mayor ecosistema intacto del mundo en la región templada del hemisferio norte, y es el hogar de muchos grandes mamíferos, como bisontes americanos, lobos, alces americanos y osos negros y grizzly.

Yellowstone tiene más de **300 géiseres**, casi **un tercio** de todos los que hay **en el mundo**.

◁ **SURTIDOR**
Cada 10 o 12 horas, el géiser Castle lanza un chorro de agua caliente de casi 27 m de altura durante unos 20 minutos. Se cree que ha sido así desde hace unos mil años.

Bajo un

SUPERVOLCÁN

En el mundo hay un puñado de supervolcanes: lugares que han experimentado como mínimo una erupción de nivel 8 en el índice de explosividad volcánica (IEV). Son las mayores explosiones conocidas por los geólogos, y los intervalos entre ellas tienden a medirse en decenas o cientos de miles de años. Estos lugares también son capaces de desencadenar en el futuro erupciones que podrían alterar radicalmente los paisajes y ejercer un impacto severo sobre el clima del planeta. Todos los supervolcanes son calderas que descansan sobre grandes cámaras magmáticas activas. El Parque Nacional Yellowstone está sobre un supervolcán que entró en erupción por última vez hace unos 640000 años, y bajo su caldera hay dos grandes cámaras magmáticas interconectadas. El calor de la cámara superior da lugar a la actividad geotérmica: manantiales termales, géiseres, fumarolas y hervideros de lodo.

◁ **HERVIDERO DE LODO**
Los manantiales termales ácidos, como el Caldero de Azufre, disuelven el terreno próximo y lo convierten en pozas de barro hirviendo y con olor a azufre, llamados hervideros de lodo.

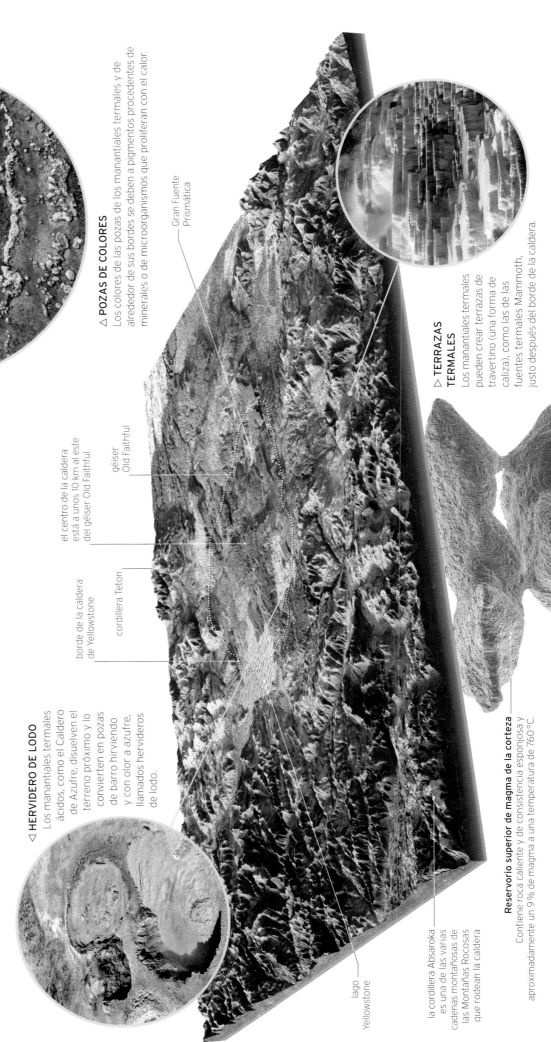

△ **POZAS DE COLORES**
Los colores de las pozas de los manantiales termales y de alrededor de sus bordes se deben a pigmentos procedentes de minerales o de microorganismos que proliferan con el calor.

Gran Fuente Prismática

△ **TERRAZAS TERMALES**
Los manantiales termales pueden crear terrazas de travertino (una forma de caliza), como las de las fuentes termales Mammoth, justo después del borde de la caldera.

el centro de la caldera está a unos 10 km al este del géiser Old Faithful

géiser Old Faithful

borde de la caldera de Yellowstone

cordillera Teton

lago Yellowstone

la cordillera Absaroka es una de las varias cadenas montañosas de las Montañas Rocosas que rodean la caldera

Reservorio superior de magma de la corteza
Contiene roca caliente y de consistencia esponjosa y aproximadamente un 9% de magma a una temperatura de 760°C.

Reservorio inferior de magma de la corteza
Contiene roca caliente y aproximadamente un 2 % de magma a unos 1000 °C. La cantidad de material llenaría el Gran Cañón más de 11 veces.

► LA CALDERA DE YELLOWSTONE
La fuente de calor de la caldera de Yellowstone es un penacho del manto: una masa de roca caliente y semisólida que asciende lentamente por el manto y que proporciona calor y material a los reservorios de magma debajo de Yellowstone.

Diques o grietas verticales
La roca caliente y el magma ascienden por los diques.

Penacho del manto
El penacho asciende como mínimo 1000 km, y es posible que se origine incluso en el límite entre el manto y el núcleo, que está a unos 2900 km de profundidad.

El **supervolcán de Yellowstone** entra en erupción una vez cada **600000–800000 años**.

△ **FUMAROLAS**
Dentro de la caldera de Yellowstone hay unos 4000 de estos agujeros en el suelo. Liberan vapor de agua y otros gases, algunos de los cuales huelen muy mal, como el sulfuro de hidrógeno.

VULCANISMO PASADO

La placa norteamericana se desplaza hacia el suroeste a unos 22 km por millón de años; mientras, el penacho del manto que hay debajo de Yellowstone permanece aproximadamente estacionario. Como resultado, los vestigios de erupciones y calderas del pasado se extienden a lo largo de cientos de kilómetros hacia el suroeste de Yellowstone.

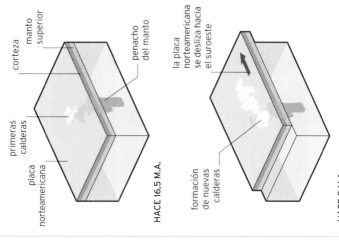

corteza
manto superior
penacho del manto
primeras calderas
placa norteamericana

HACE 16,5 M.A.

la placa norteamericana se desliza hacia el suroeste
formación de nuevas calderas

HACE 8 M.A.

la placa norteamericana sigue deslizándose hacia el suroeste
caldera Henry's Fork (próxima a la caldera de Yellowstone)

HACE 1,3 M.A.

Shiprock

Un tapón volcánico con dos picos y diques radiales espectaculares, que se alza sobre el desierto de Nuevo México.

SO de América del Norte

Shiprock es el tapón volcánico más famoso del suroeste americano, y se eleva 483 m sobre una planicie del desierto de la Nación Navajo, un territorio nativo americano en Arizona y Nuevo México. Estas formaciones, que también se conocen como cuellos volcánicos, se originan cuando en el interior de un volcán se forma una masa de roca resistente a la erosión una vez finalizada la erupción (dcha.).

Costillas rocosas

Shiprock es un monumento sagrado para el pueblo navajo, que lo llama *Tsé Bit'a'í*, que significa «roca con alas», probablemente por la presencia de prominentes diques, o paredes de roca volcánica, que irradian del monolito. Los tres más prominentes están a unos 120 grados entre ellos. Desde algunos puntos de vista, la formación recuerda a un ave.

FORMACIÓN DE SHIPROCK

Shiprock se compone de una dura roca ígnea llamada lamprófido, que se solidificó en el cuello de un antiguo volcán hace unos 30 m.a. Los diques radiales que lo acompañan se formaron aproximadamente al mismo tiempo. El resto del volcán, de roca más blanda, ha desaparecido por efecto de la erosión.

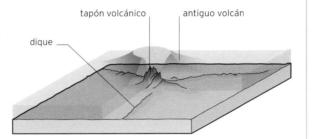
tapón volcánico
antiguo volcán
dique

△ **COMO LA HOJA DE UN CUCHILLO**
Parte de los diques de Shiprock tienen forma de cuchillo y una altura de 20 m sobre la planicie del desierto.

▽ **MONUMENTO NAVAJO**
La imagen muestra Shiprock y tres de sus diques. Según una leyenda navajo, en los picos de la roca anidaban aves monstruosas que se alimentaban de carne humana.

El **dique** más **largo** de **Shiprock** tiene casi **3 km de longitud**.

O de
América
del Norte

Torre del Diablo

Un monolito gigantesco de 40 m.a. de antigüedad rodeado de columnas basálticas.

La Torre del Diablo, uno de los lugares más emblemáticos de EE UU, se suele describir como un cerro testigo (colina aislada con paredes verticales y una pequeña cima plana) o un cuello volcánico. Todavía se debate sobre si se formó en el interior de un volcán o no, pero los expertos coinciden en que empezó como una masa de magma que se enfrió y se solidificó en el subsuelo. Sobre el cuerpo principal que se iba enfriando en ese proceso se formaron columnas poligonales altamente uniformes y que aún son visibles.

Es un lugar sagrado para los nativos norteamericanos, y en 1906 se convirtió en el primer monumento nacional estadounidense. También es famoso por aparecer en la película de 1977 *Close Encounters of the Third Kind*.

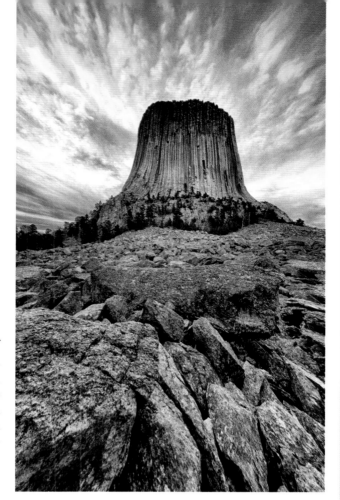

△ **UN MONUMENTO DE ALTURA**
La Torre del Diablo tiene una altura de 264 m desde la base rocosa hasta la cima, relativamente plana y que tiene aproximadamente la superficie de un campo de fútbol.

FORMACIÓN DE LA TORRE DEL DIABLO

Una de las teorías sugiere que primero se formó un volcán, y que, después, parte del magma en su interior se solidificó y se convirtió en una masa sólida que quedó expuesta en forma de torre cuando la erosión destruyó las capas de roca superiores.

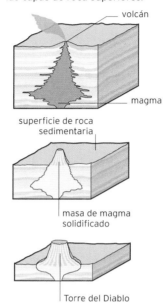

volcán

magma

superficie de roca sedimentaria

masa de magma solidificado

Torre del Diablo

Apalaches

Una compleja y bellísima cadena de cordilleras montañosas que van desde Alabama hasta el sureste de Canadá.

E de América
del Norte

Los Apalaches son los restos erosionados de un antiguo cinturón de montañas que se formó hace unos 500 m.a. por las colisiones entre continentes. Durante los últimos 65 m.a., el cinturón se ha alzado y erosionado hasta convertirse en una vasta región de colinas y montañas redondeadas y mayormente boscosas. Cuenta con muchas provincias (o áreas) paralelas (recuadro, abajo), como la cordillera Blue Ridge, caracterizada por el halo azulado que la rodea vista a distancia. En parte, el color se debe a las sustancias químicas que los árboles liberan a la atmósfera.

▽ **PALETA OTOÑAL**
En otoño, el follaje crea una explosión de color en los Apalaches, tal y como se ve en la cordillera de las montañas Blancas, en el norte de los Apalaches.

EN EL INTERIOR DE LOS APALACHES

Este corte transversal de oeste a este en la parte central de los Apalaches muestra los pliegues, las fallas y las crestas, y también las provincias en que se divide todo el cinturón.

mesetas de los Apalaches | provincia de valles y crestas | cordillera Blue Ridge | piedemonte | océano Atlántico

estratos sedimentarios | falla | pliegues

Cueva de los Cristales

Una cueva subterránea mexicana con forma de herradura y que contiene
algunos de los cristales naturales más grandes que se hayan descubierto jamás.

S de
América
del Norte

La cueva de los Cristales está a 300 m bajo una montaña en Naica (en el norte de México) y fue descubierta en abril del año 2000 por unos trabajadores de la mina de Naica que estaban excavando un túnel nuevo. La cámara está llena de gigantescos cristales de selenita, un mineral.

El cristal más grande de la cueva mide 12 m de longitud y pesa 50 toneladas.

El nacimiento de gigantes

La cueva, formada por la erosión de la caliza que forma la montaña de Naica, existe desde hace varios miles de años. En algún momento después de su formación, cuando estaba inundada de agua, aguas freáticas ricas en minerales ascendieron y entraron en contacto con el agua más fría y rica en oxígeno de la superficie en la vecindad de la cueva. El oxígeno se dispersó en las aguas freáticas e hizo que la selenita se depositara en

forma de cristales. Este proceso se prolongó a un ritmo extremadamente lento durante al menos 500 000 años y dio lugar a los gigantescos cristales que existen hoy.

Terra incognita

La cueva sigue estando relativamente inexplorada, por su profundidad y la presencia continua de agua caliente bajo la superficie. La temperatura del aire puede alcanzar 58 °C, y la cueva está cerrada al público, por el momento.

△ UN TESORO DE YESO

Las reservas de cristal que se han encontrado en la cueva son de selenita, una variedad de yeso blanda y de color claro que contiene sulfato de calcio hidratado.

◁ BOSQUE DE CRISTAL

La cueva de los Cristales (México) alberga algunos de los mayores cristales naturales que se hayan descubierto. Las gigantescas vigas de selenita se alzan sobre los exploradores de la caverna.

UBICACIÓN DE LA CUEVA DE LOS CRISTALES

La montaña de Naica alberga varias cavernas, como la cueva de los Cristales. Algunas pueden explorarse solo porque la Compañía Minera de Naica bombea agua subterránea para bajar el nivel del agua.

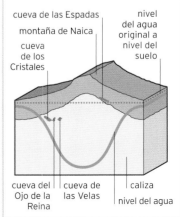

cueva de las Espadas

nivel del agua original a nivel del suelo

montaña de Naica

cueva de los Cristales

cueva del Ojo de la Reina

cueva de las Velas

caliza

nivel del agua

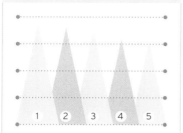

1 San Rafael 3730 m
2 El Potosí 3720 m
3 El Nacimiento 3710 m
4 Sierra de La Marta 3705 m
5 Teotepec 3550 m

Sierra Madre

Un sistema de majestuosas cordilleras que se extiende en diagonal a través de México y forma parte de la cordillera Norteamericana.

S de América del Norte

La Sierra Madre, en México, tiene tres partes: Sierra Madre Occidental (en el noroeste de México), Sierra Madre Oriental (en el noreste) y Sierra Madre del Sur (en el sur). Entre las cordilleras Oriental y Occidental se halla la Mesa del Centro, que son estratos de roca sedimentaria depositados en mares someros hace entre 250 y 65 m.a., y que luego se erosionaron y dieron lugar a los paisajes angulosos y agrestes de la Sierra Madre Occidental y a los más redondeados de la Oriental.

Algunas partes de la cordillera también contienen restos de actividad volcánica pasada, en forma de intrusiones de roca ígnea y de lava endurecida tras ser vertida por volcanes que desaparecieron hace ya mucho tiempo.

Un paisaje laberíntico

La cara oeste de la Sierra Madre Occidental consiste en una serie de elevadas escarpaduras (pendientes empinadas que se forman por la erosión o en una falla) cuyas paredes caen en gargantas profundas llamadas barrancas. Las dimensiones de algunas de ellas, como las barrancas del Cobre, son comparables a las del Gran Cañón (pp. 54–57) en EE UU.

La Sierra Madre Oriental está atravesada por numerosos valles angostos y de pendientes abruptas. Muchos están alineados en dirección norte-sur, pero en estas montañas hay también varios pasajes que van desde las tierras bajas del golfo de México hacia el este. La Sierra Madre del Sur es un laberinto de crestas estrechas y de valles de flancos empinados.

◁ **UN GRAN DESCENSO**

El cañón de Urique forma parte de las barrancas del Cobre en Sierra Madre Occidental, y es el más profundo de América del Norte: desciende 1870 m desde su punto más elevado.

Popocatépetl

El segundo volcán más alto de América del Norte y el segundo pico más elevado de México, con una historia de erupciones violentas.

S de América del Norte

El Popocatépetl (que significa «montaña que fuma», en la lengua azteca) tiene 5636 m de altitud, y es famoso por la ferocidad de sus erupciones, su nombre de difícil pronunciación y su proximidad a Ciudad de México, cuya área metropolitana es la más extensa de las Américas.

Naturaleza violenta

El Popocatépetl, o el «Popo», es un estratovolcán cuyas erupciones pueden verse desde casi cualquier punto de Ciudad de México. A lo largo de los últimos miles de años, ha experimentado tres erupciones plinianas (explosiones muy violentas que producen enormes penachos de gas y cenizas), un tipo de explosión que puede causar muchas muertes en zonas pobladas. Tras una erupción masiva en 1947, el volcán permaneció inactivo hasta que volvió a la vida en 1994. Desde ese momento se ha visto emanar

humo casi a diario del enorme cráter de la cima. En el año 2000 se pudo presenciar la erupción más espectacular de los últimos mil años. En abril de 2016 volvió a entrar en erupción y expulsó lava, ceniza y rocas. Desde entonces ha seguido provocando explosiones potentes a intervalos regulares.

▽ **CONO ELEVADO**

Su altura, su forma simétrica y la cima cubierta de nieve otorgan al Popocatépetl un aspecto imponente.

△ ARROYOS DE AGUA DE DESHIELO
En verano, aparecen arroyos
de agua de deshielo por todo
el inlandsis. Se estima que cada
año pierde unos 250 km³ de hielo.

N de
América
del Norte

Inlandsis de Groenlandia

El mayor glaciar en el hemisferio norte terrestre, que cubre el 80% de la isla de Groenlandia y contiene gran parte de la reserva de agua dulce del planeta.

El de Groenlandia es el segundo inlandsis, o glaciar continental, más grande del mundo (y el segundo glaciar), después del inlandsis de la Antártida (pp. 306–307): cubre unos 1,71 millones de km² de Groenlandia. Se estima que tiene un volumen de 2,85 millones de km³, un grosor medio de 1670 m y un grosor máximo de 3205 m. Se cree que parte del hielo tiene hasta 110000 años de antigüedad.

Forma y movimiento

La superficie del inlandsis está ligeramente abombada y alcanza una altura de unos 3290 m sobre el nivel del mar en la cúspide de la bóveda. A partir de ese punto, el hielo desciende lentamente hacia los bordes del inlandsis, donde en su mayor parte está limitado por montañas costeras. Solo llegan al mar unas cuantas lenguas anchas. Como resultado, Groenlandia no tiene plataformas de hielo, a diferencia de la Antártida. En muchos lugares, el hielo fluye por los espacios entre las montañas en forma de glaciares de desbordamiento. Cuando llegan a la costa, descargan un gran número de icebergs al mar. Uno de estos glaciares, el Jakobshavn, al oeste de Groenlandia, es el glaciar más rápido del mundo. En su extremo marino, el hielo fluye a una velocidad de 1 m por hora.

Amenazas al nivel del mar y al agua dulce

El calentamiento global está fundiendo el inlandsis de Groenlandia. Si se fundiera completamente, el nivel del mar subiría unos 7,2 m, por lo que muchas de las mayores ciudades del mundo quedarían sumergidas, y el planeta perdería un 6,5 % de sus reservas de agua dulce.

◁ **DEPREDADOR ÁRTICO**
Aunque apenas se aventuran sobre el inlandsis mismo, los osos polares son muy activos alrededor de sus bordes en la costa de Groenlandia, donde cazan focas.

△ **ORIGEN DE ICEBERGS**
Un helicóptero vuela frente al extremo del glaciar Graah, un glaciar de desbordamiento que fluye del inlandsis de Groenlandia. De vez en cuando, se desprenden de esta pared de hielo icebergs enormes.

◁ **ARRASTRADOS POR LA CORRIENTE**
Del extremo del glaciar Russell (Groenlandia), emerge un arroyo de agua de deshielo que lleva fragmentos de roca arrastrados por el hielo.

FLUJOS DEL HIELO Y DIVISORIAS GLACIALES

Aunque el hielo cubre la mayor parte de Groenlandia, hay una zona sin hielo de amplitud variable a lo largo de la mayor parte de la costa de la isla. La nieve que cae sobre el inlandsis se compacta en hielo y fluye lentamente hacia la costa siguiendo las líneas de la imagen. Líneas imaginarias llamadas divisorias glaciales separan zonas de hielo que avanzan hacia costas distintas.

líneas del flujo de hielo

divisoria glacial

franja costera sin hielo

El **glaciar Jakobshavn** genera alrededor de **90 millones de toneladas** diarias de **icebergs**.

Glaciar Columbia

Un enorme glaciar en Alaska que se mueve con rapidez pero que también retrocede a gran velocidad.

NO de América del Norte

El glaciar Columbia tiene una superficie de unos 920 km² y una longitud de 40 km, lo cual lo convierte en uno de los mayores de Alaska. Desciende de las montañas Chugach, en el sur de Alaska, hasta el estrecho del príncipe Guillermo (una ensenada en el golfo de Alaska), donde gran cantidad de icebergs se desprenden del cuerpo principal y caen al mar.

Un retroceso glaciar récord

El glaciar Columbia es uno de los más rápidos de América del Norte, pero su rápido movimiento hacia adelante se ve compensado por la pérdida acelerada de icebergs en su frente, a un ritmo de unos 13 millones de toneladas diarias. En consecuencia, el frente glaciar ha retrocedido desde la década de 1960, y desde 2011 se ha desprendido de algunos de sus principales glaciares tributarios. La retirada del glaciar no se puede atribuir solo al calentamiento global, porque otros glaciares cercanos no se encogen a la misma velocidad. Por el contrario, se cree que también tiene que ver con la forma del canal de roca bajo el glaciar.

EL RETROCESO DEL GLACIAR COLUMBIA

Desde 1960, el desprendimiento de icebergs del frente glaciar ha provocado un retroceso de 20 km. La imagen muestra las posiciones a intervalos de aproximadamente 15 años desde 1969.

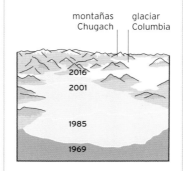

montañas Chugach   glaciar Columbia

2016
2001
1985
1969

◁ **FRENTE EN RETIRADA**
Unas dos terceras partes de la superficie del glaciar visible en la fotografía, tomada a mediados de la década de 2000, son agua ahora.

▽ **FORMACIÓN MILITAR**
Múltiples crevasses surcan la parte superior del glaciar y dan lugar a un ejército de pináculos de hielo sobre la superficie.

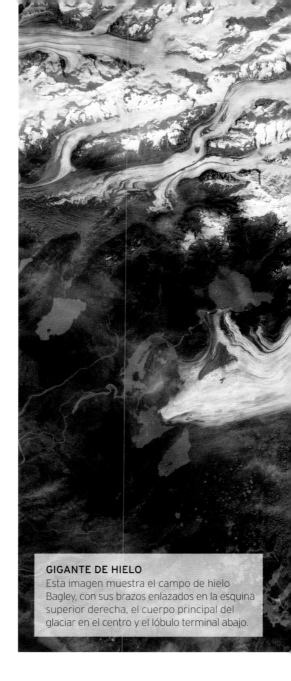

GIGANTE DE HIELO
Esta imagen muestra el campo de hielo Bagley, con sus brazos enlazados en la esquina superior derecha, el cuerpo principal del glaciar en el centro y el lóbulo terminal abajo.

△ **FRAGMENTOS DE HIELO**
Gigantescos icebergs se desprenden del frente glaciar y flotan durante meses en el lago Vitus.

Glaciar de Bering

El glaciar más largo de América del Norte (y el de mayor superficie), que termina en un lago y está parcialmente cubierto de vegetación espesa.

NO de América
del Norte

Este glaciar tiene unos 178 km de longitud y fluye desde las montañas Chugach (Alaska) hasta el golfo de Alaska. En algunos puntos, el hielo alcanza un grosor de unos 800 m. El glaciar tiene dos partes principales. La parte superior, el campo de hielo Bagley, está a unos 1,1–2,0 km sobre el nivel del mar y es una enorme cuenca de hielo limpio formado por la compactación de nieve caída. Tiene una longitud de unos 90 km y llena completamente varios valles interconectados. La parte inferior es un amplio brazo de hielo que acaba en un lóbulo terminal de forma aproximadamente ovalada, de unos 42 km de anchura y parcialmente cubierto de vegetación y trozos de roca. El frente glaciar termina en el lago Vitus, un gran lago de agua de deshielo. Varios arroyos recorren la corta distancia entre el lago y el borde del lóbulo terminal hasta la costa.

△ **FLOR DE HIELO**
Sobre algunas de las zonas inferiores del glaciar, que consisten en hielo estancado, crecen varias plantas, como esta *Romanzoffia*.

PÉRDIDAS Y GANANCIAS DE HIELO

El hielo desciende hasta la zona de ablación, y se pierde por el deshielo y la evaporación. La línea de equilibrio marca el punto de inflexión entre las zonas de pérdida y ganancia de hielo. Su zona de acumulación es un enorme campo de hielo a una altitud de 1,1 km, y la zona de ablación comprende prácticamente el resto del glaciar.

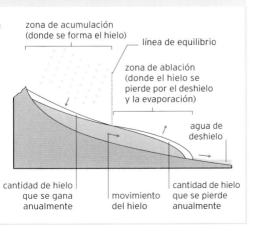

zona de acumulación
(donde se forma el hielo)

línea de equilibrio

zona de ablación
(donde el hielo se pierde por el deshielo y la evaporación)

agua de deshielo

cantidad de hielo que se gana anualmente

movimiento del hielo

cantidad de hielo que se pierde anualmente

Glaciar Kaskawulsh

Un gigantesco glaciar en Canadá, célebre por su magnitud y por sus impresionantes morrenas mediales.

NO de
América
del Norte

El glaciar Kaskawulsh, con una superficie de unos 1000 km², se extiende a lo largo de unos 70 km a través de las montañas St. Elias, en Yukón (Canadá). El frente glaciar produce agua de deshielo que mantiene el nivel del lago Kluane, uno de los más grandes de Yukón.

Rayas imponentes

Todos los glaciares limitados por valles cuentan con oscuras bandas longitudinales llamadas morrenas laterales (p. 150), que contienen fragmentos de roca que se han desprendido de las paredes del valle y que ahora arrastra el glaciar. Cuando dos glaciares se unen y forman uno mayor, las morrenas laterales de los glaciares originales se suelen combinar y forman una gran franja oscura que desciende por el glaciar resultante y que recibe el nombre de morrena medial. La mitad inferior del glaciar Kaskawulsh cuenta con varias morrenas mediales muy marcadas, que se formaron a partir de una serie de minifusiones de sus distintos brazos, o tributarios, corriente arriba. El glaciar tiene tres brazos principales, y cada uno cuenta con sus propios tributarios.

La **morrena medial más ancha** del glaciar supera los **400 m** de anchura.

▷ **UNIÓN DE IGUALES**
En la imagen, se aprecia cómo distintos brazos del glaciar se unen en la distancia. La unión da lugar a la morrena medial (franja oscura) más ancha en la superficie inferior del glaciar.

Glaciar Malaspina

El glaciar de piedemonte más grande y bello del mundo, un enorme lóbulo de hielo extendido sobre una amplia llanura.

NO de
América
del Norte

El enorme glaciar Malaspina alcanza los 65 km de ancho, y avanza hacia adelante unos 45 km desde el punto en que la «raíz» de hielo surge entre el espacio que dejan varias montañas cerca de la costa de Alaska. Los estudios de ondas sísmicas que lo han atravesado han concluido que el hielo alcanza un grosor de hasta 600 m.

Lóbulo estampado

El glaciar cuenta con un complejo patrón de bandas claras y oscuras sobre su superficie: las oscuras son morrenas que contienen restos de rocas. Las bandas están dispuestas en zigzags y remolinos, y se cree que se formaron por la alternancia, quizá estacional, de flujos rápidos y lentos de hielo. En la superficie habitan colonias de unas diminutas criaturas llamadas gusanos de hielo.

△ **REMOLINO HELADO**
El glaciar, con sus enormes remolinos de hielo, lleva el nombre de Alessandro Malaspina, un explorador italiano que lo visitó en 1791.

GLACIAR DE PIEDEMONTE

Los glaciares de piedemonte se forman donde el flujo de hielo de un valle se desborda a una llanura amplia por una abertura estrecha. El hielo se extiende y forma un lóbulo ancho.

valle glaciar — salida estrecha — llanura amplia

lóbulo ancho

Glaciar Black Rapids

Un singular glaciar, el mayor en la cordillera de Alaska, que cuenta con una historia de fases de avance excepcionalmente rápido.

NO de
América
del Norte

El glaciar Black Rapids, que desciende por un valle en la zona centro-sur de Alaska, es uno de los más accesibles del mundo, dado que su frente está a pocos kilómetros de una carretera. Tiene una longitud de 40 km y varios tributarios. En 2002, debido a un terremoto, gran parte de su superficie quedó enterrada bajo restos de roca.

El Black Rapids es un glaciar en oleadas, en el que se dan rápidas transferencias periódicas de hielo de la parte superior a la inferior, que aumenta de grosor y avanza con rapidez. En 1937 ocupó los titulares de los periódicos durante tres meses, en los que súbitamente empezó a avanzar a una velocidad de 30 m diarios (más de 20 veces la normal) y su frente empezó a descender rápidamente por el valle. Durante ese periodo, lo llamaron glaciar Galopante. Sin embargo, desde dicha oleada, el Black Rapids ha ido retrocediendo de forma constante hasta su longitud actual, un mínimo histórico.

△ **ALETA DE HIELO**
Las aletas de hielo, causadas por la presión ascendente sobre el hielo cuando un glaciar se desplaza sobre un lecho de roca muy duro, son muy raras. Esta fue vista en el Black Rapids en 2013.

◁ **DESHIELO DE SUPERFICIE**
En la región superior del Black Rapids pueden aparecer lagos e incluso arroyos de superficie cuando el agua de deshielo se forma con más rapidez de lo que el glaciar puede reabsorber.

NO de América
del Norte

Glaciar Kennicott

Un glaciar espectacular y accesible en el Parque Nacional de Wrangell-St. Elias, en el centro-sur de Alaska.

El glaciar Kennicott desciende desde el sur de las montañas Wrangell, y su principal fuente de hielo son las laderas del monte Blackburn, un volcán apagado, erosionado y cubierto de hielo que es también el quinto pico más elevado de EE UU. Tiene unos 42 m de longitud.

Brazos y tributarios

La parte superior del glaciar Kennicott tiene dos brazos, el occidental y el oriental, que fluyen alrededor de una cresta de roca y de un nunatak (un pequeño pico rocoso que sobresale del hielo) llamado Isla Packsaddle. Una vez unidos estos dos brazos, el tronco principal y su impresionante morrena medial descienden hacia el sur, hasta que se unen a dos grandes tributarios, los glaciares Gates y del Root, antes de pasar por una comunidad minera abandonada llamada Kennecott. Termina en un frente amplio, cubierto de rocas y rodeado de lagunas y lagos de deshielo someros. Por debajo del glaciar fluyen varios arroyos, que al desembocar se unen y forman el río Kennicott.

Se puede acceder a los glaciares Kennicott y del Root desde una carretera construida para abastecer a la antigua comunidad minera. Las excursiones guiadas a los glaciares ofrecen la oportunidad de ver las formaciones de hielo, las lagunas de un azul intenso y los arroyos sobre la superficie de los glaciares, además de explorar las cuevas de hielo que hay debajo. Al cruzar el glaciar del Root se accede al pico Donoho. Las extraordinarias vistas sobre toda la región recompensan el agotador ascenso.

El glaciar ha **perdido** unos **75 m de grosor** desde la década de 1960.

▷ **CUEVA SUBGLACIAR**
Bajo el borde del glaciar encontramos un mundo de brillante hielo azul, goteras de agua y luz que atraviesa las grietas. Estas cuevas solo pueden visitarse con seguridad en momentos concretos del año, por el riesgo estacional de inundación.

▶ **GLACIAR KENNICOTT**
El Kennicott es un glaciar de valle prototípico y está limitado por las montañas que lo rodean. Abarca un área de unos 250 km². La imagen muestra el glaciar en toda su longitud, desde el monte Blackburn hasta su frente, en la fuente del río Kennicott.

Restos englaciales
Rocas y polvo arrastrados en el interior de glaciar.

arroyo de deshielo sobre la superficie

restos de roca que han caído sobre la superficie del glaciar

Morrena medial
Línea de restos de roca formada por la unión de dos morrenas laterales tras la fusión de dos o más glaciares.

Morrena lateral
Restos de roca arrastrados y depositados a los lados del glaciar.

Canal de agua
Los canales llevan agua de deshielo a lo largo de la base del glaciar.

canal de hielo vertical (moulin)

Crevasses
Largas fisuras cuneiformes sobre la superficie del hielo.

△ **ANATOMÍA DE UN VALLE GLACIAR**
Un valle glaciar prototípico, como el del Kennicott, tiene una profundidad de varios centenares de metros, y presenta restos de roca sobre la superficie, en su interior y arrastrados en los laterales y en la base. El hielo no es sólido, sino que está fracturado por las crevasses y horadado por los canales de agua de deshielo.

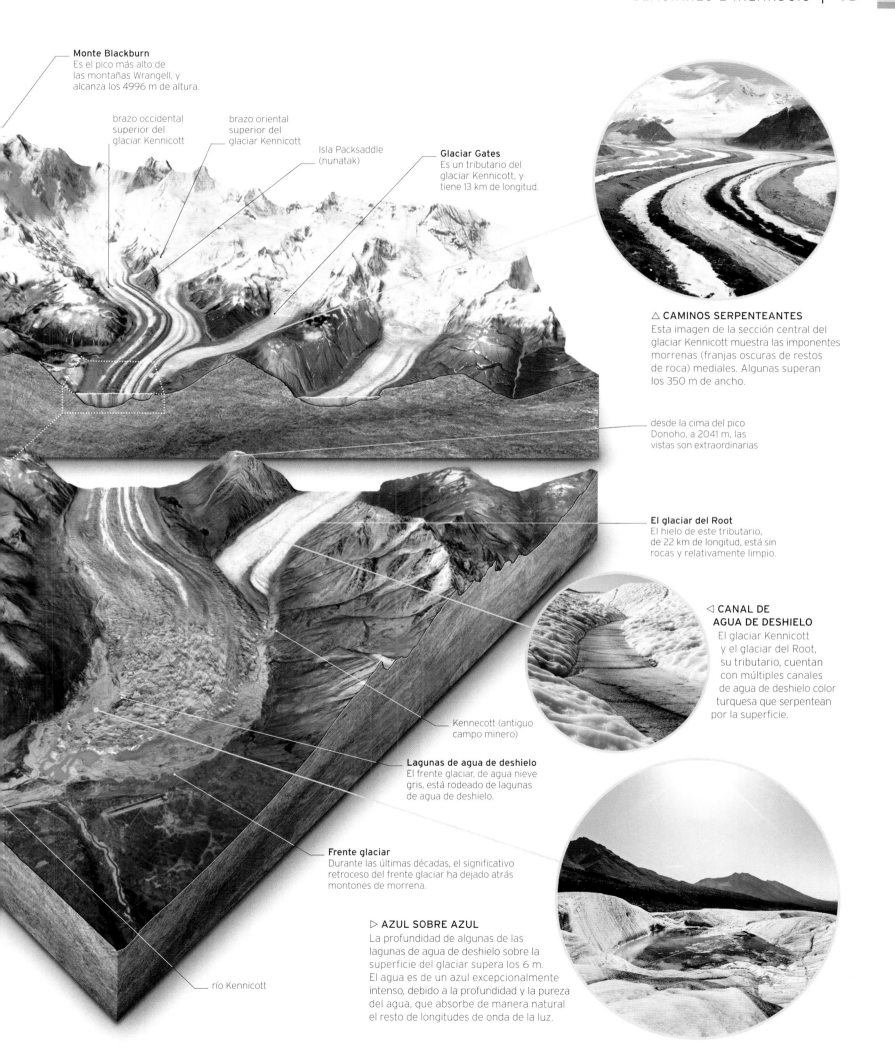

Monte Blackburn
Es el pico más alto de
las montañas Wrangell, y
alcanza los 4996 m de altura.

brazo occidental
superior del
glaciar Kennicott

brazo oriental
superior del
glaciar Kennicott

Isla Packsaddle
(nunatak)

Glaciar Gates
Es un tributario del
glaciar Kennicott, y
tiene 13 km de longitud.

△ CAMINOS SERPENTEANTES
Esta imagen de la sección central del
glaciar Kennicott muestra las imponentes
morrenas (franjas oscuras de restos
de roca) mediales. Algunas superan
los 350 m de ancho.

desde la cima del pico
Donoho, a 2041 m, las
vistas son extraordinarias

El glaciar del Root
El hielo de este tributario,
de 22 km de longitud, está sin
rocas y relativamente limpio.

◁ CANAL DE
AGUA DE DESHIELO
El glaciar Kennicott
y el glaciar del Root,
su tributario, cuentan
con múltiples canales
de agua de deshielo color
turquesa que serpentean
por la superficie.

Kennecott (antiguo
campo minero)

Lagunas de agua de deshielo
El frente glaciar, de agua nieve
gris, está rodeado de lagunas
de agua de deshielo.

Frente glaciar
Durante las últimas décadas, el significativo
retroceso del frente glaciar ha dejado atrás
montones de morrena.

▷ AZUL SOBRE AZUL
La profundidad de algunas de las
lagunas de agua de deshielo sobre la
superficie del glaciar supera los 6 m.
El agua es de un azul excepcionalmente
intenso, debido a la profundidad y la pureza
del agua, que absorbe de manera natural
el resto de longitudes de onda de la luz.

río Kennicott

NO de
América
del Norte

Glaciar Mendenhall

Un glaciar parcialmente hueco y próximo a la ciudad de Juneau (Alaska) que es célebre por sus asombrosas cuevas de hielo azul.

El Mendenhall es uno de los 38 grandes glaciares que descienden por el campo de hielo de Juneau. Tiene una longitud de unos 21 km y termina en un lago lleno de icebergs. Retrocede y se encoge desde, como mínimo, inicios del siglo XVIII, y en los últimos años ha experimentado varias fases de retroceso rápido. Se prevé que en 2020 se habrá separado del lago por completo.

Explorar el glaciar

Cruzar en canoa el lago de deshielo permite acceder al lateral del frente glaciar, ascender por la superficie y explorar las cuevas de hielo, con bóvedas de intenso color azul y arroyos que fluyen sobre sus rocas. La fauna de la región comprende castores, osos, salmones (durante el desove) y glotones (un carnívoro parecido a un oso pequeño).

▷ **DESCENSO AZUL**
Un escalador desciende por un canal vertical *(moulin)* hacia una de las grandes cuevas del glaciar.

◁ **EXPLORADOR DEL HIELO**
A veces se ven glotones en esta zona. Se cree que usan los glaciares para almacenar temporalmente a sus presas.

DRENADO DEL AGUA DE DESHIELO

Muchos glaciares contienen en su región inferior amplios sistemas de drenaje del agua de deshielo, como canales verticales *(moulins)* y arroyos en la base. Los cambios en la pauta de drenaje pueden hacer que los canales se sequen y queden como cuevas de hielo interiores, como en el caso del Mendenhall.

arroyo de
superficie

fractura
llena de
agua

laguna de superficie

crevasse
llena de agua

canal vertical

canal de
desagüe

canal de agua en
la base del glaciar

cueva de hielo en lo que
fue un canal de desagüe

lecho de roca

NO de
América
del Norte

Glaciar Margerie

Un glaciar con una espectacular pared terminal de la que caen icebergs azules a la bahía de los Glaciares.

El glaciar Margerie se origina en el extremo oriental de las montañas St. Elias, en el sureste de Alaska, y descarga icebergs en la bahía de los Glaciares, en el golfo de Alaska. Los glaciares que flotan hasta el mar reciben el nombre de glaciares de marea. La pared terminal del Margerie está en la ensenada de Tarr, en el extremo norte de la bahía, y tiene una altura de 80 m. A diferencia de la mayoría de los glaciares de Alaska, no ha retrocedido durante los últimos años.

La historia de la bahía de los Glaciares

La bahía estaba cubierta por un glaciar gigantesco cuando el capitán George Vancouver, de la Marina Real británica, la exploró en 1794. Sin embargo, las temperaturas más elevadas y la reducción de la precipitación de nieve desde entonces la transformaron en un fiordo de 100 km de longitud con múltiples glaciares más pequeños, como el Margerie, que la alimentan con hielo y agua de deshielo.

◁ **DESPRENDIMIENTO**
Un gran bloque de hielo se desprende del frente glaciar del Margerie, de 1,5 km de anchura, y cae a la bahía de los Glaciares. Esto ocurre varias veces al día, entre chasquidos estruendosos.

CUNA DE ICEBERGS

Los glaciares que llegan a la costa se extienden muy poco sobre el mar. El estrés provocado por el peso del glaciar hace que se desprendan trozos de hielo, que flotan en forma de iceberg.

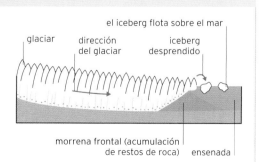

el iceberg flota sobre el mar

glaciar

dirección del glaciar

iceberg desprendido

morrena frontal (acumulación de restos de roca)

ensenada

O de
América
del Norte

Yukón

Uno de los cursos de agua más largos de América del Norte, con meandros que recorren algunos de sus últimos parajes salvajes.

El río Yukón tiene una longitud de 3185 km y es el tercer río más largo de América del Norte, después del Misuri y el Misisipi. Tiene ocho afluentes principales, y sus tributarios drenan un área de unos 850 000 km², la cuarta mayor cuenca de drenaje de América del Norte.

Un viaje épico

Desde su fuente en las montañas de Columbia Británica, el Yukón fluye lento hacia el noroeste por los bosques de las tierras bajas del territorio del Yukón antes de entrar en Alaska, donde se extiende en un enorme humedal llamado los llanos del Yukón (Yukon Flats). A partir de ahí, el curso bajo del río gira hacia el suroeste y recorre en su totalidad el paisaje relativamente plano que compone el centro de Alaska hasta desembocar en el mar de Bering.

La gigantesca escala del Yukón y los remotos paisajes que atraviesa han generado una mitología romántica acerca de la vida fronteriza asociada a su nombre. El río fue uno de los principales medios de transporte para los pioneros de la fiebre del oro de Klondike, a principios del siglo XIX, y sigue siendo un curso de agua épico para cualquiera con alma de aventurero.

▷ **RUTA MIGRATORIA**
A principios de mayo, se ven grandes bandadas de grullas canadienses en varios puntos a lo largo del Yukón, las cuales se dirigen al noroeste de Siberia y al oeste de Alaska para anidar.

A pesar de sus 3185 km de longitud, **solo cuatro puentes** cruzan el río Yukón.

△ **UN PASO PELIGROSO**
Five Finger Rapids (rápidos de los Cinco Dedos) es uno de los puntos más conocidos del río Yukón, que aquí se divide en canales alrededor de cuatro grandes torres de rocas. Los primeros buscadores de oro encontraron aquí un obstáculo peligroso.

◁ **CURSO SERPENTEANTE**
Durante gran parte de su curso inferior, el río Yukón es lento y serpenteante, con grandes meandros y brazos muertos dispersos por toda su llanura de inundación.

FORMACIÓN DE UN BRAZO MUERTO

Con el tiempo, la erosión y la deposición acentúan la forma de los meandros. Al final, el río cierra su curso alrededor del cuello del meandro y adopta una ruta más directa. La sección abandonada forma un brazo muerto, con una característica forma de U.

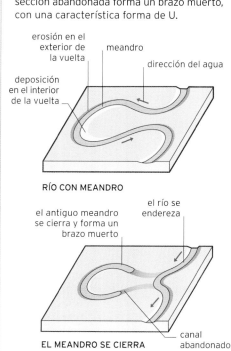

erosión en el exterior de la vuelta
meandro
dirección del agua
deposición en el interior de la vuelta

RÍO CON MEANDRO

el río se endereza
el antiguo meandro se cierra y forma un brazo muerto

canal abandonado

EL MEANDRO SE CIERRA

O de América del Norte

Lago Abraham

Un lago glacial donde se forman inusuales esculturas naturales bajo su superficie congelada en invierno.

El lago Abraham es un lago artificial formado tras la construcción de la presa del río Saskatchewan Norte, en el norte de Alberta (Canadá), en 1972. Se extiende a lo largo de 32 km y está orientado de norte a sur a lo largo del valle fluvial. Alcanza una amplitud máxima de 3,3 km.

Bajo la superficie

Durante la mayor parte del año, el lago Abraham exhibe el agua de color turquesa que caracteriza la mayoría de los lagos glaciares en las Rocosas canadienses. Sin embargo, en invierno, bajo la transparente superficie helada, aparecen unas extrañas columnas de burbujas que recuerdan a discos de algodón. Estas formaciones contienen gas metano muy inflamable, producido por las bacterias del fondo del lago al descomponer materia orgánica muerta. En verano, el gas metano asciende a la superficie y escapa, pero en invierno queda atrapado hasta el deshielo primaveral, ofreciendo una visión deslumbrante.

△ **COLUMNAS DE BURBUJAS**
Las burbujas de gas metano que ascienden desde el fondo del lago quedan atrapadas en el hielo cuando alcanzan la superficie, más fría. La sucesión de burbujas se congela y forma columnas.

HACIENDO OLAS

Los Grandes Lagos pueden exhibir fenómenos marinos. Los vientos sostenidos pueden crear potentes corrientes y olas gigantescas, como estas en el lago Erie.

ALTURAS Y PROFUNDIDADES

Este perfil muestra las profundidades y las elevaciones de los Grandes Lagos. Cuatro de los lagos están a distinta altura y producen el efecto de un curso de agua escalonado que fluye de oeste a este. El lago Superior es el más profundo, y alberga más agua que los otro cuatro juntos.

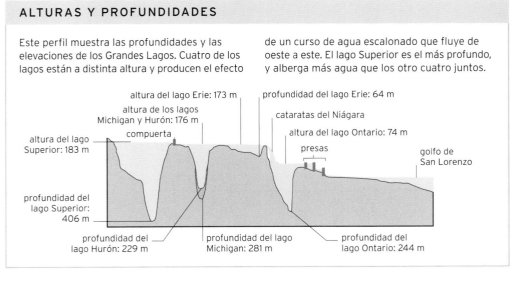

altura del lago Erie: 173 m

altura de los lagos Michigan y Hurón: 176 m

profundidad del lago Erie: 64 m

cataratas del Niágara

altura del lago Ontario: 74 m

compuerta

altura del lago Superior: 183 m

presas

golfo de San Lorenzo

profundidad del lago Superior: 406 m

profundidad del lago Hurón: 229 m

profundidad del lago Michigan: 281 m

profundidad del lago Ontario: 244 m

△ CONGELACIÓN INVERNAL

El invierno congela grandes áreas de los Grandes Lagos, lo cual afecta a la navegación. Aquí se aprecia la característica forma de las galletas de hielo sobre el lago Hurón.

E de
América
del Norte

Grandes Lagos

El mayor sistema de lagos de agua dulce del planeta, a veces llamados mares interiores.

Los Grandes Lagos abarcan un total de 244 000 km² (un área mayor que la de Reino Unido), y contienen una quinta parte del agua dulce en superficie del mundo, en un sistema que se compone de cinco lagos interconectados: el Superior, el Michigan, el Hurón, el Erie y el Ontario. Recoge agua de oeste a este, y desemboca en el océano Atlántico por el río San Lorenzo. Aunque el gradiente entre los lagos es ligero en general, el descenso del lago Erie al Ontario da lugar a las espectaculares cataratas del Niágara (p. 52).

Costas diversas

Los Grandes Lagos empezaron a formarse al final del último periodo glacial, cuando inlandsis en movimiento excavaron cuencas gigantescas que, tras el deshielo, se llenaron de agua. La forma actual de los lagos empezó a consolidarse hace unos 10 000 años. Las costas son muy diversas, y van desde playas de arena a acantilados rocosos e incluso humedales. Junto a las orillas de los lagos se alzan también varias ciudades importantes, como Toronto, Chicago, Cleveland, Búfalo y Detroit.

hileras
de placas
óseas de
protección

las barbillas le permiten detectar presas en el fondo del lago

hocico
con forma
de pala

◁ **UNA DE MILES**
Los lagos contienen 35 000 islas, cuya superficie varía desde unos pocos metros, como esta del lago Superior, a varios miles de kilómetros cuadrados.

▷ **EL NATIVO MÁS GRANDE**
El esturión de lago es el mayor de las más de 150 especies de peces nativos de los Grandes Lagos. Crece hasta una longitud de unos 2 m y un peso de 90 kg o más.

El estado de **Michigan** es **interior** pero tiene **más costas** que California o **Florida**.

Cataratas del Niágara

*Un sistema de cascadas tan potente como célebre
y con uno de los mayores caudales del planeta.*

E de
América
del Norte

△ **CASCADA CANADIENSE**
Se puede experimentar la increíble
potencia de las cataratas del Niágara
desde un barco que lleva a los pies de la
cascada Canadiense, o de la Herradura,
una de las maravillas del mundo.

Las cataratas del Niágara son un sistema de tres cascadas
en el río Niágara por el que el agua fluye del lago Erie al
lago Ontario. Las cascadas, sobre la frontera entre Canadá
y EE UU, forman el extremo sur de la garganta del Niágara.

La espectacular cascada Canadiense, o de la Herradura
(Horseshoe), es la mayor de las tres, con una anchura de
670 m y una caída vertical de más de 57 m a una poza

de 35 m de profundidad. La cascada Estadounidense y la
diminuta cascada del Velo de la Novia (Bridal Veil) caen
entre 20 m y 35 m sobre un talud (una pendiente rocosa)
que se formó en 1954 tras un gigantesco desprendimiento
de rocas. En el momento de caudal máximo, por las tres
cascadas pasan 170 millones de litros por minuto.

Marcha atrás

Las cataratas del Niágara se formaron donde el río
Niágara caía por un gran escarpe en su curso hacia
el océano Atlántico. En un proceso que prosigue en
la actualidad, el río fue erosionando las capas de roca
blanda bajo una cubierta de dura dolomita. A medida
que las capas más blandas se erosionaban y retrocedían
bajo la dolomita, grandes trozos de la dura roca
superior cedieron y formaron un acantilado vertical.

▽ **UN GANSO CARACTERÍSTICO**
La barnacla canadiense es una de
las aves más relevantes de la zona
de las cataratas del Niágara. Algunas
son residentes, pero, durante las
migraciones de primavera y de
verano, grandes bandadas
de estas aves también
pasan por allí.

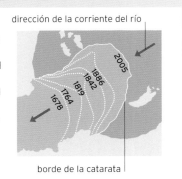

CASCADAS EN RETIRADA

El enorme poder de
erosión de las cataratas
del Niágara se hace
evidente por la velocidad
del movimiento, que se
registra desde finales del
siglo XVII. Se cree que, al
ritmo de erosión actual,
las cataratas llegarán
al lago Erie dentro de
unos 50 000 años.

dirección de la corriente del río

2005
1886
1842
1819
1764
1678

borde de la catarata

En los últimos **12 500 años**, las cataratas
del Niágara han **retrocedido 11 km**.

△ MEANDROS

En su curso inferior, el Misisipi y sus tributarios fluyen con lentitud. Serpentean por un paisaje de contornos suaves que incluye hábitats de bosques bajos (como en la imagen) y abiertas llanuras de inundación.

◁ EL DELTA DE PIE DE PÁJARO

El delta del Misisipi, también llamado delta de pie de pájaro, por su forma, deposita en el golfo de México más de 550 toneladas anuales de sedimentos ricos en nutrientes que dan lugar a que proliferen las algas.

Misisipi-Misuri

Un enorme sistema fluvial que se extiende sobre gran parte de América del Norte, desde las Montañas Rocosas, en el oeste, a los Apalaches, en el este.

C de América del Norte

El sistema fluvial Misisipi-Misuri constituye la mayor cuenca hidrográfica de América del Norte, y drena más del 40 % de los llamados EE UU contiguos (todos los estados excepto Alaska y Hawái). La fuente del Misisipi se halla en el lago Itasca, al norte de Minnesota, del que surge como un arroyo de tan solo 3 m de ancho. Los tributarios occidentales del Misisipi, que incluyen los del Misuri, drenan las grandes llanuras, y los orientales drenan la meseta de los Apalaches.

Un gran río

En conjunto, el sistema Misisipi-Misuri se extiende a lo largo de 5970 km, lo cual lo convierte en el cuarto río más largo del mundo, tras el Nilo, el Amazonas y el Yangtsé. El Misuri está cargado de sedimentos (de ahí que se le llame también «Big Muddy», o «Gran Turbio»), y descarga en el Misisipi, de aguas más claras, justo al norte de San Luis. Sin embargo, hasta después de su confluencia con el río Ohio (el mayor tributario del Misisipi por caudal) en Cairo (Illinois), el río no alcanza el esplendor que llevó a los nativos algonquinos a llamarlo *Misi-ziibi*, o «Gran Río».

▷ FALSA TORTUGA MAPA

Las falsas tortugas mapa son endémicas de los grandes arroyos y ríos del Misisipi-Misuri. Es habitual encontrarlas tomando el sol sobre troncos y rocas.

DELTAS CAMBIANTES

El actual delta del Misisipi evolucionó a partir del fin del último periodo glacial, cuando los niveles de agua empezaron a estabilizarse. Durante los últimos 9000 años, se ha desplazado unos 320 km en una secuencia de, como mínimo, siete episodios. La imagen muestra los siete lóbulos principales y los cambios en el curso del río.

curso actual del río Atchafalaya

curso actual del río Misisipi

CLAVE

- Ubicación hace 4600 años
- Hace 4600-3500 años
- Hace 3500-2800 años
- Hace 2800-1000 años
- Hace 1000-300 años
- Hace 750-550 años
- Hace 550 años

SO de América del Norte

Gran Cañón

Las paredes de la gigantesca garganta excavada por el río Colorado contienen un registro de 1700 m.a. de historia.

El Gran Cañón del Colorado es un valle espectacular que el río Colorado ha excavado en la meseta homónima a lo largo de millones de años, y constituye uno de los paisajes más emblemáticos de América del Norte. Célebre por sus espectaculares formaciones rocosas, precipicios escarpados y tonalidades extraordinarias, este cañón debe su nombre a su colosal escala. Tiene una profundidad de 1220 m de media a lo largo de toda su longitud (446 km), y de 1830 m en su punto más profundo; su anchura máxima es de 29 km.

Un registro histórico

El Gran Cañón, una de las formaciones geológicas de la Tierra más estudiadas, es una extraordinaria muestra de la fuerza de la erosión. Las capas de roca expuestas en sus paredes constituyen un registro de una historia geológica que se remonta casi 2000 m.a., aunque el cañón es mucho más joven.

▷ **EL PRECIPICIO DE TUWEEP**
El sol atraviesa la niebla matutina e ilumina las paredes del cañón y, mucho más abajo, las aguas del río Colorado.

◁ **NECESIDAD DE TRACCIÓN**
El carnero salvaje llamado musmón tiene pezuñas hendidas que se separan para mejorar el agarre y permitirle libertad de movimientos sobre las pendientes. Puede sobrevivir sin beber agua durante largos periodos de tiempo.

En algunos puntos, **el cañón** supera los **1,8 km de profundidad**.

LA FORMA DEL CAÑÓN

El Gran Cañón se extiende desde el paraje de Lees Ferry, al este, hasta Grand Wash Cliffs, al oeste. Además del canal fluvial principal, los cañones laterales albergan cientos de kilómetros de tributarios. La vertiente norte del cañón está unos 300 m por encima de la vertiente sur, ya que la meseta desciende suavemente de norte a sur.

límite de la vertiente norte

extremo superior del cañón

cañón de Mármol

Great Thumb Point

río Colorado

Tuweep

Supai

Phantom Ranch

vertiente norte

Angel's Window

extremo inferior del cañón

límite de la vertiente sur

meseta de Powell (pp. 56-57)

Cómo se forma un
CAÑÓN

El Gran Cañón es un espectacular ejemplo de garganta, un abrupto valle montañoso erosionado por un río. Los procesos de meteorización han contribuido tanto a moldear el interior del cañón –creando mesas, cerros testigo y agujas que se suelen ver en lugares áridos y semiáridos– como a ensancharlo (recuadro, abajo).

Un río necesita un gran poder de erosión para excavar una garganta tan profunda. El Colorado debe el suyo a su pronunciada pendiente, que conlleva una alta velocidad del flujo de sus aguas, y a su relativamente elevada carga de sedimentos, que permite que el agua ejerza un efecto abrasivo sobre el canal y lo ahonde.

El Gran Cañón es un cañón relativamente joven excavado en rocas antiguas. Es probable que el Colorado adquiriera la fuerza necesaria para excavar el cañón cuando la meseta del Colorado fue empujada hacia arriba por fuerzas tectónicas, lo cual aumentó la pendiente del lecho del río. Este incremento repentino de la potencia de un río se llama rejuvenecimiento.

FORMACIÓN DEL GRAN CAÑÓN

La meseta del Colorado se compone de varias capas (o estratos) de roca sedimentaria, como caliza, arenisca y lutita. La forma del cañón depende parcialmente de la resistencia de estas rocas ante procesos de meteorización y erosión.

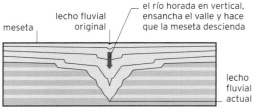

meseta — lecho fluvial original — el río horada en vertical, ensancha el valle y hace que la meseta descienda — lecho fluvial actual

EROSIÓN VERTICAL
El río Colorado ha ido excavando la meseta poco a poco. El cañón se ensancha significativamente cuando el río encuentra estratos de roca relativamente blanda.

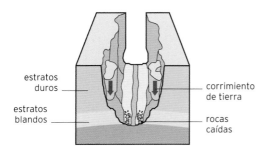

estratos duros — estratos blandos — corrimiento de tierra — rocas caídas

COLAPSO DE UN PRECIPICIO
El río erosiona con relativa facilidad los estratos blandos, lo cual provoca que los precipicios de roca más dura queden sin sostén y acaben cayendo.

▶ **EL GRAN CAÑÓN**
Este corte transversal del Gran Cañón, en una zona próxima a la meseta de Powell, muestra varias de las formaciones geológicas creadas por el poder de erosión del río Colorado. Cada estrato de roca ha presentado un nivel de resistencia distinto ante el río.

El borde sur
El borde sur se inclina en dirección contraria al cañón, por lo que el agua que cae sobre él no fluye hacia el Colorado.

Pendientes suaves
Cuando un río encuentra una capa de roca blanda, como la lutita, forma pendientes suaves.

◁ **LA CONFLUENCIA DEL COLORADO**
El río Pequeño Colorado es uno de los afluentes más grandes del Colorado. Los afluentes suman tanto agua como sedimentos al canal principal y, con frecuencia, alteran el color del agua. El punto donde dos ríos se encuentran recibe el nombre de confluencia.

Las **rocas más antiguas** expuestas en las paredes del **fondo del cañón** tienen casi **2000 m.a. de antigüedad.**

Cañón lateral
Los afluentes del río principal excavan cañones laterales. Los del Gran Cañón han contribuido a su anchura.

◁ **MEANDRO ENCAJADO**
Los meandros son curvas sinuosas que suelen encontrarse en los cursos inferiores y llanos de los ríos. Los que se forman en ríos confinados en un cañón reciben el nombre de meandros encajados, los cuales excavan gargantas profundas, como las del Gran Cañón, a lo largo de cauces preexistentes.

△ **MESETA DE KAIBAB**
El Gran Cañón atraviesa el extremo sur de la meseta de Kaibab, cuyos estratos superiores son de caliza.

El borde norte
El borde norte está a mayor altitud que el borde sur, y experimenta temperaturas mucho más bajas y precipitaciones de nieve durante el invierno.

Precipicios abruptos
Los precipicios suelen contar con roca más resistente, normalmente arenisca y caliza unidas con fuerza.

Estratos de rocas
Los estratos de roca sedimentaria suelen ser horizontales, y los más recientes descansan sobre los más antiguos, por lo que forman un registro geológico que la erosión revela.

El río Colorado
El Colorado fluye sobre el lecho del cañón y sigue erosionando las capas de roca.

▷ **COMPLEJO METAMÓRFICO DE VISHNU**
Estas rocas cristalinas y muy duras (una combinación de esquisto, granito y gneis) expuestas cerca de los pies del Gran Cañón son de las más antiguas del mismo: se formaron hace más de 1700 m.a.

Estratos de roca más antigua
A diferencia de los estratos de roca sedimentaria superiores, los estratos de roca más antigua se componen de rocas ígneas y metamórficas, capaces de resistir la meteorización y la erosión. Por eso, el fondo del cañón es estrecho y con paredes abruptas.

▷ CAZADOR NOCTURNO

Miles de murciélagos de cola suelta mexicanos viven en la cueva de los Murciélagos, al principio del complejo de cavernas. Permanecen en sus nidos durante el día y salen a cazar por la noche.

la cola se extiende más allá de las membranas

grandes orejas externas

S de América del Norte

Cavernas de Carlsbad

Un vasto sistema de cuevas subterráneas con gran variedad de formaciones de calcita.

Bajo el desierto de Chihuahua, en la sierra de Guadalupe (Nuevo México), se abren enormes cámaras y pasajes subterráneos decorados con estalactitas y estalagmitas formadas mediante un proceso poco habitual: aguas freáticas ricas en ácido sulfúrico invadieron y disolvieron a gran escala la piedra caliza. Solo entonces, el agua de lluvia filtrada entró en las cavernas resultantes y las adornó con las formaciones de calcita que admiramos hoy. La famosa Big Room (Salón Grande), una amplia cámara que en algunos puntos alcanza los 191 m de anchura, contiene muchos elementos extraordinarios, como el Hall of Giants (Sala de los Gigantes), una serie de estalagmitas gigantes que se alzan hasta casi 20 m sobre el suelo de la caverna, y la Painted Grotto (Gruta Pintada), coloreada por pigmentos de óxido de hierro y de hidróxido.

ESTALACTITAS, ESTALAGMITAS Y PILARES

Cuando el agua saturada de minerales se filtra por el techo y gotea, los residuos se acumulan y acaban formando una estalactita. Cuando las gotas de agua caen al suelo, crean un cúmulo de residuo que crece hasta convertirse en una estalagmita. Con el tiempo, ambas se unen y forman un pilar.

el agua llega a la cueva y gotea desde el techo

EL AGUA SE FILTRA

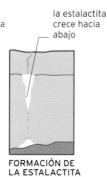

la estalactita crece hacia abajo

FORMACIÓN DE LA ESTALACTITA

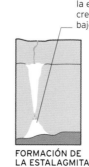

la estalagmita crece hacia arriba bajo la estalactita

FORMACIÓN DE LA ESTALAGMITA

la estalactita y la estalagmita se unen

FORMACIÓN DEL PILAR

◁△ UNA DECORACIÓN INTRINCADA

Muchos de los techos de las grutas están cubiertos de delicadas estalactitas tubulares, o macarrones, formadas cuando el agua avanza lentamente a través de las grietas de la roca. Los depósitos de calcita con forma de cortina, o coladas (izda.), se forman cuando el agua fluye sobre las paredes de la caverna.

Pantano Okefenokee

Uno de los pantanos más grandes de América del Norte y un ecosistema de humedal con una biodiversidad extraordinaria.

SE de América del Norte

El pantano Okefenokee, situado entre los estados de Georgia y Florida, es un gran humedal somero en una cuenca que antaño estuvo bajo el océano Atlántico. Está dominado por turberas, pero también contiene lagos, llanuras inundadas y bosques mixtos. Tiene una superficie de 1770 km², y se lo considera el pantano de «aguas negras» más grande de América del Norte. Aunque sus aguas no tienen sedimentos, son de color oscuro por los taninos que liberan la turba y la vegetación en descomposición.

Durante los 7000 años en que el pantano se ha ido formando, la turba se ha ido acumulando a profundidades superiores a los 4,5 m. En algunas zonas, las secciones flotantes tiemblan cuando se camina sobre ellas. Traducido de la lengua hitchiti, Okefenokee significa «temblor de agua». Dos ríos drenan el pantano: el Santa María, que desemboca en el océano Atlántico, y el Suwannee, en el golfo de México.

Una floreciente vida silvestre

El pantano Okefenokee es un mosaico de hábitats donde vive una gran variedad de animales y plantas. Es un refugio para más de 230 especies de aves, muchas de ellas zancudas y acuáticas, y es muy conocido por su abundancia de anfibios y reptiles, como aligátores americanos, serpientes y la tortuga aligátor, una de las tortugas de agua dulce más grandes. También es un hábitat clave para una población de osos negros de Florida y otros mamíferos, como linces y nutrias. Además, cuenta con más de 600 especies de plantas, como las carnívoras droseras, utricularias y plantas jarro, que han desarrollado sus inusuales dietas para compensar la pobreza del suelo.

◁△ **AGUAS ÁCIDAS**
La acidez del agua y del suelo del pantano Okefenokee ha llevado a las plantas a desarrollar su ingenio. La planta jarro es una de las diversas variedades que capturan y digieren insectos en sus hojas adaptadas.

FORMACIÓN DE CIÉNAGAS

Las turberas ombrotróficas se forman por la acumulación de sedimentos en zonas inundadas. Una turbera minerotrófica se crea cuando aguas freáticas ricas en minerales impiden que la materia vegetal se pudra. Conforme la superficie se eleva sobre el agua, el musgo crece, y sus restos se convierten en turba de pantano.

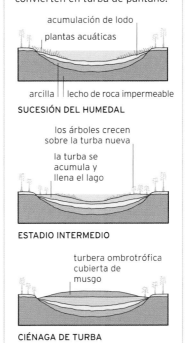

acumulación de lodo

plantas acuáticas

arcilla — lecho de roca impermeable

SUCESIÓN DEL HUMEDAL

los árboles crecen sobre la turba nueva

la turba se acumula y llena el lago

ESTADIO INTERMEDIO

turbera ombrotrófica cubierta de musgo

CIÉNAGA DE TURBA

Everglades

El único sistema de humedales subtropicales de América del Norte, dominados por las emblemáticas praderas de Cladium, *conocidas en la zona como «río de hierba».*

SE de
América
del Norte

Los Everglades, que se hallan en el extremo sur de la península de Florida, son un gran humedal que contiene múltiples hábitats de tierras bajas. Gran parte de la zona interior está cubierta por las famosas praderas de *Cladium*, permanentemente inundadas de agua. Este «río de hierba», como se lo conoce en la zona, contiene lagos, cursos de agua *(sloughs)* y pantanos de cipreses en los bordes; para su mantenimiento y regeneración, depende de los incendios, que suelen ser causados por relámpagos. En las islas de arboledas de caducifolios crecen caobas tropicales, robles y arces, mientras que algunas de las zonas más elevadas, como algunas crestas secas, están cubiertas de pino elioti (resinoso). En las zonas costeras, donde se mezclan el agua dulce y la salada, dominan los marjales y los manglares. El sistema combinado de manglares de los Everglades, que cubre la costa, las ensenadas y los estuarios, es el más grande del hemisferio occidental.

Hábitats cruciales

Los Everglades son una importante escala migratoria, y albergan a más de 400 especies de aves. También viven allí unas 50 especies de reptiles, y es el único lugar del mundo en el que conviven aligátores y cocodrilos. El humedal proporciona hábitats vitales para muchas especies amenazadas y en peligro de extinción.

▷ **ZANCUDA LOCAL**
Las espátulas rosadas, que anidan en los árboles, emprenden su vuelo al amanecer para alimentarse de peces y otras presas pequeñas.

Uno de cada tres habitantes de Florida depende de los Everglades para obtener agua.

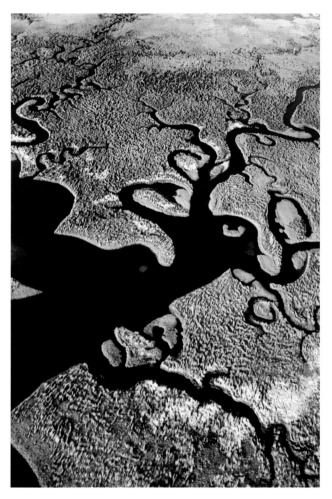

△ **PASTANDO BAJO EL AGUA**
Una manatí antillana y su cría pastan en aguas someras y se alimentan de pastos marinos y otras plantas acuáticas.

◁ *SLOUGHS* **SERPENTEANTES**
Los *sloughs* son cursos de agua que serpentean lentamente entre praderas de *Cladium* antes de verter su agua dulce en las aguas salobres de un estuario de los Everglades.

▷ **PANTANOS DE CIPRESES**
Los pantanos de cipreses, que se encuentran por todos los Everglades, están poblados por árboles que se han adaptado a las inundaciones, y albergan a muchas especies, como los crocodilianos.

SUCESIÓN ECOLÓGICA

Este corte transversal muestra la relación entre los distintos tipos de vegetación y los niveles de inundación. Las áreas boscosas se desarrollan lentamente a medida que las capas de materia orgánica se acumulan y elevan el terreno. El cambio de un tipo al siguiente, conocido como sucesión, puede verse afectado por incendios o factores medioambientales, y es susceptible de llegar a invertirse.

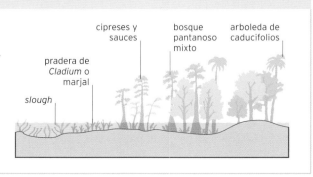

cipreses y sauces · bosque pantanoso mixto · arboleda de caducifolios · pradera de *Cladium* o marjal · slough

O de
América
del Norte

Pozo de Thor

Este agujero en una zona rocosa de la costa de Oregón es como un sumidero gigantesco.

De unos 6 m de profundidad, el pozo de Thor, ubicado en una zona costera llamada cabo Perpetua, es circular y tiene un agujero en el fondo que lo conecta con el mar abierto. Cuando las olas lo golpean durante la marea alta, se llena hasta desbordarse y lanza agua de mar al aire. Entonces, vuelve a succionar el agua durante varios segundos, por lo que da la impresión de que drena el mar.

Un abismo agitado

Sus aguas se remueven con especial espectacularidad durante la marea alta. Tal agitación depende de la altura de la marea y de la dirección y del tamaño de las olas, aunque también el viento puede ser un factor. Durante las tormentas, el pozo puede expulsar agua con gran violencia, lo que hace peligroso acercarse demasiado a él.

△ **SUMIDERO NATURAL**
Durante la marea alta, y aproximadamente cada 10 segundos, da la impresión de que el océano cae a un pozo sin fondo. Es una visión espectacular.

Gran cantidad de **mejillones se aferran** a las **paredes** del pozo y resisten los embates del agua.

O de
América
del Norte

Bahía de Monterrey

Un diverso ecosistema con bosques sumergidos de sargazos gigantes y un cañón submarino.

La bahía de Monterrey ocupa una larga franja de la costa de California. Bajo el agua hay un espeso bosque de sargazos gigantes y el extremo costero de uno de los cañones submarinos más grandes del mundo, que se prolonga a lo largo de unos 100 km hacia el suroeste. Playas prístinas y bellas pozas de marea rodean la bahía.

Un santuario marino

Frente a la costa, el Santuario Marino Nacional de la Bahía de Monterrey abarca un área de unos 15 700 km², y alberga una fauna de gran diversidad, que incluye más de 30 especies de mamíferos, más de 300 especies de peces y casi 100 especies de aves.

◁ **BOSQUE DE ALGAS**
En las aguas ricas en nutrientes de la bahía crecen varias especies de sargazos, un alga que puede crecer hasta 50 cm diarios. Algunos ejemplares llegan a ser tan altos como un árbol.

Big Sur

Una larga franja de la costa central de California con montañas abruptas y vistas asombrosas.

O de América del Norte

Big Sur, una franja de costa de unos 160 km de longitud, está considerada como uno de los más espectaculares encuentros del mar con la tierra del mundo. Algunas secciones planas de las laderas de las colinas situadas por encima de la línea de costa reciben el nombre de terrazas marinas, y son antiguas playas elevadas por la actividad tectónica. La estrecha y serpenteante carretera que recorre Big Sur ofrece unas vistas extraordinarias sobre el océano Pacífico. Tanto la carretera como el conjunto de Big Sur suelen experimentar corrimientos de tierra por la acción de las olas, el debilitamiento de los acantilados a causa de fallas y fracturas, la destrucción de vegetación por los incendios estivales y las intensas lluvias del invierno.

LA VERTIENTE COSTERA DE BIG SUR

Una parte de la costa de Big Sur, hacia el oeste de Cone Peak (en la cordillera de Santa Lucía) cuenta con la vertiente costera más abrupta de EE UU, excepto las de Alaska y Hawái. Aquí, la tierra se eleva brusca y escalonadamente hasta Cone Peak, a solo 5 km del Pacífico.

cañón Villa Creek

Cone Peak 1572 m

carretera costera

terraza marina

océano Pacífico

cristal de cuarzo

cristal de diópsido

▷ JOYA VERDE OSCURA

El diópsido es un mineral común en Big Sur. En la imagen, los cristales de diópsido de color verde mate están incrustados con cristales de cuarzo en una matriz de roca.

◁ PUNTAS EN LA NIEBLA

Big Sur serpentea durante gran parte de su recorrido y forma una sucesión casi infinita de pequeñas ensenadas y puntas de tierra, que suelen estar rodeadas de niebla.

▽ ROCAS AZOTADAS POR LAS OLAS

Pequeños islotes rocosos se extienden alrededor de las puntas de Big Sur hasta casi 100 m de la costa, y son azotados sin descanso por las olas del Pacífico.

Bahía de Fundy

Un brazo de mar en el litoral oriental de América del Norte, conocido por sus enormes mareas y por su riqueza en fósiles de dinosaurios y en minerales preciosos.

E de América
del Norte

La bahía de Fundy, en la costa este canadiense, es un entorno costero único, con acantilados asombrosos, cuevas marinas y formaciones rocosas poco habituales. Los estratos rocosos y las rocas próximas a la bahía son de una enorme diversidad geológica y abarcan múltiples eras. Narran una historia de cientos de millones de años de historia natural con, por ejemplo, hallazgos de restos de dinosaurios del Triásico y fósiles de invertebrados marinos del Carbonífero.

Mareas gigantescas

Los altos acantilados canalizan el agua de la marea que fluye hacia la bahía hasta que se separa en dos brazos estrechos (la bahía Chignecto y la ensenada de las Minas) en el extremo noreste. Esta canalización y la forma general de la bahía dan lugar a

algunas de las mareas más rápidas y de mayor amplitud mareal (la diferencia entre las mareas alta y baja) del mundo. La mayor amplitud registrada en la historia se dio en octubre de 1869 en Burntcoat Head, en la ensenada de las Minas, y alcanzó los 21,6 m. La marejada en el brazo norte, la bahía Chignecto, genera olas de marea de hasta 1,8 m. Las mareas modifican la línea de costa, las llanuras de marea y el fondo del mar que queda expuesto cuando inundan la bahía y sus puertos. También crean condiciones únicas para las ballenas y las aves marinas.

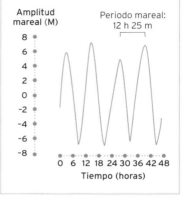

cristales de analcima

◁ **RIQUEZA MINERAL**
El cabo Blomidon, que bordea la ensenada de las Minas, y otros puntos de la bahía son yacimientos importantes de analcima, un mineral blanco.

AMPLITUD MAREAL

En un punto prototípico de la bahía de Fundy, como el cabo Blomidon (abajo), la amplitud mareal promedio es de unos 12 m. Sin embargo, en algunos puntos puede alcanzar los 20 m. La amplitud mareal se ve influida por la ubicación y por el ciclo lunar mensual.

Amplitud mareal (M) — Periodo mareal: 12 h 25 m
Tiempo (horas)

Unos 160 000 millones de toneladas de **agua de mar** entran y salen de la bahía **dos veces al día**.

E de América
del Norte

Costa
de Acadia

*Agrestes paisajes costeros, interrumpidos
por brazos de mar y tranquilos puertos.*

El Parque Nacional de Acadia está en la costa del estado de Maine (EE UU) y consiste en una gran isla, llamada Mount Desert, y varias islas más pequeñas cerca de la misma. Es conocido por su costa rocosa, resultado de una compleja serie de procesos geológicos a lo largo de cientos de millones de años, como la intrusión, hace unos 360 m.a., de magma en los estratos de roca sedimentaria existentes, la cual dio lugar a masas de granito. Hace unos dos millones de años, un enorme inlandsis cubrió la región y esculpió una serie de montañas separadas por valles con forma de U. En la actualidad, las olas y las mareas son importantes agentes de cambio en Acadia, donde erosionan gradualmente los acantilados y depositan los fragmentos de roca en forma de sedimentos a lo largo de la costa.

Las **rocas** de la costa de Acadia tienen hasta **500 m.a. de antigüedad**.

△ CANALES SERPENTEANTES
La extensa zona intermareal (sumergida con la marea alta y expuesta durante la marea baja) tiene una red de profundos canales excavados por las corrientes.

▽ MAREA BAJA
Durante la marea baja, en Saint Martins (al norte de la bahía de Fundy) se puede caminar sobre el fondo marino hasta las cuevas, sumergidas con la marea alta.

△ UN REFUGIO SERENO
En algunas zonas, los acantilados azotados por las olas dan paso a serenos brazos de mar. El nivel del mar ha subido desde el último periodo glacial, por lo que el agua ha inundado estos valles esculpidos por glaciares.

Bosque boreal de América del Norte

La mayor masa forestal intacta del planeta y una de las únicas cinco que contienen regiones vírgenes, además de ser un área de cría para miles de millones de aves.

N de América del Norte

El bosque boreal, o taiga, es el mayor bioma terrestre del planeta, y consiste en vastas regiones cubiertas fundamentalmente por diversas especies de coníferas. Solo en América del Norte, 6 millones de km² de bosque boreal se extienden desde Alaska a Terranova y desde los Grandes Lagos hasta la tundra del Ártico.

Bosque de climas fríos

Por su clima, el bosque boreal también recibe el nombre de bosque nevado. Los veranos, cortos y húmedos, duran entre 50 y 100 días sin hielo, y se ven sucedidos por inviernos fríos con hasta seis meses de temperaturas por debajo de 0 °C. Las precipitaciones caen sobre todo en forma de nieve. Las coníferas, al igual que las píceas, están bien adaptadas para sobrevivir en esas rigurosas condiciones (abajo), y dominan el paisaje. Abundan los lagos, ríos y humedales, que convierten el bosque boreal de América del Norte en la mayor reserva de agua dulce no congelada de la Tierra. Como permanece relativamente intacto, es un hábitat vital para la fauna salvaje, como los alces y los osos pardos, y es una zona de cría para hasta 3000 millones de aves norteamericanas.

▷ **ESPECIALISTA BOREAL**
El solitario lince canadiense merodea por el bosque boreal en todas las estaciones, y persigue a su presa favorita, la liebre americana.

◁ **DENSA CUBIERTA**
Las coníferas, como las píceas, los pinos y los abetos, crecen muy juntas y forman un dosel arbóreo casi continuo que deja pasar muy poca luz al suelo del bosque.

RESISTIR A LA NIEVE

La forma cónica y las ramas flexibles e inclinadas hacia abajo de las coníferas impiden que la nieve pueda acumularse en exceso. Las finísimas hojas aciculares también previenen la acumulación de nieve, y su encerada capa externa impide que pierdan agua por evaporación.

cuando se acumula, la nieve cae de las ramas

Selva del Noroeste del Pacífico

La pluvisilva templada costera más grande del mundo contiene la mayor cantidad de madera (viva y muerta) de todos los bosques del planeta.

O de América del Norte

Las pluvisilvas templadas costeras son bosques muy peculiares y se cree que solo abarcan 302 200 km², menos del 0,2 % de la tierra firme. Los océanos, las montañas y las precipitaciones abundantes configuran estos bosques o selvas, y las áreas intactas más extensas van del norte de California a Canadá y al golfo de Alaska. Medidas en metros, las precipitaciones anuales de la selva del Noroeste del Pacífico van de los 2,5 m a los 4,2 m. Las hojas y agujas en descomposición permanente de los cedros, píceas de Sitka, abetos de Douglas y secuoyas rojas propician un suelo fértil que nutre a cientos de especies de helechos, musgos e invertebrados, mientras que ríos, lagos y arroyos albergan salmones y truchas que, a su vez, atraen a osos y águilas calvas.

LAS MAYORES PLUVISILVAS COSTERAS TEMPLADAS DEL MUNDO

Además de la selva del Noroeste del Pacífico, en América del Norte, también hay pluvisilvas costeras templadas en: América del Sur; la región del noreste atlántico (incluidas Islandia, Irlanda, Escocia, Noruega y el norte de España); el mar Negro oriental; el suroeste de Japón; Nueva Zelanda, Tasmania y Nueva Gales del Sur (Australia); y el extremo inferior de Sudáfrica.

△ HELECHOS
El fértil suelo nutre a muchos helechos, como el *Athyrium filix-femina*, el lonchite o el helecho de espada.

▷ GESTIÓN DE RESIDUOS
La babosa banana del Pacífico desempeña una función vital: ingiere plantas en descomposición y disemina semillas y esporas en el proceso.

O de América
del Norte

Giant Forest

*Un bosque antiguo que roza el cielo con más de 8000 secuoyas gigantes
y que alberga la mitad de los árboles más grandes y longevos de la Tierra.*

El Giant Forest («bosque de los gigantes») se alza en el corazón del Parque Nacional de las Secuoyas (California), al sur de las montañas de Sierra Nevada, y alberga más de 8000 secuoyas gigantes (*Secuoiadendron giganteum*). Aunque quizá no sean los árboles más altos del mundo, sí que son los más grandes por volumen.

Historia de dos secuoyas

Es habitual referirse a las secuoyas gigantes y a las rojas simplemente como secuoyas; ambas son nativas de California, tienen una corteza de color canela parecida y alcanzan alturas vertiginosas, pero, en realidad, son especies distintas. Los árboles del Giant Forest crecen a una altitud de entre 1500 m y 2000 m en las laderas del oeste de Sierra Nevada, por lo que toleran el frío mucho mejor que las

secuoyas rojas (*Sequoia sempervivens*), que crecen en elevaciones costeras. La secuoya gigante puede vivir unos 3000 años (en comparación con los 2000 de la secuoya roja), y su corteza llega a alcanzar los 60 cm de grosor. Las secuoyas gigantes no crecen tanto como las rojas (con un máximo de 95 m, en comparación con los 115 m de las rojas), pero compensan con su contorno lo que les falta en altura. El árbol más grande del mundo, el General Sherman del Giant Forest, solo se alza 84 m, pero su diámetro supera los 30 m, y se estima que pesa 1225 toneladas. Con sus 1487 m^3, es el ser vivo de mayor volumen del mundo.

◁ **CARROÑERO OPORTUNISTA**
El estridente arrendajo de Steller rompe el silencio en el Giant Forest. Es omnívoro y come de semillas y frutos a los desperdicios de los excursionistas.

Los **taninos** de la **corteza** de las secuoyas **impiden que se pudran**.

▷ **PROPORCIONES COLOSALES**
La secuoya El Presidente mide 75 m de alto, y hace que los científicos a sus pies parezcan hormigas.

ALTURAS DE LAS CONÍFERAS

Como las coníferas son más estrechas que los árboles de hoja caduca, son más altas, aunque la altura varía mucho en función de la especie. Las secuoyas rojas son los árboles más altos de la Tierra.

115 m	95 m	90 m	60 m	50 m	40 m	21 m	20 m
Secuoya roja	Secuoya gigante	Abeto de Douglas	Cedro rojo occidental	Kauri de corteza lisa	Alerce europeo	Pino silvestre	Pícea blanca

△ **TOLERANTE A LA SOMBRA**
Pequeños árboles como el cornejo del Pacífico sobreviven a la gigantesca sombra de los árboles del Giant Forest.

△ **ÁRBOLES TEMBLONES**
Los álamos temblones deben su nombre a que sus hojas, unidas por tallos largos y planos, se estremecen ante la mínima brisa, lo que da la impresión de que el árbol tiembla.

Pando

Uno de los organismos más longevos del mundo y una alameda con una historia genética sorprendente.

O de América del Norte

Aunque pueda parecer que la alameda Pando, en el centro de Utah, se compone de unos 47 000 árboles distintos, en realidad es un único organismo gigantesco, una colonia clonal de álamos temblones. Todos ellos son genéticamente idénticos, y todos surgieron como tallos que crecieron a partir de un único sistema de raíces.

Raíces antiguas

Las colonias clonales de álamos son comunes en América del Norte. Lo que hace que Pando («extender», en latín) sea especial es su tamaño: cubre 44 hectáreas y pesa unas 6000 toneladas. La edad aceptada de Pando también es inusual. Si bien los troncos separados viven 100–150 años, se cree que el sistema de raíces clonal tiene, al menos, 80 000 años. Sin embargo, algunos científicos creen que la cifra podría acercarse al millón. Recientemente, su supervivencia se vio amenazada, porque ciervos y alces se comían los tallos. Ahora se ha cercado parte del bosque para que los nuevos brotes puedan crecer sin problemas.

RAÍCES COMPARTIDAS

Las colonias clonales empiezan con una semilla. Cuando el árbol «progenitor» crece, sus raíces laterales se extienden. De esas raíces surgen brotes que forman árboles genéticamente idénticos, que extienden sus propias raíces y perpetúan el proceso.

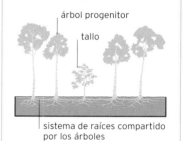

árbol progenitor

tallo

sistema de raíces compartido por los árboles

Bosque nacional Cherokee

En el corazón de una antigua cordillera, este bosque cubierto de niebla es uno de los de más diversidad biológica de América del Norte.

E de América del Norte

El bosque nacional Cherokee bordea la frontera estatal entre Tennessee y Carolina del Norte, y cubre una superficie de unos 2630 km² sobre las laderas orientales de los Apalaches. Como el sur de los Apalaches no estuvo cubierto por glaciares durante la última glaciación, sobre ellos floreció una gran diversidad de especies de animales y plantas, a las que los bosques que cubrieron las montañas proporcionaron un hábitat relativamente aislado hasta mediados del siglo XIX. El bosque Cherokee es un santuario natural, con más de 20 000 especies de animales y de plantas. Hayas, nogales, sasafrás, abedules, arces y robles no son más que algunos de los árboles más abundantes de este bosque, que atrae a más de 120 especies de aves, como el amenazado carpintero de cresta roja.

▷ **NIEBLA MATUTINA**
El Parque Nacional de las Grandes Montañas Humeantes divide el bosque Cherokee, y la niebla espesa y azulada es habitual en ambos.

▽ **MERODEANDO**
Unos 1500 osos negros recorren el bosque, cuyos espesos árboles les ofrecen abrigo.

△ ROJO ENCENDIDO

Los arces azucareros representan entre el 20 % y el 50 % de los árboles en el norte de las montañas de Green Mountain y son célebres por el rojo encendido de sus hojas en otoño.

Bosque nacional Green Mountain

Uno de los dos bosques nacionales en el noreste de América del Norte, el cual viste de mil colores sus montañas en otoño.

E de América del Norte

El bosque nacional Green Mountain (Vermont) comprende más de 1620 km² sobre y alrededor de las montañas homónimas. Muchos de los picos del bosque superan los 900 m, y las píceas, los arces, las hayas y los abedules que los cubren hacen de la región un destino turístico popular, sobre todo en otoño, cuando el bosque explota de color. En la región crecen árboles de madera blanda y dura que, junto a un denso sotobosque regado por arroyos de montaña y precipitaciones de nieve en invierno, proporcionan alimento y cobijo a una gran variedad de aves y otras especies animales. Entre las especies que más abundan, destacan los castores, los alces, los ciervos y los pavos salvajes, así como los lobos grises y los osos negros.

△ COLORES OTOÑALES

En otoño, la gran variedad de árboles del bosque Green Mountain da lugar a un espectáculo de colores, del dorado al rojo oscuro.

CLIMA Y TIPOS DE BOSQUES

Los tipos de bosques varían con la latitud. Los más próximos al ecuador son los bosques tropicales, que incluyen pluvisilvas perennifolias y bosques con dos estaciones: seca y húmeda. En latitudes más altas hay bosques templados, que son pluvisilvas de hoja ancha y bosques caducifolios con estaciones diferenciadas. En latitudes entre 50° y 60° norte –con veranos cálidos y breves e inviernos fríos y largos– florecen los bosques boreales de coníferas.

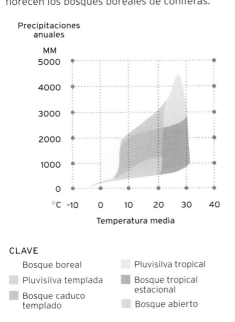

Precipitaciones anuales

MM

5000

4000

3000

2000

1000

0

°C -10   0   10   20   30   40

Temperatura media

CLAVE

Bosque boreal

Pluvisilva templada

Bosque caduco templado

Pluvisilva tropical

Bosque tropical estacional

Bosque abierto

El **corredor de osos de Green Mountain** ofrece un **paso norte-sur** vital para los osos.

Tundra norteamericana

Sobre el extremo septentrional del continente, un paisaje frío y sin árboles lleva a las plantas a abrazarse a la Tierra para sobrevivir.

N de
América
del Norte

La tundra cubre el norte de Alaska en EE UU, se extiende hacia el este por el norte de Canadá y forma una estrecha franja alrededor de la costa de Groenlandia. Al norte del círculo polar ártico recibe el nombre de tundra ártica, y en las montañas por encima del límite arbóreo se llama tundra alpina.

Condiciones difíciles

En la tundra ártica, las temperaturas máximas durante el verano no superan los 4 °C, y en invierno se desploman hasta los −32 °C. El clima de la tundra alpina no es tan extremo: en verano se alcanzan los 12 °C, y en invierno pocas veces se baja de los −18 °C. En ambos casos, se trata de un paisaje casi desprovisto de árboles, donde la vegetación abraza el suelo para sobrevivir a los vientos helados que contribuyen a las tormentas de nieve invernales, sobre todo en la tundra alpina. En el resto del terreno, la capa del subsuelo permanentemente congelada, llamada permafrost (p. 175), bloquea el movimiento del agua por el suelo en el deshielo estival y transforma en lodazales zonas de tundra más bajas. Pese a todo, allí crecen casi 2000 especies de plantas, sobre todo hierbas, juncias, musgos y arbustos. Estas plantas tienen raíces poco profundas, para adaptarse a la fina capa activa del suelo de la tundra y para sobrevivir al ciclo de congelación-deshielo de la región.

Plantas con flores tales como las saxífragas florecen vigorosamente en el breve verano, y musgos y líquenes ofrecen un sustento vital a los mamíferos, como los renos y las liebres árticas, en los meses de escasez. En verano, en zonas donde el suelo es algo más profundo y rico, arbustos como el arándano o la camarina negra dan frutos que se pueden conservar bajo la nieve del invierno y llegar hasta la primavera siguiente.

△ **POLÍGONOS**
El ciclo de congelación-deshielo crea cuñas de hielo que acaban dibujando polígonos sobre el suelo de la tundra. En el deshielo estival, se convierten en estanques de agua dulce.

▽ **PELAJE DE VERANO**
El zorro ártico está muy adaptado a su entorno. En verano, su pelaje blanco se hace menos denso y se vuelve pardo, como las rocas y la vegetación baja de la tundra.

Grandes Llanuras

El herbazal templado más extenso de América del Norte, y un paisaje frágil que comparten dos naciones y que está cada vez más amenazado.

C de
América
del Norte

El vasto herbazal conocido como las Grandes Llanuras tiene una longitud de unos 4800 km y una anchura de entre 500 km y 1100 km, y cubre el corazón del continente norteamericano. Desciende suavemente desde las Montañas Rocosas en dirección este hasta el río Misisipi, y llega desde el sur de Canadá hasta Texas.

Tipos de praderas

Antaño fueron inmensos mares de hierba conocidos como praderas, y hoy las Grandes Llanuras son campos de cereales (sobre todo trigo y maíz) que parecen no tener fin, plantados sobre el suelo más fértil. Otras partes se han convertido en zonas de pasto para ganado. Los herbazales naturales que quedan consisten en hierbas bajas y tusoc en el oeste, más seco, que luego dan paso a praderas de hierbas medias y altas en las regiones centrales y orientales, con más precipitaciones. La pradera de hierbas altas es uno de los ecosistemas más raros del mundo. Está dominado por hasta 60 especies de hierbas, algunas de las cuales alcanzan hasta 2,4 m de altura y se alzan sobre un sotobosque de flores, líquenes y hepaticofitas, que albergan gran variedad de fauna silvestre, de diminutos ratones cosecheros y musarañas a coyotes. Todas las praderas son hábitats frágiles, y se han desplegado varios programas para protegerlas.

Se conserva menos de un **1%** de las **praderas de hierbas altas** previas a los asentamientos europeos.

LAS PRADERAS NORTEAMERICANAS HOY

Se estima que hasta el 70 % de los herbazales originales que constituyeron las Grandes Llanuras han desaparecido, por la conversión del terreno para la agricultura o la extracción de petróleo o gas. Las praderas que más se han perdido son las de hierbas altas, y solo el 52 % de las de hierbas bajas siguen intactas.

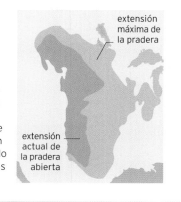

extensión
máxima de
la pradera

extensión
actual de
la pradera
abierta

△ **SUPERTORMENTA**
Las gigantescas y violentas tormentas de superceldas son frecuentes en los veranos de las Grandes Llanuras, y a menudo generan tornados.

▷ **EL REGRESO DE LAS MANADAS**
El bisonte americano fue cazado casi hasta su extinción a finales del siglo XIX. Ahora, unos 500 000 recorren las Grandes Llanuras.

Desierto de la Gran Cuenca

O de América del Norte

El mayor desierto de América del Norte, donde la humedad llega en forma de nieve… si llega.

El desierto de la Gran Cuenca, el mayor de América del Norte, cubre una superficie de 518 000 km². Aunque está fundamentalmente sobre el territorio de Nevada y el oeste de Utah, también llega a California e Idaho.

Es un desierto frío, y sus promontorios alcanzan entre los 1200 m y los 3000 m de altitud. Sierra Nevada y las Montañas Rocosas bloquean el paso de casi toda la humedad procedente del océano Pacífico y del golfo de México, y forman un área de sombra pluviométrica. Por eso, la precipitación anual media es de solo 30 cm, y suele caer en forma de nieve. Con frecuencia, a un «año húmedo» le suceden varios de sequía.

Los hábitats son muy diversos, con «islas» de bosques de pinos longevos o piñoneros y de enebros en las cimas de las montañas, separadas por valles cubiertos de *Artemisia tridentata* o áridos lagos de sal. En algunas zonas, el terreno es tan salado que ninguna planta sobrevive.

Los **pinos longevos** pueden **vivir** más de **5000 años**.

▷ **EL SALAR DE BONNEVILLE**
En invierno, el salar queda cubierto de agua que, al evaporase en verano, deja tras de sí sal cristalizada.

▽ **PAISAJE DE PINOS LONGEVOS**
El pino longevo crece en condiciones severas y a altitudes elevadas. Es más resistente a la enfermedad y al fuego que muchas otras plantas del desierto.

▷ **UN EMBLEMA DEL MOJAVE**
En realidad, el árbol de Josué no es un árbol, sino una planta suculenta que alcanza los 12 m de altura. Tarda unos 50 años en madurar, y puede vivir 150 años o más.

CÓMO SE MUEVEN LAS PIEDRAS

Aguas someras cubren el lecho del lago seco. Por la noche se congela, pero al amanecer empieza a descongelarse y el hielo se fragmenta. Vientos suaves desplazan los fragmentos de hielo sobre el agua que hay debajo y se llevan consigo las piedras. Cuando el agua se evapora, el barro conserva el rastro del arrastre de las piedras.

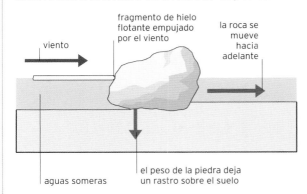

fragmento de hielo flotante empujado por el viento

la roca se mueve hacia adelante

viento

aguas someras

el peso de la piedra deja un rastro sobre el suelo

hojas afiladas, finas y
punzantes que minimizan
la pérdida de agua

SO de
América
del Norte

Desierto
de Mojave

*El punto más bajo y cálido de América del
Norte, hogar de piedras deslizantes y yucas.*

El desierto más seco y pequeño de América del Norte se
halla entre el frío desierto de la Gran Cuenca y el cálido
desierto de Sonora. Por su proximidad a estas dos áreas
tan distintas, los expertos discrepan sobre los límites y el
tamaño del Mojave, así como el tipo de desierto que es.

Un lugar de extremos

La cuenca Badwater, en el Valle de la Muerte (en el
Mojave), está a 86 m bajo el nivel del mar (es el punto más
bajo del continente), y Telescope Peak, en la cordillera de
Panamint, se alza 3366 m por encima. En 1913, en Furnace
Creek se registró la temperatura del aire más elevada de
América del Norte (57 °C), pero suele bajar de los 0 °C
en invierno. Fuertes vientos que superan los 80 km/h
azotan el extremo occidental del Mojave, pero son casi
desconocidos en el oriental. En el norte, los matorrales
bajos recuerdan al desierto de la Gran Cuenca, y el sur está
dominado por el matorral gobernadora *(Larrea tridentata)*.

El árbol de Josué, la yuca más grande de América del
Norte, es el símbolo del Mojave, y los ecologistas suelen
usarlo como un indicador del límite sur del desierto. El
Valle de la Muerte también contiene «piedras deslizantes»:
rocas que parecen moverse solas (recuadro, izda.).

ramas cubiertas de
una corteza fibrosa
y resistente al fuego

◁ EL CAMPO
DE GOLF DEL DIABLO
Los cristales que crecen
sobre el Valle de la Muerte se
empujan y forman un paisaje
inhóspito que recibe el nombre
de Campo de Golf del Diablo.

△ MOVIMIENTOS
MISTERIOSOS
Piedras de hasta 320 kg se
desplazan en el lecho seco
de un lago en el Valle de la
Muerte y dejan rastros de
hasta 460 m de longitud.

SO de
América
del Norte

Desierto de Sonora

Uno de los desiertos más húmedos del planeta, y que cuenta con una gran variedad de flora.

El desierto de Sonora es un lugar de transición entre dos climas, el templado y el tropical, y limita con el desierto de Chihuahua, al sureste, y con el de Mojave, al noroeste. Sus calderas atestiguan prehistóricas erupciones que crearon las cordilleras, los valles y los abanicos aluviales, o bajadas, de este desierto. La precipitación media anual es de entre 7 cm y 50 cm (la mayor de todos los desiertos norteamericanos) y sustenta a más de 2000 especies vegetales. En verano sobreviven a una temperatura media de 40 °C, pero gozan de inviernos relativamente suaves, con unos 10 °C y muy pocas heladas.

▽ DESIERTO EN FLOR
La lluvia invernal transforma el desierto de Sonora, que estalla de color a medida que florecen plantas como las prímulas y las verbenas.

RED DE RAÍCES

Las plantas del desierto de Sonora se han adaptado a la sequía. A las pocas horas de una precipitación, los cactus saguaro envían raíces nuevas hacia la superficie, para que almacenen agua en los tallos. Las raíces del mezquite de terciopelo descienden 50 m para llegar al nivel freático.

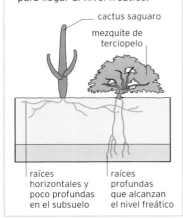

cactus saguaro

mezquite de terciopelo

raíces horizontales y poco profundas en el subsuelo

raíces profundas que alcanzan el nivel freático

▽ MANOS ARRIBA
Los singulares cerros testigo de East Mitten y West Mitten intrigan a los visitantes desde hace décadas. Vistos desde el sur, parecen dos gigantescos guantes, del tipo mitón, con los pulgares hacia arriba.

Monument Valley

Un valle remoto, cuyos monolitos aislados, formados de forma natural a lo largo de milenios, interrumpen los miles de hectáreas de planicie roja que lo rodean.

O de
América
del Norte

Monument Valley forma parte de la meseta del Colorado, y es un desierto de altitud, con un promedio de 1700 m sobre el nivel del mar. Está en una de las zonas más secas y menos pobladas del suroeste, en Utah y Arizona.

Durante los últimos 50 m.a., el viento y el agua han erosionado lo que antaño fue una meseta aún más elevada, eliminando capas de lutita, arenisca y conglomerado y dejando extraordinarias formaciones rocosas de entre 120 m y 300 m de altitud. Los colonos del siglo xix consideraron que era un terreno hostil, y esto, junto a su duro clima y su ubicación aislada y sobre territorio propiedad de la Nación Navajo, lo salvó de la explotación. Hoy, Monument Valley pertenece a la Nación Navajo, que limita las visitas a un recorrido de 27 km por carretera y un sendero de excursionismo.

Las **formaciones rocosas** del valle eran **arena** del fondo marino **hace 270 m.a.**

△ **MÚSICO LOCAL**
La serpiente de cascabel es una de las varias que habitan en el desierto. Suele ocupar madrigueras abandonadas por perritos de las praderas o por lechuzas.

◁ **UN PAISAJE EMBLEMÁTICO**
Los cerros testigo, las mesas y las agujas de Monument Valley son famosos en todo el mundo gracias a los clásicos wésterns cinematográficos hollywoodienses.

MESAS Y CERROS TESTIGO

Las mesas y los cerros testigo, que formaron parte de mesetas, tienen una cima plana y paredes abruptas. Los estratos superiores contienen rocas resistentes a la erosión, y los inferiores son de roca sedimentaria, menos resistente. Con el tiempo, el agua y el viento han erosionado los estratos sedimentarios, separado las mesas de la meseta original y formado cañones entre ambas formaciones. La erosión de las mesas más grandes da lugar a los cerros testigo.

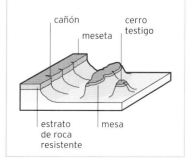

cañón

cerro testigo

meseta

estrato de roca resistente

mesa

Cañón de Bryce

Un anfiteatro natural que cuenta con miles de extrañas agujas, columnas y torres de piedra, más que cualquier otro lugar del planeta.

O de América del Norte

El de Bryce no es un cañón convencional, porque no se formó por la acción del agua al correr sobre la roca. Por el contrario, en su formación intervino un antiguo lago que cubría casi todo lo que ahora es el suroeste de Utah, en un proceso que empezó hace entre 55 y 35 m.a.

Un mar de tótems de piedra

La lluvia hizo bajar de las montañas cercanas sedimentos ricos en minerales que se depositaron en la base del lago y acabaron transformándose en la caliza rosada que hoy los geólogos llaman formación Claron. Movimientos geológicos empujaron casi 1,6 km hacia arriba el lecho del lago, creando una meseta. Más tarde, milenios de meteorización y erosión excavaron la formación Claron, primero en forma de precipicios, y luego en columnas de roca, algunas de tan solo 1,5 m de altura, y otras de hasta 45 m (dcha.). Estas torres multicolores reciben, entre otros, el nombre de «chimeneas de hadas» (o *hoodoos*), y se componen principalmente de caliza, pero también contienen limo y lutita. Minerales como el óxido de manganeso o el de hierro añaden los tonos rosas, púrpuras y azules. A algunos visitantes, los colores y las formas irregulares de estas agujas de roca les recuerdan los tótems de madera.

Congelación y deshielo

Hay chimeneas de hadas en todo el planeta, pero en la sección norte del cañón de Bryce hay más que en cualquier otro lugar, en parte debido al clima. El cañón de Bryce pasa por una media de 200 ciclos de congelación-deshielo anuales; las temperaturas suben por encima de 0 °C de día, pero caen por debajo durante la noche, por lo que el agua de deshielo que se ha filtrado en la roca vuelve a congelarse y se expande. Este proceso, conocido como gelifracción, fragmenta y moldea la roca en las chimeneas de hadas que los indios paiute, que se asentaron aquí hacia el año 1200, llamaron descriptivamente «gente legendaria». La gelifracción continuada causa el derrumbe de varias de las chimeneas de hadas cada año.

◁ EL MARTILLO DE THOR
Las chimeneas de hadas con un extremo superior voluminoso, como la llamada Martillo de Thor, son frágiles y corren riesgo de derrumbe, sobre todo en primavera y en otoño, cuando la gelifracción alcanza sus niveles máximos.

CHIMENEAS DE HADAS

La lluvia arrastra materia de los bordes de la meseta y crea aletas, o crestas. La gelifracción forma ventanas de hielo en las crestas y las separa en chimeneas de hadas. La lluvia suaviza los bordes y les otorga un aspecto irregular.

el agua de lluvia erosiona las laderas y arrastra material

ALETA (O CRESTA)

la gelifracción genera una ventana de hielo en la aleta

VENTANA

una parte se separa de la aleta y forma una chimenea de hadas

CHIMENEA DE HADAS

Cráter Meteor

El punto de impacto de un meteoro mejor conservado de la Tierra, el cual da fe de una colisión explosiva hace 50 000 años cuyos efectos aún se aprecian a varios kilómetros de distancia.

O de América del Norte

El cráter Meteor, una enorme cavidad cóncava sobre el desierto de Arizona, es uno de los cráteres de meteoritos más estudiados. Ha conservado extraordinariamente bien su forma, y resulta joven para tratarse de un punto de impacto. Con casi 1,6 km de ancho, más de 168 m de profundidad y un perímetro de 3,9 km, al principio se creyó que esta depresión, ahora conocida como cráter Meteor, era un volcán extinguido. No se concluyó que se había formado como consecuencia de un impacto extraterrestre hasta principios del siglo XX y aún hoy se sigue descubriendo información acerca de sus orígenes.

Hace unos 50 000 años, un meteorito de un diámetro estimado de 40 m y de unas 272 000 toneladas de peso atravesó la atmósfera terrestre a 43 120 km/h (10 veces más rápido que un disparo de rifle). La mitad del mismo chocó, intacto, contra el actual norte del desierto de Arizona, y formó el cráter. El resto se fragmentó antes de la colisión, y cayó sobre la superficie terrestre en forma de nube de piedras. Se han hallado meteoritos ricos en hierro y con un peso de entre 0,5 kg y 454 kg en un radio de 10 km en torno al punto de impacto principal.

△ **IMPACTO TITÁNICO**
Los científicos estiman que la fuerza liberada por el impacto del meteorito fue mayor que la que generarían 18 millones de toneladas de trinitrotolueno (TNT).

FORMACIÓN DEL CRÁTER

El impacto creado cuando un meteorito golpea la Tierra suele destruir el propio meteorito en una explosión que genera ondas expansivas y fractura el lecho de roca y funde la roca superficial. Deja una depresión cóncava con un borde elevado de material expulsado y una base más baja que el terreno circundante.

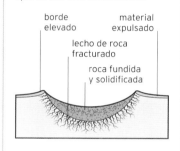

borde elevado
material expulsado
lecho de roca fracturado
roca fundida y solidificada

△ **UN ARCO DE ALTURA**
Mesa Arch se extiende sobre la parte superior de la mesa Island in the Sky, un promontorio que se alza 600 m sobre la base del Parque Nacional Canyonlands. Debajo, las paredes de la mesa caen en vertical más de 150 m.

O de América del Norte

Mesa Arch

Un espectacular arco natural formado sobre el borde de una mesa elevada.

Aunque parece un puente, Mesa Arch, de 27 m de longitud y ubicado en el Parque Nacional Canyonlands (Utah), es un arco que no fue excavado por el fluir de agua, sino por la meteorización y la erosión. El agua se acumuló en una pequeña depresión de una mesa llamada Island in the Sky («isla en el cielo»). Con el tiempo, la meteorización y la erosión agrandaron la depresión hasta convertirla en una poza mayor que conservó los bordes de roca más resistente y que acabó formando lo que hoy se cree que es el arco natural más fotografiado del mundo. Aunque los arcos naturales pueden sobrevivir durante miles de años, siempre acaban derrumbándose. De todos modos, unos estudios sísmicos realizados en 2015 indicaron que Mesa Arch es estable…, por ahora.

SO de
América
del Norte

Cañón del Antílope

Bellas cámaras esculpidas por trombas de agua y ocultas bajo el desierto de Arizona.

En el norte de Arizona se halla uno de los cañones más visitados del suroeste norteamericano, aunque pocos de los que pasan casualmente lo conocen: a diferencia de la mayor parte de los cañones, cuyas amplias gargantas se abren al cielo, el del Antílope es un cañón de ranura con paredes sinuosas y casi verticales separadas por fisuras que, en la superficie, pueden no superar la anchura de una mano, pero que se hunden varias decenas de metros.

Historia de dos cañones

Este cañón se descubrió en 1931, en tierras propiedad de la Nación Navajo. Gira y serpentea bajo el desierto a lo largo de 8 km, y, aunque algunas secciones no llegan al metro de anchura, alcanza los 36 m de profundidad. Tiene dos partes: el cañón del Antílope Inferior, conocido en navajo como *Hazdistazí* («arcos de roca en espiral») y el cañón del Antílope Superior, o *Tse' bighanilini* («allí donde el agua corre entre las rocas»).

El agua corriente creó las cámaras con forma de espiral en un proceso intermitente. Durante milenios, la arenisca navajo roja no se ha visto sometida a la acción constante de un río, sino a la de trombas de agua poco frecuentes pero muy violentas. Cuando el arroyo del Antílope se desborda, el agua se abre camino sobre la superficie del desierto a través de grietas diminutas, y las rocas y otros materiales que arrastran las trombas excavan corredores multicolores. Cuando el cañón se abre lo bastante como para dejar pasar la luz, la arena llevada por el viento erosiona las paredes y cambia los dibujos y niveles del suelo.

De no ser por las **inundaciones**, que periódicamente **retiran la arena**, el cañón habría **desaparecido hace mucho**.

△ **ESPIRALES DE CALIZA**
Rayos de luz se introducen brevemente cuando el sol está directamente encima, e iluminan las cámaras del cañón del Antílope Superior. La iluminación transforma la caliza en un espectáculo multicolor.

◁ **CINTA EN LA ARENA**
La forma serpenteante del cañón del Antílope se aprecia mejor desde arriba. El arroyo del Antílope inunda el cañón periódicamente, y el agua altera y limpia el sinuoso curso del mismo antes de desembocar en el cercano lago Powell.

Desierto de Chihuahua

Uno de los mayores desiertos de América del Norte, y el más rico en especies del hemisferio occidental.

SO de
América
del Norte

El desierto de Chihuahua, dividido por el río Bravo, limita al oeste y al este con la Sierra Madre Occidental y la Oriental (p. 37), respectivamente. Es un desierto de sombra pluviométrica que se formó porque las montañas bloquean el aire húmedo procedente de la costa.

Vida en las alturas

La mayor parte del desierto está a una altitud de unos 1370 m, por lo que los veranos son ligeramente más suaves que en otros desiertos, aunque la temperatura diurna supera los 38 °C. Las noches pueden ser frías, con nieve en los puntos más altos. Pese a estos extremos, más de 3500 especies de plantas florecen aquí, entre ellas, las de cactus, más presentes aquí que en ningún otro desierto. En las pendientes situadas a mayor altitud abundan las yucas de hojas gruesas y resistentes al hielo, mientras que en las regiones inferiores dominan los matorrales, como los mezquites y las gobernadoras. La muy diversa fauna de estos hábitats incluye murciélagos, correcaminos y tarántulas. En las charcas y los oasis vive una sorprendente cantidad de peces.

△ **LAS DUNAS DE YESO MÁS EXTENSAS DEL MUNDO**
El desierto de Chihuahua está salpicado de depósitos de yeso, que alcanzan su concentración máxima en la cuenca de Tularosa (Nuevo México). Sus 712 km² incluyen el monumento nacional de Arenas Blancas.

ALMACENAJE DE AGUA

Plantas tales como el cactus erizo, o asiento de suegra, se han adaptado a sobrevivir con muy poca agua. Su «asiento» con frunces es un tallo carnoso que almacena agua y se expande o se contrae dependiendo de su reserva de agua. En lugar de tener hojas, que pierden humedad al transpirar, posee pinchos.

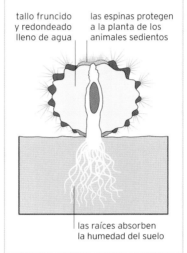

tallo fruncido
y redondeado
lleno de agua

las espinas protegen
a la planta de los
animales sedientos

las raíces absorben
la humedad del suelo

◁ **UN MANJAR ESPINOSO**
El desierto de Chihuahua contiene más de una quinta parte de las 1500 especies de cactus que se estima que existen en el mundo, como este nopal. Muchos animales, como las tortugas del desierto, se comen las palas (o tunas) y los higos chumbos… ¡con espinas incluidas!

Niebla ascendente

El vapor de agua se acumula sobre el dosel arbóreo de la pluvisilva amazónica, en las laderas orientales de los Andes peruanos. Cálidas, lluviosas y húmedas durante todo el año, las pluvisilvas alcanzan su máxima extensión en las regiones tropicales de América del Sur.

América Central y del Sur

DE LOS ANDES AL AMAZONAS

América Central y del Sur

América del Sur tiene una forma triangular, aproximadamente, con un gancho de tierra en cada extremo: el estrecho cuello conocido como istmo de Panamá, en el norte, y el cabo de Hornos y las islas de Tierra del Fuego, al sur. La cordillera de los Andes, la columna vertebral de América del Sur, se extiende a lo largo de

7200 km sobre el borde occidental del continente, y es, con diferencia, la cordillera más larga del mundo. También es la segunda más alta, después de la del Himalaya, y está coronada por el pico del Aconcagua (Argentina), de 6961 m de altitud. Al noreste, mesetas elevadas se alzan sobre vastas y densas pluvisilvas tropicales, regadas por el río Amazonas y sus afluentes, que llevan una colosal cantidad de agua al Atlántico. Hacia el sur, el continente se estrecha hasta terminar en punta, y, atrapada entre los Andes y el Atlántico, está la extensa estepa que es la pampa.

DATOS CLAVE

▲ **Punto más elevado** Aconcagua (Argentina): 6961 m

▼ **Punto más bajo** Laguna del Carbón (Argentina): -105 m

● **Temperatura más alta registrada** Rivadavia (Argentina): 49 °C

● **Temperatura más baja registrada** Sarmiento (Argentina): -33 °C

CLIMA

Gran parte de América Central y del Sur está entre los trópicos, pero el sur se extiende casi hasta la helada Antártida. La pluvisilva amazónica es cálida y húmeda; las mesetas montañosas, secas.

TEMPERATURA MEDIA

°C
30
20
10
0
-10
-20
-30
-40

PRECIPITACIONES MEDIAS

MM
10000
7500
5000
2500
0

OCÉANO ATLÁNTICO

Meseta de Borborema

Pavaíma

Tocantins

Araguaia

Bocas del Amazonas

Isla de Marajó

Sierra de Carajás

AMÉRICA DEL SUR

Sierra de Cachimbo

Amazonas

Macizo de Las Guayanas

Río Negro

Madeira

Cuenca del Amazonas

Juruá

Purus

Amazonas

Apure

Orinoco

Llanos

Antillas Menores

Indias Occidentales

Islas de Barlovento

Puerto Rico

Antillas Mayores

Jamaica

Cuba

Bahamas

La Española

Antillas

Mar Caribe

Golfo de México

Lago Maracaibo

Cordillera Oriental

Ucayali

Nevado Huascarán 6768 m

Cordillera Real

Cordillera Occidental

Istmo de Panamá

Lago Nicaragua

Islas Galápagos

ECOSISTEMAS

En el centro de América del Sur domina la pluvisilva amazónica, de gran biodiversidad. Los Andes poseen ecosistemas montañosos únicos, y el tercio sur del continente es, en su mayoría, herbazal estepario seco.

CLAVE

- Bosque tropical de frondosas
- Bosque seco tropical de frondosas
- Bosque tropical de coníferas
- Bosque templado de frondosas
- Bosque y matorral mediterráneos
- Pradera tropical y subtropical
- Pradera templada
- Humedales
- Pradera de montaña
- Desierto y matorral

GEOLOGÍA

Los elevados altiplanos del noreste, compuestos de rocas antiguas, son el núcleo de América del Sur. Los Andes, relativamente jóvenes, se formaron hace 50 m.a. Entre los altiplanos y los Andes hay varias cuencas fluviales jóvenes.

CLAVE

- Precámbrico (hace más de 541 m.a.)
- Paleozoico (hace 541-252 m.a.)
- Mesozoico (hace 252-66 m.a.)
- Cenozoico (desde hace 66 m.a. hasta el presente)

OCÉANO ATLÁNTICO

OCÉANO PACÍFICO

Meseta Brasileña

Sierra de Espinhaço

Sierra de Mantiqueira

São Francisco

Sierra del Mar

Sierra Geral

Laguna de los Patos

Laguna Merín

Uruguay

Paraná

Sierra de Caiapó

Sierra de Maracaju

Mato Grosso

Sierra de los ...

Pantanal

Paraguay

Mesopotamia

Paraná

Río de la Plata

Pampa

Gran Chaco

Rivadavia 49 °C

Río Grande

Lago Poopó

Lago Titicaca

Salar de Uyuni

Altiplano

Sierras de Córdoba

Ojos del Salado 6893 m

Aconcagua 6961 m

Desierto de Atacama

Sarmiento -33 °C

Laguna del Carbón -105 m

Patagonia

Andes

Tierra del Fuego

Cabo de Hornos

Islas Malvinas

SECCIÓN TRANSVERSAL

A

B

ALTITUD M

5000

2000

0

Andes

Altiplano

Sierra de Monte Cristo

Meseta de Mato Grosso

Meseta de Borborema

Km
0 250 500

△ **UNA MESETA ANTIGUA**
Esta meseta de Venezuela es una de
los centenares de montañas de mesa,
o tepuis, que se formaron a partir de los
restos de una meseta de arenisca que se
alzaba sobre el antiguo escudo guayanés.

FORMACIÓN DE AMÉRICA CENTRAL Y DEL SUR

Unido a América Central, América del Sur es un continente enorme, y posee elevados altiplanos de roca antigua, al este, y los gigantescos Andes, al oeste. Hace unos 90 m.a. se separó de África y se convirtió en un continente independiente.

Escudos y mesetas

Al este, el territorio sudamericano está dominado por tres macizos gigantescos de roca antigua, fundamentalmente gneis y granito, que conforman los escudos patagónico, brasileño y guayanés. Sobrevivieron y se desplazaron juntos durante miles de millones de años, incluso cuando América del Sur formó parte del supercontinente meridional Gondwana. América del Sur y África se separaron de Gondwana hace entre 180 y 170 m.a. Entonces, hace entre 140 y 90 m.a., América del Sur se separó lentamente de África, y los escudos acabaron convirtiéndose en el lecho de roca alrededor del cual se fue levantando progresivamente el resto de América del Sur.

En la actualidad, estos escudos forman una base bajo algunos de los altiplanos más extensos del mundo. En algunos lugares, estas antiguas mesetas acaban en precipicios tan abruptos que antaño se creía que eran mundos perdidos habitados por criaturas legendarias.

La cascada más alta del mundo, Salto del Ángel, cae 979 m desde el borde del escudo guayanés. Los macizos de piedra no están en absoluto intactos. Hay puntos en los que se han agrietado y separado y han formado grandes valles. Por ejemplo, los ríos Paraná, Sergipe y São Francisco fluyen por valles de este tipo en el escudo brasileño.

El alzamiento de los Andes

Una vez se hubo separado de África y formado un continente independiente, América del Sur se desplazó lentamente hacia el oeste y propició la expansión del Atlántico Sur. Este movimiento la llevó a entrar en colisión directa con la placa de Nazca, bajo el océano Pacífico. La colisión obligó a la placa de Nazca, más pequeña pero más pesada y que avanzaba hacia el este, a subducirse bajo la placa sudamericana,

Solo hace **3 m.a.** que **América Central** y del **Sur** están **unidas por tierra**.

ACONTECIMIENTOS CLAVE

Hace 80-70 m.a. La compleja actividad tectónica en un mar somero al norte de América del Sur enfría el magma ascendente y forma un arco de islas nuevas: el Caribe.

Hace 50 m.a. La placa de Nazca, bajo el océano Pacífico, se subduce bajo la placa sudamericana en el oeste del continente, y provoca el alzamiento de los Andes. La mayoría de las montañas han crecido durante los últimos 10 m.a.

Hace 15-10 m.a. Los Andes crecen todavía más y bloquean el paso del río Amazonas al Pacífico, por lo que se desvía hacia el este y forma un lago. Hace unos 10 m.a., el Amazonas empezó a fluir hacia el Atlántico, el nivel del agua bajó y la pluvisilva amazónica ocupó el terreno (p. siguiente).

Hace 180 m.a. El supercontinente Gondwana comprende América del Sur, África, India, Australia y la Antártida. América del Sur y África se separan del resto hace unos 180-170 m.a., y América del Sur emprende su viaje en solitario hace 140-90 m.a., cuando se separa de África.

Hace 16-13 m.a. La región que se convertirá en el Altiplano andino sufre su primera elevación, a la que seguirán dos más hace 13-9 m.a. y 10-6 m.a., las cuales llevarán la zona hasta casi su altitud actual.

Hace 14 m.a. Empieza el proceso de desertificación en lo que será el desierto de Atacama.

Hace 3 m.a. Formación del istmo de Panamá, que conecta América del Sur y del Norte.

◁ CUEVA OCULTA
Este lago subterráneo, en el Parque Nacional de la Chapada Diamantina (Brasil), contiene algunas de las rocas más antiguas del continente.

◁ COLUMNA VERTEBRAL DEL CONTINENTE
Los Andes son la cordillera más larga del mundo, y se extienden 7200 km a lo largo de todo el borde occidental de América del Sur.

◁ CURSO CAMBIANTE
El río Amazonas es el más largo del mundo, y vehicula una enorme cantidad de agua a través de su cuenca de tierras bajas, gigantesca y frondosa. Hasta hace 10 m.a., fue un colosal lago interior.

◁ VOLCÁN EN ERUPCIÓN
Con sus 5023 m de altura, el volcán Tungurahua (Ecuador) es uno de los muchos e imponentes volcanes que surgieron a lo largo de los Andes.

más grande pero más ligera. El descenso de la placa de Nazca bajo el manto provocó la apertura de una profunda fosa oceánica frente y a lo largo de la costa occidental de América del Sur. Al descender, la placa de Nazca rozó la placa sudamericana, la fracturó y la deformó.

Los Andes empezaron a formarse hace unos 50 m.a., a medida que las rocas se fragmentaban y se apilaban las unas sobre las otras. Mientras, la placa de Nazca, que se fundía a medida que descendía hacia el manto, hizo que el magma atravesara la joven cordillera en forma de volcanes y añadió varios picos volcánicos en las alturas, como el Cotopaxi (en Venezuela), el Chimborazo y el Tungurahua (ambos en Ecuador).

Cuencas fluviales

Entre estos tres escudos antiguos y la cordillera de los Andes, más joven, se hallan cuencas fluviales de tierras bajas, que se han ido cubriendo con capas de sedimentos. Hay tres cuencas principales que forman un cinturón de tierras bajas que va de norte a sur por el centro del continente. El Orinoco, al norte, fluye desde la estribación septentrional de los Andes en Venezuela (la cordillera Oriental) hasta el Atlántico, al sur de Trinidad. El río Amazonas, en el centro, atraviesa América del Sur desde las cordilleras septentrionales de los Andes hasta su desembocadura

en el Atlántico, en la línea ecuatorial. Hasta hace unos 10 m.a., el Amazonas formaba un gran lago interior y desaguaba hacia el oeste, hasta el océano Pacífico. La llanura chacopampeana es una gran cuenca donde el Paraná, el Paraguay y otros ríos fluyen hasta el río de la Plata.

formación de un lago gigante

el macizo bloquea el paso al Atlántico

el lago drena en el Pacífico

el lago empieza a drenar en el Atlántico

los Andes impiden el paso del río

formación del río Amazonas

HACE 40-20 M.A.   HACE 10-7 M.A.   HACE 5000-2000 AÑOS

FORMACIÓN DE LA CUENCA DEL AMAZONAS
El río Amazonas fluía desde el macizo de las Guayanas hasta un lago inmenso, que drenaba en el golfo de México y en el océano Pacífico. Luego, el alzamiento de los Andes obligó al lago a drenar en el océano Atlántico.

FORMACIÓN DEL CONTINENTE DE AMÉRICA CENTRAL Y DEL SUR

CLAVE ▬ Límite convergente ▬ Límite divergente

la placa de Nazca se subduce bajo la placa sudamericana

América del Sur empieza a separarse de África

supercontinente Gondwana

mar interior

tres escudos forman la base del continente

la dorsal del Atlántico se expande, y el Atlántico sur se abre

África se desplaza hacia el este

América Central y del Sur se unen por tierra

HACE 94 M.A. América del Sur empieza a separarse de África y a desplazarse hacia el oeste. La placa sudamericana alcanza la placa de Nazca, que se subduce.

HACE 50-40 M.A. La dorsal del Atlántico se expande, separa todavía más a América del Sur y África y crea el océano Atlántico. Un mar interior separa las Américas.

HACE 18 000 AÑOS El mar interior que separaba el continente sudamericano de América Central se cierra, y América del Norte y del Sur quedan unidas por tierra.

O de
América
Central

Santa María

Este peligroso volcán centroamericano provocó la tercera mayor erupción del siglo xx.

El volcán Santa María, en Guatemala, es uno de los más prominentes de una cadena de grandes volcanes que se alza sobre la llanura de la costa del Pacífico como resultado de la subducción de la placa oceánica de Cocos bajo la placa caribeña. Durante la mayoría de la historia registrada, el Santa María ha permanecido dormido, pero en octubre de 1902 entró en erupción, abrió un gran cráter en el flanco suroriental y mató a más de 5000 personas.

Actividad actual

En 1922 se empezó a formar un domo volcánico (una gigantesca masa de lava gris con forma de montículo) sobre el gran cráter lateral que se había abierto durante la erupción de 1902. Desde entonces, ha evolucionado en un complejo de cuatro domos superpuestos que han entrado en erupción con frecuencia y que, a veces, han dado lugar a peligrosos flujos piroclásticos (p. 89) o lanzado penachos de cenizas que han alcanzado varios miles de metros de altura. Casi a diario ocurren explosiones más pequeñas, que pueden verse desde la cima del cono principal del Santa María, más tranquilo.

△ **EXPLOSIONES VIOLENTAS**
La actividad actual del Santa María consiste en erupciones regulares y a menudo espectaculares en los domos de lava del flanco sur.

◁ **VISTA AL AMANECER**
En esta imagen del amanecer, el cono volcánico principal del Santa María, al fondo y a la izquierda, se alza sobre el grupo de peligrosos domos de lava.

LOS DOMOS DE LAVA DEL SANTA MARÍA

Los cuatro domos de lava del Santa María, conocidos colectivamente como complejo volcánico Santiaguito, se llaman: Caliente, La Mitad, El Monje y El Brujo (por orden de nacimiento).

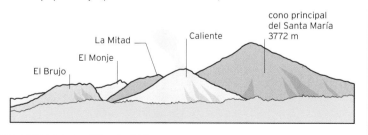

El Brujo · El Monje · La Mitad · Caliente · cono principal del Santa María 3772 m

En 1902, la **erupción** del Santa María produjo unos **5,4 km³** de **cenizas y pumita**.

O de
América
Central

Volcán Masaya

*Un enorme volcán nicaragüense que contiene
un raro y espectacular lago de lava ardiente.*

El Masaya es un volcán complejo: tiene más de un cono
volcánico, múltiples chimeneas y cráteres. Los dos conos
principales se hallan en una estructura más grande y
aproximadamente ovalada, la caldera Masaya, que se formó
durante una erupción cataclísmica hace unos 2500 años.
La caldera tiene unos 11 km de longitud y 5 km de anchura,
y su borde alcanza los 300 m de altura en algunos puntos.

En la cima de los conos principales del Masaya hay
varios hoyos profundos, o cráteres de subsidencia. Uno
de ellos, el cráter Santiago, es el punto principal de
actividad volcánica en el Masaya desde hace muchos
años, y, a veces, contiene un lago de lava ardiente.

LA CALDERA MASAYA

El volcán Masaya se
halla en el interior de la
caldera Masaya, mucho más
grande. El volcán consiste
en dos conos volcánicos
superpuestos. Uno de ellos
contiene dos cráteres de
subsidencia en la cima (el
Santiago y el San Pedro) y
el otro está ocupado por el
gran cráter San Fernando.

conos volcánicos adyacentes
del volcán Masaya

borde de la
caldera Masaya

lago

cráter San
Pedro

cráter
Santiago

cráter
San Fernando

△ **UN POZO INFERNAL**
A veces, un lago de
lava inunda el cráter
Santiago y produce unas
espectaculares burbujas
que, al estallar, despiden
gases tóxicos. Es uno de
los pocos lagos de lava
que existen en el mundo.

FLUJOS PIROCLÁSTICOS

Un flujo piroclástico es una
avalancha de gases volcánicos,
ceniza y fragmentos de lava,
y suele ser el resultado del
hundimiento de una nube
de erupción volcánica o de un
domo de lava. La mayoría de
los flujos de piroclastos llegan
a avanzar entre unos 5 km
y 10 km, y descienden a unos
100 km/h o más, quemando,
aplastando y enterrando todo
lo que encuentran a su paso.

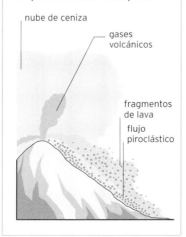

nube de ceniza

gases
volcánicos

fragmentos
de lava

flujo
piroclástico

La Soufrière

*Un volcán caribeño que, desde 1995, ha
devastado la mitad de la isla de Montserrat.*

Caribe

Aunque en el Caribe hay varios volcanes llamados
Soufrière («salida de azufre», en francés), el más
famoso es el de la isla de Montserrat. Desde 1995,
varios flujos piroclásticos destructivos (izda.) lo han
convertido en el volcán más estudiado del mundo.

Domos de lava hundidos

La Soufrière produce una lava viscosa que, en lugar de
fluir y alejarse, se acumula y forma domos volcánicos
de lava, los cuales despiden mucho vapor y, a veces,
brillan de noche. El peligro de los domos de lava es que
pueden desintegrarse y dar lugar a flujos de piroclastos.
En La Soufrière, entre 1995 y 2000, varios hundimientos
de domos y diversos flujos piroclásticos destruyeron
Plymouth (capital de Montserrat), aniquilaron múltiples
asentamientos y causaron varias muertes. Dos tercios
de la población tuvieron que abandonar la isla. El volcán
se ha serenado desde 2010, y Montserrat vuelve a ser
un lugar atractivo para ser visitado, tanto por la belleza
de sus paisajes como por su historia volcánica.

△ **DOMO PELIGROSO**
El objeto cónico de color gris en el fondo es un domo de lava. Algunas
zonas del flanco han empezado a romperse y han desencadenado
un flujo de piroclastos, que se asemeja a una avalancha.

N de
América
del Sur

Macizo de las Guayanas

Una espectacular región de América del Sur, con magníficas montañas chatas y algunas de las cascadas más impresionantes del mundo.

El macizo de las Guayanas cruza el norte de América del Sur y ocupa la mayor parte de Venezuela, además de áreas de Guyana y del norte de Brasil. El macizo es famoso por sus tepuis, magníficas montañas chatas y muy antiguas. La palabra tepui significa «hogar de los dioses» en el idioma de los pemones indígenas. Muchas de estas formaciones parecen de otro mundo, con sus precipicios escarpados y cimas planas, cubiertas de vegetación y aparentemente inaccesibles. Algunas de las más famosas son Auyantepui, el monte Roraima y el tepui Kukenán. Se dice que el monte Roraima inspiró al escritor escocés Arthur Conan Doyle para escribir la novela *El mundo perdido*, acerca del descubrimiento de una meseta remota habitada por criaturas prehistóricas.

Auyantepui y el Salto del Ángel

Auyantepui es el tepui más grande, con una superficie de 700 km² cubiertos parcialmente de bosques nubosos. El Salto del Ángel es la cascada ininterrumpida más alta del mundo, y cae desde una hendidura en su cima. El río Churún, afluente del Orinoco, fluye sobre las cataratas y desciende 979 m hasta el suelo del valle. La caída principal, de 807 m, viene seguida de una serie de cascadas y rápidos en pendiente.

◁ **FLORA ENDÉMICA**
Un prolongado periodo de aislamiento permitió que en la cima de los tepuis evolucionaran muchas especies de animales y plantas, como el género *Orectanthe*, en la imagen, que solo se hallan allí.

La **roca** en la que **se esculpió** el **monte Roraima** se asentó hace unos **1800 m.a.**

△ **UN MUNDO PERDIDO**
El monte Roraima, uno de los tepuis más grandes, está rodeado de precipicios de hasta 400 m, y es el origen de varios ríos.

◁ **LARGA CAÍDA**
En los primeros centenares de metros de caída, el agua del Salto del Ángel apenas roza los escarpados precipicios de arenisca a sus espaldas.

FORMACIÓN DE LOS TEPUIS

El macizo de las Guayanas fue antaño una enorme meseta de arenisca. A lo largo de unos 1500 m.a., los ríos y los arroyos erosionaron las secciones más débiles y dejaron de relieve los tepuis.

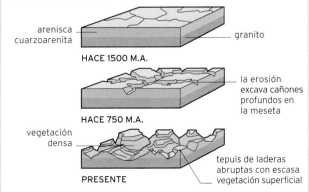

arenisca cuarzoarenita — granito
HACE 1500 M.A.

la erosión excava cañones profundos en la meseta
HACE 750 M.A.

vegetación densa
PRESENTE — tepuis de laderas abruptas con escasa vegetación superficial

Andes

La cordillera continental más larga del mundo, que comprende múltiples picos nevados, volcanes y altiplanicies.

O de América del Sur

Los Andes se extienden a lo largo de 7200 km, de norte a sur, por el borde occidental de América del Sur, y pasan por Venezuela, Colombia, Ecuador, Perú, Bolivia, Chile y Argentina. La cordillera comprende varias subcordilleras diferenciadas que se formaron durante los últimos 50 m.a. Algunas de ellas están a un lado u otro de regiones de altiplano, una de las cuales, el llamado Altiplano (pp. 96–97), es la segunda meseta más alta del mundo, después de la del Tíbet.

Desiertos y glaciares

Los Andes forman una formidable barrera física y biológica entre la costa del Pacífico y el resto de América del Sur, con una anchura que va desde los 100 km, en el extremo sur del continente, hasta los 700 km, en la región central. La cordillera presenta múltiples rasgos físicos, tales como uno de los lugares más áridos de la Tierra –el desierto de Atacama (pp. 124–125)– y algunos de los cañones más profundos del planeta. El Altiplano alberga varios salares y lagos de gran tamaño. En el pasado, la zona sur de los Andes estuvo cubierta de hielo, y aún hay glaciares que llegan hasta el nivel del mar en el sur de Chile, que cuenta con una extensa red de fiordos (p. 117).

Volcanes y terremotos

En los Andes se hallan unos 180 volcanes activos y varios ya extinguidos. Estos son el resultado de la actividad tectónica (pp. 94–95) que da lugar a la producción de magma bajo los Andes, donde dicho magma asciende y genera una actividad volcánica significativa. Esta actividad tectónica también produce terremotos, como el de 1960, con epicentro frente a la costa de Chile, que fue el más potente que se haya registrado jamás.

▽ **ANIMAL DE REBAÑO DE MONTAÑA**
Junto a las alpacas, las vicuñas y los guanacos, las llamas son uno de los cuatro parientes de los camellos que moran en los Andes. Solo las llamas y las alpacas están domesticadas.

△ RELÁMPAGO VOLCÁNICO
Los relámpagos en y alrededor de un penacho de ceniza volcánica (como en esta erupción del volcán Calbuco, en Chile, en 2015) se conocen como tormentas sucias. Los relámpagos son el resultado de la fricción entre las partículas de ceniza y la atmósfera.

LA SOMBRA PLUVIOMÉTRICA DEL SUR DE LOS ANDES

En el sur de los Andes, los vientos predominantes soplan del oeste y empujan el aire cargado de humedad del océano Pacífico hacia las montañas. Cuando este llega a los Andes, asciende, se expande, se enfría y deja caer lluvia sobre los flancos occidentales de las montañas. Entonces prosigue y desciende por el lado oriental, creando condiciones áridas (sombra pluviométrica) en la zona sureste de América del Sur.

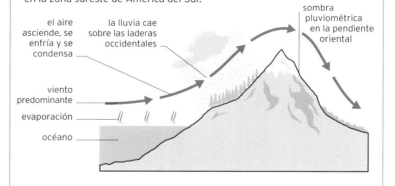

el aire asciende, se enfría y se condensa

la lluvia cae sobre las laderas occidentales

sombra pluviométrica en la pendiente oriental

viento predominante

evaporación

océano

△ EL TECHO DE LAS AMÉRICAS
El Aconcagua, con sus 6961 m de altitud máxima, es el pico más alto de los Andes y, a excepción de Asia, del resto del mundo. Está en Argentina, justo al este de la frontera con Chile.

El **Cotopaxi**, en Ecuador, es uno de los **volcanes activos más altos** del mundo. Ha **erupcionado 50 veces** desde **1738**.

Formación de una
CORDILLERA

La mayoría de las cordilleras se forman donde dos placas tectónicas (al menos una de las cuales ha de llevar corteza continental) se aproximan entre ellas, o convergen, impulsadas por la convección del manto terrestre. Si ambas transportan masa continental, la colisión provoca el alzamiento de montañas. Así se formó la cordillera del Himalaya. Sin embargo, una cordillera se puede formar también si solo una de las placas lleva corteza continental: la formación de los Andes es un magnífico ejemplo de ello.

La formación de los Andes

El proceso que levantó los Andes duró decenas de millones de años, y empezó con el desarrollo de un nuevo límite convergente al oeste de América del Sur. Las placas oceánicas al oeste del límite, incluidas las precursoras de las placas de Nazca y de Cocos actuales, además de la placa antártica, empezaron a subducirse bajo la placa sudamericana, al este. Este movimiento aplastó la litosfera de la parte occidental de América del Sur, y provocó importantes fracturas, llamadas fallas de cabalgamiento, y el alzamiento de bloques de litosfera. En algunas partes de la región se formó una única cordillera; en otras, cordilleras secundarias paralelas se alzaron en distintas fases. El proceso de subducción llevó a la producción de magma en las profundidades, el cual, al ascender, generó actividad volcánica en muchas partes de la cadena.

► LOS ANDES CENTRALES

La ilustración muestra un corte de los Andes centrales en Bolivia y el norte de Chile, aunque también se extiende hacia el norte, hasta entrar en Perú. En esta región, dos cordilleras secundarias relativamente paralelas (la Occidental y la Oriental) están separadas por el Altiplano, una meseta alta y amplia.

▷ LADERAS OCCIDENTALES

El desierto de Atacama es extremadamente seco. Aquí, los vientos soplan del este y, cuando empujan el aire caliente por la ladera oriental de los Andes, la lluvia cae en ese lado y deja sin precipitaciones la vertiente occidental y los asentamientos costeros.

Fosa oceánica
La fosa de Perú-Chile marca el descenso de una placa bajo la otra. Tiene una profundidad de entre 7 km y 8 km.

Placa de Nazca
El grosor de esta placa es de entre 50 km y 60 km.

la placa de Nazca se desplaza lentamente hacia la placa sudamericana, y por debajo de ella, a una velocidad de 7,5 cm anuales

Manto litosférico
Es la capa superior del manto. Junto a la corteza que tiene encima, forma una capa relativamente sólida llamada litosfera, la cual está dividida en placas.

Astenosfera
Esta capa del manto superior es relativamente deformable, y está más caliente que la litosfera que hay sobre ella.

Corteza oceánica
La parte superior de la placa que desciende es corteza oceánica. Está compuesta por rocas tales como basalto y gabro, y contiene cantidades importantes de agua.

ZONAS VOLCÁNICAS ANDINAS

Los volcanes andinos están agrupados en cuatro regiones: las zonas volcánicas del norte, central, del sur y austral. Entre estos cinturones hay grandes espacios sin volcanes. Por ejemplo, en el sur de Perú hay unos 30 volcanes, pero no hay ninguno en el resto de los Andes peruanos. Se desconoce el motivo de que haya estos huecos, aunque una teoría afirma que las placas tectónicas que se subducen en América del Sur lo hacen en un ángulo más agudo en las zonas «vacías».

zona volcánica norte

zona volcánica central

zona volcánica del sur

zona volcánica austral

Cuando los Andes se formaron, **América del Sur se encogió** de oeste a este.

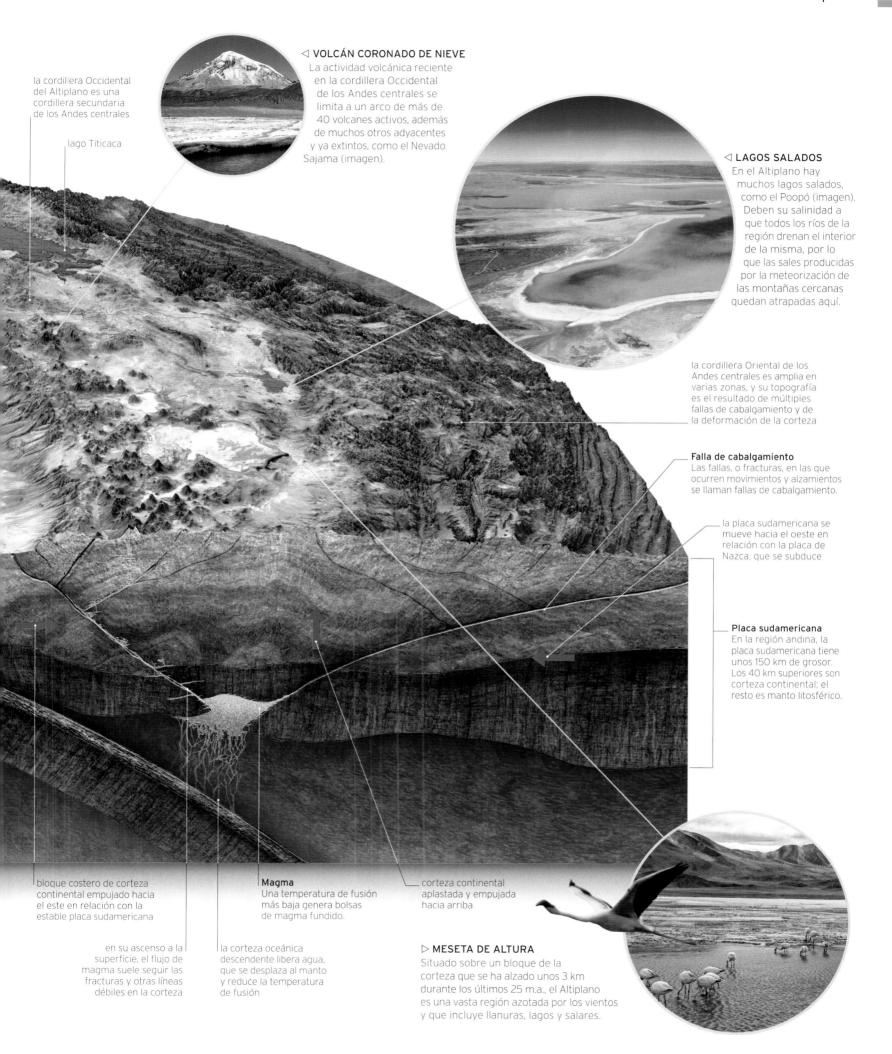

◁ VOLCÁN CORONADO DE NIEVE
La actividad volcánica reciente en la cordillera Occidental de los Andes centrales se limita a un arco de más de 40 volcanes activos, además de muchos otros adyacentes y ya extintos, como el Nevado Sajama (imagen).

la cordillera Occidental del Altiplano es una cordillera secundaria de los Andes centrales

lago Titicaca

◁ LAGOS SALADOS
En el Altiplano hay muchos lagos salados, como el Poopó (imagen). Deben su salinidad a que todos los ríos de la región drenan el interior de la misma, por lo que las sales producidas por la meteorización de las montañas cercanas quedan atrapadas aquí.

la cordillera Oriental de los Andes centrales es amplia en varias zonas, y su topografía es el resultado de múltiples fallas de cabalgamiento y de la deformación de la corteza

Falla de cabalgamiento
Las fallas, o fracturas, en las que ocurren movimientos y alzamientos se llaman fallas de cabalgamiento.

la placa sudamericana se mueve hacia el oeste en relación con la placa de Nazca, que se subduce

Placa sudamericana
En la región andina, la placa sudamericana tiene unos 150 km de grosor. Los 40 km superiores son corteza continental; el resto es manto litosférico.

bloque costero de corteza continental empujado hacia el este en relación con la estable placa sudamericana

en su ascenso a la superficie, el flujo de magma suele seguir las fracturas y otras líneas débiles en la corteza

Magma
Una temperatura de fusión más baja genera bolsas de magma fundido.

la corteza oceánica descendente libera agua, que se desplaza al manto y reduce la temperatura de fusión

corteza continental aplastada y empujada hacia arriba

▷ MESETA DE ALTURA
Situado sobre un bloque de la corteza que se ha alzado unos 3 km durante los últimos 25 m.a., el Altiplano es una vasta región azotada por los vientos y que incluye llanuras, lagos y salares.

O de
América
del Sur

El Altiplano

*Una enorme meseta de altura
en los Andes, con unos paisajes
que parecen de otro mundo y unas
condiciones de vida muy duras.*

El Altiplano, frente a un fondo repleto de volcanes, es
un paisaje de llanura de altura azotado por el viento y de
vegetación escasa que ocupa unos 200 000 km² en la zona
central de los Andes. Aunque en su mayoría pertenece a
Bolivia, partes del mismo llegan a Perú, Chile y Argentina,
al sur. En Bolivia, también contiene la gran zona urbana
de las ciudades de La Paz y El Alto, adyacentes entre sí.

Tierra de fuego, hielo, sal y viento

El Altiplano limita al oeste con una de las cordilleras
secundarias de los Andes centrales, la Occidental, que
contiene algunos volcanes enormes. El Altiplano es
fundamentalmente árido, sobre todo en el sur, donde
las precipitaciones anuales no superan los 200 mm.
También tiene vastos salares, como el de Uyuni (p. 126).
    Por la altitud, el aire es pobre en oxígeno, y el clima es
bastante duro. Aunque las temperaturas diurnas pueden
alcanzar entre los 10 y los 25 °C, por la noche se pueden
desplomar hasta los −20 °C en el sur del Altiplano. La
fauna local, bien adaptada a estas
condiciones, incluye vicuñas (de la
misma subfamilia que las llamas),
viscachas (roedores parecidos
a conejos) y zorros andinos.

◁ **CAPA PROTECTORA**
Su espeso y fino pelo le permite a
la viscacha soportar temperaturas
nocturnas bajo cero durante todo
el año.

La **altitud promedio** del Altiplano es de 3750 m.

BAJO EL ALTIPLANO

En los Andes centrales,
dos o más fases de
alzamiento de montañas
elevaron las cordilleras
Occidental y Oriental,
entre las que se extiende
el Altiplano. Los detalles
sobre cómo se formó
el Altiplano son objeto
de gran controversia,
aunque la investigación
más reciente sugiere
que la corteza que hay
debajo se alzó unos
3 km en sucesivos
empujes durante
los últimos 25 m.a.

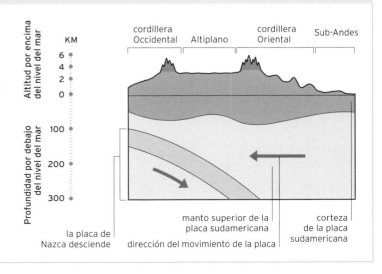

Altitud por encima
del nivel del mar

KM

6
4
2
0

Profundidad por debajo
del nivel del mar

100

200

300

cordillera
Occidental   Altiplano   cordillera
Oriental   Sub-Andes

manto superior de la
placa sudamericana

corteza
de la placa
sudamericana

la placa de
Nazca desciende   dirección del movimiento de la placa

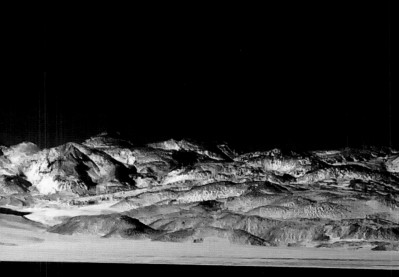

O de
América
del Sur

Géiseres de El Tatio

*Una de las mayores concentraciones de géiseres
del mundo, situada en las alturas andinas.*

El Tatio figura como el tercer
mayor campo de géiseres del
mundo, y es, con diferencia, el de
mayor altitud, a 4320 m sobre el
nivel del mar. Está en una región
volcánica al borde del desierto de
Atacama (pp. 124–125), en Chile,
y se puede llegar a él desde San
Pedro de Atacama, una de las
ciudades más cercanas.

Sus géiseres no se elevan a
grandes alturas, y las erupciones
más altas observadas alcanzan
aproximadamente los 6 m. Sin
embargo, esto se ve compensado
por la densidad de concentración
de los géiseres: hay más de
20 al alcance de unos minutos
de paseo. Entre los géiseres hay
manantiales termales y fumarolas
(chimeneas que liberan gases
volcánicos). Se insta a los
visitantes a que no se acerquen
demasiado a los manantiales
y a los géiseres, porque varias
personas han perdido la vida
al caer al agua hirviendo.

DISTRIBUCIÓN DEL CAMPO DE GÉISERES

El Tatio posee unos 80 géiseres,
distribuidos sobre un área de
unos 5 km². La mayoría están
concentrados en tres áreas
principales: las cuencas superior,
media e inferior.

cuenca
inferior   arroyo   cuenca
superior

cuenca media

▽ **AGUA HIRVIENDO**
El agua que expulsan este y
otros géiseres de El Tatio está
extremadamente caliente: hasta 85 °C; a
esas altitudes, dicha temperatura
representa casi el punto de ebullición.

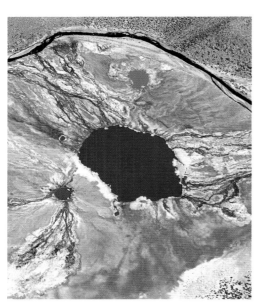

△ **EL ALTIPLANO
CHILENO**
Esta parte del Altiplano,
en Chile, contiene un lago
azul oscuro, la laguna
Miscanti, con agua
salobre. Detrás se alza el
cerro Miscanti, un volcán
extinguido. Está rodeado
de matorrales amarillos.

◁ **UN LAGO ESCARLATA**
Cerca de la frontera entre
Chile y Bolivia, la conocida
localmente como laguna
Roja es un manantial
termal con temperaturas
de entre 40 y 50 °C. En
sus aguas se desarrolla
una colonia de algas de
color rojo intenso.

Pan de Azúcar

Un monolito de granito y cuarzo que se alza verticalmente junto a la costa en Río de Janeiro.

E de América del Sur

El Pan de Azúcar, que se alza verticalmente hasta los 396 m sobre Río de Janeiro, está sobre una península que se proyecta en la boca de la bahía de Guanabara, una gran ensenada que incluye el puerto de Río.

La roca de la que se compone el Pan de Azúcar y otras montañas cercanas con forma de cúpula se formó hace millones de años a partir de magma que se elevó desde las profundidades y se solidificó bajo la superficie. Hace unos 100 m.a., América del Sur se separó de África y formó el océano Atlántico sur, lo que provocó fracturas en la corteza terrestre alrededor de la costa oriental de América del Sur. Las fracturas debilitaron las rocas que rodeaban las masas de granito, y agentes como la lluvia acabaron fragmentándolas (dcha.).

▷ **DIRECTO A LAS ALTURAS**
Desde la cima del Pan de Azúcar (centro de la imagen) se obtiene una vista aérea tanto del puerto de Río, en primer plano, como de la bahía de Guanabara, que se adentra hacia la izquierda de la montaña.

FORMACIÓN DEL PAN DE AZÚCAR

El Pan de Azúcar comenzó como una masa de granito subterránea que quedó expuesta al erosionarse la roca más blanda que tenía encima. La erosión continuada le dio su forma actual.

área de meteorización rápida — masa de granito

LA ROCA MÁS BLANDA SE EROSIONA

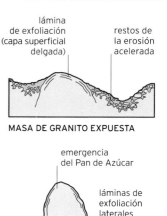

lámina de exfoliación (capa superficial delgada) — restos de la erosión acelerada

MASA DE GRANITO EXPUESTA

emergencia del Pan de Azúcar

láminas de exfoliación laterales

FORMACIÓN DE LA BÓVEDA ABRUPTA

Serranía de Hornocal

Una pequeña cordillera en el noroeste de Argentina con una espectacular estructura en zigzag y colores increíbles.

E de América del Sur

▽ **EXPLOSIÓN CROMÁTICA**
Los colores de las rocas de la serranía de Hornocal van del rojo intenso a los verdes, el crema y el gris.

La serranía de Hornocal forma parte de una formación de rocas sedimentarias que, desde Perú, se extiende a lo largo de unos 500 km hacia el sur. Conocida como Formación Yacoraite, se compone sobre todo de piedra caliza y de algo de arenisca y limolita, y se formó en un mar somero hace entre 72 m.a. y 61 m.a. (cuando esta parte de América del Sur estaba sumergida).

Las variaciones de la composición de los sedimentos depositados en el mar, la química del agua marina y las formas de vida presentes en aquel momento explican la asombrosa variación de los colores de las rocas. A lo largo de los años, los estratos de rocas se alzaron y se inclinaron como resultado de movimientos tectónicos, y, más adelante, la erosión y la meteorización dieron lugar a la extraordinaria imagen actual. La explosión de colores da un aspecto ligeramente surrealista al lugar.

Torres del Paine

Un lugar de paisajes bellísimos en la Patagonia, con montañas cubiertas de nieve, glaciares, cascadas, lagos y ríos.

S de
América
del Sur

A unos 1960 km de Santiago, la capital de Chile, se halla uno de los parques nacionales más espectaculares de América del Sur, las Torres del Paine. *Paine* significa azul en la lengua tehuelche nativa, y alude a que las montañas del parque tienen un tinte azulado vistas desde la distancia.

Agujas de granito y picos afilados

Una de las características más emblemáticas de las Torres del Paine es el grupo compuesto por tres enormes agujas de granito (las torres), que se elevan 1500 m sobre la estepa de la Patagonia. Cerca, y como parte del mismo macizo, se hallan los Cuernos del Paine, tres montañas enormes cuyos picos están

coronados por afilados «cuernos» de roca oscura. Son la atracción principal para muchos visitantes, gracias a sus espectaculares formas, sus afilados bordes y sus variados colores. Otros picos elevados del parque son el cerro Paine Grande (2884 m) y el monte Almirante Nieto (2640 m).

Las Torres del Paine, uno de los últimos territorios salvajes del planeta, cuentan con una diversidad única de fauna, con guanacos, zorros, ñandúes y cóndores andinos. Además, el parque está adornado con una vegetación bellísima, por ejemplo, con arbustos perennifolios como el notro (o ciruelillo).

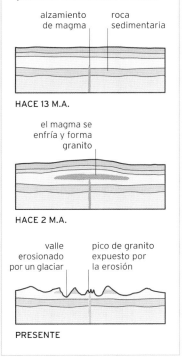

▽ PICOS NEGROS
Los oscuros Cuernos del Paine se alzan más de 2500 m, y pueden verse a la izquierda de la imagen. El Almirante Nieto queda a la derecha.

◁ LAS TRES TORRES
La Torre Sur, a la izquierda, la Torre Central (2800 m) y la Torre Norte a la derecha son los tres picos de granito que constituyen la principal atracción del parque.

FORMACIÓN DE LAS TORRES

Las Torres del Paine se formaron parcialmente a partir del granito originado en el magma que se alzó hasta el subsuelo hace 13 m.a. El magma se enfrió y formó un bloque de granito, que quedó expuesto cuando los glaciares erosionaron la zona.

alzamiento de magma   roca sedimentaria

HACE 13 M.A.

el magma se enfría y forma granito

HACE 2 M.A.

valle erosionado por un glaciar   pico de granito expuesto por la erosión

PRESENTE

Casquete glaciar Quelccaya

Es la mayor área helada de las regiones tropicales y está en la cordillera Oriental de los Andes peruanos.

O de
América
del Sur

El casquete glaciar Quelccaya cubre un área de 44 km² de los altos Andes, y está íntegramente a una altitud de 5000 m, lo que da una idea de lo elevada que es la zona de congelación en los trópicos. Este casquete glaciar es muy importante para la región que lo rodea: su agua de deshielo riega los campos de los valles situados más abajo y proporciona agua potable a grandes ciudades peruanas, como Cuzco. Sin embargo, debido al calentamiento global, durante los últimos 30 años ha perdido cerca de una quinta parte de su superficie, y su retroceso es cada vez más acelerado. La reciente aparición de restos de plantas de 5700 años de antigüedad indica que han pasado más de 50 siglos desde que fuera más pequeño de lo que es ahora.

▷ **LAGO DE CERRADURA**
Este lago de forma inusual es un lago de deshielo (helado temporalmente) que apareció en uno de los extremos del casquete glaciar en la década de 2000.

El **Quelccaya** está cerca de la **pluvisilva amazónica**, donde las **temperaturas** son unos **27 °C más altas**.

Glaciar Pastoruri

Un pequeño glaciar peruano que, aunque está retrocediendo, sigue siendo extraordinariamente espectacular, así como un imán para los entusiastas de los deportes de hielo y nieve.

O de
América
del Sur

El glaciar Pastoruri está en la zona sur de la cordillera Blanca de los Andes, en el norte-centro de Perú, y ocupa un flanco del Nevado Pastoruri, un pico andino de 5240 m de altitud. Es un glaciar de circo, un tipo de glaciar que ocupa una depresión con forma de cuenco en lo alto de una montaña.

Paredes abruptas

El glaciar Pastoruri tiene bordes abruptos, como precipicios, por lo que es un destino popular para escaladores. Algunas zonas de su superficie presentan grandes fisuras (crevasses); otras suelen estar cubiertas de nieve profunda y blanda, lo que atrae a esquiadores. El glaciar ha perdido más del 15 % de su hielo durante los últimos 35 años, y se espera que se siga encogiendo.

▷ **CUEVA DE HIELO AZUL**
En el interior del glaciar Pastoruri, a una altura de unos 5200 m, hay una cueva de hielo. Los visitantes pueden caminar por el glaciar y visitar su resplandeciente interior azul.

◁ **CASQUETE GLACIAR DE ALTURA**
En esta imagen de satélite coloreada, pueden verse parte del casquete glaciar Quelccaya y algunos de los lagos que lo rodean. La vegetación de los valles cercanos se ha coloreado de rojo.

▽ **CACTUS DE MONTAÑA**
Cerca del casquete glaciar Quelccaya, en los altos Andes peruanos, crecen varias especies de cactus, como esta variedad del género *Tephrocactus*, la cual se suele describir como cactus tapizante.

Campo de hielo de la Patagonia Sur

El segundo mayor campo de hielo continuo del mundo, que se extiende a lo largo de casi 370 km en el sur de los Andes.

SO de América del Sur

Un campo de hielo es una enorme masa de hielo a gran altitud que está parcialmente contenido por montañas (a diferencia de los casquetes glaciares y los inlandsis, que cubren regiones casi por completo). El campo de hielo de la Patagonia Sur es un vestigio del último periodo glacial, hace unos 18 000 años, cuando todo el sur de Chile y Argentina estaban bajo una espesa capa de hielo, en un área con una superficie estimada de 480 000 km². Ahora ocupa menos del 3 % de ese tamaño. El cerro Chaltén (o monte Fitz Roy), a 3359 m, y el volcán Lautaro, a 3623 m, son dos de los principales picos rodeados por el campo de hielo.

▷ **GLACIAR DE DESBORDAMIENTO**
El glaciar Grey es uno de los glaciares de desbordamiento que bajan hielo del campo de hielo. Algunos terminan en lagos glaciares, mientras que otros descargan icebergs en los fiordos chilenos (p. 116).

EL CAMPO DE HIELO DE LA PATAGONIA SUR

El campo de hielo de la Patagonia Sur es largo y delgado, con una anchura promedio de tan solo 35 km. La imagen indica algunos de sus numerosos glaciares de desbordamiento.

glaciar Occidental

glaciar Pío XI (o Brüggen)

glaciar Jorge Montt

glaciar Ventisquero Grande (u O'Higgins)

glaciar Viedma

lago Argentino

glaciar Perito Moreno

glaciar Grey

Glaciar Perito Moreno

Un impresionante glaciar patagónico que descarga enormes cantidades de hielo en un lago argentino.

S de América del Sur

El Perito Moreno es un glaciar de desbordamiento que ocupa parte de los campos de hielo de la Patagonia Sur (p. 101). Desciende al este de los campos de hielo, y descarga icebergs en el mayor lago de Argentina, el lago Argentino. El glaciar tiene unos 24 km de longitud y un área de unos 200 km², y termina en una colosal pared de hielo de una amplitud de unos 5 km. A diferencia de la mayoría de los glaciares del mundo, el Perito Moreno no retrocede, aunque los expertos desconocen el motivo.

Desprendimientos

El glaciar, uno de los lugares más visitados de la Patagonia, se halla en el Parque Nacional Los Glaciares. Se organizan visitas guiadas que permiten caminar sobre él, y muchos de los visitantes contemplan cómo enormes fragmentos de hielo caen del frente del glaciar. El mejor momento para presenciarlo es por la tarde, cuando el calor del sol hace que haya desprendimientos casi cada media hora.

LA PRESA DE HIELO DEL BRAZO RICO

Periódicamente, el glaciar avanza y cierra el brazo Rico, un brazo del lago Argentino. Se forma una presa de hielo, y el brazo Rico puede ascender hasta 60 m antes de que el agua desborde la presa y descargue unos mil millones de toneladas de agua en 24 horas.

lago Argentino

el glaciar avanza y cierra el brazo Rico

presa de hielo

glaciar Perito Moreno

brazo Rico

La **pared de hielo** del Perito Moreno se alza **74 m** sobre el lago Argentino.

▷ **CIERRE**
En la imagen, el glaciar forma una presa entre el brazo Rico (abajo) y el lago Argentino (arriba). Se aprecian icebergs cayendo al brazo Rico.

◁ **AVANCE LENTO**
Enormes bloques y agujas de hielo descienden lentamente por la colina. En primer plano hay rocas y otros materiales que se han depositado junto al glaciar.

△ **DESPLOME**
La presión del agua acaba abriendo un túnel y atravesando la presa de hielo. El puente de hielo sobre el túnel no tarda en desplomarse.

Los Llanos

Una inmensa extensión de sabana transformada por inundaciones estacionales y que alberga una colección única de animales.

N de
América
del Sur

△ **MIRADA ATENTA**
En los Llanos viven más de 100 especies de reptiles, como tortugas, serpientes y crocodilianos. Uno de los más abundantes es el caimán de anteojos.

Los Llanos, un extenso herbazal tropical, se extienden por Colombia y Venezuela, desde los pies de los Andes hasta el delta del Orinoco, donde rozan el Caribe. Aunque los Llanos contienen hábitats distintos, como bosques y pantanos, son en su mayoría una sabana sin árboles que los afluentes del Orinoco inundan estacionalmente.

Una fauna única

Los Llanos albergan muchas especies que no se suelen encontrar en ecosistemas de sabana, como el cocodrilo del Orinoco, en peligro de extinción y que se encuentra exclusivamente en los Llanos, o el capibara semiacuático, el roedor más grande del mundo. La región sustenta varios centenares de especies de aves (tanto residentes como migratorias), una gran parte de las cuales son aves acuáticas y zancudas.

pico largo y ligeramente curvado

pies parcialmente palmeados

△ **UN PICO SINGULAR**
Los Llanos contienen la mayor población mundial de ibis escarlata, que usa su pico largo y delgado para encontrar insectos en el lodo blando y bajo las plantas.

INUNDACIÓN ESTACIONAL DE LOS LLANOS

Son una región de extremos climáticos con inundaciones y sequías estacionales. Más del 90 % de las precipitaciones anuales caen entre abril y octubre. En mayo, los afluentes del Orinoco empiezan a desbordarse, y gran parte de los Llanos es ya un humedal en el punto álgido de la estación.

MAYO

JUNIO

OCTUBRE

Los Llanos son el hogar de la **serpiente más poderosa del mundo**, la anaconda verde.

N de
América
del Sur

Caño Cristales

*La combinación de plantas multicolores
y aguas cristalinas crea un arcoíris líquido.*

En la serranía de la Macarena, en el piedemonte del centro de Colombia, hay un río de 100 km de longitud que, durante cinco meses del año, adquiere una coloración roja, verde, amarilla y azul. El espectáculo cromático de Caño Cristales se debe a la floración de una planta endémica, la *Macarenia clavigera*, que necesita una combinación precisa de niveles de agua y luz solar para adquirir su llamativo color rojo. Otras plantas verdes, el lecho arenoso del río y el agua cristalina que refleja el cielo proporcionan el resto de colores. A pesar de su riqueza en plantas acuáticas, se cree que el río no tiene peces.

△ **AGUAS CRISTALINAS**
El Caño Cristales es un río de curso relativamente rápido, con cascadas, rápidos y pozas profundas, y también con remolinos. Como el agua carece de sedimentos y de nutrientes, es extraordinariamente clara.

O de
América
del Sur

Lago Titicaca

*El lago navegable más alto del mundo,
y el más grande de América del Sur.*

Con una superficie de 8370 km², el lago Titicaca es el mayor lago de agua dulce de América del Sur, y se ubica a caballo entre Perú y Bolivia, en la cuenca del Altiplano andino (p. 96). Situado a 3812 m sobre el nivel del mar, es el lago navegable a mayor altitud del mundo.

El estrecho de Tiquina conecta las dos subcuencas del lago. El lago Grande (o Chucuito), que es su sección norte y de mayor tamaño, es mucho más profundo que el Huiñaimarca (o lago Pequeño). Más de 25 ríos de cinco grandes sistemas fluviales desembocan en el lago, que solo tiene una salida, el río Desaguadero, en el extremo sur. Este río es responsable solo del 5 % de la pérdida de agua del lago Titicaca; el resto se pierde por la evaporación en el árido y ventoso entorno.

◁ **EN DESCENSO**
Durante los últimos años, el nivel del agua del lago Titicaca ha ido descendiendo lentamente. La ausencia de lluvia se ha sumado a la disminución del agua de deshielo en verano a medida que los glaciares se encogen por el cambio climático.

LAGOS DE ALTIPLANO

Este corte transversal de las cuencas de drenaje norte y central del Altiplano muestra los niveles actuales de los lagos Titicaca y Poopó, junto al nivel de lagos antiguos que ya se han secado. A finales de 2015, el Poopó también se había secado por completo, en parte por la reducción del nivel del agua del lago Titicaca, que lo alimenta.

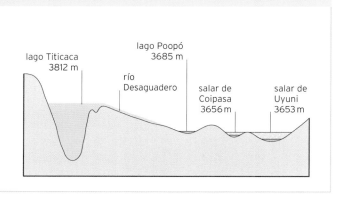

lago Titicaca
3812 m

río
Desaguadero

lago Poopó
3685 m

salar de
Coipasa
3656 m

salar de
Uyuni
3653 m

Amazonas

El río más extenso del mundo, que serpentea a través de la pluvisilva más grande de la Tierra y sustenta un ecosistema único.

N de
América
del Sur

El Amazonas es el mayor río del mundo, tanto en términos de su cuenca hidrográfica como del volumen de agua que fluye por sus cursos: una quinta parte de toda el agua que llega a los océanos de la Tierra. Su gran cuenca drena más del 40 % del territorio de América del Sur, y unos dos tercios de su curso principal, así como la mayor parte de su cuenca, están en Brasil. El Amazonas y sus más de mil afluentes sustentan la gran biodiversidad de la pluvisilva más extensa del mundo, con la que comparte el nombre (pp. 120–121). Ha habido grandes debates sobre la fuente exacta del Amazonas (p. 108), y también sobre su longitud total, aunque se lo suele considerar el segundo más largo del mundo, después del Nilo (pp. 190–191).

Asimismo, hoy hay más acuerdo sobre que el Amazonas se remonta a los Andes del sur de Perú, a menos de 200 km de la costa pacífica, y sobre que fluye durante más de 6400 km hacia la costa noreste de Brasil, donde descarga un promedio de unos 200 000 millones de litros de agua por segundo al océano Atlántico. Durante las inundaciones, algunos tramos del Amazonas superan los 50 km de anchura. El estuario del río abarca un área de más de 300 km de anchura.

◁ UNA REPUTACIÓN FEROZ

A pesar de su reputación como depredadoras feroces, las pirañas de vientre rojo se alimentan principalmente de plantas y carroña, y viajan en bancos para protegerse de sus depredadores.

El Amazonas lleva **más agua** que los **siete siguientes ríos más largos** juntos.

LAS CUENCAS MÁS GRANDES DE LA TIERRA

La cuenca hidrográfica de un río, así como su hoya, es la superficie total de tierra que drenan el río y todos sus afluentes. La del Amazonas es, con diferencia, la mayor cuenca de drenaje del mundo y abarca aproximadamente el doble que la siguiente más grande, la del Congo, en África central (p. 192).

Amazonas:
7 millones de km²

Congo:
3,5 millones de km²

Nilo:
3,4 millones de km²

Misisipi-Misuri:
3,2 millones de km²

Ganges:
1 millón de km²

△ UNA PLANTA VIGOROSA

El jacinto de agua crece con gran rapidez; fuera de su hábitat nativo (la cuenca del Amazonas) puede ser muy invasivo, bloquear los cursos de agua e inhibir otras especies.

▷ GRANDES CURVAS

Gran parte de la cuenca del Amazonas es llana; a lo largo de gran parte de su curso, el río y muchos de sus tributarios serpentean lentamente por vastas áreas de pluvisilva virgen.

Características de una
CUENCA
HIDROGRÁFICA

Una cuenca hidrográfica es un área geográfica en la que toda el agua que entra, en general en forma de precipitaciones, se drena por una salida a través de un río y sus afluentes. Las cuencas (y sus hoyas) pueden ser de diversa complejidad, forma y tamaño pero todas comparten características fundamentales. La del Amazonas es la más grande.

De la fuente a la desembocadura

La divisoria de aguas delimita el perímetro de la cuenca y la separa de los sistemas fluviales adyacentes. Por naturaleza, las divisorias de aguas recorren terrenos elevados, como cordilleras y mesetas. La fuente de un sistema fluvial –un manantial, agua de deshielo o un marjal– es el punto del curso fluvial más alejado de la desembocadura, medido a lo largo del curso del propio río. Las secciones elevadas de la cuenca hidrográfica suelen contener arroyos de aguas rápidas, con rápidos y cascadas, que descienden a un terreno más bajo y llano, donde se ralentizan, se ensanchan y suelen formar meandros.

La mayoría de los canales de una cuenca son afluentes que se vacían en el río principal. Los afluentes, como el río Negro, tributario del Amazonas, pueden ser ríos importantes por sí mismos; y en las confluencias se mezclan las aguas de distintos orígenes, composición y color. El curso inferior de un río maduro suele crear una llanura de inundación gracias a su depósito de sedimentos durante las crecidas, y serpentea por dicha llanura creando meandros que lo hacen cambiar de dirección, gradualmente (por la erosión de los márgenes del río) o abruptamente (tras una fuerte inundación). La mayoría de las cuencas hidrográficas, aunque no todas (p. 197), desembocan en un océano, un mar o un lago. La boca del río suele contar con un estuario donde se mezclan el agua dulce y la salada, y también con un delta, formado por la acumulación de los sedimentos arrastrados por el río.

(p. 197)

◁ FUENTE
Localizar la fuente exacta de un gran río puede ser muy difícil. Desde 2014, los científicos creen que la fuente del Amazonas está en la cuenca del río Mantaro, en las alturas de los Andes peruanos.

Divisoria de aguas
El límite de una cuenca hidrográfica, o divisoria de aguas, suele coincidir con crestas de cordilleras. Los Andes coinciden con la mayor parte de la divisoria de aguas occidental del Amazonas.

océano Pacífico

Curso superior
En su curso superior, los ríos tienden a descender abruptamente y unirse a múltiples afluentes pequeños. En el curso superior del Amazonas, los ríos y los arroyos caen en cascada por las pendientes de los Andes.

región de inundación estacional

▶ CUENCA HIDROGRÁFICA
Una cuenca hidrográfica, que incluye su hoya, abarca el empinado curso superior de un sistema fluvial, además de los declives más suaves del curso inferior. En el curso inferior del Amazonas, el río fluye por un terreno tan plano que solo cae 70 m en unos 1400 km, desde la ciudad de Manaos hasta el mar.

INUNDACIÓN REGIONAL

Grandes áreas de las llanuras de inundación del Amazonas quedan sumergidas cada año y crean el mayor sistema de bosques inundables del mundo. En los periodos de máxima inundación, los sensores de GPS detectan que la tierra se hunde hasta 7,5 cm. Debido al gran tamaño de la cuenca del Amazonas y a la distribución desigual de las precipitaciones estacionales, distintas regiones de la cuenca se inundan en distintos momentos.

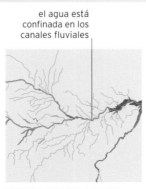

el agua está confinada en los canales fluviales

PERIODO DE AGUAS BAJAS

bosque inundado

terreno elevado que nunca se inunda

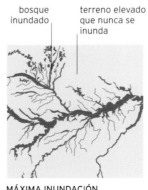

MÁXIMA INUNDACIÓN

△ ACRÓBATA ACUÁTICO
A diferencia de los delfines marinos, el delfín del Amazonas tiene un cuello flexible que lo ayuda a nadar entre la vegetación de los bosques inundados. Los delfines sacan la cabeza del agua, para observar el entorno, y, a veces, saltan hasta un metro sobre la superficie del agua.

El **agua del Amazonas** tarda como mínimo **un mes** en llegar al **Atlántico desde los Andes**.

Canal principal
El canal más grande de un sistema fluvial suele dar su nombre al río principal, aunque no siempre es así. Aquí, sobre su confluencia con el río Negro, se conoce el Amazonas como río Solimões.

◁ **CONFLUENCIA**
En la confluencia conocida como Encuentro de las Aguas, un poco más abajo de la ciudad de Manaos, las oscuras aguas del río Negro se encuentran con las de color pardo del Solimões. Las aguas corren las unas junto a las otras durante varios kilómetros antes de mezclarse.

Meseta
Las cuencas pueden estar divididas por mesetas amplias en lugar de por cordilleras. La meseta del macizo de las Guayanas conforma el tramo noreste de la divisoria de aguas del Amazonas. La lluvia que cae al noroeste de esta meseta fluye hacia el Orinoco.

océano Atlántico

Plataforma
Más allá del delta del río, se depositan sedimentos que se acumulan en una plataforma sobre el lecho marino. En la plataforma del Amazonas, se acaba de descubrir un gran sistema de arrecifes, a pesar de que el gran penacho de sedimentos que deja el río bloquea la mayoría de la luz.

△ **ESTUARIO**
La forma de la boca de un río depende de muchos factores, como su carga de sedimentos y el volumen de agua que lleva. La amplia boca del Amazonas contiene muchas islas, como la de Marajó, que se cree que es la isla creada por sedimentos fluviales más grande del mundo.

Deforestación
Los cambios en la vegetación afectan a la velocidad del agua del sistema fluvial y a la cantidad de erosión del suelo. La deforestación de la cuenca del Amazonas hace que las inundaciones sean más rápidas y alcancen mayor altura. También aumenta la erosión del suelo y la carga de sedimentos.

◁ **LLANURA DE INUNDACIÓN**
Las inundaciones recurrentes distribuyen los sedimentos del río sobre el lecho de su valle, donde se posan en capas perfectamente planas hasta crear una llanura de inundación. En la temporada de lluvias, la llanura de inundación del Amazonas puede estar cubierta por hasta 9 m de agua. Por eso, muchos habitantes de la llanura viven en palafitos.

Se dice que, cuando **Eleanor Roosevelt, en ese momento primera dama de EE UU**, vio las cataratas del Iguazú, exclamó: **«¡Pobre Niágara!»**.

◁ **VOLUMEN DE AGUA**
La cantidad de agua de una cascada determina su poder de erosión. Las cataratas del Iguazú vierten un promedio de más de 100 millones de litros por minuto, uno de los mayores volúmenes de entre todas las cascadas del planeta.

la Garganta del Diablo

▷ **OPORTUNIDAD PARA COMER**
Las cascadas pueden albergar una gran variedad de plantas y animales. El yacutinga vive en la mata atlántica, y, en ocasiones, se aventura hasta las cataratas del Iguazú en busca de moluscos e insectos.

plataforma de observación en el lado brasileño de las cascadas

△ **AFLORAMIENTOS DE BASALTO**
La dura roca que forma la cresta de las cascadas se formó durante erupciones de coladas basálticas que cubrieron la región con capas de lava hace más de 120 m.a.

capa subyacente de roca blanda

poza

Flujo principal de las cataratas
Este corte transversal aguas debajo de la Garganta del Diablo muestra el canal por el que fluye la mitad del agua de las cataratas del Iguazú. Más abajo y a la derecha, en el lado argentino, hay otra serie de cascadas.

E de
América
del Sur

Cataratas del Iguazú

Uno de los mayores sistemas de cascadas del planeta, situado en un frondoso bosque tropical de América del Sur.

Cataratas en retirada
Las cascadas retroceden río arriba a medida que la roca se erosiona. El borde de la capa superior de basalto de las cataratas del Iguazú retrocede 3 mm anuales.

plataforma de observación en el lado argentino de las cataratas

◁ **EL RÍO IGUAZÚ**
El río Iguazú es uno de los afluentes principales del Paraná (el segundo río más largo de América del Sur después del Amazonas), y ambos confluyen 23 km río abajo de las cataratas.

◀ **AGUA GRANDE**
Las cataratas del Iguazú son tres veces más anchas y un 50 % más altas que las del Niágara (p. 52). El nombre de las cascadas y del río procede de la lengua guaraní indígena, y significa «agua grande».

Mata atlántica
El bosque tropical que bordea las cataratas es un vestigio de la antaño enorme mata atlántica. El Parque Nacional del Iguazú protege las miles de especies de plantas y de animales que lo habitan.

capas superiores de roca dura

△ **CASCADAS AFECTADAS POR LA SEQUÍA**
El caudal de las cascadas experimenta grandes fluctuaciones. Durante la estación seca, cuando puede haber largos periodos de sequía, las cataratas del Iguazú pueden encogerse de tal modo que su aspecto cambia por completo.

Las cataratas del Iguazú, que abarcan parte de la frontera entre el noreste de Argentina y el sur de Brasil, son uno de los sistemas de cascadas más grandes del mundo: su único rival por tamaño son las cataratas Victoria, en África (pp. 194–195). Están en un meandro del río Iguazú, y caen un total de 82 m.

Un sistema complejo

Las cataratas del Iguazú son una compleja serie de hasta 300 cascadas distintas (en función del caudal del río) a lo largo de 2,7 km sobre un escarpe de basalto fragmentado. Sobre las cascadas, múltiples islas separan el río en los distintos cursos que alimentan las cascadas, que son de distintos tamaños. En el centro de las cataratas se halla la Garganta del Diablo, una sima por la que cae la mitad del agua del río. Las cataratas del Iguazú producen enormes nubes de rocío que empapan permanentemente el área circundante y crean un microclima en el que prospera un grupo diverso de animales y plantas.

FORMACIÓN DE UNA CATARATA

Las cascadas se forman donde un río pasa de fluir sobre roca dura a roca más blanda, que se erosiona con mayor rapidez que la dura y da lugar a un escalón y, luego, a una poza. La roca dura que queda sin sostén acaba desplomándose, y, a medida que el proceso sigue, la cascada retrocede río arriba.

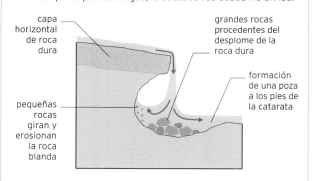

capa horizontal de roca dura

pequeñas rocas giran y erosionan la roca blanda

grandes rocas procedentes del desplome de la roca dura

formación de una poza a los pies de la catarata

C de
América
del Sur

El Pantanal

Un vasto sistema de humedales de agua dulce con una de las mayores concentraciones de especies de animales y plantas del mundo.

El Pantanal es el humedal de agua dulce más grande del mundo, y cubre más de 180 000 km² del oeste de Brasil y partes de Bolivia y Paraguay. En la parte superior de la cuenca del río Paraguay, es una llanura de inundación de pendiente suave con hábitats diversos: herbazales, bosques, marjales y ríos sujetos a inundaciones estacionales.

Vida acuática

La gran variación en cuanto a los niveles de agua a lo largo del Pantanal ha dado lugar a una flora muy diversa. En las zonas más elevadas abundan los bosques resistentes a la sequía, mientras que en las zonas más bajas prosperan plantas adaptadas a las inundaciones estacionales. Las áreas sumergidas permanentemente sustentan una comunidad diversa de plantas acuáticas, como lirios y jacintos. Las grandes cantidades de peces que migran y desovan cada año con la llegada de las inundaciones alimentan a miles de aves acuáticas, así como a los 10 millones de caimanes que componen la mayor población de crocodilianos del mundo.

las manchas del pelaje facilitan el camuflaje

las patas cortas y potentes son útiles para escalar y nadar

△ **GRAN FELINO**
El Pantanal es un santuario vital para el jaguar, el mayor gran felino del mundo después del tigre y del león. Se estima que solo quedan unos 15 000 ejemplares en libertad.

S de
América
del Sur

Lago General Carrera

Un gran lago glaciar a la sombra de los Andes y que cuenta con un gran complejo de cuevas excavadas en el mármol de sus orillas.

El lago General Carrera, llamado lago Buenos Aires en su sector argentino, se extiende a ambos lados de la frontera entre Chile y Argentina, en la Patagonia. Con una superficie total de 1850 km², es el segundo mayor lago de agua dulce de América del Sur, después del Titicaca (p. 105). Rodeado de montañas andinas, está alimentado por glaciares, y desagua su caudal en el océano Pacífico a través del río Baker, el más grande de Chile. Su rasgo más famoso es la Catedral de Mármol, un conjunto de acantilados de mármol puro formado a lo largo de más de 10 000 años de acción de las olas, las cuales han horadado elaborados túneles, cuevas y columnas. La lisa roca de color gris claro se tiñe de azul por el reflejo del agua que la rodea, de color turquesa debido al limo glaciar.

▷▽ **MÁRMOL ESCULPIDO**
La Catedral de Mármol incluye una isla monolítica conocida como la Capilla de Mármol. La claridad del agua del lago General Carrera revela las formaciones de roca bajo la superficie.

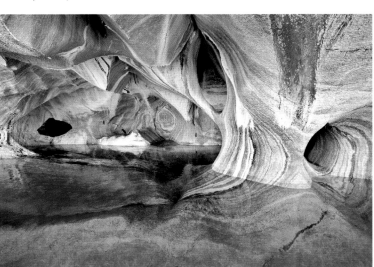

CLIMA

El Pantanal tiene un clima tropical con una temporada de lluvias cálida y una estación seca durante los meses más fríos. La extensión y la profundidad del agua varían mucho a lo largo del año.

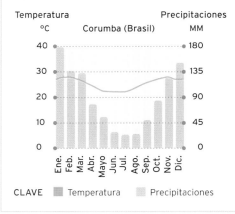

Temperatura   Precipitaciones
°C   Corumba (Brasil)   MM

40	180
30	135
20	90
10	45
0	0

Ene. Feb. Mar. Abr. Mayo Jun. Jul. Ago. Sep. Oct. Nov. Dic.

CLAVE ■ Temperatura ■ Precipitaciones

△ **LLANURAS INUNDADAS**
Alrededor de un 80 % de las vastas llanuras del Pantanal quedan inundadas durante la estación de las lluvias, cuando el nivel del agua sube hasta 5 m.

América
Central

Cenote Azul

*Un sumidero bellísimo sumergido
en un arrecife frente a la costa de Belice.*

El Cenote Azul (o Gran Agujero Azul) se encuentra
en el arrecife Lighthouse, un atolón ubicado 55 km
al este del gran arrecife de barrera de Belice. Es un
gran sumidero casi circular en la caliza del arrecife.

Formación y exploración

El análisis de las estalactitas del Cenote Azul ha concluido
que se formó a partir de hace, como mínimo, 153 000 años,
durante periodos en los que el nivel del mar fue inferior al
actual. En esos periodos, la erosión provocada por arroyos
produjo una serie de complejas cuevas y túneles llenos de
aire en un bloque de caliza en tierra firme. El techo de una
de las cuevas se desplomó y creó la entrada actual. Desde
su formación, el nivel del mar ha subido y bajado varias
veces; ahora el nivel es alto, y el cenote y el sistema de
cuevas asociados al mismo están inundados. El sumidero
y las cuevas solo son accesibles para buceadores osados,
pero son uno de los puntos de buceo más emocionantes
del mundo. Se recomienda que solo buceadores expertos
se aventuren en el cenote, ya que se debe contar con un
perfecto control de la flotabilidad. Es común ver tiburones
de arrecife del Caribe nadando cerca de la entrada.

NIVELES DEL MAR ANTERIORES

El Cenote Azul no siempre ha estado sumergido. Se formó
a lo largo de varias decenas de miles de años, debido a la
erosión de una masa de caliza en tierra firme. El nivel del
mar ha ascendido durante los últimos 18 000 años, desde
el último periodo glacial, y ha sumergido el Cenote Azul.

Profundidad | Nivel del agua actual

M

3
15 — hace 6000 años
— hace 8000 años
45 — hace 10 000 años
80 — hace 14 000 años
120 — hace 18 000 años

◁ **LA EVIDENCIA DE
LAS ESTALACTITAS**
La presencia de estalactitas en
varios puntos de las paredes del
cenote demuestra que se formó
por encima del nivel del mar,
ya que ni las estalactitas ni
las estalagmitas se pueden
formar bajo el agua.

Gruta sumergida
Largas estalactitas
cuelgan del techo de la
cueva, y desde el suelo se
proyectan estalagmitas.
El conjunto recuerda a
la boca abierta de un
tiburón.

Duna de sedimentos
Esta duna es el
resultado de la lluvia de
fragmentos de coral que
caen del reborde de la
plataforma, unos 110 m
más arriba.

△ **CAVIDAD EN LA PARED**
Las paredes del cenote están perforadas
por pequeñas cavidades que proporcionan
escondrijos ideales para algunos animales
marinos, excepto a grandes profundidades,
donde el agua es pobre en oxígeno.

▲ **EL GRAN AGUJERO AZUL**
El Cenote Azul tiene un diámetro
de 318 m, y su profundidad es de
124 m. Sus rugosas paredes de caliza
están salpicadas de salientes y están
horadadas por grutas y cuevas. La
entrada está casi completamente
rodeada por un anillo de coral que
se proyecta ligeramente por encima
de la superficie.

▷ **EN EL FONDO**
El suelo del Cenote
Azul está cubierto de
fragmentos de caliza y de
estalactitas que se han roto y caído
hasta el fondo. El oceanógrafo Jacques Cousteau
fue el primero en informar de ello, cuando exploró
el sumidero con un pequeño sumergible en 1971.

Círculo de arrecifes
Arrecifes de coral más pequeños rodean el Cenote Azul y albergan una gran variedad de vida marina.

Pared occidental
A 50 m de profundidad se extiende un sistema horizontal de cuevas de más de 46 m de longitud que contiene esqueletos de tortugas marinas.

Cornisa abrupta
El saliente desciende hasta una profundidad de 15-18 m, hasta el borde del sumidero, desde donde hay una caída vertical.

△ **RESERVA DE CORAL**
El borde del cenote, cerca de la superficie, está cubierto por una gran variedad de los corales duros que forman arrecifes (hexacorales), como el coral cerebro, y múltiples corales blandos (octocorales).

Muesca
Esta hendidura se debe a que el sulfuro de hidrógeno disuelto en el agua del fondo del cenote disuelve las paredes de caliza.

Termoclina
A unos 27 m de profundidad, la cálida agua de superficie da paso abruptamente a agua más fría y clara.

Capas de sedimentos
En el fondo del cenote hay capas de depósitos de carbonato (restos de plancton y de corales) y de sedimentos procedentes del exterior del arrecife que han caído al sumidero.

Capa de sulfuro de hidrógeno
A unos 95 m de profundidad, una capa de agua parda y turbia contiene ácido sulfhídrico, resultado de la descomposición de materia orgánica.

En la entrada a una de las cuevas de la pared del cenote hay **estalactitas** que alcanzan los **8 m de longitud**.

△ **UN AGUJERO GIGANTESCO**
Desde arriba, el Cenote Azul es un círculo azul oscuro, como la pupila de un ojo, que contrasta con el color turquesa moteado de las aguas someras que cubren el arrecife Lighthouse.

Lençóis Maranhenses

Una región de ondulantes dunas blancas en el noreste de Brasil, adornada estacionalmente por lagunas superficiales de cristalinas aguas turquesas.

NE de
América
del Sur

Los Lençóis Maranhenses cubren unos 1500 km², y son una de las regiones costeras de dunas de arena más inusuales del mundo. Durante parte del año parecen un desierto, pero entre marzo y junio reciben abundante agua de lluvia, que se acumula en las depresiones entre las dunas y forma múltiples lagunas de color aguamarina. Desde el aire, la vasta extensión de dunas y lagunas azules recuerda a sábanas blancas tendidas en un día ventoso. De hecho, la palabra *lençóis* significa «sábanas» en portugués.

Lagunas azules

Las lagunas alcanzan su tamaño máximo hacia el final de la temporada de lluvias, en julio, y lo mantienen hasta septiembre. Algunas alcanzan los 90 m de longitud, con temperaturas de unos 30 °C, y, a pesar de que solo existen durante unos meses al año, tienen peces. Los peces suelen acceder a algunas de las lagunas a través de canales temporales que las conectan con los otros ríos cercanos, como el río Negro. Sin embargo, el mundo acuático de los Lençóis Maranhenses es efímero. Con el regreso de la estación seca, el cálido sol ecuatorial calienta la región y seca rápidamente las lagunas.

▷ **PECES ALETARGADOS**
Durante la estación seca, la tararira se entierra en la arena y entra en letargo hasta la siguiente temporada de lluvias, cuando reemerge a las lagunas.

En algunos puntos, las **dunas** llegan hasta **a 50 km de la costa**.

Fiordos chilenos

Una laberíntica red de fiordos, islas y magníficos paisajes de rocas esculpidas por glaciares en el sur de Chile.

S de
América
del Sur

▽ **PERFIL NEVADO**
En el canal Beagle, los Andes del sur de Chile se alzan tras un faro solitario. Los cielos despejados son raros, porque el aire cargado de humedad del Pacífico se enfría y forma nubes al ascender.

Los fiordos chilenos comprenden una amplia región del sur de Chile, incluida una parte de Tierra del Fuego, que hace unos 10 000 años estuvo cubierta por un inlandsis enorme. Ahora, tras la retirada del inlandsis, es una amplia red de fiordos (brazos de mar largos y estrechos formados por la inundación de antiguos valles helados) e islas. En total, cubre un área de unos 55 000 km² al oeste del sur de los Andes. El extremo terrestre de algunos de los fiordos conserva las lenguas de enormes glaciares que dejan caer al agua icebergs colosales. En los bordes de los fiordos, numerosas cascadas caen por las paredes de granito, y cientos de especies de aves se alimentan en las proximidades de la costa y en las islas, que suelen estar envueltas en niebla. Las nutrias marinas, los leones marinos y los elefantes marinos son algunos de los mamíferos que habitan a lo largo de esta costa.

⊲ **AGUAS CLARAS**
La mayoría de las lagunas tienen aguas cristalinas y forma de media luna. Pueden alcanzar los 3 m de profundidad.

CAMBIOS ESTACIONALES

En la estación seca (de septiembre a noviembre), los fuertes vientos que azotan los Lençóis Maranhenses secan la superficie y forman dunas de arena separadas por pequeños valles. En la temporada de lluvias, los valles se llenan de agua, que no se filtra debido a la existencia de una capa de roca impermeable bajo la arena.

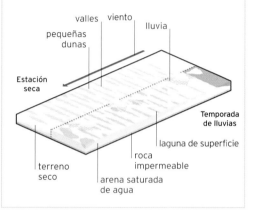

valles
viento
lluvia
pequeñas dunas
Estación seca
Temporada de lluvias
laguna de superficie
roca impermeable
terreno seco
arena saturada de agua

Cabo de Hornos

Una punta en el extremo de América del Sur, célebre por las atroces condiciones meteorológicas que suelen rodearlo.

S de América del Sur

⊲ **CRIAR EN EL CABO**
El pingüino de Magallanes tiene colonias de cría en las costas próximas al cabo de Hornos.

El cabo de Hornos es una punta de roca en el extremo sur de una pequeña isla llamada Hornos, en el sur de Tierra del Fuego. Su nombre se debe a la ciudad de Hoorn (Países Bajos), el lugar de nacimiento del navegante Willem Cornelisz Schouten, quien lo rodeó en 1616.

Su importancia y su mística se derivan de que es un hito de la navegación que marca el límite norte del pasaje de Drake, el estrecho entre el extremo sur de América del Sur y el extremo norte de la península antártica. «Rodear el cabo» es una de las principales maneras de pasar del océano Atlántico al océano Pacífico, y viceversa; y, como las aguas de alrededor del cabo son célebres por su mal tiempo (vientos potentes y olas gigantescas) y por el riesgo de presentar icebergs, se lo considera un gran reto. Después de 1914, cuando se inauguró el canal de Panamá, el número de barcos que rodean el cabo de Hornos desde el Atlántico al Pacífico se redujo drásticamente.

⊲ **PUNTO ELEVADO**
La masa de tierra rocosa y aproximadamente piramidal conocida como cabo de Hornos se alza hasta los 425 m en su punto más elevado.

Bosque nuboso de Monteverde

Uno de los hábitats más protegidos y con mayor biodiversidad del planeta, donde el mar, la humedad y las montañas crean una pluvisilva rodeada de nubes.

C de América Central

Los bosques nubosos (o nimbosilvas), caracterizados por nubes parecidas a niebla y niveles de humedad próximos al 100 % durante todo el año, representan el 1 % de todos los bosques del mundo. La nimbosilva de Monteverde (Costa Rica) cubre 105 km², y es uno de los hábitats con mayor biodiversidad del planeta.

Un lugar seguro
La muy protegida reserva del bosque nuboso de Monteverde se halla a unos 1440 m sobre el nivel del mar en la cordillera de Tilarán, que forma parte de una cadena montañosa mayor que cruza el centro de Costa Rica.

Las lluvias son muy abundantes, con un promedio de 2590 mm, y las temperaturas fluctúan entre los 14 °C y los 23 °C. El bosque oriental está cubierto casi permanentemente por nubes que se forman cuando el cálido aire del Atlántico asciende por las montañas. El resultado es un hábitat de riqueza extraordinaria que contiene más de 3000 especies de plantas, miles de insectos, 400 especies de aves y unas 100 de mamíferos.

◁ **ESTRATEGIA DE SUPERVIVENCIA**
En el pelaje del perezoso de collar crecen algas que le permiten fundirse con el frondoso bosque, algo vital para un mamífero tan lento.

△ **MUCHOS ÁRBOLES Y UN BOSQUE**
En Monteverde crecen como mínimo 755 especies de árboles. Son más altos en la nubosa ladera oriental, y más bajos en la ladera occidental, más seca.

Costa Rica alberga el 4 % de las especies animales y vegetales de todo el planeta.

Yungas andinos

Una singular franja de bosques densos que alberga múltiples ecosistemas ricos en especies en las laderas de una cordillera.

O de América del Sur

Los yungas cubren las laderas orientales de los Andes centrales, desde el norte de Argentina, a través de Bolivia y hasta Perú. Están a una altitud de entre 1000 m y 3500 m, y forman un área de transición entre las tierras altas andinas y las tierras bajas orientales. La región comprende muchas zonas climáticas sensibles a la temperatura, desde elevados bosques nubosos subtropicales hasta bosques húmedos templados. Como muchas especies animales se distribuyen «en cordón» (en áreas que cubren varios kilómetros horizontalmente, pero apenas unos cientos de metros en vertical), su biodiversidad es muy rica.

▷ VIVIR AL LÍMITE
Abruptos barrancos, como los que rodean el Machu Picchu peruano, crean muchos microclimas complejos que originan ecosistemas vitales para sus especies.

CUBIERTA TROPICAL
En las alturas del bosque nuboso proliferan muchas especies de musgos, epifitas y orquídeas.

Selva Valdiviana

La segunda mayor pluvisilva templada del planeta, donde el 90% de sus plantas solo se pueden encontrar allí.

SO de América del Sur

La única pluvisilva templada que se halla en América del Sur es también una de las más grandes del mundo, después de la selva del Noroeste del Pacífico. Limita al oeste con el océano Pacífico, y al este con los Andes, y recorre la costa chilena, aunque en algunos puntos entra en Argentina. Ha evolucionado independientemente de las plantas del hemisferio norte, y muchas especies, como el raro alerce patagónico (una conífera gigantesca) y la prehistórica conífera araucaria, son endémicas de la región.

▷ SUPERVIVIENTE PREHISTÓRICA
Las araucarias son unas coníferas perennifolias que se cree que existen desde hace 200 m.a.

VIENTOS ALISIOS Y BOSQUES NUBOSOS

Los vientos alisios, húmedos y cálidos, soplan del Atlántico y forman los bosques nubosos de Costa Rica. Cuando el aire cálido asciende, la humedad se condensa en una neblina que provoca el lluvioso clima tropical. Sus verdes montañas impiden que las nubes pasen al lado pacífico del país, por lo que allí el clima es más seco.

los vientos alisios del noroeste traen aire caliente del océano Atlántico

las nubes se forman en la cara oriental de las montañas

la zona de sombra pluviométrica, al oeste, recibe muy poca lluvia

N de América del Sur

Pluvisilva amazónica

La pluvisilva tropical más grande del planeta, que alberga 390 000 millones de árboles y 2,5 millones de especies de insectos.

La del Amazonas es la pluvisilva tropical más grande del mundo, y cubre un área de casi 6 millones de km² en la cuenca hidrográfica de drenaje más grande del planeta. En su mayor parte está en el norte de Brasil, pero algunas áreas se extienden hasta otros ocho países sudamericanos. Las lluvias son muy abundantes (hasta 3000 mm anuales), y la humedad media es del 80 %. La temperatura no suele bajar de los 26 °C.

Este entorno cálido y permanentemente húmedo alberga un ecosistema de riqueza extraordinaria: se estima que unas 16 000 especies de árboles coexisten con 1300 especies de aves y unos asombrosos 2,5 millones de especies de insectos. Los científicos creen que aún quedan varias especies por descubrir. Sin embargo, la deforestación, debida principalmente a la ganadería y la agricultura, constituye una gran amenaza para la pluvisilva amazónica. Entre 1970 y 2016 se destruyeron 768 935 km² de pluvisilva brasileña, lo que equivale aproximadamente a un 20 % de la misma.

▷ COMEDOR EN EL DOSEL
Muchas plantas de la pluvisilva dependen de los animales para dispersar sus semillas. El guacamayo macao esparce las semillas de la palmera de azaí cuando come sus frutos.

Ceiba
Este gigante de la pluvisilva asoma por encima del dosel arbóreo y alcanza alturas de hasta 60 m. Los murciélagos polinizan las flores de las ceibas.

▶ DINÁMICAS SELVÁTICAS
La pluvisilva tropical está muy estructurada y densamente poblada: se pueden hallar 300 especies de plantas en una hectárea. Las abundantes especies de plantas y animales interactúan y dependen las unas de las otras para su supervivencia.

Palmera de azaí
Esta delgada palmera del dosel alcanza entre los 15 m y los 30 m de altura.

Las **pluvisilvas tropicales cobijan** a más de la **mitad** de las **especies del mundo**.

LAS CAPAS DE LA PLUVISILVA TROPICAL

Las pluvisilvas tropicales crecen en cinco capas. El suelo es la más cálida, oscura y húmeda. Luego crecen arbustos que compiten por la luz y los nutrientes. En el sotobosque proliferan helechos y enredaderas sobre los árboles más altos, donde anidan casi todas las aves. El 80 % de la vida de la pluvisilva habita en el dosel arbóreo, seco y cálido, a unos 30 m del suelo. Solamente los extremos de las copas de los árboles emergentes asoman sobre el dosel.

capa emergente

dosel arbóreo

sotobosque

arbustos

suelo

Hábitat a ras de suelo
Los animales más grandes recorren el suelo de la pluvisilva en busca de comida. Las enredaderas ejercen de «autopistas» hacia las capas superiores.

Árbol caído
Cuando un árbol viejo cae, deja un espacio en el dosel que deja pasar la luz del sol. Los árboles próximos experimentan una explosión de crecimiento.

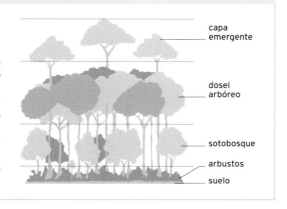

▷ LA VIDA EN EL AIRE

Las epifitas, o plantas aéreas, como esta orquídea del género *Cattleya*, no necesitan tierra para crecer, sino que se anclan a los árboles y obtienen nutrientes y agua del aire húmedo.

▷ DOSEL CERRADO

La mayoría de las plantas y animales de la pluvisilva viven en el dosel arbóreo, donde los árboles compiten por la luz mediante la extensión y el crecimiento máximos de sus hojas. Las ramas se superponen y forman un «techo» casi impenetrable.

Coquito de Brasil
Este árbol emergente alcanza los 40-50 m de altura. La mayor parte de las semillas de sus frutos, las nueces (o coquitos) de Brasil, se obtienen de árboles amazónicos silvestres.

Caucho
El árbol del caucho crece a gran velocidad, por lo que ocupa rápidamente los espacios que se abren en el dosel arbóreo.

Árbol del cacao
El cacaotero crece en el sotobosque, a la sombra de otros árboles. Cada uno de sus frutos puede contener hasta 60 semillas de cacao.

Restos de hojas
Los microorganismos se nutren de materia vegetal en descomposición, y reciclan sus restos sobre el suelo.

Raíces poco profundas
Un sistema de raíces extensas y poco profundas garantiza que el árbol absorba nutrientes vitales del mantillo antes de que la lluvia los arrastre y se los lleve.

Mantillo
El mantillo de las pluvisilvas es muy fino y contiene toda la materia orgánica y los nutrientes disponibles para que se desarrollen las plantas.

Raíces de apoyo
Largas raíces tubulares crecen como estacas en ángulo desde el tronco y dan estabilidad a los árboles altos en suelos endebles.

▷ COMER EN EL SUELO

Algunos árboles, como el coquito de Brasil, dependen de los animales del suelo para que esparzan sus semillas. El agutí roe las vainas caídas por sus semillas, y entierra algunas para consumos posteriores, pero suele olvidarlas, por lo que de ellas brotan nuevos árboles.

CLIMA

El clima de la Pampa es templado, con brisas casi constantes que ayudan a compensar los elevados niveles de humedad, del 75 % o más. Aunque la temperatura puede caer por debajo de 0 °C en invierno, la temperatura media anual se sitúa entre los 12 °C y los 18 °C. Las precipitaciones abundan más en la costa y son más escasas en el interior: las lluvias anuales van de los 500 mm a los 1800 mm, y disminuyen hacia el suroeste.

Temperatura   Precipitaciones

°C   Olavarría (Argentina)   MM

°C		MM
40		140
30		105
20		70
10		35
0		0

Ene. Feb. Mar. Abr. Mayo Jun. Jul. Ago. Sep. Oct. Nov. Dic.

CLAVE   ▓ Temperatura   ▓ Precipitaciones

△ UN ÁRBOL PARAGUAS
El ombú es una de las pocas especies de árbol que crecen en la Pampa más árida. Su copa con forma de paraguas se extiende hasta los 15 m de ancho.

SE de América
del Sur

La Pampa

Amplias praderas llanas que se extienden por el extremo suroriental de América del Sur y son una de las tierras de pasto más ricas del mundo.

Las amplias llanuras de herbazal conocidas en América del Sur como pampas se extienden desde los pies de los Andes hacia el este y hasta la costa atlántica. Pampa significa «superficie plana», por lo que es un término que se usa para aludir a muchas pequeñas llanuras del continente, aunque la más extensa y conocida es la Pampa argentina.

La Pampa argentina cubre unos 760 000 km², y consiste básicamente en una llanura plana e ininterrumpida que desciende con suavidad desde una altitud de 500 m, en el noroeste, hasta solo 20 m, en el sureste. El territorio puede dividirse en dos secciones climáticas principales. En el oeste, la zona más grande y más seca de Argentina central está dominada por especies de hierbas resistentes, como las del género *Stipa*, y está salpicada de marjales. La zona del este, más pequeña, más fértil y húmeda, pero muy poblada, es una combinación de herbazales y bosques. Pese a que gran parte de la hierba pampeana original se ha visto sustituida por otras especies más adecuadas para el ganado doméstico que pasta aquí desde hace dos siglos, la región sigue siendo un hábitat vital para especies en peligro de extinción, como el ciervo de las pampas y la tortuga terrestre argentina.

▷ **MOVIMIENTO SIGILOSO**
El gato montés sudamericano es un depredador pequeño, eficiente y oportunista que recorre la Pampa en busca de roedores, reptiles, aves y peces.

△ **PENACHOS EMPLUMADOS**
La llamada hierba de la Pampa supera los 3,6 m de altura. Cada uno de sus penachos floridos puede contener hasta 100 000 semillas.

▷ **VIGÍA ALTIVO**
El ñandú, que mide 1,5 m de altura, no puede volar, pero sí correr hasta alcanzar los 60 km/h. Suele comer junto a ciervos de las pampas.

Aunque **pocos árboles** pueden **sobrevivir** a los frecuentes **incendios** en la Pampa, la **hierba** se **regenera con facilidad.**

DUNAS DE ALTURA
A los pies de los Andes se alzan grandes dunas de arena. Una de ellas, llamada Cerro Medanoso, alcanza los 550 m de altura.

△ **LOS PENITENTES**
En el desierto de Atacama, la nieve rara vez se funde, y forma montones de hielo duro y afilado que recuerdan a los penitentes de las procesiones católicas.

▷ **NUBES CAUTIVAS**
La corriente de Humboldt empuja el agua fría hacia la superficie del mar y forma bancos de niebla que llevan humedad a la orilla.

O de
América
del Sur

Desierto de Atacama

El desierto situado a mayor altitud del mundo, y uno de sus lugares más secos, una meseta estéril y rocosa llena de salares, arena y volcanes.

El desierto de Atacama se extiende al oeste de los Andes y en paralelo a la costa del Pacífico, en una estrecha franja árida en el norte de Chile cuya anchura media no supera los 160 km, pero que se prolonga durante 1000 km hacia el sur desde la frontera con Perú. Con una altitud media de unos 4000 m, esta meseta elevada es, según la NASA, el lugar más seco de la Tierra. Algunas estaciones meteorológicas no han registrado ni una sola gota de lluvia e, incluso en las zonas inferiores, es habitual que los periodos de sequía se prolonguen durante años. En sus aproximadamente 105 200 km², las precipitaciones medias son de tan solo 1 mm anual.

A la sombra de las montañas

Atacama es un desierto de doble sombra pluviométrica, ya que dos cordilleras elevadas, la de la Costa chilena y la de los Andes, bloquean el paso de la humedad procedente de los océanos Pacífico y Atlántico. En este clima superárido no se descompone nada. Aquí se hallaron las momias más antiguas del mundo, del año 7020 a.C. y perfectamente conservadas. En la cara oriental, donde empiezan a ascender las laderas de los Andes, en invierno cae un poco de lluvia.

Aunque algunas partes se consideran un «desierto absoluto», otras son más acogedoras. Las llamadas lomas son zonas de niebla en los niveles más bajos, donde las nubes atrapadas por las montañas o los taludes costeros aportan la humedad suficiente para sustentar líquenes, algas, cactus y arbustos resistentes. Las aves, que pueden entrar y salir volando, son la fauna más abundante: en el Atacama viven tres especies de flamencos, que se nutren de las algas que crecen en los lagos salados; y los colibríes y los gorriones melódicos son visitantes estacionales.

Sin embargo, debido al elevado contenido en azufre, cobre y sales minerales (como el nitrato de sodio) en el terreno, el desierto resulta hostil para la mayoría de los animales, a excepción de lagartos, insectos y roedores, además del zorro gris sudamericano, que se alimenta de ellos. La composición del suelo del Atacama es tan parecida a la de las muestras tomadas en Marte que la NASA lo usa para probar sus *rovers* espaciales.

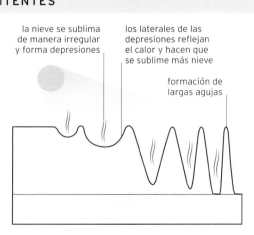

◁ **MAMÍFERO RESISTENTE**
El zorro gris sudamericano, o chilla, está muy adaptado a su entorno y soporta las duras condiciones del Atacama cazando animales pequeños que habitan en las zonas de niebla más bajas.

FORMACIÓN DE LOS PENITENTES

Los penitentes son estructuras de hielo que se forman a 4000 m de altitud o más, se cree que por la combinación de varios factores. Cuando el Sol brilla sobre la nieve, las temperaturas bajo cero impiden que se funda, así que se sublima (pasa directamente del estado sólido al gaseoso, sin fundirse). Se forman unos huecos que reflejan la luz, lo que eleva la temperatura lo suficiente como para derretir la nieve próxima. Los fuertes vientos congelan la nieve fundida y forman agujas.

la nieve se sublima de manera irregular y forma depresiones

los laterales de las depresiones reflejan el calor y hacen que se sublime más nieve

formación de largas agujas

Los estudios de sedimentos indican que partes del Atacama **no han recibido lluvia** desde hace **más de 20 m.a.**

Salar de Uyuni

El salar más grande de la Tierra, y el legado de un enorme lago prehistórico en América del Sur.

O de
América
del Sur

El salar de Uyuni, en el suroeste de Bolivia, es el salar más grande y menos contaminado del planeta. Está situado en una meseta elevada, y se compone de unos 10 600 km² de sal tan fina que parece harina flotando como una costra sobre un lago de salmuera; se cree que contiene entre el 50 % y el 70 % de las reservas mundiales de litio. Pese a las 22 700 toneladas de sal que se recogen anualmente, aún quedan 9000 millones de toneladas más.

Islas en un mar blanco

El grosor de la costra de sal de Uyuni varía desde unos centímetros hasta 10 m, en consonancia con la profundidad del lago de agua salada subyacente, de entre 2 m y 20 m. A pesar de estas variaciones, la costra de sal es extraordinariamente plana, con menos de un metro de diferencia de nivel entre un lado y el otro. De todos modos, la llanura blanca no es completamente continua. Algunas áreas elevadas, como la isla Incahuasi, surgen de la costra en algunos puntos. Hay muy poca vegetación, pero sí algunos animales, sobre todo flamencos, que migran allí para criar.

▽ **GEOMETRÍA HEXAGONAL**
Cuando el agua salada se evapora sin perturbaciones, aparecen dibujos hexagonales sobre la costra de sal. La proliferación de hexágonos indica condiciones de calma en el salar.

▽ **OASIS ROCOSO**
Uno de los escasos oasis en este paisaje de un blanco casi puro es la isla Incahuasi, donde crece el cactus cardón, que puede alcanzar los 10 m de altura.

FORMACIÓN DE LA COSTRA DE SAL

Las salinas se forman cuando la tasa de evaporación de agua rica en minerales es mayor que la de las precipitaciones. Con la desecación, los iones de sal disueltos en el agua se solidifican y crean una costra blanca, que aumenta de grosor a medida que el proceso continúa.

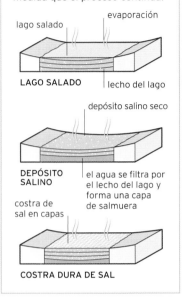

evaporación

lago salado

LAGO SALADO | lecho del lago

depósito salino seco

DEPÓSITO SALINO | el agua se filtra por el lecho del lago y forma una capa de salmuera

costra de sal en capas

COSTRA DURA DE SAL

Los **charcos** formados por la **lluvia** disuelven las **irregularidades** del **salar**.

O de
América
del Sur

Valle de la Luna

Un laberinto de cañones y tierras yermas que millones de años de erosión
por parte del viento y del agua han esculpido con formas surrealistas.

La región del noroeste argentino conocida como Valle de la Luna es una serie de formaciones de arenisca y lutita. También llamada Ischigualasto («el lugar donde descansa la Luna»), esta cuenca desértica fue, en tiempos prehistóricos, una llanura con actividad volcánica. Ahora, los monolitos de piedra y las estructuras de roca retorcida son lo único que queda de las montañas que ocuparon este paisaje. Las franjas rosas, amarillas y moradas revelan el contenido mineral de los sedimentos. Unas enormes esferas de lutita y los troncos de árbol petrificados conviven con unos pocos arbustos y cactus. Ischigualasto también alberga algunos de los fósiles de dinosaurios más antiguos del mundo, que se remontan a hace 230 m.a.

FORMACIÓN DE LOS PEDESTALES DE ROCA

Los pedestales se forman por abrasión, cuando el viento lanza partículas de arena contra la roca. La fuerza de las partículas erosiona rápidamente las capas de blanda roca sedimentaria, y la sección inferior se desgasta antes que las capas superiores.

roca con forma de hongo

viento predominante

la arena arrastrada por el viento erosiona la base de la roca

cuello

▷ **EL HONGO**
El Hongo es una de las formaciones rocosas más conocidas de Ischigualasto.

Desierto de la Patagonia

El mayor desierto de Argentina, una región fría y azotada
por el viento, con siete meses de invierno y cinco de verano.

el grueso pelaje sobresale por entre las placas de armadura que protegen la piel

SE de
América
del Sur

△ **UNA ARMADURA PELUDA**
El centro del desierto resulta muy duro para casi todos los animales; algunos, como el armadillo, sobreviven en zonas limítrofes con poca vegetación.

Limitado por el Atlántico, al este, y los Andes, al oeste, el desierto de la Patagonia cubre 673 000 km² del sur de Argentina, y cruza la frontera hasta justo entrar en Chile. La región tiene dos zonas climáticas diferenciadas: en el semiárido norte, la media de temperaturas máximas es de 12–20 °C, mientras que en el sur, más frío, las máximas se quedan entre los 4 °C y los 13 °C. Las precipitaciones medias son de 200 mm. El centro es en esencia una yerma meseta de roca; pero, cerca de los límites del desierto, hay arbustos en el norte y hierbas dispersas en el sur.

▷ **BOSQUE PETRIFICADO**
En tiempos prehistóricos, este desierto fue un gran bosque, pero ahora solo contiene los restos de árboles fosilizados en su zona central. Algunos alcanzan los 27 m de longitud.

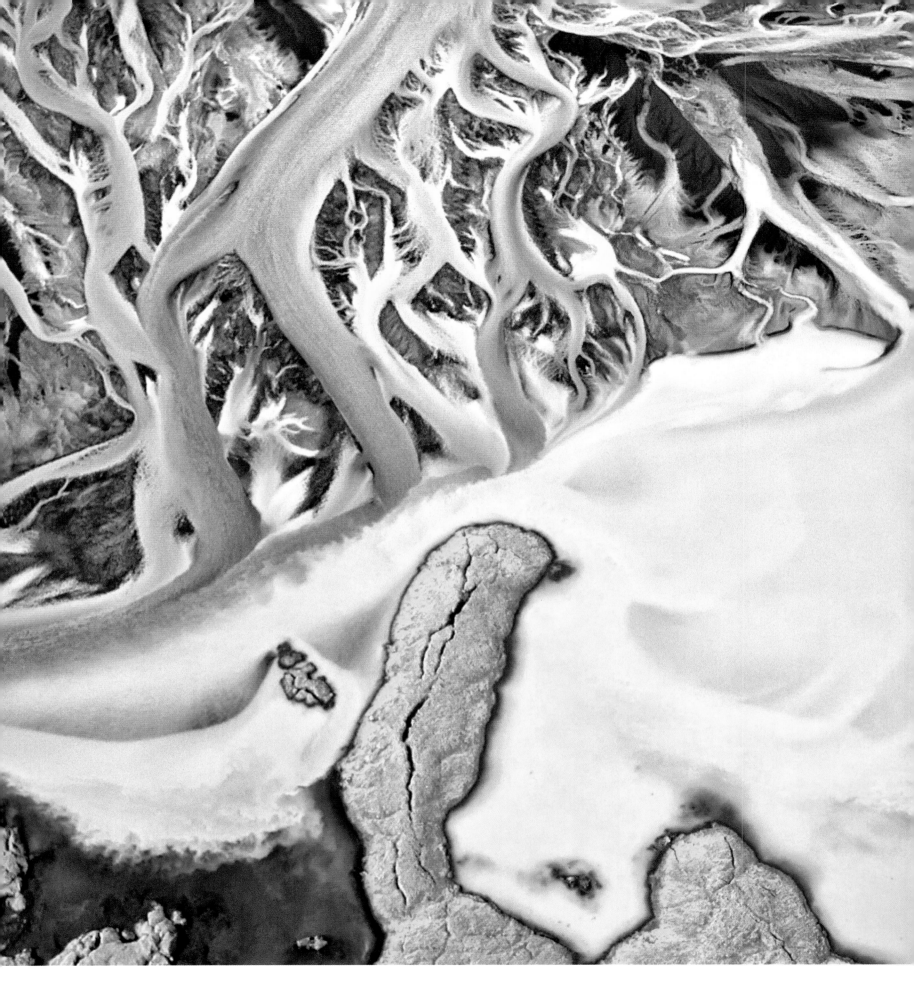

Red de transporte

En verano, los ríos transportan un enorme volumen de agua de deshielo desde los glaciares de Islandia hasta el océano Atlántico. Cuando llegan al terreno llano cercano a la costa, los ríos se ramifican y forman complejas redes de canales distributarios.

Europa

TIERRA DE RÍOS Y LLANURAS
Europa

Aunque Europa es el segundo continente más pequeño del mundo, después de Australia, cuenta con una asombrosa variedad de paisajes, surcados por los abundantes ríos del continente, como el Danubio, que discurre en dirección este, o el Rin, que fluye hacia el norte.

Europa continental está unida a Asia a lo largo de todo su límite oriental, siguiendo la línea que marcan los viejos montes Urales rusos. Limita al norte con el helado océano Ártico, al oeste con el Atlántico, y al sur con el cálido y prácticamente cerrado mar Mediterráneo. El sur mediterráneo del continente es cálido y de paisajes mayormente secos, y está separado del norte, más húmedo y frío, por una cadena tras otra de montañas elevadas y escarpadas, como los Alpes y el Cáucaso, que se alzaron por la presión en dirección norte consecuencia de la subducción de la placa africana. Al norte de las montañas hay llanuras extensas y cubiertas de sedimentos, y aún más al norte se alzan montañas antiguas, desgastadas y esculpidas por glaciares durante los últimos periodos glaciares.

DATOS CLAVE

▲ **Punto más elevado** Monte Elbrús (Rusia): 5642 m

▼ **Punto más bajo** Depresión caspiana (Rusia): -28 m

● **Temperatura más alta registrada** Murcia (España): 47,2 °C

● **Temperatura más baja registrada** Ust-Shchuger (Rusia): -58 °C

CLIMA

La mayor parte de Europa recibe precipitaciones abundantes gracias a los vientos del Atlántico y ocupa la zona templada. Las temperaturas van desde la calidez del Mediterráneo al frío helado del norte ártico.

TEMPERATURA MEDIA

PRECIPITACIONES MEDIAS

°C 30 20 10 0 -10 -20 -30 -40

MM 10000 7500 5000 2500 0

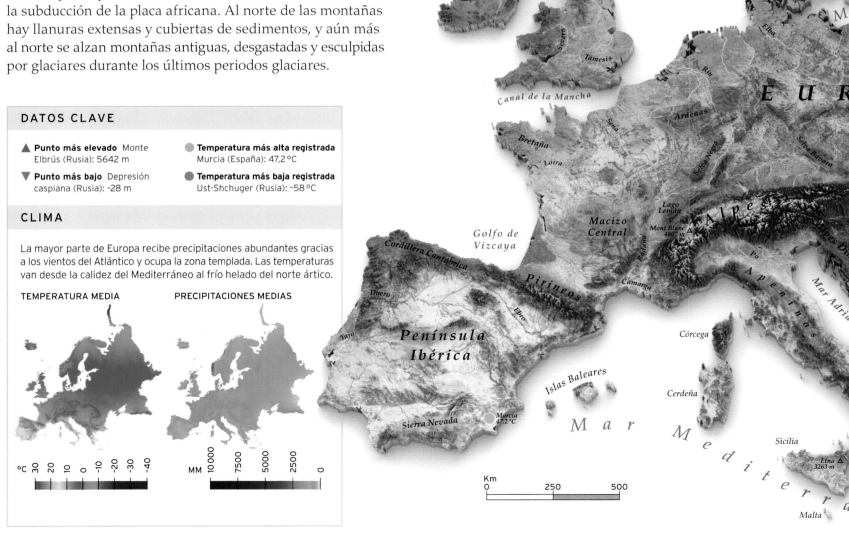

Islandia

OCÉANO ÁRTICO

Mar de Noruega

Islas Feroe

Fiordos noruegos

Islas Shetland

Islas Orcadas

Lago Vänern

Islas Británicas

Montes Grampianos

Mar del Norte

Jutlandia

Elba

Severn

Támesis

Rin

Canal de la Mancha

Ardenas

EUR

Sena

Selva Negra

Bretaña

Selva Bávara

Loira

Macizo Central

Lago Lemán

Alpes

Alpes Dináricos

Golfo de Vizcaya

Mont Blanc 4807 m

Po

Apeninos

Mar Adriáti

Cordillera Cantábrica

Ródano

Camarga

Pirineos

Duero

Ebro

Córcega

Tajo

Península Ibérica

Islas Baleares

Cerdeña

Sierra Nevada

Murcia 47,2 °C

Mar Mediterrá

Sicilia

Etna △ 3263 m

Km 0 250 500

Malta

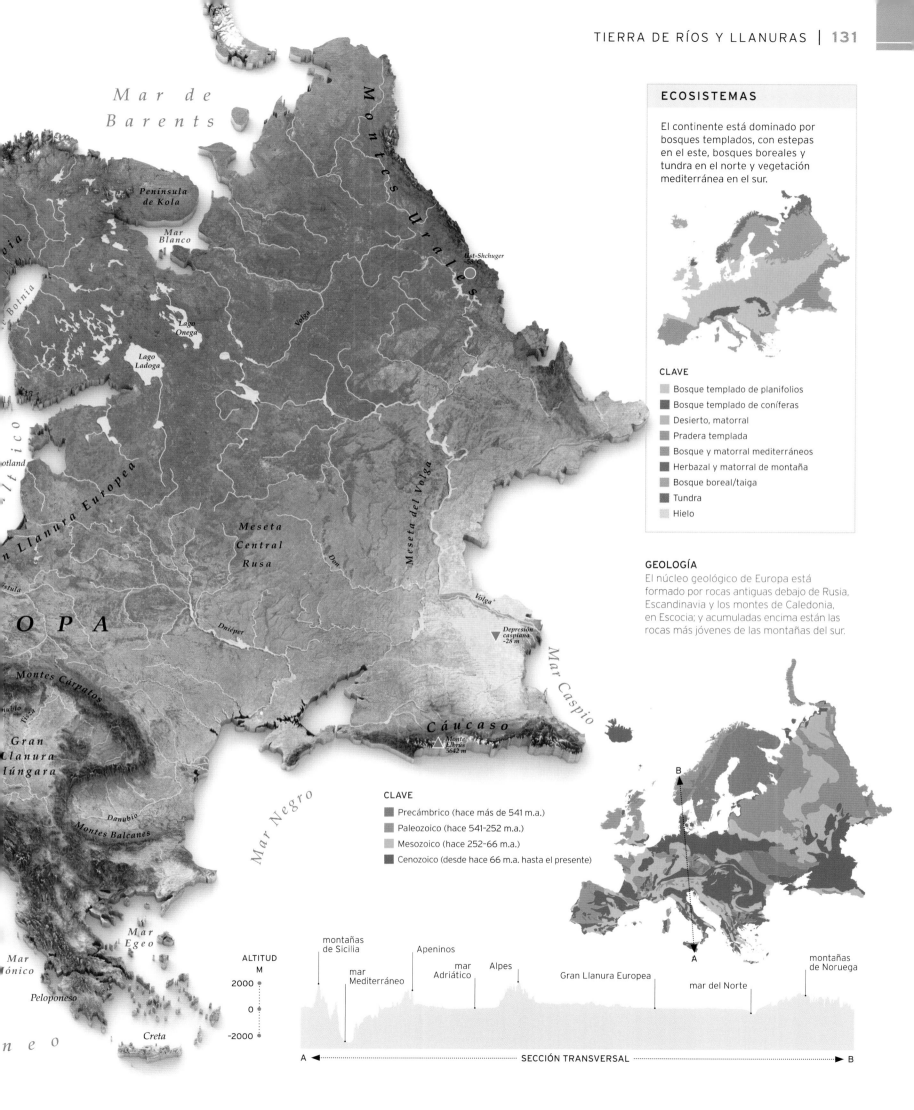

Mar de Barents

Montes Urales

Península de Kola

Mar Blanco

Lago Onega

Lago Ladoga

Ust-Shchuger

Volga

Meseta del Volga

Meseta Central Rusa

Don

Llanura Europea

Volga

Dniéper

Depresión caspiana -28 m

O P A

Mar Caspio

Montes Cárpatos

Danubio

Tisa

Gran Llanura Húngara

Mar Negro

Cáucaso

Monte Elbrús 5642 m

Montes Balcanes

Danubio

Mar Egeo

Peloponeso

Creta

ECOSISTEMAS

El continente está dominado por bosques templados, con estepas en el este, bosques boreales y tundra en el norte y vegetación mediterránea en el sur.

CLAVE

- Bosque templado de planifolios
- Bosque templado de coníferas
- Desierto, matorral
- Pradera templada
- Bosque y matorral mediterráneos
- Herbazal y matorral de montaña
- Bosque boreal/taiga
- Tundra
- Hielo

GEOLOGÍA

El núcleo geológico de Europa está formado por rocas antiguas debajo de Rusia, Escandinavia y los montes de Caledonia, en Escocia; y acumuladas encima están las rocas más jóvenes de las montañas del sur.

CLAVE

- Precámbrico (hace más de 541 m.a.)
- Paleozoico (hace 541-252 m.a.)
- Mesozoico (hace 252-66 m.a.)
- Cenozoico (desde hace 66 m.a. hasta el presente)

ALTITUD M

2000

0

-2000

montañas de Sicilia

mar Mediterráneo

Apeninos

mar Adriático

Alpes

Gran Llanura Europea

mar del Norte

montañas de Noruega

A ◄········ SECCIÓN TRANSVERSAL ········► B

▷ **PICOS ELEVADOS**
La placa africana empuja hacia el norte y aplasta el sur de Europa, que se ha plegado en los Alpes y otras cordilleras elevadas, como los Cárpatos y el Cáucaso.

▷ **VALLE PROFUNDO**
Hace 400 m.a., una colisión entre placas tectónicas abrió la falla Gran Glen, una brecha en las Tierras Altas escocesas que ahora está inundada por el lago Ness.

FORMACIÓN DE EUROPA

Aunque Europa es un continente relativamente pequeño, tiene una geología peculiar. La mayoría de los continentes se formaron a partir de varios cratones (secciones relativamente estables de corteza continental), pero Europa se formó a medida que distintos fragmentos se formaban y se volvían a formar alrededor de uno solo: el cratón europeo oriental.

El alzamiento de Europa

El cratón europeo oriental está enterrado bajo sedimentos a lo largo de la gran llanura europea, que se extiende desde Países Bajos a los montes Urales, pero que permanece expuesto en Suecia y en Finlandia.

Al principio, este cratón formó el antiguo continente Báltica. Luego, hace 430 m.a., Báltica colisionó con las antiguas masas continentales de Laurentia (ahora América del Norte) y Avalonia (ahora las islas Británicas y parte de América del Norte), y formaron el supercontinente Euramérica. Se alzaron montañas a lo largo de la zona de colisión en lo que ahora son Noruega y Gran Bretaña (las Tierras Altas de Escocia son un vestigio de esa cordillera). Como gran parte de Euramérica era un desierto, a veces se lo denomina continente de las Viejas Areniscas Rojas, por las areniscas de color rojo que se formaron allí.

Con el tiempo, Euramérica colisionó con el supercontinente Gondwana, al sur, lo que dio lugar al supercontinente gigante Pangea

y al alzamiento de nuevas montañas, como el macizo de los Vosgos y el de Harz, que desde entonces han perdido altura. Al final, Pangea se fragmentó en los continentes que conocemos hoy, y América del Norte se separó de Europa cuando se abrió el océano Atlántico. El continente independiente de África lleva 40 m.a. desplazándose sin cesar hacia el norte, y ha forzado el alzamiento de varias cordilleras nuevas, como los Pirineos, los Alpes y el Cáucaso.

Congelación

Durante la mayor parte de los últimos dos millones de años y en los extraordinariamente fríos periodos glaciales, gigantescos inlandsis cubrieron el norte de Europa. La fricción resultante aplanó gran parte de las tierras bajas europeas, dejó tras de sí grandes depósitos de escombros, o morrenas, y creó un paisaje irregular. En Escocia y en el Distrito de los Lagos inglés, los glaciares excavaron valles profundos con forma de abrevadero; y en Noruega horadaron valles

Hace 5,6 m.a., la **cuenca mediterránea** era un **desierto**.

ACONTECIMIENTOS CLAVE

Hace 70 m.a. La dorsal del Atlántico se expande. En una región, el caliente magma del manto terrestre se enfría y forma corteza nueva: Islandia.

Hace 5,3 m.a. La actividad tectónica hace que lo que es hoy el estrecho de Gibraltar se hunda bajo el nivel del mar: el océano Atlántico puede entrar en la cuenca mediterránea y forma el mar Mediterráneo.

Hace 18 000-11 000 años Durante los periodos más fríos del último periodo glacial, los glaciares excavan en Europa paisajes espectaculares.

Hace 10 000 años En Europa, los grandes bosques sustituyen las estepas y los herbazales del periodo glacial. Aún hoy quedan algunos vestigios, como el bosque de Bialowieza, en Polonia.

Hace 90 m.a. Inicio de la actividad tectónica en lo que será el sur de Europa, y que acabará formando los Alpes.

Hace 30-20 m.a. Europa empieza a formar masas continentales casi reconocibles. La mayor parte de Europa occidental está ahora sobre el nivel del mar, y el océano somero que separaba Europa de Asia desaparece.

Hace 9000-8000 años Un tsunami inunda el brazo de tierra entre lo que serán las islas Británicas y la Europa continental, formándose así el canal de la Mancha.

◁ **HIELO PERFORADOR**
El campo de hielo Jostedal, en Noruega, es el glaciar más grande de Europa, así como un vestigio del inlandsis que horadó los profundos valles de los fiordos noruegos.

◁ **UN CANAL ESTRECHO**
El estrecho de Gibraltar conecta el mar Mediterráneo y el océano Atlántico. Es tan estrecho que, desde la costa de España se puede ver la de Marruecos.

▷ **UNA ISLA NUEVA**
Hace 9000 años, el nivel del mar ascendió y aisló las islas Británicas de la Europa continental.

tan profundos que, tras el deshielo, el mar los inundó y formó los famosos fiordos.

Fluctuaciones en el nivel del mar

Durante el periodo glacial, la isla de Gran Bretaña y el continente europeo estuvieron unidos por un largo bloque de caliza que actuó como una presa ante el agua del deshielo glacial. Hace unos 450 000 años, esta presa natural se desplomó y dejó atrás los acantilados de Dover. El nivel del mar siguió fluctuando durante los sucesivos periodos glaciales e interglaciales hasta que, hace unos 9000–8000 años, el último inlandsis se fundió y Gran Bretaña quedó separada de Europa definitivamente.

El mar Mediterráneo también ha sufrido idas y venidas. Tras quedar aislado del océano Atlántico, se secó en su mayor parte y se convirtió en un desierto salado. Luego, la fricción entre las placas africana y euroasiática hizo que el terreno que hay bajo lo que ahora es el estrecho de Gibraltar se hundiera y permitiera la entrada de agua del Atlántico. Al principio, el agua entró lentamente en la cuenca mediterránea a lo largo de varios miles de años, pero se cree que el 90 % del agua del Mediterráneo acabó entrando en tromba en cuestión de meses o años.

FORMACIÓN DEL MAR MEDITERRÁNEO

Hace unos 5,6 m.a., la cuenca mediterránea quedó aislada del océano Atlántico y se secó casi por completo. Unos 300 000 años después, el estrecho de Gibraltar se hundió, y el agua del Atlántico volvió a inundar la cuenca.

océano Atlántico | cuenca mediterránea

HACE 5,6 M.A.

parte de la corteza se desploma debido a la actividad tectónica

el agua del Atlántico se desborda

HACE 5,3 M.A.

la erosión ahonda el estrecho de Gibraltar

el agua del mar Mediterráneo se mezcla con la del océano Atlántico

PRESENTE

FORMACIÓN DEL CONTINENTE EUROPEO

CLAVE ▬ Límite convergente ▬ Límite divergente

expansión de la dorsal del Atlántico

tierra por encima del nivel del mar

mar de Tetis

HACE 94 M.A. El Atlántico Norte se expande y separa Europa y América del Norte, mientras el sur de Europa queda completamente sumergido bajo el mar de Tetis entre Europa y África.

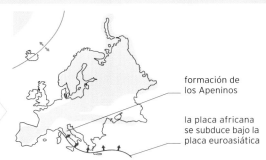

formación de los Apeninos

la placa africana se subduce bajo la placa euroasiática

HACE 50-40 M.A. África avanza en dirección a Europa. El mar de Tetis desaparece, y los sedimentos se acumulan en el sur de Europa, donde forman cordilleras elevadas, como los Apeninos.

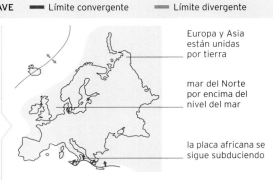

Europa y Asia están unidas por tierra

mar del Norte por encima del nivel del mar

la placa africana se sigue subduciendo

HACE 18 000 AÑOS Los océanos retroceden y los mares Negro, Báltico y del Norte se secan. Europa queda unida a Asia y alcanza su máxima extensión.

△ EL PAISAJE DE SKYE
Skye es la segunda mayor isla de Escocia, y sus paisajes son espectaculares. La gran aguja de roca en el centro de la imagen es el Old Man of Storr (el Viejo de Storr).

Tierras Altas de Escocia

Una bella región agreste de montañas antiguas y volcanes extinguidos, cincelada por glaciares y por la lluvia a lo largo de muchos siglos.

NO de Europa

FORMACIÓN DE LOS MONTES DE CALEDONIA

Durante la orogenia caledoniana, los movimientos tectónicos provocaron colisiones entre continentes antiguos y alzaron cordilleras. Luego, la masa continental se fragmentó, y los macizos quedaron dispersos por el Atlántico Norte.

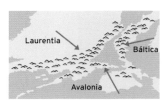

Laurentia

Báltica

Avalonia

HACE 490-390 M.A.

Groenlandia

Noruega

Escocia
Irlanda

Terranova

PRESENTE

Las Tierras Altas de Escocia forman parte de los montes de Caledonia, un macizo más grande y antiguo que se formó durante una serie de acontecimientos llamados orogenia caledoniana (izda.). Comprenden las Tierras Altas Occidentales y los montes Grampianos (separados por la falla Gran Glen, de 100 km de longitud), además de las islas montañosas del oeste de Escocia. Los montes Grampianos son los más altos de las islas Británicas, y su pico más elevado es el Ben Nevis, de 1345 m.

Vestigios volcánicos

Entre las Tierras Altas yacen, dispersos, vestigios de actividad volcánica pasada. El Ben Nevis fue un gran volcán que se desplomó sobre sí mismo tras una erupción hace 350 m.a. Algunas subcordilleras de las tierras altas, como los Cairngorms, son de granito formado por la solidificación de magma en el subsuelo y que luego quedó expuesto por la erosión. Las Tierras Altas tienen un aspecto agreste muy característico. Algunas áreas siguen cubiertas por bosques y ofrecen un hogar a animales como el urogallo, la marta o el gato montés.

Glen Coe, valle de las Tierras Altas, fue antaño un **supervolcán**.

◁△ BREZO DE LAS TIERRAS ALTAS
El brezo es uno de los emblemas de Escocia. A finales de verano, su color morado tapiza las laderas inferiores de las Tierras Altas, donde se suele ver pastar a vacas de las Tierras Altas.

N de Europa

Géiser Strokkur

Un famoso géiser islandés que entra en erupción cada ocho minutos.

El géiser Strokkur se halla en una zona de manantiales termales a unos 80 km al este de Reikiavik, la capital de Islandia. Cerca hay otro géiser famoso, con erupciones menos frecuentes, descrito por primera vez en 1294: se le llamó Geysir, nombre que dio lugar a la palabra «géiser».

El Strokkur se volvió activo tras un terremoto en 1789. Entra en erupción desde una laguna y alcanza una altura promedio de entre 15 m y 20 m, pero, a veces, la fuente de agua caliente asciende hasta los 40 m de altura. Cada explosión dura unos segundos, y viene acompañada de un estallido atronador.

△ **CICLO REGULAR**
El géiser debe la regularidad de su ciclo de ocho minutos a la intervención humana. En 1963, se limpió su conducto para garantizar erupciones regulares.

◁ **PREPARADO PARA EXPLOTAR**
Primero asciende una bóveda de agua, impulsada por una burbuja de vapor. Luego, un penacho de agua hirviendo explota y asciende hacia el cielo.

O de Europa

Macizo Central

Una elevada región francesa que cuenta con un excepcional paisaje de volcanes apagados.

El Macizo Central ocupa una séptima parte de Francia, y está separado de los Alpes por el valle del Ródano. El vulcanismo empezó en esta zona hace unos 65 m.a., posiblemente debido al adelgazamiento de la corteza y al ascenso de roca caliente del manto, y ahora es evidente en los restos volcánicos conocidos como la cadena de los Puys, en la zona norte de la región. La zona sur del macizo cuenta con elevadas mesetas de caliza separadas por cañones profundos. El más famoso es la magnífica garganta del Tarn, de 53 km de longitud y de hasta 600 m de profundidad en algunos puntos.

EN EL INTERIOR DE UN CONO DE ESCORIAS

Los conos de escorias son volcanes pequeños y de laderas abruptas formados por escorias volcánicas (fragmentos vítreos de lava solidificada). Algunos contienen cenizas volcánicas. La mayoría de ellos experimentan una única fase eruptiva principal cuando aparecen. Entonces, crecen durante unos meses o años y permanecen silenciosos para siempre.

escorias con capas de ceniza y lava — cráter con forma de cuenco — forma cónica sencilla — conducto único

◁ **LA CADENA DE LOS PUYS**
Esta hilera de pequeños volcanes extinguidos, la mayoría de ellos en forma de conos de escorias, tiene una longitud de unos 40 km. El Puy de Côme, en primer plano, se ve aquí cubierto de nieve.

Una de las caras del **Marmolada**, el **pico más alto** de los Dolomitas, es un precipicio casi vertical de **600 m**.

▽ PRECIPICIOS ESPECTACULARES
La topografía de los Dolomitas presenta enormes paredes de roca, torres y agujas dentadas.

S de Europa

Dolomitas

Una magnífica cordillera en el noreste de Italia, con 18 picos que superan los 3000 m de altitud.

Los Dolomitas son una subcordillera de los Alpes, y se componen de miles de metros de capas de rocas sedimentarias que se formaron como arrecifes de coral en mares someros hace cientos de millones de años. Luego, movimientos tectónicos alzaron esas capas de roca, que posteriormente fueron erosionadas por glaciares hasta que formaron el espectacular paisaje que podemos ver hoy. Estas montañas son célebres por los fósiles de animales de arrecifes coralinos que contienen.

Montes pálidos

Los Dolomitas llevan el nombre de un mineralogista francés del siglo XVIII, Déodat de Dolomieu, que fue el primero que describió la roca (dolomita) que los compone en su mayoría. La dolomita se parece a la caliza y suele ser de color blanco, crema o gris. Por eso, los Dolomitas también se conocen como «montes Pálidos». Marmolada es su pico más alto, con 3343 m de altitud. El espectacular paisaje atrae a numerosos escaladores, esquiadores, excursionistas y parapentistas.

cristales de dolomita

▷ EL COMPONENTE
BÁSICO DE LOS DOLOMITAS
Dolomita es el nombre de un mineral, además del de una roca. En este ejemplar, los cristales de dolomita (color crema) se combinan con cristales de cuarzo (rosa) y un tercer mineral más oscuro.

LAS CAPAS DE ROCA DE LOS DOLOMITAS

La mayoría de las rocas de los Dolomitas se formaron durante el Triásico (hace 252-201 m.a.), pero también hay capas más antiguas y más recientes. La imagen muestra algunas de las capas principales, descubiertas por el análisis de distintas partes de la cordillera.

Profundidad M

300
200
100

hace 201-145 m.a.

hace 252-201 m.a.

hace 299-252 m.a.

Pirineos

*Una frontera natural entre Francia y España que ha desempeñado
un papel crucial en la historia de ambos países.*

O de Europa

Los Pirineos se formaron, en su mayoría, durante
los últimos 55 m.a. (abajo). Con el tiempo, el terreno
elevado se erosionó y dio lugar a una serie de cordilleras
montañosas y a algunos macizos de cimas planas que,
en algunos puntos, superan los 3000 m de altitud.

Valles abruptos y cascadas

Solo hay algunos puntos por los que los Pirineos se
puedan atravesar por debajo de los 2000 m de altitud.
Durante el último periodo glacial, los Pirineos

experimentaron una amplia glaciación. Se caracterizan
por sus picos dentados (más abruptos en el lado francés),
y contienen algunas de las cascadas más espectaculares
de Europa, la más alta de las cuales, de 422 m de caída,
está en el circo de Gavarnia (Francia). En los Pirineos
nacen grandes ríos, como el Garona (Francia)
y varios afluentes del Ebro (España). La fauna
de la región incluye a los raros quebrantahuesos,
las águilas, los rebecos y los jabalíes, así como
a una pequeña población de osos pardos.

△ DEPÓSITOS DE PLOMO
Los Pirineos contienen depósitos
de minerales valiosos, como la
galena (una mena del plomo).
La forma de estos cristales es
poco habitual: son octaedros
truncados.

FORMACIÓN DE LOS PIRINEOS

En el pasado lejano,
Iberia era una isla a la
que una dorsal oceánica
en expansión alejaba de
Eurasia. Hace unos 70 m.a.
se formó un nuevo límite
convergente entre Iberia
y Eurasia, que empezaron
a acercarse. Esto llevó a
la colisión que alzó los
Pirineos.

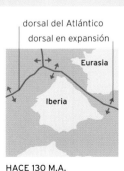

dorsal del Atlántico
dorsal en expansión

Eurasia

Iberia

HACE 130 M.A.

nuevo límite
convergente

Eurasia

Iberia

HACE 70 M.A.

Pirineos

Francia

Península
Ibérica

PRESENTE

Alpes

La cordillera más elevada y más extensa de Europa, en la que hay varios picos famosos.

C de Europa

Con unos 1200 km de longitud y más de 200 km de anchura máxima, los Alpes cubren una superficie superior a los 207 000 km² en Europa occidental. Se alzaron durante los últimos 100 m.a., por la colisión de las placas africana y euroasiática, y forman un cinturón curvado con más de 50 picos por encima de los 3800 m de altitud.

Modelados por glaciares

El paisaje actual de los Alpes es resultado de los periodos glaciales de los últimos 2 m.a. Los glaciares que solían cubrir los picos esculpieron enormes circos (concavidad redondeada en las montañas) con forma de anfiteatro, aristas (crestas montañosas afiladas) y picos piramidales, como el italosuizo monte Cervino (o Matterhorn), o el Grossglockner, el pico más alto de Austria. Al fundirse los glaciares, dejaron atrás valles con forma de U, cascadas inmensas que caían de valles colgados y lagos alargados y profundos. El Aletsch (p. 151) es el glaciar más largo que se conserva.

Centro de ocio europeo

Los Alpes incluyen montañas como el Mont Blanc, en la frontera francoitaliana, el Cervino, en la frontera italosuiza, o el Eiger, en Suiza. La cara norte de este último se considera desde hace tiempo uno de los mayores retos de escalada del mundo. En verano, la región atrae a alpinistas y personas que disfrutan del senderismo, de la bicicleta de montaña o del parapente. Los deportes de invierno, como el esquí y el *snowboarding*, también son populares.

◁ **VIVIR EN LAS ALTURAS**
La marmota es una especie de ardilla grande que vive en llanuras de altitud en verano. Durante el resto del año, hiberna en madrigueras subterráneas.

En 1991, en los **Alpes de Ötzal**, se **descubrió** a **Ötzi**, una **momia de hace 5000 años**.

PRINCIPALES SUBCORDILLERAS (O SECCIONES) ALPINAS

Los Alpes cuentan con múltiples subcordilleras. Las más elevadas son los Alpes Peninos (o del Valais), que contienen 13 de los 20 picos alpinos más elevados. Los Alpes Berneses contienen cuatro; y el macizo del Mont Blanc, en los Alpes Grayos, contiene tres.

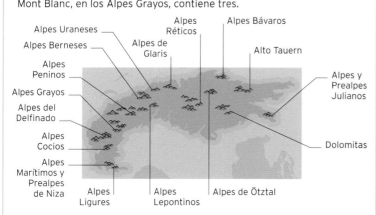

Alpes Uraneses
Alpes Berneses
Alpes Peninos
Alpes Grayos
Alpes del Delfinado
Alpes Cocios
Alpes Marítimos y Prealpes de Niza
Alpes Ligures
Alpes de Glaris
Alpes Réticos
Alpes Lepontinos
Alpes Bávaros
Alto Tauern
Alpes y Prealpes Julianos
Dolomitas
Alpes de Ötztal

▽ **MIGRACIÓN FLORAL**
Con el aumento de las temperaturas globales y el retroceso de los glaciares, todo tipo de plantas con flores se han propagado por latitudes y altitudes mucho mayores.

Monte Etna

Es el volcán activo más alto y más grande de Europa, con una larga historia de erupciones potentes y espectaculares.

S de Europa

El monte Etna, que ocupa 1190 km² en el este de Sicilia, es uno de los volcanes más grandes, famosos y activos del mundo. A sus pies está la ciudad de Catania, y tiene uno de los registros de actividad volcánica más antiguos del mundo: se remonta al año 1500 a.C. Es probable que sus orígenes tengan que ver con su proximidad al límite entre las placas africana y euroasiática. Además, podría estar sobre un punto caliente del manto.

Una estructura compleja

El Etna es un estratovolcán, y su compleja estructura incluye cuatro cráteres en la cima y más de 300 chimeneas y conos volcánicos parasitarios más pequeños en sus vertientes. La cima está a 3330 m de altitud, y la mayor parte de la superficie de sus laderas está cubierta por flujos de lava. Aunque el Etna tiene una forma global cónica, en su falda oriental tiene una gran depresión con forma de herradura, conocida como valle del Bove.

Tipos de erupción

Durante los últimos miles de años, el Etna ha estado casi continuamente activo, y ha producido erupciones de dos tipos. Desde uno o más de los cráteres de la cima se producen espectaculares erupciones explosivas que pueden generar altas fuentes de lava ardiente, bombas volcánicas, lluvias de escorias y grandes nubes de ceniza. Las chimeneas y fisuras laterales provocan erupciones más tranquilas, con grandes flujos de lava. La erupción más destructiva del Etna sucedió en marzo de 1669. Produjo unos flujos de lava colosales que destruyeron la mayor parte de las murallas de Catania. A pesar del peligro que supone, la mayoría de los sicilianos consideran el Etna como un gran tesoro.

◁ **FRAGMENTO DE LAVA**
La composición y la temperatura de la lava que brota del Etna hacen que pueda recorrer varios kilómetros antes de solidificarse en fragmentos como este.

En **1999**, el Etna despidió **fuentes de lava de 2 km** de altura, las más altas jamás registradas.

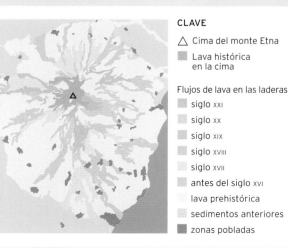

FLUJOS DE LAVA HISTÓRICOS

Este mapa muestra las zonas que la lava del Etna ha cubierto desde el siglo XVII. Muchas de las erupciones se han originado en las laderas del volcán en vez de en la cima, y algunos flujos han invadido zonas urbanas. Los sedimentos anteriores al Etna tienen más de medio millón de años de antigüedad, aproximadamente la misma edad que el volcán.

CLAVE
△ Cima del monte Etna
▢ Lava histórica en la cima

Flujos de lava en las laderas
▢ siglo XXI
▢ siglo XX
▢ siglo XIX
▢ siglo XVIII
▢ siglo XVII
▢ antes del siglo XVI
▢ lava prehistórica
▢ sedimentos anteriores
▢ zonas pobladas

△ **TÚNEL DE FUEGO**
Esta cueva bajo una falda del Etna es un tubo de lava, un túnel natural en el interior de un antiguo flujo de lava. Por dentro de él corrieron ríos de magma.

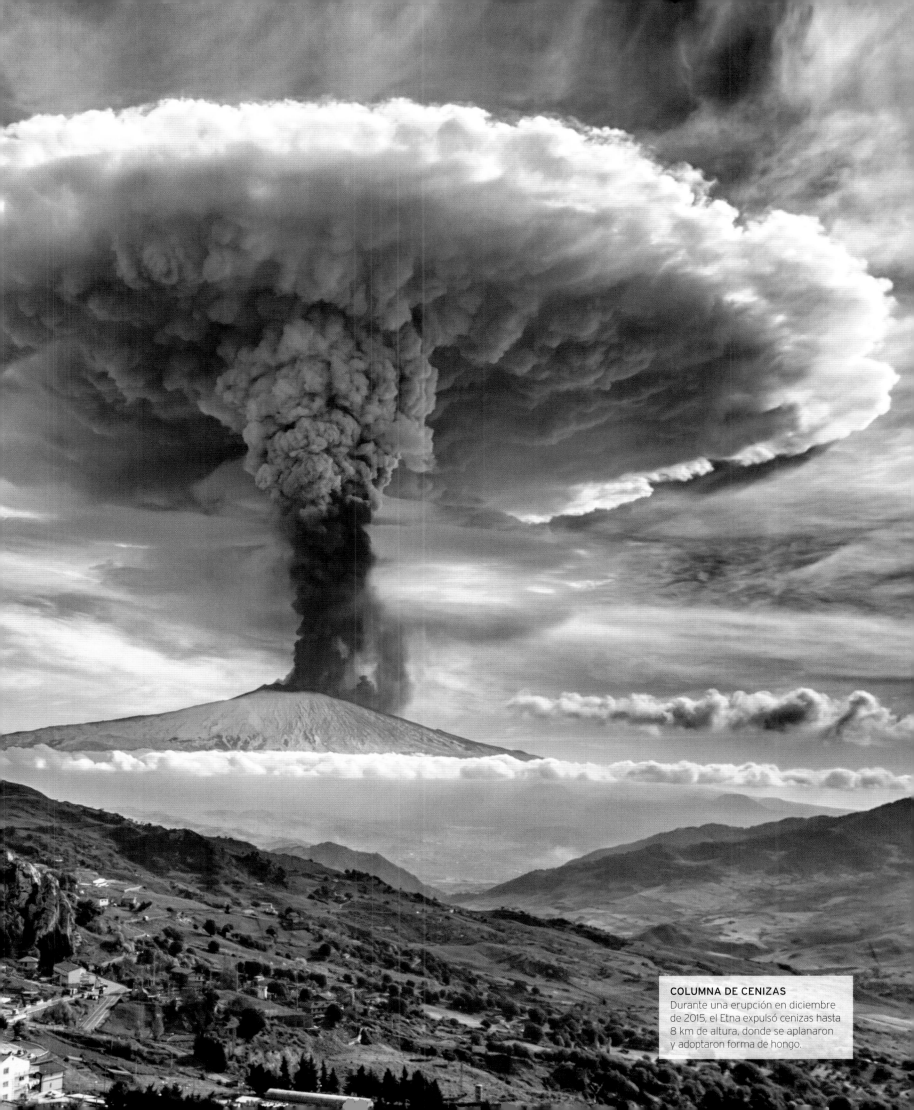

COLUMNA DE CENIZAS
Durante una erupción en diciembre de 2015, el Etna expulsó cenizas hasta 8 km de altura, donde se aplanaron y adoptaron forma de hongo.

En el interior de un
ESTRATOVOLCÁN

Hay dos tipos de grandes volcanes: los volcanes de escudo y los estratovolcanes. Los de escudo tienen laderas suaves; por el contrario, las de los estratovolcanes son abruptas y de forma cónica, levantadas sobre capas de productos de erupciones previas. Estas diferencias se deben al tipo de lava que emiten unos y otros. Los volcanes de escudo emiten lava relativamente fluida que se aleja antes de solidificarse. Estratovolcanes como el Etna producen lava más viscosa y rica en agua, que no puede fluir muy lejos. Por el contrario, tiende a solidificarse alrededor de la chimenea o chimeneas principales del volcán, que pueden llegar a obstruirse. Como resultado, gran parte del material que despiden los estratovolcanes son sólidos fragmentados (cenizas, pumita y escorias), que salen disparados al aire cuando el volcán despeja la chimenea. Además de la estructura y la forma de los estratovolcanes, esto explica también su conducta a largo plazo: fases de actividad violenta separadas por periodos de tranquilidad que pueden durar de unos pocos años a varios milenios.

LA EVOLUCIÓN DE UN ESTRATOVOLCÁN

Los estratovolcanes se forman por acumulación de sus propios productos eruptivos: lava solidificada, ceniza y escorias. Al principio crecen con rapidez, porque las erupciones añaden mucho material en relación con su tamaño. Los más maduros ganan altura con lentitud, debido, en parte, a la erosión.

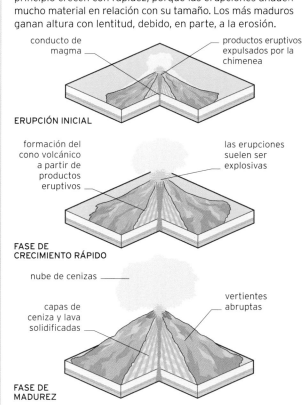

conducto de magma

productos eruptivos expulsados por la chimenea

ERUPCIÓN INICIAL

formación del cono volcánico a partir de productos eruptivos

las erupciones suelen ser explosivas

FASE DE CRECIMIENTO RÁPIDO

nube de cenizas

capas de ceniza y lava solidificadas

vertientes abruptas

FASE DE MADUREZ

Nube de ceniza
Las nubes de ceniza se forman partir del gas y del magma que la explosividad de la erupción fragmenta en partículas diminutas y lanza al aire.

▷ **CRÁTERES LATERALES**
Las vertientes del Etna están cubiertas de conos, chimeneas y cráteres secundarios, muchos de los cuales están inactivos. Este es uno de los dos cráteres Silvestri, que se abrieron en una erupción en 1892. Mide 110 m de diámetro.

Lava solidificada
La superficie del Etna está cubierta de lava solidificada de distintas edades.

directamente debajo del Etna hay capas de volcanes antiguos que forman la base del cono que vemos ahora

▷ **RÍOS DE LAVA**
Algunas erupciones ocurren en fisuras que se abren bastante abajo en las laderas del volcán, y que pueden dar lugar a enormes ríos de lava que destruyen las tierras de cultivo.

Manto litosférico
Bajo la corteza se halla el manto litosférico, formado por peridotita, una roca ígnea de grano grueso.

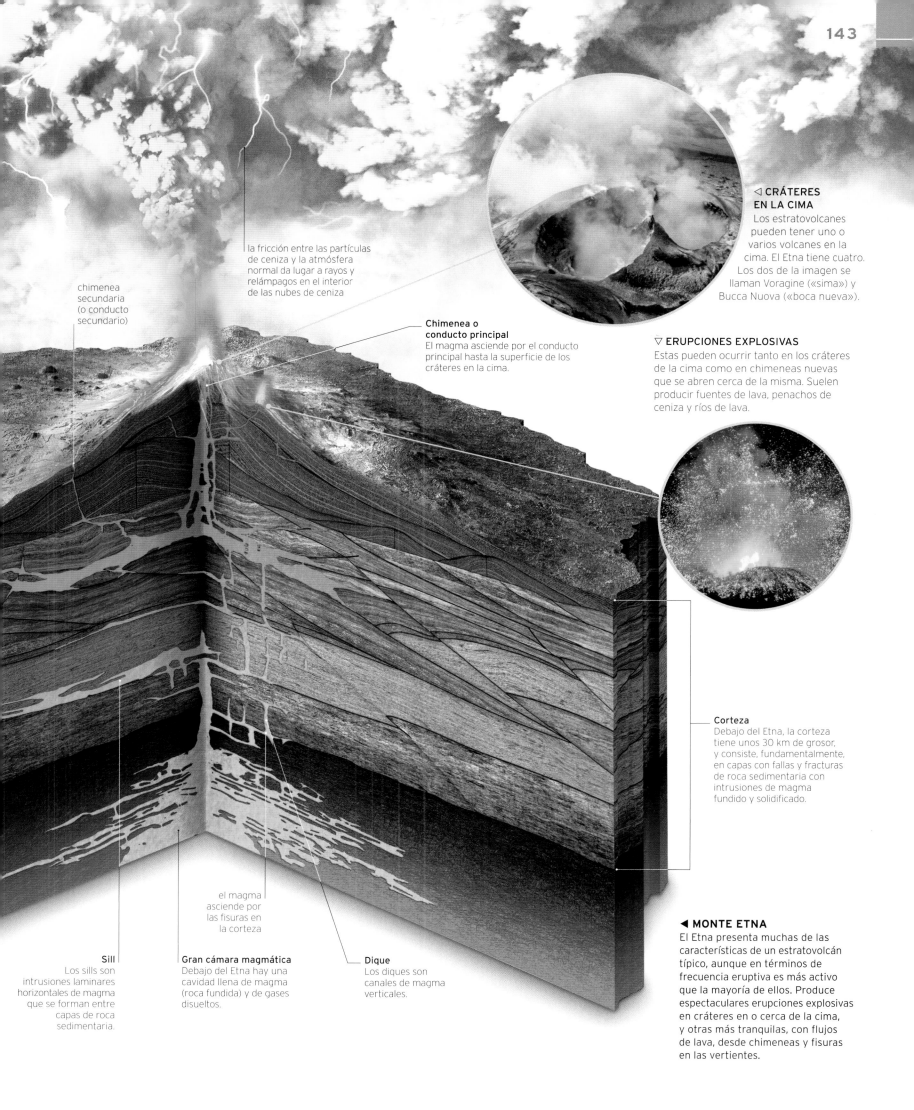

la fricción entre las partículas de ceniza y la atmósfera normal da lugar a rayos y relámpagos en el interior de las nubes de ceniza

chimenea secundaria (o conducto secundario)

Chimenea o conducto principal
El magma asciende por el conducto principal hasta la superficie de los cráteres en la cima.

◁ **CRÁTERES EN LA CIMA**
Los estratovolcanes pueden tener uno o varios volcanes en la cima. El Etna tiene cuatro. Los dos de la imagen se llaman Voragine («sima») y Bucca Nuova («boca nueva»).

▽ **ERUPCIONES EXPLOSIVAS**
Estas pueden ocurrir tanto en los cráteres de la cima como en chimeneas nuevas que se abren cerca de la misma. Suelen producir fuentes de lava, penachos de ceniza y ríos de lava.

Corteza
Debajo del Etna, la corteza tiene unos 30 km de grosor, y consiste, fundamentalmente, en capas con fallas y fracturas de roca sedimentaria con intrusiones de magma fundido y solidificado.

el magma asciende por las fisuras en la corteza

Sill
Los sills son intrusiones laminares horizontales de magma que se forman entre capas de roca sedimentaria.

Gran cámara magmática
Debajo del Etna hay una cavidad llena de magma (roca fundida) y de gases disueltos.

Dique
Los diques son canales de magma verticales.

◀ **MONTE ETNA**
El Etna presenta muchas de las características de un estratovolcán típico, aunque en términos de frecuencia eruptiva es más activo que la mayoría de ellos. Produce espectaculares erupciones explosivas en cráteres en o cerca de la cima, y otras más tranquilas, con flujos de lava, desde chimeneas y fisuras en las vertientes.

Estrómboli

Una pequeña isla volcánica conocida durante miles de años como Faro del Mediterráneo, debido a la regularidad, fiabilidad y luminosidad de sus erupciones.

S de Europa

Estrómboli es uno de los pocos lugares de la Tierra que uno puede visitar cualquier día con una probabilidad elevada de presenciar una erupción volcánica. Aproximadamente cada 20 minutos, una de las tres chimeneas de la cima expulsa una fuente de fragmentos de lava hasta una altura de 150 m. Estas erupciones ocurren desde hace miles de años, y son tan singulares que los geólogos usan el término «estromboliana» para describir ese tipo de actividad eruptiva en general.

Visitar Estrómboli

La isla mediterránea de Estrómboli, de unos 5 km de diámetro y 924 m de altitud máxima, está al norte de Sicilia. Para ascender a la cima del volcán hay que ir con un guía local; las erupciones también se pueden observar desde un barco, frente a la costa noroeste de la isla.

▷ **FUEGOS ARTIFICIALES COLOSALES**
Esta fotografía muestra una erupción típica en Estrómboli. Cientos de brillantes partículas de lava salen disparadas al aire y caen al suelo trazando suaves arcos.

ISLA VOLCÁNICA

Empinados senderos desde dos poblaciones costeras llevan a miradores para observar las erupciones. Durante las mismas, arroyos de lava caen en cascada por La Sciara del Fuoco, una depresión en la falda del volcán.

La Sciara del Fuoco · pueblo de Estrómboli · pueblo de Ginostra · cráter · acantilados

---

Urales

Una cresta divisoria entre Europa y Asia, y una de las cordilleras más antiguas y ricas en minerales de la Tierra.

E de Europa

Con unos 2500 km de longitud, los montes Urales van, de norte a sur, desde el océano Ártico hasta prácticamente el mar de Aral, y comprenden una amplia variedad de paisajes, desde páramos polares hasta semidesiertos. Están entre Rusia y Kazajistán, y tradicionalmente se los considera una frontera natural entre Europa y Asia.

Montañas antiguas

Los Urales no son excepcionalmente elevados, en parte por el largo periodo de erosión que han experimentado desde su formación. El pico más elevado es Naródnaia Gorá, con una altitud de 1895 m. En su mayoría están cubiertos de bosques, aunque los Urales del norte están sembrados de

glaciares y tienen prados alpinos y tundra. La región cuenta con una amplia red de ríos y lagos, y en sus laderas occidentales abundan los paisajes cársticos, con multitud de cuevas. Esta combinación hace de los Urales una de las zonas más bellas de Rusia. La fauna más rica y variada de los Urales se encuentra en sus bosques, e incluye osos pardos, linces y glotones. Son montañas especialmente ricas en recursos naturales, como madera, carbón, menas de metal y varias piedras preciosas.

◁ **UN TESORO CRISTALINO**
Los Urales esconden amatistas, esmeraldas y topacios, entre otras gemas. Este cristal hexagonal sin tallar es una esmeralda.

Los montes Urales tienen entre **300 y 250 m.a.**, y son de los **más antiguos del mundo**.

Vesubio

El volcán más peligroso de Europa, famoso por sus enormes erupciones históricas, como la colosal y letal erupción del año 79 d.C.

S de
Europa

El Vesubio es un estratovolcán que se alza a tan solo 8 km de Nápoles (Italia), en la zona volcánica más densamente poblada del mundo. Dicha ubicación, combinada con la capacidad del volcán de desencadenar erupciones especialmente violentas, lo hace muy peligroso. El cono del Vesubio es muy abrupto, con una altura de 1281 m, y se halla sobre la caldera de un volcán más antiguo, el monte Somma. Sus faldas están sembradas de pueblos y viñedos.

Un pasado destructivo

La más tristemente famosa de las grandes erupciones históricas del Vesubio ocurrió el año 79 d.C., cuando una lluvia de cenizas volcánicas y flujos piroclásticos sepultó las ciudades de Pompeya y Herculano y mató a unas 2100 personas. En 1631, otra colosal erupción mató a más de 3000 personas, y más de 200 murieron durante la erupción de 1906. No ha habido erupciones desde 1944, lo que sugiere que podría darse una gran explosión en cualquier momento. Se han diseñado planes de evacuación en caso de señales de aviso, como un aumento de la actividad sísmica.

△ **UNA CALMA ENGAÑOSA**
Cráter de la cima del Vesubio, cuyo diámetro es de 400 m. Al fondo se ve parte de la bahía de Nápoles, con la isla de Capri en el horizonte.

LA EVOLUCIÓN DEL VESUBIO

Antes de la erupción del año 79 d.C., el Vesubio era un cono volcánico con un cráter gigante, en cuyo interior apareció luego otro. Este nuevo cono, mucho mayor, es lo que hoy conocemos como Vesubio. La mayoría del cono anterior, el monte Somma, ha desaparecido por la erosión.

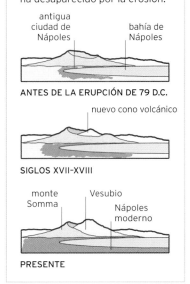

antigua
ciudad de
Nápoles

bahía de
Nápoles

ANTES DE LA ERUPCIÓN DE 79 D.C.

nuevo cono volcánico

SIGLOS XVII-XVIII

monte
Somma

Vesubio

Nápoles
moderno

PRESENTE

△ **BOSQUE INVERNAL**
Gran parte de los Urales están cubiertos de taiga, el bosque de coníferas que se extiende por el norte de Eurasia. En invierno, la nieve cubre gran parte de este.

◁ **GIGANTES DE ROCA**
Los pilares conocidos como las formaciones rocosas Manpupuner se elevan a más de 30 m sobre una meseta de los Urales occidentales. Según la leyenda, son gigantes que un chamán convirtió en piedra.

△ CAVERNA AZUL

En los bordes del casquete glaciar se suelen formar cuevas de hielo, excavadas por arroyos de deshielo que corren bajo el glaciar y que luego se secan. Sus ubicaciones tienden a cambiar cada año.

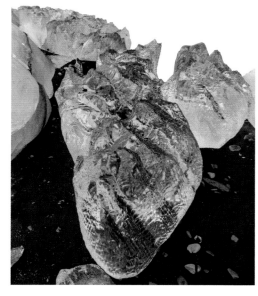

◁ HIELO VARADO

Es habitual ver bloques de hielo sobre las playas de arena negra cerca del borde de Vatnajökull. Son los restos de icebergs que llegaron al mar pero que las olas devolvieron a la orilla.

▷ PANOPLIA DE COLORES

Al amanecer, la superficie ondulante de Vatnajökull refleja una gloriosa variedad de colores, desde suaves ocres y amarillos pastel hasta azules empolvados y turquesas brillantes.

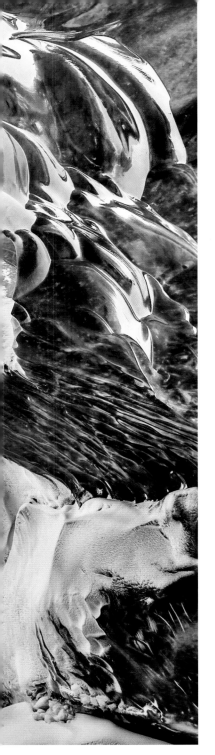

N de Europa

Vatnajökull

Un enorme casquete glaciar que cubre el 8% de la superficie de Islandia, y también el glaciar con mayor volumen de Europa.

Vatnajökull es uno de los varios casquetes glaciares islandeses, y su nombre procede de las palabras islandesas *vatna* («agua») y *jökull* («glaciar»). Cubre por completo el montañoso terreno del sur de Islandia. Bajo su hielo hay valles, montañas y mesetas.

Forma y tamaño

De aspecto aproximadamente elíptico, este casquete forma una cúpula congelada cuyo punto más elevado supera los 2000 m de altitud, y cubre un área total de unos 8100 km². Unos 30 glaciares de desbordamiento drenan el hielo de Vatnajökull y lo llevan al mar. Parte del hielo se fragmenta y forma icebergs en la gran laguna glacial Jökulsárlón, desde la que llegan al mar a través de canales. A causa de los efectos de la refracción atmosférica de la luz, se dice que el casquete es visible a veces desde la cima de la montaña más elevada de las islas Feroe, que están a 550 km de distancia. Este campo visual se considera como uno de los más largos del mundo.

Volcanes subglaciales

Debajo de Vatnajökull hay tres volcanes activos y varias fisuras volcánicas. Los volcanes activos se llaman Bardarbunga, Öræfajökull (dos estratovolcanes) y Grímsvötn, que es un volcán de caldera. Cuando alguno de ellos entra en erupción, además de los efectos y peligros habituales que entrañan las erupciones volcánicas, existe el riesgo añadido de que grandes cantidades de hielo se fundan y causen una inundación catastrófica (abajo). Este tipo de acontecimientos, que en islandés reciben el nombre de *jökulhlaups* («inundaciones glaciares»), se suelen asociar al volcán Grímsvötn, cuya frecuencia eruptiva es la mayor de todos los volcanes islandeses. En noviembre de 1996, una erupción del Grímsvötn fundió millones de toneladas de hielo de Vatnajökull y desencadenó una inundación que se prolongó durante dos días. La llanura de inundación entre el glaciar y el mar quedó cubierta de enormes bloques de hielo.

◁ **NADADORAS NATAS**
La foca común, o del puerto, es una de las seis especies de foca que viven en Islandia. Se las suele ver en la laguna de deshielo Jökulsárlón, entre Vatnajökull y el mar.

AVENIDA TORRENCIAL

Cuando el volcán Grímsvötn, debajo de Vatnajökull, entra en erupción, funde grandes cantidades de hielo. Esto puede crear tanta presión que el casquete glaciar se eleva y enormes cantidades de agua salen por debajo del mismo, lo que puede devastar la llanura costera junto al glaciar.

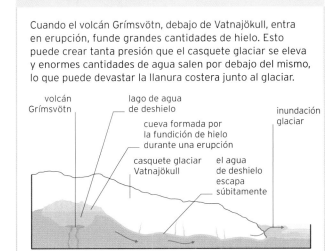

volcán Grímsvötn

lago de agua de deshielo

cueva formada por la fundición de hielo durante una erupción

casquete glaciar Vatnajökull

el agua de deshielo escapa súbitamente

inundación glaciar

El **casquete glaciar** de Vatnajökull tiene un **grosor** máximo de **1000 m** y un grosor promedio de **400 m**.

N de
Europa

Glaciar Mónaco

Un inmenso glaciar en Spitsbergen, la isla más grande del archipiélago de Svalbard.

Spitsbergen, en el norte de Noruega, está a unos 1850 km del polo norte, y está cubierta por glaciares en un 80 %. El glaciar Mónaco, situado en un área de la isla llamada Tierra del rey Haakon VII, es uno de los más grandes, y descarga una gran cantidad de hielo en el fiordo Liefde, un largo brazo de mar en el frente glaciar.

Un principesco río de hielo

El glaciar, de unos 40 km de longitud, lleva el nombre del príncipe Alberto I de Mónaco, un pionero explorador polar de principios del siglo XX que organizó las primeras expediciones para explorar y cartografiar el glaciar. Según estudios cartográficos, el glaciar ha retrocedido más de 3 km durante los últimos 50 años. Los habitantes principales de las banquisas, las costas y las islas vecinas son focas anilladas, focas barbudas, varias especies de aves marinas y osos polares.

△ UN MAR DE HIELO
El hielo que se desprende del Mónaco y de otros glaciares cercanos es el origen de los imponentes icebergs que flotan en el fiordo Liefde.

▷ PARED CONGELADA
Una bandada de gaviotas tridáctilas se alimenta delante de la enorme pared terminal del glaciar Mónaco, que supera los 50 m de altura y los 4 km de anchura.

El **sonido atronador** del hielo al desprenderse del glaciar es audible a **decenas de kilómetros** a la redonda.

Campo de hielo Jostedal

El sistema glaciar más grande de Europa continental, un vestigio de un gran inlandsis que cubrió toda Noruega hasta hace unos 10 000 años.

N de Europa

El campo de hielo Jostedal, o Jostedalsbreen (*breen* significa «glaciar» en noruego), es un conjunto de glaciares del suroeste de Noruega, y cubre unos 480 km². Su punto más elevado está a 1957 m de altitud, y el espesor de su hielo puede superar los 400 m. Sobrevive sobre todo por las elevadas precipitaciones en forma de nieve en la región.

Agua atrapada

La parte superior o central del campo de hielo es una extensión de hielo blanco ligeramente ondulada y casi sin otro relieve, y constituye el origen de múltiples glaciares de desbordamiento. La masa total de hielo equivale al consumo total de agua en Noruega durante 100 años. Sin embargo, esta masa se está reduciendo, tal y como evidencia el elevado ritmo de deshielo en los frentes de los glaciares de desbordamiento de Jostedal. Algunos, como el glaciar Nigard (Nigardsbreen), contienen espectaculares cuevas de hielo azul.

△ GRUTA AZUL
El hielo de intenso color azul, como en esta cueva, es muy denso y fuerte, porque contiene menos burbujas de aire que el hielo blanco.

LOS GLACIARES DE JOSTEDAL

El campo de hielo Jostedal tiene forma larga y delgada, con una longitud máxima de unos 65 km. Del mismo fluyen unos 50 glaciares de desbordamiento que descienden hacia los valles inferiores. La ilustración identifica cuatro de los más grandes.

glaciar Briksdal

glaciar Lodal

glaciar Austerdal

glaciar Nigard

▽ DE EXCURSIÓN POR EL GLACIAR
Equipados con palos y crampones, unos escaladores ascienden en hilera por el Briksdal, uno de los glaciares de desbordamiento más accesibles del campo de hielo Jostedal.

O de Europa

Mer de Glace

Un glaciar en la cara norte, o francesa, del Mont Blanc, conocido por las espectaculares bandas en claroscuro de su superficie.

El Mer de Glace es un glaciar de valle (un glaciar alargado con montañas a ambos lados) que desciende desde el macizo del Mont Blanc hacia el valle de Chamonix, en el este de Francia, a lo largo de unos 11 km.

Su nombre francés significa «mar de hielo», y alude a las bandas onduladas que se ven en parte del glaciar bajo una cascada de hielo (una sección que desciende abruptamente) situada a una altitud de unos 3200 m. Este dibujo sobre la superficie se ha descrito como olas congeladas en plena tormenta. En realidad, las «olas» son bandas alternas de hielo más grueso y claro y de hielo más fino y oscuro que se han creado por factores estacionales (dcha.). Las bandas, conocidas como ojivas, son curvadas porque el hielo del centro del glaciar desciende a una velocidad ligeramente superior que el de los laterales.

▽ **DESCENSO SERPENTEANTE**
El Mer de Glace desciende unos 2500 m en vertical desde su zona de acumulación, bajo el Mont Blanc (esquina sup. izda.), hasta el frente glaciar.

LAS BANDAS DEL MER DE GLACE

En verano, el hielo que desciende por la cascada pierde volumen por el deshielo y forma una depresión en el fondo, que se oscurece por la concentración de polvo en su interior. En invierno, en el fondo se forma hielo más espeso y claro.

pérdida de hielo en verano

cascada de hielo

depresión en el hielo de la cascada en verano

lecho de roca

hielo que rellena la depresión en invierno

△ **AUTOPISTA HELADA**
Las oscuras morrenas mediales (franjas longitudinales) descienden por el glaciar y refuerzan su aspecto de sinuosa autopista helada.

TIPOS DE MORRENAS

El material que el glaciar arrastra y luego deposita se llama morrena. Las morrenas laterales se forman a los lados del glaciar, y las mediales se forman por la fusión de glaciares más pequeños. Las subglaciales se forman en la base del glaciar, y las englaciales quedan atrapadas en el hielo. Las morrenas frontales (que no aparecen en la ilustración) son rocas acumuladas en el frente glaciar en deshielo.

glaciar principal

glaciar tributario

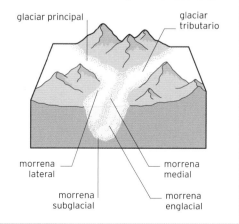

morrena lateral

morrena medial

morrena subglacial

morrena englacial

Glaciar Aletsch

El glaciar de valle más largo y más grande de Europa, que desciende durante
23 km desde una región especialmente pintoresca de los Alpes Berneses, en Suiza.

C de
Europa

El glaciar Aletsch se forma por la fusión de cuatro glaciares más pequeños que se originan en la ladera sur de las impresionantes montañas Jungfrau (Doncella) y Mönch (Monje). Los cuatro glaciares convergen en una meseta de hielo llamada Konkordiaplatz (Plaza de la Concordia), a una altitud de 2750 m, donde el hielo alcanza un grosor de hasta 900 m.

Movimiento y retirada

El glaciar se mueve a velocidades que varían desde unos 200 m anuales, en Konkordiaplatz, hasta los 10 m anuales, en el frente glaciar. La pauta de morrenas frontales bajo el frente glaciar indica que ha retrocedido unos 5 km desde 1860. Desde Jungfraujoch, un collado accesible por ferrocarril de montaña, las vistas sobre el glaciar son espectaculares.

▷ **EN EL INTERIOR DEL ALETSCH**
Los arroyos de deshielo han horadado múltiples cuevas de hielo, cuyo interior, de un azul intenso, es accesible desde los bordes del glaciar.

El glaciar Aletsch cubre un **área de unos 80 km²**.

Cascada de Litlanes

Una espectacular cascada islandesa que cae por un extraordinario afloramiento de columnas volcánicas.

N de Europa

La cascada Litlanes (Litlanesfoss, en islandés) se halla sobre el río Hengifossá en el este de Islandia. Es una cascada espectacular enmarcada por una serie de largas y regulares columnas de basalto hexagonales. Su altura total supera los 30 m, y se compone de dos cascadas distintas. La superior y más pequeña está en ángulo respecto a la sección inferior, prácticamente vertical, que cae a una pequeña poza de aguas de un azul intenso. La cascada Litlanes es una de las varias que adornan esta parte de Islandia; la cascada Hengi, por ejemplo, es una de las más altas del país, y está a solo 1 km río arriba.

Un antiguo río de lava

La cascada de Litlanes cae por la sección transversal de un antiguo flujo de lava, y las anchas columnas de roca basáltica son el resultado del enfriamiento relativamente lento de la misma. Al enfriarse y contraerse, formó junturas, o fracturas, que crecieron en perpendicular respecto a la base y la superficie del flujo de lava. Las formaciones de pilares rectos y regulares formados por disyunción columnar, como en la cascada de Litlanes, se llaman columnatas basálticas, y se cree que se forman por el enfriamiento ascendente desde la base. Otros ejemplos son la Calzada del Gigante, en Irlanda (p. 164–165), y la gruta de Fingal, en la isla escocesa de Staffa (p. 166).

△ **CASCADA EN COLA DE CABALLO**
La sección inferior y más alta cae en forma de cola de caballo: el agua se abre como un abanico a medida que cae.

▽ **CASCADA SUPERIOR**
La cascada superior de Litlanes es mucho más corta y menos abrupta. El agua se acumula en el fondo antes de caer a la sección inferior.

DRENAJE RADIAL

La forma del Distrito de los Lagos es aproximadamente circular, y comprende un núcleo central de montañas desde el que irradian valles, lagos y cursos de agua. Este trazado es el resultado del alzamiento, hace millones de años, del domo de roca subyacente.

el río desciende hacia el mar

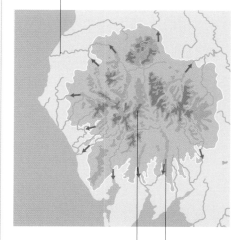

los ríos irradian hacia fuera desde un punto central

lago Windermere

Distrito de los Lagos

La región más alta y, tal vez, más pintoresca de Inglaterra,
que fue moldeada por glaciares y es un imán para los turistas.

NO de
Europa

△ LA REINA DE LOS LAGOS
Muchos creen que Derwentwater,
en la imagen cubierto por una
nube, es el lago más bello de
todo el Distrito. También recibe
el nombre de Reina de los Lagos.

El Distrito de los Lagos es una región de montañas, páramos, valles profundos y lagos en el condado de Cumbria (noroeste de Inglaterra). Contiene la mayoría del terreno más elevado del país, como Scafell Pike, el pico más alto, además del lago más largo y más profundo de Inglaterra: el Windermere y el Wastwater, respectivamente. La región debe su nombre a los 16 lagos y las múltiples acumulaciones de agua, llamadas *tarns* (lagos glaciares), que hay en las zonas más altas. Sin embargo, solo se denomina como *lake* (lago) uno de ellos, el Bassenthwaite; el resto reciben el nombre de *mere* o *water*. El Distrito de los Lagos se suele definir por el límite del parque nacional más grande del Reino Unido y abarca un área de 2362 km².

Un paisaje glacial

La estructura geológica subyacente del Distrito de los Lagos es una enorme cúpula de granito, sobre la que descansan tres amplias bandas de roca de distintas edades y orígenes. Las variaciones en el lecho de roca se hacen evidentes en las distintas características de la región, que van desde afloramientos volcánicos hasta taludes de pizarra.

Sin embargo, episodios glaciales han moldeado gran parte de su paisaje a lo largo de los dos últimos millones de años. De hecho, la región es conocida por sus ejemplos de accidentes geográficos clásicamente glaciales. Los más obvios son los amplios valles en forma de U, cuyo fondo suelen ocupar lagos de cinta.

△ DEPREDADOR COMÚN
La damisela azul es un insecto predador habitual en muchos cursos de agua y grandes lagos británicos. Las damiselas alinean las alas junto al abdomen cuando descansan.

El Parque Nacional del Distrito de los Lagos es el más visitado en Reino Unido.

La Camarga

Uno de los principales humedales costeros de Europa, de interés internacional y famoso por sus caballos semisalvajes y su ganado.

O de Europa

La Camarga es un gran humedal costero situado en el delta del Ródano, el río más grande de Europa occidental, en la costa del sur de Francia. Comprende más de 930 km² de hábitats diversos, como lagunas saladas, barras de arena, marismas de agua salobre, lagunas de agua dulce, cañaverales e islas bajas. Muchos de estos accidentes geográficos están en un estado de cambio constante, y el delta crece sin cesar por la acumulación gradual de limo.

Históricamente, la Camarga ha tendido a inundarse, por lo que se levantó una red de diques y de canales para ayudar a controlar el flujo de agua en su área. Gran parte de los humedales originales de la periferia de la región se han drenado para uso agrícola, como los arrozales que salpican la zona desde la Edad Media. Las lagunas saladas de la parte sureste de la Camarga son un importante centro de producción de sal.

Fauna célebre

Aunque los semisalvajes caballos blancos y toros negros son los animales más conocidos de la Camarga, su asombrosa variedad de aves es una de las mayores atracciones de la zona: es hábitat de más de 300 especies de aves, y constituye una parada importante para las que migran entre Europa y África.

◁ UN ESPECIALISTA DE LOS CAÑAVERALES
Los cañaverales atraen al bigotudo, que en verano se alimenta de insectos y larvas, y en invierno, de las semillas de las cañas.

HUMEDAL COSTERO

La Camarga está en una región aproximadamente triangular entre dos de los brazos del delta del Ródano (el Pequeño y el Gran Ródano) y el mar Mediterráneo. La región al oeste del Pequeño Ródano (el brazo más occidental) se llama Pequeña Camarga.

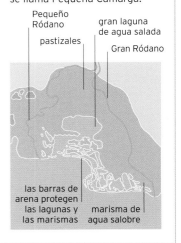

Pequeño Ródano
gran laguna de agua salada
pastizales
Gran Ródano
las barras de arena protegen las lagunas y las marismas
marisma de agua salobre

▽ BANDADA DE FLAMENCOS
La Camarga alberga una gran población de flamencos comunes, que se alimentan de artemias que proliferan en aguas salobres.

El caballo de la Camarga es una **raza autóctona** que vive aquí desde hace **miles de años**.

Gargantas del Verdon

Hay quien llama Gran Cañón europeo a esta espectacular garganta excavada por un río en el sur de Francia.

O de Europa

Las gargantas del Verdon son un profundo cañón fluvial en los macizos de caliza de las colinas alpinas a caballo entre los departamentos de los Alpes de la Alta Provenza y de Var, en el sureste de Francia. La garganta abarca 25 km del río Verdon, que la ha excavado durante los últimos miles de años. El río debe su bello color verde turquesa a la fluorita glaciar en suspensión en el agua, que también da lugar al nombre del río y de la garganta (el francés *vert* significa «verde»). Al final del cañón, el río desemboca en el lago artificial Sainte-Croix.

Paredes de caliza

La amplitud de la garganta al nivel del río varía entre los 6 m y los 100 m, y, a cada lado, los abruptos barrancos alcanzan hasta 700 m de altura. La caliza en la que se formó la garganta del Verdon se asentó durante el periodo Triásico (hace 252–201 m.a.), cuando la región estaba sumergida bajo el mar. Episodios sucesivos de alzamientos tectónicos y fracturas de rocas, seguidos de una era glacial, prepararon el paisaje para que el río excavara la garganta que vemos hoy.

◁ **UN VALLE FRONDOSO**

El fondo de la garganta, que tiene un microclima templado y húmedo, está cubierto de una vegetación frondosa que se va reduciendo a medida que asciende por las paredes.

Lago Lemán

Un gran lago alpino en la frontera francosuiza, hace mucho azotado por un enorme tsunami.

O de Europa

▷ **ORILLAS OCUPADAS**

En las riberas del lago Lemán vive más de un millón de personas, como los residentes de Lausana y Ginebra.

El lago Lemán, conocido como lago Ginebra en Suiza, es un lago con forma de media luna que se extiende sobre la frontera suroriental entre Francia y el suroeste de Suiza. Es el lago alpino más grande de todos: 73 km de longitud, hasta 14 km de amplitud máxima y algo más de 200 km de perímetro.

Un lago en dos mitades

El lago Lemán está en el curso del río Ródano, que se vierte en él por un delta en el extremo oriental y desagua por el occidental a través de la ciudad de Ginebra. Geográficamente, el lago está dividido en dos cuencas separadas por el estrecho de Promenthoux. El Gran Lago, al este, es la sección más ancha, y alcanza una profundidad máxima de 310 m. El Lago Pequeño, al oeste, es mucho más estrecho y somero. El lago Lemán es conocido por la fluctuación rítmica del nivel de sus aguas en costas opuestas, conocida como *seiche*, que es consecuencia de los potentes vientos y de los rápidos cambios en la presión atmosférica.

EL TSUNAMI DEL LAGO LEMÁN

Los registros históricos y los restos hallados en el lecho del lago sugieren que el Lemán sufrió un gran tsunami el año 563 d.C. Se cree que fue provocado por un desprendimiento de rocas cerca de la entrada del Ródano al Lemán, que dio lugar a una ola de hasta 16 m de altura que atravesó todo el lago, devastando las orillas a su paso. La ola avanzó a una velocidad de hasta 70 km/h, y tardó poco más de una hora en llegar a Ginebra.

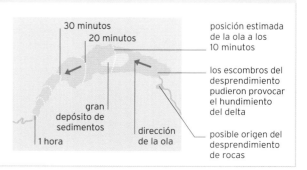

30 minutos
20 minutos

posición estimada de la ola a los 10 minutos

los escombros del desprendimiento pudieron provocar el hundimiento del delta

gran depósito de sedimentos

dirección de la ola

1 hora

posible origen del desprendimiento de rocas

C de Europa

Danubio

Uno de los grandes ríos navegables de Europa, que une el oeste
y el este del continente a medida que cruza y conforma fronteras.

El Danubio es, después del Volga, el segundo río más largo de Europa, y se forma en la confluencia de los ríos Breg y Brigach, en la Selva Negra (suroeste de Alemania). En su largo trayecto en dirección este hasta llegar a su desembocadura, en el mar Negro, el río recorre 2860 km. El Danubio puede atribuirse el honor de ser el río más internacional del mundo: atraviesa, o bordea parcialmente, diez países (más que cualquier otro río), y su enorme cuenca de drenaje incluye partes de otros nueve.

Tres cursos

Se suele dividir el curso del Danubio en tres grandes secciones. El curso superior comprende desde el origen hasta la puerta Hainburger (o de Bratislava), una garganta natural al este de Viena, pasando por el sur de Alemania y por el norte de Austria. Al principio de la sección central, el río ralentiza su curso y deposita grandes cantidades de arena y de tierra. Gira hacia el sur y cruza Budapest y la gran llanura húngara hasta convertirse en una frontera entre Rumanía y Serbia, donde las riberas se estrechan y forman una serie de barrancos de caliza conocidos como las Puertas de Hierro. El curso inferior del Danubio se ensancha y pierde profundidad al principio de su recorrido por una meseta amplia y plana. Cuando se acerca al mar Negro, el río gira hacia el norte y rodea las colinas de Dobrudja antes de girar hacia el este y dividirse en tres distributarios principales y formar el segundo mayor delta de Europa, después del delta del Volga.

Una arteria vital

El Danubio ha desempeñado un papel crucial en la historia social y económica de Europa central y oriental. En ocasiones ha formado la frontera entre territorios y, en otras, ha sido un vínculo vital que ha permitido el comercio entre países y ha promovido la prosperidad de los territorios que cruza.

◁ **RANA LLAMATIVA**
La rana verde vive en estanques, lagos y ríos lentos de toda Europa. La centroeuropea suele tener un color verde más intenso que el de sus primas occidentales.

El Danubio es el **único gran río europeo** que fluye **de oeste a este**, desde Europa central a Europa oriental.

△ **HÁBITATS DIVERSOS**
A lo largo de su extenso curso, el Danubio atraviesa una gran variedad de hábitats, como bosques caducifolios y de coníferas, mesetas semiáridas y marismas.

EL TRANSPORTE DE SEDIMENTOS EN LOS RÍOS

La cantidad de material que transporta un río depende de la fuerza de su caudal y del tamaño del material arrastrado. El material disuelto avanza en solución, y las partículas más pequeñas, como las de arcilla y limo, quedan suspendidas en la columna de agua cuando la corriente es lo bastante fuerte. Los sedimentos más grandes que no se transportan en suspensión reciben el nombre de carga de fondo.

Cuando el río presenta la potencia suficiente, puede transportar la carga de fondo más pequeña empujándola o haciéndola rebotar en el lecho. Los ríos con niveles de potencia elevados y con corrientes fuertes pueden arrastrar grandes rocas haciéndolas rodar río abajo.

material más ligero, en suspensión, en remolinos turbulentos y con las partículas más ligeras más próximas a la superficie

dirección de la corriente

material disuelto, en solución

lecho de roca

carga de fondo que avanza rebotando (saltación)

el material más pesado avanza rodando (tracción)

▷ **UN PARAÍSO PARA LOS PELÍCANOS**
El delta del Danubio alberga el 70 % de la población mundial de pelícanos, y es un santuario vital para más de 300 especies de aves.

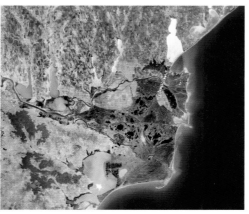

◁ **EL DELTA DEL DANUBIO**
El delta del río se extiende sobre un área de más de 4000 km², en Rumanía (en su mayor parte) y en Ucrania. Es uno de los mayores humedales de Europa, y contiene uno de los cañaverales más grandes del mundo.

C de Europa

Marismas de Biebrza

Un gran humedal centroeuropeo con una gran variedad
de hábitats y florecientes poblaciones de aves y mamíferos.

Situadas en el valle del río Biebrza, en el noreste de Polonia, las marismas de Biebrza constituyen un humedal diverso y complejo que abarca más de 1000 km². Cuentan con un amplio mosaico de hábitats, como marismas y cañaverales extensos (dcha.), herbazales, canales fluviales, ríos, islas bajas y, en las zonas más elevadas, bosques. El área también incluye una de las turberas más grandes y mejor conservadas de Europa central. En muchas partes de las marismas de Biebrza pueden verse ejemplos clásicos de sucesión ecológica (p. 60), cuando las marismas ascienden y se convierten primero en turberas y luego en bosques húmedos.

Los diversos hábitats de las marismas sustentan una gran variedad de fauna, y se las ha designado como un lugar de interés mundial. Es una de las zonas de cría más importantes para las aves de los humedales centroeuropeos, y en ella se han registrado más de 270 especies de aves distintas. También viven allí mamíferos característicos de los humedales, como el alce, los castores y las ratas almizcleras, además de algunas manadas de lobos.

◁ **AMANTES DEL AGUA**
Los alces suelen vivir cerca del agua, y son nadadores excelentes. Aunque también se alimentan de árboles y arbustos, las plantas acuáticas componen hasta la mitad de su dieta.

Hortobágy

Un vasto herbazal inundado en la estepa húngara, reconocido
como una de las reservas de humedal más importantes del mundo.

C de Europa

Ubicada en el tramo superior del río Tisza, en un área conocida como Puszta, en la gran llanura húngara, Hortobágy es una estepa (una llanura de hierbas y arbustos) que se inunda con regularidad. En consecuencia, esta zona, que de otro modo sería semiárida, se ha transformado en una ecorregión de humedal con marismas, arroyos y lagunas y lagos bordeados por cañaverales. Forma parte de la mayor pradera natural continua de Europa, y es una parte clave del parque nacional homónimo, que abarca 800 km.

Hortobágy es uno de los mejores lugares de Europa para observar aves, que abundan durante todo el año. Se han avistado más de 340 especies de aves distintas, y casi la mitad de ellas anidan en la zona.

En **otoño**, hasta **70 000 grullas se alimentan** y **descansan** en Hortobágy.

▷ **DEPREDADOR SIGILOSO**
La garza blanca, ave habitual de los humedales europeos, avanza por aguas someras en busca de peces, ranas y pequeños mamíferos, los cuales ensarta con su pico largo y afilado.

Este corte transversal de un cañaveral muestra la sucesión desde cañas jóvenes, en el agua, hasta cañas más antiguas, y en más densidad, en el terreno más elevado. La espesura de las cañas antiguas sirve de refugio a las aves que allí anidan, y las jóvenes cobijan a peces pequeños.

cañas más antiguas y densas

cañas jóvenes

cañaveral inundado

◁ **FLORA RICA**

Los ricos suelos aluviales que producen las inundaciones regulares sustentan una amplia variedad de plantas, entre ellas algunas especies raras.

Grutas del karst de Eslovaquia

C de Europa

Un conjunto excepcionalmente grande de cuevas en Europa oriental con una gran variedad de formaciones, y un sistema de gran importancia geológica y arqueológica.

El sistema de grutas del karst de Eslovaquia comprende más de mil cuevas en un área de unos 550 km² a lo largo de la frontera entre el sureste de Eslovaquia y el noreste de Hungría. Las grutas, complejas y diversas, se formaron a medida que el agua disolvía la caliza y la dolomita.

Formaciones en las grutas

Las grutas de todo el sistema están decoradas por una gran diversidad de estructuras y formaciones. El complejo Baradla-Domica, de 25 km de longitud y uno de los más estudiados, tiene una elaborada formación de estalagmitas y de estalactitas de distintas formas y colores, así como un arroyo que atraviesa su sección principal. Al igual que otras grutas de la zona, muestra evidencias de ocupación humana en la antigüedad. El sistema de grutas del karst de Eslovaquia también incluye múltiples cavernas heladas que albergan formaciones de hielo durante todo el año. La más conocida de ellas es quizá la gruta helada de Dobšiná, descubierta en 1870 y con una antigüedad estimada de 250 000 años.

◁ **UNA GRUTA COMPLEJA**

El techo de la gruta de Jasov está decorado con múltiples estalactitas y con coladas de calcita que parecen cortinas.

NE de Europa

△ **ORILLAS BOSCOSAS**
Gran parte de la orilla del lago
Ladoga está cubierta por bosques
de coníferas y de perennifolios.
Las coníferas incluyen pinos y
píceas, y las especies de hoja
caduca, sauces y abedules.

Lago Ladoga

*El mayor lago de Europa, con una enorme cuenca de drenaje
compuesta por miles de ríos y de lagos más pequeños.*

▷ **FLORES
ACUÁTICAS**
La bistorta
es una planta
acuática
perennifolia que
se encuentra en las
aguas más someras
del lago Ladoga y a
lo largo del río Neva.

Situado en el noroeste de Rusia, cerca de la frontera con
el sureste de Finlandia, el Ladoga es el lago más grande
de Europa. Tiene un área total de unos 17 700 km²,
mide 219 km de norte a sur y alcanza una anchura
máxima de 138 km. La parte más profunda del lago
está cerca de los acantilados elevados y rocosos de la
orilla norte, donde alcanza los 230 m justo al oeste
de la isla de Valaam, una de las más grandes de entre
las más de 650 islas que contiene el lago. La parte
sur es menos profunda, y su orilla es más baja.

Lago y mar

El lago Ladoga se formó en un graben, una depresión
entre dos líneas de falla que, luego, fue moldeada por
glaciares. Durante el último periodo glacial formó parte
del lago helado Báltico que, cuando el hielo se retiró, dio
lugar al mar Báltico. Ahora, el istmo de Carelia separa
al lago Ladoga del mar Báltico. El río Neva, el único que
fluye desde el lago, desagua por la esquina suroeste,
pasa por San Petersburgo y desemboca en el golfo
de Finlandia, en el mar Báltico.

La cuenca de drenaje del lago Ladoga cuenta
con más de **50 000 lagos** y **3500 ríos**.

Volga

El río europeo más largo y núcleo de su mayor sistema fluvial, considerado la vía navegable nacional de Rusia.

SE de Europa

El río Volga es el más largo de Europa, y se halla en el corazón del mayor sistema fluvial del continente. Nace en la meseta de Valdái, al noroeste de Moscú, y fluye en dirección sureste por Rusia occidental antes de desaguar en el mar Caspio. El frondoso delta del Volga, que cubre 160 km, es el mayor estuario de Europa. Su cuenca hidrográfica se extiende hacia el este hasta llegar a los montes Urales, y drena la mayor parte de la Rusia europea. A lo largo de su curso, recibe aguas de más de 200 afluentes, y en su cuenca hay 11 grandes ciudades. Tradicionalmente, los rusos se refieren a este río como «Madre Volga».

△ PICO PODEROSO
La pagaza piquirroja es el charrán de mayor tamaño, y se la ve con frecuencia en el delta del Volga. El pico de esta especie es significativamente más robusto que el de otros charranes.

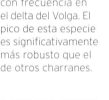

▷ HIELO FLOTANTE
Gran parte del curso del Volga se ve afectado por el hielo unos 100 días al año.

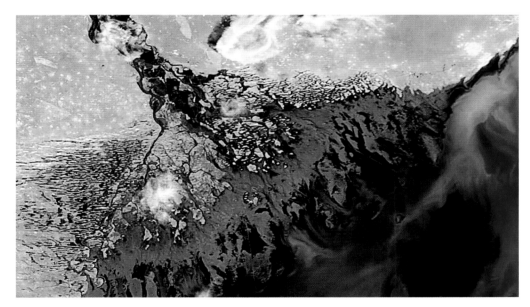

△ BRAZO HELADO
Los bordes y los brazos del lago se empiezan a congelar en diciembre, y la superficie del lago queda completamente helada a finales de febrero.

LOS RÍOS MÁS LARGOS DE EUROPA

Cuatro de los cinco ríos más largos de Europa pasan por Rusia en algún punto de sus cursos, y el Volga y el Don están dentro de sus fronteras. El Danubio cruza 10 países a lo largo de su curso.

	KM 0	1000	2000	3000	4000
Don					
Dniéper					
Ural					
Danubio					
Volga					

Longitud

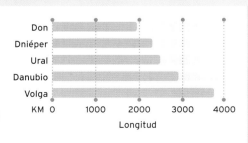

△ DELTA VERDE
El Volga lleva vida a un paisaje esencialmente árido a medida que va desembocando en el salino mar Caspio, la masa de agua interior más grande del mundo.

NE de Europa

Fiordos noruegos

La línea de costa más intrincada del mundo, un entramado de largos y profundos canales, en su mayoría flanqueados por altos precipicios.

Un fiordo es un brazo de mar estrecho originado por la acción de glaciares a lo largo de miles de millones de años. Aunque hay fiordos en muchos países, los de Noruega son especialmente magníficos y numerosos (unos mil), y, en muchos casos, también son excepcionalmente largos.

La costa noruega está dominada por fiordos. Esto le confiere un aspecto singular, que incluye una maraña de islas y penínsulas dispersas. Los fiordos alcanzan más profundidad en las zonas más próximas a las costas que en su boca, donde se abren a mar abierto, y son mucho más profundos que los estuarios costeros habituales. Por ejemplo, el fiordo de Sogn alcanza una profundidad

máxima de 1300 m. Muchos fiordos noruegos están bordeados por paredes verticales en uno o ambos lados, algunas de las cuales alcanzan los 1000 m de altura.

Vivir en los fiordos de Noruega

Estos fiordos están salpicados de pintorescos pueblos pesqueros, interconectados por una red de ferris. La fauna incluye mamíferos marinos, tales como focas y marsopas, águilas marinas (o pigargos) y millones de otras aves marinas, como los frailecillos. La marsopa común, uno de los mamíferos marinos más pequeños y habitual de la zona, se alimenta de bancos de peces pequeños.

Los fiordos **alargan la costa noruega** de 3000 km a más de **30 000 km**.

FORMACIÓN DE FIORDOS

En el último periodo glacial, grandes glaciares que descendían de un gigantesco inlandsis excavaron profundos valles en U. Al fundirse y subir el nivel del mar, el agua de mar inundó los valles y formó los fiordos.

valle profundo excavado por un glaciar

movimiento del hielo

glaciar de desbordamiento del inlandsis

HACE 15 000 AÑOS

el agua de mar ocupa el profundo canal excavado por el glaciar

PRESENTE

△ **UNA CAÍDA VERTIGINOSA**
El Preikestolen (o el Púlpito), formación rocosa que se alza 600 m sobre el fiordo Lyse, es uno de los lugares más visitados de Noruega. Es popular para actividades como el llamado salto BASE.

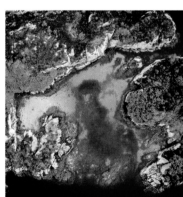

△ **PASAJE TURQUESA**
El agua del fiordo de Hjelte serpentea entre islas del condado de Hordaland, en el suroeste de Noruega. Este fiordo tiene unos 40 km de largo.

▷ **UNA ENTRADA ASOMBROSA**
Cabañas de pescadores tradicionales cerca de la desembocadura del fiordo Kierk, en las islas Lofoten. A escasa distancia del continente, las Lofoten ofrecen unos paisajes exquisitos.

NO
de Europa

Calzada del Gigante

Un despliegue de enormes rocas columnadas, mundialmente famoso por su espectacular geometría escalonada.

La Calzada del Gigante es un conjunto de miles de columnas de roca basáltica apiñadas a los pies de un acantilado en la costa de Irlanda del Norte. Los extremos superiores de las columnas forman una escalera que lleva desde los pies del acantilado a una especie de montículo; en sus tramos inferiores, las columnas desaparecen bajo el mar.

Unos orígenes ardientes
Dice la leyenda que el gigante Finn MacCool construyó la calzada para cruzar el mar y enfrentarse a su rival escocés. En realidad, esta se originó a partir de la lava surgida de varias fisuras volcánicas en la zona hace unos 55 m.a. La lava se enfrió y se solidificó en forma de espesas capas de roca, algunas de las cuales se fracturaron en forma de columna bajo la superficie. Tras millones de años de erosión a causa de los glaciares y, después, del mar, estas estructuras quedaron expuestas. Además, la zona es un lugar excelente para estudiar aves marinas, y también para realizar estudios botánicos, ya que aquí crecen algunas plantas raras.

◁ **ROCA DE GRANO FINO**
La Calzada del Gigante está compuesta de basalto, una roca oscura formada cuando un tipo concreto de lava fluida se enfría y solidifica rápidamente.

De las **40 000 columnas** de la Calzada del Gigante, algunas tienen más de **11 m** de altura.

◁ △ **COSTA ESCALONADA**
Antaño, estas columnas fueron una masa de lava que se enfrió, se solidificó, se encogió y se fracturó en formas geométricas parecidas a las que, a veces, se ven en el barro seco.

▷ **ACANTILADOS EROSIONADOS**
Tras la Calzada del Gigante se alzan los acantilados de la meseta del norte de Antrim. Las columnas de basalto surgen del frente de los acantilados y forman escalones que descienden hasta el mar.

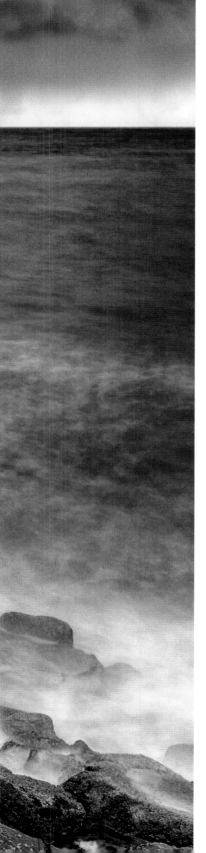

NO
de Europa

Gruta de Fingal

Una gruta marina en la isla escocesa de Staffa, célebre por su maravillosa acústica.

Staffa es una de las islas Hébridas Interiores, frente a la costa oriental de Escocia, y está cerca de la isla de Mull, que es mucho más grande. La gruta, que lleva el nombre del héroe de un poema épico, tiene unos 20 m de altura, y se extiende unos 60 m hacia el interior de la isla.

En verano se organizan visitas en barca a Staffa. Si el mar está sereno, los visitantes pueden explorar el interior de la gruta de Fingal, a la que se accede por una pasarela. El tamaño de la cueva, su techo arqueado y el eco de las olas al romper le dan una cualidad acústica muy especial. El compositor alemán Felix Mendelssohn quedó tan conmovido tras visitar la gruta, en 1829, que compuso una obertura en su honor, *Las Hébridas*, obra que también se conoce como *La gruta de Fingal*.

◁ **MARCO HEXAGONAL**
El arco que da entrada a la gruta está enmarcado por columnas de basalto hexagonales. El mar cubre el suelo de la gruta, donde el vaivén de las olas es constante.

Acantilados de Moher

Una sucesión de acantilados elevados y a franjas grises en la costa oriental irlandesa, hábitat de decenas de miles de aves marinas durante la estación de cría anual.

NO
de Europa

Los acantilados de Moher se extienden a lo largo de parte de la costa del condado de Clare (Irlanda), al final de una región conocida como Burren y que está dominada por una topografía cárstica. Llevan el nombre de una antigua fortificación llamada Moher, o Mothar, que antaño ocupaba Hag's Head, su extremo sur.

Alturas antiguas

Los acantilados consisten en capas sedimentarias de lutita y arenisca que se formaron hace más de 300 m.a. En algunos sectores superan los 200 m de altura sobre el océano Atlántico, y desde arriba se puede disfrutar de fantásticas vistas sobre las islas frente a la costa y las cordilleras del oeste de Irlanda. Por ejemplo, se ven las tres islas de Aran, en la bahía de Galway, y la cordillera de los Maumturks, en Connemara. Entre abril y julio anidan aquí más de 30 000 parejas de aves marinas, como araos comunes, alcas comunes, frailecillos y cormoranes. Durante todo el año se pueden ver muchas otras especies, como cuervos, chovas y halcones peregrinos.

△ **VISITANTE ESTIVAL**
De mayo a julio, miles de parejas de frailecillos de pico multicolor anidan en los acantilados.

◁ **GIGANTES A FRANJAS**
Los acantilados ondulan a lo largo de más de 8 km. Las bandas de color se deben a la variación cromática de las capas de roca sedimentaria.

Acantilados de Dover

Uno de los parajes naturales más famosos de Inglaterra, una sucesión de acantilados de brillante creta blanca que miran a Francia.

NO
de Europa

▽ **BLANCOS COMO LA NIEVE**
Los acantilados deben su blancura nívea a la pureza casi total de la creta.

Los acantilados de Dover, en la costa del condado inglés de Kent, recorren la franja noroeste de la parte más estrecha del canal de la Mancha. Son de creta (caliza formada durante el periodo Cretácico) y datan de hace entre 100 m.a. y 70 m.a. Entonces, gran parte de lo que ahora es el noroeste de Europa estaba bajo el agua. Las conchas de organismos marinos diminutos acumulados sobre el fondo del mar se comprimieron hasta formar una capa de creta de cientos de metros de grosor. Luego, cuando el nivel del mar bajó, la creta formó un puente de tierra entre la isla de Gran Bretaña y la Europa continental. Hace unos 8500 años, el puente se derrumbó durante una inundación catastrófica, con lo cual los acantilados de Dover quedaron a un lado del canal, y al otro, sus gemelos del cabo Blanc-Nez, en Francia.

▷ **AZUL BRILLANTE**
La mariposa niña celeste prefiere paisajes calcáreos como el área de Kent situada detrás de los acantilados, donde vive un modesto número de ellas.

Los **acantilados** contienen **fósiles** de **dientes de tiburón, esponjas** y **corales**.

Gran Duna de Pilat

La duna de arena más alta de Europa, cerca de la bahía de Arcachón, en el suroeste de Francia, y cuya cúspide ofrece magníficas vistas.

O de Europa

La Gran Duna de Pilat, en el litoral aquitano del golfo de Vizcaya, contiene 60 millones de m³ de arena, se extiende en paralelo a la costa y asciende con suavidad hasta los 110 m de altura en la costa occidental de Francia. Tiene una longitud de casi 3 km, y su anchura ronda los 500 m.

El término Pilat procede del gascón *pilhar*, que significa «montón» o «montículo». Una persona en forma necesita una media hora para llegar a la cima de la duna, donde los vientos pueden ser muy fuertes. Es un excelente mirador para observar bandadas de aves migratorias en otoño.

LA EVOLUCIÓN DE LA DUNA

Análisis de la arena de la duna y del suelo que hay debajo han explicado la evolución de la duna a lo largo de los siglos. Ahora, la fuerza del viento la desplaza unos cuantos metros al año hacia el bosque que hay al este.

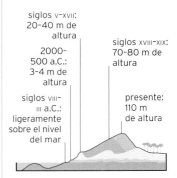

siglos v–xvii:
20-40 m de altura

siglos xviii–xix:
70-80 m de altura

2000-
500 a.C.:
3-4 m de altura

siglos viii–
iii a.C.:
ligeramente sobre el nivel del mar

presente:
110 m de altura

◁ **ARENAS EN MOVIMIENTO**
La duna se aleja lentamente del mar. Si el movimiento no se detiene de algún modo, la arena acabará sepultando un pequeño bosque que crece junto a la cara interior.

▷ TESOROS EN LA COSTA
Los ya extintos ammonoideos
(género *Promicroceras*) fosilizados
en esta roca vivieron hace 195 m.a.
Sus fósiles, llamados amonites,
son muy comunes en algunas
zonas de la costa Jurásica,
en Inglaterra.

masa
granulada
de caliza

¿QUÉ SON LOS AMONITES?

Los estratos de roca de la costa
Jurásica son especialmente ricos
en amonites, los fósiles espirales de
las conchas de unos moluscos extintos
llamados ammonoideos. Estos moluscos
predadores vivieron hace 200-70 m.a.,
y eran organismos acuáticos cuyas
partes blandas recuerdan un poco
a las de los pulpos actuales.

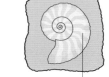

el ammonoideo vivo tenía largos
tentáculos para cazar a sus
presas

la concha le permitía
nadar y protegerse

amonite (fósil)
incrustado en la roca

Los **estratos de roca**
de la costa Jurásica
abarcan **187 m.a.**
de historia.

fósiles de entre 2,5 cm
y 5 cm de diámetro

la elevada concentración de
fósiles demuestra que había
muchísimos ejemplares vivos

NO de Europa

Costa Jurásica

*Un segmento de la costa inglesa célebre por sus fósiles de animales
y plantas extintos, además de por algunas formaciones sorprendentes.*

La costa Jurásica, de unos 154 km de longitud, ocupa parte de los condados ingleses de Dorset y Devon, y su principal atractivo son sus acantilados, compuestos por estratos de roca sedimentaria, presentes en la mayor parte de su extensión.

Un paseo por el pasado de la Tierra

En conjunto, los estratos de la costa Jurásica contienen un registro casi completo de los periodos Triásico, Jurásico y Cretácico. En diferentes momentos a lo largo de este vasto periodo de tiempo, el área sobre la que ahora se eleva la costa fue un desierto, un mar tropical, un bosque antiguo y un humedal frondoso. Todas estas épocas y entornos han quedado registrados en distintos estratos de roca. La importancia paleontológica de la zona fue desconocida hasta principios del siglo XIX. En 1811, una coleccionista de fósiles local, Mary Anning, y su hermano descubrieron el fósil completo de

un ictiosaurio, un reptil marino extinto. Posteriormente, Mary Anning hizo más descubrimientos, como el fósil de un pterosaurio (un reptil volador extinto). Esto contribuyó a desencadenar un intenso interés por el legado fósil de la zona, interés que aún pervive. Algunos de los descubrimientos más recientes incluyen fósiles de crustáceos, insectos y anfibios extintos, así como un bosque fósil de coníferas y helechos antiguos.

Además de su importancia para los paleontólogos, la costa Jurásica contiene ejemplos magníficos de diversos accidentes geográficos, como arcos de mar, agujas de roca y un tómbolo de cantos rodados enormemente largo.

cristal de marcasita

masa granulada de creta

◁ **CRISTALES BRILLANTES**
En las rocas de la costa Jurásica se suelen encontrar nódulos de brillante marcasita, una forma de sulfuro de hierro.

△ **BANCO REMOTO**
Este extraordinario tómbolo se llama Chesil Beach. Con una longitud de 30 km, a un lado tiene el mar, y al otro, una laguna.

◁ **ARCO NATURAL**
Durdle Door es un arco de caliza formado por la erosión de las olas. Su nombre (Durdle) procede del término anglosajón *thirl*, que significa «agujero».

Costa del Algarve

Una costa famosa por sus vertiginosos acantilados, playas doradas, calas recoletas, islas de arena y grutas y formaciones de caliza.

SE de Europa

△ LA CUEVA DEL OJO
Esta cueva está junto a la playa de Benagil, cerca de la ciudad de Lagoa, y es accesible por barco o a nado. El enorme «ojo» del techo tiene 16 m de diámetro.

El Algarve es la región más meridional del Portugal peninsular y su costa tiene dos partes. Una de ellas, de unos 160 km de longitud, mira al sur y se extiende hacia el oeste desde la frontera entre Portugal y España, hasta llegar al cabo de San Vicente, el extremo sur de la península Ibérica. El otro tramo mira al oeste, y se extiende a lo largo de unos 50 km hacia el norte desde el mencionado cabo.

Acantilados de color miel
Bañada por la cálida corriente del Atlántico Norte (una extensión de la corriente del Golfo), la costa del Algarve es célebre por sus pintorescos acantilados de caliza de color miel, sus grutas y sus pequeñas calas y ensenadas, así como por sus abrigadas playas de arena fina y sus aguas de color turquesa o esmeralda. En muchos de sus tramos se observan formaciones debidas a la erosión del mar, como grandes grutas a los pies de los acantilados, bufaderos y agujeros excavados en cabos que han dado lugar a arcos de mar.

Algunas partes de la costa están salpicadas de farallones de roca separados de los cabos, algunos de los cuales parecen mantenerse en un equilibrio precario sobre la orilla. Aunque la caliza es el material predominante en el paisaje, en algunos tramos de costa se pueden ver otros tipos de rocas, como la arenisca y la lutita. El cálido clima y el bellísimo paisaje de la región hacen de esta costa un destino turístico muy popular.

▷ **FARALLONES EROSIONADOS**
Rocosos farallones muy erosionados adornan la orilla de la playa de Rocha, cerca de Portimão. Sus tonos de color son típicos de toda la costa del Algarve.

◁ **FIEBRE DEL ORO**
En el Imperio romano se explotaban minas de oro en el Algarve. Hace poco se han descubierto yacimientos nuevos, y es posible que la actividad minera se reanude.

Costa Dálmata

Una costa fracturada pero muy bella, compuesta por cientos de islas y estrechos en las azules aguas del Adriático.

S de Europa

La costa Dálmata, que se extiende por la orilla oriental del mar Adriático (un brazo del mar Mediterráneo), comprende la mayor parte de la costa de Croacia. Desde el puerto marino de Dubrovnik, en el sur, la costa ondula hasta el noroeste a lo largo de unos 375 km.

Una costa sumergida

La costa Dálmata es un clásico de su tipo, una clase concreta de costa anegada, formada por la inundación de lo que antaño fue un paisaje de múltiples cordilleras paralelas cerca de una antigua costa. Como resultado de la inundación, muchas de las cimas de las antiguas cordilleras son ahora islas largas y estrechas que emergen en paralelo a la costa actual. Por ejemplo, la isla de Dugi Otok («isla larga»), tiene 44,5 km de longitud pero solo 4,8 km de anchura. Ahora, otras partes del antiguo paisaje son largos promontorios paralelos a la dirección general de la costa, o bien innumerables islas pequeñas.

◁ **AGUAS HABITADAS POR DELFINES**
Los delfines mulares (o nariz de botella) son los únicos que se suelen ver en la costa Dálmata. Estos hábiles nadadores pueden alcanzar velocidades superiores a los 30 km/h.

Como **archipiélago**, la costa Dálmata es uno de los **más densos** del mundo.

LA FORMACIÓN DE LA COSTA DÁLMATA

Hace unos 10 000 años, Dalmacia tenía montañas y valles paralelos a la costa. Con el tiempo, el aumento del nivel del mar inundó la región, dando así lugar a la singular costa actual.

arroyos estrechos recorren los valles

ANTES DEL AUMENTO DEL NIVEL DEL MAR DE HACE 10 000 AÑOS

tras la inundación, quedan largas islas y promontorios

DESPUÉS DEL AUMENTO DEL NIVEL DEL MAR DE HACE 10 000 AÑOS

△ **ISLAS ÁRIDAS**
Esta hilera de islas forma parte del archipiélago de Kornati, en el norte de la costa Dálmata. Tienen el aspecto característico de muchas de las pequeñas islas de la región.

▷ **AGUAS PRÍSTINAS**
Las aguas transparentes y la belleza del paisaje de Stara Baška, en el sur de la isla de Krk, son un popular reclamo turístico.

NO de Europa

Hallerbos

Un antiquísimo bosque belga, donde una especie de flor silvestre produce una transformación estacional.

Cada primavera, el bosque belga Hallerbos experimenta una transformación cromática. Desde mediados de abril y hasta mayo, miles de jacintos de los bosques florecen y tapizan de un intenso violeta azulado los 5 km² de bosque. El cambio es tan espectacular que le ha dado al bosque un segundo nombre: bosque Azul.

Viejo y nuevo

Los jacintos nativos suelen crecer en bosques antiguos, pero la mayoría de los árboles de Hallerbos proceden de una replantación realizada entre 1920 y 1950. Son escasos los robles y las hayas posteriores a la Primera Guerra Mundial, cuando las fuerzas de ocupación devastaron lo que era un bosque secular. La primera mención del bosque data del año 686 d.C., y hay referencias a él a lo largo de toda la Edad Media. Por eso, la literatura oficial lo clasifica como «un bosque antiguo con árboles nuevos».

△ HACIENDO LA REVERENCIA
Los jacintos de los bosques producen tallos de hasta 50 cm, que se inclinan en el extremo superior de manera peculiar.

▽ TAPIZ EFÍMERO
Cuando las hayas empiezan a desplegar sus hojas, estos jacintos muestran su color más intenso. Cuando el follaje es completo, las flores reciben menos luz.

▷ FOLLAJE DE ALTURA
Las píceas, como la gigantesca pícea de Noruega, comparten la Selva Bávara con hayas y abetos en las laderas de las colinas, y con alisos, hayas y sauces en los valles.

▽ AIRE ATRAPADO
La niebla, muy habitual en la Selva Bávara, contribuye a las precipitaciones en forma de lluvia en la región. En otoño e invierno, el húmedo suelo del bosque genera lagos de aire frío (zonas donde el aire es más helado que el de sus alrededores).

Selva Bávara

Un sistema montañoso de bosque mixto dominado por píceas, abetos y hayas, donde las plantas y los animales deben enfrentarse a un suelo ácido, precipitaciones elevadas y meses de frío invierno.

C de Europa

La Selva Bávara, en el sureste de Alemania, cubre la región alta entre el valle del Danubio y la Selva de Bohemia a lo largo de la frontera entre Baviera y la República Checa. Juntos, estos dos sistemas montañosos constituyen la mayor región boscosa ininterrumpida de Europa. El terreno de la Selva Bávara consiste en colinas de granito y de gneis cubiertas de árboles y domos, con valles y mesetas de altitud intercalados. La pícea autóctona es el árbol dominante, y convive con abetos y hayas. Todos deben sobrevivir en un terreno ácido y pobre en nutrientes. Según un dicho local, el clima es «tres cuartos de invierno y un cuarto de frío», lo que describe la temperatura anual media, entre los 3 °C y los 7,5 °C. En función de la altitud, la precipitación anual oscila entre 1100 mm y 2500 mm, y un 30–40 % de la misma cae en forma de nieve.

Se estima que viven unas **10 000 especies animales** en los bosques de la Selva Bávara.

△ **BUSCADOR DE SEMILLAS**
La ardilla roja aprovecha la abundancia de semillas de píceas en el bosque de la Selva Bávara. Aparece justo después del amanecer para iniciar su búsqueda diaria.

Bosque de Bialowieza

*El único bosque antiguo de las tierras bajas europeas y un
refugio para la mayor población de bisontes europeos en libertad.*

E de Europa

El bosque de Bialowieza cubre más de 1500 km² de Polonia y Bielorrusia. Es el único resto de gran tamaño del bosque primigenio que antaño cubrió el noreste de Europa tras el último periodo glacial, y sigue albergando algunos de los árboles más altos del continente: las píceas antiguas superan los 50 m. Bialowieza forma parte de la ecorregión de bosque mixto centroeuropeo que se extiende desde el este de Alemania hasta el noreste de Rumanía, y contiene especies arbóreas de bosque mixto caducifolio tanto boreal como de tierras bajas. Estos últimos incluyen robles comunes (se cree que algunos de ellos tienen entre 150 y 500 años), además de tilos y carpes de hoja pequeña. Las áreas mixtas de coníferas y árboles planifolios están intercaladas con microecosistemas, como el bosque boreal de pantano, cada vez más escaso.

◁ **PELAJE
A RAYAS**
Los jabatos (crías de jabalí) tienen un pelaje rayado que los ayuda a camuflarse entre el paisaje boscoso.

Madera muerta, vida nueva

Una gran proporción de la madera muerta, tanto la erguida como la caída, alimenta a miles de hongos, insectos y especies de aves, como el protegido pájaro carpintero tridáctilo. Jabalíes, alces, lobos y linces son residentes habituales del bosque de Bialowieza, que es también un importante refugio para el mamífero más grande del continente, el bisonte europeo, que tiene aquí su mayor rebaño en libertad.

ÁRBOLES Y HONGOS

Muchos árboles y hongos mantienen una relación simbiótica llamada micorriza. El hongo desarrolla cientos de filamentos parecidos a raíces, o hifas, que crecen alrededor de las raíces del árbol y absorben su azúcar. A cambio, el árbol usa la red de hifas para absorber más nutrientes del suelo.

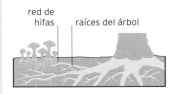

red de hifas   raíces del árbol

UN SANTUARIO PANTANOSO
El bosque de Bialowieza contiene múltiples hábitats, como el bosque boreal de pantano, en el que habitan muchas especies raras de plantas.

Tundra de la península de Kola

Un paisaje sin árboles pero de agreste belleza que contiene permafrost, lagos cristalinos y ríos, y un refugio vital para especies de plantas y animales árticos.

N de Europa

Prácticamente la totalidad de la península de Kola, en el norte de Rusia, está en el círculo polar ártico, entre el mar de Barents y el mar Blanco. La tundra cubre casi toda la superficie, de 100 000 km², aunque, de ellos, unos 58 800 km² están clasificados como tundra costera del Ártico en grave peligro. El paisaje está tapizado de musgos, líquenes, hierbas y flores silvestres, con arbustos como el abedul enano ártico y la mora de los pantanos; el subsuelo congelado, que recibe el nombre de permafrost (dcha.), impide que puedan crecer árboles. Los inviernos en Kola son largos y extremos; el hielo aparece en agosto, y dura hasta el mes de junio siguiente, y soplan vientos fuertes hasta 120 días del año. A pesar de la dureza del entorno, la tundra, los lagos y el sistema de ríos de Kola albergan 200 especies de aves y 32 de mamíferos, como los renos, presentes en rebaños en migración. Sin embargo, las pruebas nucleares y la actividad minera rusas ya han dañado lo que fuera otrora un entorno prístino.

▷ **FRUTAS SUPERVIVIENTES**
La mora de los pantanos puede soportar temperaturas de hasta -40 °C. Esta fruta dulce alimenta a aves y mamíferos en otoño.

PERMAFROST

El permafrost es suelo o subsuelo que permanece congelado durante dos años o más. Se suele formar sobre una capa de suelo no congelado y debajo de otra capa, llamada capa activa, que se hiela y se deshiela cada año. El permafrost puede ser continuo, discontinuo o formar bolsas esporádicas.

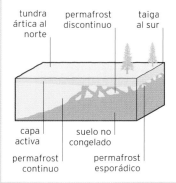

tundra ártica al norte — permafrost discontinuo — taiga al sur

capa activa — suelo no congelado

permafrost continuo — permafrost esporádico

◁ **VIDA EN DOSIS PEQUEÑAS**
Para evitar los vientos helados, las plantas de tundra no crecen mucho en altura. Sus cortas raíces no penetran el permafrost.

Estepa póntica

Una llanura plana y azotada por el viento que se extiende a lo largo de miles de kilómetros y forma parte del mayor herbazal templado del planeta.

E de Europa

Casi toda la estepa póntica se extiende por Ucrania, Rusia y Kazajistán. Con el macizo de Altái en el límite oriental, constituye la mitad de la vasta estepa euroasiática, el mayor herbazal templado de la Tierra. Las estepas reciben precipitaciones suficientes para que crezcan herbáceas, pero no árboles. La estepa póntica tiene 4000 km de longitud, y suele recibir el nombre de «mar de hierba», aunque en los puntos en los que ríos y arroyos atraviesan el paisaje, por lo demás continuo, crecen algunos árboles. Bordeada por la taiga, al norte, y por el desierto, al sur, esta estepa es relativamente templada en comparación con los herbazales orientales, pero la azotan fuertes vientos, y en ella las temperaturas fluctúan entre los 27 °C, durante el día, y temperaturas bajo cero, por la noche.

◁ **LA CADENA TRÓFICA DE LAS PRADERAS**
Las herbáceas y las flores silvestres de la región rebosan de insectos tales como saltamontes y escarabajos, que a su vez atraen a muchas aves, como la lavandera boyera.

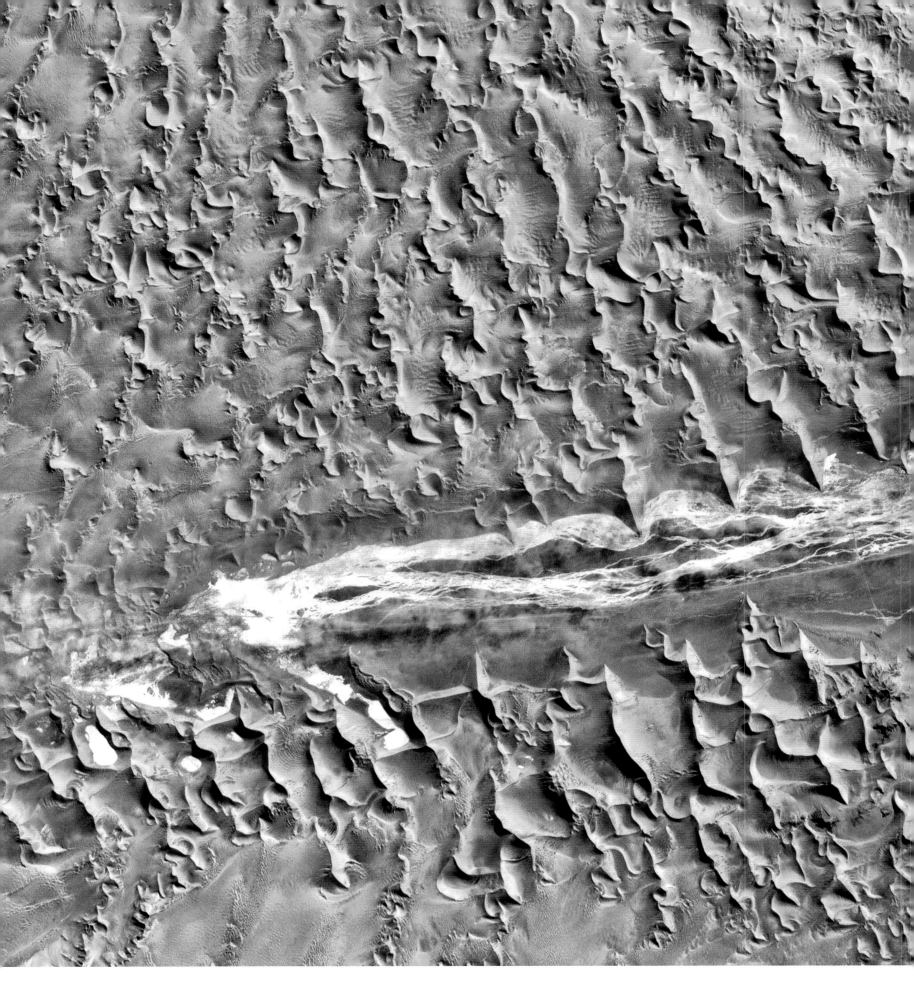

Dunas altas
Estas dunas de arena, fotografiadas con luz visible e infrarroja, se hallan en el antiguo desierto africano del Namib. Los vientos procedentes del océano Atlántico producen aquí algunas de las dunas más altas del mundo, que pueden alcanzar los 300 m.

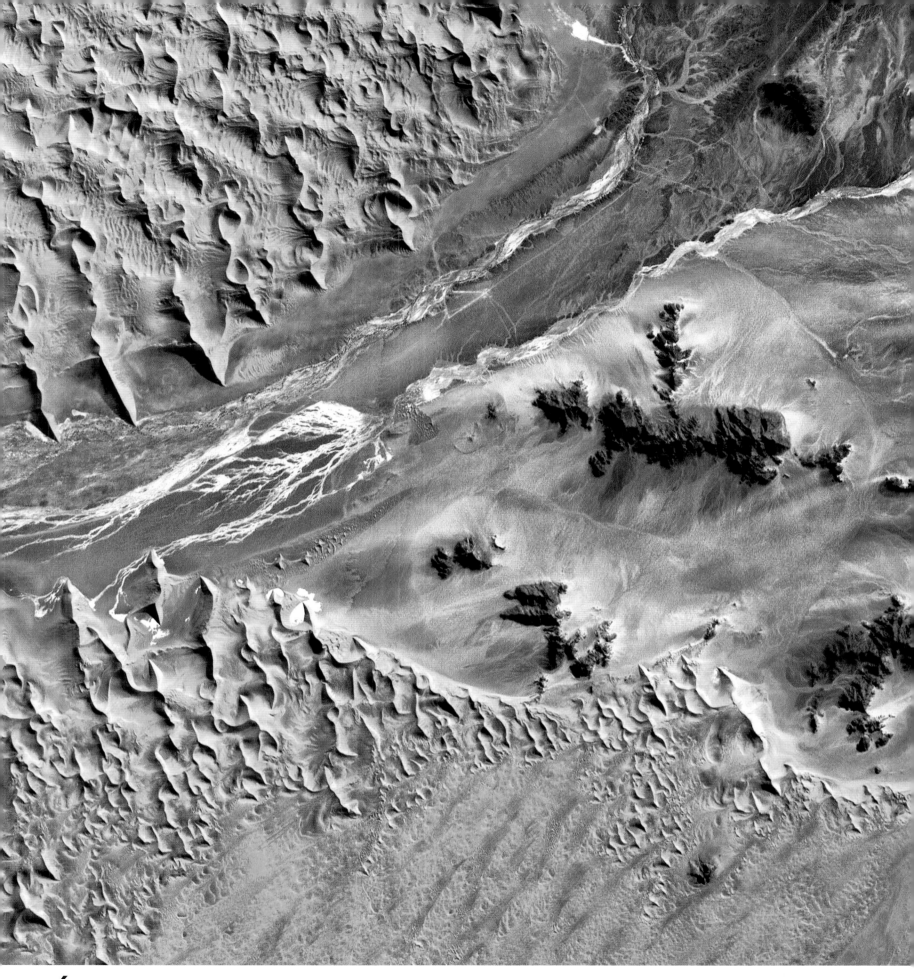

África

LA TIERRA DEL RIFT

África

África es un continente gigantesco, solo superado por Asia. Abarca casi 8000 km desde su punto más septentrional, Ras ben Sakka (Túnez), hasta el más meridional, el cabo de las Agujas (Sudáfrica). Se extiende a ambos lados del ecuador, que divide el continente por la mitad, y consiste en dos grandes masas de tierra: la del norte se extiende hacia el oeste hasta el Atlántico, y la del sur se encuentra entre los océanos Atlántico e Índico. La mitad septentrional está dominada por el mayor desierto del mundo, el Sáhara. Este es un accidente geográfico tan enorme

que África suele dividirse en el Sáhara y el África subsahariana, dominada esta por las cuencas de los ríos occidentales, cubiertas por bosques tropicales exuberantes, y las sabanas o praderas más secas de las mesetas del este.

A pesar de su enorme tamaño, África no tiene cordilleras elevadas, salvo el Atlas, en el extremo noroccidental. En gran parte del este y del sur, las mesetas están partidas por la profunda fosa del rift de África oriental, salpicado de grandes lagos. El rift fue creado por fuerzas tectónicas bajo la corteza que están partiendo la placa africana.

DATOS CLAVE

▲ **Punto más alto** Kilimanjaro (Tanzania): 5895 m

▼ **Punto más bajo** Lago Assal (Yibuti): -156 m

● **Temperatura máxima** Kebili (Túnez): 55 °C

● **Temperatura mínima** Ifrane (Marruecos): -24 °C

CLIMA

La mayor parte de África está en la zona intertropical. Salvo en las áreas boscosas del oeste, llueve poco, con una sola estación húmeda en la sabana y casi ninguna en el Sáhara.

TEMPERATURA MEDIA

°C

30
20
10
0
-10
-20
-30
-40

PRECIPITACIONES MEDIAS

MM

10000
7500
5000
2500
0

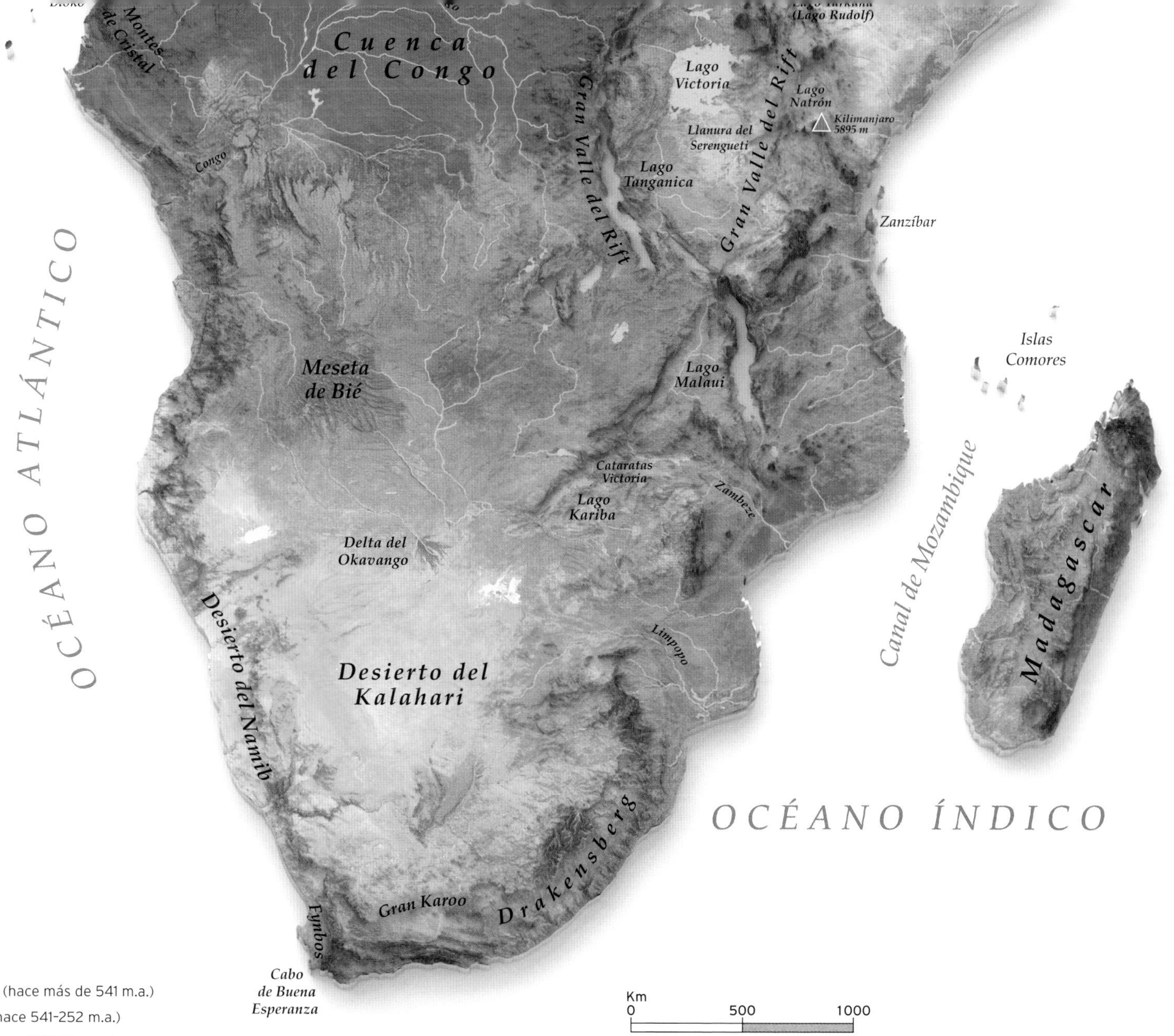

OCÉANO ÍNDICO

OCÉANO ATLÁNTICO

Canal de Mozambique

Madagascar

Islas Comores

Zanzíbar

Lago Natrón

Kilimanjaro
5895 m

(Lago Rudolf)

Llanura del Serengueti

Gran Valle del Rift

Lago Victoria

Lago Tanganica

Gran Valle del Rift

Cuenca del Congo

Montes de Cristal

Santo Tomé

Golfo de Guinea

Lago Malaui

Zambeze

Cataratas Victoria

Lago Kariba

Limpopo

Meseta de Bié

Delta del Okavango

Desierto del Kalahari

Congo

Drakensberg

Gran Karoo

Fynbos

Cabo de Buena Esperanza

Desierto del Namib

ECOSISTEMAS

A grandes rasgos, hay tres ecosistemas: el desierto, que se extiende por el norte; el bosque tropical, en el centro; y la sabana, en el oeste, este y sur.

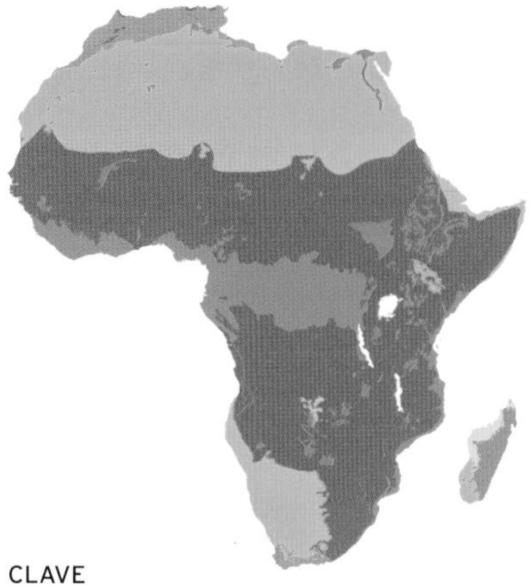

CLAVE
- Pluvisilva
- Bosque seco
- Bosque y matorral mediterráneo
- Sabana tropical y subtropical
- Humedal
- Desierto y matorral
- Pradera de montaña

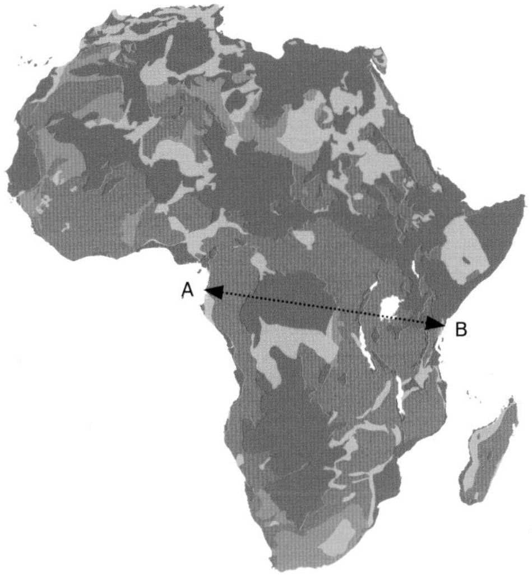

CLAVE
- Precámbrico (hace más de 541 m.a.)
- Paleozoico (hace 541-252 m.a.)
- Mesozoico (hace 252-66 m.a.)
- Cenozoico (desde hace 66 m.a. hasta el presente)

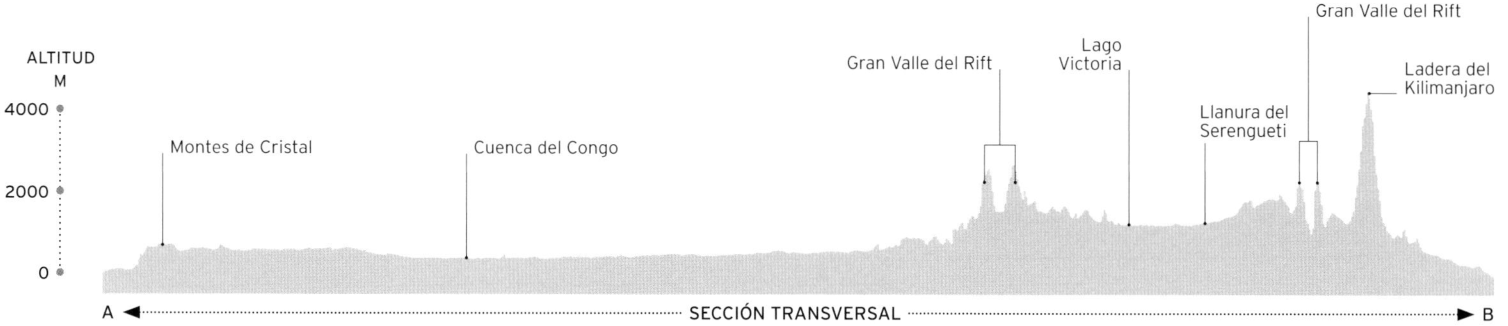

GEOLOGÍA

La geología de África consiste en varios cratones, o masas de corteza continental antiguas, de granito y gneis que forman las mesetas altas, rodeados por vastas llanuras de rocas sedimentarias más recientes.

ALTITUD
M
4000
2000
0

Km
0   500   1000

SECCIÓN TRANSVERSAL

A

Montes de Cristal

Cuenca del Congo

Gran Valle del Rift

Lago Victoria

Llanura del Serengueti

Gran Valle del Rift

Ladera del Kilimanjaro

B

▷ **CRATÓN REVELADO**
En los Drakensberg (Sudáfrica), el río Blyde ha ido cortando hasta la roca antigua del cratón de Kaapvaal.

FORMACIÓN DE ÁFRICA

África se formó alrededor de cinco cratones, o secciones estables de la corteza terrestre, que fueron el núcleo del supercontinente meridional Gondwana en la época de los dinosaurios. Hace unos 65 m.a., la tierra alrededor de estos cratones se desgajó para formar África.

Núcleo antiguo

Los cinco cratones de África se formaron hace más de 1000 m.a., al surgir magma del interior de la Tierra y solidificarse. En algunos lugares han sido alterados por el calor y la presión, y en otros los ha cubierto una capa de sedimentos. Las rocas que los componen son muy duras, y han perdurado mientras otras aparecían y se disgregaban y los océanos y continentes se desplazaban a su alrededor. Los núcleos de los cratones son muy viejos: se remontan a uno de los periodos más antiguos de la historia terrestre, el eón Arcaico, hace más de 2500 m.a. Las rocas más antiguas son las de los terrenos de granito, gneis y rocas verdes de partes de Sudáfrica, Zimbabue y Tanzania. El cratón de Kaapvaal se distingue por sus rocas de komatita, formadas en los inicios de la Tierra cuando esta estaba muy caliente. La zona es famosa también por sus depósitos de oro, níquel y uranio.

Márgenes montañosos

Durante gran parte de la historia terrestre, los cratones africanos fueron continentes separados. Hace 1000 m.a., el cratón del oeste estaba unido a una masa terrestre que acabaría conteniendo la cuenca del Amazonas en un antiguo supercontinente, mientras que los cratones central y meridional eran islas. De manera gradual, quedaron unidos por franjas móviles de roca y se convirtieron en parte del supercontinente Pangea hace 250 m.a. Mientras tanto, las franjas móviles fueron aplastadas entre los cratones, elevándose para formar cordilleras como el Atlas

COMPONENTES ESTRUCTURALES
África se formó en torno a cinco grandes cratones de roca antigua, siendo el primero el cratón de Kaapvaal, en el sur. El cratón arábigo-nubio se está separando.

cratón arábigo-nubio

cratón

cratón de Kaapvaal

ACONTECIMIENTOS CLAVE

Hace 140 m.a. La masa terrestre que acabará por ser África se separa de lo que será América del Sur, y se forma un nuevo océano, el Atlántico.

Hace 30 m.a. La península de Arabia se aparta de África a medida que surge magma de la corteza terrestre y se enfría, creando tierra nueva más densa que la más antigua que la rodea. Debido a la mayor densidad, se hunde, creando la depresión de Afar.

Hace 1,8 m.a. Se forma el Kilimanjaro debido a la actividad volcánica resultante de la apertura del Gran Valle del Rift.

Hace 160 m.a. Madagascar, junto con las Seychelles e India, se separa de África, y, después, hace unos 84 m.a., se separa de las Seychelles e India: ambos acontecimientos se deben al rift que va abriendo el océano Índico.

Hace 30 m.a. Se abren muchas fallas entre varias placas de África oriental, y la tierra entre tres placas vecinas cae para dar lugar al Gran Valle del Rift.

Hace 2,5 m.a. El norte de África se vuelve cada vez más árido, y se acaba formando el desierto del Sáhara. Los cambios en la inclinación del eje terrestre causan breves periodos de mayor humedad y vegetación.

Hace 400 000 años La inclinación de la corteza terrestre crea una cuenca, donde se acumula agua y forma el lago Victoria. En la glaciación se vacía repetidamente con la variación de las precipitaciones.

◁ **CONTINENTES EN COLISIÓN**
Las montañas del Alto Atlas, al norte de Uarzazat, se formaron hace menos de 50 m.a., al comenzar a chocar las placas africana y euroasiática.

▷ **TIERRA SECA**
El enorme desierto del Sáhara cubre casi todo el norte de África. La mitad del Sáhara recibe menos de 25 mm de lluvia al año, y el resto, menos de 100 mm.

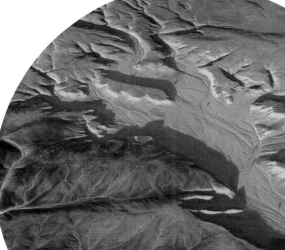

▷ **GRIETAS ÍGNEAS**
El volcán Erta Ale se halla entre las placas africana y arábiga, que se están separando.

▷ **VOLCÁN ACTIVO**
Ol Doinyo Lengai (Tanzania) es uno de los muchos volcanes en erupción a lo largo de la grieta creciente que forma el Gran Valle del Rift en la placa africana. Es único por emitir natrocarbonatita.

y Cape Fold, algunas de las cuales sobreviven en Sudáfrica (y otras en América del Sur, Australia y la Antártida).

Con el tiempo, la actividad volcánica abrió grietas en Pangea, y África se separó de Europa y América del Sur. Madagascar se había separado de Gondwana unos 20 m.a. antes.

Un continente partido

Hace entre 25 y 22 m.a., una gran grieta empezó a partir África oriental conforme las placas tectónicas se separaban y surgían penachos (o plumas) de magma caliente desde abajo. La grieta en expansión se convirtió en uno de los rasgos geográficos más imponentes del mundo, el Gran Valle del Rift, que se extiende a lo largo de 6000 km, del mar Muerto jordano a Mozambique. Al norte de Etiopía, el rift está partiendo el cratón arábigo-nubio, que se ha abierto ya lo suficiente para que lo inunde el océano Índico, creando el mar Rojo y el golfo de Adén. Dentro de unos 10 m.a., los lados del Gran Valle del Rift se habrán separado lo suficiente para que haya un nuevo océano en medio de África oriental.

África se seca

Por abarcar los dos trópicos, la situación de África ha favorecido la formación de tres grandes desiertos: el Sáhara en el norte, sobre el trópico de Cáncer; y el Namib y el Kalahari en el sur, sobre el trópico de Capricornio. El desierto del Namib es el más antiguo del mundo, y se formó hace 80 m.a. El Sáhara es el desierto cálido más grande del mundo, formado hace solo 2500 m.a.: era verde en gran parte hasta que un cambio climático drástico hace solo 5000 años volvió árido el norte de África.

África seguía unida a América del Sur al separarse Madagascar.

FORMACIÓN DEL CONTINENTE AFRICANO

CLAVE ▬ Límite convergente ▬ Límite divergente

América del Sur unida a África

Gondwana empieza a escindirse

sur de África bajo el agua

HACE 237 M.A. Los cratones antiguos que hoy forman el núcleo de África están encerrados en lo profundo del supercontinente Pangea. África está apretada entre América del Sur y Asia.

un océano separa África de Eurasia

las placas divergen y el Atlántico se ensancha

Madagascar unido a India

HACE 94 M.A. África se separa de América del Sur, y a medida que esta se desplaza al oeste se abre el Atlántico sur. A la vez, un océano separa África de Eurasia.

por el menor nivel del mar, la tierra de África rebasaba el litoral actual

HACE 18 000 AÑOS África choca de nuevo con Eurasia al moverse hacia el norte y desaparece el océano que las separaba, pero se mantiene como continente separado.

N de África

Cordillera del Atlas

Una barrera entre el Mediterráneo y el Sáhara, de Marruecos a Túnez.

Los aproximadamente 2500 km del sistema del Atlas consisten en varias subcordilleras, separadas por llanos y gargantas. Entre estas están el Antiatlas y el Alto Atlas, en Marruecos, y el Atlas telliano, en Argelia.

Producto de la colisión

El macizo del Atlas se elevó por el choque de las placas africana y euroasiática, produciéndose la mayor elevación hace entre 30 y 20 m.a. Sin embargo, ciertas partes se remontan a una fase de formación montañosa anterior, hace unos 250 m.a. Hoy, el aspecto de las laderas boscosas del norte contrasta con el de las subcordilleras del sur, mucho más áridas. La región contiene algunos de los mayores y más diversos recursos minerales del mundo.

◁ RIQUEZA MINERAL
En el Atlas telliano de Argelia se extrae mineral de hierro, además de oro y fosfatos. El mineral de hierro de la imagen es del tipo llamado hematita.

Pese a encontrarse en el **África subtropical**, los **picos más altos** del Atlas estuvieron **cubiertos de glaciares** durante la **última glaciación**.

△ MONTE TUBQAL
La pequeña aldea de esta imagen invernal se encuentra al pie del monte Tubqal, el pico más alto del Atlas. Hay nieve en los picos, pero las laderas más bajas son cálidas y áridas.

◁ PLEGAMIENTO INTRINCADO
El Antiatlas es geológicamente complejo. Esta imagen de satélite revela un plegamiento intrincado entre los afloramientos rocosos.

E de África

Depresión de Afar

Uno de los lugares más calurosos y áridos de la Tierra; región de volcanes, aguas termales y lagos salados.

También llamada triángulo de Afar por su forma, la depresión de Afar es una región baja entre Etiopía, Eritrea y Yibuti. Es una zona de rift en la que la corteza se estira y pierde grosor sobre un penacho ascendente de roca caliente del manto. La presencia del magma del subsuelo se deja ver en los muchos volcanes de la superficie, entre ellos, un enorme volcán en escudo (extenso y de laderas poco inclinadas), el Erta Ale, con un lago de lava permanente. En parte por encontrarse en gran medida bajo el nivel del mar, la depresión de Afar es uno de los lugares más calurosos de la Tierra.

▽ CRÁTERES COLORIDOS

Estas aguas termales, con depósitos de sal y azufre, están a 45 m por debajo del nivel del mar, en Dallol, en el norte de la región de Afar.

SOLAPAMIENTO TRIPLE DE AFAR

El solapamiento triple de Afar es un punto de la superficie terrestre donde la placa arábiga y dos partes de la africana (las placas nubia y somalí) se están separando lentamente. Desde aquí se proyectan tres brazos, o rifts (secciones caídas por falla de la corteza), dos de ellos ocupados por el mar Rojo y el golfo de Adén. La parte norte del tercer brazo es la depresión de Afar.

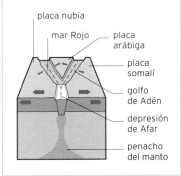

placa nubia
mar Rojo — placa arábiga
placa somalí
golfo de Adén
depresión de Afar
penacho del manto

◁ SUPERVIVIENTE NORTEÑO

El único primate que queda al norte del desierto del Sáhara, el macaco de Gibraltar, se ha adaptado a la vida en los peñascos rocosos y los bosques de altura poblados de robles y cedros de la cordillera del Atlas.

E de África

Gran Valle del Rift

Un sistema de fallas de la corteza terrestre que se extiende a lo largo de 6000 km por parte del suroeste de Asia y por África oriental.

El Gran Valle del Rift delimita una región sobre penachos de material caliente ascendente del manto terrestre, que hacen que la corteza se estire y se parta por una serie de fracturas, o rifts. Estos van desde Líbano hacia el sur, pasando por el mar Rojo (p. 183), hasta la depresión de Afar, y, finalmente, atravesando África oriental, hasta la costa de Mozambique. La anchura media del Gran Valle del Rift es de unos 50 km. En muchas partes se han hundido secciones de la corteza, dejando escarpaduras a ambos lados, con paredes

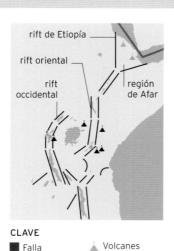

▷ **ANIMALES SOCIALES**
El Gran Valle del Rift alberga muchas especies endémicas de la fauna africana, entre ellas los papiones oliva. Estos viven en grupos de entre 15 y 150 individuos, y su estructura social es compleja.

empinadas de unos 900 m de altura. La sección africana del Gran Valle del Rift, llamada rift de África oriental, está partiendo gradualmente la placa tectónica africana en dos.

Volcanes y lagos

El sistema del rift está salpicado de numerosos volcanes, formados allí donde el magma ha surgido a través de fisuras de la corteza y ha erupcionado en la superficie. Varios de ellos, como el Ol Doinyo Lengai, en Tanzania, han estado activos durante los últimos 50 años. El suelo del rift de África oriental contiene muchos lagos, algunos de ellos muy profundos. En varias partes de la región se han descubierto fósiles de diversos parientes extintos de los humanos actuales.

El Gran Valle del Rift se ha **formado a lo largo** de los **últimos 35 m.a.** aproximadamente.

VALLES DEL RIFT

El rift más antiguo y definido es el de la región de Afar, en Etiopía. En África oriental, el Gran Valle del Rift se divide en dos ramas, el valle occidental y el valle oriental. Cada uno de ellos contiene volcanes activos y una serie de lagos consecutivos, algunos muy alcalinos, o carbonatados, y otros muy profundos.

rift de Etiopía

rift oriental

rift occidental

región de Afar

CLAVE
■ Falla
■ Límite de placa tectónica
▲ Volcanes activos
▲ Volcanes inactivos

△ **LAGO SALINO**
En Kenia, el salino y alcalino lago Bogoria alberga una de las mayores poblaciones de flamencos enanos del mundo. Hay también géiseres y aguas termales en sus orillas.

▷ **PAISAJE ÚNICO**
El cráter del Ol Doinyo Lengai está lleno de conos de laderas empinadas, y de una singular lava oscura que se torna blanca al entrar en contacto con la humedad del aire y solidificarse.

Formación de un
VALLE DE RIFT

La formación de rifts continentales es un proceso en el que parte de una placa tectónica de la Tierra, compuesta por la corteza y el manto superior (que juntas forman la litosfera), se estira y adelgaza hasta que aparecen fisuras y fallas. Esto hace que se hundan bloques de corteza, dejando una serie de depresiones o valles en la superficie. Las fisuras permiten también que el magma (roca caliente y fundida del manto) penetre en la corteza y genere actividad volcánica en la superficie.

Valles de rift en África oriental

Un ejemplo excelente de rift continental es el que se observa en África oriental. Se cree que la causa aquí es un penacho del manto (o quizá más de uno), en el subsuelo de la zona (recuadro, abajo). El sistema tiene dos ramas, los rifts oriental y occidental (p. 184), situados

a ambos lados de un área que contiene el lago Victoria. El rift y el vulcanismo se iniciaron en una parte de la rama oriental, al noreste del lago Victoria, hace unos 35 m.a., probablemente debido a un penacho del manto, y luego se fue extendiendo hacia el norte y el sur. Al topar el proceso con un núcleo estable de la litosfera que no pudo atravesar, alrededor y al sur del lago Victoria, se cree que pudo divergir, creando así las dos ramas del rift. Según otra teoría, podría o pudo haber sendos penachos del manto bajo las ramas oriental y occidental.

▶ SISTEMA DEL RIFT DE ÁFRICA ORIENTAL
En África oriental hay dos ramas de un sistema de rift separadas por una llanura amplia y estable. Cada rama es una depresión curva del paisaje y contiene rasgos naturales notables, muchos de origen volcánico.

▷ PROFUNDO Y CALIENTE
El lago de lava del volcán Nyiragongo puede alcanzar los 600 m de profundidad. Está conectado a un depósito de magma que invadió la corteza en el proceso de formación del rift.

lago Eduardo

lago Kivu

▷ FALLAS DE UN RIFT
En un rift, algunos bloques de corteza se hunden a lo largo de fallas causadas por la divergencia. En el segmento de la imagen se ha desarrollado una gran falla a un lado. A lo largo de un rift, las grandes fallas aparecen a ambos lados, con el resultado de un aspecto sinuoso.

escarpe pronunciado en el margen de la fosa

Lago Tanganica
Con 1470 m de profundidad máxima, el Tanganica es el segundo lago de agua dulce más profundo del mundo.

Sedimentos del lago
Debido a la edad del lago, de hasta 12 m.a., los sedimentos del fondo tienen varios kilómetros de profundidad.

Rama occidental del rift
Esta rama presenta una cadena de cuatro grandes lagos formados en las partes más bajas de las depresiones del rift.

estiramiento de la corteza

falla principal

bloques de corteza hundidos a lo largo de la falla

FORMACIÓN DEL RIFT DE ÁFRICA ORIENTAL

El sistema de valles en África oriental se formó cuando un penacho del manto (o posiblemente más de uno) empujó y deformó la corteza, que se estiró y adelgazó a medida que se separaban

las partes de la placa africana a cada lado. Aparecieron fallas tensionales y se hundieron bloques de corteza, causando depresiones (llenadas en parte por lagos) bordeadas por escarpes o montañas.

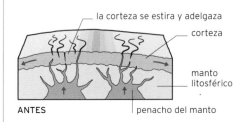

la corteza se estira y adelgaza

corteza

manto litosférico

ANTES

penacho del manto

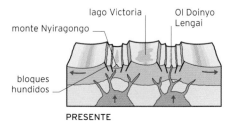

lago Victoria

monte Nyiragongo

Ol Doinyo Lengai

bloques hundidos

PRESENTE

Corteza continental
En un rift, esta corteza presenta estiramiento lateral y fallas, y se han hundido algunos bloques. El magma penetra en la corteza en algunos lugares.

Manto litosférico
La capa superior del manto y la corteza que la cubre componen la litosfera, que se divide en placas.

Supuesto penacho del manto
El vulcanismo en la rama occidental del rift confirma la presencia de magma en la corteza en algunos lugares.

Astenosfera
Esta capa relativamente deformable del manto superior de la Tierra es más caliente que la litosfera que la cubre.

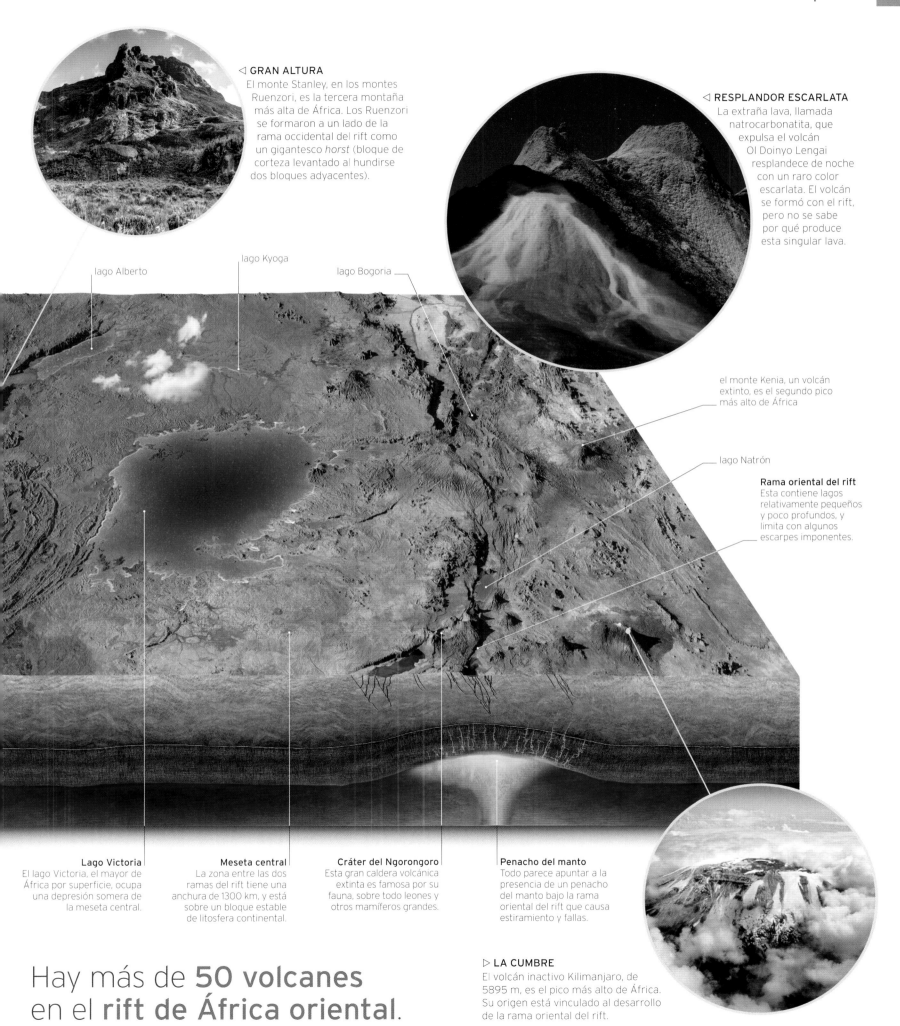

◁ GRAN ALTURA
El monte Stanley, en los montes Ruenzori, es la tercera montaña más alta de África. Los Ruenzori se formaron a un lado de la rama occidental del rift como un gigantesco *horst* (bloque de corteza levantado al hundirse dos bloques adyacentes).

◁ RESPLANDOR ESCARLATA
La extraña lava, llamada natrocarbonatita, que expulsa el volcán Ol Doinyo Lengai resplandece de noche con un raro color escarlata. El volcán se formó con el rift, pero no se sabe por qué produce esta singular lava.

lago Alberto

lago Kyoga

lago Bogoria

el monte Kenia, un volcán extinto, es el segundo pico más alto de África

lago Natrón

Rama oriental del rift
Esta contiene lagos relativamente pequeños y poco profundos, y limita con algunos escarpes imponentes.

Lago Victoria
El lago Victoria, el mayor de África por superficie, ocupa una depresión somera de la meseta central.

Meseta central
La zona entre las dos ramas del rift tiene una anchura de 1300 km, y está sobre un bloque estable de litosfera continental.

Cráter del Ngorongoro
Esta gran caldera volcánica extinta es famosa por su fauna, sobre todo leones y otros mamíferos grandes.

Penacho del manto
Todo parece apuntar a la presencia de un penacho del manto bajo la rama oriental del rift que causa estiramiento y fallas.

▷ LA CUMBRE
El volcán inactivo Kilimanjaro, de 5895 m, es el pico más alto de África. Su origen está vinculado al desarrollo de la rama oriental del rift.

Hay más de **50 volcanes** en el **rift de África oriental**.

Macizo Brandberg

Una montaña aislada en forma de cúpula, o inselberg, que domina el llano pedregoso abrasado por el sol del noroeste del desierto del Namib.

SO de África

El macizo Brandberg se formó hace unos 130 m.a., cuando una gran masa de magma de lo profundo de la corteza terrestre surgió y se solidificó entre la capa de roca circundante, que al erosionarse dejó expuesta la masa de granito.

La montaña ardiente

La montaña Brandberg es la más alta de Namibia, con un pico de 2573 m. En la lengua local de los san se llama «la montaña ardiente», por su resplandor rojo a la luz del sol poniente. Con su altura y extensión, bastante considerables, influye en el clima local, atrayendo más lluvia a sus laderas que al desierto circundante. La lluvia fluye lentamente por fuentes. En este medio de alta montaña habitan especies únicas de plantas y animales, y hay pinturas rupestres prehistóricas en paredes de roca ocultas en barrancos alrededor del pie de la montaña.

◁ **ANILLO DE PIEDRAS**
El Brandberg mide unos 23 km de largo y 20 km de ancho, y su superficie ondulada es accidentada. Un anillo de rocas de paredes empinadas rodean la masa de granito.

S de África

Montaña de la Mesa

Una montaña larga de cima plana que ofrece un fondo imponente a Ciudad del Cabo.

De unos 3 km de largo y rodeada de barrancos impresionantes, la montaña de la Mesa es una de las referencias más icónicas de África. Con una altura máxima de 1086 m, se encuentra al extremo norte de una cordillera de arenisca que termina unos 50 km al sur, en el cabo de Buena Esperanza. La montaña de la Mesa tuvo antiguamente capas mucho más gruesas de roca más blanda, que dejaron una cima plana al erosionarse. Esta aparece a menudo envuelta en un «mantel» de nubes, formado por los vientos de la costa que ascienden por las laderas hasta el aire más frío, momento en que su humedad se condensa.

△ **VISTA AL ATARDECER**
En la imagen se ve la montaña de la Mesa envuelta en un «mantel» de nubes blancas justo antes de la puesta de sol. Abajo y a la izquierda se ven las luces de Ciudad del Cabo, y a la derecha, el suburbio de Camps Bay.

◁ **FLORA ICÓNICA**
Llamada «orgullo de la montaña de la Mesa», la espectacular orquídea roja del género *Disa* crece junto a corrientes y cascadas. Es el emblema de la Provincia del Cabo, en Sudáfrica.

LA MONTAÑA DE LA MESA POR DENTRO

La parte superior de la montaña es una gran masa de arenisca dura de 600 m de grosor, de unos 450 m.a. de edad. Esta se encuentra sobre varias capas de roca sedimentaria, salvo en el extremo, donde hay una gran intrusión granítica.

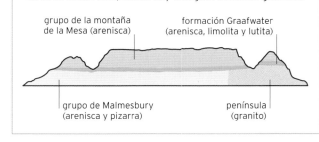

grupo de la montaña de la Mesa (arenisca)

formación Graafwater (arenisca, limolita y lutita)

grupo de Malmesbury (arenisca y pizarra)

península (granito)

El Drakensberg

Una formación escalonada gigantesca que separa parte de la estrecha llanura costera del sur de África del vasto interior de sabana y desierto.

S de África

△ COSO SALVAJE

En esta parte del Parque uKhahlamba-Drakensberg, el escarpe tiene forma de anfiteatro. Los pináculos de la derecha son los Dientes del Dragón.

El Drakensberg («montaña del dragón», traducido del afrikáans) es la parte oriental de la Gran Escarpadura, que forma el borde largo y sinuoso de la alta meseta del centro de África meridional. Es la cordillera más alta de Sudáfrica, con algunos picos que exceden los 3000 m, y se extiende por más de 1000 km del este del país.

Un escalón gigante erosionado

Desde la base, el escarpe parece un gigantesco escalón, desgastado constantemente por la gravedad y el agua. El paisaje es diverso, con paredes empinadas, pináculos y cuevas. Las crecidas de los ríos de la meseta tras el escarpe han excavado barrancos impresionantes. La fauna y flora local incluyen buitres, damanes roqueros y unas 300 especies de plantas nativas.

EL DRAKENSBERG POR DENTRO

Las laderas empinadas del Drakensberg consisten en una capa gruesa de basalto (roca ígnea formada al enfriarse lava), creada por antiguos flujos volcánicos. Debajo hay capas de rocas sedimentarias más antiguas. Juntos, el basalto y los estratos sedimentarios son parte de una secuencia de rocas extendida por África, el llamado supergrupo de Karoo.

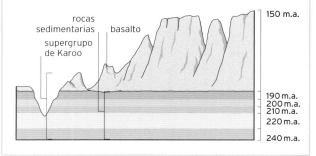

rocas sedimentarias   basalto
supergrupo de Karoo

150 m.a.

190 m.a.
200 m.a.
210 m.a.
220 m.a.
240 m.a.

▽ CAÍDA LIBRE

El Drakensberg contiene algunas de las cataratas más altas del mundo, así como otras cascadas hermosas, como Berlin Falls, en la imagen.

◁ HABITANTE DEL SUELO

El saltarrocas del Drakensberg es un ave nativa que anida en el suelo, y a la que se ve a menudo entre las rocas.

El **escarpe** tiene una **altura** de **1500 m** en algunos tramos.

△ SUSTENTO DEL DESIERTO

Atravesando paisajes áridos en la mayor parte de su curso, el Nilo suministra agua vital para beber y para la agricultura. También es una importante ruta de transporte que usan millones de personas cada día.

LOS RÍOS MÁS LARGOS DEL MUNDO

La longitud precisa de un río puede ser algo problemático de medir. En algunos casos resulta difícil identificar el nacimiento o la desembocadura; además, a lo largo de su curso, un río se puede partir en muchos canales distintos. Aunque las cifras de longitud de los ríos más largos varíen, las de abajo son las más reconocidas.

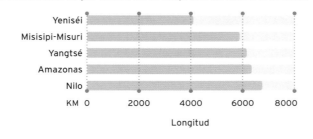

Longitud

△ PLANTA VERSÁTIL

El papiro, una ciperácea acuática, forma lechos altos de caña en las aguas someras del Nilo. Desde los tiempos del antiguo Egipto, el papiro ha servido para fines diversos, desde rollos hasta barcos.

Nilo

El río más largo de la Tierra fluye desde África central hasta el Mediterráneo y da sustento a la vida de millones de personas a lo largo de su curso.

NE de África

El Nilo, el río más largo del mundo, discurre a lo largo de más de 6650 km desde su nacimiento cerca del ecuador, por África oriental y nororiental, hasta su desembocadura en el Mediterráneo. La cuenca del Nilo drena más de 3 millones de km², un 10 % aproximado de la superficie de África.

Blanco y Azul

El Nilo tiene dos grandes afluentes. El Nilo Blanco, considerado la corriente principal del río, fluye desde el norte del lago Victoria (p. 196), en Uganda, y desciende al Gran Valle del Rift (pp. 184–187) por las cascadas Murchison. Tras cruzar el lago Alberto, pasa por la vasta llanura pantanosa del Sudd. En Jartum (Sudán) se encuentra con el Nilo Azul, que nace en el lago Tana, en el macizo etíope. A partir de aquí recorre una serie de cataratas o rápidos antes de atravesar los valles históricos de Egipto. Al norte de El Cairo, el río se parte en dos ramales –el de Rosetta, al oeste, y el de Damietta, al este– que dan forma al delta del Nilo al llegar al mar Mediterráneo.

▽ **CASCADA NEBLINOSA**
Las cataratas del Nilo Azul, en Etiopía, se conocen allí como Tis Abay («gran humo»). Cubren hasta 400 m en la estación lluviosa, y el agua tiene una caída de 45 m.

Inundación bienvenida

El delta del Nilo, una de las partes más pobladas y cultivadas de Egipto, se formó originalmente a partir de sedimentos traídos por el Nilo Azul desde el macizo etíope. En realidad, las inundaciones del Nilo han constituido un importante hecho anual, ya que no solo traen agua, sino también limo fértil que renueva las tierras del llano inundable. Sin embargo, desde que se completó la presa de Asuán, en 1970, el flujo del Nilo se ha moderado mucho, lo cual ha afectado gravemente a las prácticas agrícolas tradicionales.

△ **PESCADOR SOLITARIO**
El picozapato es un ave grande semejante a la cigüeña que suele atrapar peces en solitario con su gran pico de punta ganchuda.

El **agua** que sale del **lago Victoria** tarda **tres meses** en llegar al **Mediterráneo**.

Lago Retba

Un lago de África occidental de agua muy salada y color rosa vivo durante la estación seca.

O de África

Más conocido como lago Rosa, el Retba es un lago pequeño y somero en Senegal (África occidental), famoso por su color vivo y por el elevado contenido salino de sus aguas. El color, que se acentúa durante la estación seca (de noviembre a junio), se debe a una especie de alga, *Dunaliella salina*, que produce un pigmento rojo que facilita la absorción de luz solar para obtener energía (fotosíntesis). La salinidad del agua del lago es comparable a la del mar Muerto (p. 236), con el resultado de adaptaciones en los peces del lago, que en muchos casos alcanzan solo un cuarto del tamaño adulto habitual.

▷ **ORILLA SALADA**
Muchos recolectores de sal recogen el mineral del lecho del lago a mano y lo exportan por África occidental. Se protegen la piel de la sal con manteca de karité.

Congo

Uno de los mayores ríos de la Tierra drena gran parte de la vasta selva tropical de África occidental.

O de África

El segundo río más largo de África tras el Nilo (pp. 190–191), el Congo vierte más agua al mar que cualquier otro río de la Tierra salvo el Amazonas (pp. 106–109). Es también el río más profundo del mundo, con tramos que superan los 200 m. Desde su nacimiento en los montes de Zambia, describe un arco contrario al sentido de las agujas del reloj, y drena una vasta depresión semicircular que abarca la mayor parte de la República Democrática del Congo antes de desembocar en el océano Atlántico. Su ruta cruza dos veces el ecuador, recorre más de 4700 km e incluye muchas cataratas, rápidos, amplias vías acuáticas y lagos.

▷ **RIBERAS PANTANOSAS**
La mayor parte del curso del Congo atraviesa la pluvisilva tropical, con extensos pantanos junto a las orillas y entre sus afluentes.

PECES ENDÉMICOS
Se cree que las aguas tropicales del lago Malaui albergan hasta mil especies de cíclidos, la mayoría de ellos endémicos del lago.

CAPAS DEL LAGO MALAUI

Este lago tiene una estratificación definida, con capas de agua de distinto contenido en nutrientes y oxígeno que, por lo general, no se mezclan. No obstante, entre mayo y agosto las partes meridionales del lago sufren vientos fuertes y un enfriamiento que hace que ascienda agua a la superficie. Se mezclan así nutrientes de profundidades medias con las aguas someras y más oxigenadas, lo cual crea condiciones ideales para los peces.

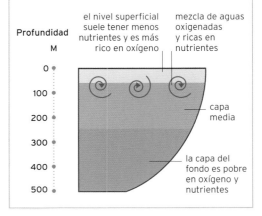

el nivel superficial suele tener menos nutrientes y es más rico en oxígeno

mezcla de aguas oxigenadas y ricas en nutrientes

Profundidad M

0 · 100 · 200 · 300 · 400 · 500 ·

capa media

la capa del fondo es pobre en oxígeno y nutrientes

Lago Malaui

Un gran lago profundo, situado en el extremo sur del Gran Valle del Rift y donde viven peces extraordinariamente diversos.

E de África

También conocido como lago Nyasa, el lago Malaui es el más meridional y el tercero mayor de los Grandes Lagos de África, y se encuentra entre Malaui, Tanzania y Mozambique. Su longitud es de 580 km, tiene un ancho de hasta 75 km y una profundidad de más de 700 m. Lo alimentan el río Ruhuhu y varios ríos menores por el norte. Del extremo sur tiene por única salida el río Shire,

afluente del Zambeze. El lago Malaui discurre de norte a sur, ocupando una cuenca única en parte del extremo sur del Gran Valle del Rift (pp. 184–187). Sobre las orillas norte y este se alzan laderas empinadas, algunas cubiertas de bosque denso. En las orillas mucho más llanas y someras del extremo sur del lago hay muchas playas de arena blanca.

Multitud de peces

Las aguas y costas del lago Malaui ofrecen hábitats diversos a muchos animales, tales como cocodrilos, hipopótamos y los pigargos vocingleros. El lago es conocido por contener hasta 3000 especies de peces, más que cualquier otro lago de la Tierra.

▷ **ARQUITECTO ALADO**
El tejedor común macho construye un nido denso de hierba y hojas, colgado de una rama y con la abertura abajo.

△ **LAGO DE LAS ESTRELLAS**
El explorador David Livingstone llamó al Malaui lago de las Estrellas, por los reflejos deslumbrantes sobre sus aguas quietas, pero es conocido también por sus violentas tormentas.

S de África

Cataratas Victoria

Una inmensa cascada africana con una historia geológica única que cae por un abismo profundo y estrecho.

Las cataratas Victoria, parte del gran río Zambeze, atraviesan la frontera entre Zimbabue y Zambia en el sur de África. Con las cataratas del Iguazú (pp. 110–111) como único competidor por el título de mayor catarata de la Tierra, las Victoria tienen una anchura de más de 1700 m y una altura de 108 m, el doble que las del Niágara (p. 52). A menudo se las describe como la mayor cortina de agua del mundo.

largo de los últimos 100 000 años, el río ha erosionado la arenisca dejando una serie de barrancos estrechos, sobre el último de los cuales se precipita el río (recuadro, abajo). El zigzag de los barrancos se debe a una serie de uniones en sus extremos que han «capturado» el río y cambiado su dirección. Al caer en los abismos estrechos de las cascadas, el agua pulverizada se puede ver a 50 km de distancia.

Formación única
El Zambeze fluye sobre una meseta de basalto con grandes grietas, más o menos perpendiculares al curso del río, llenas de arenisca más blanda. A lo

◁ **DEPREDADOR TEMIBLE**
El cocodrilo del Nilo, la mayor especie de cocodrilo de África, es el depredador más temible del Zambeze.

El nombre local de las cataratas, **Mosi-oa-Tunya**, significa **«el humo que truena»**.

◁ **AL BORDE**
Las cataratas forman parte de dos parques nacionales, ambos con grandes poblaciones de elefantes. A veces, alguno acude a ellas para alimentarse de los árboles de las islas.

△ **CAÍDA POR TRAMOS**
Las islas del río al borde de las cataratas separan la cortina en varios tramos reconocidos (desde la izda.): la catarata del Diablo, la Principal, la del Arcoíris y la Oriental.

LAS GARGANTAS DE LAS CATARATAS VICTORIA

Las gargantas empinadas y estrechas bajo las cataratas Victoria marcan su posición variable a lo largo del tiempo. En la catarata del Diablo, en el extremo oeste, comienza la formación de una nueva catarata.

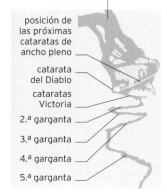

río Zambeze

posición de las próximas cataratas de ancho pleno

catarata del Diablo

cataratas Victoria

2.ª garganta

3.ª garganta

4.ª garganta

5.ª garganta

E de África

Lago Victoria

El mayor lago de África, el segundo mayor del mundo y la principal fuente del Nilo.

El lago Victoria se asienta sobre una depresión poco profunda en una meseta entre las dos ramas del Gran Valle del Rift (pp. 184–187) en África oriental, y lo rodean Uganda, Kenia y Tanzania. Es el mayor de los Grandes Lagos de África y, con un área de más de 68 800 m², es el segundo mayor lago de agua dulce del mundo, tras el lago Superior (pp. 50–51). Sin embargo, con una profundidad media de solo 40 m, es poco profundo para su tamaño.

El lago Victoria es la fuente del Nilo Blanco (pp. 190–191), su único afluente, llamado Nilo Victoria en su curso alto. El río Kagera es el mayor afluente del lago, por el oeste, pero la mayor parte del agua que recibe procede de la lluvia.

▷ **DEDOS LARGOS**
La jacana africana es un ave limícola tropical de dedos y garras largos que le permiten caminar sobre vegetación flotante como los nenúfares, en lagos poco profundos.

△ **COSTA INTRINCADA**
Las largas riberas del lago Victoria, vistas desde el espacio en la imagen, facilitan el acceso al agua a millones de personas, incluida la población de varias grandes ciudades, como Kampala, capital de Uganda.

▽ **ANTÍLOPE ACUÁTICO**
El antílope lechwe de los humedales del sur de África tiene unas pezuñas largas y abiertas que le ayudan a correr sobre suelo blando, y un pelaje que repele el agua para moverse por ella rápidamente.

Delta del Okavango

Un vasto delta interior en el sur de África, un oasis en el desierto del Kalahari que atrae a millones de animales en sus migraciones anuales.

S de África

El delta del Okavango es un delta interior en una pendiente suave al noroeste de Botsuana. Lo alimenta el río Okavango, que fluye hacia el sureste, desde su nacimiento en Angola, a través del desierto del Kalahari. No llega al océano, sino hasta una depresión en la cuenca del Kalahari, donde se extiende y crea un oasis con pantanos permanentes y estacionales, praderas, islas y vías de agua. La inundación anual del delta por agua caída en forma de lluvia en la meseta de Angola, a más de 1000 km, triplica su caudal. La inundación coincide con la estación seca de Botsuana, y el anegamiento atrae a un gran número de animales, entre ellos herbívoros como búfalos y elefantes, en una de las mayores concentraciones de vida salvaje de África. Más del 97 % del agua que llega al delta se evapora o se filtra en la arena del desierto del Kalahari, y el resto llega al lago Ngami, al oeste.

◁ **MARCAS LLAMATIVAS**
Las ranas *Hyperolius marmoratus* exhiben una gran gama de colores y marcas, combinando listas, puntos y manchas.

◁ **DELTA PLANO**
El delta del Okavango es llano en su mayor parte, con una variación de menos de 2 m de altura. El trazado de sus vías de agua cambia cada año al bloquearse estas y encontrar las aguas lentas rutas nuevas.

CUENCAS ENDORREICAS

El delta del Okavango es parte de una cuenca endorreica, un sistema de drenaje sin salida al mar. Estas cuencas suelen converger en un lago o un pantano, y la mayor parte del agua que reciben se evapora.

río Okavango

delta del Okavango

NO de África

Acantilados de Los Gigantes

Una línea de acantilados de altura imponente en la costa occidental de Tenerife, en las islas Canarias.

Hechos de basalto, una roca ígnea, Los Gigantes alcanzan los 800 m en algunos puntos. Los acantilados se prolongan unos 30 m bajo el mar, hasta el lecho, que alberga una vida marina rica y diversa.

Tenerife se formó a partir de tres volcanes que se unieron en uno solo hace unos 3 m.a. Los acantilados de Los Gigantes son el resultado de la erosión de una gran masa de lava solidificada.

▷ GEMAS EN LOS ACANTILADOS

Verdes cristales de peridoto (una olivina) se hallan en la roca ígnea peridotita, común en los peñascos y playas de Tenerife.

UBICACIÓN DE LOS GIGANTES

Los acantilados de Los Gigantes se encuentran donde el mar ha erosionado múltiples capas de basalto, lava solidificada expulsada por uno de los volcanes originales de Tenerife. La masa de basalto forma el macizo de Teno, al oeste de la isla.

acantilados de Los Gigantes
macizo de Teno
Teide
caldera de las Cañadas
isla de Tenerife
flujos de lava de millones de años de edad

△ EL FIN DE LA TIERRA

En la época clásica, hace 3000 años, los navegantes creían que más allá de estos acantilados no había ya más que océano.

ZONAS DE UN ARRECIFE DE CORAL BORDEANTE

Un arrecife bordeante tiene varias zonas. En la zona exterior hay diversos corales a distinta profundidad. En la superior está la cresta, que soporta lo más duro del oleaje. En el lado costero está el arrecife interior, que puede quedar expuesto en parte con la marea baja.

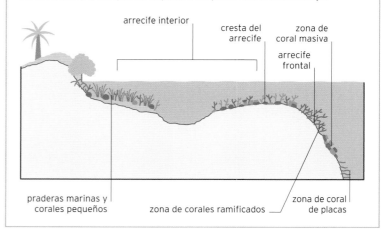

arrecife interior
cresta del arrecife
zona de coral masiva
arrecife frontal
praderas marinas y corales pequeños
zona de corales ramificados
zona de coral de placas

Costa del mar Rojo

Los márgenes del mar tropical más septentrional del mundo, con
magníficos arrecifes, y lugar donde se está formando un nuevo océano.

NE de
África

△ FESTIVAL DE COLOR
Unas pequeñas damiselas verdes
rodean corales blandos escarlata
y magenta -colonias de numerosos
animales minúsculos llamados
pólipos- en un arrecife del mar Rojo.

El mar Rojo es una sección del océano Índico con
costa en siete países: Egipto, Israel, Jordania, Arabia
Saudí, Sudán, Eritrea y Yemen. Se extiende a lo largo
de 2250 km sobre un límite de placas tectónicas, en
el que la placa arábiga se aleja gradualmente de la
africana, proceso que acabará formando un nuevo
océano (p. 185).

Arrecifes del mar Rojo
Reflejando el hecho de encontrarse sobre un rift de la
corteza terrestre, el centro del mar Rojo alcanza una
profundidad máxima de 2211 m. La mayor parte de

la costa, sin embargo, está bordeada por plataformas
submarinas poco profundas y extensos arrecifes
bordeantes (recuadro, p. anterior). Estos están entre
los arrecifes de mayor riqueza biológica, y en ellos
viven más de mil especies de invertebrados,
1200 de peces y varios cientos de tipos de
corales duros y blandos. La diversidad
de vida marina y las aguas claras
atraen a muchos buceadores, y
este tipo de turismo, junto con
el desarrollo costero, ha dañado
los arrecifes en algunas zonas.

▽ CORAL LLAMATIVO
Este coral del género *Fungia* es una de
las más de 300 especies de coral duro
de los arrecifes del mar Rojo.

C de
África

Selva del Congo

La segunda mayor pluvisilva tropical de la Tierra, donde viven más de 11 000 especies de plantas.

Uno de los entornos naturales más importantes que quedan en el mundo, la selva del Congo cubre unos 2 millones de km² de la cuenca del río Congo, en África central, y se extiende por seis países.

Último refugio

Segunda en tamaño tras el Amazonas, está región cálida y húmeda contiene una biodiversidad enorme, con más de 600 especies de árboles y 10 000 de animales. La vegetación es tan densa en algunas partes que se ha convertido en el último refugio de algunas de las especies en mayor peligro de extinción del mundo. En el Congo viven raros elefantes de bosque, okapis, bonobos y gorilas tanto orientales como occidentales, así como cientos de plantas endémicas.

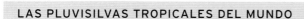

▷ **BANDERAS ROJAS**
La *Mussaenda erythrophylla* suele encontrarse junto a las corrientes de la selva tropical.

LAS PLUVISILVAS TROPICALES DEL MUNDO

Las pluvisilvas tropicales se dan en las regiones ecuatoriales de la Tierra, entre las latitudes del trópico de Cáncer (23° norte) y el trópico de Capricornio (23° sur). Las mayores coinciden con las cuencas del Amazonas, en América del Sur, y del Congo, en África; pero también hay pluvisilvas considerables en el Sureste Asiático e India. En el noreste de Australia hay una pequeña área de pluvisilva en su zona más al este, desde los montes costeros hasta el mar.

△ **IMITADOR VERSÁTIL**
El loro gris se alimenta de frutos secos, semillas y fruta. Imita las llamadas de otras aves y mamíferos, además del habla humana.

E de África

Selva de Madagascar

Una franja estrecha de pluvisilva en la que el aislamiento ha permitido un número extraordinario de especies nativas inusuales.

La selva de Madagascar recorre la región costera oriental de la isla. Separada del oeste por una cadena montañosa –los macizos de Tsaratanana, Ankaratra e Ivakoany– y limitando al este con el océano Índico, la zona recibe más de 2540 mm de lluvia al año. El calor y la humedad constantes han creado un hábitat ideal para que prosperen las plantas tropicales, entre ellas unas mil especies de orquídeas, y también animales únicos, como los lémures. El aislamiento evolutivo de Madagascar es la causa de un número enorme de especies nativas: entre el 80 y el 90 % de los animales de esta pluvisilva son endémicos.

△ CENA DE ALTURA
Los muy amenazados gorilas de montaña (subespecie del gorila oriental) viven en las alturas del Congo, entre los 2440 y 3960 m. Su dieta consiste en plantas como el apio silvestre y el bambú.

◁ BOSQUE DENSO
La vegetación del Congo es tan densa que hay muchas partes del bosque nunca exploradas por seres humanos. En algunas zonas solo llega al suelo un 1 % de la luz solar.

△ NEBLINA AL AMANECER
La niebla es algo habitual en la selva de Madagascar. Hay unas 12 000 especies de plantas nativas, lo cual ha hecho que algunas de sus áreas hayan sido declaradas Patrimonio de la Humanidad por la Unesco.

E de África

Bosque seco de Madagascar

Un ecosistema peculiar y diverso en rápida desaparición, con una gran proporción de especies de plantas y animales sin presencia en ningún otro lugar de la Tierra.

El bosque seco tropical de Madagascar cubre unos 151 000 km², sobre todo en pequeñas zonas fragmentadas a lo largo de las costas del oeste y noroeste de la isla. Con una estación seca que dura ocho meses al año, es un hábitat lleno de plantas singulares, algunas de aspecto extraño, que han evolucionado para sobrevivir a una sequía extrema. Aquí crecen siete especies de baobab –seis de ellas endémicas–, junto con otras especies de menor altura adaptadas a las condiciones secas, como moringas y suculentas espinosas del género *Pachypodium*. Los animales también están muy especializados, tanto que muchos de ellos, como los numerosos lémures, los camaleones y los fosas (los mayores depredadores de la isla, de aspecto gatuno), no se encuentran en ningún otro lugar. La agricultura de tala y quema ha destruido ya el 97 % del bosque, y amenaza al resto.

◁ **AFERRADO**
Numerosas especies de camaleones se aferran a la existencia en lo que queda del bosque seco tropical de Madagascar. El camaleón pantera caza de día en árboles bajos y arbustos.

ADAPTACIÓN A LA SEQUÍA

Los árboles, según la especie, sobreviven a la sequía de distinto modo. Los baobabs almacenan agua en el tronco. Sus raíces, poco profundas pero extensas, absorben agua cerca de la superficie. Las acacias tienen raíces superficiales extensas y una raíz primaria que extrae agua del subsuelo.

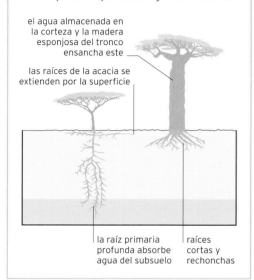

el agua almacenada en la corteza y la madera esponjosa del tronco ensancha este

las raíces de la acacia se extienden por la superficie

la raíz primaria profunda absorbe agua del subsuelo

raíces cortas y rechonchas

△ MOVILIDAD VERTICAL
Las patas traseras largas y potentes del sifaca de oro coronado le permiten saltar de árbol en árbol en busca de semillas, frutas y hojas.

◁ SUPERVIVIENTE DE LA SEQUÍA
El árbol boadaka de Madagascar almacena agua en el tronco, como un cactus. Su tronco y ramas realizan la fotosíntesis, por lo que puede perder las hojas en época de sequía.

SILUETAS SIN HOJAS
Los baobabs pierden las hojas durante la estación seca y las recuperan con la lluvia, por lo que parecen muertos, o al menos dormidos, gran parte del año.

Praderas de montaña de Etiopía

Una región de raras praderas de alta montaña entre algunos de los montes más altos de África y un refugio para muchas especies amenazadas.

NE de África

Las praderas de montaña del noreste de África se encuentran principalmente en el macizo etíope (el oriental y el occidental), con partes que se extienden a Eritrea. Esta región llamativa abarca las montañas Simien al noroeste, las montañas de Bale al sureste, y gran parte del Gran Valle del Rift (pp. 184–187) entre ambos. Los picos escarpados rodean mesetas altas de pradera y matorral, así como zonas de bosque, brezales y estepa alpina. Las praderas de montaña más fértiles se dan en elevaciones de entre 1800 y 3000 m, y atraen no solo a numerosos reptiles, aves y pequeños mamíferos endémicos; también a una gran población humana, cuyas actividades agrícolas y eliminación de los recursos naturales de la zona han causado la pérdida de un 97 % de la vegetación original. Con todo, estas praderas son un hábitat vital para algunas de las criaturas más amenazadas del continente, como la única población mundial de cabra montés de Etiopía y el lobo etíope, única especie de lobo del continente.

◁ **COMEDOR DE HIERBA**
Los geladas viven casi exclusivamente de herbáceas de praderas de montaña. Las manchas rojas del pecho diferencian a esta especie de los babuinos.

En el **macizo etíope** viven **84 especies de pequeños mamíferos**, muchas **endémicas**.

Sabana sudanesa

Una vasta extensión de bosque seco y herbazales, y una región de gran biodiversidad botánica.

O y C de África

La franja mixta de herbazales y árboles conocida como sabana sudanesa se extiende hacia el este, desde el océano Atlántico, por África occidental y central, hasta el macizo etíope. Al norte está el Sahel, la zona de transición entre las sabanas y el Sáhara, mientras que al sur están los bosques de Guinea y el Congo.

Encuentro de este y oeste
La ecorregión en su conjunto cubre un área estimada de 917 600 km², pero se divide geográficamente en dos secciones principales, las sabanas sudanesas occidental y oriental, separadas por una meseta mucho más alta en Camerún.

El paisaje se caracteriza por presentar grandes extensiones de bosque seco y cálido, con acacias y otros caducifolios. Hay un sotobosque de arbustos, como las combretáceas, y herbáceas, como la hierba de elefante, con una altura media de hasta 3,5 m; pero también se dan especies más bajas, como el cerrillo, que crece hasta los 80 cm. En la sabana occidental hay más animales, mientras que la oriental ofrece una biodiversidad botánica muy superior, e incluye unas mil especies de plantas endémicas. En su conjunto, esta ecorregión es un importante hábitat para elefantes, licaones, guepardos y leones, además de para aves migratorias.

△ **EXTENSIÓN VERDE**
El Parque Nacional Boma, en Sudán del Sur, se torna verde tras las lluvias anuales, lo cual es prólogo a la llegada de millones de herbívoros de la sabana, como el tiang y el cobo de orejas blancas, dos especies de antílope que convergen aquí desde hace siglos.

CLIMA

El clima del macizo etíope está clasificado como monzónico tropical, pero, debido a su altura, las temperaturas son más bajas de lo que cabría esperar en lugares tan cercanos al ecuador. Las precipitaciones aumentan entre abril y octubre, y son mayores en el suroeste, mientras que la media anual del resto de la región es de unos 1600 mm.

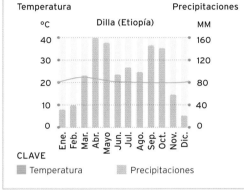

Temperatura / **Precipitaciones**

Dilla (Etiopía)

°C / MM

CLAVE
- Temperatura
- Precipitaciones

◁ **PICOS ESCARPADOS**

Las accidentadas paredes y gargantas de basalto de las montañas Simien, en Etiopía, se formaron hace 20-30 m.a. debido a erupciones volcánicas.

Región florística del Cabo

Un punto neurálgico biológico y una de las regiones más botánicamente biodiversas del mundo, con miles de especies endémicas.

S de
África

La región florística del Cabo, en el extremo sudoccidental de Sudáfrica, es uno de los ocho lugares del país que son Patrimonio de la Humanidad. Esta espectacular zona cubre solo 10 947 km² desde la península del Cabo hasta la provincia de Cabo Oriental –un 0,04 % de la superficie de África–, pero contiene hasta un 20 % de las especies de plantas de todo el continente. De las casi 9000 especies de plantas de la región, un alto porcentaje corresponde al raro matorral llamado fynbos, presente en parte de la zona. Esta formación vegetal, que incluye proteáceas y brezos, no se halla en ningún otro lugar de la Tierra fuera de Sudáfrica y prospera en el clima mediterráneo del Cabo.

Sin embargo, como muchas especies están en zonas muy pequeñas y localizadas, se trata de un medio natural frágil y muy amenazado, ya que roturar un campo o construir una casa puede erradicar una especie entera.

▽▷ **FLORACIÓN**

El término «fynbos» procede de una palabra neerlandesa que significa «plantas de hojas finas». En el fynbos hay cientos de proteáceas, como el protea rey (abajo), que florece en momentos variables del año.

E de África

Serengueti

La famosa e inmensa pradera africana, el lugar que acoge una de las migraciones anuales más espectaculares de la Tierra.

El Serengueti ocupa unos 30 000 km² próximos al ecuador entre Kenia y Tanzania, y consiste principalmente en praderas, al sureste, bosque abierto de acacias, al norte, y una mezcla de pradera y acacias, al oeste. La ceniza de volcanes cercanos ha hecho fértiles las llanuras y nutre a herbáceas bajas, intermedias y altas.

Migraciones masivas

El nombre Serengueti significa «pradera sin fin» en lengua masái, pero incluso las vastas extensiones de herbáceas están interrumpidas aquí y allá por kopjes –afloramientos de granito erosionados– que no solo dan una sombra muy necesaria para los animales de la sabana, sino que retienen agua en las depresiones de la roca que les sirven de bebedero. Una muchedumbre inmensa de animales, en particular, manadas de herbívoros, es parte del tejido del Serengueti. Todos los años se reúnen más de un millón de ñus y cientos de miles de cebras y gacelas que forman una enorme supermanada y llevan a cabo una asombrosa migración de 1000 km en pos de las lluvias estacionales que traen hierba fresca y un aporte de agua vital a esta zona árida de África.

◁ **RÉCORD DE ALTURA**
Las jirafas son los animales terrestres más altos del mundo. Pueden medir 4,5-6 m, lo cual les posibilita alcanzar las hojas de las acacias.

△ **RECICLADORES NATURALES**
Los escarabajos peloteros eliminan desechos en el Serengueti haciendo bolas de estiércol que entierran para comer y poner sus huevos.

△ **UN SÍMBOLO DEL SERENGUETI**
Las acacias predominan en partes del Serengueti. Son uno de los pocos árboles de la región, y proporcionan alimento y sombra vitales a muchos animales.

◁ **REFRESCARSE**
Las charcas ofrecen sustento a herbívoros que migran, como las cebras, pero también a los carnívoros que los cazan.

TIPOS DE SABANA

Hay varios tipos de vegetación en la sabana africana, en función sobre todo de las precipitaciones, que varían con la distancia al ecuador. En el Serengeti, la lluvia cae en dos estaciones: de marzo a mayo y de noviembre a diciembre. En el noroeste más boscoso del Serengeti, las precipitaciones medias son de 1050 mm, mientras que en las sabanas abiertas dominadas por herbáceas del sureste son de solo 550 mm.

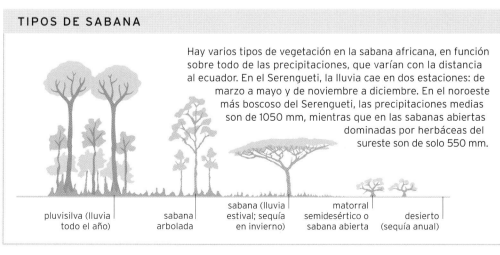

| pluvisilva (lluvia todo el año) | sabana arbolada | sabana (lluvia estival; sequía en invierno) | matorral semidesértico o sabana abierta | desierto (sequía anual) |

El **mayor número** de animales que se **alimentan de hierba y hojas** en el **continente africano** se encuentra en el Serengeti.

N de África

Desierto del Sáhara

El mayor desierto cálido del mundo, al que dan forma vientos incesantes y dunas en movimiento constante.

El Sáhara se extiende de oeste a este desde el océano Atlántico hasta el mar Rojo, cubriendo casi por entero el norte de África. Con un área de 9 400 000 km², es ligeramente mayor que EE UU, y los estudios indican que esta vasta y casi ininterrumpida región árida se sigue expandiendo. Desde 1962, el desierto ha crecido 647 500 km².

Más que arena

Aunque suela asociarse con dunas de arena roja, la mayor parte del Sáhara consiste en mesetas rocosas y estériles llamadas hamadas. En las hamadas hay poca arena, ya que es barrida por los vientos que transforman sin cesar el desierto en un paisaje áspero de grava y rocas de diverso tamaño. En otras zonas, la arena se acumula en campos de dunas. Los mayores son los ergs, grandes áreas de más de 125 km², muchos de los cuales contienen dunas móviles, algunas de 150 m de alto. Al ser zonas muy activas de arena suelta, los ergs resultan muy difíciles de atravesar. Hay, además, varias cordilleras en el Sáhara, y algunas contienen volcanes. En el desierto hay también campos de grava y salares, además de lechos secos de ríos y lagos. Pese a la dureza del terreno y a las pocas o nulas precipitaciones –la mitad del Sáhara recibe menos de 25 mm, y el resto, hasta 100 mm–, aquí viven unas 500 especies de plantas y 70 de animales.

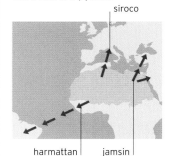

◁ **ZORRO DEL DESIERTO**
El fénec, habitante del desierto y especie más pequeña de zorro, tiene el tamaño de un gato doméstico. Sus enormes orejas ayudan a regular la temperatura al liberar calor corporal.

POLVO EN EL VIENTO

Los vientos del Sáhara tienen un impacto global, al desencadenar fenómenos como ciclones. El siroco de primavera trae niebla y nubes cálidas y húmedas llenas de polvo al sur de Europa. El harmattan, viento frío y seco del noreste, transporta toneladas de polvo por el Atlántico durante el invierno. El jamsin, cálido y seco, sopla hacia la península de Arabia y el sureste de Europa entre febrero y junio.

siroco

harmattan   jamsin

Cada año, **miles de toneladas** de polvo de fósforo del Sáhara llegan al **Amazonas**.

△ **DIANA**
Se creía que la enorme Estructura de Richat (llamada el Ojo del Sáhara) la formó el impacto de un meteorito, pero hoy los científicos la atribuyen al surgimiento y posterior erosión de roca ígnea.

◁ **OLAS DE ARENA**
Las dunas rojas del Gran Erg Occidental, cerca del oasis de Taghit (Argelia), recuerdan a las olas del océano. Aquí se producen tormentas de arena que pueden durar días.

◁ **PICOS ROCOSOS**
En el macizo de Ahaggar, en el sur de Argelia, los vientos del centro del Sáhara han esculpido una meseta de arenisca hasta convertirla en picos, arcos de roca y capiteles que parecen las ruinas de una ciudad olvidada.

Desierto Blanco

*Un desierto de creta formado por arena transportada
por el viento a un extraño paisaje de monolitos.*

NE de
África

El desierto Blanco, al noreste del oasis de Farafra
(Egipto), suele compararse a un paisaje lunar. Este
terreno reluciente fue un antiguo lecho marino.

Formaciones caprichosas

Al secarse el mar prehistórico que antiguamente
cubría esta vasta zona, los cuerpos de millones de
criaturas marinas se calcificaron, formando una
gran meseta de creta y caliza. Millones de años de
erosión eólica aislaron rocas y crearon pináculos,
capiteles y otras formas, algunas tan extrañas
que parecen hongos, conos de helado y hasta un
gran pollo. Hay ocasionales inselbergs (montes
aislados sobre el llano) entre las formaciones de
menor tamaño. La arena que rodea las formas
brilla por sus cristales de cuarzo, lo cual realza
el aspecto nevado del desierto Blanco, sobre
todo a la luz de la luna.

▽ **ESCULTURA DESÉRTICA**
La arena movida por el viento ha esculpido
estas formaciones rocosas llamativas, en
equilibrio precario sobre bases erosionadas.

NO de
África

Meseta de Adrar

*La meseta elevada y cálida de Mauritania,
con una colección única de formaciones
desérticas y su propio «ojo» geológico.*

La meseta de Adrar puede considerarse una
versión en miniatura del desierto del Sáhara
(pp. 208–209). Con grandes dunas móviles,
cañones, oasis llenos de palmeras, desiertos
rocosos y montes rocosos que se elevan unos
240 m sobre el terreno que los rodea, esta región
del noroeste de África contiene todos los rasgos
que suelen asociarse al Sáhara en su conjunto.
El centro de la meseta, en el centro de Mauritania,
es árido y con poca o ninguna vegetación, pero
se concentra suficiente agua alrededor de la base
como para permitir algunos cultivos.

Ojo desértico

Al oeste de Adrar, la meseta se funde con la
Estructura de Richat, una gran diana que fue
observada por primera vez desde el espacio.
Este domo geológico tiene un diámetro de 40 km.

△ **PICO ESPECIALIZADO**
La alondra ibis usa su largo pico
curvo para buscar termitas y otros
insectos entre la arena del desierto.

▽ **MESAS**
Los montes oscuros en forma
de mesa de la meseta de Adrar
se alzan sobre arena casi yerma.

Desierto del Kalahari

Más que un verdadero desierto, una enorme sabana arenosa con precipitaciones suficientes y cobertura vegetal en partes, pero sin agua en la superficie ni el suelo.

S de África

Pese a unas temperaturas que superan los 40 °C en verano y sus arenales de apariencia infinita, el Kalahari, técnicamente, no es un desierto. Partes de esta región semiárida, que cubre la mayor parte de Botsuana y parte de Namibia y Sudáfrica, reciben precipitaciones anuales superiores a los 250 mm, cifra que suele considerarse el límite para catalogar un área como desértica. Mientras que en su mitad sudoccidental las precipitaciones cumplen ese criterio, en el noreste casi doblan esa cifra. Pero no hay agua superficial, pues la arena profunda absorbe toda la lluvia que pueda caer, y queda un suelo sin humedad alguna. Aun así, y pese a las grandes cadenas de dunas de la mitad occidental, el Kalahari contiene una vida vegetal considerable. Acacias de raíces profundas, arbustos y algunas herbáceas crecen en el centro, mientras que en el norte hay zonas de bosque. Aunque en el norte hay más animales, en el árido sur, especies como el kudú y el órice del Cabo hallan vegetación suficiente para sobrevivir.

PRECIPITACIONES

Las precipitaciones constituyen solo uno de los factores que permiten clasificar un lugar como desierto. El Kalahari y el Karoo reciben el doble de lluvia que los verdaderos desiertos, pero es estacional, y en algunas zonas puede no llover en 6-8 meses.

Precipi- taciones MM	Kalahari	Karoo	Sáhara	Namib
500				
400				
300				
200				
100				
0				

CLAVE   ▢ Precipi-taciones mínimas   ▢ Precipi-taciones máximas

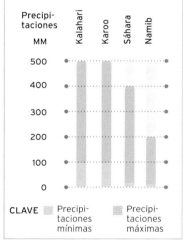

◁ **ROJO ÓXIDO**
Una manada de órices del Cabo destaca sobre la arena roja del Kalahari, que debe su color intenso al óxido de hierro.

Karoo

S de África

Una zona semiárida donde viven muchas de las especies de plantas suculentas del mundo.

El Karoo cubre un tercio aproximado de Sudáfrica, y es una de las regiones más áridas del país. Este desierto, caracterizado por vastos espacios abiertos salpicados de colinas de cima plana y depósitos de fósiles, contiene también una zona fértil a lo largo de la costa que alberga un tercio de las especies de plantas suculentas del mundo. En el oeste, las lluvias primaverales transforman el paisaje, que queda alfombrado por flores naranjas y rosas. La región se divide en el más desértico Alto Karoo, la cuenca más baja del Gran Karoo y el relativamente fértil Pequeño Karoo.

▷ **SUCULENTA RAMIFICADA**
El aloe aljaba es una suculenta de tamaño arbóreo, con un tronco que alcanza 1 m de grosor. Las ramas tubulares ahuecadas sirven a los bosquimanos para hacer aljabas, o carcajes, donde guardar las flechas.

SO de África

Desierto del Namib

Un desierto costero imponente con terrenos que varían desde la roca madre desnuda hasta las altas dunas móviles junto al mar.

El estrecho desierto del Namib se extiende por unos 1300 km de la costa sudoccidental de África, desde el Atlántico hasta una meseta interior elevada. Se trata de uno de los desiertos más antiguos del mundo, y limita al norte con el desierto de Kaoko, que se adentra en Angola, y al sur con el Karoo de Sudáfrica. En su mayor parte, el desierto del Namib mide menos de 160 km de ancho, a pesar de lo cual suele dividirse en tres secciones: la franja costera influida por el Atlántico; el Namib Exterior, que ocupa el resto de la mitad occidental; y el Namib Interior, que corresponde a la mitad oriental del desierto. La llamada costa de los Esqueletos no recibe casi ninguna precipitación y depende de las nieblas regulares del océano. Desde el mar, el terreno va ganando altura hasta unos 900 m, hasta llegar a la base de la Gran Escarpadura, al este. En el Namib Interior, las precipitaciones medias anuales son de solo unos 50 mm.

La vida en seco

La aridez es un rasgo del Namib hasta tal punto que se cree que ha sido árido desde hace al menos 55 m.a. Esto hace que sea aún más sorprendente que aquí vivan animales, desde víboras y gecos hasta cebras y elefantes. También hay partes del Namib ricas en vida vegetal, entre la cual figura la rara especie *Welwitschia mirabilis*, que vive del agua de las nieblas marinas y puede vivir más de mil años.

▷ **MAR DE ARENA**
En el seno del desierto está el mar de arena del Namib, de 31000 km² de superficie. Se compone de dos sistemas de dunas: uno antiguo y semiestable, y otro más joven y activo, que cubre el antiguo.

▽ **PIES ADAPTADOS**
Los pies del geco *Pachydactylus rangei* le permiten caminar sobre la arena fácilmente, y también enterrarse bajo la misma para evitar el calor diurno.

En el **sur del Namib**, algunas **dunas** miden hasta **32 km de largo** y **240 m de alto**.

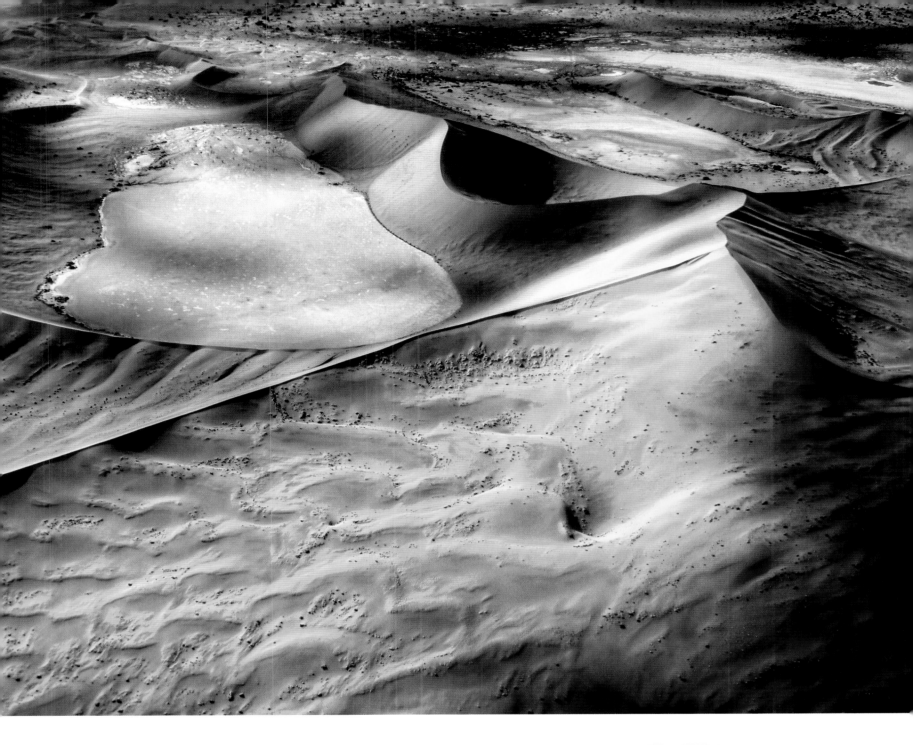

RECOLECTOR DE NIEBLA

Los escarabajos tenebriónidos sobreviven en el Namib recolectando vapor de agua sobre su cuerpo. Unos microsurcos de las alas delanteras recogen gotas, que se canalizan hacia la boca al levantar las patas traseras.

◁ LUGAR DE HUESOS

Las dunas absorben naufragios y huesos, abundantes en la costa de los Esqueletos. La niebla densa que hacía encallar los barcos trae un agua preciosa a esta tierra.

NIEBLA EN LA COSTA DE LOS ESQUELETOS

Al fluir hacia el norte por la costa de Namibia, la corriente fría de Benguela enfría el aire húmedo sobre el océano. Cuando este se encuentra con el aire cálido del desierto, se forman densos bancos de niebla que se adentran hasta 100 km en el Namib central, hasta que los disipa el sol.

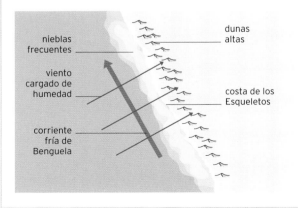

nieblas frecuentes

dunas altas

viento cargado de humedad

costa de los Esqueletos

corriente fría de Benguela

Pilares rojos
En Zhangjiajie, cerca de los montes Tianzi, en
el sur de China, se alzan pilares de arenisca hasta
200 m. Estos pilares los formó la erosión del agua
y la meteorización debida al hielo y la vida vegetal.

Asia

DE LA TUNDRA A LOS TRÓPICOS
Asia

Asia, el mayor continente del mundo, ocupa casi un tercio de las tierras emergidas del planeta. Gran parte del norte corresponde a la llanura de Siberia Occidental, la mayor área de tierra llana del mundo. Está salpicada de grandes pantanos y cubierta de bosques oscuros, que dan paso, en el norte, a la tundra abierta, que puede ser más fría que el Ártico en invierno. Más al sur se hallan las vastas estepas de Asia central, que se funden con el desierto del Gobi. El otro gran desierto de Asia es el mar de arena de ar-Rub al-Jali, en la península de Arabia. La meseta del Tíbet está en el corazón de Asia, y a su alrededor se hallan las montañas más altas del mundo: al norte, el macizo de Altái y el Tian Shan; al sur, el Himalaya, la cordillera más alta, que culmina en el Everest. Más allá de las montañas, al sur y al este, grandes extensiones de tierra se

adentran en los océanos Pacífico e Índico, surcadas por grandes ríos alimentados por la lluvia y la nieve fundida de las montañas: el Indo y el Ganges, en Pakistán e India; el Mekong, en el Sureste Asiático; y el Yangtsé, en China.

GEOLOGÍA

Asia se divide entre la gran área estable de roca continental bajo Siberia y el más variado e inestable sur. Entre ambos están las montañas del Tíbet, levantadas al moverse India hacia el norte.

CLAVE

- ■ Precámbrico (hace más de 541 m.a.)
- ■ Paleozoico (hace 541-252 m.a.)
- ■ Mesozoico (hace 252-66 m.a.)
- ■ Cenozoico (desde hace 66 m.a. hasta el presente)

ALTITUD M

5000

0

-3000

SECCIÓN TRANSVERSAL

A — B

Llanura de Siberia Occidental · Lago Baljash · Meseta Kazaja · Tian Shan · Desierto de Taklamakán · Himalaya · Llanura del Ganges · Trampas del Decán · Océano Índico · Sri Lanka

---

Montes Urales · Llanura de Siberia Occidental · Ob · Irtish · Estepa Kirguiz · Meseta Kazaja · Lago Baljash · Anatolia · Cáucaso · Mar de Aral · Kyzyl Kum · Tien Shan · Mar Caspio · Karakum · Desierto de Taklamakán · Éufrates · Tigris · Montes Zagros · Hindu Kush · Tirat Tsvi 54 °C · Costa del mar Muerto -400m · Meseta Iraní · Golfo Pérsico · Himalaya · Mar Rojo · Península Arábiga · Golfo de Omán · Indo · Desierto de Thar · Ganges · Ar-Rub al-Jali · Montañas de Yemen · Mar de Arabia · Decán · Ghats Occidentales · Bahía de · OCÉANO ÍNDICO · Sri Lanka

Km
0 · 400 · 800

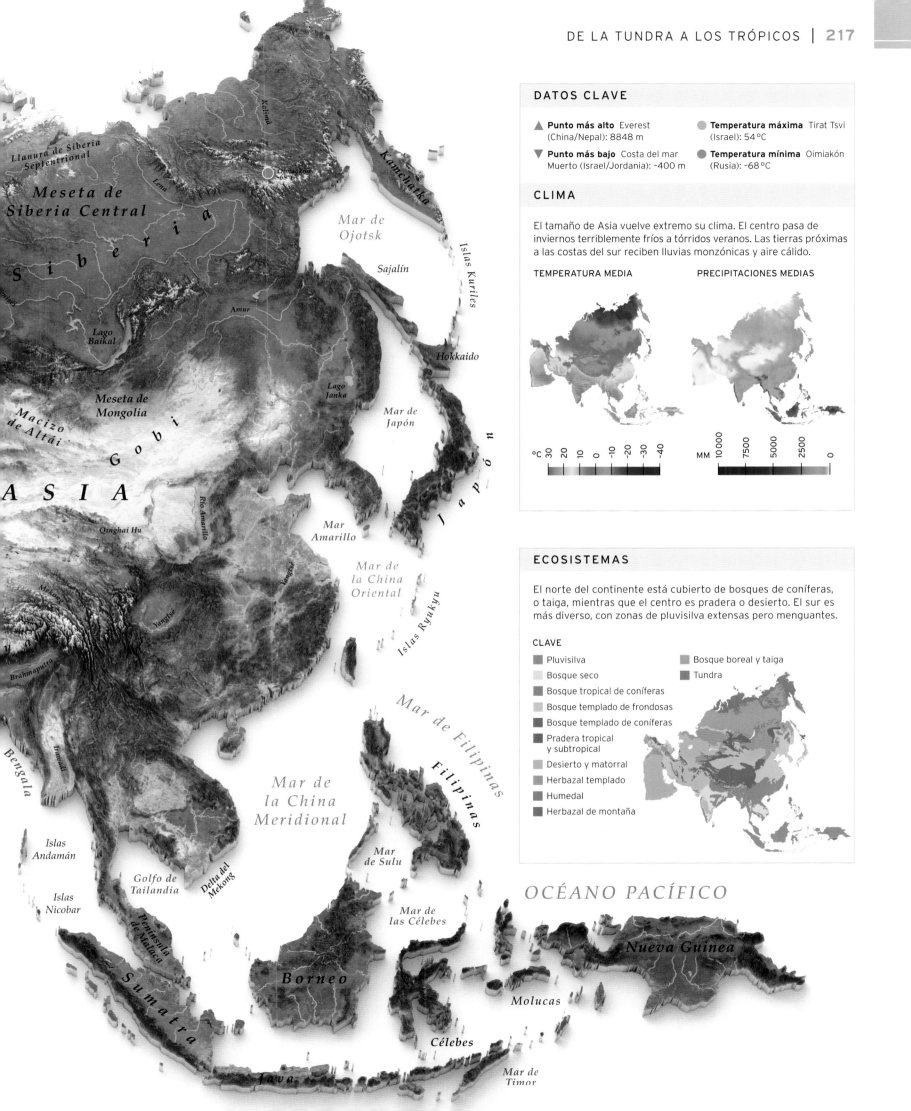

Llanura de Siberia
Septentrional

Meseta de
Siberia Central

Siberia

Kolimá

Oimiakón
-68 ℃

Kamchatka

Lena

Mar de
Ojotsk

Islas Kuriles

Sajalín

Amur

Lago
Baikal

Hokkaido

Meseta de
Mongolia

Lago
Janka

Macizo
de Altái

Gobi

Mar de
Japón

Japón

A S I A

Río Amarillo

Qinghai Hu

Mar
Amarillo

Yangtsé

Mar de
la China
Oriental

Mekong

Yangtsé

Islas Ryukyu

Brahmaputra

Mar de Filipinas

Filipinas

Bengala

Irawadi

Mar de
la China
Meridional

Mar de
Sulu

Islas
Andamán

Golfo de
Tailandia

Delta del
Mekong

Mar de
las Célebes

Islas
Nicobar

Península
de Malaca

OCÉANO PACÍFICO

Nueva Guinea

Sumatra

Borneo

Molucas

Célebes

Java

Mar de
Timor

DATOS CLAVE

▲ **Punto más alto** Everest
(China/Nepal): 8848 m

⬤ **Temperatura máxima** Tirat Tsvi
(Israel): 54 ℃

▼ **Punto más bajo** Costa del mar
Muerto (Israel/Jordania): -400 m

⬤ **Temperatura mínima** Oimiakón
(Rusia): -68 ℃

CLIMA

El tamaño de Asia vuelve extremo su clima. El centro pasa de
inviernos terriblemente fríos a tórridos veranos. Las tierras próximas
a las costas del sur reciben lluvias monzónicas y aire cálido.

TEMPERATURA MEDIA

PRECIPITACIONES MEDIAS

℃ 30 20 10 0 -10 -20 -30 -40

MM 10 000 7500 5000 2500 0

ECOSISTEMAS

El norte del continente está cubierto de bosques de coníferas,
o taiga, mientras que el centro es pradera o desierto. El sur es
más diverso, con zonas de pluvisilva extensas pero menguantes.

CLAVE

- Pluvisilva
- Bosque seco
- Bosque tropical de coníferas
- Bosque templado de frondosas
- Bosque templado de coníferas
- Pradera tropical
  y subtropical
- Desierto y matorral
- Herbazal templado
- Humedal
- Herbazal de montaña
- Bosque boreal y taiga
- Tundra

▷ **MONTES GASTADOS**
La de los Urales es una de las cordilleras más antiguas del mundo, desgastada desde su altura original por millones de años de meteorización y erosión.

▷ **RESTOS FUNDIDOS**
La roca restante de las erupciones de lava basáltica que formaron las trampas del Decán hace 66 m.a. quedó expuesta por la erosión de la roca más blanda a su alrededor.

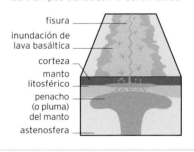

◁ **TIERRA ANTIGUA**
La roca antigua bajo la estepa kazaja fue en el pasado una isla continente totalmente separada, a la que los geólogos llaman Kazajistania. Hoy está atrapada en el seno de Asia.

FORMACIÓN DE ASIA

Asia es mayor que cualquier otro continente, y alberga la montaña más alta y la mayor cordillera del mundo. Sin embargo, también es un continente joven, formado por una unión compleja de fragmentos.

El continente gigante

Salvo Asia, el resto de continentes se han unido con los demás y se han separado una y otra vez. Asia ha permanecido en gran medida intacta a lo largo de la historia de la Tierra, y es una creación reciente, así como una amalgama de muchas piezas. La vasta sección de roca antigua bajo Siberia, la plataforma continental siberiana, es el núcleo del continente, y a esta se unieron las demás partes en tiempos relativamente recientes. Incluso cuando la plataforma siberiana formaba parte del supercontinente Pangea hace 200 m.a., el sur y el este de Asia eran una colección de islas continente separadas.

Hace entre 100 y 50 m.a., estos fragmentos empezaron a juntarse rápidamente. Primero, el norte y el sur de China y el Sureste Asiático se fundieron con el sureste de Eurasia. Luego, muy al sur, comenzó el extraordinario viaje de India. Hace unos 80 m.a., India estaba unida al sur de África, pero se desgajó y dirigió hacia el norte por un antiguo océano y chocó con el borde sur de Eurasia hace entre 60 y 40 m.a. Así se consolidó la unión de las demás partes,

y nació Asia tal como hoy la conocemos.

India volcánica

Uno de los mayores rasgos volcánicos de la Tierra, las trampas del Decán, dominan la meseta india del Decán. Las trampas son lo que los geólogos llaman una gran provincia ígnea, y están hechas de capas de basalto volcánico de más de 2000 m de grosor. Incluso hoy se extienden por un área de 500 000 km^2, pero antes de que los desgastara la erosión cubrían la mitad de India.

A diferencia de otras lavas, el basalto es muy fluido y puede inundar la superficie en gran cantidad. Las erupciones comenzaron hace 66,5 m.a., cuando la separación de India y África era aún reciente. Una teoría propone que entonces India estaba sobre un punto

LAS TRAMPAS DEL DECÁN
La lava basáltica surgió de una fisura en la corteza terrestre sobre una fuente ascendente de roca fundida (o penacho del manto). La lava formó las trampas del Decán al solidificarse.

- fisura
- inundación de lava basáltica
- corteza
- manto litosférico
- penacho (o pluma) del manto
- astenosfera

ACONTECIMIENTOS CLAVE

Hace 130 m.a. Se forma una pluvisilva en lo que acabará siendo Malasia. Hoy sobrevive una parte en el Parque Nacional Taman Negara.

Hace 60-40 m.a. La placa india choca con el sur de la placa euroasiática, deforma la corteza y forma el Himalaya.

Hace 5,5 m.a. Se seca un antiguo mar entre el este de Europa y el oeste de Asia al levantarse la corteza y caer el nivel del mar. Quedan el mar Caspio, el mar de Aral, el mar Negro y el lago Urmía.

Hace 252-250 m.a. La actividad volcánica intensa debida a un penacho del manto causa erupciones en un área extensa que se convertirá en la Siberia oriental, y se forma una gran llanura de roca volcánica, las trampas siberianas, que aún existe hoy.

Hace 66 m.a. Se producen grandes erupciones volcánicas en una masa terrestre que se convertirá en India. La lava se extiende y solidifica en las trampas del Decán.

Hace 50-40 m.a. El levantamiento del Himalaya impide el paso de las lluvias que iban al norte de la nueva cordillera, secando la zona que se convertirá en el desierto del Gobi.

Hace 11 000 años Al subir el nivel del mar, Sumatra, Java y Borneo se convierten en islas.

◁ **TECHO DEL MUNDO**
La vasta extensión de la meseta del Tíbet, con las montañas nevadas del Himalaya en sus márgenes, se puede ver desde el espacio.

caliente donde actualmente se encuentra la isla de Reunión. En un punto caliente, una columna de magma caliente, llamada penacho (o pluma) del manto, asciende y funde la corteza por la que surge. La erupción gigante pudo ser un factor en la extinción de los dinosaurios, siendo la causa principal el impacto de un meteorito, y los científicos creyeron en su día que pudo deberse a un enfriamiento del clima del planeta causado por los gases liberados en esta erupción.

Surgen montañas

Tras su separación de África, India se movió hacia el norte a un ritmo de unos 20 cm al año, más rápido que cualquier otro movimiento de placas conocido. La colisión con el borde sur de Asia tuvo un impacto enorme.

Cuando chocan dos placas, normalmente una queda subducida bajo la otra. Sin embargo, estas dos placas eran de densidad tan pareja que ninguna se hundió, por lo que la corteza entre ambas

▷ **FUENTE DEL GANGES**
Los ríos que fluyen desde el Himalaya, entre ellos, el Ganges, barren el 25% de los sedimentos del mundo, creando amplias y fértiles llanuras.

se levantó y formó la cordillera mayor y más alta que ha habido en el mundo: el Himalaya. En solo 50 m.a., las rocas se han visto empujadas hacia arriba más de 9 km, formando picos, entre ellos el Everest (8848 m), la montaña más alta del mundo. De hecho, el impacto no ha detenido la placa india, que sigue avanzando 3 cm cada año. Los geólogos creen que la única razón por la que el sistema del Himalaya no es aún más alto es que al amontonarse, la roca fluye también hacia los lados, como la ola que se forma delante de un barco en movimiento.

Probablemente, las **erupciones volcánicas violentas** en **India de hace 66,5 m.a.** contribuyeron a la **extinción de los dinosaurios**.

FORMACIÓN DEL CONTINENTE ASIÁTICO

CLAVE ━━ Límite convergente

antigua cordillera a lo largo de una zona de subducción

placa oceánica subducida

tierra emergida

antiguo mar poco profundo

comienza a formarse el Himalaya

India choca con Asia

la subducción en la costa este de Asia crea islas volcánicas

Indonesia conectada a Asia debido al nivel más bajo del mar

HACE 94 M.A. Asia era mucho menor que hoy. China se le había unido recientemente, e India seguía unida a África, muy al sur. Una antigua placa oceánica al sur se hunde bajo Asia.

HACE 50-40 M.A. India choca con el borde sur de Eurasia, dando a Asia su forma actual y levantando la cordillera del Himalaya. Un mar poco profundo en Asia central va menguando.

HACE 18 000 AÑOS Los mares poco profundos que separaban África de Asia han retrocedido por completo. Indonesia está unida a Asia a causa del menor nivel del mar, debido al agua atrapada en los inlandsis.

Aguas termales de Pamukkale

Terrazas escalonadas de aguas
termales en el sureste de Turquía.

O de Asia

Pamukkale, palabra turca que significa «castillo de algodón», asombra por su paisaje blanco y sus piscinas de aguas termales de color turquesa, dispuestas como terrazas escalonadas.

Escalones de travertino

Las terrazas de Pamukkale son de travertino, material blanco y brillante hecho del carbonato cálcico depositado por las aguas termales. Hay 17 fuentes, con temperaturas entre los 35 y los 97 °C. Durante miles de años, el agua que se filtraba hasta lo profundo de la corteza terrestre y se calentaba surgía de lo alto de una colina de 100 m. Al fluir ladera abajo, pasa por una serie de pozas de travertino. Se atribuyen propiedades curativas a sus aguas duras.

▷ **POZAS ATERRAZADAS**
Esta zona de pozas escalonadas en Pamukkale mide 65 m de largo y 27 m de ancho. Tiene unos 20 niveles, y el agua está a unos 36 °C.

Montes Zagros

Una barrera natural imponente que atraviesa Oriente Próximo y muestra
los efectos de una colisión de placas tectónicas que continúa hoy.

O de Asia

Los Zagros forman la mayor cordillera de Irán, y se extienden a partes de Turquía e Irak. Algunas secciones sobrepasan los 4000 m y tienen nieve permanente, y el pico más alto es el Ghash Mastan (4435 m). Los agrestes y en su mayor parte semiáridos Zagros comenzaron a formarse hace entre 30 y 25 m.a., al chocar dos placas tectónicas –la arábiga y la euroasiática–, con el resultado del plegamiento de las capas de roca subyacentes. Hoy continúa produciéndose una deformación considerable a causa de esta colisión, y la región está sometida a frecuentes terremotos.

◁ **TIERRA ARRUGADA**
Sus muchas crestas paralelas le dan a los Zagros aspecto de ondas.

▷ **COMENSAL NOCTURNO**
La hiena rayada, depredador y carroñero nocturno, se encuentra en pequeños grupos por todos los Zagros. Tiene un papel destacado en el folclore de Oriente Próximo.

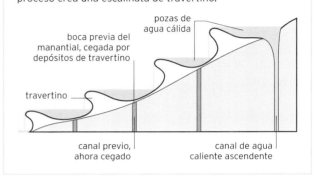

FORMACIÓN DE TERRAZAS DE TRAVERTINO

Las terrazas de travertino se forman cuando brota una fuente de aguas termales con contenido en carbonato cálcico en un monte. El agua va depositando travertino en la ladera bajo la fuente, hasta que esta queda cegada por el mineral acumulado. Así se fuerza la apertura de otra fuente algo más alta, y la repetición gradual del proceso crea una escalinata de travertino.

pozas de agua cálida

boca previa del manantial, cegada por depósitos de travertino

travertino

canal previo, ahora cegado

canal de agua caliente ascendente

En los manantiales, el **agua fluye** a unos **400 litros por segundo**.

O de Asia

EL ORIGEN DEL CÁUCASO

El Cáucaso comenzó a formarse cuando una masa de tierra que comprendía partes de los actuales Irán, Turquía, Armenia y otros países próximos chocó con Eurasia. El mar Paratetis se dividió en los actuales mares Negro y Caspio.

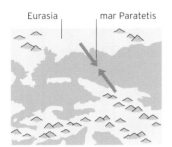

Eurasia · mar Paratetis

HACE UNOS 30 M.A.

mar Negro · Cáucaso

PRESENTE · mar Caspio

Montañas del Cáucaso

Un muro montañoso sobre el lugar donde se produce el encuentro entre Asia y Europa.

Las formidables montañas del Cáucaso se ubican principalmente en los países asiáticos de Georgia, Armenia y Azerbaiyán, pero también en parte en la Rusia europea. Consisten en dos cadenas, el Gran Cáucaso y el Cáucaso Menor. El pico más alto es el Elbrús (en el sector ruso), de 5642 m. El Cáucaso contiene una gran variedad de zonas de vegetación, desde bosques y prados alpinos hasta semidesiertos elevados, así como la cueva más profunda conocida, la de Krúbera-Voronia, en Georgia.

▷ MINERAL MAGNÉTICO
En Dashkesan, región del Cáucaso Menor, abunda la magnetita; rica en hierro, es el mineral más magnético de todos.

▷ VISTA AL AMANECER
El Cáucaso lo conforman montañas empinadas, escarpadas y relativamente jóvenes. En muchos de sus picos hay glaciares, que suman más de dos mil en todo el Cáucaso.

PARTES DEL HIMALAYA

Aunque se trata de un arco continuo de montañas, el Himalaya se divide en dos partes principales, una parte occidental y otra oriental. Muchos de los picos más altos, como el Everest, Lhotse y Kanchenjunga, están apiñados en la sección oriental. Entre las cordilleras vecinas que suelen considerarse aparte del Himalaya están la del Karakórum y el Hindu Kush al noroeste, y las montañas Hengduan al noreste. Al norte del Himalaya se encuentra la meseta del Tíbet.

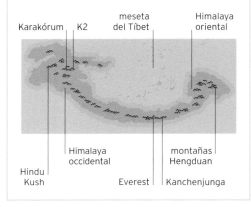

Karakórum | K2 | meseta del Tíbet | Himalaya oriental
Hindu Kush | Himalaya occidental | Everest | montañas Hengduan | Kanchenjunga

Himalaya

La cordillera más alta del mundo, con más de 50 picos que sobrepasan los 7200 m de altura.

El Himalaya, que recorre el norte de Pakistán e India hasta Nepal y Bután, con partes en China, es la cordillera más alta del mundo, y es también relativamente joven, habiéndose formado en los últimos 50 m.a.

Morada de la nieve

Con 2300 km de longitud y entre 250 y 350 km de ancho, el Himalaya forma una barrera entre la meseta del Tíbet, al norte, y las llanuras del subcontinente indio, al sur. El nombre de la cordillera procede del sánscrito *himalaya* («morada de la nieve»). Los picos más elevados del Himalaya, aunque extremadamente inhóspitos, son un imán irresistible para los alpinistas que buscan los mayores retos.

△ **CAZADOR DE LAS ALTURAS**
Se cree que en el Himalaya viven algunos miles de leopardos de las nieves. En verano habitan hasta en alturas de 6000 m.

Algunas partes
del Himalaya **se
siguen levantando**
unos **4 mm al año**.

FORMACIÓN DEL HIMALAYA

El Himalaya fue
levantado por
movimientos de
placas tectónicas
que hicieron chocar
India, hasta ese
momento una isla,
con Asia. Las rocas
de la corteza se
deformaron y
se levantaron
hasta 8 km.

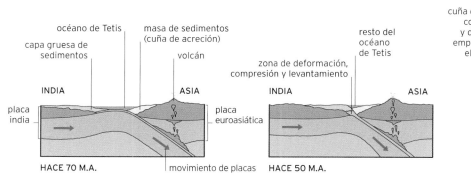

océano de Tetis

capa gruesa de
sedimentos

masa de sedimentos
(cuña de acreción)

volcán

INDIA   ASIA

placa
india

placa
euroasiática

HACE 70 M.A.   movimiento de placas

zona de deformación,
compresión y levantamiento

resto del
océano
de Tetis

INDIA   ASIA

HACE 50 M.A.

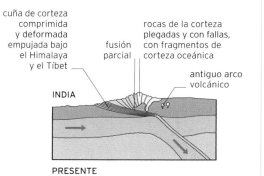

cuña de corteza
comprimida
y deformada
empujada bajo
el Himalaya
y el Tíbet

fusión
parcial

rocas de la corteza
plegadas y con fallas,
con fragmentos de
corteza oceánica

antiguo arco
volcánico

INDIA

PRESENTE

Macizo de Altái

Una hermosa cordillera de montañas elevadas casi en el centro de Asia.

C de Asia

Situado en la zona donde se encuentran Rusia, China, Mongolia y Kazajistán, el Altái se extiende por 2000 km de Asia central. Gran parte de la cordillera supera los 3000 m de altura, y hay numerosos picos con glaciares de más de 4000 m en la sección de Mongolia. El mayor, el monte Beluja (4506 m), queda al norte, en el nacimiento del sistema fluvial siberiano Obi-Irtish. Al este, el Altái se funde con la alta meseta del desierto del Gobi (pp. 266–267) y las estepas frías de Mongolia. En parte por lo diverso de sus hábitats –tales como tundra, bosque y vegetación alpina–, hay una vida salvaje también diversa, que incluye al íbice siberiano y varias especies de ciervos, linces y osos pardos.

◁ **CUERPO ROBUSTO**
El íbice siberiano, con aspecto de cabra fornida, suele encontrarse en empinadas laderas rocosas por encima de la línea del arbolado. Se alimenta de matorral, hierba y ciperáceas.

▽ **MONTAÑAS DORADAS**
La palabra mongola *altai* significa «pico dorado». En la imagen, los picos nevados del Altái, que se elevan más allá de la estepa de hierba amarilla.

Montañas Tian Shan

Una de las cordilleras más largas y altas del mundo, con más de 60 picos que superan los 6000 m de altura.

C de Asia

La cordillera del Tian Shan consiste en una serie de cadenas montañosas que se extienden por Kirguistán, parte de Kazajistán y el oeste de China. Su longitud total es de unos 2800 km, mayor que la del Himalaya. Los picos superiores a 4000 m –entre ellos el más alto, el pico Pobieda («pico de la Victoria» en ruso), de 7439 m– están cubiertos por glaciares. En chino, *tian shan* significa «montañas celestiales». La cordillera ha sido declarada Patrimonio de la Humanidad por su biodiversidad única y rica, además de sus variados paisajes que contrastan con los vastos desiertos adyacentes.

▷ **MONTAÑAS AZULES**
Una parte de las montañas Borohoro, una de las cadenas de las Tian Shan, se ve azul por la dispersión atmosférica de la luz de longitud de onda azul.

C de Asia

Cordillera del Karakórum

La mayor concentración de altas montañas del mundo.

El Karakórum, al noroeste del Himalaya, abarca el norte de Pakistán e India, con partes en China y Tayikistán, y contiene casi todos los cien picos más altos del mundo fuera del Himalaya (pp. 222–223), entre ellos, la segunda montaña más alta del mundo, el K2 (o monte Godwin-Austen), con una altura de 8611 m.

Retos de escalada

La cordillera del Karakórum mide unos 500 km de largo, y contiene muchos glaciares, de los que algunos, como el Baltoro (p. 233), están entre los más largos del mundo fuera de las regiones polares. El Karakórum está poco poblado, y los visitantes son casi exclusivamente alpinistas que vienen a escalar sus picos, algunos de los cuales son extremadamente difíciles. Incluyen el K2 y las Torres del Trango, un grupo de columnas de granito próximas al glaciar Baltoro.

Una de cada cinco personas que ha **intentado escalar el K2** ha **muerto** en el intento.

△ **TORRE SIN NOMBRE**
El pico de granito en el centro de la imagen, llamado la Torre sin Nombre, es parte de las Torres del Trango. Sus laderas casi verticales se alzan unos 900 m por encima de la cresta, y la aguja alcanza los 6239 m.

▷ **MONTAÑA SALVAJE**
En la imagen se ve el monte K2 tras un sérac (bloque apuntado de hielo glaciar) en primer plano. Se lo conoce como la «montaña salvaje» por la extrema dificultad del ascenso.

PICOS ALTOS DEL KARAKÓRUM

1 K2 8611 m
2 Gasherbrum I 8080 m
3 Broad Peak 8051 m
4 Gasherbrum II 8035 m
5 Gasherbrum III 7952 m

S de Asia

Monte Everest

La montaña más alta de la Tierra, situada en el Himalaya oriental.

También conocido en nepalí como Sagarmatha («cabeza del cielo»), y en tibetano como Chomolungma («madre del universo»), el Everest se alza 8848 m sobre el nivel del mar.

Caras y crestas

El Everest es un lugar extremadamente inhóspito. Escalarlo es peligroso: las muertes se deben sobre todo a las avalanchas, la hipotermia y el mal de altura. La montaña tiene la forma aproximada de una pirámide de tres caras, con una cara suroeste, otra norte y otra este, las tres muy empinadas. En las intersecciones de estas hay tres crestas –sureste, noreste y oeste– que llevan a la cima. El primer ascenso confirmado fue el de Tenzing Norgay y Edmund Hillary en 1953, en una ruta por la cresta sureste, y desde entonces ha habido otros con éxito por al menos 18 rutas diferentes de dificultad variable, con combinaciones diversas de crestas y caras.

LA GEOLOGÍA DEL EVEREST

La cima piramidal del Everest está hecha de caliza formada en el lecho oceánico hace unos 470 m.a., durante el periodo Ordovícico. Bajo esta hay otras capas de roca sedimentaria, y, a mayor profundidad, subyacen rocas metamórficas como el gneis, con intrusiones de rocas ígneas.

leucogranito

caliza del Ordovícico

rocas sedimentarias como lutita y caliza

gneis

rocas metamórficas con intrusión de rocas ígneas

▷ **AVALANCHA**
Las avalanchas son frecuentes en el Everest. En abril de 2015, un terremoto desencadenó una avalancha mortal que barrió el campo base sur y mató a 22 personas.

Changtse
Este pico de 7543 m está conectado a la cima del Everest por el collado norte.

Khumbutse
En la frontera entre Nepal y China, este pico alcanza los 6636 m.

glaciar de Rongbuk

cresta noreste

cara norte

collado norte

▶ **MACIZO DEL EVEREST**
Visto aquí desde el oeste, el macizo del Everest incluye el pico así llamado y los vecinos Lhotse y Nuptse. Las crestas entre los picos forman una herradura alrededor de una cuenca.

▷ **CAMPO BASE**
Hay dos campos base principales en el Everest, en distintas caras de la montaña. Los usan los alpinistas antes y después de los ascensos, así como los senderistas. El campo base sur (en la imagen), en Nepal, está cerca de la cascada de hielo de Khumbu, a 5364 m.

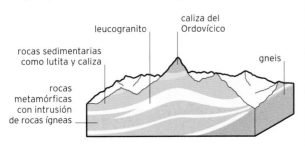

En la **cima del Everest** hay un **66 %** menos de oxígeno que al nivel del mar.

Everest (cima)
El Everest crecía unos 3 mm al año hasta 2015, pero puede haber perdido altura ligeramente debido al terremoto de ese año.

cresta oeste

cresta sureste

cara suroeste

collado sur

Lhotse
Con 8516 m de altura, Lhotse es la cuarta montaña más alta del mundo. La ladera oeste, llamada Lhotse Face, es una pared empinada de hielo glaciar azul.

Lhotse Face

▷ CONDICIONES CLIMATOLÓGICAS
El clima es notoriamente cambiante en el macizo del Everest, incluido el Nuptse (en la imagen). Las temperaturas en distintos lugares y a distintas horas pueden variar entre los -62 y los 38 °C, y los vientos huracanados son frecuentes.

Nuptse
Situado al suroeste del Everest, este pico tiene la cima a 7861 m.

Cwm occidental
Al pie de la Lhotse Face hay una cuenca amplia con grietas ocultas.

cara suroeste del Nuptse

Corteza
Bajo el macizo del Everest, la corteza alcanza los 80 km de grosor, y se compone de muchos tipos distintos de roca.

glaciar de Khumbu

△ CASCADA DE HIELO DE KHUMBU
Esta parte rota y agrietada del glaciar de Khumbu desciende desde unos 6000 m hasta unos 5400 m. Es una parte peligrosa de la ruta de ascenso más famosa al Everest (que luego pasa por el collado sur y la cresta sureste).

Zhangye Danxia

Un paisaje extraordinario de rocas sedimentarias de colores vivos y paisajes esculpidos en el norte de China.

E de Asia

△ CRESTAS ARCOÍRIS
En los estratos de roca de Zhangye Danxia predomina el color rojo, pero hay también capas naranjas, amarillas, azul pálido y verdes.

El Parque Geológico Nacional Zhangye Danxia ocupa 500 km² de la provincia china de Gansu, y es conocido por las formas y los colores desacostumbrados de sus rocas sedimentarias. Con sus crestas onduladas en las que predominan los tonos rojizos, algunas partes parecen olas en un mar de fuego. La palabra china *danxia* designa este tipo de formaciones geológicas sedimentarias que se ven aquí, y Zhangye es una ciudad próxima al parque.

Fuente de color

Hace aproximadamente 80 m.a. empezaron a formarse rocas sedimentarias en la zona a partir de sedimentos depositados en lagos. Las variaciones en su composición mineral explican la gama de colores de la roca que hoy se aprecia. Hace unos 20 m.a., toda la zona se elevó, y los estratos se inclinaron debido al estrés tectónico. Posteriores procesos de meteorización y erosión crearon las espectaculares vistas actuales.

▷ **FORTALEZA DE ROCA**
Al oeste del Parque Geológico Zhangye está el Binggou Danxia, cuyos afloramientos de arenisca parecen fortalezas.

Estas capas de roca tardaron **decenas de millones** de años en formarse.

E de Asia

Monte Fuji

Un volcán icónico y de simetría hermosa que se puede ver desde Tokio en días claros.

A 90 km al suroeste de Tokio y con 3776 m de altura, el monte Fuji es la montaña más alta de Japón. Formado en gran medida hace entre 11 000 y 8000 años, su atractivo cono es uno de los símbolos más famosos del país, celebrado a menudo en el arte y la literatura, y visitado por turistas y alpinistas. Aunque está clasificado como volcán activo, su última erupción –que cubrió de ceniza un área extensa al este– se produjo en diciembre de 1707, y desde entonces no ha habido indicios de actividad volcánica.

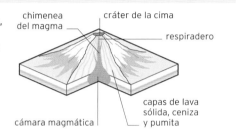

▷ ÉPOCA DE FLORECIMIENTO
El florecimiento de los cerezos es tan admirado en la zona del monte Fuji que hay una estación oficial para verlo, llamada *hanami*.

△ **CONO CÉLEBRE**
El cono del monte Fuji tiene una base de unos 20 km de diámetro, y es casi perfectamente simétrico. El pico está nevado entre octubre y junio.

EL MONTE FUJI POR DENTRO

El Fuji es un estratovolcán, un volcán compuesto por capas de lava solidificada que alternan con ceniza y otros materiales eyectados. Las sucesivas capas formaron el cono elevado del volcán.

chimenea del magma
cráter de la cima
respiradero
capas de lava sólida, ceniza y pumita
cámara magmática

Kliuchevskói

El mayor volcán activo fuera del continente americano, en la península rusa de Kamchatka, sagrado para la población nativa de la zona.

N de Asia

▽ **RÍO DE LAVA**
En esta foto, tomada en 2015, un flujo de lava baja por el Kliuchevskói mientras penachos de vapor, ceniza y otros gases volcánicos escapan a la atmósfera.

También llamado Kliuchevskaya Sopka, el Kliuchevskói es uno de los más activos y también más altos en una densa cadena de más de 160 volcanes que recorren la península de Kamchatka. Los volcanes son el resultado de la subducción de las placas pacífica y norteamericana bajo la pequeña placa de Ojotsk, sobre la que se encuentra Kamchatka. El proceso provocó la formación de magma que ascendió por la corteza y creó los volcanes.

Belleza peligrosa

Formado hace 6000 años, el Kliuchevskói ha estado entrando en erupción de forma casi continua desde al menos finales del siglo XVII, con erupciones importantes en 2007, 2010, 2012, 2013 y 2015. Debido a las frecuentes erupciones, pocos lo han escalado. Hermoso, simétrico y con la cima nevada, el Kliuchevskói es considerado por parte de la población nativa de Kamchatka como el lugar donde fue creado el mundo.

Complejo volcánico del macizo del Tengger

Un grupo de conos volcánicos con aspecto de otro mundo y situados en una caldera rodeada de vegetación tropical exuberante.

SE de Asia

El complejo volcánico del macizo del Tengger es parte de un parque nacional en la isla indonesia de Java. Se halla dentro de una gran caldera, los restos de un volcán enorme que se desintegró en una erupción cataclísmica hace más de 45 000 años. En los últimos pocos miles de años han surgido varios conos volcánicos en su suelo, de los que el más reconocible es el monte Bromo, por el gran cráter en la cima, destruida por una erupción.

Erupciones recientes

El monte Bromo es el más joven, el más activo y el más visitado de los volcanes. Ha entrado en erupción repetidas veces desde 1590. Fuera de la caldera hay un volcán mayor, el Semeru, que también expulsa regularmente grandes nubes de humo y vapor. Con 3676 m, es el pico más alto de Java.

△ PANORAMA DEL TENGGER
En esta imagen se pueden ver los conos volcánicos del complejo del macizo del Tengger en el centro, y el humo que emana del monte Bromo. A lo lejos se ve el monte Semeru.

▽ PERSPECTIVA AL AMANECER
En la imagen se ve parte del borde de la caldera del Tengger, con la base instalada para explorar el complejo. A la derecha está la caldera envuelta en bruma.

TENGGER Y SEMERU

La caldera del Tengger es de forma más o menos cuadrada. Su suelo se conoce como el «mar de arena». Dentro hay cinco estratovolcanes superpuestos. Unos kilómetros al sur se encuentra el gran estratovolcán activo Semeru.

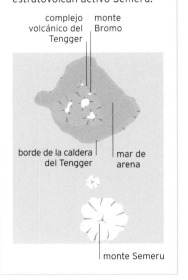

complejo volcánico del Tengger — monte Bromo

borde de la caldera del Tengger — mar de arena

monte Semeru

La **caldera** en la que está el **complejo del Tengger** mide **16 km** de ancho.

Pinatubo

*Un volcán amenazante en Filipinas con un
historial de erupciones de gran violencia.*

SE de Asia

△ **LAGO EN LA CIMA**
Desde 1992, la caldera de 2,5 km
de diámetro del Pinatubo se ha
llenado con un lago turquesa.
Con una profundidad de 600 m,
es el lago más profundo de Filipinas.

El volcán Pinatubo, en la isla de Luzón (Filipinas),
no entra en erupción con frecuencia, pero, cuando
lo hace, explota con una ferocidad extrema. Ha
producido algunas erupciones excepcionalmente
grandes, en intervalos de entre los 500 y los 8000 años.

El Pinatubo en 1991 y hoy

La erupción más reciente del Pinatubo se produjo en
junio de 1991, cuando una serie de explosiones lanzaron
una gran cantidad de roca y de ceniza a la atmósfera
y produjeron flujos piroclásticos (avalanchas de gas
caliente y ceniza) que incineraron la tierra a hasta 17 km
de distancia. Murieron más de 800 personas, y fueron
desplazadas miles más. Parte de la cima del volcán
colapsó, dejando una caldera que ahora llena un lago
en calma. Las cenizas oscurecieron el cielo durante
muchos días, y partículas finas de polvo y gotas
minúsculas de ácido sulfúrico se extendieron a toda
la Tierra, que bloquearon la luz solar lo suficiente para
reducir las temperaturas globales 0,5 °C durante un año.

Incluso hoy siguen siendo visibles algunos efectos
de la erupción, como los vastos campos de ceniza
alrededor del volcán, el cual está continuamente
vigilado por si da señales de actividad.

LA ERUPCIÓN DEL PINATUBO EN 1991

En 1991, la erupción del Pinatubo supuso el mayor y más
violento acontecimiento volcánico de los últimos cien años
por el volumen de ceniza, lava, pumita y otros materiales
eyectados. El gráfico la muestra comparada con otras
cuatro erupciones masivas desde 1950.

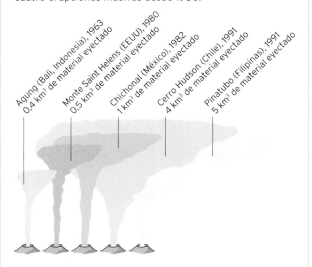

Agung (Bali, Indonesia), 1963
0,4 km³ de material eyectado

Monte Saint Helens (EEUU), 1980
0,5 km³ de material eyectado

Chichonal (México), 1982
1 km³ de material eyectado

Cerro Hudson (Chile), 1991
4 km³ de material eyectado

Pinatubo (Filipinas), 1991
5 km³ de material eyectado

△ **NUBE EN FORMA DE HONGO**
Durante la erupción del Pinatubo en
1991, una nube de ceniza volcánica
en forma de hongo alcanzó los 34 km
de altura, muy superior a la de la
mayoría de los vuelos comerciales.

Glaciar Fedchenko

El glaciar más largo del mundo fuera de las zonas polares fluye por valles de la cordillera del Pamir, en Tayikistán.

C de Asia

El Fedchenko es un glaciar excepcionalmente largo y estrecho, cuya longitud se ha determinado con imágenes de satélite en 77 km, algo más que algunos otros glaciares no polares muy largos, como el de Siachen y el Baltoro (p. siguiente), en la cordillera del Karakórum. El Fedchenko cubre un área total de unos 700 km² y tiene docenas de afluentes. Se halla en un lugar tan remoto del mundo que no fue descubierto hasta 1878, ni explorado por completo hasta 1928. Más tarde fue bautizado así en honor de Alexei Fedchenko, explorador ruso conocido por sus viajes por Asia central.

▷ **CURSO ESTRECHO**
En la imagen, la parte baja del glaciar serpentea en diagonal por el paisaje, desde abajo a la izquierda hasta arriba a la derecha. También se aprecian algunos afluentes.

Glaciar Yulong

Uno de los glaciares más conocidos de China, en la montaña Nevada del Dragón de Jade.

E de Asia

El glaciar Yulong es uno de los 19 pequeños glaciares que adornan los flancos de un macizo (grupo compacto de montañas) en la provincia de Yunnan, al suroeste de China. El macizo se conoce como monte Yulong, o montaña Nevada del Dragón de Jade. El de Yulong es un glaciar de circo (ocupa una depresión en lo alto de una montaña) con una lengua de hielo debajo, llamada glaciar colgante. Es uno de los glaciares más accesibles de China, al encontrarse cerca de lo alto de una línea de teleférico. Por desgracia, el glaciar está menguando, y la tasa actual de pérdida de hielo hace prever que desaparecerá en unos 50 años.

▷ **SUPERFICIE AGRIETADA**
La parte descendente, o colgante, del glaciar de Yulong, situada a unos 3650 m de altitud, tiene una superficie muy agrietada y rota por crevasses (fisuras profundas).

△ **REVUELO BLANCO**
Una avalancha de nieve en polvo cae de uno de los picos del grupo Gasherbrum al glaciar Baltoro, en primer plano.

C de Asia

Glaciar Baltoro

Un gran glaciar que recorre parte de la cordillera del Karakórum, con vistas de muchos de los picos más altos del mundo.

El glaciar Baltoro, de 63 km de longitud, discurre más o menos de oeste a este por la Cachemira administrada por Pakistán. Forma parte de la ruta de los alpinistas para escalar tanto el K2, la segunda montaña más alta del mundo, como un conjunto de picos que se hallan entre los más altos del mundo, el llamado grupo Gasherbrum.

Vistas de picos

La superficie del glaciar es áspera e irregular, rota por crevasses y cubierta de séracs y desechos rocosos. Donde el Baltoro se une a uno de sus mayores afluentes, el glaciar Godwin-Austen, hay una amplia zona llamada Concordia, que ofrece a los montañeros vistas magníficas en varias direcciones, tanto del K2 como de otros tres picos que superan los 8000 m.

◁ **CONOS DE HIELO**
Por todo el glaciar se ven enormes pináculos y conos de hielo, llamados séracs, algunos de ellos del tamaño de casas.

FORMACIÓN DE CREVASSES Y SÉRACS

Las crevasses se deben a la tensión generada al estirarse un glaciar cuando pasa sobre protuberancias o irregularidades en la pendiente de la roca madre. Pueden ser transversales o longitudinales, pero a veces se combinan ambas, y en la intersección se forman columnas o pináculos de hielo (séracs).

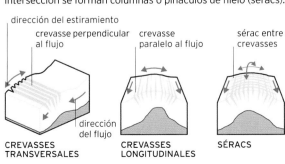

dirección del estiramiento

crevasse perpendicular al flujo

crevasse paralelo al flujo

sérac entre crevasses

dirección del flujo

CREVASSES TRANSVERSALES

CREVASSES LONGITUDINALES

SÉRACS

Seis de los **picos más altos** del mundo **se ven** desde una ruta a pie por el glaciar.

C de Asia

Glaciar Biafo

Un glaciar largo y casi recto en la cordillera del Karakórum, en Pakistán.

El glaciar Biafo, de 63 km, va de noroeste a sureste en una región occidental del Karakórum (p. 225), y está muy cubierto de desechos rocosos en su curso bajo. Es posible caminar por el glaciar en toda su longitud hasta su punto más alto, a 5128 m. En su parte alta, el Biafo se encuentra con otra autopista de hielo, el glaciar de Hispar. Cerca se halla una de las mayores cubetas glaciales fuera de las regiones polares, llamada Lupke Lawo («Lago de Nieve»). A veces se ve también vida salvaje cerca del glaciar, como íbices y marjores (un tipo de cabra montés), o, con mucha menor frecuencia, leopardos de las nieves.

FUENTES DE LAS MORRENAS GLACIARES

Las rocas que se sueltan de montañas próximas son la principal fuente de restos rocosos en un glaciar. También cae constantemente polvo sobre la superficie, y el hielo atrapa y arrastra rocas de la roca madre.

roca caída de las montañas de alrededor

morrena frontal

polvo traído por el viento

roca arrancada

△ **AUTOPISTA HELADA**
La superficie del curso bajo de un glaciar contiene grietas profundas, flujos de deshielo, fragmentos rocosos y grandes acumulaciones de rocas. En ambos flancos hay montañas altas con glaciares afluentes.

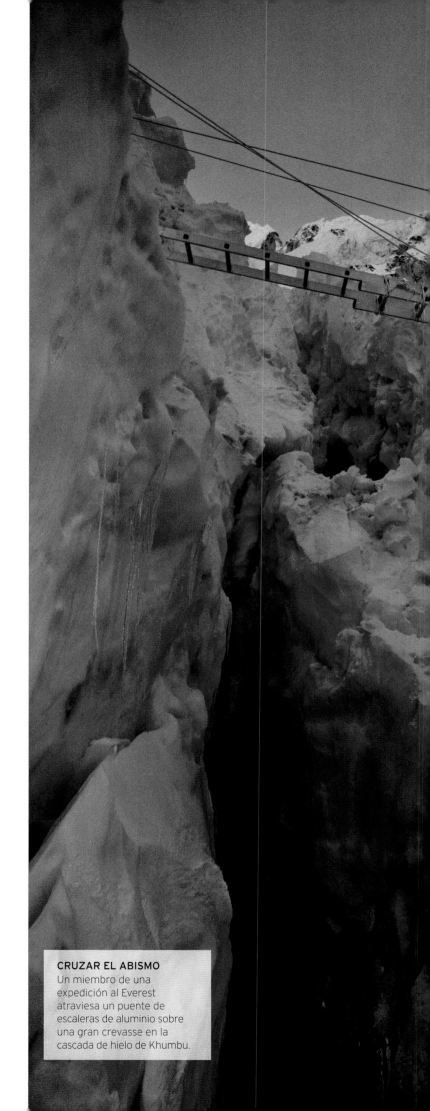

CRUZAR EL ABISMO
Un miembro de una expedición al Everest atraviesa un puente de escaleras de aluminio sobre una gran crevasse en la cascada de hielo de Khumbu.

S de Asia

Glaciar de Khumbu

Un gran glaciar parcialmente cubierto de rocas en Nepal, famoso sobre todo por formar parte de algunas rutas para acceder y escalar el Everest.

El glaciar de Khumbu tiene dos partes principales (recuadro, abajo). La parte superior, en la cara oeste del Everest (pp. 226–227), es una enorme cascada de hielo, una masa de hielo roto y agrietado que baja por una pendiente pronunciada. La fuente se encuentra a 7600 m de altura, y desciende relativamente rápido, a 1 m por día. Debido a ello se abren repentinamente grandes grietas. Las pequeñas quedan tapadas por la nieve, formando traicioneros puentes de nieve por los que pueden caer los escaladores desprevenidos. Atravesar la cascada es peligroso, pero gran parte de la ruta de ascenso y descenso es por escaleras y cuerdas que fijan cada año guías experimentados.

▽ **FRAGMENTOS AFILADOS**
En el glaciar de Khumbu se forman habitualmente séracs (torres de hielo) que pueden desplomarse en cualquier momento, haciendo caer grandes bloques de hielo por empinadas laderas.

▷ **DESCENSO MATUTINO**
Una fila de alpinistas desciende por la cascada. El hielo es más estable en las primeras horas de la mañana, preferidas para recorrerla.

Las **crevasses** de este glaciar pueden alcanzar más de **50 m** de profundidad.

PERFIL DEL GLACIAR DE KHUMBU

El glaciar de Khumbu tiene dos sectores: la parte superior, una empinada cascada de hielo con grietas caóticas, que forma parte de una de las rutas principales al Everest; y la parte inferior, de pendiente suave y cubierta de desechos rocosos, que baja por un largo valle de lados rectos.

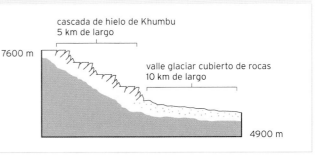

cascada de hielo de Khumbu
5 km de largo

7600 m

valle glaciar cubierto de rocas
10 km de largo

4900 m

Mar Muerto

Un lago extremadamente salado en Oriente Próximo, con orillas en rápido retroceso que marcan el punto emergido más bajo de la Tierra.

O de Asia

△ COSTAS DEL PASADO
Las terrazas concéntricas muestran cómo han retrocedido las costas del mar Muerto con el tiempo. A medida que sigue cayendo el nivel del agua y el lago mengua, aumenta su salinidad.

El mar Muerto, un lago salado en la frontera entre Israel y Jordania, se asienta sobre una depresión, o graben, entre dos placas tectónicas en el rift del Jordán. Situado a unos 430 m por debajo del nivel del mar, sus orillas son el punto más bajo de la superficie terrestre emergida. Con una salinidad de un 35 % –hasta diez veces la del agua de los océanos–, el mar Muerto es una de las masas de agua más saladas del planeta; por tanto alberga pocas formas de vida, y de ahí su nombre.

▽ SUMINISTRO DE SAL
La sal cristalizada que se encuentra por toda la orilla del mar Muerto es apreciada desde la antigüedad por sus usos culinarios y medicinales.

LA ALTURA DEL MAR MUERTO

La poca altura del mar Muerto se debe a su posición entre dos placas tectónicas. Primero se formó un lago cuando la tierra situada al oeste se elevó, separándolo del Mediterráneo. Al alejarse las placas, el suelo del lago fue cayendo hasta un nivel inferior al del mar.

Jerusalén: 774 m
Jericó: -251 m
montes de Transjordania
mar Mediterráneo
montes de Judea
fondo del mar Muerto: -817 m
nivel del mar Muerto: -430 m

Mar menguante

La principal fuente del mar Muerto es el río Jordán, y aunque no tenga vía de salida, en los últimos años el nivel ha caído rápidamente, debido en gran parte al trasvase para uso comercial. Las orillas en retirada han separado el lago en dos cuencas, al extenderse lo que fuera la península de Lisán. La cuenca sur se ha dividido en una serie de salinas para su explotación.

El **nivel** del mar Muerto está **cayendo** más de **1 m al año**.

Obi-Irtish

*Un gran sistema fluvial en el noroeste de Asia que atraviesa algunas
de las regiones más remotas y menos pobladas de la Tierra.*

NO de Asia

El sistema fluvial Obi-Irtish es la combinación de dos
grandes ríos asiáticos que nacen en vertientes distintas
del macizo de Altái (p. 224) y fluyen hacia el norte por
la llanura siberiana hasta el océano Ártico.

Heladas e inundaciones

Con un total de 5568 km desde el nacimiento del Irtish
hasta la desembocadura del Obi, este sistema fluvial
es el más largo de Siberia. Su cuenca es similar en
tamaño a la enorme cuenca del Misisipi-Misuri (p. 53).
En su curso bajo, el río se divide sobre una vasta
llanura pantanosa sometida a heladas e inundaciones
estacionales. El Obi-Irtish desemboca en el golfo
del Obi, el estuario más largo del mundo.

▷ **TÉMPANOS**
El Obi-Irtish empieza a congelarse en otoño desde
la desembocadura, al norte, hacia el sur. Durante más
de medio año deja de ser navegable a causa del hielo.

N de Asia

Lena

*Una épica vía acuática transiberiana
que drena un quinto del territorio ruso.*

El Lena, uno de los tres grandes ríos siberianos junto
con el Obi-Irtish y el Yeniséi, fluye a lo largo de 4400 km
desde su nacimiento en los montes Baikal, al oeste del
lago Baikal (pp. 238–239), atravesando Siberia, hasta
su desembocadura en el mar de Láptev (un sector del
océano Ártico). El Lena tiene una de las mayores cuencas
del mundo, y drena una quinta parte del territorio ruso.
En su curso bajo, solo está libre de hielo entre cuatro y
cinco meses al año, tras las inundaciones estacionales.

En su desembocadura, el río forma el mayor delta
del Ártico y el segundo mayor de la Tierra. El delta, que
abarca unos 280 km de ancho, se adentra 120 km en el
océano, y contiene lagos, canales, arenales e islas, con
extensas turberas. En invierno es un lugar inhóspito,
pero en primavera encuentran allí alimento millones
de aves migratorias.

◁ **LOS PILARES
DEL LENA**
La caliza de estos
pilares de roca en las
orillas del Lena, en
la República de Sajá
(Rusia), se formó en
una cuenca marina
hace unos 500 m.a.

NE de Asia

Lago Baikal

El lago de agua dulce más profundo de la Tierra, y el que más agua contiene, alberga muchas especies endémicas.

El lago Baikal es un lago ruso al sur de la meseta central siberiana, cerca de Mongolia. Es el mayor lago de agua dulce por volumen, y contiene un 20 % del agua dulce superficial mundial, porcentaje similar al de los Grandes Lagos de América del Norte combinados (pp. 50–51). Con 636 km de longitud y hasta 79 km de anchura, el Baikal es el lago de mayor extensión de Asia, y es también la masa de agua dulce más profunda de la Tierra, con un máximo de 1637 m de profundidad.

Antiguo y dinámico

El Baikal es también el lago más antiguo de la Tierra, formado en un rift profundo –un límite divergente de la corteza– hace más de 25 m.a. La falla sobre la que se asienta el lago, que discurre de suroeste a noreste, sigue activa, y el lago se ensancha 2 cm al año. El agua del lago Baikal es célebre por su pureza y claridad. Bien oxigenada y bien mezclada en todas sus profundidades, en ella vive una gran variedad de plantas y animales, y más del 80 % de estas especies son exclusivas del lago Baikal.

CUENCAS DE SEMIGRABEN

El tipo de cuenca en el que se asienta el lago Baikal es un semigraben, formado por el movimiento vertical de la corteza a lo largo de una falla que limita con un solo lado. En un graben completo, la cuenca se forma por un bloque hundido con fallas a ambos lados.

roca sedimentaria
movimiento ascendente
pared basal
falla
agua del lago
fondo de la cuenca
movimiento descendente
pared colgante

▷ **CONGELACIÓN TARDÍA**
El lago Baikal queda cubierto de hielo por completo durante 4-5 meses al año. Debido al gran volumen de agua en su cuenca, el invierno siberiano tarda más en helar su superficie que la de otros lagos de la región. Peschanaya y otras bahías del lago son las primeras en helarse.

▶ **TRES CUENCAS**
El lago Baikal se divide en tres cuencas: norte, central y sur. Las partes más profundas del lago están en las cuencas central y sur. Tanto la fuente principal del lago como su único afluente están en la cuenca sur.

Única salida
La mayoría de los lagos tienen una sola salida a un sistema fluvial. El lago Baikal vierte al río Angara, afluente del Yeniséi.

Cuenca sur

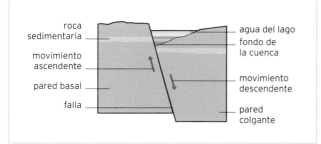

△ **FOCA DE AGUA DULCE**
La foca endémica del Baikal es la única exclusivamente de agua dulce del mundo. Es una de las especies de foca más pequeñas, y no supera los 1,4 m de largo.

Área protegida
Varias áreas en torno al lago están protegidas. La Reserva Natural Baikal, en la costa sureste, forma parte de la Red Mundial de Reservas de la Biosfera.

Orilla occidental
La orilla oeste del lago limita con cordilleras elevadas. Los montes Baikal se alzan abruptamente en la orilla noroeste, y en ellos nace el río Lena (p. 237).

río Angara superior

Cuenca norte

Orilla oriental
Las laderas de la orilla oriental son menos empinadas que las de la occidental. Los montes de Barguzín, cubiertos de bosque de alerce, contienen una de las reservas naturales en sus laderas occidentales.

península de Svyatov Nos

lago Arangatuy

Cuenca central

△ **LA MAYOR DE LAS ISLAS**
De las 27 islas del lago Baikal, la de Oljón es la mayor con diferencia. Con 72 km de largo y 21 km de ancho, es la cuarta mayor isla en un lago del mundo.

KM
superficie del lago

Profundidad desde la superficie
0
2
4
6
8

sedimento del fondo depositado hace 16–4 m.a.

sedimento depositado hace 4–1,7 m.a.

capa superior de sedimentos depositados desde hace 1,7 m.a. hasta el presente

línea de falla

roca madre

△ **SEDIMENTOS PROFUNDOS**
En algunas partes de la cuenca central del Baikal, los sedimentos del lecho tienen hasta 7 km de grosor. Depositados a lo largo de millones de años, contienen un registro de variación climática muy valorado por los científicos.

◁ **INFLUJO PRINCIPAL**
La mayor parte del influjo de los lagos es agua superficial con mucho sedimento. El río Selenga, el principal afluente del Baikal, forma uno de los mayores deltas interiores del mundo al llegar al lago.

El **agua** del lago Baikal es **tan clara** que se pueden **ver** objetos **a 40 m bajo la superficie.**

Indo

*Uno de los grandes sistemas fluviales de Asia, que
surca el Himalaya y toda la longitud de Pakistán.*

O de Asia

El Indo, uno de los grandes ríos asiáticos, mide unos
3180 km de largo, y su cuenca ocupa un área de más
de 1,1 millones de km². Desde su nacimiento cerca del
lago Manasarovar, en la meseta del Tíbet, el Indo fluye
hacia el noroeste a través del disputado territorio del
estado indio de Jammu y Cachemira, gira hacia el
suroeste para adentrarse en Pakistán y, en su camino
por el Himalaya, pasa por un conjunto de enormes
cañones cerca del macizo de Nanga Parbat. Surgiendo
de las montañas con caudal rápido, desciende a la
llanura del Punyab, donde se encuentra con algunos
de sus mayores afluentes, y emprende un curso lento
sobre una vasta llanura aluvial. Durante los monzones,
la anchura de algunas partes del Indo crece varios
kilómetros. Al aproximarse al mar de Arabia, el
río se ramifica en los muchos canales que forman
el delta del Indo.

▷ **CONFLUENCIA FLUVIAL**
En una región montañosa de su curso alto, al
Indo (dcha.) se le une un afluente importante,
el Zanskar, cerca de Nimmu, al norte de India.

Ganges

*Una de las grandes vías fluviales del mundo,
un río sagrado y lugar de peregrinaje.*

S de Asia

El Ganges sustenta la vida tanto física como espiritual
de India. Considerado sagrado y venerado por los
hindúes, se cree que de él depende hasta la décima
parte de la población mundial. Tras el Amazonas y
el Congo, es el tercer mayor río de la Tierra por caudal.

Curso sinuoso

El Ganges recorre más de 2500 km del subcontinente
indio. Se forma en el estado de Uttarajand, en el
norte de India, a partir de la confluencia de varios ríos
del Himalaya alimentados por hielo. Tras atravesar
estrechos valles de montaña, llega a la vasta llanura
indogangética cerca de Delhi. A partir de ahí fluye
lentamente por meandros a través de un amplio llano
aluvial, pasando por muchos centros de peregrinación,
entre ellos Allahabad y Varanasi, hasta Bangladesh,
donde se le unen los ríos Brahmaputra y Meghna.
Después forma el mayor sistema de delta del mundo,
depositando más sedimentos que cualquier otro río
en la bahía de Bengala.

△ **GRAN LLANURA ALUVIAL**
El curso medio del Ganges discurre
lentamente por una vasta llanura. A lo
largo de una distancia de más de 1600 km,
el río reduce su altitud en solo unos 180 m.

△ **RED COSTERA**
En verde oscuro en la
imagen, la ecorregión
de Sundarbans se
adentra unos 80 km
en el interior. Limita
al norte con tierras
de cultivo.

▷ **RAÍCES EXPUESTAS**
Estos mangles negros
han desarrollado
raíces aéreas llamadas
neumatóforos, que
sobresalen del agua
durante la marea baja.

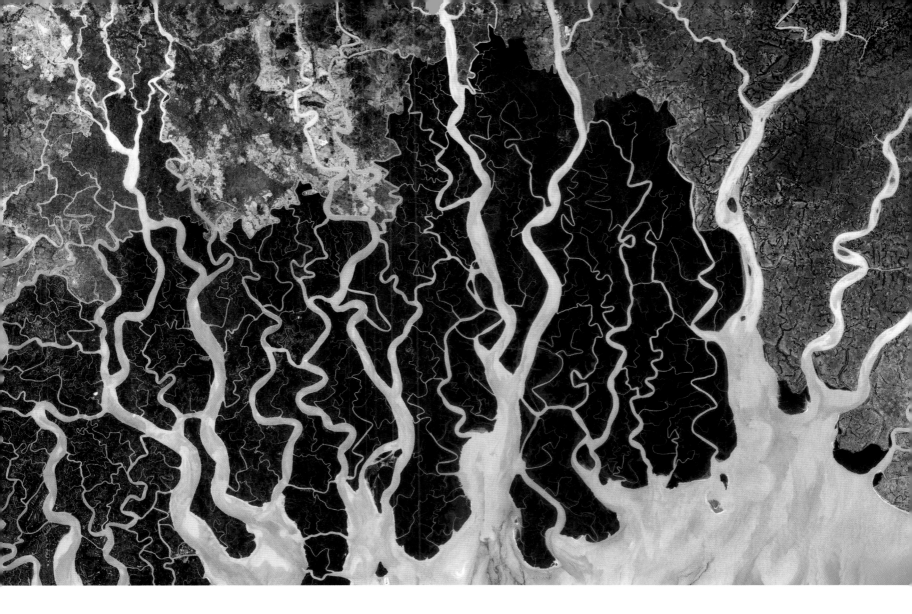

Sundarbans

Una vasta extensión de manglares y pantanos en el mayor delta de la Tierra.

S de Asia

Donde el delta del Ganges se encuentra con la bahía de Bengala, se extiende Sundarbans, una red compleja de cauces intermareales, estuarios, llanuras de marea e islas de unos 250 km de anchura.

Manglares

El hábitat principal del interior de Sundarbans es el bosque pantanoso de agua dulce, de caducifolios, con inundaciones estacionales. En la costa predomina la mayor extensión compacta de manglares del mundo. Se cree que uno de los mangles más comunes, el llamado sundri o sundari, es el que dio nombre a la región. Como ecosistema rico en vida salvaje, contiene muchas especies raras y amenazadas, como el tigre de Bengala y el delfín del Ganges.

▽ **DIETA VARIADA**
Además de peces, el alción capirotado se alimenta de camarones y cangrejos pequeños.

ZONAS DE MANGLAR

Hay tres tipos principales de mangle, con adaptaciones propias a zonas de marea concretas. Los rojos y negros, que viven en la zona intermareal, tienen raíces especializadas que absorben oxígeno del aire. Los blancos, que abundan en zonas más altas y secas, carecen de tales adaptaciones.

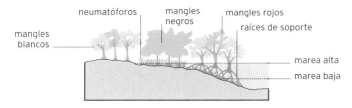

mangles blancos

neumatóforos

mangles negros

mangles rojos

raíces de soporte

marea alta

marea baja

Río Amarillo

Uno de los ríos más largos de Asia y el más fangoso
del mundo, considerado cuna de la civilización china.

E de Asia

El río Amarillo, el más cargado de limo del mundo, debe su nombre a la coloración que producen los sedimentos finos traídos por el viento, o loess, que transporta en su curso bajo. Es el segundo río más largo de China después del Yangtsé y uno de los más largos del mundo. Tras nacer en las alturas de la meseta del Tíbet, describe un arco hacia el este por las llanuras del norte de China hasta el mar Amarillo, en un recorrido de 5460 km.

De la cuna a la sepultura

Conocido como río madre de China y como cuna de la civilización china, históricamente, el río Amarillo ha sustentado una de las regiones más fértiles y productivas del país. En su cuenca, sin embargo, son muy frecuentes las crecidas, y una serie de inundaciones devastadoras han hecho al río merecedor de los nombres Tristeza de China y el Ingobernable (recuadro, p. siguiente). Por ello se han construido diques en gran parte de su curso bajo y presas en muchos de sus afluentes, para controlar su caudal.

△ **PRIMER MEANDRO**
El curso alto del río Amarillo en la provincia de Sichuan forma una gran «S» conocida como el Primer Meandro.

◁ **UN SAPO MUY EXTENDIDO**
La especie *Bufo gargarizans* abunda en China y vive en numerosos hábitats húmedos, como los valles y llanuras aluviales del río Amarillo. Se alimenta de escarabajos, abejas, hormigas y moluscos.

Yangtsé

El río más largo de Asia fluye por el este de China desde la meseta del Tíbet hasta
el mar de la China Oriental, y es el río de mayor importancia comercial del país.

E de Asia

Conocido en China como el Chang Jiang («el río largo»), el Yangtsé es el río más largo de Asia, y el tercero del mundo tras el Nilo y el Amazonas. Desde su nacimiento, alimentado por glaciares en las montañas Tanggula de la meseta del Tíbet, hasta su desembocadura en el mar de la China Oriental, recorre 6300 km. La cuenca del Yangtsé cubre un quinto de la superficie de China y alberga un tercio de la población del país.

Viaje épico

En su recorrido por la China oriental, el Yangtsé fluye por valles empinados, cañones imponentes, llanuras salpicadas de lagos y tierras de cultivo, hasta formar un delta donde se encuentra la megalópolis de Shanghái. Desde 2006, el curso medio del río está regulado por la mayor presa hidroeléctrica del mundo, la presa de las Tres Gargantas, que ha creado un pantano de 600 km de longitud. El Gran Canal –con sus 1700 km, la mayor vía de agua artificial de la Tierra– conecta el curso bajo del Yangtsé con el río Amarillo y con Pekín, al norte.

△ **RÍO DEL POLVO DE ORO**
En su curso alto, el río pasa por la provincia montañosa de Yunnan, donde se conoce al Yangtsé como Jinsha Jiang («río del polvo de oro»), debido al oro aluvial que se recoge en sus aguas.

◁ **AGUA FANGOSA**
El río Amarillo fluye cargado de limo por gargantas profundas antes de descender a la llanura del Norte de China.

CURSO CAMBIANTE

El río Amarillo ha cambiado de curso muchas veces a lo largo de los siglos, como resultado de la actividad humana en algunos casos. Hubo 26 cambios de curso y casi 1600 inundaciones entre 602 a.C. y 1938, que causaron la pérdida de millones de vidas.

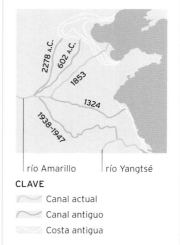

río Amarillo   río Yangtsé

CLAVE
～ Canal actual
～ Canal antiguo
～ Costa antigua

SE de Asia

Mekong

El mayor sistema fluvial del Sureste Asiático atraviesa seis países diferentes.

Como el río Amarillo y el Yangtsé, el Mekong tiene su fuente en la meseta del Tíbet. Fluye en dirección sureste por el oeste de China, Birmania (o Myanmar), Laos, Tailandia, Camboya y Vietnam, cruzando algunas fronteras y formando otras. En su desembocadura, en el mar de la China Meridional, forma un delta justo al sur de Ho Chi Minh (la antigua Saigón). Con una longitud de unos 4350 km, el Mekong es el río más largo del Sureste Asiático, y su muy larga cuenca incluye muchas zonas climáticas y hábitats diversos, como mesetas elevadas, bosques, sabanas, herbazales, humedales y manglares. Como resultado, es un área de una biodiversidad enorme.

△ **LLANURAS ALUVIALES**
Esta vista aérea muestra parte del gran delta del Mekong, en el sur de Vietnam. Las llanuras aluviales del sur contrastan con zonas de colinas en otras partes del delta.

▷ **GIGANTE DEL MEKONG**
En el Mekong viven muchas especies de peces grandes. La raya gigante chaophraya puede pasar de los 5 m de largo y 2 m de ancho, y tiene el aguijón más largo de todas las rayas.

Aguijón defensivo

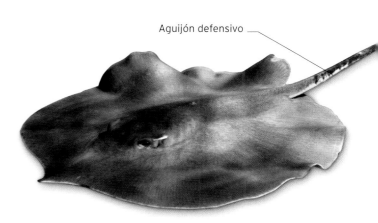

DENTRO DE UNA DOLINA
La primera dolina del sistema de cuevas, llamada Cuidado con los Dinosaurios, es tan grande que cabría en ella un rascacielos.

SE de Asia

Cueva Son Doong

Un sistema de cuevas calizas de escala inmensa descubiertas recientemente entre la jungla de las montañas de una parte remota de Vietnam.

La cueva Son Doong, una de las mayores grutas que se han descubierto en la Tierra, mide hasta 250 m de alto y 200 m de ancho, y se extiende por un total de 9 km. Situada en Vietnam central cerca de la frontera con Laos, es parte de una red de unas 150 cuevas en la cordillera Annamita. Descubierta en 1991, la cueva Son Doong no fue explorada hasta 2009.

Cueva de río de montaña

En vietnamita se llama *hang* Son Doong («cueva de Río de Montaña»), y fue excavada en una de las rocas calizas más antiguas de Asia por el rápido curso del río Rao Thuong durante los últimos 2–5 m.a. Las grandes dolinas formadas al desplomarse secciones masivas del techo han permitido el desarrollo de zonas con vegetación, con árboles de hasta 30 m de alto. Estos parecen pequeños al lado de algunas de las estalagmitas de la cueva, que con más de 75 m de alto son las mayores de la Tierra.

CÁMARAS Y PASADIZOS

El esquema de la cueva Son Doong es recto, relativamente plano y carece de pasadizos laterales. Esto se debe a que se formó a lo largo de una falla en la roca caliza. Tiene muchas secciones separadas y rasgos llamativos, muchos con nombres evocadores, como Zarpa de Perro -una estalagmita con dicha forma-, Cuidado con los Dinosaurios y el Jardín del Edam -las dos zonas de bosque.

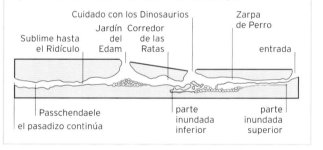

Cuidado con los Dinosaurios — Zarpa de Perro

Sublime hasta el Ridículo — Jardín del Edam — Corredor de las Ratas — entrada

Passchendaele — el pasadizo continúa — parte inundada inferior — parte inundada superior

La cueva Son Doong es **tan grande** que tiene un **microclima propio**, incluidos **viento y nubes**.

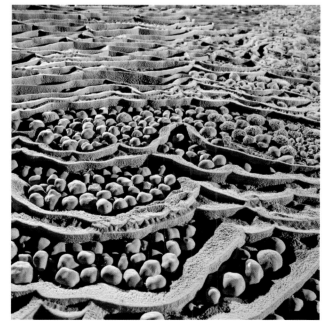

◁ **TESOROS TERRESTRES**
Hay depósitos de calcita llamados perlas de caverna en partes de la cueva. Suelen medir menos de 1 cm de diámetro, pero estas son del tamaño de naranjas.

△ **CUBIERTA VERDE**
En los márgenes de las secciones abiertas, donde llega al suelo una luz débil, las terrazas están cubiertas de helechos y algas.

E de Asia

Karst de China Meridional

Uno de los mayores y mejores ejemplos de paisaje cárstico del mundo, con diversas e impresionantes formaciones rocosas.

El karst de China Meridional, que ocupa un área de unos 500 000 km², en su mayor parte en las provincias de Guizhou, Guangxi, Yunnan y Chongqing, es el mayor terreno cárstico de la Tierra: un paisaje caracterizado por una serie de formaciones calizas erosionadas. La diversidad, el número y la espectacular naturaleza de sus rasgos geológicos hacen del karst de China Meridional el mejor ejemplo de paisaje cárstico húmedo y subtropical del mundo. Fue declarado Patrimonio de la Humanidad por la Unesco en 2007.

Cuevas, torres y pináculos
El karst de China Meridional se conoce sobre todo por sus torres aisladas de piedra, muchas de las cuales se alzan más de 100 m sobre un gran mosaico de campos cultivados, y por sus montes cónicos cubiertos de

▷ **ENTRENADO PARA PESCAR**
Los cormoranes se emplean en un método de pesca tradicional en los ríos del karst de China Meridional. El cormorán grande es una especie predilecta.

bosques nublados (pp. 248–249). De hecho, la región es considerada por los geólogos como el hogar de las muestras más ejemplares de formaciones tales como el karst en torre (fenglin), el karst cónico (fengcong) y el karst en pináculo (shilin), cuya apariencia asemeja densos bosques de piedra (abajo). También presenta gigantescos sumideros (o dolinas), gargantas, puentes naturales y montes de cima plana. Bajo el suelo hay sistemas extensos de grutas con ríos subterráneos y vastas cavernas llenas de estalactitas, estalagmitas y otros depósitos característicos.

Paisaje maduro
La roca caliza en la que está formado el karst de China Meridional fue depositada en el lecho oceánico durante un periodo largo antes de elevarse. Esto produjo una roca madre excepcionalmente gruesa, fuerte y horizontal en la que se han tallado formaciones masivas y relativamente estables. Aunque el clima caluroso y húmedo de la zona ha hecho que la meteorización química se produzca con relativa rapidez (pp. 248–249), se cree que las formaciones cársticas fengcong y fenglin de Guizhou y Guangxi han ido evolucionando a lo largo de 10–20 m.a. El resultado es lo que suele describirse como el paisaje cárstico maduro por excelencia.

Una de las **vastas cuevas** de la región contiene una aldea de más de **cien habitantes**.

▷ **BOSQUE DE PIEDRA**
Estos pináculos calizos apiñados en bosques de piedra cerca de la aldea de Shilin, provincia de Yunnan, son ejemplos clásicos de la formación cárstica llamada shilin.

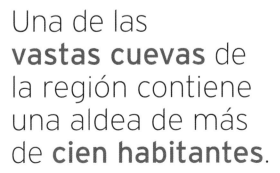

△ CUEVA COLAPSADA
El monte de la Luna, un gran arco de piedra cerca de Yangshuo, en Guangxi, es lo que queda de una antigua cueva caliza. Es un destino popular para la escalada.

TIPOS DE KARST DE CHINA MERIDIONAL

A menudo considerado precursor del desarrollo de las torres altas del karst fenglin, el karst fengcong predomina en zonas como la meseta de Yunnan-Guizhou, al norte y oeste de la región, donde la roca madre ha sido levantada más recientemente y sometida a una nueva ola de erosión. El karst fenglin se encuentra sobre todo en zonas que han sido estables durante un periodo largo, como las tierras bajas de Guangxi, al sur y al este.

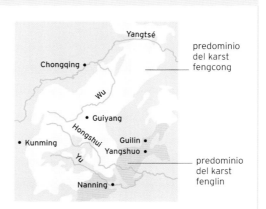

△ AMPLIAS LLANURAS
Aunque las llanuras entre las formaciones elevadas del karst de China Meridional se cultivan desde hace cientos de años, el suelo relativamente delgado y la escasa retención del agua en algunas zonas presentan grandes desafíos para los agricultores.

Formación de un
PAISAJE CÁRSTICO

Los paisajes cársticos se forman por la meteorización de la roca carbonática subyacente de un terreno, tal como caliza o dolomita. Por un proceso de disolución, la lluvia, el agua superficial y la del subsuelo, acidificadas por el dióxido de carbono de la atmósfera y la materia orgánica del suelo, comienzan a disolver la roca por grietas y fallas, y por sus planos de estratificación. Al degradarse la roca con el tiempo y crecer las grietas, se forman diversos rasgos superficiales y puede empezar a formarse un sistema de drenaje.

Erosión subterránea

El agua filtrada puede crear ríos subterráneos que acaban excavando extensos sistemas de grutas. Los sumideros, o dolinas, un rasgo definitorio de los paisajes cársticos, se desarrollan gradualmente a medida que se agrandan los espacios donde ha colapsado el suelo, o se forman repentinamente al desplomarse el techo de una cueva. Al expandirse y fundirse unas con otras, forman zonas hundidas, y el terreno elevado que queda entre ellas adquiere forma de montes cónicos, como las formaciones fengcong del karst de China Meridional. Con el tiempo, la erosión por el agua superficial las transforma en las torres aisladas del karst fenglin. El clima húmedo y la vegetación densa –que aporta dióxido de carbono al descomponerse– favorecen la formación de paisajes cársticos; los más desarrollados se dan en zonas tropicales.

La **roca madre** del karst de China Meridional **se formó en el lecho marino** hace más de **250 m.a.**

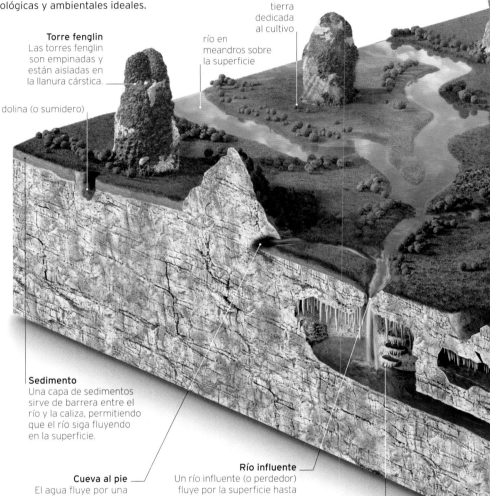

▶ KARST DE CHINA MERIDIONAL
Este corte transversal de un paisaje cárstico combina muchos de los rasgos presentes en el karst de China Meridional. Representa un sistema desarrollado, creado bajo condiciones geológicas y ambientales ideales.

△ CAVERNÍCOLA
Las cuevas ofrecen refugio a algunos animales, y en las del karst de China Meridional duermen grandes colonias de murciélagos *Hipposideros armiger*.

Torre fenglin
Las torres fenglin son empinadas y están aisladas en la llanura cárstica.

dolina (o sumidero)

tierra dedicada al cultivo

río en meandros sobre la superficie

Sedimento
Una capa de sedimentos sirve de barrera entre el río y la caliza, permitiendo que el río siga fluyendo en la superficie.

Cueva al pie
El agua fluye por una cueva al pie de un monte o colina de forma cónica.

Río influente
Un río influente (o perdedor) fluye por la superficie hasta que lo capta un sistema de drenaje subterráneo.

Gour
Una serie de represas de roca llamadas gours, formadas por depósitos minerales, han creado una cascada de varios niveles.

EVOLUCIÓN DE LOS RASGOS CÁRSTICOS

Los rasgos cársticos evolucionan en una secuencia que pasa de llano cárstico a karst fengcong y, luego, fenglin. Una vez formado un sistema de drenaje, las dolinas se agrandan y se unen, produciendo los montes del karst fengcong. Si el agua superficial erosiona la base de los montes y las zonas hundidas entre ellos, se forman las torres aisladas del karst fenglin.

la dolina capta agua superficial

sistema de drenaje establecido

LLANURA CÁRSTICA

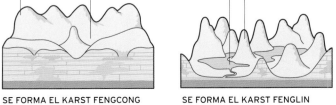

grupos de colinas remanentes

las dolinas se unen y forman zonas hundidas

SE FORMA EL KARST FENGCONG

el agua superficial forma un llano

se forma una torre aislada

SE FORMA EL KARST FENGLIN

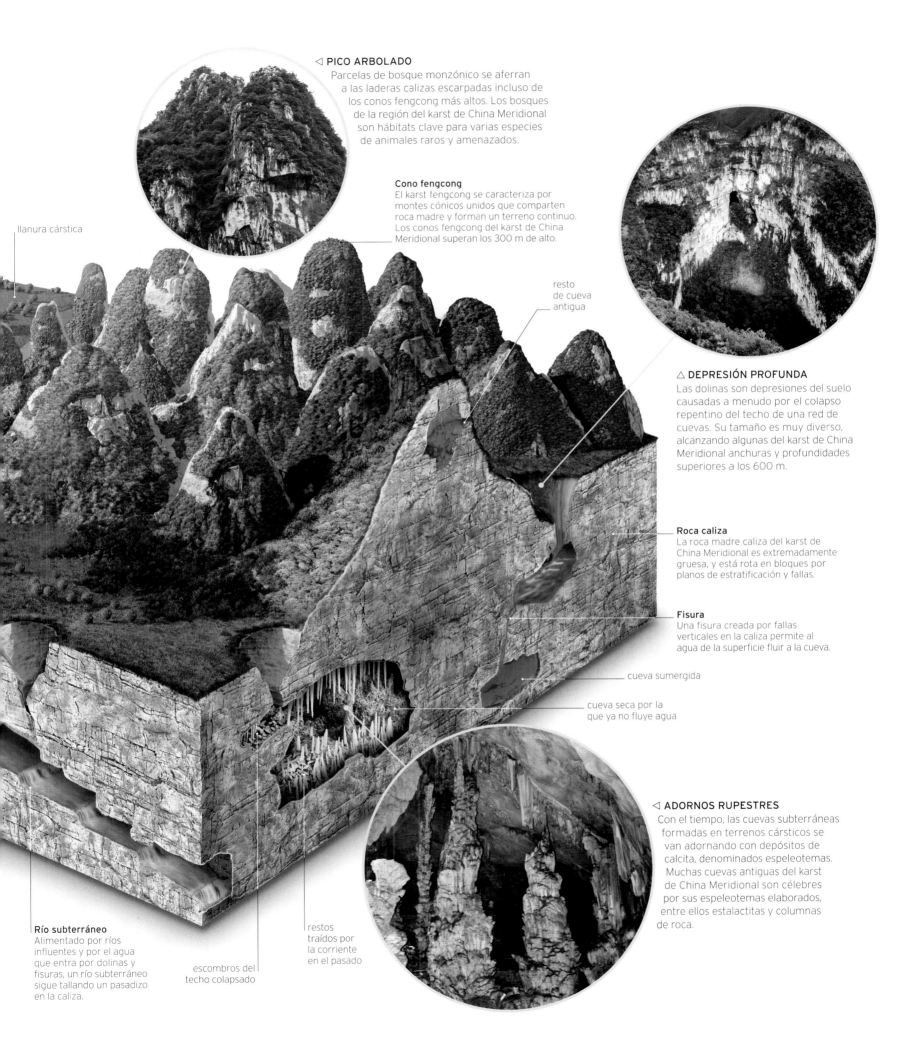

▷ **PICO ARBOLADO**
Parcelas de bosque monzónico se aferran a las laderas calizas escarpadas incluso de los conos fengcong más altos. Los bosques de la región del karst de China Meridional son hábitats clave para varias especies de animales raros y amenazados.

Cono fengcong
El karst fengcong se caracteriza por montes cónicos unidos que comparten roca madre y forman un terreno continuo. Los conos fengcong del karst de China Meridional superan los 300 m de alto.

llanura cárstica

resto de cueva antigua

△ **DEPRESIÓN PROFUNDA**
Las dolinas son depresiones del suelo causadas a menudo por el colapso repentino del techo de una red de cuevas. Su tamaño es muy diverso, alcanzando algunas del karst de China Meridional anchuras y profundidades superiores a los 600 m.

Roca caliza
La roca madre caliza del karst de China Meridional es extremadamente gruesa, y está rota en bloques por planos de estratificación y fallas.

Fisura
Una fisura creada por fallas verticales en la caliza permite al agua de la superficie fluir a la cueva.

cueva sumergida

cueva seca por la que ya no fluye agua

◁ **ADORNOS RUPESTRES**
Con el tiempo, las cuevas subterráneas formadas en terrenos cársticos se van adornando con depósitos de calcita, denominados espeleotemas. Muchas cuevas antiguas del karst de China Meridional son célebres por sus espeleotemas elaborados, entre ellos estalactitas y columnas de roca.

Río subterráneo
Alimentado por ríos influentes y por el agua que entra por dolinas y fisuras, un río subterráneo sigue tallando un pasadizo en la caliza.

escombros del techo colapsado

restos traídos por la corriente en el pasado

Bahía de Ha Long

Esta gran bahía del golfo de Tonkín está salpicada de cientos de islas cársticas espectaculares.

SE de Asia

Con una superficie de unos 1500 km² y situada junto a la costa de Vietnam, la bahía de Ha Long se formó hace unos 8000 años al inundarse un paisaje cárstico por la subida del nivel del mar. El karst consiste en bloques de roca caliza parcialmente disueltos por el agua de lluvia a lo largo de millones de años. En las zonas tropicales suelen formarse colinas cónicas, torres, cuevas subterráneas y dolinas (recuadro, p. siguiente). Cuando el mar inundó la bahía de Ha Long, estas colinas y torres se convirtieron en unas 1600 islas, la mayoría de ellas rodeadas de acantilados verticales. Hay cientos de cuevas en las islas, pero ninguna larga ni profunda,

dada la limitación del tamaño de las islas. Debido a su forma abrupta, la mayoría de estas islas están deshabitadas; pero hay grupos de casas flotantes sobre el agua, donde viven comunidades dedicadas a la pesca y la acuicultura. En las aguas poco profundas de la bahía, productivas y biológicamente ricas, viven cientos de especies de peces, moluscos y crustáceos. En las islas viven animales tales como lagartos, monos, murciélagos y muchas especies de aves.

◁ **CIFRA PELIGROSA**
En Cat Ba, una isla relativamente grande, vive el langur de cabeza blanca, un mono en peligro crítico de extinción, con una población estimada inferior a cien ejemplares.

△ **COSTAS INTRINCADAS**
Muchas de las islas de la bahía tienen formas caprichosas, y han recibido nombres tales como isla Cabeza de Hombre, Perro Rocoso e islote de los Gallos de Pelea.

Hay cuevas con **túneles** que conducen a **lagos interiores sin otro acceso**.

CONOS, TORRES Y CUEVAS

Gran parte del karst de la bahía de Ha Long consiste en grandes bloques cónicos (fengcong) o islas aisladas en forma de torre (fenglin). Los tipos de cueva incluyen: cuevas erosionadas por las olas, al nivel del mar; cuevas horizontales al pie, justo por encima del nivel del mar; y cuevas mayores y más altas mucho más antiguas, llamadas freáticas.

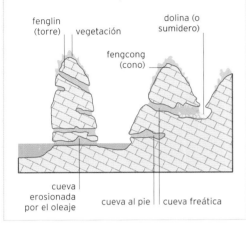

fenglin (torre) · vegetación · dolina (o sumidero) · fengcong (cono) · cueva erosionada por el oleaje · cueva al pie · cueva freática

▽ AGUAS TRANQUILAS

Un grupo de kayaquistas reman entre islas cársticas que se alzan hasta 200 m sobre las aguas de la bahía.

Arrecife de Shiraho

SE de Asia

Un arrecife de coral japonés de importancia mundial por su biodiversidad, y hogar de un tipo único de coral.

El arrecife de Shiraho, de 3 km de largo, se dio a conocer como ejemplo de biodiversidad en la década de 1980, con sus 120 especies de coral y 300 de peces. También contiene la mayor colonia del mundo de una especie rara de coral, el coral azul, que pertenece al grupo de los octocorales, cuyas colonias suelen tener esqueletos ramificados y flexibles. Las de coral azul, sin embargo, tienen esqueletos rígidos. La cobertura coralina del arrecife ha descendido mucho en los últimos años, pero se están haciendo esfuerzos por conservarlo.

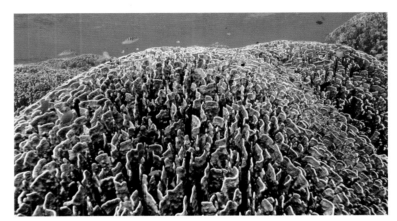

◁ CORAL RAMIFICADO

Las placas verticales de coral azul pueden formar colonias masivas. Pese a su nombre, el color varía del azul al turquesa y al amarillo parduzco.

Agujero del Dragón

SE de Asia

El sumidero submarino más profundo del mundo, en un arrecife del mar de la China Meridional.

El Agujero del Dragón pasa ligeramente de los 300 m de profundidad. Esto solo se supo cuando se midió por primera vez en 2016. Hasta entonces, otro sumidero, el agujero azul de Dean, de 202 m, y situado en las Bahamas, tenía el récord de profundidad. Los agujeros azules son sumideros formados por procesos erosivos en bloques de caliza mientras esta está en tierra emergida y antes de quedar inundados por la subida del nivel del mar. Los pescadores locales creen que es aquí donde el Rey Mono encontró el báculo dorado en *Viaje al oeste,* novela anónima china del siglo XVI.

▷ OJO AZUL

Visto desde arriba, el agujero se ve azul oscuro por su gran profundidad comparado con el agua azul clara sobre el arrecife.

SE de Asia

Costa de Krabi

Una zona del sur de Tailandia notable por sus fantásticas formaciones cársticas.

La roca caliza de la costa de Krabi se formó originalmente hace unos 260 m.a. Un mar poco profundo cubría entonces lo que hoy es el sur de Asia, y lentamente se fueron acumulando depósitos de conchas y coral. Estos acabaron formando capas de roca caliza, después levantados e inclinados cuando India empezó a chocar con Eurasia hace unos 50 m.a. Alrededor de Krabi y la bahía de Phang Nga, al norte, la erosión química de estas capas por el agua de lluvia (que se combina con el dióxido de carbono disuelto para formar ácido carbónico), seguida de la subida del nivel del mar, creó un paisaje de miles de colinas y escarpadas islas cársticas. Entre estas hay una serie de torres aisladas que pueden alcanzar hasta 210 m.

CÓMO SE FORMÓ LA COSTA DE KRABI

La costa de Krabi es un paisaje cárstico inundado, es decir, un paisaje de cerros y torres calizas que es invadido por el mar (p. 248).

grupo de montes cársticos

agua de mar

cueva

torre cárstica aislada

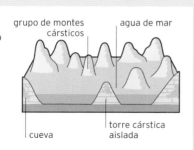

△ PARAÍSO OCULTO
En la isla de Phi Phi Le, la inundación de la costa formó una laguna oculta y una playa secreta.

▷ ROCA COLGANTE
Cerca de la entrada de una pequeña cueva, estalactitas cubiertas de vegetación tropical cuelgan de un bloque erosionado de caliza.

Arrecifes del mar de Andamán

Una vasta zona de arrecifes coralinos del Sureste Asiático, con una enorme variedad de peces, corales y otros invertebrados.

SE de Asia

Situado al noreste del Índico, el mar de Andamán baña las costas e islas costeras de Birmania (o Myanmar), al este, y las islas de Andamán y Nicobar, al oeste. Aquí, la mayoría de los arrecifes de coral son bordeantes, y juntos ocupan un área de unos 5000 km². Los arrecifes contienen una vida marina muy diversa, con más de 500 especies de peces y 200 de coral registradas. Los arrecifes y las islas próximas son también lugares importantes para la alimentación y la cría de tortugas marinas amenazadas.

△ **CORAL EN FORMA DE PEINE**
Este coral blando es conocido por su forma característica. Tiene tallos largos sin ramas, y puede alcanzar los 1,5 m de ancho.

Islas menores de la Sonda

Una cadena de islas coralinas al sur de Indonesia, bordeadas por arrecifes con una vida marina muy diversa.

SE de Asia

Las islas menores de la Sonda (o Nusa Tenggara) se extienden hacia el este desde Bali; incluyen varias islas grandes, como Lombok, Sumbawa o Flores, además de 500 islas menores. Muchos arrecifes de su alrededor apenas han sido explorados, pero se sabe que la zona en conjunto contiene unas 500 especies de coral formador de arrecifes. Abundan animales como rayas águila, loros cototos verdes y varias especies de nudibranquios (babosas marinas) y pulpos.

△ **HÁBITAT DENSO**
Justo bajo la superficie, una masa de corales escleractinios cubre un arrecife a unos cientos de metros de la costa de Flores, al este de estas islas.

Taiga siberiana

Un inmenso bosque de coníferas al borde del Ártico donde el invierno dura la mayor parte del año.

N de Asia

El gran bosque boreal conocido como taiga siberiana cubre unos 6,7 millones de km² desde los Urales, en el este, hasta el Pacífico. Se extiende al sur hasta Mongolia desde los márgenes árticos de Rusia, donde la taiga se funde con la tundra. Como todos los bosques boreales, la taiga siberiana es un hábitat de coníferas, que comienza con una mezcla de pino, abeto y alerce, en el oeste, hasta dar paso a extensiones ininterrumpidas de alerce, en el este de Rusia y Mongolia.

Dosel cambiante

En las partes más meridionales, la densidad de árboles da lugar a bosques de dosel cerrado en los que penetra poca luz hasta el suelo cubierto de musgo. Cuanto más al norte, la distancia entre los árboles aumenta, y, bajo un dosel arbóreo menos denso, los líquenes sustituyen al musgo. En las partes más templadas, las coníferas predominantes se mezclan con especies de hoja caduca tales como abedules, álamos y sauces. Al este, las zonas pantanosas dan sustento a un sotobosque de

▷ LOCALIZADOR DE PRESAS
El cárabo lapón caza sobre todo pequeños roedores, que detecta con su excepcional oído y que localiza incluso bajo la nieve.

arándanos rojos y negros, mientras que, en el oeste, el mal drenaje y el permafrost dan lugar principalmente a turberas esponjosas y poco profundas sin cobertura arbórea.

Clima frío

El invierno dura de seis a siete meses en la taiga siberiana, con un clima dominado por el viento frío del Ártico. El rango de temperaturas medias es amplio –desde –54 °C en invierno hasta 21 °C en verano–, pero son frecuentes extremos de –60 °C y 40°C, y la media anual es inferior a 0 °C.

La taiga contiene **tantos árboles como todas las pluvisilvas** juntas.

◁ BOSQUE NEVADO
La nieve dura hasta mayo en la taiga, y vuelve en septiembre, o antes. Pero los árboles cubiertos de nieve actúan como aislante, y la temperatura del suelo del bosque es mayor que la del aire.

△ TERRENO CAMBIANTE
En buena parte de la taiga, las coníferas se concentran junto a los ríos, donde el suelo más rico ofrece condiciones mejores. A mayor altura, las montañas dividen secciones de bosque.

DE LA TAIGA A LA TUNDRA

El crecimiento de los árboles de la taiga varía mucho con la latitud. Al sur son más altos y crecen más juntos, y la altura y la densidad disminuyen hacia el norte, hasta llegar adonde sobreviven solo algunos árboles pequeños, para después cambiar el paisaje de taiga a tundra por completo.

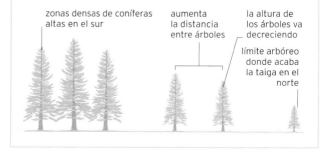

zonas densas de coníferas altas en el sur

aumenta la distancia entre árboles

la altura de los árboles va decreciendo

límite arbóreo donde acaba la taiga en el norte

Bosque del Himalaya Oriental

*Los árboles abundantes de la cordillera más alta del mundo
son el sustento de una vida vegetal y animal muy diversa.*

S de Asia

La región oriental del Himalaya se caracteriza sobre todo por presentar bosques templados perennes de hoja ancha y caducifolios, que ocupan un área de unos 83 000 km² a altitudes de 2000–3000 m, y que se extienden desde Nepal central hacia el este, por Bután, hasta el noreste de India.

Tesoro vegetal

Esta es una ecorregión rica en vida vegetal, donde el tipo de árboles varía según la altitud y la geografía. En los bosques templados de hoja perenne, los robles y otros árboles, como los magnolios y los canelos, crecen junto a espesuras de rododendros –algunas áreas, como Bután, tienen hasta 60 especies de rododendros. En las zonas de bosque templado de hoja caduca predominan los arces, los abedules y los nogales, que dejan paso a los magnolios y los arces en la zona oriental húmeda de Nepal, junto con arbustos como la cheflera y, en menor medida, el bambú. Hay al menos 125 especies de mamíferos en esta ecorregión, y algunos son endémicos, como la ardilla voladora de Namdapha. Entre las especies amenazadas se encuentran el macaco rabón y la pantera nebulosa.

▷ **DESPLIEGUE FLORAL**
Las flores de los rododendros salpican las laderas orientadas al sur, donde prosperan junto a los robles, las orquídeas epífitas, los helechos y los musgos.

▽ **PLUMAJE ARCOÍRIS**
El monal colirrojo del Himalaya es una de las 500 especies de aves que viven en el bosque. El iridiscente macho es el ave nacional de Nepal.

Bosque montano de Taiheiyo

*Elevada y accidentada, una de las siete ecorregiones de bosque en
Japón, que cubre partes de tres islas con árboles planifolios y abetos.*

E de Asia

La mezcla de robustos caducifolios, abetos y bambúes caracteriza el bosque montano de Taiheiyo, que se extiende a lo largo de la vertiente pacífica de la isla principal de Honshu, además de las islas de Shikoku y Kyushu. Esta ecorregión templada ocupa un área de unos 42 000 km².

En este bosque, el clima es húmedo todo el año, pero los árboles tienen que soportar cambios térmicos estacionales acusados. Los inviernos son fríos y nevados, con temperaturas medias bajo cero, pero que ascienden a 25 °C o más durante el verano. Hayas y abetos son las especies predominantes; las acompañan arces y robles, con un sotobosque de sasa, un tipo de bambú enano. Semillas, frutos secos y cortezas del bosque alimentan a mamíferos como el oso negro asiático o el ciervo sica, y a aves como el anteojitos oriental, todos los cuales contribuyen a regenerar el bosque dispersando semillas.

◁ **PISTAS ROSAS**
En algunas zonas del Taiheiyo, las hayas y los arces conviven con otros árboles de madera dura, como los robles y los cerezos japoneses, que destacan entre los abetos.

Bosques del Alto Yangtsé

*Un paisaje de bosques perennes y caducifolios entre los ríos
Yangtsé y Amarillo, hogar del emblemático panda gigante.*

E de Asia

Desde las montañas Hengduan, los bosques del Alto Yangtsé se extienden hacia el este por las provincias de Sichuan y Shaanxi en el centro-sur de China. Esta ecorregión ocupa un área de unos 390 000 km² y comprende tres subregiones: los bosques perennes de hoja ancha de la cuenca de Sichuan, los bosques perennes de las montañas Daba y los caducifolios de Qinling.

Los bosques del norte de la región se componen de caducifolios y diversas coníferas que prosperan en el clima más frío. Los bosques de los menos elevados montes de Qinling presentan un denso sotobosque de bambú que ofrece alimento y refugio a varias especies, entre ellas el raro panda gigante. En la más cálida cuenca de Sichuan prosperan las perennes subtropicales de hoja ancha, y es aquí donde, en la década de 1940, se descubrió la metasecuoya, una conífera caducifolia conocida hasta entonces solo por restos fósiles.

▽ **HOJAS OTOÑALES**

En otoño, los robles, los nogales y los arces de las estribaciones crean un paisaje de manchas de color. Este es también el hogar del primitivo ginkgo, cuyas hojas se vuelven doradas en otoño.

CLIMA

Debido a su mayor altitud, el clima del Alto Yangtsé suele ser templado, con inviernos suaves; pero las temperaturas de la más baja cuenca de Sichuan pueden alcanzar los 29 °C. El clima suele ser húmedo en toda la región.

Temperatura °C	Wolong (provincia de Sichuan)	Precipitaciones MM
40		220
30		165
20		110
10		55
0		0

Ene. Feb. Mar. Abr. Mayo Jun. Jul. Ago. Sep. Oct. Nov. Dic.

CLAVE ■ Temperatura   ■ Precipitaciones

Los bosques del Alto Yangtsé contienen el 20 % de las especies de **mamíferos de China**.

▽ **DIETA DE BAMBÚ**

La expansión humana empujó al panda gigante, antes común en zonas bajas, a las montañas. El bambú supone el 99 % de su dieta, por lo que solo puede vivir en los bosques de bambú.

SE de Asia

Pluvisilva de Borneo

Extendido por tres países, un hábitat amenazado con más de 15 000 especies de plantas, y una de las pluvisilvas más antiguas y biodiversas de la Tierra.

Compartida por Malasia, Brunéi e Indonesia, la isla de Borneo alberga la mayor pluvisilva de Asia. Es también una de las más antiguas del mundo, con una edad de unos 130 m.a., unos 70 millones más que la pluvisilva del Amazonas (pp. 120–121). La pluvisilva de Borneo alberga una biodiversidad enorme: la isla representa solo el 1 % de la masa terrestre emergida del planeta, pero sus bosques contienen alrededor del 6 % de las especies de plantas y animales del mundo.

Tesoro de madera dura

Entre las plantas se cuentan los dipterocarpáceos, una familia de árboles tropicales de madera dura, muchos de los cuales alcanzan alturas de 60 m. La mayoría de las más de 600 especies de dipterocarpáceos se dan en el Sureste Asiático en elevaciones de hasta 1000 m, y los bosques de las tierras bajas de Borneo contienen más árboles de este tipo que ningún otro lugar. Las 270 especies de dipterocarpáceos de la isla incluyen el muy apreciado palo de hierro de Borneo, tan denso que la madera nunca requiere tratamiento. Los bosques de Borneo, incluidos los que cubren el interior montañoso, son

ricos también en otros tipos de vida. Desde 1995 se han descubierto más de 360 nuevas especies de plantas, y en la isla viven más de 1400 especies de anfibios, aves, mamíferos, reptiles y peces, muchos endémicos.

Pluvisilva amenazada

Sin embargo, este tesoro de especies se encuentra en peligro. Hasta comienzos de la década de 1970, más de tres cuartas partes de los 743 330 km² de Borneo estaban cubiertas de espeso bosque tropical, más denso aún en las tierras bajas. Desde entonces se ha destruido al menos un tercio. Los incendios y el cultivo del aceite de palma son parte del problema, pero fue la demanda de los valiosos dipterocarpáceos la que condujo a su tala masiva, sobre todo en los estados de Sabah y Sarawak (Malasia), al norte de la isla, donde se estima que se ha perdido un 80 % de la pluvisilva. Para preservar este hábitat, 220 000 km² del centro de la isla fueron calificados como área protegida bajo la denominación de Corazón de Borneo en 2007.

◁ **TARJETA DE VISITA**
El nocturno y arborícola geco tokay, uno de los reptiles de Borneo, debe su nombre al sonido de su llamada característica. Crece hasta los 40 cm.

En **una sola hectárea** de esta **pluvisilva** se pueden hallar hasta **240 especies de árboles**.

CÓMO CRECE UNA HIGUERA ESTRANGULADORA

Por lo general, las semillas de la higuera estranguladora germinan en lo alto de una rama de un árbol de la pluvisilva, donde la depositó un mono, ave o murciélago que comió sus frutos. De la semilla surgen raíces largas que bajan por el tronco del árbol anfitrión hasta el suelo. Con el tiempo, un sistema de raíces envuelve el tronco, y las raíces del anfitrión compiten con las de la higuera, cuyo follaje denso también cubre la copa del anfitrión. Este acaba muriendo, quedando solo la higuera.

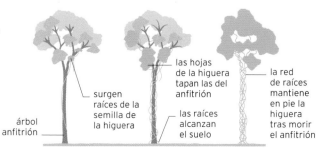

árbol anfitrión

surgen raíces de la semilla de la higuera

las raíces alcanzan el suelo

las hojas de la higuera tapan las del anfitrión

la red de raíces mantiene en pie la higuera tras morir el anfitrión

△ **ÁRBOLES PROTEGIDOS**
Las copas de los árboles más altos, llamados emergentes, sobresalen de la bruma matinal que cubre el resto de la pluvisilva en el valle de Danum. Esta zona protegida de bosque de dipterocarpáceos se encuentra en el estado malasio de Sabah.

▷ **SUSTENTO VITAL**
Las pluvisilvas de Borneo dan sustento a muchos animales en grave peligro de extinción, como el orangután de Borneo, que depende para su alimento y refugio de los árboles dipterocarpáceos.

◁ **ORQUÍDEA GIGANTE**
La reina de las orquídeas, considerada la mayor del mundo, puede crecer sobre la base de las ramas de árboles altos. Esta es una de las 1700 especies de orquídeas de Borneo.

Sabanas del Terai-Duar

Una franja fértil en la base del Himalaya, donde crecen las herbáceas más altas del mundo.

S de Asia

Formando una estrecha franja de sabana y herbazal pantanoso salpicada de restos de antiguos bosques, el Terai-Duar se extiende por las estribaciones del sur del Himalaya, en Nepal, hacia Bután e India, al este. Varios ríos, incluido el Ganges, atraviesan la región y crean vastos abanicos aluviales de arena, limo y grava, ideales para las herbáceas y los juncos.

Un bosque de hierba

Las herbáceas de Terai son las más altas del mundo, y algunas de sus especies –conocidas conjuntamente como hierba de elefante– alcanzan los 7 m o más. Estos «bosques de hierba», como se conocen, constituyen un refugio para mamíferos como los ciervos de los pantanos, los jabalíes enanos y los búfalos, y los parques naturales de la región son un santuario para el rinoceronte indio y el tigre de Bengala. Aquí viven también cocodrilos hindúes y los raros gaviales, así como muchas especies de aves, tres de ellas exclusivas de la zona.

△ PRIMERAS FLORES
Tras las inundaciones en el Terai-Duar, la primera herbácea en germinar es la hierba kans (*Saccharum spontaneum*).

Estepa oriental

La mayor estepa intacta de la Tierra, una vasta llanura barrida por el viento y propensa a los extremos estacionales de temperatura.

E de Asia

En la estepa oriental, parte de la gran estepa euroasiática, predominan las herbáceas en la mayor parte de sus 887 330 km². Se extiende desde el sur de Siberia hasta los montes litorales del noreste de China, y desde el este del macizo de Altái hasta los montes Gran Jingan.

Tierra de extremos

La vida en esta región es mucho más severa que en su homóloga más occidental, la estepa póntica (p. 175), y por tanto no ha sido objeto de tanta actividad agrícola. Aún así, el pastoreo de ovejas y cabras sigue siendo una amenaza constante para este frágil hábitat, muy sensible a la degradación. Aunque la región recibe solo 250–500 mm de precipitaciones al año, las herbáceas resistentes logran crecer, a pesar, además, de darse un rango térmico de entre –20 °C (invierno) y 40 °C (verano). A alturas mayores llueve más, y, en el deshielo, la nieve acumulada en los picos desciende por arroyos hasta las secas tierras bajas.

◁ PAÍS ESTEPARIO
Los vastos herbazales de la estepa oriental en Mongolia parecen vacíos, pero ofrecen sustento a una vida diversa, desde marmotas y animales que pastan hasta aves de presa.

CLIMA

El Terai-Duar se caracteriza por el frío y la sequedad, pero las temperaturas alcanzan a menudo los 40 °C al final de la estación seca, y las lluvias monzónicas anuales inundan la región, renovando los depósitos de limo fértil.

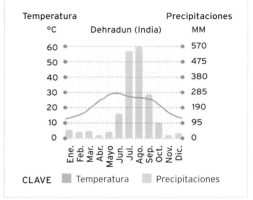

Temperatura		Precipitaciones
°C	Dehradun (India)	MM
60		570
50		475
40		380
30		285
20		190
10		95
0	Ene. Feb. Mar. Abr. Mayo Jun. Jul. Ago. Sep. Oct. Nov. Dic.	0

CLAVE ■ Temperatura ▨ Precipitaciones

◁ **CRUZANDO EL RÍO**
Un raro rinoceronte indio se refresca en el Parque Nacional de Chitwan. De las cinco especies de rinocerontes, esta es la que se siente más cómoda en el agua.

Tundra siberiana

Un paisaje frío y a menudo helado, dentro del círculo polar ártico en su mayor parte, donde la vida persiste en las condiciones más inhóspitas.

N de Asia

La tundra siberiana del noreste de Rusia empieza en el límite de la taiga al sur (pp. 254–255) e incluye la región central de la costa norte, llegando hasta la península de Chukotka, al este. Los largos inviernos en los que las temperaturas caen hasta –40 °C son aquí la norma, mientras que los veranos son breves y frescos, alcanzando solo los 12 °C. El viento sopla a velocidades de hasta 100 km/h, y la capa de suelo helado, el permafrost (p. 175), puede tener 600 m de grosor. Con todo, logran sobrevivir matas de herbáceas, hongos y matorrales bajos, que ofrecen un sustento vital a multitud de insectos y a especies migratorias de aves y mamíferos.

▷ **CAMPOS DE ALGODÓN**
El algodón ártico (*Eriophorum callitrix*) crece en suelo mojado y florece durante el corto verano, proporcionando alimento a las crías de los renos.

▷ **SUPERVIVIENTE DE LA NIEVE**
Protegidos por dos capas de pelaje, los renos sobreviven a base de ciperáceas, musgo y líquenes, que encuentran incluso bajo la nieve.

Desierto de Arabia

El mayor desierto de Asia y una de las mayores extensiones de arena en la Tierra, rodeado por un anillo montañoso y compartido por nueve países.

O de Asia

El desierto de Arabia, con una superficie de 2,3 millones de km², es tan grande que ocupa casi toda la península de Arabia. En su mayor parte se encuentra en Arabia Saudí, pero se extiende también al suroeste por Yemen, al sureste por Omán, al este (a lo largo del golfo Pérsico) por los Emiratos Árabes Unidos y Catar, al noreste por Kuwait e Irak, y al noroeste por Jordania, asomándose a un extremo de Egipto.

Región de extremos

Con vastos arenales al sur, llanuras salinas (sebkha) o de grava al este, campos volcánicos al oeste, y temperaturas desde los 50 °C en los días de verano hasta bajo cero en las noches de invierno, a primera vista este parece un medio demasiado duro para sobrevivir. Sin embargo, aquí vive un número sorprendente de criaturas, en particular, insectos tales como langostas y escarabajos peloteros,

además de arañas y escorpiones. Estos sirven de alimento a muchas serpientes y lagartos, mientras que los mamíferos, entre ellos jerbos, cabras y gacelas, encuentran suficiente vegetación en los oasis y sus alrededores. Bajo la superficie del desierto hay una gran reserva de agua subterránea atrapada durante el Pleistoceno, hace entre 2,6 millones y 11 700 años. Esta, como las grandes reservas de petróleo, ha empezado a explotarse recientemente para la irrigación.

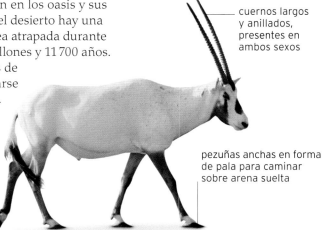

cuernos largos y anillados, presentes en ambos sexos

pezuñas anchas en forma de pala para caminar sobre arena suelta

▷ **SUPERVIVIENTE DESÉRTICO**
Tras su extinción en estado salvaje, el órice de Arabia ha sido reintroducido y vaga de nuevo por el desierto en busca de hierbas y raíces. El pelaje blanco refleja lo peor del calor del sol del desierto.

◁ CAMBIANTE MAR DE ARENA
Al sur del desierto se encuentra ar-Rub al-Jali («el cuarto vacío»), una zona arenosa del tamaño aproximado de Francia. El fuerte viento llamado shamal mueve grandes cantidades de arena dos veces al año, cambiando la forma de las dunas.

FORMACIÓN DE UNA DUNA EN ESTRELLA

La mayor parte de las dunas tienen forma de media luna (barján), pero casi el 10 % de las dunas del planeta son dunas en estrella. Los vientos que soplan desde varias direcciones hacen unirse montones de arena, formando tres o más brazos que irradian de un punto central elevado. Las dunas en estrella del desierto de Arabia se encuentran al este de ar-Rub al-Jali.

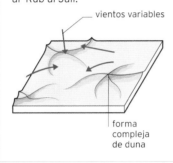

vientos variables

forma compleja de duna

O de Asia

Desierto de Lut

Un desierto salado de dunas espectaculares y uno de los lugares más calurosos del planeta.

El desierto de Lut, en el sureste de Irán, es un tórrido desierto de sal. En un estudio de satélite de las temperaturas superficiales globales, las lecturas del Lut fueron las máximas en cinco años de siete. En 2005 se registró una temperatura de 70,7 °C.

Arena negra, temperatura alta

El calor extremo se debe en parte a la geología del desierto. Gran parte de la superficie del Lut es de arena negra, principalmente magnetita, un mineral de hierro. La magnetita absorbe más energía radiante que la arena de color más claro, lo cual se traduce en temperaturas mayores en la superficie. Otros rasgos característicos del Lut son los yardangs, altas crestas rocosas creadas por la erosión eólica estacional que dan al desierto un aspecto arrugado, sobre todo en el oeste.

△ PAISAJE LUNAR
El Wadi Rum, o valle de la Luna, en el sur de Jordania, revela un pasado volcánico que formó mesas de granito y arenisca de hasta 800 m sobre la superficie del desierto.

Las **precipitaciones medias** en el desierto de Arabia son inferiores a **100 mm anuales**.

△ DUNAS MÓVILES
En la parte oriental de los 51 000 km² estimados del Lut, el viento del desierto convierte las zonas más arenosas en enormes campos de dunas móviles.

Desierto de Karakum

Al este del mar Caspio y al sur del mar de Aral, un desierto de vegetación
dispersa con tres terrenos, y un cráter que arde desde hace décadas.

C de Asia

En Asia central, el desierto de Karakum, de unos 350 000 km², ocupa el 70 % del territorio de Turkmenistán.

Tres desiertos en uno

De las marismas saladas del sur se pasa a una llanura central rica en minerales, y luego a las zonas más elevadas y estériles del norte, constantemente erosionadas por el viento. El centro contiene crestas arenosas de 75–90 m, barjanes (dunas en forma de media luna) y depresiones arcillosas donde las precipitaciones anuales de 70–150 mm se acumulan en lagos provisionales. Las herbáceas, el ajenjo y los saxaules dan alimento y refugio a la fauna salvaje.

garras romas para cavar

▷ **PUERTA AL INFIERNO**
En 1971, un cráter artificial abierto por accidente en una perforación soviética liberó gas metano tóxico cerca de la aldea de Darvaza. El fuego que se encendió para consumir el gas no se ha apagado aún.

el pelaje amarillo pardo le sirve de camuflaje

◁ **PIES PROTEGIDOS**
Las almohadillas de los pies del gato de las arenas están cubiertas de un pelaje denso, útil para caminar sobre el caliente terreno rocoso del Karakum.

Desierto de Taklamakán

El mayor desierto de China consiste en campos de dunas
móviles sacudidos a menudo por tormentas de arena.

C de Asia

Los chinos llaman Mar de la Muerte al Taklamakán, el segundo mayor desierto de arenas móviles de la Tierra, solo superado por el Sáhara. Hasta la década de 1950, cuando se descubrió el gran yacimiento petrolífero de la cuenca del Tarim, pocos se enfrentaban a las condiciones extremadamente hostiles de este desierto.

Huracanes negros

Las dunas en constante movimiento (recuadro, dcha.) dificultan los viajes por los 320 000 km² del Taklamakán, pese a una serie de oasis aislados desperdigados por las estribaciones del Tian Shan en su límite norte. Además de por su movilidad, las dunas son formidables en sí mismas; algunas cadenas de dunas miden hasta

500 m de ancho y 150 m de alto, variando la distancia entre las cadenas entre 1 y 5 km. Los feroces vientos desencadenan *karaburans*, o «huracanes negros», repentinas y violentas tormentas de arena y gravilla tan densas que bloquean la luz solar y que acaban formando nubes de polvo que ascienden hasta los 4000 m.

Aunque al desierto llegan varios ríos, que traen agua del deshielo de las montañas que lo rodean por tres lados, las precipitaciones son mínimas, de entre 10 y 38 mm anuales. La poca agua subterránea que hay está a solo 3–5 m bajo la superficie, y ahora corre peligro por el transporte de petróleo y gas desde la cuenca del Tarim por una autopista construida en 1995.

Aunque está clasificado como un **desierto frío**, sus **temperaturas estivales** alcanzan los **38 °C**.

Desierto del Thar

El desierto más densamente poblado del mundo, nombrado así por sus crestas arenosas acumuladas a lo largo de los últimos 1,8 m.a.

C de Asia

▷ **EN PELIGRO**
El desierto del Thar es un refugio del alimoche, en peligro en otros lugares por la destrucción de su hábitat.

El Thar, o gran desierto Indio, se reparte entre dos países: un 15 % corresponde a Pakistán, pero en su mayor parte se halla en India, principalmente en el estado de Rajastán. El desierto debe su nombre a sus dunas, derivado de *thul*, «crestas arenosas» en la lengua local. La región se compone de gneis metamórfico, rocas sedimentarias y depósitos aluviales que han quedado cubiertos de arena traída por el viento durante los últimos 1,8 m.a. Partes del Thar consisten en llanuras arenosas; otras son dunas en movimiento constante. Desperdigados por el desierto, hay también montes baldíos y vastos lechos lacustres salinos.

Los vientos secos estacionales soplan del suroeste de marzo a julio, cuando las temperaturas suben hasta los 50 °C. De julio a septiembre, los monzones traen una media de 100 mm de precipitaciones al oeste del Thar, y hasta 500 mm al este. Esto es suficiente para mantener una densidad baja de matorrales y herbáceas, además de árboles resistentes a la sequía, como las acacias. Las herbáceas alimentan a aves como la avutarda y a otros animales.

△ **MAR DE ARENA**
Las grandes dunas en forma de media luna (o barjanes) cubren como olas el paisaje del árido oeste del Thar.

FORMACIÓN DE DUNAS LONGITUDINALES

Los vientos multidireccionales dan forma a la mayoría de las dunas. Cuando varían entre dos direcciones, por lo general en ángulo agudo, se forman dunas longitudinales, o *seif*, que pueden medir más de 100 km.

dunas paralelas longitudinales

arena escasa

la dirección del viento cambia

◁ **ÁLAMOS ANTIGUOS**
El clima relativamente templado del Taklamakán permite la presencia de algo de vegetación, como el álamo del Éufrates, que crece cerca del río Tarim y estabiliza las dunas.

MIGRACIÓN DE DUNAS

Los vientos dominantes del noroeste mueven las dunas del Taklamakán hasta 9 m al año. La arena que empuja el viento hasta lo alto de las dunas cae al otro lado, cambiando la posición de estas gradualmente.

posición anterior de la duna

dirección constante del viento

posición actual de la duna

migración en el sentido del viento

E de Asia

Desierto del Gobi

Un desierto de extremos, elevado, duro y árido,
de belleza agreste y con muy poca arena.

El desierto del Gobi se extiende sobre 1,3 millones de km² del corazón remoto de Asia, y es el segundo mayor desierto del continente. Antiguamente formó parte del Imperio mongol, y hoy se reparte entre el norte de China y el sur de Mongolia.

Un lugar sin agua

Limitado por Siberia, al norte, y la meseta del Tíbet, al sur, el Gobi se encuentra a la sombra del Himalaya, que detiene la mayor parte de las nubes portadoras de agua dadora de vida. El nombre mongol del Gobi es *gēbi* («lugar sin agua»). Los monzones riegan ocasionalmente el sureste, pero el desierto es árido en su mayor parte, con precipitaciones anuales de solo 100–150 mm, aunque también llega nieve al norte desde las estepas siberianas. Los veranos son abrasadores, con temperaturas de 50–66 °C durante el día. En las noches de invierno pueden desplomarse hasta los –38 °C. En solo 24 horas, la temperatura puede llegar a variar 33 °C.

La mayor parte del terreno del Gobi es rocoso, con una superficie como pavimento (recuadro, abajo), gracias a lo cual los mercaderes lo cruzaban como parte de la antigua Ruta de la Seda. Abundan los valles agrestes, las llanuras de creta o grava y los macizos rocosos, pero la arena suele ser escasa. Son excepciones, entre otras, las dunas masivas al pie del macizo de Altái, al sur de Mongolia.

◁ **SUPERVIVIENTE NATO**
La vida salvaje se adapta de manera extraordinaria al desierto del Gobi. El erizo orejudo, oculto de día en su madriguera, puede pasar hasta diez semanas sin alimento ni agua.

Solo el **5 %** del desierto del Gobi se compone de **arena**.

FORMACIÓN DE UN PAVIMENTO DESÉRTICO

Agua y viento juntos forman pavimentos duros en el desierto. A lo largo de los milenios, las partículas de limo en suelo extremadamente seco se las lleva el viento, o se filtran bajo la superficie si llega humedad al suelo del desierto. Queda solo la gravilla, que se funde en un conglomerado cuando los minerales que contiene absorben suficiente humedad como para disolverse y asentarse. El resultado es un «pavimento».

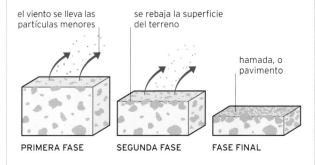

el viento se lleva las partículas menores

se rebaja la superficie del terreno

hamada, o pavimento

PRIMERA FASE   SEGUNDA FASE   FASE FINAL

△ **LECHOS ROJOS**
El color rojo predomina en el Gobi debido a la gran cantidad de óxido de hierro presente en sus rocas. Las formaciones de lecho rojo suelen ser de arenisca, limolita y lutita.

▷ **ARENA CANTORA**
En Khongoryn Els (Mongolia), las «dunas cantoras», al pie del macizo de Altái, alcanzan una altura de 300 m. Su nombre alude al sonido del viento al barrer las dunas.

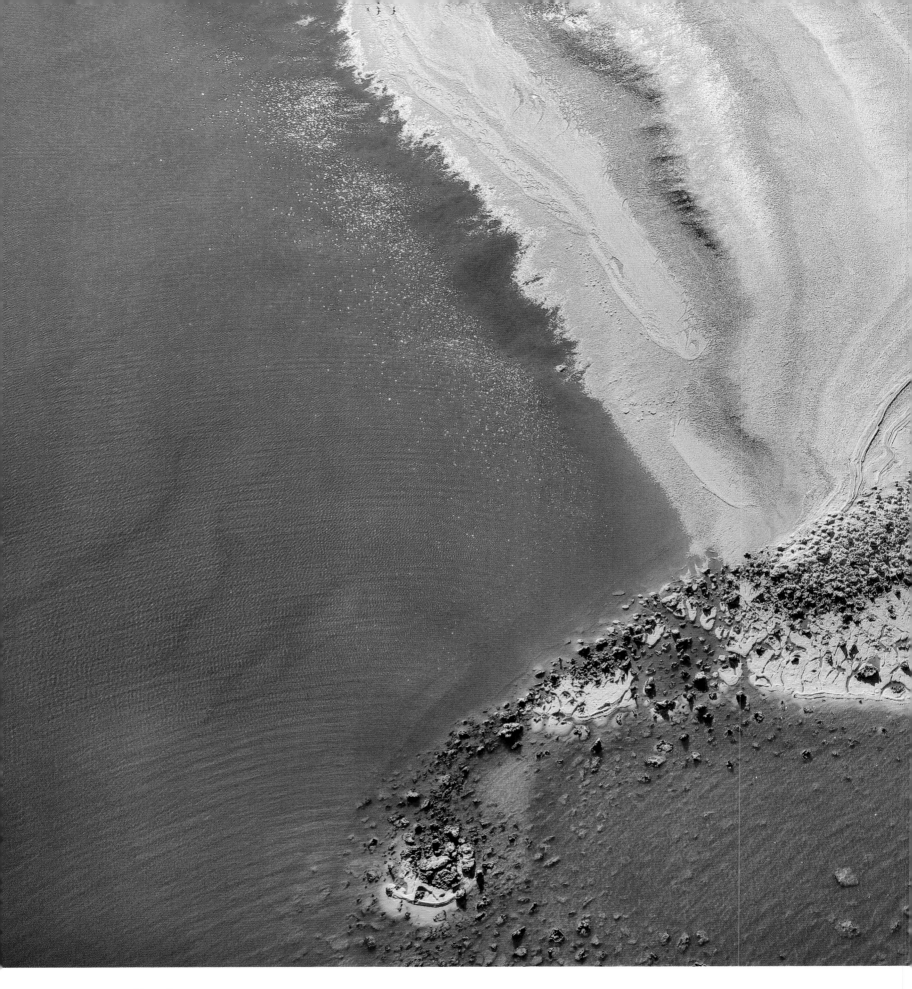

Vida antigua
El lago Eyre (o Kati Thanda), en Australia Meridional, mengua y crece
en función de las erráticas precipitaciones del continente. El color rosa
procede del pigmento de las membranas celulares de bacterias de
medios salinos, una de las formas de vida más antiguas de la Tierra.

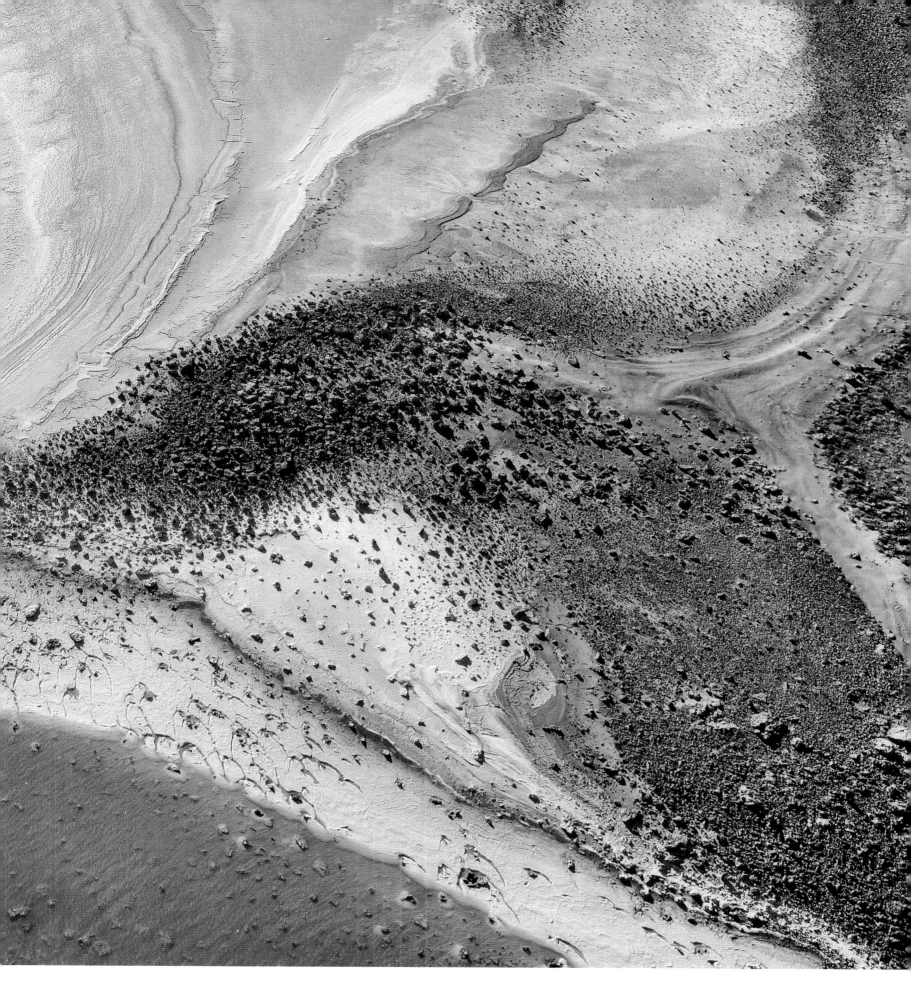

Australia y Nueva Zelanda

UNA TIERRA ANTIGUA
Australia y Nueva Zelanda

En Oceanía, el menor de los continentes, Australia está rodeada de agua y se encuentra en el centro de la gran placa australiana. Esta placa se halla inundada en gran parte por los océanos Pacífico e Índico, pero está salpicada de islas, algunas grandes, como Nueva Guinea, y otras menores, como las Fiyi. Nueva Zelanda se encuentra sobre el límite de las placas australiana y pacífica adyacentes.

En Australia predomina el vasto y llano *outback*, el interior remoto y semiárido abrasado por el sol tropical. Al este se alza la Gran Cordillera Divisoria, y más allá, la húmeda y benigna llanura costera. Junto a la costa del noreste se extiende el mayor arrecife de coral del mundo, la Gran Barrera de Coral. Lejos, al este, las dos islas templadas de Nueva Zelanda son una mezcla de altas cumbres nevadas, llanuras y accidentes volcánicos activos.

OCÉANO
ÍNDICO

Nueva

Mar de Arafura

Estrecho de

Mar de Timor

Isla
Melville

Tierra de
Arnhem

Meseta
de Barkly

Meseta de
Kimberley

Desierto
de Tanami

Gran Desierto
Arenoso

Cordillera Macdonnell

A U S T R A L I A

Cordillera
Hamersley

Desierto
de Gibson

△ Uluru
(Ayers Rock)
863 m

Desierto de
Simpson

▽ Costa del
lago Eyre
-16 m

Cuenca
del lago Eyre

Gran Desierto
de Victoria

Lago
Torrens

Montes
Flinder

Llanura de Nullarbor

Montes Darling

Isla
Canguro

CLAVE

■ Precámbrico (hace más de 541 m.a.)
■ Paleozoico (hace 541-252 m.a.)
■ Mesozoico (hace 252-66 m.a.)
■ Cenozoico (desde hace 66 m.a. hasta el presente)

GEOLOGÍA

Australia es la más baja, antigua y llana de las masas continentales. Las montañas antiguas del este no pasan de 2228 m de altura. Lejos de límites entre placas, carece de volcanes y es geológicamente estable.

ALTITUD
M

1000
0

-5000

cordillera Hamersley

desierto de Gibson

montes Flinders

Gran Cordillera Divisoria

lecho del mar
de Tasmania

Alpes Neozelandeses

A ◄---------- SECCIÓN TRANSVERSAL ----------► B

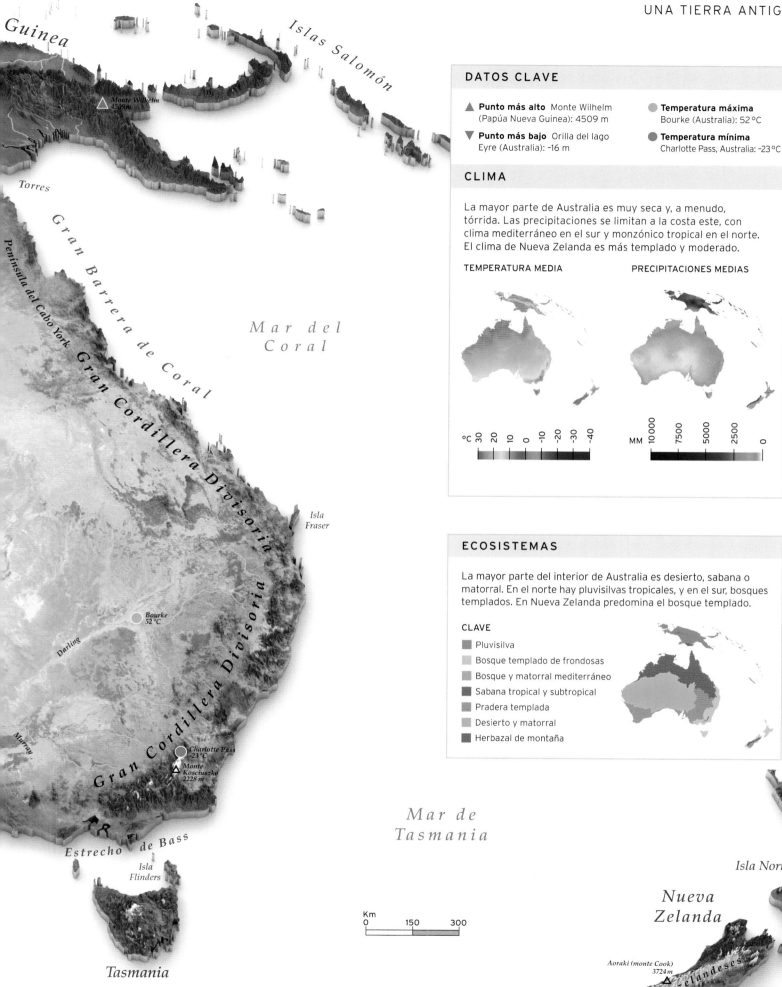

Guinea

Islas Salomón

Monte Wilhelm
4509 m

Torres

Península del Cabo York

Gran Barrera de Coral

Gran Cordillera Divisoria

Mar del
Coral

Isla
Fraser

Darling

Bourke
52 °C

Gran Cordillera Divisoria

Murray

Charlotte Pass
-23 °C
Monte
Kosciuszko
2228 m

Estrecho de Bass

Isla
Flinders

Tasmania

Mar de
Tasmania

Isla Norte

Nueva
Zelanda

Aoraki (monte Cook)
3724 m

Alpes Neozelandeses

Isla Sur

Km
0   150   300

DATOS CLAVE

▲ **Punto más alto** Monte Wilhelm
(Papúa Nueva Guinea): 4509 m

▼ **Punto más bajo** Orilla del lago
Eyre (Australia): -16 m

● **Temperatura máxima**
Bourke (Australia): 52 °C

● **Temperatura mínima**
Charlotte Pass, Australia: -23 °C

CLIMA

La mayor parte de Australia es muy seca y, a menudo,
tórrida. Las precipitaciones se limitan a la costa este, con
clima mediterráneo en el sur y monzónico tropical en el norte.
El clima de Nueva Zelanda es más templado y moderado.

TEMPERATURA MEDIA

°C 30 20 10 0 -10 -20 -30 -40

PRECIPITACIONES MEDIAS

MM 10 000 7500 5000 2500 0

ECOSISTEMAS

La mayor parte del interior de Australia es desierto, sabana o
matorral. En el norte hay pluvisilvas tropicales, y en el sur, bosques
templados. En Nueva Zelanda predomina el bosque templado.

CLAVE

■ Pluvisilva
■ Bosque templado de frondosas
■ Bosque y matorral mediterráneo
■ Sabana tropical y subtropical
■ Pradera templada
■ Desierto y matorral
■ Herbazal de montaña

▷ **HIERRO VIEJO**
En la cordillera Hamersley, ubicada en uno de los cratones de Australia, las franjas de formaciones ferrosas (capas alternas de depósitos ricos en hierro) tienen una edad de 2500 m.a.

▷ **ANTIGUO RÍO**
El río Finke empezó a fluir hace 350 m.a. Por entonces discurría por la llanura sobre la actual garganta.

◁ **ISLA HUMEANTE**
El monte Tavurvur es una de las chimeneas más activas de la muy volátil caldera de Rabaul, en la isla de Nueva Bretaña (Papúa Nueva Guinea).

FORMACIÓN DE AUSTRALIA Y NUEVA ZELANDA

Australia es un continente llano y gastado por el tiempo. Contiene algunas de las rocas más antiguas de la Tierra, y sus extraordinarios paisajes se han formado a lo largo de cientos de millones de años.

Corteza antigua

La mitad occidental del continente es el escudo australiano, de corteza antigua, construido sobre tres antiguas secciones estables de corteza, o cratones. Los cristales de circón de los montes Jack, descubiertos en rocas de uno de los cratones, de 4400 m.a. de edad, son el material fechable más antiguo de la Tierra. Otro de los cratones es, junto con el de Kaapvaal, en Sudáfrica, una de las únicas dos secciones de corteza del eón Arcaico sin alterar. Los Alpes Australianos se formaron hace más de 360 m.a. y, por tanto, se han erosionado más que otras cordilleras y no tienen picos recortados, sino mesetas y barrancos.

Australia tiene **el paisaje más antiguo** y las **rocas más viejas de la Tierra**.

Islas volcánicas

A lo largo de su borde norte, Australia se ha roto en una compleja serie de pequeñas placas tectónicas al norte de Nueva Guinea. Hay más de cinco placas pequeñas, entre ellas las placas de Bismarck del Norte y del Sur, bajo la isla de Nueva Bretaña. Estas placas se mueven debido a la convergencia de las placas gigantes australiana y pacífica. Algunas no durarán mucho tiempo, puesto que están subduciéndose en otras y fundiéndose con el manto de la Tierra. El magma fundido del manto emerge a las placas superiores en una serie de volcanes que formaron las islas de Melanesia, la zona de la Tierra con más actividad volcánica. Hay aquí 22 volcanes cuyas erupciones han formado islas, mientras que otros erupcionan bajo el mar. La caldera de Rabaul, en el extremo norte de la isla de Nueva Bretaña, contiene varias chimeneas propensas a explosiones violentas.

Viaje en solitario

Australia estaba unida a India y la Antártida en el gran continente meridional de Gondwana hace 150 m.a., pero hace unos 130 m.a. se abrió un rift en Gondwana y estas tres masas terrestres se separaron. Hace unos 100 m.a., India se desgajó también y se fue desplazando

ACONTECIMIENTOS CLAVE

Hace 300-280 m.a. Se forma la Gran Cordillera Divisoria al chocar con las masas terrestres de las futuras América del Sur y Nueva Zelanda.

Hace 85 m.a. Una masa terrestre que acabará bajo el nivel del mar convertida en Zelandia se desgaja de Australia mientras sigue unida a Gondwana.

Hace 50 m.a. Australia y Nueva Guinea se separan de la Antártida y se dirigen al norte, mientras que la Antártida se desplaza hacia el Polo Sur.

Hace 500 000 años Se forma la Gran Barrera de Coral, que ha retrocedido y se ha expandido desde entonces.

Hace 450 m.a. Se forma un antiguo océano donde acabará estando Australia. El lecho marino de arenisca será desplazado por movimientos tectónicos. Tanto Uluru como el monte Olga son restos de este lecho.

Hace 180 m.a. Se forman pluvisilvas que sobrevivirán hasta convertirse finalmente en los bosques de Gondwana del sureste de Australia.

Hace 80 m.a. La masa terrestre que acabará siendo Australia y Nueva Guinea se separa del resto de Gondwana.

Hace 25 m.a. Se levanta un lecho marino debido a la actividad tectónica, y se convierte en la llanura de Nullarbor.

Hace 6000 años Nueva Guinea se convierte en isla al subir el nivel del mar tras la glaciación.

▷ **PICOS INSÓLITOS**
Ha habido suficiente movimiento vertical a lo largo de la falla que corta Nueva Zelanda, por lo general horizontal, como para formar los Alpes Neozelandeses.

△ **FAUNA ÚNICA**
Como resultado del aislamiento de Australia respecto a otros continentes, mucha de su fauna evolucionó independientemente y es endémica.

hacia el norte, mientras que Australia, abrazada por la Antártida, fue arrastrada hacia el frío Polo Sur. Hace 85 m.a., Australia empezó a desgajarse de la Antártida hasta que, hace unos 45 m.a., se liberó al fin y empezó a moverse hacia el norte, como sigue haciendo en la actualidad.

La placa australiana está empujando contra la placa euroasiática, pero, a diferencia de lo que ocurre con la placa india, no ha entrado en contacto con ella por tierra, de modo que Australia y las islas próximas siguen separadas por aguas profundas. La vida salvaje de Australia evolucionó de forma aislada, y algunas especies son exclusivas del continente.

Continente escondido

La masa terrestre que acabaría convertida en Nueva Zelanda se separó de la Antártida y de Australia hace 80 m.a. Una gran fractura se abrió a lo largo del borde oeste de Australia y de la Tierra de Marie Byrd en la Antártida. Nueva Zelanda inició una deriva hacia el norte, y el mar de Tasmania se abrió, apartando las dos islas.

En 2017, los científicos confirmaron lo que se sospechaba desde hacía tiempo: que la separación no desplazó solo la actual Nueva Zelanda, sino todo un continente, hoy sumergido en más del 90 %.

Este continente sumergido, llamado Zelandia, se considera hoy en día el octavo continente debido al tipo de roca de la corteza de la que está hecho. En realidad, Nueva Zelanda está entre las placas australiana y pacífica, y lleva 25 m.a. desgajándose por la falla Alpina (de la que surgieron los Alpes Neozelandeses), al moverse las placas en dirección opuesta.

CONTINENTE OCULTO
Las islas de Nueva Zelanda y Nueva Caledonia, hoy separadas por el mar, son los puntos más altos del continente hoy sumergido de Zelandia.

extensión de Zelandia

FORMACIÓN DE LOS CONTINENTES DE AUSTRALIA Y ZELANDIA

CLAVE ▬ Límite convergente ▬ Límite divergente ▬ Falla transformante

Australia comienza a separarse de la Antártida

Zelandia

tierra emergida

HACE 94 M.A. Australia y Zelandia siguen unidas a la Antártida como parte del mismo fragmento continental de Gondwana, pero pronto se abrirá el rift entre ellas.

Nueva Guinea se eleva sobre el nivel del mar

la placa australiana se hunde bajo la pacífica (subducción)

la mayor parte de Zelandia está sumergida

HACE 50-40 M.A. Australia y Zelandia están separadas de la Antártida. Australia se dirige rápidamente al norte, hacia los trópicos, y Zelandia se mueve hacia el noreste, en gran parte bajo el agua.

Nueva Guinea y Australia, unidas por tierra por el nivel bajo del mar

emerge del mar una parte mayor de Zelandia

HACE 18 000 AÑOS Australia está cerca del sur de Asia. El descenso del nivel del mar durante la glaciación hace emerger partes de Zelandia y comunica Nueva Guinea con Australia.

Gran Cordillera Divisoria

La principal cordillera de Australia se extiende más de 3500 km por el este del país.

E de Australia

La Gran Cordillera Divisoria, la tercera cordillera emergida más larga del mundo, consta de muchas partes, entre ellas los Alpes Australianos, en el sur, las montañas Azules y la cadena Warrumbungle, en Nueva Gales del Sur, y la cordillera Clarke, en Queensland. Sus complejos orígenes están en parte vinculados a la disgregación del supercontinente Gondwana, iniciada hace más de 100 m.a.

ríos del país, como el Murray-Darling (p. 282). El pico más alto, el monte Kosciuszko (2228 m), está en los Alpes Australianos. La fauna de la región es tan diversa como sus paisajes, e incluye canguros y ornitorrincos. La zona es también rica en recursos agrícolas, madereros y mineros.

Vistas variopintas
Los paisajes de la cordillera varían desde los montes cubiertos de bosque tropical denso, en Queensland, hasta los picos nevados, en el sur. Aquí nacen muchos de los principales

△ ROCA AFILADA
Este pináculo rocoso llamado Breadknife («cuchillo del pan») y afloramientos similares en la cadena Warrumbungle son restos de antiguos volcanes.

◁ TESORO INDUSTRIAL
El antimonio, un metaloide valioso, tiene usos industriales diversos y se obtiene en varios lugares de la Gran Cordillera Divisoria.

ESPESURA AGRESTE
El valle del Grose, en las montañas Azules, es una zona que combina el bosque seco abierto con barrancos, paredes y cañones imponentes.

N de Nueva Zelanda

Parque volcánico de Tongariro

Un país de las maravillas volcánicas en el centro de la Isla Norte de Nueva Zelanda.

El Parque Nacional de Tongariro, ubicado en Nueva Zelanda, está centrado en tres estratovolcanes antiguos: el monte Tongariro, con una estructura compleja que consiste en al menos doce conos volcánicos superpuestos y numerosos cráteres; Ngauruhoe, un cono volcánico único y muy simétrico; y Ruapehu, el mayor volcán activo de Nueva Zelanda. Las cimas del Ngauruhoe y del Ruapehu –que, con 2797 m, es el punto más alto de la Isla Norte– son consideradas sagradas por los nativos maoríes. El parque entero, dominado por rasgos volcánicos tales como flujos de lava solidificados y antiguos cráteres, es de una belleza austera.

LOS VOLCANES DE TONGARIRO

Gran parte del parque es terreno volcánico (gris) rodeado por zonas de bosque (verde). La principal concentración de formaciones volcánicas pequeñas queda al norte, alrededor del Tongariro; Ruapehu, que tiende a producir grandes erupciones cada 50 años, asoma por el sur.

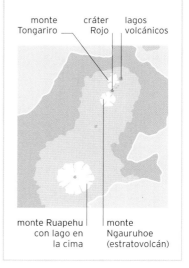

monte Tongariro · cráter Rojo · lagos volcánicos

monte Ruapehu con lago en la cima · monte Ngauruhoe (estratovolcán)

▽ **CRÁTERES Y LAGOS**
En esta vista del volcán Tongariro se aprecian varios cráteres y lagos. Los colores de los lagos se deben a minerales desprendidos de la roca que los rodea.

LA FORMACIÓN DE LOS ALPES AUSTRALIANOS

La historia de la Gran Cordillera Divisoria es muy compleja, pero se cree que una de sus partes, los Alpes Australianos, se originaron cuando un microcontinente llamado Zelandia (pp. 272-273) se separó del sureste de Australia. Hoy, Zelandia esta sumergida en su mayor parte (Nueva Zelanda es la parte emergida), mientras que el margen del rift en el lado australiano, erosionado, dio lugar a los Alpes Australianos.

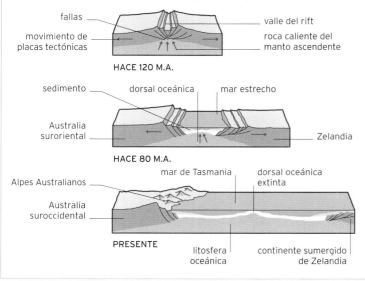

fallas
movimiento de placas tectónicas
valle del rift
roca caliente del manto ascendente

HACE 120 M.A.

sedimento
dorsal oceánica
mar estrecho
Australia suroriental
Zelandia

HACE 80 M.A.

Alpes Australianos
mar de Tasmania
dorsal oceánica extinta
Australia suroccidental

PRESENTE
litosfera oceánica
continente sumergido de Zelandia

N de
Nueva
Zelanda

Rotorua

Una región de la Isla Norte de Nueva Zelanda con diversos rasgos geotérmicos, como géiseres, coloridas fuentes termales y piscinas de lodo hirviendo.

Gran parte de la Isla Norte de Nueva Zelanda es de naturaleza e historia volcánicas. Cerca del centro está el lago Taupo, sobre un supervolcán que entró en erupción la última vez hace unos 1800 años, y hacia el suroeste encontramos el Parque Nacional de Tongariro (p. 275). Al noreste del lago Taupo está el foco de actividad volcánica llamado a menudo Rotorua, aunque solo algunas de sus formaciones geotérmicas están cerca de la ciudad de ese nombre. Además de géiseres, fuentes termales, fumarolas y piscinas de lodo, hay otras atracciones menos habituales en la región, como unas cascadas de agua caliente (cataratas Kakahi), lagos ácidos hirvientes, terrazas de sílice y mármol, un volcán de barro y un manantial de barro.

▷ **TERRAZAS DE AZUFRE**
Algunas fuentes termales forman terrazas escalonadas con sus depósitos de minerales calizos y, en este caso, de azufre.

▽ **DEPÓSITOS COLORIDOS**
El color naranja en los bordes de esta fuente termal, una de las varias presentes en la zona de Wai-o-tapu, se debe a los depósitos de minerales que contienen arsénico y antimonio.

fuente termal
de color

el agua se filtra
por las grietas
de la roca

géiser en emisión

terrazas
de material
de tipo calizo

Piscina de barro
Las piscinas de barro se forman por una combinación de agua caliente, vapor y gases ácidos de una fumarola que disuelven la roca.

Géiser de fuente durmiente
Este suele ser inactivo debido a una fractura más abajo en el sistema del géiser.

Fumarola
Un agujero en el suelo que emite vapor y gas se llama fumarola.

Agua caliente ascendente
El agua se expande al calentarse, y el contacto con rocas calientes la hace subir.

Canal de alimentación
Este canal está seco porque la fractura de la roca ha bloqueado el flujo del agua.

el vapor y los gases ascendentes ocupan algunos canales en lugar del agua caliente

Fractura de la roca
Esta fractura, causada por un terremoto, ha roto el canal que suministraba agua caliente al géiser.

△ GÉISER EN EMISIÓN
En las afueras de la ciudad de Rotorua hay un campo de géiseres que contiene siete de ellos activos. El géiser Pohutu, en la imagen, produce las emisiones más grandes y ruidosas.

agua calentada saturando la roca

Reserva de agua supercalentada
Cuando la alta presión permite que el agua supere la temperatura de ebullición, a esta agua se la llama supercalentada.

la roca porosa puede retener grandes cantidades de agua calentada

Geiserita
Este mineral impermeable y hermético recubre todo el circuito de un géiser.

Roca caliente
El magma subyacente aporta la energía que calienta la roca de arriba y activa los rasgos geotérmicos.

▷ CÍRCULOS DE BARRO
Hay piscinas de lodo hirviendo en varios lugares alrededor de Rotorua. Al romper, las burbujas forman patrones intrincados en la superficie.

▲ RASGOS GEOTÉRMICOS
Esta ilustración muestra un paisaje geotérmico típico que incluye muchos de los rasgos vistos en Rotorua. Las zonas geotérmicas se encuentran sobre calderas volcánicas que siguen teniendo magma debajo. El magma calienta la roca superior, que a su vez calienta el agua que se ha filtrado hacia abajo. El agua alimenta los rasgos geotérmicos.

El géiser Pohutu emite hasta 20 veces al día plumas de vapor y gas que pueden alcanzar los 30 m de altura.

LA EMISIÓN DE UN GÉISER

Un géiser puede formarse allí donde hay agua caliente en un sistema de canales subterráneos y cámaras recubiertas de un mineral llamado geiserita. También debe haber una constricción en el canal que da a la superficie. El agua supercalentada asciende, aumentando la presión del sistema hasta que la alta presión expulsa el agua del canal constreñido. Entonces cae la presión en el subsuelo, permitiendo que una cantidad de agua supercalentada se convierta en vapor. Al expandirse este, sostiene la emisión, que continúa hasta que la presión cae a cero. Después, el ciclo se repite.

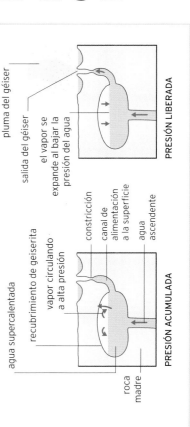

pluma del géiser

salida del géiser

el vapor se expande al bajar la presión del agua

PRESIÓN LIBERADA

agua supercalentada

recubrimiento de geiserita

vapor circulando a alta presión

constricción

canal de alimentación a la superficie

agua ascendente

roca madre

PRESIÓN ACUMULADA

O de Australia

Hyden Rock

Una antigua colina de granito en Australia Occidental, con una pared en forma de ola en la base.

Hyden Rock es famosa por ser una formación rocosa inusual, con aspecto de gran ola oceánica rompiente a lo largo de una sección de la base. Conocida como Wave Rock («roca de la ola»), se cree que se formó por la meteorización y erosión de la base de la colina. La fase inicial de meteorización tuvo lugar bajo tierra, al descomponer el granito el agua ligeramente ácida del subsuelo. Esto creó un volumen cóncavo de granito fragmentado en la base, antes maciza. Al rebajarse el terreno de alrededor por la erosión, el granito fragmentado fue retirado también, quedando la roca en forma de ola. Se le han extraído cristales datados en 2700 m.a., por lo que es una de las formaciones más antiguas de Australia.

◁ **WAVE ROCK**
La formación mide unos 110 m de largo y 14 m de alto. Las rayas gris y ámbar se deben a la disolución de los minerales por el agua de lluvia.

▽ **FORMACIÓN LISA**
El aspecto de ola se debe en parte a lo redondeado del borde superior. Por encima, la superficie de la roca es lisa y en forma de cúpula.

◁ **ALTURAS HELADAS**
El Aoraki, también llamado monte Cook, es extraordinariamente difícil de escalar. Lo rodea una zona extensa y elevada de hielo agrietado del que emanan varios glaciares.

LA FALLA ALPINA

A lo largo de la falla Alpina, la placa pacífica se está deslizando y empujando ligeramente la placa australiana, a 3-4 m por siglo. Debido a ello se ha levantado la corteza de la placa pacífica a lo largo de la falla, lo cual formó los Alpes Neozelandeses.

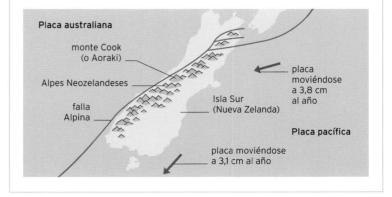

Placa australiana

monte Cook (o Aoraki)

Alpes Neozelandeses

falla Alpina

Isla Sur (Nueva Zelanda)

placa moviéndose a 3,8 cm al año

Placa pacífica

placa moviéndose a 3,1 cm al año

Alpes Neozelandeses

Una cordillera alta y empinada que recorre casi toda la longitud de la Isla Sur, en Nueva Zelanda, con un prístino entorno de glaciares, lagos y bosques.

S de Nueva Zelanda

Los Alpes Neozelandeses (o Alpes del Sur), la cordillera más importante de Nueva Zelanda, se extienden a lo largo de 500 km de la Isla Sur, de suroeste a noreste. El monte Cook, o Aoraki (3724 m), es el punto más alto de Nueva Zelanda y se alza en el centro de la cordillera. Otros 16 picos superan los 3048 m. La mayoría de los ríos de la Isla Sur, incluido el más largo, el Clutha, nacen aquí.

Creciendo hacia el cielo
Un límite entre dos placas tectónicas, la falla Alpina, discurre al oeste de la línea principal de los Alpes Neozelandeses. El límite tiene una gran importancia en los orígenes de la cordillera y su levantamiento continuado (recuadro, izda.). Los Alpes Neozelandeses siguen creciendo varios milímetros al año, pero son erosionados al mismo ritmo, a lo cual contribuye la pendiente tan pronunciada, las altas precipitaciones en las laderas occidentales y la presencia de varios glaciares. Debido a la abundante lluvia –que puede llegar a los 10 000 mm anuales–, la vertiente occidental de los Alpes Neozelandeses está cubierta de pluvisilva templada hasta los 1000 m de altura. Es por ello que se da la rara presencia de glaciares a poca distancia de una densa pluvisilva. La vertiente oriental es mucho más seca, y contiene varios lagos glaciares grandes, como el Tekapo y el Pukaki, ambos de color azul celeste perlado. Entre las aves endémicas de la región están el kea, el raro y no volador kiwi común y el acantista roquero de Nueva Zelanda.

▽ **AVE SAGAZ**
El kea, el único loro alpino del mundo, es conocido por su curiosidad e inteligencia, hasta el punto de usar herramientas y resolver rompecabezas lógicos. Solo se encuentra en los Alpes Neozelandeses.

Los **Alpes Neozelandeses** fueron **así llamados** por su **parecido** con los **Alpes europeos**.

O de Nueva
Zelanda

Glaciar Franz Josef

Uno de los dos glaciares que descienden la pendiente de los Alpes Neozelandeses hacia la costa oeste de la Isla Sur de Nueva Zelanda.

Bautizado así, en 1865, en honor al emperador de Austria, el glaciar Franz Josef mide unos 12 km de largo. En el pasado, su parte inferior fluía por una pluvisilva templada próxima a la costa, pero desde 2008 su término ha ido retrocediendo rápidamente, y ahora apenas alcanza la línea del arbolado. Se sabe que el glaciar avanza y retrocede cíclicamente en función de cambios en el clima de la región. Actualmente está menguando, pero entre 1983 y 2008 avanzó 1,5 km. Lo que sostiene la existencia misma del glaciar es la alta tasa de precipitaciones en el área superior de los Alpes Neozelandeses –hasta 30 m de nieve se suman al área de acumulación de hielo del glaciar cada año–, y las variaciones anuales de estas pueden afectar al comportamiento del glaciar durante años.

△ **TÚNEL AQUA**
Una parte del glaciar contiene túneles abiertos por agua de deshielo. Este, llamado túnel Aqua, tiene unos metros de diámetro, suficiente para atravesarlo andando.

△ **TÉMPANOS ROTOS**
La superficie del lago de deshielo del glaciar se congela a veces en invierno. La capa de hielo se rompe luego en planchas angulosas.

▷ **LAGO DE DESHIELO**
Al pie del glaciar hay un lago de agua de deshielo de 7 km de largo. Hace un siglo, el propio glaciar llenaba aún el valle.

O de Nueva Zelanda

Glaciar Tasman

El mayor glaciar de Nueva Zelanda, con pistas de esquí y un lago turbio al pie.

El glaciar Tasman fluye por un valle largo al este de la montaña más alta de Nueva Zelanda, el Aoraki (o monte Cook), y se origina en una gran área de acumulación de hielo a 2800 m de altura. Su longitud total es de 24 km.

Pistas de esquí, grietas y lagos

La parte superior del glaciar es lisa, y constituye una de las mayores pistas de esquí del mundo, de unos 11 km de longitud. Más abajo, el glaciar se rompe en un laberinto de grietas y túneles de hielo. El tercio inferior está cubierto de una capa gruesa de roca fragmentada, traída por el agua de deshielo. Esta va a parar a un gran lago al pie del glaciar, que ha crecido de forma considerable en las últimas décadas. Tiene hasta 250 m de profundidad y es gris debido al cieno en suspensión. El lago tiene una temperatura constante próxima al punto de congelación, ya que los icebergs están descargándose continuamente en el término del glaciar.

En 2011, millones de **toneladas de hielo** cayeron del **glaciar** a su **lago** tras un **terremoto**.

△ **FLUJO TRENZADO**
Un río ramificado (una red de canales con barras de arena y gravilla entre ellos) se lleva el agua de deshielo del glaciar.

FORMACIONES CAUSADAS POR UN GLACIAR EN RETIRADA

Un glaciar en retirada, como el Tasman, deja atrás algunos accidentes característicos bajo su término, entre los que puede haber lagos glaciares (depresiones inundadas por la fusión de bloques de hielo semienterrados), drumlins (colinas alargadas alineadas en la dirección del retroceso) y ésqueres (crestas largas y serpenteantes de arena y gravilla).

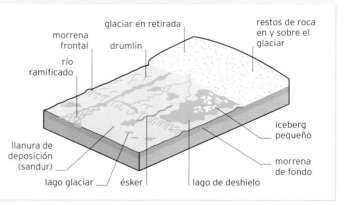

glaciar en retirada
restos de roca en y sobre el glaciar
morrena frontal
drumlin
río ramificado
iceberg pequeño
morrena de fondo
llanura de deposición (sandur)
lago glaciar
ésquer
lago de deshielo

Murray-Darling

El sistema fluvial más largo de Australasia, con una de las cuencas
más extensas de la Tierra, del que depende el granero de Australia.

SE de
Australia

Compuesto por el Murray, el río más largo
de Australia, y su principal afluente, el Darling,
el sistema fluvial Murray-Darling es el mayor de
Australasia. Su cuenca ocupa más de 1 millón de km²
del sureste de Australia, aproximadamente un 14 % de
la superficie del país. La cuenca del Murray-Darling
es la región agrícola más importante de un país árido
en su mayor parte, y produce tres cuartas partes de
los cultivos de regadío de Australia y un tercio del
suministro total de alimentos.

De las montañas a la desembocadura
El Murray nace en los Alpes Australianos, al extremo
sur de la Gran Cordillera Divisoria, y fluye por llanos
del interior marcando el límite entre Nueva Gales del
Sur y Victoria durante gran parte de su recorrido. La
mayoría de sus principales afluentes llegan del norte
a lo largo de esta sección, entre ellos el Darling, que
fluye hacia el suroeste por casi toda la longitud de
Nueva Gales del Sur desde su nacimiento, cerca de

El Murray-Darling se considera el **gran sistema fluvial más seco** del mundo.

Queensland. Tanto el Murray como el Darling
tienen muy poca pendiente en la mayor parte
de su recorrido, y su lento caudal describe
muchos meandros.

Tras confluir ambos, el río entra en Australia
Meridional y fluye por gargantas antiguas de
imponentes paredes de arenisca separadas por
lagos someros. Tras haber recorrido 2530 km
desde el nacimiento del Murray, el sistema
Murray-Darling desemboca en el océano
Antártico en un punto variable flanqueado
por dunas, la boca del Murray, al extremo
este de la Gran Bahía Australiana.

△ **TORTUGA DE AGUA DULCE**
La tortuga de cuello de serpiente tiene
patas palmeadas y permanece largo
tiempo bajo el agua. A diferencia de
otras tortugas acuáticas o terrestres,
recoge la cabeza de lado en la concha.

Cuevas de Jenolan

Un sistema complejo de cuevas con elaboradas formaciones en Australia, y las cuevas más antiguas que se han descubierto.

SE de Australia

Situadas en la vertiente occidental de las montañas Azules, en Nueva Gales del Sur, las cuevas de Jenolan son el sistema de cuevas calizas más conocido de Australasia. Se encuentran en una estrecha cresta caliza formada hace 500 m.a., cuando la zona estaba sumergida en el océano. Las cuevas de Jenolan comprenden una serie de pasadizos y cavernas excavados por el agua que se extienden a distintos niveles a lo largo de unos 40 km, con más de 300 entradas. Una de las mayores cuevas, la de Lucas, contiene varias vastas secciones, como la llamada Cathedral Chamber, de 54 m de altura, famosa por su excelente acústica. Los científicos estiman la edad de las cuevas de Jenolan en más de 340 m.a., lo que las convierte, con mucho, en las más antiguas conocidas.

▷ GRANDES CRISTALES
En las pozas de las cuevas de Jenolan hay depósitos de un tipo de calcita llamada espática, consistente en grandes cristales de formación muy lenta.

△ ADORNOS MINERALES
Las cuevas son famosas por sus ricas y variadas formaciones, tales como columnas, arcos, estalactitas, estalagmitas y otras formas intrincadas de calcita.

△ AGUAS TRANQUILAS
Un pelícano australiano surca el Murray en la región de Riverland, en Australia Meridional. En la cuenca del Murray-Darling viven casi 100 especies de aves acuáticas.

▽ FIN DE TRAYECTO
Justo antes de desembocar en el océano, el sistema Murray-Darling conecta con el Coorong, un canal estrecho de lagunas tras la península de Younghusband.

Cuevas de Waitomo

Una red subterránea de cuevas en Nueva Zelanda, muchas de ellas adornadas por la luminiscencia de las luciérnagas.

N de Nueva Zelanda

En el área de Waitomo, al oeste de la Isla Norte de Nueva Zelanda, hay una red de 45 km de cuevas, pasadizos y grutas bajo los campos de cultivo abiertos. Las cuevas de Waitomo se formaron en una sección de caliza de 30 m.a. de edad y de hasta 100 m de grosor. Las fracturas y fallas de la roca permitieron que se filtrara agua, que fue formando un sistema de drenaje subterráneo que fue creciendo en tamaño y complejidad. Muchas de las cuevas y pasadizos tienen corrientes y cascadas, y la mayoría, una combinación de formaciones de calcita, como estalactitas, estalagmitas y columnas, de color marrón, rosa o blanco. Las más famosas de las 300 cuevas de la zona son las de Glowworm, Ruakuri, Aranui y Gardner's Gut.

▷ GRUTA DE GLOWWORM
Los techos de muchas de las cuevas de Waitomo están iluminados por miles de pequeñas larvas de una especie de luciérnaga endémica de Nueva Zelanda.

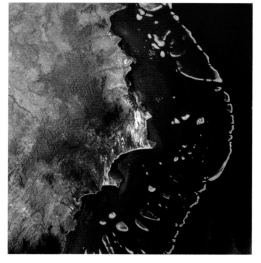

▷ **BARRERA OCEÁNICA**
La imagen muestra la décima parte del arrecife. Se ve parte de Queensland a la izquierda, y el borde del arrecife como línea rota a la derecha.

Gran Barrera de Coral

El sistema de arrecifes más extenso del mundo, descrito a menudo como la mayor estructura construida por seres vivos.

NE de Australia

La Gran Barrera de Coral se extiende a lo largo de 2300 km del mar del Coral, frente a la costa de Queensland (Australia). No es un único arrecife continuo, sino que está compuesto por más de 2900 arrecifes individuales de tipos diversos y 900 islas de coral, que cubren un área total de unos 344 400 km². La estructura entera se debe a la actividad de los animales llamados pólipos de coral (recuadro, abajo). El arrecife debe su nombre a su condición de barrera entre Australia y las grandes olas del Pacífico.

Diversidad biológica

Repleta de vida marina, la Gran Barrera de Coral contiene una diversidad biológica asombrosa, con unas 350 especies de corales duros y varios cientos de corales blandos, 1500 especies de peces, 17 especies de serpientes marinas, 30 de ballenas, delfines y marsopas, y 6 de tortugas marinas. Más de 200 especies de aves visitan el arrecife, o anidan o duermen en las islas.

Por desgracia, en los últimos años, la Gran Barrera de Coral se ha visto gravemente amenazada, siendo la mayor preocupación el ascenso de la temperatura del océano como resultado del calentamiento global. La consecuencia es el llamado blanqueo de coral (p. 286), que puede acabar diezmando los corales de modo irreversible.

◁ **FÓSIL VIVIENTE**
El *Nautilus pompilius*, una de las más de 4000 especies de molusco que habitan en el arrecife, ha evolucionado poco a lo largo de muchos millones de años.

La Gran Barrera de Coral tiene el **tamaño** de **48 millones** de **campos de fútbol** reglamentarios.

△ **VIDA INCIPIENTE**
Un coral se forma cuando un pólipo se adhiere a una roca bajo el agua. Luego se divide para formar una colonia, como la de la imagen, de cientos de pólipos.

◁ **COMPLEJIDAD ESTRUCTURAL**
Se dan formas diversas incluso en secciones pequeñas del arrecife con zonas y plataformas de caliza, además de estructuras en forma de cinta.

CORALES DUROS Y BLANDOS

Los corales se componen de muchos animales individuales llamados pólipos. Hay dos tipos principales: hexacorales (corales duros) y octocorales (corales blandos). Una diferencia importante es que son sobre todo los primeros los que segregan carbonato cálcico. Además son los principales constructores de los arrecifes.

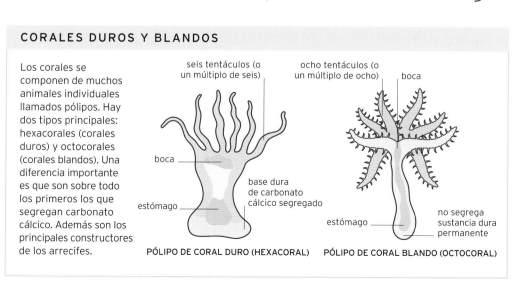

seis tentáculos (o un múltiplo de seis)

boca

estómago

base dura de carbonato cálcico segregado

PÓLIPO DE CORAL DURO (HEXACORAL)

ocho tentáculos (o un múltiplo de ocho)

boca

estómago

no segrega sustancia dura permanente

PÓLIPO DE CORAL BLANDO (OCTOCORAL)

Estructura de una
BARRERA DE CORAL

Una barrera de coral es un tipo de arrecife separado de un continente o una isla por un canal o una laguna profundos. Un arrecife como este puede formarse cuando una isla volcánica de los trópicos comienza a hundirse, como suele ocurrir al cesar su actividad volcánica. Al hundirse la isla, los arrecifes de la costa siguen creciendo hacia arriba y se crea una laguna cada vez más amplia entre el arrecife y la isla. También se puede formar una barrera sobre y en torno a una plataforma continental al subir el nivel del mar, como en la mayor barrera de coral del mundo, la Gran Barrera de Coral, en la costa australiana de Queensland.

Desarrollo de la Gran Barrera de Coral

Esta barrera ha tardado unos 20 m.a. en formarse, si bien gran parte de la estructura visible ha crecido desde la última glaciación, sobre una plataforma continental más antigua. Hace unos 18 000 años, el nivel del mar era unos 120 m más bajo, y el borde exterior de la barrera era la costa de Australia. Al subir el nivel del mar, el agua y, luego, los corales invadieron antiguas colinas de la llanura costera, que tras 5000 años se convirtieron en islas. Con el tiempo quedaron sumergidas y las cubrieron los corales. El nivel del mar en la Gran Barrera de Coral apenas ha cambiado en los últimos 6000 años.

BLANQUEO DE CORAL

El blanqueo se produce por la expulsión o muerte de las zooxantelas (algas diminutas) que dan al coral su color, debida principalmente al aumento de la temperatura del mar. Es reversible si el cambio no es demasiado prolongado o severo, pero el coral blanqueado es más vulnerable a las enfermedades. Si una alfombra de algas dañinas coloniza el coral, el deterioro es irreversible.

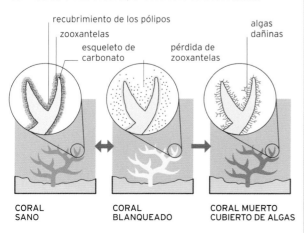

recubrimiento de los pólipos
zooxantelas
esqueleto de carbonato
pérdida de zooxantelas
algas dañinas

CORAL SANO   CORAL BLANQUEADO   CORAL MUERTO CUBIERTO DE ALGAS

▽ **CONSTRUCTORES DE ARRECIFES**
Algunos pólipos, llamados corales duros, o hexacorales, segregan pequeñas cantidades de carbonato cálcico (caliza) como parte de su estructura, que se añade al substrato inferior. Al morir los pólipos, quedan sus esqueletos calizos, los cuales, juntos, forman el arrecife.

▶ **LA GRAN BARRERA DE CORAL**
Este tramo de 250 km del arrecife, junto a la costa norte de Queensland, muestra su estructura. Hay muchos arrecifes de formas diversas, desde las estructuras en forma de cinta del borde exterior hasta los arrecifes de parche y de banco redondeados y con forma de media luna.

tierra firme de Queensland (Australia)

cresta de la Gran Cordillera Divisoria

río Normanby

Cooktown

Arrecife de banco
Los arrecifes de banco son mayores que los de parche, y a menudo de contorno lineal o semicircular. Pueden sostener un cayo o islote.

arrecife Williamson

◁ **CORAL BLANQUEADO**
El coral blanqueado se ve blanco debido a la pérdida de las algas que le dan su color. Las algas aportan la mayor parte de la energía del coral, y, cuando las expulsa, la progresiva inanición puede acabar en muerte.

Arrecifes bordeantes
Estos arrecifes se desarrollan cerca de la costa, en los márgenes de lo que fueron montes en tierra firme. El agua contaminada o con sedimentos que llega de tierra firme es una amenaza para su pervivencia.

Parque Nacional Grupo Flinders

Parque Nacional Combe Island

Arrecife de parche
Los arrecifes de este tipo forman parches redondeados que crecen sobre la plataforma continental. Algunos están rematados por islas boscosas o arenosas, y otras desarrollan lagunas.

◁ **DESOVE DEL CORAL**
Una vez al año, los pólipos hembra y macho del arrecife liberan una tormenta de gametos (óvulos y espermatozoides). La liberación sincronizada es crucial para la fertilización, pues los gametos sobreviven pocas horas en el océano.

montes submarinos

Arrecifes de cinta
Los arrecifes de este tipo siguen el contorno de la plataforma continental, indicando la línea costera de la última glaciación. Algunos miden hasta 25 km de largo.

Cayo
Un cayo es un islote arenoso y bajo formado en la superficie de un arrecife a partir de material erosionado acumulado.

isla Lizard

◁ **CAÍDA BRUSCA**
Los arrecifes de cinta forman el borde exterior del arrecife de barrera, que soporta lo más duro de las tormentas del Pacífico. Están poblados por corales robustos, y en el lado oceánico tienen una pendiente pronunciada. Esta se funde con el talud continental, que desciende hasta los 2000 m.

plataforma continental

talud continental

glacis continental

Parque Nacional Tres Islas

Alrededor de un tercio de los arrecifes de la **Gran Barrera de Coral** son **bordeantes**.

Bahía Shark

Una costa de rasgos naturales excepcionales, tales como praderas marinas, estromatolitos vivos y una fauna diversa.

O de Australia

La bahía Shark («tiburón»), a 800 km al norte de Perth, en la costa oeste de Australia, supera los 1500 km de costa, de los que 300 km son espectaculares acantilados calizos. Otro rasgo de la bahía Shark es una deslumbrante playa blanca formada casi exclusivamente con las conchas de una especie de berberecho. La bahía contiene una de las mayores praderas marinas del mundo, y esta sustenta a

unos 10 000 dugongos, grandes mamíferos marinos emparentados con los manatíes, o vacas marinas. Los dugongos son presa de los tiburones de diversas especies que dan nombre a la bahía, entre ellos el blanco y el tigre. En la zona viven también cien especies de reptiles y anfibios, 240 de aves y más de 80 tipos de corales.

Sin embargo, la bahía Shark es, quizá, más famosa debido a sus estromatolitos vivos, equivalentes actuales de uno de los tipos de vida más antiguos de la Tierra. Se trata de colonias de microbios que se acumulan en forma de cúpula (recuadro, abajo).

▷ **MEDUSA AZUL**
La picadura de esta medusa *Mastigias* es dolorosa, pero no peligrosa, a diferencia de la de una especie menor llamada irukandji.

◁ **VIDA POR CAPAS**
En la zona de Hamelin Pool se encuentra la mayor colección del mundo de estromatolitos vivos. Se cree que empezaron a crecer aquí hace unos mil años.

▷ **ESPECTRO COSTERO**
Esta vista aérea de una parte de la bahía reúne arroyos bordeados por manglares, aguas de color esmeralda, dunas y charcas teñidas por minerales.

EL CRECIMIENTO DE LOS ESTROMATOLITOS

La superficie de un estromatolito vivo está cubierta por una capa de cianobacterias, que en algunos casos desarrollan filamentos largos y viscosos. Estos atrapan y aglutinan los sedimentos en una capa dura. El estromatolito crece acumulando capas alternas de esta sustancia dura con otras de filamentos muertos.

biopelícula microbiana con filamentos viscosos

capa dura previamente formada del estromatolito

capa de filamentos muertos

lluvia de partículas de sedimento

partículas atrapadas por filamentos viscosos

la biopelícula sigue creciendo en la superficie

partículas de sedimento unidas en una nueva capa dura

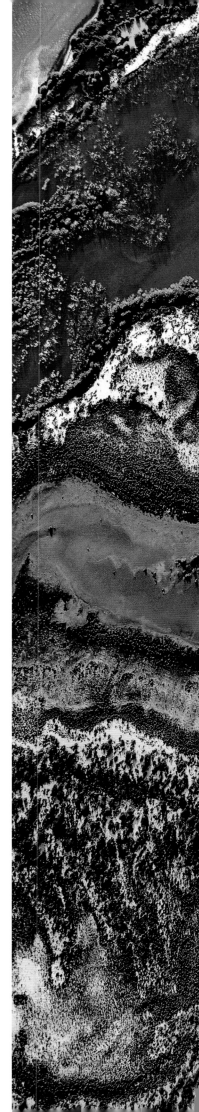

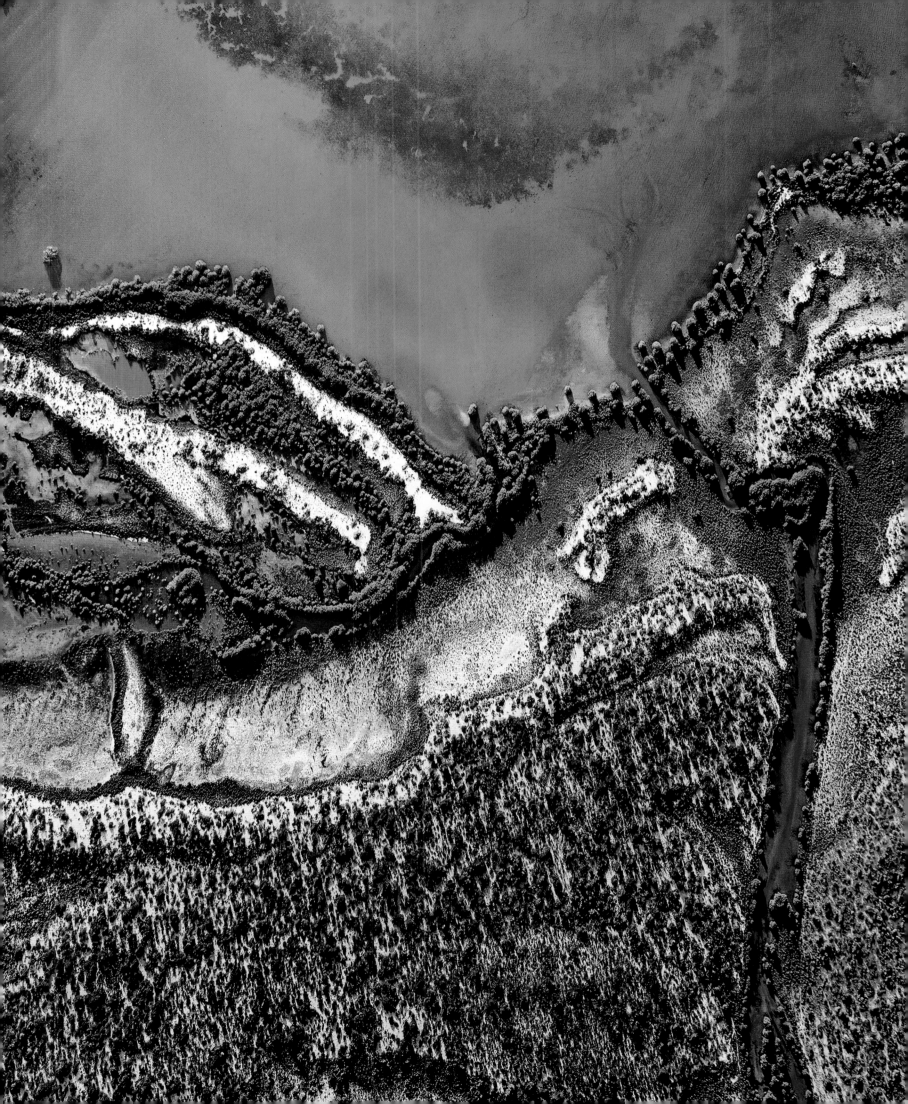

Los Doce Apóstoles

Un emblemático grupo de grandes agujas y farallones formados por la erosión de un acantilado calizo de 20 m.a. de edad.

SE de Australia

Los Doce Apóstoles se hallan en el Parque Nacional Port Campbell, en Victoria (Australia). Los pináculos se extienden a lo largo de unos 5 km de costa, alcanzando algunos los 50 m de altura. Los Doce Apóstoles son una de las referencias geográficas más conocidas de Australia, pero su nombre es inexacto, ya que, cuando se les dio ese nombre, había solo nueve pináculos mayores, y uno se desmoronó después, quedando solo ocho. Sin embargo, las olas siguen erosionando varios salientes prominentes e islas próximas (recuadro, dcha.), por lo que se espera que se formen pináculos nuevos. Como suele ocurrir, la costa próxima a los pináculos no deja de cambiar.

Hasta la **década de 1920**, estos pináculos se llamaron **«la Cerda y los Lechones»**.

▷ **FORMACIÓN DE NUEVOS PINÁCULOS**
Esta vista aérea muestra un pináculo aislado (izda.) y salientes e islas que se espera formen pináculos nuevos por la erosión.

FORMACIÓN DE PINÁCULOS

Las olas excavan cuevas en los lados de un saliente, y acaban por abrir túneles. El arco sobre el túnel se desmorona dejando un islote, que se va erosionando hasta formar un pináculo.

arco
cueva en el saliente
túnel
acción de las olas

SE FORMA UN TÚNEL EN UN SALIENTE

restos de arco desmoronado
islote

EL ARCO SE DESMORONA

costa recortada
pináculo

SE FORMAN PINÁCULOS

Playa Moeraki

En esta playa, en el sureste de Nueva Zelanda, hay esparcidas rocas casi esféricas de un tamaño inusual.

E de Nueva Zelanda

A unos 70 km al noreste de Dunedin, la playa Moeraki parece a primera vista un lugar donde unos gigantes han estado jugando a los bolos o a la petanca. Las casi perfectas esferas grises están desperdigadas por un tramo de playa de unos 50 m. Según los científicos, las grandes esferas de roca se formaron entre sedimentos de arcilla y cieno del lecho marino hace 60 m.a. aproximadamente; en su proceso de formación, llamado concreción, un mineral aglutinante se une con otros minerales en una masa dura y resistente a la erosión. El proceso puede tardar millones de años. Después, las concreciones, incrustadas en lutita, emergieron, y hoy la mayoría están enterradas en un acantilado junto a la playa Moeraki, a la que llegan tras quedar gradualmente expuestas por la erosión de la lutita (recuadro, dcha.).

△ **GRANDES ESFERAS**
Las rocas esféricas son principalmente de dos tamaños: unos 0,9 m y 1,8 m de diámetro; y pesan varias toneladas. Muchas están semienterradas en la arena.

FORMACIÓN DE LAS ESFERAS

Las esferas se originaron entre sedimentos marinos que se solidificaron como roca. Luego, esta emergió sobre el nivel del mar, y constituye el acantilado que, periódicamente, libera una esfera que baja hasta la playa.

concreciones minerales esféricas a partir de un núcleo

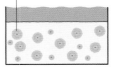

FORMACIÓN SUBMARINA

esferas de la playa Moeraki

concreciones plenamente formadas incrustadas en lutita

PRESENTE

Fiordos de Nueva Zelanda

Un grupo de fiordos al suroeste de Nueva Zelanda, con vida marina abundante y acantilados y cascadas espectaculares.

SO de
Nueva
Zelanda

Los fiordos de Nueva Zelanda se formaron hace unos 15 000 años, cuando los glaciares se retiraron al final de la última glaciación y el mar inundó los valles costeros en forma de U excavados por los glaciares.

Descubrimiento peligroso

De entre unos 14 fiordos principales, dos de los más conocidos son Doubtful Sound –uno de los más largos, de 30 km– y Milford Sound. Al primero lo bautizó así, en 1770, el capitán James Cook, quien se abstuvo de navegarlo por dudar que pudiera salir de él. El menor pero más famoso Milford Sound, que se adentra 15 km en tierra firme, es notable por sus espectaculares cascadas y por la enorme montaña que lo domina: Mitre Peak, de 1692 m. Ambos fiordos, y otros cercanos, son el hogar de delfines nariz de botella, delfines oscuros, lobos marinos de Nueva Zelanda, pingüinos pequeños y el raro pingüino de Fiordland. Los vientos dominantes del oeste que traen aire húmedo del mar de Tasmania provocan precipitaciones muy abundantes en toda la región, sustento de sus densas pluvisilvas templadas.

◁ **MINERAL CURIOSO**

En la región se encuentran pequeños depósitos de arsenopirita. Calentado, este mineral despide humo tóxico y se vuelve magnético. Si se golpea con un martillo, desprende un olor como el del ajo.

▽ **CASCADA NEBLINOSA**

Stirling Falls, de 151 m de altura, es una de las dos cascadas permanentes de Milford Sound. En maorí se llama Wai Manu («nube en el agua»).

Selva tropical Daintree

La mayor pluvisilva tropical de Australia y una de las más antiguas y biodiversas del mundo, con una gran variedad de plantas y animales.

NE de Australia

Con un área de más de 1200 km² al noreste de Queensland, el Daintree es la mayor pluvisilva tropical de Australia y una de las más antiguas de la Tierra. Las estimaciones de su edad varían entre los 135 y los 180 m.a. Los Trópicos húmedos de Queensland, declarados Patrimonio de la Humanidad por la Unesco, contienen los parientes vivos más cercanos de las plantas prehistóricas de la pluvisilva que cubrían el continente hace millones de años, tales como *Plagianthus regius*, árbol de hoja perenne de hace entre 120 y 170 m.a. y que se creía extinto hasta 1971. En Daintree se han catalogado la mitad de las especies de aves de Australia, un tercio de las ranas y mamíferos, un cuarto de los reptiles y más de 12000 especies de insectos, muchos de los cuales no viven en ningún otro lugar.

◁ **GUARDABOSQUES DEL DAINTREE**
El casuario austral, en peligro de extinción, es uno de los residentes del Daintree, y es un esparcidor importante de semillas.

La selva tropical Daintree contiene la **mayor concentración de aves** de toda **Australia**.

Bosque templado del este de Australia

Hogar de más de un quinto de los eucaliptos de Australia, cuyo aceite da a las montañas cercanas su color azul.

E de Australia

▽ **ÁRBOLES SOBRESALIENTES**
Cerca de la Gran Cordillera Divisoria, que forma el límite interior de la ecorregión, los eucaliptos se alzan sobre árboles más bajos como las acacias.

El bosque templado del este de Australia se extiende por 222 100 km², desde la costa de Nueva Gales del Sur hasta el sureste de Queensland. Las distintas altitudes y microclimas sustentan una gama de vegetación diversa, pero predominan los eucaliptos, con más de cien especies. Se cree que las microgotas de aceite en suspensión de las hojas de eucalipto refractan la luz azul, confiriendo a las montañas Azules su color. Más importante es que estos bosques de eucaliptos albergan muchas especies de plantas y animales amenazados, entre ellos el emblemático koala.

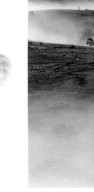

▷ **AFERRADO A LA MADRE**
Al principio, la madre koala lleva a su cría en una bolsa. Con el tiempo, la cría se aferra al lomo de la madre mientras esta se alimenta de hojas de eucalipto.

△ HACIENDO GUARDIA

La cima de granito del monte Pieter Botte, o Ngalba-bulal, vigila los raros pinos kauri del Parque Nacional Daintree.

◁ PAISAJE PREHISTÓRICO

Debido a su situación aislada y su clima, el Daintree ha cambiado poco desde sus orígenes. Hoy es el hogar de 12 de las 19 especies de plantas con flor primitivas del mundo.

Bosque de Waipoua

Un antiguo bosque nativo de Nueva Zelanda donde se encuentra la mayor arboleda de kauri del mundo.

N de Nueva Zelanda

El bosque subtropical de Waipoua se encuentra en la costa oeste de la región de Northland, en la Isla Norte de Nueva Zelanda. Declarado santuario en 1952, Waipoua contiene la mayor colección de árboles kauri, coníferas gigantes de madera dura que son de los árboles más antiguos del mundo y de los más amenazados. Los antepasados del kauri vivieron durante el Jurásico, pero el kauri más antiguo de Waipoua, llamado Te Matua Ngahere («Padre del Bosque»), tiene solo 2000 años. No obstante, con un contorno de 16 m y una altura de 37 m, tiene el mayor diámetro de cualquier kauri vivo, y continúa creciendo.

▽ PORTADOR DE SEMILLAS

Un mismo kauri produce conos cilíndricos masculinos y redondos femeninos. Hasta los 25-30 años, estos últimos no liberan semillas aladas fértiles.

◁ ALTURA IMPONENTE

Los kauris pueden crecer hasta los 50 m, y son los árboles emergentes dominantes, sobrepasando a otras coníferas del bosque tales como toatoas y monoaos.

Sabanas del norte de Australia

Una sabana tropical diversa y con dos extremos estacionales en la que viven cientos de especies nativas de plantas y animales.

N de Australia

La sabana tropical del norte de Australia es una de las mayores del mundo que quedan y comparte muchos rasgos con las africanas. Mientras que en estas últimas se alimentan grandes herbívoros, en las sabanas australianas son insectos como las termitas los que devoran gran parte de la materia vegetal, además de marsupiales, desde el pequeño equidna de hocico corto hasta el gran canguro rojo. En las partes más húmedas habitan aves acuáticas, limícolas y reptiles, y un 60 % de las especies de mariposas de Australia vive solo en la península del cabo York.

Debido a su latitud, la sabana está sujeta al ciclo climático oscilante austral de El Niño, lo cual genera un patrón climático de dos estaciones con fuertes contrastes, entre las elevadas precipitaciones y las sequías.

◁ HECHO PARA CORRER

Con sus hasta 2,1 m de altura, el emú es la mayor ave de la sabana y de Australia. No vuela, pero sus largas y potentes patas le permiten alcanzar los 48 km/h.

CLIMA

Las sabanas de Australia tienen dos estaciones diferenciadas. Durante la húmeda y cálida (diciembre-marzo), el viento del noroeste trae tormentas fuertes. Entre mayo y octubre, las temperaturas son bajas, y la humedad, escasa.

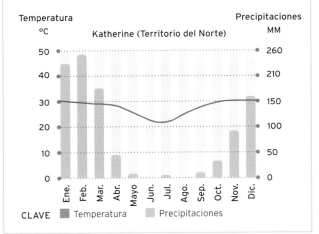

Temperatura °C — Katherine (Territorio del Norte) — Precipitaciones MM

CLAVE ■ Temperatura ■ Precipitaciones

△ PALMA PERFECTAMENTE ADAPTADA

Las palmeras *Livistona*, muy resistentes a la sequía, soportan los extremos climáticos estacionales, pudiendo resistir tanto las intensas lluvias como los frecuentes incendios.

▽ MONTÍCULOS MAGNÉTICOS

Las termitas magnéticas (o brújula) construyen nidos impresionantes de entre 3 y 4 m de altura. Las estructuras en forma de cuña tienen sus bordes más delgados alineados con el norte y el sur, lo cual las mantiene frescas.

Herbívoros gigantes recorrieron la sabana **hace unos 40 000 años**.

Gran Desierto Arenoso

Más húmedo que la región central del continente, un desierto arenoso activo donde el calor y la evaporación hurtan la lluvia tan pronto cae.

NO de Australia

△ **AGUA VITAL**
Una escarpadura sobre el río Oakover marca el borde occidental del Gran Desierto Arenoso. Del río depende la vida de diversos animales.

▽ **DUNAS CAMBIANTES**
Se cree que sus dunas se formaron hace unos 10 000 años. El viento constante cambia continuamente la forma de las crestas.

El Gran Desierto Arenoso de Australia está limitado al oeste por los montes rocosos del desierto de Tanami y al sur por los terrenos de gravilla del de Gibson. Además de su arena, lo que hace singular este desierto es su clima: la región recibe una cantidad de lluvia sorprendente. Las precipitaciones anuales medias son de 250 mm, más incluso en el norte, lo cual normalmente daría soporte a una cantidad razonable de vegetación. Sin embargo, las temperaturas diurnas en el Gran Desierto Arenoso son de unos 40 °C en verano, lo cual no permite que la mayor parte del agua penetre en el suelo. Los vientos predominantes soplan de este a oeste, creando un paisaje de dunas lineales rojas en movimiento constante.

◁ **PEQUEÑA MARAVILLA**
El minúsculo roedor tarkawara (*Notomys alexis*) tiene los riñones más eficientes de todos los mamíferos, por lo que puede sobrevivir largos periodos sin agua.

LOS DESIERTOS DE AUSTRALIA

Los desiertos suponen un quinto aproximado de la superficie de Australia, el continente habitado más seco de la Tierra; pero, debido a sus duras condiciones, en ellos vive menos del 3 % de los australianos. Aquí se muestran los cinco mayores.

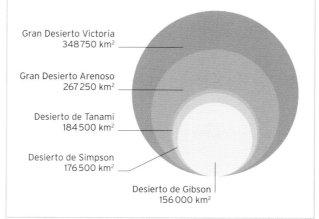

Gran Desierto Victoria
348 750 km²

Gran Desierto Arenoso
267 250 km²

Desierto de Tanami
184 500 km²

Desierto de Simpson
176 500 km²

Desierto de Gibson
156 000 km²

C de Australia

Desierto de Simpson

El desierto más central de Australia, donde la arena varía del rosa al rojo oscuro y forma el mayor sistema de dunas paralelas del mundo.

El desierto de Simpson forma parte del «centro rojo» de Australia, nombre informal de la región desértica al sur del Territorio del Norte que refleja el color predominante de sus arenas. Se extiende hacia el sur desde Alice Springs, la célebre ciudad del *outback* (las semiáridas regiones interiores), y atraviesa el límite de Australia Meridional, cubriendo un área de unos 176 500 km². Contiene el mayor sistema de dunas paralelas de la Tierra. Las dunas varían entre los 3 m, en el desierto occidental, y los 30 m, en el oriental, y pueden extenderse 200 km o más.

Desierto floreciente

Las precipitaciones en el desierto de Simpson son escasas e irregulares, de solo 125 mm de media anual. Sin embargo, crecen herbáceas *Spinifex*, matorrales y acacias todo el año, a los que se unen repentinamente coloridas flores silvestres tras las raras lluvias. Las precipitaciones en zonas cercanas inundan a veces partes de este desierto por la crecida de los ríos. La vegetación resultante acoge a animales diversos, entre ellos el raro ratón marsupial de cola gruesa. Se han establecido parques nacionales y áreas protegidas para conservar tanto la flora como la fauna.

△ **HABITANTE DEL LLANO**
El eptianuro de Ashby habita sobre todo en los pavimentos de los desiertos australianos (*gibber plains*). Rara vez vuela, pues prefiere alimentarse, anidar y posarse en el suelo.

El **Uluru** es **más alto** que la **torre Eiffel** y la **gran pirámide de Guiza**.

△ FLOR PÚRPURA
Este arbusto del tomate, de la familia de las solanáceas, prospera en las condiciones áridas del Simpson.

▷ DUNAS PARALELAS
Desde el aire se aprecian el tamaño y la extensión de los arenales del Simpson, junto con la vegetación que crece entre las dunas.

DEBAJO DE ULURU

Las rocas que componen el Uluru empezaron a formarse en la cuenca Amadeus, una depresión que se formó hace unos 900 m.a. Los sedimentos acumulados se comprimieron en una capa de arenisca que se plegó, se fracturó y rotó mientras la hacía elevarse la actividad tectónica. El Uluru es solo la punta de una formación que se cree alcanza los 6 km de profundidad.

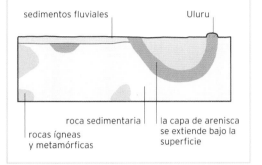

sedimentos fluviales — Uluru

roca sedimentaria — la capa de arenisca se extiende bajo la superficie

rocas ígneas y metamórficas

▽ ULURU
El Uluru se alza 348 m sobre la superficie del desierto. De unos 3,6 km de largo y 1,9 km de ancho, se tarda unas 3 horas y media en rodearlo andando.

Desierto de Gibson

Un desierto hostil y mayormente intacto en el centro del estado de Australia Occidental.

O de Australia

Limitado por otros tres desiertos –el Gran Desierto Arenoso, al norte, el Pequeño Desierto Arenoso, al oeste, y el Gran Desierto Victoria, al sur–, el Gibson es uno de los desiertos más prístinos de Australia, protegido del impacto humano por lo tórrido y duro de sus condiciones. Pocos viven aquí, lo cual no sorprende, pues lleva el nombre de un explorador,

Alfred Gibson, que murió intentando cruzarlo en 1874. El desierto mide 156 000 km², e incluye principalmente dunas y llanos arenosos. Hay también crestas de grava hechas de guijarros recubiertos de óxido de hierro, así como pequeños lagos salinos. Pese a las temperaturas estivales de 40 °C y a la escasez de agua, en él logran sobrevivir animales tales como los emúes y los canguros.

△ **GRAN ROJO**
El canguro rojo, hoy el mayor marsupial de Australia, abunda en el desierto de Gibson. Entre sus adaptaciones, la de saltar le ahorra energía y minimiza el contacto con la arena caliente.

▷ **FLOR AMARILLA**
Las pocas veces que llueve, las arenas del desierto de Gibson sustentan miles de matas de hierba *Spinifex* amarilla, una de las pocas plantas capaces de germinar aquí.

Los Pináculos

Un paisaje de miles de pilares de piedra surgiendo de la arena, continuamente cubiertos y descubiertos, todos surgidos del agua de lluvia y de las raíces de las plantas.

O de Australia

En el centro del Parque Nacional Nambung, en Australia Occidental, se halla el especial desierto costero de los Pináculos, con miles de pilares calizos que surgen de un paisaje, por lo demás, cubierto de dunas. Cómo se formaron los pilares o por qué se formaron aquí y no en otra costa con dunas siguen siendo temas debatidos. No obstante, sí se sabe que, hace entre 30 000 y 25 000 años, esos pilares comenzaron a formarse a partir de restos de conchas, que se convirtieron en caliza bajo las formaciones de dunas.

Causa radical

A medida que se desarrollaba vegetación en la zona, el agua de lluvia filtrada por el suelo ácido enriquecido formó una capa dura sobre la caliza más blanda. Las raíces de las plantas acabaron abriéndose paso por las grietas de esta capa, iniciando un proceso de erosión vertical en la caliza. En un clima cada vez más seco, a medida que el viento desplazó las dunas, los primeros pináculos quedaron expuestos.

◁ **AGUJAS DE ROCA**
La mayoría de los pináculos miden entre 1 y 2 m de altura, pero algunos llegan a los 5 m. El viento mueve constantemente las dunas, cubriendo algunos pináculos y poniendo otros al descubierto.

Gran Desierto Victoria

El mayor desierto de dunas de arena de Australia, compartido por dos estados, salpicado de pavimentos y cortado por matorrales.

S de Australia

El Gran Desierto Victoria se extiende, de oeste a este, por más de 700 km de los estados de Australia Occidental y Australia Meridional, y es el mayor, pero tal vez el menos desértico, de los desiertos australianos. Aunque las precipitaciones anuales medias son de solo 162 mm y pese a que las temperaturas diurnas pueden ser de 30–45 °C, hay una cantidad sorprendente de vida vegetal.

Bajo protección

En algunas partes de la región crecen eucaliptos, mientras que las acacias y los matorrales forman una franja continua y estrecha, el Giles Corridor, que atraviesa el desierto en toda su amplitud.

Matas de *Spinifex*, aristida y otras hierbas adaptadas a la sequía interrumpen también los campos de dunas y pavimentos desérticos (de guijarros prensados, cubiertos a menudo de una capa de óxido de hierro). El desierto tiene vegetación suficiente como para atraer a muchos animales. Es famoso por sus reptiles, con más de cien especies, siendo especialmente diversos los gecos y los escíncidos. Aquí viven también mamíferos amenazados tales como los topos marsupiales y los dunnarts del desierto, y depredadores como el dingo y el varano de Gould, que suele medir 1 m de largo. Para proteger la biodiversidad de este desierto se ha prohibido urbanizar grandes áreas del mismo.

el viento empuja olas en forma de media luna a la costa

extremos orientados hacia el viento

el lecho del lago se seca

▷ **DEPREDADOR PODEROSO**
El varano gigante australiano es el mayor lagarto de Australia y la mayor especie de varano. Alcanza los 2 m de largo y puede correr hasta a 32 km/h cuando caza presas.

▽ **MÁS QUE ARENA**
Cerca del lago Eyre, el mayor lago salado de Australia, se pasa de las dunas y el *Spinifex* a las mesas rematadas por silcreta, una capa dura de gravilla aglutinada con sílice.

Cruzando la brecha

En su avance hacia la costa de la Antártida Oriental, el glaciar Matusevich atraviesa una brecha estrecha entre montes abriendo grietas (o crevasses) en el hielo. Tras cruzar la brecha, el hielo del glaciar sale flotando al mar.

Antártida

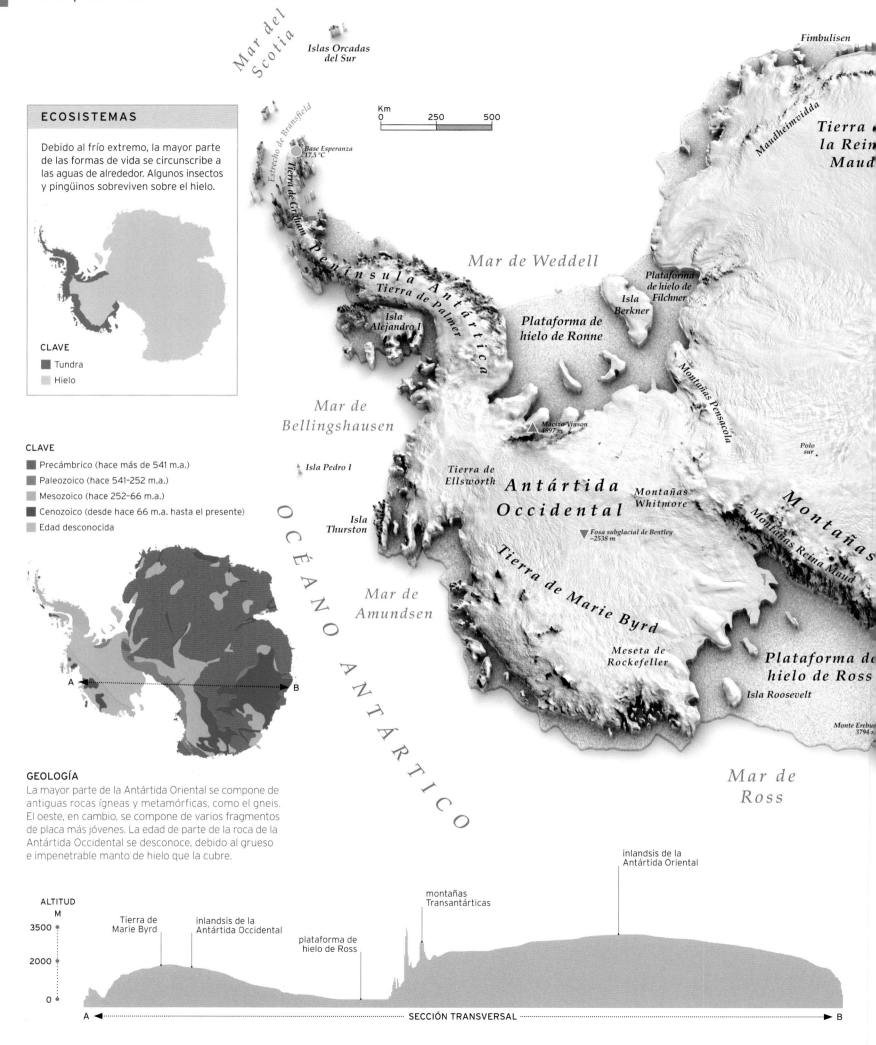

ECOSISTEMAS

Debido al frío extremo, la mayor parte de las formas de vida se circunscribe a las aguas de alrededor. Algunos insectos y pingüinos sobreviven sobre el hielo.

CLAVE

- ■ Tundra
- ■ Hielo

CLAVE

- ■ Precámbrico (hace más de 541 m.a.)
- ■ Paleozoico (hace 541-252 m.a.)
- ■ Mesozoico (hace 252-66 m.a.)
- ■ Cenozoico (desde hace 66 m.a. hasta el presente)
- ■ Edad desconocida

GEOLOGÍA

La mayor parte de la Antártida Oriental se compone de antiguas rocas ígneas y metamórficas, como el gneis. El oeste, en cambio, se compone de varios fragmentos de placa más jóvenes. La edad de parte de la roca de la Antártida Occidental se desconoce, debido al grueso e impenetrable manto de hielo que la cubre.

Mar del Scotia

Islas Orcadas del Sur

Fimbulisen

Maudheimvidda

Tierra de la Reina Maud

Km
0   250   500

Estrecho de Bransfield

Base Esperanza
17,5 °C

Tierra de Graham

Península Antártica

Tierra de Palmer

Mar de Weddell

Plataforma de hielo de Filchner

Isla Berkner

Isla Alejandro I

Plataforma de hielo de Ronne

Montañas Pensacola

Mar de Bellingshausen

Macizo Vinson
4897 m

Polo sur

Isla Pedro I

Tierra de Ellsworth

Antártida Occidental

Montañas Whitmore

Montañas Reina Maud

Montañas

Isla Thurston

Fosa subglacial de Bentley
−2538 m

Mar de Amundsen

Tierra de Marie Byrd

Plataforma de hielo de Ross

Meseta de Rockefeller

Isla Roosevelt

Monte Erebus
3794 m

Mar de Ross

A

B

OCÉANO ANTÁRTICO

ALTITUD M

3500

2000

0

Tierra de Marie Byrd

inlandsis de la Antártida Occidental

plataforma de hielo de Ross

montañas Transantárticas

inlandsis de la Antártida Oriental

A ◄ ⋯⋯⋯⋯⋯⋯⋯⋯⋯⋯ SECCIÓN TRANSVERSAL ⋯⋯⋯⋯⋯⋯⋯⋯⋯⋯ ► B

EL CONTINENTE HELADO

Antártida

Totalmente rodeada por el océano Antártico, la Antártida es el más remoto de los continentes. América del Sur y Australia están a 1000 km y 2500 km de ella, respectivamente; pero no siempre estuvo tan aislada. La Antártida fue parte del supercontinente Gondwana hace 200 m.a., hasta que se desgajó y asentó en el Polo Sur hace unos 35 m.a.

El manto de hielo (o inlandsis) antártico es el mayor del mundo, con un grosor medio de 1,6 km, y un peso tal que algunas partes de la roca subyacente se han hundido 2,5 km bajo el nivel del mar. La Antártida se divide en dos partes, Oriental y Occidental, separadas por las montañas Transantárticas. En el este, una enorme meseta plana de hielo cubre el antiguo escudo continental. En el oeste, el paisaje helado y la geología son más variados, y tienen mucho en común con los Andes de América del Sur.

DATOS CLAVE

▲ **Punto más alto** Macizo Vinson: 4897 m

▼ **Punto más bajo** Fosa subglacial de Bentley: -2538 m

● **Temperatura máxima** Base Esperanza: 17,5 °C

● **Temperatura mínima** Antártida Oriental: -95 °C

CLIMA

La Antártida es el continente más frío; el 99 % de sus tierras está cubierto de hielo, y las temperaturas heladas duran todo el año. Los fuertes vientos causan tormentas de nieve que pueden durar días.

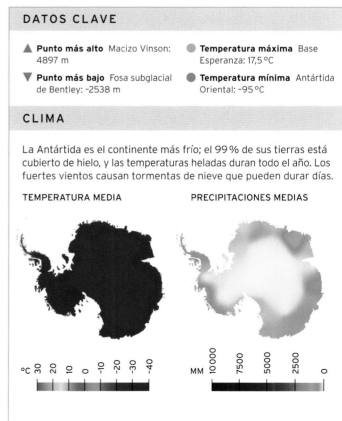

TEMPERATURA MEDIA

°C 30 20 10 0 -10 -20 -30 -40

PRECIPITACIONES MEDIAS

MM 10 000 7500 5000 2500 0

C de la Antártida

Montañas Transantárticas

La cordillera más larga de la Antártida, vista por primera vez por un ser humano en 1841.

Las montañas Transantárticas son una franja curva de montañas, de unos 3500 km de largo, que atraviesa la Antártida. Una de sus secciones divide el continente en sus dos partes principales, Oriental y Occidental. Gran parte del resto discurre por parte de la costa de la Antártida Oriental, incluido un tramo largo que limita con la plataforma de hielo de Ross. Algunos grandes glaciares fluyen por brechas de la cordillera en esta zona. El sistema consta de muchas subcordilleras, como las montañas Reina Maud y la cordillera de la Royal Society. Ocho de los diez picos más altos están en una sola subcordillera, la Reina Alexandra. El primero que vio partes de las montañas Transantárticas fue el explorador y capitán británico James Ross en 1841, pero la cordillera Reina Alexandra no fue descubierta hasta 1908 por una expedición británica. La vida en el interior de la cordillera se limita a microorganismos tales como bacterias y algas. Sin embargo, en el pasado remoto prosperaron aquí animales y plantas muy diversos, como indican los fósiles de anfibios y reptiles primitivos en rocas depositadas hace entre 400 y 180 m.a.

MAYORES PICOS DE LAS MONTAÑAS TRANSANTÁRTICAS

1 Monte Kirkpatrick 4528 m
2 Monte Elizabeth 4480 m
3 Monte Markham 4351 m
4 Monte Bell 4303 m
5 Monte Mackellar 4297 m

▽ **ASOMADOS SOBRE EL HIELO**
Entre los pocos rasgos no sepultados bajo el hielo, las cimas de las montañas consisten en capas de roca sedimentaria sobre granitos y gneis.

△ **CÚPULA BLANCA**
Vista del monte Erebus, expulsando vapor por la cima, desde el helado mar de Ross. El Erebus tiene forma de cúpula irregular de pendiente moderada.

C de la
Antártida

Monte Erebus

*El volcán más al sur de la Tierra
que ha entrado en erupción, con
un lago de lava y cuevas de hielo.*

El monte Erebus, el volcán más activo de la Antártida,
es un estratovolcán de 3794 m situado en la isla de
Ross, junto a la costa de la Antártida Oriental. La isla
de Ross contiene otros tres volcanes, aparentemente
inactivos.

Fuego y hielo

El Erebus se encontraba en erupción cuando lo vio por
primera vez el capitán británico James Ross en 1841, lo
cual sigue ocurriendo con frecuencia hoy, aunque no de
forma muy explosiva. El volcán es uno de los pocos de
la Tierra que contienen un lago de lava duradero. Este
ocupa una chimenea del cráter principal de la cima
y produce pequeñas explosiones regulares de lava. La
temperatura del lago de magma es de 900 °C, y este
podría tener cientos de metros de profundidad. En las
laderas del volcán hay varias cuevas de hielo, formadas
en la gruesa capa de hielo y nieve por el vapor y otros
gases calientes que escapan de las fumarolas de la
superficie rocosa. Sobre algunas de las cuevas hay
chimeneas de hielo, formadas por el vapor que escapa,
convertido en agua líquida y, luego, en hielo al entrar
en contacto con el aire frío.

△ **CASA DE HIELO**
Esta cueva de hielo
en el monte Erebus
mide unos 12 m de
alto. Su forma cambia
constantemente, a
medida que los gases
derriten el hielo en
algunas partes y que
las condensaciones de
vapor depositan hielo
nuevo en otras.

◁ **GRAN HUECO**
El cráter de la cima del
Erebus mide 400 m
de ancho y 120 m de
profundidad. En la base
hay varias fosas, una de
las cuales contiene el
lago de lava del volcán.

DEBAJO DEL MONTE EREBUS

Se cree que el monte Erebus, así como el monte Terror
y dos volcanes más de la isla de Ross, actualmente
inactivos, están sobre plumas de material caliente en
ascenso que forman magma bajo la placa antártica.
Las plumas explican el vulcanismo pasado y presente.

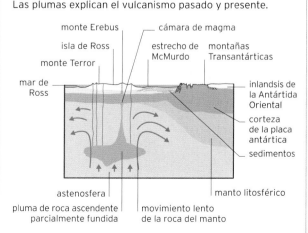

monte Erebus — cámara de magma
isla de Ross — estrecho de — montañas
McMurdo — Transantárticas
monte Terror
mar de — inlandsis de
Ross — la Antártida
Oriental
corteza
de la placa
antártica
sedimentos
astenosfera — manto litosférico
pluma de roca ascendente — movimiento lento
parcialmente fundida — de la roca del manto

Antártida

Inlandsis de la Antártida

El mayor glaciar del mundo, con un volumen de unos 30 millones de km³, contiene más del 60% del agua dulce del mundo.

El manto de hielo, o inlandsis, sobre el Antártico es con mucho la masa continua de hielo más extensa de la Tierra, con una superficie de 14 millones de km². Consiste en dos partes principales vecinas. La mayor de ellas, el inlandsis de la Antártida Oriental, tiene 4,5 km de grosor en algunas partes y se encuentra sobre una gran masa terrestre. Su superficie es de unos 12 millones de km². En contraste, el más pequeño inlandsis de la Antártida Occidental tiene una superficie de unos 2 millones de km² y un grosor máximo de 3,5 km, y reposa sobre roca madre que, en su mayor parte, está bajo el nivel del mar. Ambas áreas tienen una ligera forma de cúpula, y el hielo fluye desde las partes más elevadas hacia las costas. El ritmo

de movimiento del hielo varía, y va desde menos de un metro al año, en algunas regiones altas, a varios cientos de metros al año, en los glaciares de desbordamiento y las corrientes glaciares que desaguan en la costa. En algunos lugares, glaciares de desbordamiento se funden en vastas superficies de hielo flotante, llamadas plataformas, o se extienden sobre el mar como lenguas de hielo menores.

▶ EL INLANDSIS ANTÁRTICO

El manto de hielo, mostrado aquí en un corte transversal a través de la plataforma de hielo de Ross, cubre un 99% de la masa terrestre antártica. Las únicas zonas libres de hielo son los picos de las montañas más altas y algunas zonas costeras de reducida extensión.

▷ GLACIAR VELOZ

El masivo glaciar Byrd, que drena parte del inlandsis de la Antártida Oriental, mide unos 136 km de largo y 24 km de ancho. Para tratarse de un glaciar, fluye a un ritmo elevado, de unos 750 m al año.

▷ TÉMPANOS FLOTANTES

Las banquisas están presentes en todo el perímetro de la Antártida, aunque su extensión varía estacionalmente. A diferencia de las plataformas de hielo y los icebergs, que se originan en tierra, las banquisas son agua de mar congelada, y contienen sal. Los trozos flotantes y planos de las banquisas se llaman témpanos.

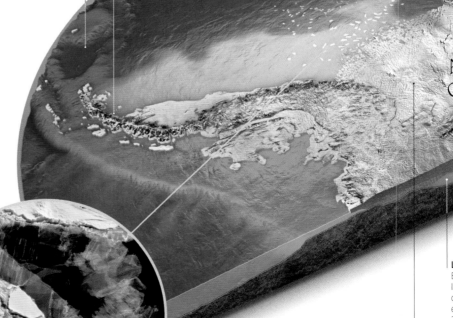

Montañas Transantárticas
Un tramo de estas montañas constituye el límite entre las dos partes principales del inlandsis antártico.

la península Antártica es montañosa, y está cubierta de hielo en un 80%

el océano Antártico rodea por completo la Antártida

Antártida Occidental

Lago Ellsworth
Este es uno de los lagos subglaciares de la Antártida. Está enterrado bajo unos 3,4 km de hielo.

la plataforma de hielo de Ronne es la segunda mayor del mundo

Cientos de **lagos** reposan **bajo el inlandsis** y **sobre la corteza continental** que este cubre.

LÍNEAS DE FLUJO DEL HIELO

La nieve que cae sobre el inlandsis antártico se compacta en forma de hielo. Por su propio peso, este hielo se deforma lentamente y se desplaza hacia la costa por las líneas de flujo. Unas líneas imaginarias separan distintas vertientes de hielo que se mueven hacia costas diferentes.

divisorias glaciales

línea de flujo del hielo

◁ **POR ENCIMA DEL HIELO**
En el valle alto de Taylor, situado en las montañas Transantárticas, el espectacular glaciar Taylor –un glaciar de desbordamiento del inlandsis de la Antártida Oriental– es canalizado por las montañas hacia el mar de Ross.

Punto elevado
La parte más alta del inlandsis, llamada domo Argus, está a más de 4000 m sobre el nivel del mar.

△ **ACANTILADOS DE HIELO**
El glaciar Mertz acaba en una lengua de hielo que se adentra 20-25 km en el océano Antártico. En su término hay acantilados de hasta 50 m sobre la superficie del mar.

Antártida Oriental

Roca madre
Bajo el inlandsis se encuentra la corteza continental. En algunas zonas, su superficie está bajo el nivel del mar.

la plataforma de hielo de Ross flota con un 90 % de su masa bajo el agua

Línea de apoyo
Esta marca el límite entre la parte flotante de una plataforma de hielo y el hielo en tierra que la alimenta.

icebergs desprendidos de la plataforma de hielo

Plataforma continental
Esta ocupa una franja de entre 80 km y 320 km de ancho alrededor de la Antártida.

△ **PLATAFORMA DE HIELO DE ROSS**
La plataforma de hielo de Ross es la mayor del mundo; presenta un acantilado de más de 600 km de longitud en el borde y tiene una superficie total de unos 487 000 km².

Plataforma de Ross

La mayor masa de hielo flotante del mundo, del tamaño aproximado de la Francia continental.

S de la Antártida

△ **BARRERA DE HIELO**
El acantilado de hielo casi vertical en el que termina la plataforma de Ross mide hasta 50 m de alto. Bajo el agua, se hunde otros 300 m.

La plataforma de Ross es una zona aproximadamente triangular de hielo flotante que llega hasta 450 km más allá de la costa de la Antártida, por el sur del mar de Ross. Su grosor varía entre unos 350 m, en la parte exterior, hasta unos 750 m, cerca de donde su base está en contacto con la tierra. Bautizada en honor al capitán James Ross, quien la descubrió en 1841, en un principio se llamó simplemente la Barrera. El hielo de la plataforma fluye hacia el mar a una velocidad de unos 900 m anuales, y lo alimentan varias lenguas glaciares y corrientes de hielo que fluyen a ella desde el inlandsis antártico oriental (pp. 306–307), entre ellos los

glaciares Byrd, Nimrod, Beardmore, Scott, Shackleton y Amundsen. La superficie de la plataforma de Ross es un lugar inhóspito, sometido a vientos fuertes y fríos que forman surcos y crestas llamados sastrugi.

◁ **AL ABRIGO DE LA BARRERA**
Algunas colonias de pingüinos emperadores ocupan las costas del mar de Ross a poca distancia de la base de la plataforma, cuyos acantilados ofrecen algo de protección contra el viento.

AVANCE Y RETROCESO DE LAS PLATAFORMAS

Las plataformas de hielo ganan hielo proveniente de los glaciares llegados por la parte de tierra, el agua que se congela en la cara inferior y la nieve que cae. La pérdida de hielo se debe principalmente a la descarga de icebergs en el borde exterior, y también a fusiones y evaporaciones.

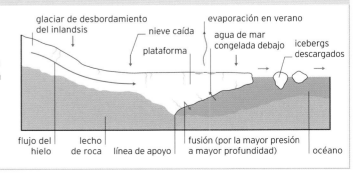

glaciar de desbordamiento del inlandsis · nieve caída · plataforma · evaporación en verano · agua de mar congelada debajo · icebergs descargados · flujo del hielo · lecho de roca · línea de apoyo · fusión (por la mayor presión a mayor profundidad) · océano

O de
la Antártida

Tundra antártica

El continente más inhóspito del mundo para la vegetación, del que solo el 1 % está cubierto de plantas.

Con un 99 % de su superficie cubierta de hielo, sorprende que sobreviva planta alguna en la Antártida, el continente más austral y elevado de la Tierra. El interior consiste en inlandsis, glaciares y montañas, pero existen pequeñas parcelas de tundra, sobre todo en la península Antártica y en varias islas subantárticas, así como en algunas rocas expuestas del interior, llamadas nunataks. Aquí solo crecen dos especies de plantas con flor —hierba pilosa antártica y perla antártica—, además de unas cien especies de musgo, 25 de hepáticas y entre 300 y 400 de líquenes. Debido al clima extremo de la región, con vientos helados todo el año y temperaturas medias anuales de entre −10 °C y −60 °C, algunas especies de algas y líquenes crecen y sobreviven en poros minúsculos de las rocas.

▽ **COJÍN FLORAL**
La perla antártica crece en matas redondeadas y alcanza una altura de unos 5 cm.

Valles secos de McMurdo

Una de las zonas desérticas más extremas de la Tierra, cuyos organismos sobreviven a un frío y una aridez extremos.

S de la
Antártida

Los valles secos de McMurdo se encuentran al oeste del estrecho de McMurdo, en el mar de Ross. Suponen solo el 0,03 % de las tierras del continente, pero contienen la mayor área libre de hielo de la Antártida, y conforman un ecosistema desértico extremadamente frío, con temperaturas que pueden caer hasta los −68 °C y vientos de hasta 322 km/h. Las montañas que los rodean bloquean los valles del inlandsis de la Antártida Oriental, y el nivel de humedad es muy bajo, pero la vida microbiana sobrevive aquí en todas las zonas, salvo en las más secas.

△ **PAISAJE MANCHADO**
Las Cataratas de Sangre, unas filtraciones de escape de un lago salino, deben su color rojo al gran contenido en hierro del agua.

△ **EL MAYOR ICEBERG**
En 2000, el iceberg más grande nunca registrado, llamado B-15 (centro, izda.), se desprendió de la plataforma de Ross (abajo en la imagen).

◁ **HIPERSALINO**
El somero lago Don Juan es tan salado que no se congela en invierno, a diferencia del resto de las masas de agua de los valles secos.

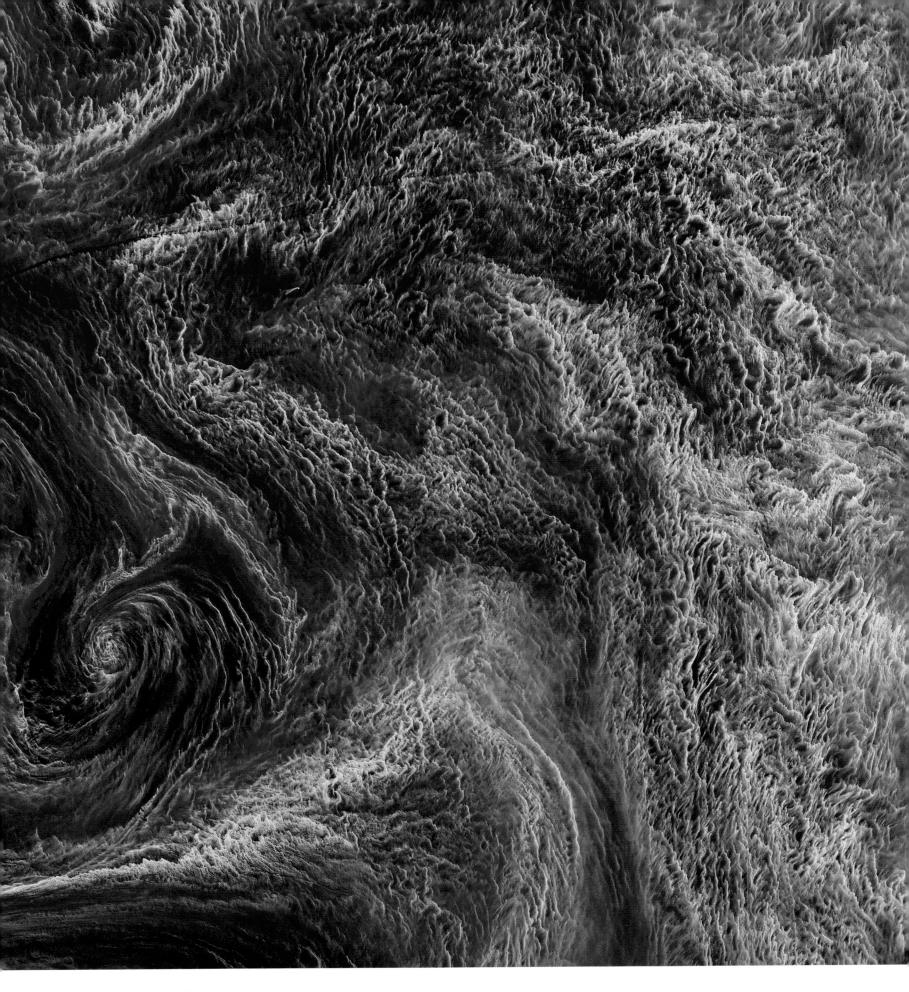

Océano en flor
Bajo el sol perpetuo del verano ártico, una
concentración enorme de cianobacterias
—un tipo antiguo de bacteria marina— se
extiende por las aguas entre Suecia y Letonia.

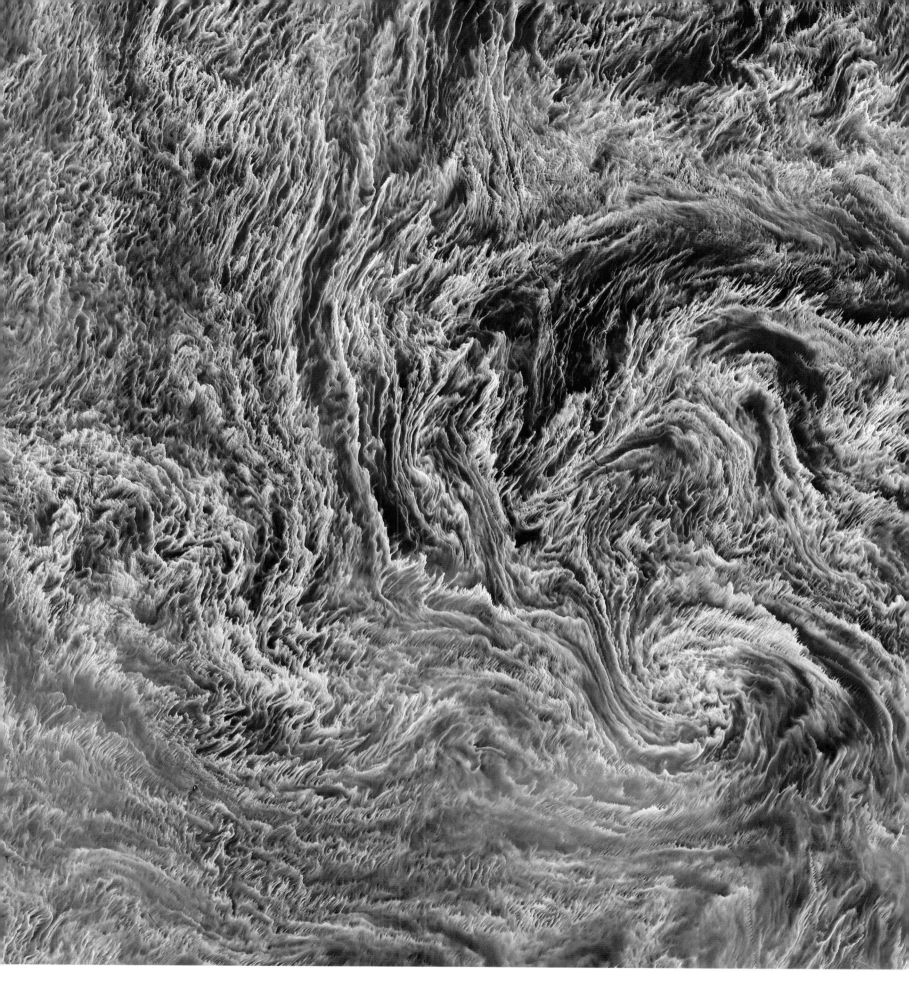

Los océanos

Océano
Atlántico

Dorsal del Atlántico

Parte de un sistema global de crestas oceánicas, y una gran cordillera submarina que está alejando continentes.

La dorsal del Atlántico (o Mesoatlántica) es una cordillera submarina en lenta expansión, a lo largo del centro del Atlántico. Su longitud es de 16 000 km, desde el Ártico hasta más allá del extremo sur de África. Esta dorsal marca el límite donde las placas norteamericana y sudamericana divergen de la euroasiática y la africana.

Montañas y valles

El recorrido de esta dorsal refleja aproximadamente los contornos de los continentes, los cuales aleja entre sí a un ritmo de 2–5 cm al año: mucho menos que los 16 cm anuales de la dorsal del Pacífico oriental (pp. 322–323). La larga cadena de montañas submarinas de la dorsal del Atlántico alcanza una altura de 2–3 km sobre el lecho oceánico, y tiene un profundo valle (o rift) central en toda su longitud, su eje. Donde la cordillera supera el nivel del mar hay islas volcánicas, como en Islandia o las Azores.

BANDAS MAGNÉTICAS

El campo magnético de la Tierra se invierte periódicamente, cambiando el polo norte magnético al polo sur magnético y viceversa. No se sabe por qué ocurre, pero está registrado en las diversas bandas de roca basáltica que se han ido creando en la corteza en expansión a ambos lados del eje de las dorsales oceánicas. Los elementos metálicos de estas bandas se alinean de manera diferente según la polaridad terrestre existente en el momento de emerger la lava basáltica. El estudio de estas bandas de polaridad diferente aportó una prueba decisiva a favor de la teoría de la tectónica de placas.

banda de polaridad invertida

bandas simétricas de la misma edad a cada lado de la dorsal

banda de polaridad normal

el magma que emerge en el eje de la dorsal separa las placas

▽ **TORRES DE CARBONATO**
En 2000, un equipo de investigación submarina filmó una acumulación de agujas fantasmales de entre 27 y 61 m de altura. Se trata de la Ciudad Perdida, el único campo de fuentes hidrotermales en el que solo hay fumarolas blancas.

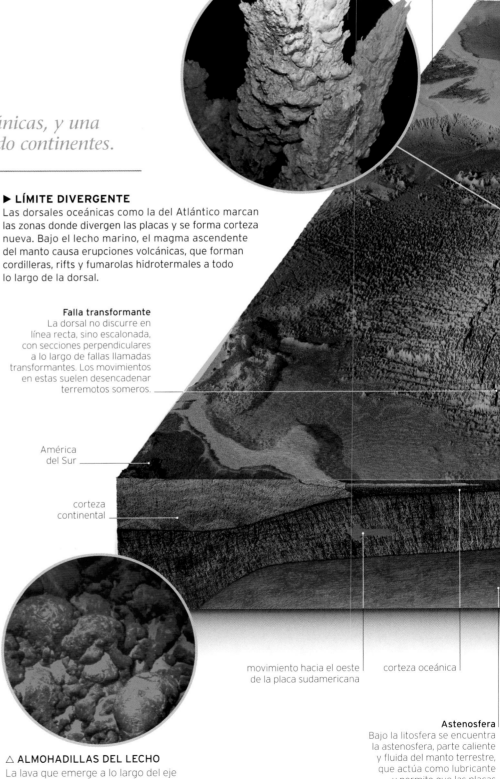

América del Norte

▶ **LÍMITE DIVERGENTE**
Las dorsales oceánicas como la del Atlántico marcan las zonas donde divergen las placas y se forma corteza nueva. Bajo el lecho marino, el magma ascendente del manto causa erupciones volcánicas, que forman cordilleras, rifts y fumarolas hidrotermales a todo lo largo de la dorsal.

Falla transformante
La dorsal no discurre en línea recta, sino escalonada, con secciones perpendiculares a lo largo de fallas llamadas transformantes. Los movimientos en estas suelen desencadenar terremotos someros.

América del Sur

corteza continental

movimiento hacia el oeste de la placa sudamericana

corteza oceánica

Astenosfera
Bajo la litosfera se encuentra la astenosfera, parte caliente y fluida del manto terrestre, que actúa como lubricante y permite que las placas tectónicas se muevan.

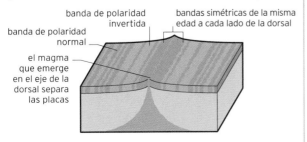

△ **ALMOHADILLAS DEL LECHO**
La lava que emerge a lo largo del eje de la dorsal se enfría rápidamente en contacto con el agua fría del mar y forma bultos de 0,5-1 m, llamados lavas almohadilladas.

Dorsal del Atlántico
La dorsal del Atlántico (o Mesoatlántica) es parte de una vasta red global de dorsales oceánicas, la cordillera más larga de la Tierra.

Groenlandia

Islandia

◁ **FISURA DE AGUA DULCE**
Islandia se formó por la actividad de un punto caliente (p. 318) unida a la de la dorsal del Atlántico. La expansión de la dorsal formó una fisura profunda, llamada Silfra, en el fondo del valle de Thingvellir. El agua de Silfra la suministran fuentes de agua pura de deshielo glaciar, lo cual proporciona una visibilidad excelente a los buceadores que nadan entre las placas euroasiática y norteamericana.

África

△ **CADENA DE ISLAS**
Las Azores son un ejemplo de archipiélago formado por una combinación de punto caliente (p. 318) y actividad en una dorsal. Donde se combinan ambos, los segmentos de la dorsal más próximos al punto caliente están expuestos a volúmenes mayores de magma, lo cual incrementa la actividad volcánica de la zona.

corteza continental

Erupción en la superficie
El magma surge del lecho marino como lava y se enfría, formando corteza oceánica nueva y expandiendo el lecho.

Corriente del manto
El magma, mezcla de roca fundida y semifundida, se origina en el manto superior y la corteza inferior. Surge por puntos débiles de la corteza oceánica.

movimiento hacia el este de la placa euroasiática

plataforma continental

sedimento del lecho oceánico

manto litosférico

Gran parte del **valle de rift central** de la dorsal del Atlántico es **más profunda y ancha** que el **Gran Cañón**.

Seychelles

Más de cien islas de belleza extraordinaria, hogar de la palmera más rara del mundo y uno de los mayores atolones de coral del planeta.

O del océano Índico

Las 115 islas tropicales de las Seychelles se hallan al noreste de Madagascar, en el oeste del océano Índico, y se dividen en dos grupos. La mayoría de las 41 islas graníticas montañosas interiores están 4 grados al sur del ecuador, y son proyecciones de la gran meseta submarina de las Mascareñas, que se extiende al sur de Reunión. Entre estas islas está Praslin, cuya reserva

natural del valle de Mai, declarado Patrimonio de la Humanidad, contiene el mayor bosque de los amenazados cocos de mar del mundo. En cambio, las islas exteriores, bajas y coralinas, están más allá de la meseta, 10 grados al sur del ecuador, e incluye el grupo de Aldabra, atolón coralino y reserva natural desde 1976.

En el atolón viven más de 152 000 tortugas gigantes de Aldabra.

▷ **COCO DOBLE**

El coco de mar es endémico de las islas de Praslin y Curieuse. Su coco doble, la semilla más pesada de la Tierra, tarda siete años en madurar.

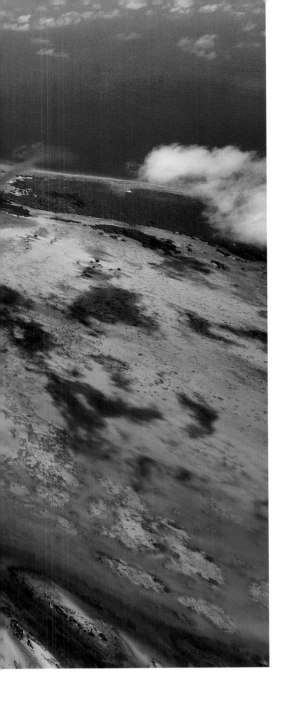

Gran Banco de Chagos

El mayor atolón coralino del planeta, rodeado de aguas que figuran entre las más limpias del planeta.

C del océano Índico

Situado a unos cientos de kilómetros al sur de las Maldivas (abajo), el Gran Banco de Chagos es el mayor atolón de coral de la Tierra en términos de superficie, aunque la mayor parte de sus 12 640 km² están bajo el agua. Solo 5,6 km² de las ocho islas del banco forman playas arenosas, algunas cubiertas de cocoteros y vegetación densa. El banco es parte de la vasta Reserva Marina de Chagos, una reserva integral en la que está prohibido todo tipo de pesca, el uso de redes y la captura de especies. Sus aguas son extremadamente limpias, y sus sistemas de arrecifes están entre los más vírgenes del mundo. Chagos, que comprende montes y lomas submarinos además de llanuras someras, es uno de los entornos marinos más ricos del mundo.

◁ **REFUGIO MARINO**
Más de 220 especies de coral componen el Gran Banco de Chagos, cuyos arrecifes son el hábitat de unas 800 especies de peces, incluido el pez anémona (o payaso).

▽ **CARRERA AL MAR**
La isla de los Pájaros (Bird Island) es un centro de protección de la fauna. Aquí se protegen los huevos de las amenazadas tortugas carey y verde hasta que estos eclosionan y las tortugas salen al mar.

Maldivas

El país más pequeño de Asia, con más de mil islas de bajo relieve, todas a merced del mar.

C del océano Índico

Unos 1190 arrecifes vivos de coral e islas de barrera forman la doble barrera de atolones de las Maldivas, al sureste de la costa de India. La cuenta de islas fluctúa, ya que, en las Maldivas –el país más bajo del mundo, con una altura media de solo 1,8 m sobre el nivel del mar–, las islas emergen y vuelven a quedar sumergidas con los cambios del nivel del mar y del clima. Sin embargo, todas son proyecciones de la cordillera volcánica submarina Chagos-Laquedivas. En cada atolón hay hasta diez islas habitadas y hasta 60 deshabitadas, la mayoría de ellas con playas de arena blanca a las que acuden las tortugas verdes para anidar.

△ **MAREA RELUCIENTE**
El plancton bioluminiscente ilumina la espuma de las olas en las Maldivas, cuya vida marina va desde organismos microscópicos hasta tiburones ballena.

E del océano Pacífico

Archipiélago de Hawái

La cadena de islas más larga del mundo, donde la continua actividad volcánica ha creado un hábitat tropical único.

Situado en el océano Pacífico, a unos 3800 km del suroeste de EE UU y a unos 6200 del sureste de Japón, el archipiélago de Hawái es uno de los más remotos de la Tierra. Con una longitud de 2450 km, es también el más largo del planeta.

Paisaje en expansión

Las ocho islas principales y más de cien islotes forman parte de la cadena de montes submarinos Hawái-Emperador, que entró en erupción hace unos 70 m.a. En cada isla principal hay uno o más volcanes, y tres están activos actualmente en la propia isla de Hawái (pp. 318–319). El continuo aporte de lava debido a la erupción continua del Kilauea sigue añadiendo tierra emergida a Hawái, que ha crecido 2 km² desde 1983. La fauna y flora hawaianas son tan únicas como sus islas: más de un 90 % de las especies son endémicas (y, por tanto, vulnerables), y en las islas vive al menos un tercio de las especies amenazadas de EE UU.

▷ **RÍOS DE LAVA**
El volcán Kilauea expulsa entre 200 000 m³ y 500 000 m³ de lava al día, suficiente para repavimentar unos 32 km de carretera de dos carriles. Por suerte, la mayor parte de la lava fluye al mar.

◁ **FLOR DEL ESTADO**
El amenazado hibisco hawaiano se halla en todas las islas principales de Hawái, salvo Ni'ihau y Kahoolawe, y florece entre primavera y principios del verano.

LOS VOLCANES MÁS ALTOS DEL MUNDO

La altura de una montaña suele medirse desde el nivel del mar hasta la cima, pero los volcanes sumergidos se miden desde la base sobre el lecho marino. El Mauna Loa, en Hawái, es técnicamente el volcán más alto del mundo. Con su base sobre la depresión que formó sobre el lecho, tiene una altura total de 17 170 m, es decir, 8230 m más que el Everest.

Mauna Kea (Hawái): 10 204 m

Mauna Loa (Hawái): 9170 m

Teide (Tenerife): 7500 m

Pitón de las Nieves (Reunión): 7071 m

Ojos del Salado (Andes): 6893 m

lecho marino

lecho marino en una depresión de 8000 m

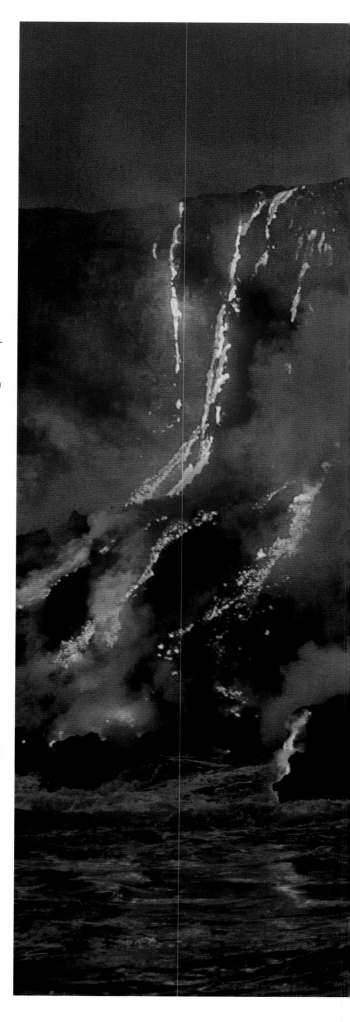

Formación de una
CADENA DE
ISLAS VOLCÁNICAS

El **Kilauea** ha expulsado **lava** suficiente como para **rodear tres veces la Tierra.**

Como las cuentas de un collar, las islas volcánicas se disponen a menudo en arcos o cadenas donde convergen dos placas tectónicas, o bien donde una placa oceánica limita con una continental. Las cadenas de islas volcánicas que rodean el Pacífico, conocidas como el Anillo de Fuego, se formaron por ambos procesos, a los que, en el caso del archipiélago de Hawái, se añade el vulcanismo de un punto caliente.

El calor marca el punto

Los puntos calientes son zonas del manto terrestre que permiten que el magma ascienda por la litosfera y emerja a la superficie, a menudo, del lecho marino. El punto caliente que formó la cadena de islas de Hawái está en el centro de la placa pacífica. El punto caliente es fijo, pero la placa está en movimiento constante. Al ir migrando la placa sobre el punto caliente, este fue formando los volcanes en escudo que constituyen las 132 islas, atolones, arrecifes, bancos y montes submarinos del archipiélago de Hawái. Actualmente, el punto caliente está bajo la isla de Hawái, donde tres volcanes siguen activos. También genera actividad en el miembro más joven de la cadena, el volcán submarino Loihi, a unos 30 km al sur de Hawái. Loihi entró en erupción por última vez en 1996, tras una serie de terremotos menores.

PUNTOS CALIENTES Y COLADAS BASÁLTICAS

Los puntos calientes se consideran estacionarios. Al moverse una placa tectónica sobre uno de ellos, se va formando un rastro de volcanes, siendo los más antiguos los que están más cerca de uno de los extremos de la cadena; los volcanes y montes submarinos más activos están más cerca del punto caliente, y los menos activos o inactivos, más lejos. El rastro del punto caliente suele quedar marcado por grandes áreas de lava basáltica que inundó la zona en las mayores erupciones.

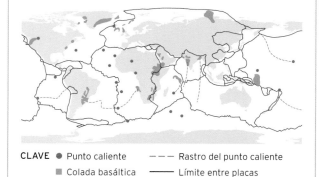

CLAVE   ● Punto caliente   – – – Rastro del punto caliente
        ■ Colada basáltica   —— Límite entre placas

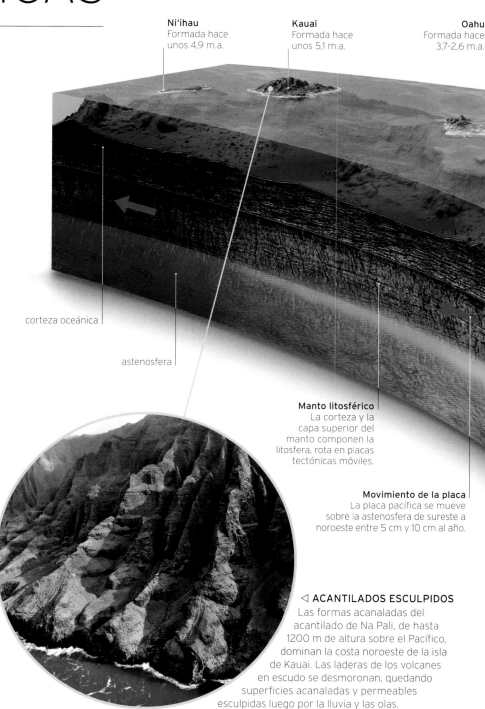

Ni'ihau
Formada hace unos 4,9 m.a.

Kauai
Formada hace unos 5,1 m.a.

Oahu
Formada hace 3,7-2,6 m.a.

corteza oceánica

astenosfera

Manto litosférico
La corteza y la capa superior del manto componen la litosfera, rota en placas tectónicas móviles.

Movimiento de la placa
La placa pacífica se mueve sobre la astenosfera de sureste a noroeste entre 5 cm y 10 cm al año.

◁ **ACANTILADOS ESCULPIDOS**
Las formas acanaladas del acantilado de Na Pali, de hasta 1200 m de altura sobre el Pacífico, dominan la costa noroeste de la isla de Kauai. Las laderas de los volcanes en escudo se desmoronan, quedando superficies acanaladas y permeables esculpidas luego por la lluvia y las olas.

▲ **EL ARCHIPIÉLAGO DE HAWÁI**
Este corte transversal muestra cómo las condiciones en el interior de la Tierra dieron lugar al archipiélago de Hawái. La placa pacífica se mueve sobre un punto caliente del manto que causa actividad volcánica en la superficie. Cuanto más se alejan del punto, más se enfrían las islas y menos actividad volcánica tienen.

▷ ARENA VERDE

Una de las muy pocas playas de arena verde del mundo es Papakolea, que limita con la bahía de Mahana, al extremo sur de Hawái. La arena debe su color al olivino, mineral expulsado en las erupciones de un volcán hoy dormido y cuyo cono de escorias da forma a tres lados de la bahía.

▽ CONSTRUCTOR DE TIERRA

Las erupciones del Kilauea, uno de los volcanes más activos del mundo, parecen violentas, pero son mansas comparadas con las más explosivas de los volcanes continentales. Los flujos de lava basáltica construyen capa a capa lo que un día será suelo fértil.

Molokai
Formada hace 1,9–1,8 m.a.

Maui
Formada hace 1,3–0,8 m.a.

Hawái
Llamada también Isla Grande (Big Island), Hawái comenzó a formarse hace menos de 0,5 m.a., y sigue formándose por la actividad de tres de sus cinco volcanes.

el movimiento de la placa arrastra la cabeza del penacho del manto

⊲ LADERAS DE HIERRO

Las bacterias que se alimentan de los depósitos ferrosos del material volcánico forman manchas naranjas amarillentas al oxidar el metal. Son muy comunes en las laderas sumergidas del volcán submarino de Hawái más joven, el Loihi.

Cámara de magma
Una cámara de magma se forma cuando el calor de un penacho del manto funde parte de la litosfera. Al pasar la placa sobre una cámara de magma, la roca fundida empuja hacia arriba en las zonas débiles, formando volcanes donde perfora la placa.

Intrusión de magma
El magma que asciende invade la roca de menor densidad y abre canales. Con el tiempo hay suficientes canales como para que el magma se acumule en una cámara.

Penacho del manto
Los penachos del manto comienzan como grandes columnas de roca fundida (magma), que se forman en el interior profundo de la Tierra y ascienden por el manto. Al llegar a la base de la litosfera, el magma se expande y forma el penacho.

E del océano
Pacífico

Islas Galápagos

Un grupo de islas del Pacífico cuyo ecosistema y fauna únicos fueron decisivos para comprender la evolución.

Apiñadas a la altura del ecuador, a unos 1000 km de la costa de Ecuador, las rocosas Galápagos consisten en 13 islas mayores, seis menores y más de cien afloramientos pequeños. Todos están en la placa tectónica de Nazca, cuyo movimiento lento pero continuo hacia el este provoca erupciones volcánicas frecuentes. Las tres grandes corrientes oceánicas que confluyen aquí traen consigo criaturas marinas diversas, además de un clima mucho más fresco de lo esperado en el ecuador.

Una ventana a la evolución
Por su situación remota y sus condiciones volcánicas, la vida en las islas Galápagos evolucionó en un relativo aislamiento, y muchas especies, tales como iguanas y tortugas gigantes nativas, no han cambiado radicalmente desde la prehistoria. La adaptación de los animales a cada una de las islas condujo a su divergencia como especies, lo que inspiró al naturalista británico Charles Darwin para desarrollar su pionera teoría de la evolución en el siglo XIX. En la actualidad, las Galápagos son una de las regiones de mayor importancia científica y biológica, con una proporción muy alta de especies nativas únicas en su fauna.

▷ **ÁRBOL DE MARGARITAS**
La *Scalesia stewartii* arbustiva solo se da en las islas de Santiago y Bartolomé. Sus flores, en forma de margarita, liberan semillas como las del diente de león.

Geológicamente, las Galápagos son islas jóvenes, y la más antigua tiene solo 4,2 m.a.

En las Galápagos, la lluvia suele aumentar con la altitud, lo cual crea tres zonas principales de vegetación. En la zona árida viven cactus y otras plantas resistentes a la sequía. En las islas mayores, los arbustos y árboles bajos predominan en la zona más alta de transición, hasta llegar al bosque denso de la zona húmeda.

CLAVE
Árida   Transición   Húmeda

△ PICO ESPECIALIZADO

El pinzón de cactus común usa su pico especialmente adaptado para comer el polen, el néctar, el fruto y las semillas de los cactus *Opuntia*.

◁ CALDERA GIGANTESCA

El de Sierra Negra es uno de los seis volcanes que formaron la isla Isabela. Cinco siguen activos, incluido el de Sierra Negra, de caldera elíptica.

▽ ISLOTE VOLCÁNICO

En Bartolomé, una de las islas más jóvenes del archipiélago, cerca de la costa de Santiago, vive una colonia de cría de pingüinos de las Galápagos, la segunda menor especie de pingüino del mundo.

E del
océano
Pacífico

Dorsal del Pacífico oriental

Una cresta volcánica sobre el lecho oceánico donde la vida prospera en las condiciones más duras.

La dorsal del Pacífico oriental es parte de un sistema de dorsales oceánicas que se extiende sobre el lecho del sureste del Pacífico. Está a unos 2,4 km de profundidad, y se alza entre 1800 m y 2700 m sobre el lecho marino. Las dorsales oceánicas se forman allí donde se separan dos placas tectónicas (pp. 312–313). En el proceso de formación de un rift se crean fisuras en el lecho por las que se libera lava, la cual forma la dorsal al enfriarse. A medida que las placas se separan, se añade nueva lava basáltica a ambos lados de la dorsal. Comparada con la del Atlántico, la dorsal del Pacífico oriental se separa relativamente rápido, y carece de un valle central de rift pronunciado. En el proceso se forman fumarolas hidrotermales que descargan agua calentada y cargada de minerales. Pese a los sulfuros tóxicos, las altas temperaturas y la enorme presión, las fumarolas dan vida a una comunidad asombrosa de criaturas, desde organismos unicelulares hasta gusanos de tubo gigantes (*Riftia pachyptila*).

FUMAROLAS HIDROTERMALES DEL MUNDO

Las primeras fumarolas hidrotermales se descubrieron en 1977 durante una expedición que exploraba la dorsal en expansión cerca de las islas Galápagos. Desde entonces se han encontrado en todos los océanos. Se forman en zonas volcánicamente activas, y por ello abundan tanto en los límites divergentes que coinciden con las dorsales oceánicas. Otras se deben a puntos calientes (p. 318), o bien a la subducción de una placa tectónica bajo otra.

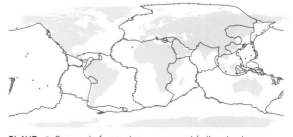

CLAVE ● Campo de fumarolas hidrotermales —— Límites de placas

◁ **FLOR EXTRAÑA**
Thermopalia taraxaca es un sifonóforo de las profundidades, grupo al que pertenecen las medusas y carabelas portuguesas. No es un solo animal, sino muchos juntos que comparten tejidos.

Almejas gigantes
Estas almejas se anclan en grietas basálticas del lecho, donde forman colonias.

Mejillones de fumarola
Los mejillones de las profundidades albergan bacterias simbióticas que convierten el hidrógeno de las fumarolas en energía.

Colonias bacterianas
Las bacterias que cosechan minerales de las fumarolas forman matas gruesas, de las que se alimentan otros organismos.

▶ **LA FORMACIÓN DE LAS FUMAROLA NEGRAS**
Las fumarolas hidrotermales, llamadas fumarolas negras, se forman al entrar agua de mar en las fisuras de la corteza nueva creada por la actividad volcánica. El magma supercalienta el agua a 400 °C o más, disolviendo así material de la roca circundante. El fluido supercalentado asciende por las fisuras del lecho marino. Al enfriarse, los minerales disueltos se precipitan en forma sólida, formando chimeneas ricas en minerales y metales.

El agua fría del mar se filtra
El agua de mar a 2 °C se filtra por fisuras del lecho creadas por la actividad volcánica, donde la calienta el magma.

Se han hallado más de **500 especies** en las **fumarolas hidrotermales**.

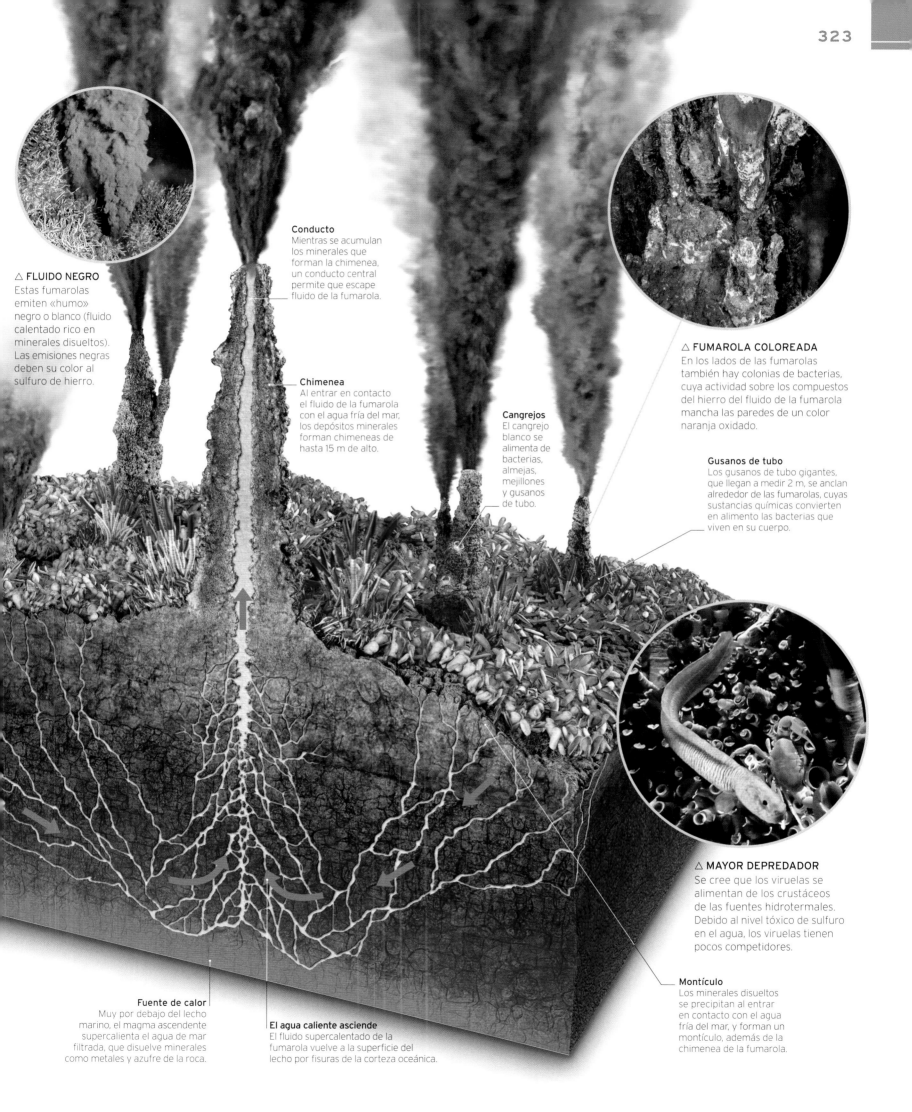

△ FLUIDO NEGRO
Estas fumarolas emiten «humo» negro o blanco (fluido calentado rico en minerales disueltos). Las emisiones negras deben su color al sulfuro de hierro.

Conducto
Mientras se acumulan los minerales que forman la chimenea, un conducto central permite que escape fluido de la fumarola.

Chimenea
Al entrar en contacto el fluido de la fumarola con el agua fría del mar, los depósitos minerales forman chimeneas de hasta 15 m de alto.

Cangrejos
El cangrejo blanco se alimenta de bacterias, almejas, mejillones y gusanos de tubo.

△ FUMAROLA COLOREADA
En los lados de las fumarolas también hay colonias de bacterias, cuya actividad sobre los compuestos del hierro del fluido de la fumarola mancha las paredes de un color naranja oxidado.

Gusanos de tubo
Los gusanos de tubo gigantes, que llegan a medir 2 m, se anclan alrededor de las fumarolas, cuyas sustancias químicas convierten en alimento las bacterias que viven en su cuerpo.

△ MAYOR DEPREDADOR
Se cree que los viruelas se alimentan de los crustáceos de las fuentes hidrotermales. Debido al nivel tóxico de sulfuro en el agua, los viruelas tienen pocos competidores.

Montículo
Los minerales disueltos se precipitan al entrar en contacto con el agua fría del mar, y forman un montículo, además de la chimenea de la fumarola.

Fuente de calor
Muy por debajo del lecho marino, el magma ascendente supercalienta el agua de mar filtrada, que disuelve minerales como metales y azufre de la roca.

El agua caliente asciende
El fluido supercalentado de la fumarola vuelve a la superficie del lecho por fisuras de la corteza oceánica.

O del
océano
Pacífico

Fosa de las Marianas

El punto más profundo conocido en el lecho marino del planeta, creado al chocar dos placas oceánicas.

En el lecho del océano Pacífico occidental, a unos 322 km al sureste de la isla de Guam, la fosa de las Marianas se hunde hasta unos asombrosos 11 034 m en la sima Challenger, el punto más profundo descubierto en los océanos de la Tierra. Si se pusiera el Everest dentro de la fosa, seguirían cubriéndolo 2183 m de agua.

Cuando chocan las placas

La fosa de las Marianas marca el lugar de una zona de subducción, donde una placa tectónica oceánica se hunde bajo otra. Aquí, la enorme placa pacífica se ha hundido drásticamente bajo las mucho menores placa filipina y microplaca de las Marianas, formando así las paredes empinadas de la fosa. Con más de 2540 km de longitud, esta es cinco veces mayor que el Gran Cañón del Colorado, pero de solo 69 km de anchura media.

PARTES DEL LECHO OCEÁNICO

Al igual que la tierra emergida, los lechos marinos contienen llanuras, dorsales, montañas y cañones. Desde la costa, la plataforma continental se inclina gradualmente, hasta que se precipita bruscamente y deja paso a las aguas profundas y abiertas del talud continental. Donde no hay dorsal oceánica, esta se nivela en la llanura abisal antes se sumergirse en fosas profundas como la sima Challenger.

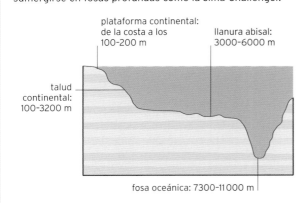

plataforma continental:
de la costa a los
100-200 m

llanura abisal:
3000-6000 m

talud
continental:
100-3200 m

fosa oceánica: 7300-11 000 m

▷ **HUMO BLANCO**
La actividad volcánica submarina crea fuentes hidrotermales a lo largo del arco volcánico de las Marianas, como esta fumarola blanca -llamada Champagne- que emite burbujas de dióxido de carbono líquido.

Arco inactivo
Este arco contuvo volcanes activos en el pasado, pero hoy está inactivo y apartado de las zonas eruptivas.

Placa filipina
Aunque la placa filipina cubre el borde de la placa pacífica, la expansión debida al material ascendente del manto la aleja de la zona de subducción.

▶ **SUBDUCCIÓN**
Este corte transversal de la zona de subducción de la fosa de las Marianas muestra muchos de sus procesos geológicos. Al converger las dos placas oceánicas, una queda bajo la otra, formando la fosa y desencadenando los procesos que producen nuevas cadenas de montes submarinos, islas y lecho oceánico nuevo.

Cuenca de retroarco activa
Las cuencas de retroarco se forman tras los arcos insulares, como resultado de rifts y de la expansión del lecho marino debidos a las enormes fuerzas generadas en una fosa oceánica.

Arco inactivo
Donde cesa la actividad volcánica en una dorsal submarina comienza el arco inactivo, o arco remanente.

monte submarino,
un volcán inactivo

corteza
oceánica

manto
litosférico

astenosfera

Movimiento de la microplaca de las Marianas
El arco insular de las Marianas reposa sobre una microplaca tectónica del mismo nombre. Situada entre secciones de las placas filipina y pacífica, diverge de la primera, mientras que el extremo suroriental de la segunda se subduce bajo la microplaca.

Sima Challenger
Pese a la oscuridad total, el agua extremadamente fría y la presión aplastante, la sima Challenger está habitada por diversos seres vivos.

Placa subducida
Al deslizarse la placa pacífica bajo otra a un ritmo de 3 cm anuales, la fricción genera temblores que se pueden percibir en un área extensa.

La presión en el fondo de la **sima Challenger** es **igual** a la que habría bajo **220 edificios Empire State** uno encima de otro.

Expansión del lecho
Tras el arco volcánico hay una dorsal activa donde se separan las placas filipina y de las Marianas. Aquí, la intensa actividad volcánica crea corteza oceánica nueva a medida que asciende magma del manto.

microplaca de las Marianas

Arco activo
La mayoría de los volcanes del arco activo son montes submarinos, pero algunos han crecido hasta formar islas.

Actividad volcánica
A medida que se hunde en el manto, la placa pacífica libera agua que desencadena la fusión en la roca que la cubre.

Antearco
La región entre el arco volcánico y la fosa se llama antearco. Aquí las fuerzas de subducción se manifiestan en las numerosas fallas que rompen la secuencia de roca.

Placa pacífica
Las fallas de la placa pacífica permiten que se doble y precipite casi en vertical bajo la placa filipina.

△ **ISLA DE UN ARCO**
El arco insular de las Marianas refleja la curva de la fosa de las Marianas. Los arcos insulares volcánicos como este se forman por la erupción de magma a lo largo de una línea más o menos equidistante de la fosa, que, con el tiempo, engrosa el lecho y forma estructuras volcánicas que emergen del agua. La isla de Guam se formó por la unión de dos volcanes.

Guyot
Un guyot es un monte submarino cuya parte emergida ha sido erosionada por las olas hasta dejar una superficie plana. Al hundirse el lecho marino, el guyot se hunde bajo las olas.

Fosa de las Marianas
La placa pacífica tira del lecho al hundirse y forma una fosa o surco profundo en el fondo del mar.

Movimiento de la placa pacífica
Tanto la placa pacífica como la filipina se mueven hacia el noroeste con respecto a la astenosfera, pero la pacífica se mueve más rápido.

◁ **PEZ DE COLORES**
Pequeños peces de colores como este groppo abundan entre los 350 m y los 500 m de profundidad alrededor de los montes más próximos a la fosa.

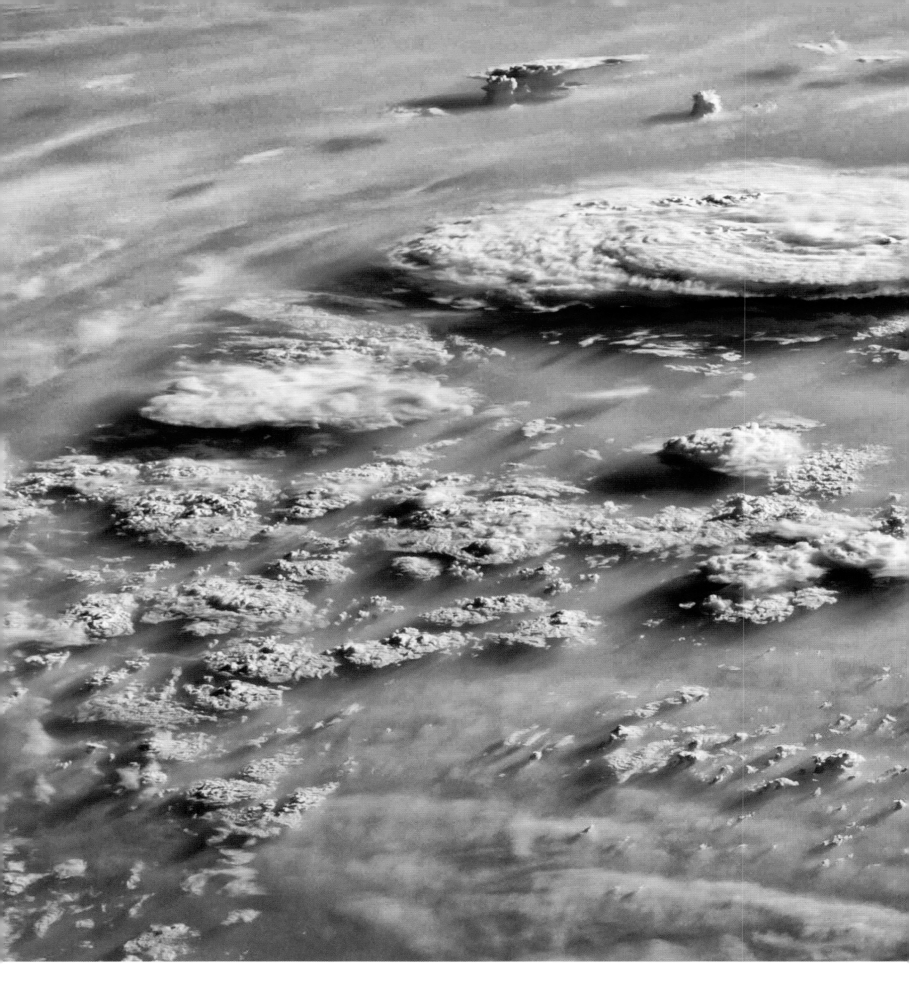

Arena en movimiento

El viento levanta polvo a lo largo de cientos de kilómetros en el Sáhara. Las nubes de la imagen indican que la causa es una tormenta de arena llamada habub. Más de la mitad del polvo y arena de los océanos del mundo procede del Sáhara.

Climas extremos

Un **ciclón tropical** grande libera tanta **energía** como la **mitad de la capacidad generadora de electricidad del planeta**.

Ciclones

Por su intensidad y escala, los ciclones son el fenómeno más destructivo de la atmósfera terrestre.

Un ciclón es un sistema tormentoso rotatorio centrado en un área de baja presión atmosférica, y se forma al ascender aire caliente y húmedo. Esto reduce la presión, lo cual atrae más aire húmedo de todas las direcciones. Por el llamado efecto Coriolis, el aire se mueve en espiral, en el sentido de las agujas del reloj en el hemisferio sur, y en el contrario en el hemisferio norte.

Ciclones tropicales

En regiones templadas, a los ciclones se les suele llamar depresiones, y rara vez son destructivos. En los trópicos se dan los de mayor intensidad, conocidos como huracanes en el Atlántico Norte, ciclones en el Índico y tifones en el Pacífico occidental. Las tormentas o ciclones tropicales se forman sobre el océano cuando los vientos son débiles y la temperatura de la superficie supera los 26 °C, por lo general a finales del verano o principios del otoño. Alcanzan la categoría de ciclones cuando el viento supera los 118 km/h, y pueden mantener velocidades superiores a los 320 km/h. Combinados con lluvias torrenciales, pueden causar inundaciones y avalanchas de barro, así como derribar edificios. En su fase más vigorosa, los ciclones se dirigen al oeste. Comienzan a remitir al tocar tierra, donde se corta el suministro de agua cálida del océano.

REGIONES DE CICLONES TROPICALES

La mayoría de los ciclones tropicales se desarrollan en dos franjas entre los 10 y los 30 grados al norte y al sur del ecuador. En latitudes más altas, la temperatura superficial del océano no suele ser suficiente como para que puedan desarrollarse. Más cerca del ecuador, la fuerza del efecto Coriolis no basta para poner en marcha la circulación ciclónica.

▼ **CICLÓN TROPICAL**
Este corte trasversal representa un ciclón tropical, y muestra el ojo central, donde hay una zona de aire que desciende, rodeado de una serie de bandas de nubes.

▷ **FASE MADURA**
Visto desde arriba, un ciclón tropical plenamente formado, como el huracán Rita, muestra un patrón de nubes aproximadamente circular, además de un ojo y bandas nubosas espirales definidas.

Cima plana
La tormenta puede alcanzar los 15 km de altura sobre el nivel del mar.

Lluvia torrencial
Las zonas bajo una banda nubosa se ven sometidas a una lluvia torrencial, viento fuerte y rayos.

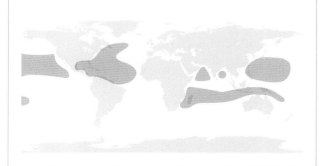

◁ **FUERZA DE LA NATURALEZA**
El intenso viento doblegó las palmeras al llegar el huracán Dennis a la costa de Florida, en julio de 2005. La marejada ciclónica causó mayores daños que el viento.

Bandas nubosas
Las bandas nubosas que rodean el ojo en espiral pueden extenderse cientos de kilómetros a partir del centro, perdiendo gradualmente altura.

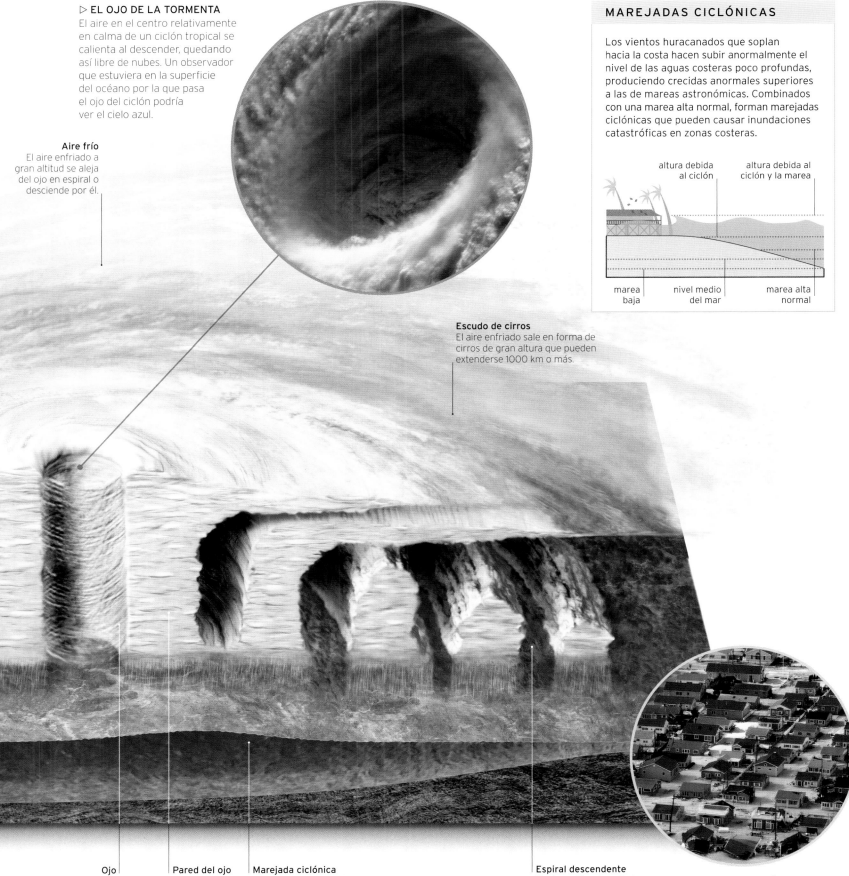

▷ EL OJO DE LA TORMENTA

El aire en el centro relativamente en calma de un ciclón tropical se calienta al descender, quedando así libre de nubes. Un observador que estuviera en la superficie del océano por la que pasa el ojo del ciclón podría ver el cielo azul.

Aire frío
El aire enfriado a gran altitud se aleja del ojo en espiral o desciende por él.

MAREJADAS CICLÓNICAS

Los vientos huracanados que soplan hacia la costa hacen subir anormalmente el nivel de las aguas costeras poco profundas, produciendo crecidas anormales superiores a las de mareas astronómicas. Combinados con una marea alta normal, forman marejadas ciclónicas que pueden causar inundaciones catastróficas en zonas costeras.

altura debida al ciclón · altura debida al ciclón y la marea

marea baja · nivel medio del mar · marea alta normal

Escudo de cirros
El aire enfriado sale en forma de cirros de gran altura que pueden extenderse 1000 km o más.

Ojo
En el ojo, de entre 30 km y 65 km de diámetro, el aire se va calentando a medida que desciende. Los vientos son más débiles que en ninguna otra parte del ciclón, pero el mar bajo el ojo está picado.

Pared del ojo
Los vientos más rápidos están en la pared del ojo.

Marejada ciclónica
Al alcanzar la costa el ciclón, se produce una marejada ciclónica donde el viento sopla hacia la costa.

Espiral descendente
Por los anillos despejados entre bandas nubosas concéntricas desciende lentamente el aire enfriado.

△ AZOTE DEL CICLÓN

Unos 200 000 hogares quedaron dañados, principalmente por la marejada ciclónica, cuando el huracán Sandy tocó la costa este de EE UU en 2012.

Tormentas eléctricas

Las tormentas eléctricas son lluvias fuertes que producen potentes descargas eléctricas llamadas rayos.

Hay tormentas eléctricas de diversas formas y dimensiones. Las tormentas unicelulares suelen durar entre 20 y 30 minutos, y pueden traer lluvia abundante y granizo. Las multicelulares son mayores, y pueden generar tornados débiles. Las tormentas eléctricas más severas son las de granizo de 2,5 cm de diámetro y vientos superiores a 90 km/h, o tornados.

Cae el rayo

En la parte superior fría de las nubes chocan minúsculas gotas y cristales de hielo que forman gotas mayores de lluvia o granizo, y al hacerlo desarrollan cargas eléctricas positivas y negativas. A esta diferencia de carga (tensión eléctrica) entre partículas se deben los rayos, flujos de electrones desde las partículas de carga negativa a las de carga positiva. Son extremadamente calientes, y expanden instantáneamente el aire por el que pasan. Esto crea la onda de choque que percibimos como trueno. Los rayos se mueven en zigzag de una nube a otra, de una nube al aire, o de una nube al suelo.

◁ **CHORROS AZULES**
Este tipo de rayos se da a 40-50 km de altura, proyectados desde lo alto de una gran supercélula hacia la atmósfera superior.

Cumulonimbos
La parte inferior se compone de microgotas de agua, y las superiores, de microgotas enfriadas y cristales de hielo.

domo de yunque

corriente descendente trasera

pared de nubes interior

Núcleo ciclónico
Esta es la parte de la tormenta en la que el aire cálido asciende en espiral por la nube.

masa de cúmulos en desarrollo que se extienden a partir de la tormenta principal

bancos de paredes de nubes en circulación

▶ **SUPERCÉLULA**
No hay dos tormentas supercelulares iguales, pero todas comparten la mayoría de los rasgos aquí mostrados: un gran cumulonimbo, viento alrededor de un área de baja presión, una gran corriente ascendente de aire cálido, lluvia fuerte, granizo y corrientes descendentes de aire frío.

Área sin lluvia
La lluvia no cae desde todas las partes de la nube.

Entrada de aire cálido
El aire ascendente en el centro de la célula hace bajar la presión cerca del suelo, lo cual atrae más aire cálido, alimentando así el sistema.

corriente ascendente rotatoria

el vórtice rápido de un tornado levanta tierra y detritos del suelo

Tornado
Los vórtices rápidos y destructivos pueden desarrollarse bajo alrededor de un 30% de las supercélulas grandes.

Rayos de las nubes al suelo
Estas potentes descargas alcanzan una temperatura de 30 000 °C.

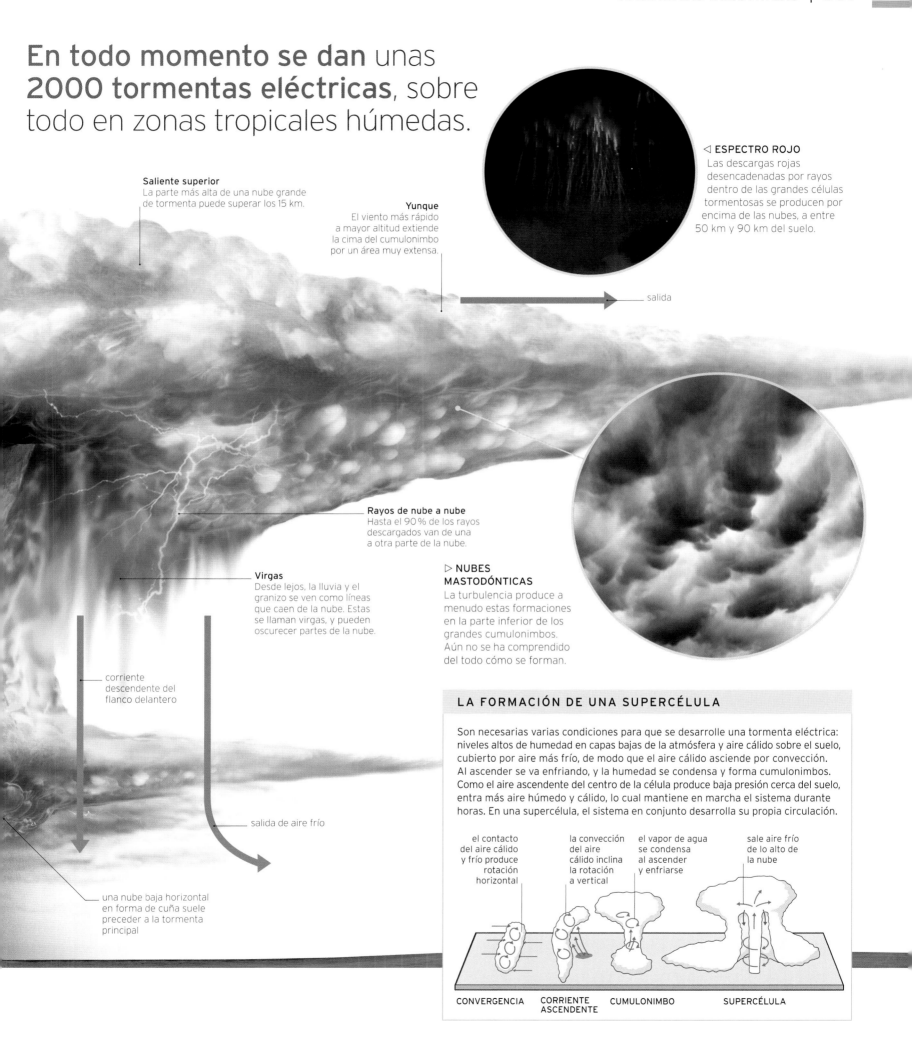

En todo momento se dan unas 2000 tormentas eléctricas, sobre todo en zonas tropicales húmedas.

Saliente superior
La parte más alta de una nube grande de tormenta puede superar los 15 km.

Yunque
El viento más rápido a mayor altitud extiende la cima del cumulonimbo por un área muy extensa.

◁ **ESPECTRO ROJO**
Las descargas rojas desencadenadas por rayos dentro de las grandes células tormentosas se producen por encima de las nubes, a entre 50 km y 90 km del suelo.

salida

Rayos de nube a nube
Hasta el 90 % de los rayos descargados van de una a otra parte de la nube.

Virgas
Desde lejos, la lluvia y el granizo se ven como líneas que caen de la nube. Estas se llaman virgas, y pueden oscurecer partes de la nube.

▷ **NUBES MASTODÓNTICAS**
La turbulencia produce a menudo estas formaciones en la parte inferior de los grandes cumulonimbos. Aún no se ha comprendido del todo cómo se forman.

corriente descendente del flanco delantero

salida de aire frío

una nube baja horizontal en forma de cuña suele preceder a la tormenta principal

LA FORMACIÓN DE UNA SUPERCÉLULA

Son necesarias varias condiciones para que se desarrolle una tormenta eléctrica: niveles altos de humedad en capas bajas de la atmósfera y aire cálido sobre el suelo, cubierto por aire más frío, de modo que el aire cálido asciende por convección. Al ascender se va enfriando, y la humedad se condensa y forma cumulonimbos. Como el aire ascendente del centro de la célula produce baja presión cerca del suelo, entra más aire húmedo y cálido, lo cual mantiene en marcha el sistema durante horas. En una supercélula, el sistema en conjunto desarrolla su propia circulación.

el contacto del aire cálido y frío produce rotación horizontal

la convección del aire cálido inclina la rotación a vertical

el vapor de agua se condensa al ascender y enfriarse

sale aire frío de lo alto de la nube

CONVERGENCIA   CORRIENTE ASCENDENTE   CUMULONIMBO   SUPERCÉLULA

Tornados

Casi imposibles de predecir con precisión, los tornados son los fenómenos más caprichosos del clima, y están entre los más violentos.

Con un vórtice apretado de aire girando a hasta 480 km/h, un tornado de grado F es el espectáculo más terrorífico de la naturaleza, capaz de destruir casi cualquier cosa a su paso. Para poder definirse como tornado, el vórtice debe extenderse desde la base de la nube y estar en contacto con el suelo.

Tipos de tornados

Los tornados pueden darse en cualquier lugar, pero la mayoría afectan a las Grandes Llanuras de EE UU. Los hay de formas y tamaños diferentes. Los tornados en cuerda tienen un embudo estrecho, y los tornados en cuña, un diámetro amplio en el suelo y mayor aún en la base de la nube. Los tornados cambian de color según los restos y el polvo que atrapan en su vórtice, y pueden ser casi blancos, marrones, rojizos o casi negros. Su intensidad se mide con la escala Fujita. Un F-0 –el tornado más común– es capaz de romper ramas de los árboles, mientras que los F-5 pueden levantar coches a 100 m del suelo.

Génesis de un tornado

La situación ideal para que se forme un tornado se da cuando una masa de aire frío converge con otra cálida y húmeda, creando inestabilidad y cumulonimbos muy altos. Cuando a esto se suma cizalladura (diferencia en la velocidad o dirección del viento a distinta altura), puede formarse una supercélula en rotación lenta (pp. 328–329). Si entra en contacto aire cálido ascendente con el aire en rápido descenso del flanco trasero de la tormenta, se forma una columna estrecha de aire en rotación rápida. El aire en rotación sigue bajando y forma un embudo bajo la nube. El aire atraído al embudo entra en un área de presión mucho más baja, por lo que se expande y enfría, y, como resultado, se condensa la humedad. El embudo se convierte en tornado al tocar el suelo.

El mayor tornado registrado fue el tornado triestatal de marzo de 1925, que se mantuvo en contacto con el suelo a lo largo de al menos 352 km. La estela de destrucción que dejó recorrió Misuri, Illinois e Indiana, y causó 695 víctimas mortales. Bangladesh tiene la mayor tasa anual de muertes por tornados, con una media de 200 anuales.

El tornado **Daulatpur-Saturia mató a 1300 personas** en Bangladesh en 1989.

TORNADO ALLEY (PASEO DE LOS TORNADOS)

En el territorio del centro de EE UU llamado Tornado Alley se registran cientos de tornados cada año, sobre todo en primavera y principios del verano. La situación clásica para que se formen tornados al sur de las Grandes Llanuras es una combinación del aire frío y seco que se mueve hacia el sureste desde las Rocosas con el muy cálido y húmedo que va en dirección norte desde el golfo de México. Esto produce inestabilidad atmosférica y grandes células tormentosas, algunas de las cuales producen tornados.

frente frío
frente cálido
corriente en chorro

CLAVE
- Aire frío y seco
- Aire cálido y seco
- Tornado Alley
- Aire cálido y húmedo

△ FUERZA DE LA NATURALEZA
Cazadores de tormentas profesionales observan un tornado que se aproxima en Kansas. Los tornados salen de la base de grandes nubes de tormenta y recogen polvo y detritos al contactar con el suelo.

△ TORNADO EN CUERDA
Un sinuoso tornado en cuerda asola el campo de la llanura del estado de Kansas, uno de los más afectados por los tornados en EE UU.

◁ SOBRE EL MAR
Los tornados forman trombas marinas cuando pasan sobre el agua. La mayoría no succionan agua líquida, pero sí vaporizada, como este par, en el Mediterráneo.

Tormentas de arena y de polvo

En zonas áridas y semiáridas, los vientos fuertes levantan arena y polvo en forma de tormentas violentas que tapan el sol y remueven y se llevan el suelo.

Una tormenta severa de arena o polvo puede oscurecer el cielo a mediodía y reducir la visibilidad prácticamente a cero. Estas se forman cuando el viento fuerte y las condiciones levantan la superficie –polvo, tierra o arena– en un proceso llamado saltación. El viento transporta partículas a corta distancia, que al caer desalojan otras, acelerando el proceso en el que cada vez más partículas permanecen suspendidas en la atmósfera baja.

La altura y extensión de la tormenta dependen del tamaño de las partículas y de la fuerza y persistencia del viento. Las rachas de viento suelen superar los 80 km/h. Las partículas de polvo son menores, y ascienden más que la arena, hasta los 6100 m de forma excepcional. Algunas tormentas se deben a frentes fríos (el borde de una masa de aire frío que se introduce bajo el aire más cálido), y otras, llamadas habubs (recuadro, abajo), a la fuerte corriente descendente de las células de tormenta.

Frentes fríos

En EE UU, las tormentas de polvo más tristemente célebres arrasaron la región de High Plains (Altas Llanuras) el 14 de abril de 1935, convirtiendo una tarde cálida y soleada en un apagón asfixiante de visibilidad cero en partes de Oklahoma, Texas, Kansas, Nebraska y Misuri. Una combinación de sequía prolongada, mala gestión del suelo y vientos fuertes debidos a un frente frío en rápido avance dio lugar a varias grandes tormentas de polvo. La gran tormenta de polvo australiana de 2009, debida también a un frente frío, arrastró 2,5 millones de toneladas del continente australiano al océano.

FORMACIÓN DE UN HABUB

Un habub, del árabe *habb* («viento»), se forma cuando salen vientos fuertes de una célula de tormenta. La célula se forma al ascender aire cálido y húmedo, el cual enfría la lluvia al evaporarse. Este aire puede formar una potente corriente descendente y de salida, precedida por un frente de ráfagas. Al alcanzar este tierra seca antes de la tormenta, levanta arena o polvo de la superficie, y produce un muro de polvo que puede extenderse por un área mayor que la propia tormenta.

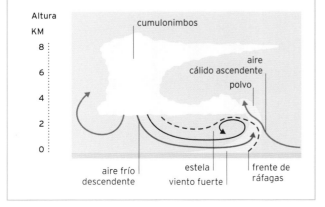

▽ **POLVO ROJO**
El puente de la bahía de Sídney quedó envuelto en polvo rojo durante la gran tormenta de arena de septiembre de 2009, la peor registrada en el este de Australia en los últimos 70 años.

▷ **UNA CIUDAD ABRUMADA**
Un muro nebuloso de polvo a punto de envolver el centro de Phoenix (Arizona), en julio de 2011. La nube fue levantada por uno de los varios habubs que afectaron a la ciudad aquel verano.

En su máxima extensión, el **frente** de la **tormenta de polvo de septiembre de 2009 en Australia** alcanzaba los **3450 km** de norte a sur.

◁ **TIERRA CUARTEADA**
En 2010-2011, la frecuencia de las tormentas de polvo aumentó en el sur de China tras una sequía severa que secó tierras de cultivo y embalses, lo cual produjo gran cantidad de polvo superficial.

△ ESCULTURA DE HIELO

Las tormentas de hielo pueden crear bellas formaciones. Este es el faro de St. Joseph, en la costa del lago Michigan, tras una tormenta de hielo en enero de 2015.

▷ GRAN HELADA

Esta imagen satelital muestra los Grandes Lagos helados durante una tormenta en febrero de 2014. Más de un millón de personas se quedaron sin suministro eléctrico, y miles de vuelos fueron cancelados.

Tormentas de hielo

Un fenómeno meteorológico único que produce belleza espectacular y destrucción a partes iguales.

A diferencia de otras tormentas, durante una tormenta de hielo las condiciones suelen ser de calma. Sin embargo, en términos de víctimas humanas, interrupción del transporte y del suministro eléctrico y caos generalizado, una gran tormenta de hielo puede ser tan dañina como un tornado o un huracán. Los elementos vitales que causan el fenómeno son una combinación de: lluvia fuerte cayendo de una cuña de aire cálido; una zona subyacente de aire muy frío; y temperaturas bajo cero en la superficie. Al tocar la lluvia el suelo, o cualquier estructura a menos de cero grados, se congela, y forma una capa de hielo glaseado, que se va engrosando mientras persista la lluvia.

Colapso bajo presión

El hielo glaseado puede superar los 5 cm de grosor. En 1961 se midió una capa de 20 cm en áreas de Idaho. Como el hielo es diez veces más pesado que un volumen equivalente de nieve mojada, los efectos pueden ser drásticos. Además de cubrir todo de blanco, derriba postes de alta tensión, árboles y edificios inestables. Las carreteras se vuelven intransitables, y los aviones no pueden despegar ni aterrizar. En enero de 1998, una tormenta de hielo afectó a un área extensa de Nueva Inglaterra y del sureste de Canadá, una región particularmente propensa a este fenómeno. Murieron al menos 44 personas, y hubo cientos de heridos. Cayeron unos 129 000 km de cables de alta tensión, y cuatro millones de personas se quedaron sin electricidad.

◁ **FRUTA CONGELADA**
Los miles de manzanos dañados en la tormenta de hielo de 1998 en el estado de Nueva York tardaron años en recuperarse.

AGUANIEVE, NIEVE Y LLUVIA GÉLIDA

Si la nieve atraviesa primero una cuña de aire cálido y luego una capa baja de aire frío, se convierte en lluvia, y se congela al tocar el suelo. Si pasa por una capa más gruesa de aire frío bajo el cálido, vuelve a congelarse en parte como aguanieve. Si no pasa por el aire cálido, cae en forma de nieve.

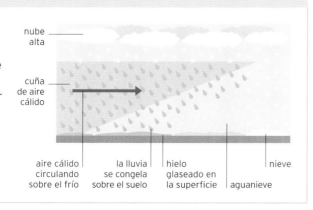

nube alta

cuña de aire cálido

aire cálido circulando sobre el frío

la lluvia se congela sobre el suelo

hielo glaseado en la superficie

aguanieve

nieve

El hielo puede **multiplicar** el **peso** de las **ramas** por **30.**

Auroras

Espectaculares luces resplandecientes de colores en el cielo nocturno.

La aurora boreal, en el hemisferio norte, y la aurora austral, en el hemisferio sur, aparecen en latitudes superiores a los 60 grados norte y sur, respectivamente. Centradas en los polos magnéticos terrestres, se ven cuando las partículas eléctricamente cargadas procedentes del Sol entran en el campo magnético terrestre sobre los polos, y chocan con átomos de la atmósfera superior. Las reacciones que desencadenan producen chorros de luz (recuadro, dcha.). A veces solo se ve una mancha casi estática de brillo difuso, pero también se pueden ver luces en constante movimiento, como cortinas movidas por la brisa. Cada pliegue de la cortina consiste en muchos rayos paralelos, cada uno alineado con la dirección local del campo magnético terrestre. El color de las auroras depende de la altura y del gas atmosférico excitado en cada caso. El verde es el color más común, pero en ocasiones se observan luces rojas, azules, violetas e incluso rosas. Los cielos despejados y alejados de la contaminación lumínica son ideales para ver auroras. Alaska, Canadá y el norte de Escandinavia y de Rusia son los mejores lugares para ver la aurora boreal. La austral se ve desde el sur de América del Sur, Tasmania y la Isla Sur de Nueva Zelanda, pero son más espectaculares aún desde la casi inaccesible Antártida.

Las **luces** de las auroras suelen **producirse** a unos **90-150 km** de altura, pero las muy altas (rojas) pueden estar más allá de los **1000 km**.

△ **CORTINA DE COLOR**
El deslumbrante espectáculo de una aurora, reflejado en las aguas de la laguna glaciar de Jökulsárlón, en Islandia.

▷ **VISTA DESDE EL ESPACIO**
Los astronautas en órbita en la Estación Espacial Internacional tienen una vista única de la aurora boreal.

△ CORONA DE UNA AURORA

La aurora boreal se ve a veces como una corona de rayos. Esta espectacular imagen se obtuvo en Islandia.

LA CAUSA DE LAS AURORAS

Las auroras se deben a partículas cargadas (electrones y protones) procedentes del Sol. El campo magnético terrestre actúa como escudo, pero muchos electrones siguen las líneas de campo magnético hacia los polos, donde chocan con átomos de oxígeno y nitrógeno de la atmósfera superior. Los electrones excitan los átomos, y estos, al volver a su estado anterior, liberan energía en forma de fotones, que son los que crean los cambiantes patrones de las auroras.

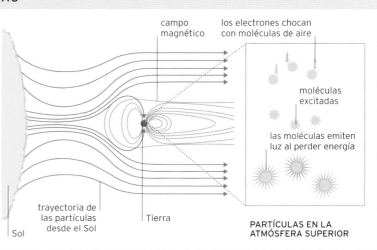

campo magnético

los electrones chocan con moléculas de aire

moléculas excitadas

las moléculas emiten luz al perder energía

trayectoria de las partículas desde el Sol

Sol

Tierra

PARTÍCULAS EN LA ATMÓSFERA SUPERIOR

Somero y salado
El agua que llega al lago Natrón, en Tanzania, por un
delta fluvial se añade a la procedente de fuentes termales.
Debido a la alta tasa de evaporación, es un lago somero
−de solo 3 m de profundidad− y extremadamente salado.

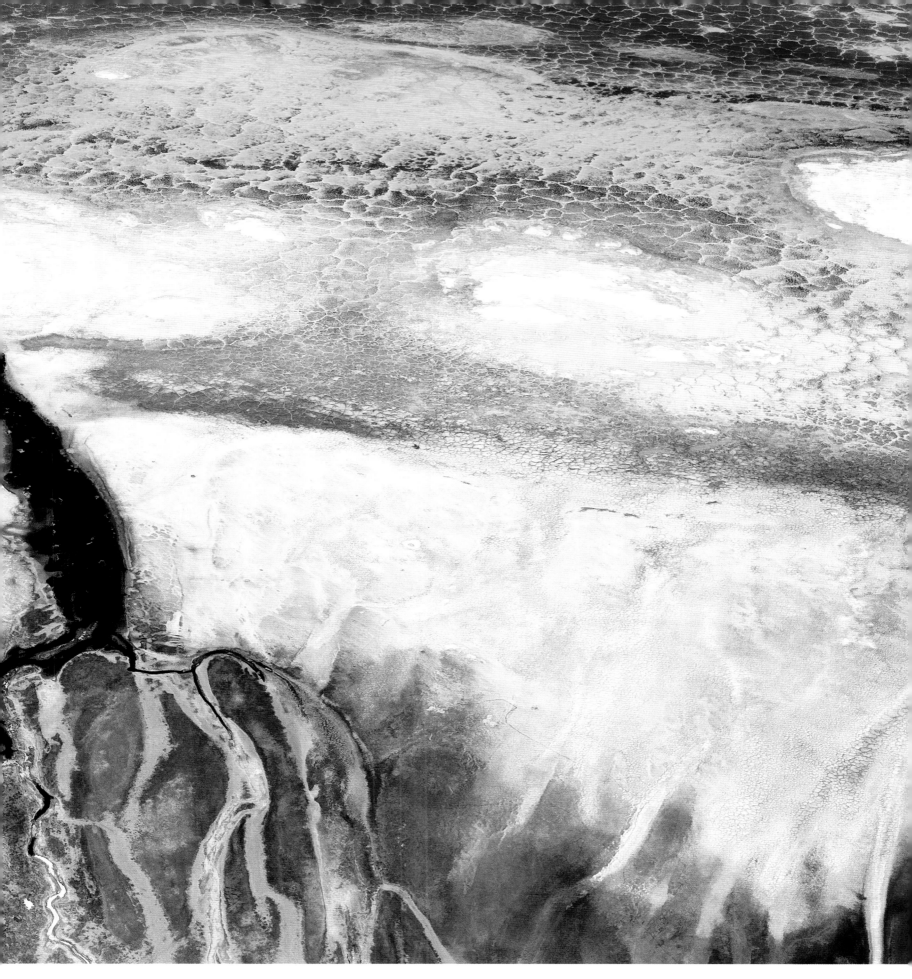

Apéndice y glosario

MONTAÑAS Y VOLCANES

La mayoría de las montañas forman parte de cordilleras surgidas por la colisión de dos o más placas tectónicas. Una cadena casi continua de montañas, el cinturón circumpacífico, de 40 000 km de longitud, rodea la mayor parte de la cuenca del Pacífico, e incluye tres cuartas partes de los volcanes activos e inactivos del mundo. Este cinturón incluye los Andes de América del Sur, la cordillera Norteamericana y los Alpes Japoneses. Otro cinturón casi ininterrumpido, el cinturón alpino-himalayo, va desde Marruecos, atravesando Europa y el sur de Asia, hasta el sureste asiático, e incluye la mayor cordillera de la Tierra, el Himalaya.

América del Norte

Monte Katmai

Ubicación Alaska (noroeste de EE UU)

Este volcán nevado mide unos 10 km de diámetro, y en su centro hay una caldera masiva y un lago. Durante un tiempo se le atribuyó la mayor erupción del siglo XX, en junio de 1912, pero los científicos demostraron que la fuente había sido el cercano domo de lava Novarupta. La erupción de este vació una cámara magmática bajo el monte Katmai, cuya cima colapsó, formando la caldera. La zona, salpicada de miles de fumarolas durante años tras la erupción, se conoce también como Tierra de los Diez Mil Humos.

Diques Mackenzie

Ubicación desde los Grandes Lagos hasta el Ártico (oeste de Canadá)

Los diques Mackenzie son la mayor malla de diques –concentración de un gran número de intrusiones de roca ígnea en capas casi verticales– de la Tierra. Estos diques se alzan sobre la superficie en una vasta zona de unos 3000 km por 500 km. Se trata de intrusiones, principalmente basálticas, de hace unos 1300 m.a.

Sierra Nevada

Ubicación principalmente, en California (oeste de EE UU)

El magnífico perfil y los imponentes valles erosionados por glaciares de la Sierra Nevada californiana hacen de ella una de las regiones más hermosas de todo EE UU, con ríos de caudal rápido, valles cubiertos de bosque de pinos, prados de montaña y picos de granito. Uno de los picos de Sierra Nevada, el monte Whitney (4421 m), es el más alto de los llamados «EE UU contiguos». La cordillera se extiende unos 640 km de sur a norte, y 110 km de oeste a este.

Palisades

Ubicación a lo largo de parte de la orilla occidental del río Hudson (este de EE UU)

Los Palisades son un muro rocoso casi vertical de unos 32 km a lo largo de la orilla oeste del río Hudson (p. 363), desde Jersey City hasta Nyack. Su altura es de 90–165 m. Se trata del borde erosionado del sill de Palisades, una gran masa de roca ígnea llamada diabasa, de unos 200 m.a. de edad.

Devils Postpile

Ubicación Sierra Nevada, en California (oeste de EE UU)

El Monumento Nacional Devils Postpile se encuentra en la ladera occidental de la Sierra Nevada californiana (izda.), a una altura de 2300 m. Sus columnas hexagonales de basalto, uno de los mejores ejemplos de

▶ FOLLAJE OTOÑAL
EN EL SILL DE PALISADES

columnas basálticas del mundo, se alzan 18 m sobre el margen del valle. Algunas superan el metro de diámetro. Se formaron hace 100 000–80 000 años, cuando la lava inundó la zona hasta una profundidad de 125 m, y luego se enfrió y solidificó. La erosión glaciar posterior expuso las columnas en todo su esplendor.

Cadena Costera del Pacífico

Ubicación entre el oeste de Columbia Británica y el suroeste de California (oeste de América del Norte)

De al menos 2700 km de longitud en su conjunto, esta serie de cordilleras discurre casi paralela a la costa pacífica, desde la Cadena Costera de Columbia Británica hasta las cordilleras Transversales del sur de California. Los montes

Olímpicos, que se encuentran en el estado de Washington, son su sector más espectacular. Estas montañas ígneas, metamórficas y sedimentarias, plegadas y fracturadas, son el producto de movimientos tectónicos complejos. La subducción resulta en vulcanismo en algunas zonas, y grandes fallas como la de San Andrés están activas en otras.

Paricutín

Ubicación estado de Michoacán (centro oeste de México)

En febrero de 1943, después de varios días de terremotos pequeños y de temblores subterráneos, se abrió una grieta en un campo de cultivo que empezó a expulsar cenizas, lava y bombas piroclásticas. En 24 horas se formó un cono de escorias de 50 m de alto. En 1952, tras cesar las erupciones, la cima del volcán se elevaba 424 m sobre el terreno circundante. En la actualidad, el Paricutín está inactivo, pero el cráter sigue caliente, y emite vapor cuando llueve.

Volcán de Colima

Ubicación mayormente en el estado de Jalisco (centro oeste de México)

Este estratovolcán masivo es uno de los más activos de América del Norte: ha entrado en erupción más de 40 veces desde 1576, y la más reciente fue en 2017. Las erupciones producen flujos de lava viscosa, explosiones de piroclastos y enormes nubes de ceniza. Dado que viven 300 000 personas en la zona, es uno de los volcanes más peligrosos del continente. La cima del volcán de Colima está a 3850 m sobre el nivel del mar.

▶ COLUMNA DE VAPOR DEL VOLCÁN DE COLIMA

Chichonal

Ubicación estado de Chiapas
(sur de México)

Hasta finales de marzo de 1982, el Chichonal (o Chichón) se consideraba un volcán extinto, sin erupciones conocidas desde hacía más de 600 años. En pocos días, tres grandes erupciones inyectaron millones de toneladas de gas y ceniza a la atmósfera, destruyendo nueve pueblos y matando a unas 2000 personas. El magma era muy rico en azufre, y las microgotas de ácido sulfúrico formadas en la estratosfera produjeron amaneceres deslumbrantes por todo el globo. Se formó un nuevo cráter de 1 km de diámetro, en el cual se asienta hoy un lago ácido. El pico del volcán, en estado de reposo desde entonces, está a 1150 m sobre el nivel del mar.

Otras montañas y volcanes en América del Norte

- **Cordillera de Alaska** » p. 24
- **Apalaches** » p. 35
- **El Capitán y Half Dome** » p. 26
- **Cordillera de las Cascadas** » p. 27
- **Cueva de los Cristales** » p. 36
- **Lago del Cráter** » pp. 28-29
- **Torre del Diablo** » p. 35
- **Popocatépetl** » p. 37
- **Montañas Rocosas** » pp. 24-25
- **Falla de San Andrés** » p. 30
- **Shiprock** » p. 34
- **Sierra Madre** » p. 37
- **Yellowstone** » pp. 30-33

América Central y del Sur

Monte Pelée

Ubicación Martinica (Antillas Menores), en el mar Caribe

Pelée es un estratovolcán (un volcán de capas múltiples) en el arco insular de las Antillas Menores. Tras muchos años de inactividad, en 1902 produjo la erupción más devastadora del siglo XX en términos de bajas. Una serie de nubes barrieron las laderas y destruyeron la ciudad de Saint-Pierre, matando a unas 30 000 personas. El Pelée dio nombre a un tipo de erupción llamada peleana, caracterizada por emisiones explosivas de ceniza, gas y flujos piroclásticos.

Arenal

Ubicación noroeste de Costa Rica

El Arenal, el volcán más joven y activo de Costa Rica, se halla en la zona de subducción activa de la placa de Cocos bajo la del Caribe. Este estratovolcán estuvo inactivo cientos de años, hasta que, en julio de 1968, entró en erupción de forma inesperada y violenta, destruyendo tres poblaciones pequeñas y lanzando rocas de varias toneladas a más de 1 km de distancia. En los 30 años

▼ UNA FUENTE DE LAVA EN EL ARENAL

siguientes ocurrieron otras siete erupciones, pero en 2010 fue clasificado como inactivo.

Galeras

Ubicación suroeste de Colombia, en el norte de los Andes

El volcán más activo de Colombia es también el más peligroso potencialmente, ya que se halla cerca de los 450 000 habitantes de la ciudad de Pasto. Es un gran estratovolcán, con un pico a 4276 m sobre el nivel del mar. El vulcanismo de la zona se remonta a al menos un millón de años atrás, con una erupción especialmente masiva hace 560 000 años. La actividad se debe a la subducción de la placa de Nazca bajo la corteza continental de los Andes del norte.

Ojos del Salado

Ubicación frontera central chileno-argentina, en el sur de los Andes

Este estratovolcán nevado destaca por varios rasgos. Con 6893 m de altura, es el volcán activo más alto del mundo, y el segundo pico de cualquier clase de todo el continente americano. Una pequeña caldera próxima a la cima contiene probablemente el lago más elevado de la Tierra. Aunque tiene fumarolas persistentes y se registró una emisión de gas en 1993, la última gran erupción tuvo lugar hace entre 1000 y 1500 años.

Cerro Azul

Ubicación centro de Chile, en el sur de los Andes

Cerro Azul se halla en el extremo sur del conjunto volcánico del Descabezado Grande, volcán del cual es una chimenea secundaria. Una de las mayores erupciones explosivas registradas en América del Sur tuvo lugar en abril de 1932, cuando el cráter Quizapú del estratovolcán Cerro Azul expulsó 9,5 km³ de ceniza y lava en una erupción pliniana clásica. Con sus 3292 m de altura, Quizapú es uno de los cráteres plinianos más altos del mundo. No ha habido erupciones desde 1932, pero en ocasiones emite pequeñas nubes de ceniza.

Otras montañas y volcanes en América Central y del Sur

- **Altiplano** » pp. 96-97
- **Andes** » pp. 92-95
- **Géiseres de El Tatio** » p. 97
- **Macizo de las Guayanas** » pp. 90-91
- **Serranía de Hornocal** » p. 98
- **Volcán Masaya** » p. 89
- **Volcán Santa María** » p. 88
- **Volcán La Soufrière** » p. 89
- **Pan de Azúcar** » p. 98
- **Torres del Paine** » p. 99

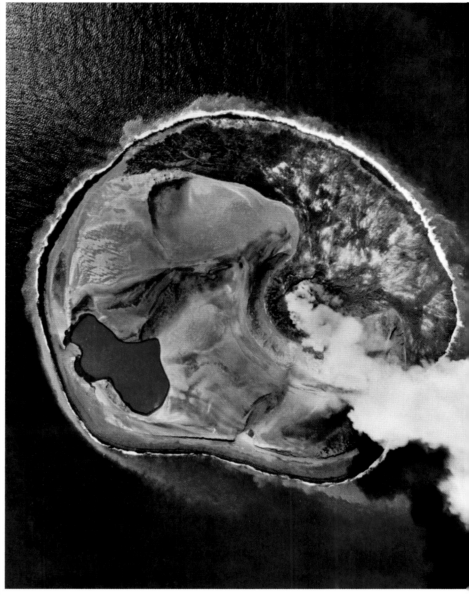

▲ VAPOR SURGIENDO DE SURTSEY

Europa

Grímsvötn

Ubicación montes del sureste de Islandia

El volcán más activo de Islandia es, cosa inhabitual, subglacial en su mayor parte, cubierto por el casquete glaciar de Vatnajökull. Al comenzar una erupción, se funde una gran cantidad de hielo del glaciar y llena la caldera del Grímsvötn. La presión puede acumularse lo suficiente como para levantar y perforar la capa de hielo, liberando así una gran cantidad de agua en un fenómeno llamado *jökulhlaup*. Durante una erupción en 2011, el Grímsvötn expulsó una nube de cenizas de 12 km de alto que impidió el tráfico aéreo durante varios días.

Surtsey

Ubicación junto a la costa sur de Islandia

En noviembre de 1963, una serie de temblores de tierra, el olor a ácido sulfhídrico y una columna de humo oscuro saliendo del mar dieron fe de una erupción submarina junto a la costa de Islandia. Durante varias semanas, un nuevo volcán se formó sobre el lecho, y surgió Surtsey, una isla nueva hecha sobre todo de escorias volcánicas poco densas. Hubo erupciones esporádicas hasta el verano de 1967, año en que la isla, gradualmente erosionada por las olas desde entonces, alcanzó su tamaño máximo.

Graben del Rin

Ubicación suroeste de Alemania y este de Francia

El Rin Superior (p. 371) fluye por la fosa tectónica más imponente de Europa, un valle ancho de fondo llano, a lo largo de 350 km entre Basilea y Frankfurt. Este graben, o rift, está limitado por fallas a ambos lados, más allá de los macizos de los Vosgos, al oeste, y de la Selva Negra, al este. El graben del Rin se formó hace 30 m.a., al inicio de la formación de los Alpes, cuando la corteza se estiró y rompió a una escala masiva.

Cadena de los Puys

Ubicación Macizo Central (centro de Francia)

Esta extraordinaria concentración de más de 70 volcanes en una zona del Macizo Central, de unos 40 km de largo y 5 km de ancho, incluye al menos 48 conos de escorias, ocho domos de lava y 15 maars (cráteres anchos formados al entrar el magma en contacto con agua del subsuelo). La actividad volcánica de la zona abarcó un periodo de entre unos 95 000 y 6000 años atrás, inducida por el adelgazamiento de la corteza y las fallas causadas por la formación de los Alpes.

Jura

Ubicación este de Francia y oeste de Suiza

El Jura es un hermoso macizo con partes boscosas, y tiene entre 200 m.a. y 145 m.a. de edad. La cordillera se extiende a lo largo de 360 km de la frontera franco-suiza, entre los ríos Ródano (p. 372) y Rin (p. 371). Su plegamiento y levantamiento durante la orogenia alpina causó también fallas a gran escala. El pico más alto del Jura es el Crêt de la Neige, de 1718 m. Las elevaciones son menores en las crestas exteriores del arco.

▼ CONO DEL PUY DE PARIOU, EN LA CADENA DE LOS PUYS

Cordillera Cantábrica

Ubicación norte de España

La cordillera Cantábrica comprende en realidad dos cadenas montañosas que se extienden unos 300 km desde las estribaciones occidentales de los Pirineos hasta el macizo Galaico. La cadena costera, mucho menor, surge abruptamente del mar en algunos tramos, y contiene ríos cortos de caudal rápido. La cadena interior, mucho más alta e imponente, incluye el gran macizo calizo de los Picos de Europa, sometido a una glaciación intensa, aunque en la actualidad ya no queden glaciares. La máxima altura es Torre Cerredo (2648 m).

▲ FUENTES TERMALES Y TERRAZAS DE LAS TERMAS DE SATURNIA

Sierra Nevada

Ubicación Andalucía (sur de España)

Este macizo de rocas metamórficas se alza a gran altura muy cerca del Mediterráneo, y está dominado por el Mulhacén (3481 m), el pico más alto de la España continental. El Mulhacén es solo uno de los 23 picos que superan los 3000 m en esta cordillera de 42 km de longitud. Predominan los paisajes poco abruptos, salvo en los picos helados del oeste, con valles de lados empinados esculpidos por el hielo y circos glaciares. No quedan glaciares, pero la nieve invernal atrae a numerosos esquiadores. La vegetación de las laderas pasa del bosque subtropical al bosque alpino, a mayor altura.

Apeninos

Ubicación desde el collado de Cadibona hasta las islas Égadas (Italia)

Los Apeninos, una de las cordilleras más jóvenes formadas durante la orogenia alpina, son una serie de crestas paralelas de unos 1400 km de longitud. Consisten principalmente en lutitas, calizas y arenisca, con algunas rocas ígneas, y hay muchos indicios de actividad volcánica, como la de los todavía activos Vesubio y Etna. El único glaciar que se encuentra aquí es el Calderone, en la ladera del pico más alto, Corno Grande. Los terremotos son frecuentes en toda la cordillera.

Termas de Saturnia

Ubicación Toscana (Italia)

En las mayores y más hermosas fuentes termales del sur de la Toscana, emerge agua del subsuelo a 37,5 °C, y cae por las cascadas del Mulino y del Gorello (a un ritmo de más de 500 litros por segundo) hasta las pozas formadas por el travertino (un tipo de carbonato cálcico) de las aguas termales, ricas en minerales. A pesar de su olor sulfuroso, han servido como baños desde tiempos de los romanos para sacar provecho de sus propiedades curativas. Las rocas calientes que se encuentran a gran profundidad, y que calientan el agua, son parte de la actividad volcánica del cercano domo de lava del monte Amiata.

Solfatara

Ubicación cerca de Nápoles (Italia)

Este cráter volcánico poco profundo, hogar mitológico de Vulcano, dios romano del fuego, forma parte de la zona volcánica de múltiples cráteres llamada Campos Flégreos. Solfatara tiene muchas fumarolas, que emiten chorros de vapor y humo sulfuroso, así como pozas de lodo caliente, pero el propio volcán está inactivo desde 1198. Las cavidades de moluscos encontradas a 7 m de altura en tres columnas romanas indican que, tras ser erigidas estas, la zona quedó bajo el nivel del mar, para volver a quedar emergida después. Esto se debe al lento levantamiento y deflación de la caldera como resultado del llenado y vaciado de su cámara magmática, proceso llamado bradisismo.

Vulcano

Ubicación junto a la costa norte de Sicilia (Italia)

Como otros volcanes de la región, la actividad en esta pequeña isla es el resultado de la colisión de las placas africana y euroasiática. Los conos volcánicos son de tres edades distintas: los más antiguos son tres estratovolcanes, cuyos conos han colapsado en gran medida. El cono de la Fossa, más reciente, entró en erupción por última vez en 1888–1890. El fenómeno, bien estudiado,

consistió en la eyección de bloques de roca, bombas de lava y ceniza, pero sin flujos de lava, y dio nombre al tipo de erupción conocida como vulcaniana. El cono más joven es el de Vulcanello, formado en 183 a.C., y activo por última vez en 1550.

Alpes Dináricos

Ubicación desde Italia hasta Kosovo (sureste de Europa)

Compuesta en gran parte por caliza y dolomita, esta cordillera se extiende a lo largo de 645 km de la costa oriental del Adriático, e incluye algunos de los paisajes cársticos más impresionantes del mundo. Estos incluyen dolinas, ríos subterráneos, cuevas y gargantas donde se ha desplomado el techo de las cuevas. Uno de los mayores sistemas subterráneos está en las grutas de Škocjan, en Eslovenia, por donde fluyen 34 km del río Reka.

Macizo de Pindo

Ubicación desde la frontera de Albania hasta el Peloponeso (Grecia)

Geológicamente, el Pindo es una extensión de los Alpes Dináricos (arriba). Algunos picos, entre ellos el más alto, el monte Smólikas, se componen de ofiolitas metamórficas y de secciones de antigua corteza oceánica, levantadas por encima del nivel del mar y luego erosionadas.

▲ MONTE SMÓLIKAS, EN EL MACIZO DE PINDO

▲ FORMACIONES LLAMADAS CHIMENEAS DE HADAS, EN CAPADOCIA

Otras zonas son de dolomita y caliza, y presentan rasgos cársticos. La garganta de Vikos, al norte del macizo, es una de las más profundas del mundo, y alcanza los 900 m en algunos tramos.

Santorini

Ubicación islas Cícladas del Egeo (Grecia)

Este archipiélago oval es lo que queda por encima del nivel del mar de una caldera volcánica gigante. Las islas de Tera, Aspronisi y Terasia rodean una laguna de 12 por 7 km. En 1610 a.C., Santorini experimentó una de las mayores erupciones de los últimos

5000 años, que lanzó unos 100 km³ de partículas de roca y ceniza a la atmósfera y causó un tsunami que devastó la costa norte de Creta.

Capadocia

Ubicación Anatolia central (Turquía)

En esta meseta elevada, la antigua actividad volcánica ha dado lugar a uno de los paisajes más extraordinarios del mundo, las «chimeneas de hadas» (o *hoodoos*) del Parque Nacional de Goreme. Los volcanes depositaron gruesas capas de ceniza, consolidada después en forma de toba volcánica, que luego cubrieron de basalto. Las escorrentías debidas a fuertes

lluvias abrieron hondonadas en el duro basalto antes de erosionar rápidamente la toba más blanda de abajo. A lo largo de miles de años, esto produjo numerosas agujas de toba volcánica rematadas con coronas de basalto protector.

Formaciones rocosas Manpupuner

Ubicación república de Komi, oeste de los Urales septentrionales (Rusia)

Estas siete grandes columnas de esquisto cristalino metamórfico se yerguen como gigantes entre las laderas de los Urales septentrionales. Su forma casi humana inspiró varias leyendas sobre su origen.

De entre 30 m y 42 m de altura, estas torres de roca de cima plana y lados casi verticales se deben a la meteorización y la erosión eólica a lo largo de muchos miles de años.

Otras montañas y volcanes en Europa

- Alpes » pp. 138-139
- Dolomitas » p. 136
- Macizo Central » p. 135
- Etna » pp. 140-141
- Pirineos » p. 137
- Tierras Altas de Escocia » p. 134
- Géiser Strokkur » p. 135
- Estrómboli » p. 144
- Urales » p. 144
- Vesubio » p. 145

África

Pico del Teide

Ubicación Tenerife (islas Canarias)

Medido desde el lecho oceánico hasta la cima, este estratovolcán sobre la plataforma continental africana es el más alto del mundo, a excepción de los del archipiélago de Hawái. Se alza 3718 m sobre el nivel del mar, rematado por la caldera de Las Cañadas. El pico del Teide y otras chimeneas han entrado en erupción varias veces desde la conquista del archipiélago en el siglo XV, y la más reciente fue en 1909, cuando los flujos de lava causaron daños.

Macizo de Ahaggar

Ubicación centro del desierto del Sáhara (sur de Argelia)

Este vasto paisaje lunar argelino se formó a partir de rocas de unos 2000 m.a. de edad, entre las más antiguas de África. Llamado también macizo de Hoggar, el Ahaggar consiste principalmente en desierto rocoso y con vegetación escasa a una altura de más de 900 m. Su monte más alto es el Tahat (2908 m). La roca madre es en gran parte roca metamórfica antigua, aunque varios de los picos más llamativos son antiguos conos volcánicos erosionados. En 2006 se hallaron aquí excrementos de un guepardo del Sáhara muy amenazado, y en la zona hay una población de gacelas dorcas.

Pico Kapsiki

Ubicación montes de Mandara (norte de Camerún)

Cerca del pueblo de Rhumsiki, en los montes volcánicos de Mandara, una serie de tapones volcánicos surgen como centinelas de la sabana. El más conocido es el pico Kapsiki (1224 m). Se formó cuando se enfrió y solidificó lava en una chimenea volcánica, que quedó expuesta al retirar la erosión posterior el cono volcánico, menos resistente.

Lago Nyos

Ubicación noroeste de Camerún

Situado en la ladera de un volcán extinto, el Nyos es uno de los únicos tres «lagos explosivos» del mundo. Sus aguas profundas están saturadas de dióxido de carbono (CO_2) procedente de una cámara magmática profunda. El 21 de agosto de 1986, cuando el lago se vio perturbado por una avalancha, el gas ascendió a las zonas de menor presión, donde burbujeó, salió de la solución y escapó. Una nube masiva de CO_2 –1 km³ aproximadamente– descendió por la ladera y sofocó a 1746 personas en el valle.

Pico Cão Grande

Ubicación extremo sur de la isla de Santo Tomé (Santo Tomé y Príncipe)

El pico Cão Grande (Perro Grande), en la isla de Santo Tomé, es una columna rocosa cubierta de musgo que se alza 365 m de altura sobre el paisaje circundante y 668 m sobre el nivel del mar. Se trata de un tapón volcánico que se formó cuando se solidificó el magma en la chimenea de un volcán activo. Posteriormente, el cono fue erosionado, y hace ya mucho tiempo que cesó la actividad volcánica en la zona.

Macizo etíope

Ubicación Cuerno de África (principalmente, en el centro y norte de Etiopía)

Al macizo etíope se le suele llamar el «techo de África» por una muy buena razón: es el área más extensa por encima de los 1500 m del continente, y su pico más alto, el Ras Dashen, mide 4550 m. La fuente del Nilo Azul, el lago Tana, se encuentra en el macizo. Este, atravesado por el rift de África Oriental, contiene también varias especies endémicas, tales como los amenazados lobos etíopes y los nialas monteses.

▲ PEÑASCOS Y ESCARPADURAS DEL MACIZO ETÍOPE

Lago Bogoria

Ubicación oeste de Kenia, en el rift de África Oriental

Este lago somero y muy salino está en una sección del valle tectónico del rift de África Oriental, entre Maji Moto, al oeste, y el escarpe de Bogoria, al este. La profundidad del lago varía entre los 11 m y los 14 m, y su zona más profunda está en la cuenca sur, un antiguo cráter volcánico. Muchas fuentes termales y géiseres en el lago y sus alrededores indican que continúa la actividad geotérmica. En ocasiones se alimentan hasta 1,5 millones de flamencos en sus aguas alcalinas.

Gran Dique

Ubicación de sur a norte, desde el este de Bulawayo hasta justo al sur de la frontera con Mozambique (Zimbabue)

Pese a su nombre, este accidente geográfico no es un dique, sino un lopolito, o intrusión masiva de roca ígnea, de corte transversal más o menos en forma de platillo, alimentado por un dique vertical debajo. En la superficie muestra una serie de crestas estrechas a lo largo de 550 km, de sur a norte. Fue inyectado en la roca que lo rodea hace unos 2500 m.a., y es rico en oro, plata, cromo, platino y níquel.

Pitón de la Fournaise

Ubicación Reunión, en el océano Índico, al este de Madagascar

El nombre de este volcán en la isla de Reunión significa «pico del horno». Se trata de uno de los volcanes mayores y más activos del mundo, con más de 150 erupciones registradas desde el siglo XVII. La más reciente de estas erupciones fue en 2017. De más de 530 000 años de edad, este volcán en escudo se formó sobre el punto caliente de Reunión, que se cree lleva activo aproximadamente 66 m.a. Durante la mayor parte de su historia, sus flujos de lava se entremezclaron con los del Pitón de las Nieves. Se pueden encontrar muchos cráteres en la caldera, que mide 8 km de diámetro. Su actividad volcánica se monitoriza atentamente desde un observatorio que está situado en su ladera.

Otras montañas y volcanes en África

- Depresión de Afar » p. 183
- Cordillera del Atlas » p. 182
- Macizo Brandberg » p. 188
- Drakensberg » p. 189
- Gran Valle del Rift » pp. 184-187
- Montaña de la Mesa » p. 188

▲ VAPOR SALIENDO DEL VALLE DE LOS GÉISERES

Asia

Trampas siberianas

Ubicación noroeste de Siberia (Rusia)

Las trampas (montes escalonados característicos del paisaje basáltico) son el legado de la mayor erupción volcánica de la historia de la Tierra. Hace unos 250 m.a., numerosas fisuras y chimeneas en el oeste de Siberia liberaron unos 3 millones de km^3 de basalto fundido sobre una vasta área. Un penacho del manto pudo causar las erupciones, pero esto sigue siendo objeto de debate. Una de las consecuencias fue la mayor extinción masiva de la historia, debida a cambios drásticos en la composición de la atmósfera.

Valle de los géiseres

Ubicación península de Kamchatka, en el este de Siberia (Rusia)

La segunda mayor concentración de géiseres de la Tierra se encuentra en el valle del río Geisernaya, por cuyo rápido caudal fluyen aguas geotérmicas de un estratovolcán próximo. El valle contiene al menos 20 grandes géiseres, el más espectacular de los cuales, el Velikan, emite chorros de agua de 40 m de alto. Algunos de ellos tienen periodos de pocos minutos, y otros, de tres horas o más. En 2007, una masiva avalancha de barro inundó el valle y cerró muchos de los géiseres, pero se han activado otros desde entonces.

Volcanes de lodo de Azerbaiyán

Ubicación este del Cáucaso y costa del mar Caspio (Azerbaiyán)

Más de la mitad de los volcanes de lodo del mundo que se conocen, posiblemente más de 400, se encuentran en Azerbaiyán. Los volcanes de lodo se dan allí donde el agua del subsuelo que está hasta a 100 °C se mezcla con depósitos minerales, ascendiendo después la mezcla a la superficie por fisuras y formando un pequeño cono, que no suele superar los 4 m de altura. Algunos volcanes de lodo emiten también metano, como fue el caso de las espectaculares erupciones en llamas del cono de lodo Lok-Batan, tanto en 1977 como en 2001.

Tierras Altas de Arabia

Ubicación Yemen y suroeste de Arabia Saudí, en el suroeste de Asia

Con sus 3666 m de altura, el pico rocoso de Jabal an-Nabi Shu'ayb, al sur de esta cordillera, es el punto más alto de la península de Arabia. Al oeste, paralelo al mar Rojo, y hasta la Meca (al norte), se alza una escarpadura junto a la llanura costera de Tihama. Al este, una meseta elevada se inclina hacia el interior del desierto de Arabia Saudí. Por contraste, esta zona contiene terrazas de cultivo de altura, bosques caducifolios húmedos y arroyos de montaña.

Trampas del Decán

Ubicación principalmente en las provincias de Maharastra, Gujarat y Madhya Pradesh (India)

Las trampas del Decán son uno de los mayores accidentes volcánicos de la Tierra, un área vasta de capas escalonadas de basalto solidificado que fluyeron hace unos 65 m.a. En algunos lugares, el grosor del basalto supera los 2000 m y cubre 500 000 km². Según una de las teorías propuestas, las erupciones fueron causadas por el punto caliente de Reunión, penacho del manto que antes estuvo bajo el sur de Asia.

Sigiriya

Ubicación provincia Central (Sri Lanka)

Las laderas casi verticales del Sigiriya, o Roca del León, se alzan abruptamente 180 m sobre el bosque circundante, con las ruinas de un antiguo palacio real sobre su cima aplanada. Este peñasco es el tapón de magma solidificado de un volcán cuyo cono desapareció por la erosión hace mucho tiempo. Al enfriarse el magma en la chimenea, los minerales cristalizaron a distinta velocidad, por lo que la composición del Sigiriya cambia con la altura.

Seongsan Ilchulbong

Ubicación junto a la costa este de Jeju (Corea del Sur)

Este lugar, Patrimonio de la Humanidad, es un cono de toba volcánica –hecho de roca volcánica compactada– que surge del mar junto a la costa de Corea del Sur. Las laderas de la antigua torre volcánica se alzan 180 m sobre el agua. Seongsan Ilchulbong se formó tras una erupción volcánica en el lecho marino hace unos 5000 años. Lo remata un reborde en la cima que encierra un cráter de 90 m de profundidad y 450 m de anchura.

▶ CIMA DEL SIGIRIYA

Fuentes termales de Beppu

Ubicación isla de Kyushu (Japón)

En Beppu hay casi 3000 fuentes geotérmicas en ocho grandes grupos, la segunda mayor concentración del mundo.

Las fuentes suministran agua a temperaturas hasta los 99 °C a los *onsen* (baños termales naturales). Su agua es de colores diversos, según la composición mineral. La del Umi-Jigoku es azul cobalto; la del Chinoike-Jigoku, rojo sangre. La fuente de calor de la actividad geotérmica es el cercano domo de lava de Tsurumi.

Monte Unzen

Ubicación isla de Kyushu (Japón)

Este complejo de volcanes causó el mayor desastre volcánico de Japón en 1792, cuando el colapso de uno de los domos de lava provocó un enorme tsunami que mató a unas 15 000 personas. El periodo de actividad más reciente fue 1990–1996, cuando una erupción generó un flujo piroclástico (una efusión rápida de gas caliente y lava) que mató a 43 personas, entre ellas, tres vulcanólogos. El más alto de los picos del Unzen es el Heisei-shinzan, de 1486 m.

Sakurajima

Ubicación isla de Kyushu (Japón)

Hasta 1914, este estratovolcán fue una isla, pero los flujos de lava masivos de la erupción de aquel año llenaron el estrecho entre la isla y tierra firme. El Sakurajima es uno de los volcanes más activos

▲ COLUMNAS DE ARENISCA EN LOS MONTES TIANZI

de Japón, y entra en erupción casi a diario, enviando regularmente ceniza a 5000 m de altura. Su cima tiene tres picos, pero, desde 2006, la actividad se ha centrado en el cráter de Showa, al este de la cima Minami-dake.

Montes Tianzi

Ubicación provincia de Hunan (China)

La Reserva Natural de los Montes Tianzi es parte de la espectacular

región de interés panorámico de Wulingyuan, cuyo principal reclamo son sus más de 3000 columnas de arenisca de cuarcita, muchas de ellas con más de 200 m de altura. También contiene barrancos, torrentes y cascadas. La zona está cubierta de bosque denso, a menudo envuelto en niebla. Las columnas son el resultado de la erosión causada por el agua en las capas verticales de arenisca, de unos 380 m.a. de antigüedad.

Meseta del Tíbet

Ubicación principalmente en China (Tíbet), y también en India y Asia central y oriental

La meseta más alta y extensa del mundo es una región vasta, de unas cinco veces la superficie de Francia, y con una altura media de 4500 m sobre el nivel del mar. Limita al sur con el Himalaya, al norte con las montañas Kunlun, y al noreste con las Qilian. Contiene decenas de

▲ ERUPCIÓN VIOLENTA EN EL CRÁTER SHOWA DEL SAKURAJIMA

miles de glaciares, y aquí nacen varios grandes ríos, entre ellos, el Indo y el Brahmaputra.

Fuentes termales y terrazas de Baishuitai

Ubicación provincia de Yunnan (China)

Llamado también terrazas del Agua Blanca, Baishuitai se encuentra en las tierras altas de Yunnan, en las estribaciones de la montaña Nevada de Haba. Contiene algunas de las terrazas de travertino (un tipo de carbonato cálcico) más hermosas del mundo. El agua de las fuentes termales cae por cientos de terrazas y escalones semicirculares y blancos que cubren un área de 140 m de largo y 160 m de ancho. Las altas concentraciones de carbonato cálcico en el agua se precipitan al perder temperatura, depositando el travertino. Las terrazas son un lugar sagrado para la cultura dongba.

Huang Shan

Ubicación provincia de Anhui (China)

Celebrados durante siglos en el arte y la literatura por su belleza (como en la pintura

shan shui, o «de montaña y agua»), Huang Shan (o montaña Amarilla) alberga pinos de formas extrañas, picos y muros de granito, cascadas, lagos y bosques, a veces cubiertos de neblina. Hay 77 picos superiores a los 1000 m, y el Lian Hua Feng alcanza los 1864 m. Muchos pinos crecen en fisuras de las paredes de roca, y hay 19 especies endémicas de plantas. Los montes fueron declarados Patrimonio de la Humanidad por la Unesco en 1990.

Volcán Mayon

Ubicación en el sur de la isla de Luzón (Filipinas)

Mayon es el volcán más activo de Filipinas, y ha entrado en erupción como mínimo 49 veces en los últimos 400 años. Se alza 2462 m sobre el golfo de Abay, y se considera uno de los estratovolcanes más simétricos del mundo. La erupción más violenta del Mayon, en 1814, causó más de 1200 víctimas humanas y acabó devastando varias poblaciones. Después de otra erupción en 2006, las lluvias causadas por un tifón desencadenaron avalanchas de ceniza recién depositada que causaron al menos mil muertos.

▲ EL VOLCÁN TAAL, CON EL LAGO TAAL EN SU CALDERA

Lago Toba

Ubicación norte de Sumatra (Indonesia)

Este es el mayor lago volcánico del mundo, y el lugar de la mayor erupción conocida de los últimos 25 m.a. Esta se produjo hace unos 75 000 años, y cubrió partes de Sumatra con 600 m de cenizas. El colapso del volcán tras la erupción formó una caldera enorme, que después se llenó de agua. El lago mide hoy 100 km por 30 km, y tiene una profundidad de 505 m.

Kelimutu

Ubicación isla de Flores (Indonesia)

Este volcán complejo tiene tres lagos en su cráter, cuyas aguas son de colores distintos pese a estar en la cima del mismo volcán. Esto se debe a sus diferentes óxidos y sales. Las de Tiwu Ata Mbupu suele ser azules, mientras que las de Tiwu Ata Polo y Tiwu Nua Muri Kooh Tai, en el mismo recinto del cráter, suelen ser rojas y verdes, respectivamente. Los lagos, alimentados por fumarolas bajo el agua, cambian de color periódicamente.

Otras montañas y volcanes en Asia

- Macizo de Altái » p. 224
- Montañas del Cáucaso » p. 221
- Himalaya » pp. 222-223
- Cordillera del Karakórum » p. 225
- Kliuchevskói » p. 229
- Monte Everest » pp. 226-227
- Monte Fuji » p. 229
- Pinatubo » p. 231
- Aguas termales de Pamukkale » p. 220
- Montañas Tian Shan » p. 224
- Complejo volcánico del macizo del Tengger » p. 230
- Montes Zagros » p. 220
- Zhangye Danxia » p. 228

Volcán Taal

Ubicación oeste de la isla de Luzón (Filipinas)

Del Taal, el segundo volcán más antiguo de Filipinas tras el Mayon (p. 355), constan 33 erupciones desde 1572, especialmente violentas en 1754 y 1911. Las últimas erupciones se han centrado en la isla del volcán, en el centro del lago Taal. Dicho lago llena gran parte de una enorme y antigua caldera. El Taal forma parte de una cadena de volcanes debida a la subducción de la placa euroasiática bajo las Filipinas.

Monte Merapi

Ubicación isla de Java (Indonesia)

Este estratovolcán es el más energético de los 129 volcanes activos de Indonesia, y forma parte del Cinturón de Fuego del Pacífico. Ha entrado en erupción regularmente durante los últimos 500 años, y ha causado muchas muertes. El Merapi mide 2968 m, varios metros menos que antes de la erupción de 2010, que causó más de 300 muertes entre los habitantes de las laderas. El volcán se encuentra sobre una zona de subducción de la placa indoaustraliana bajo la de la Sonda.

Tambora

Ubicación isla de Sumbawa (Indonesia)

La erupción del Tambora en 1815 fue la mayor registrada en la historia por el número de víctimas mortales, unas 12 000 personas. Lanzó nubes enormes de ceniza y pumita a la atmósfera, tapó la luz solar e hizo descender las temperaturas del globo, dando lugar al llamado «año sin verano» de 1816. En dicha erupción, Tambora perdió 1500 m de su altura anterior, formándose entonces la actual caldera gigante, de 6 km de diámetro y 1100 m de profundidad. Al nivel del mar, el Tambora mide 60 km de diámetro.

Australia y Nueva Zelanda

Caldera de Rabaul

Ubicación extremo oriental de la isla de Nueva Bretaña (Papúa Nueva Guinea)

La caldera de Rabaul se formó hace unos 1400 años. Posteriormente, una gran fractura en la ladera oriental inundó la mayor parte de la caldera, que se convirtió en la bahía de Blanche, una resguardada ensenada del mar de Bismarck. Justo fuera del borde de la caldera hay tres volcanes, y, en 1994, tras un largo periodo de inactividad, dos de ellos –el Tavurvur y el Vulcan– entraron violentamente en erupción, destruyendo gran parte de la ciudad de Rabaul, que se había desarrollado como puerto dentro de la caldera. La chimenea más activa sigue siendo la de Tavurvur, que emite ceniza continuamente.

Bungle Bungles

Ubicación noreste de Australia Occidental (Australia)

Las torres estriadas en forma de colmena de la pequeña cordillera Bungle Bungle forman el paisaje cárstico de arenisca más impresionante del mundo. Depositada hace 360 m.a. y alzada posteriormente, la arenisca fue desgastada por el efecto combinado de lluvias fuertes, meteorización y erosión eólica, que abrieron barrancos y gargantas, como el desfiladero de la Catedral. Las capas de arenisca anaranjada contienen compuestos ferrosos oxidados, y no retienen agua. Las capas grises, que contienen más arcilla, retienen la humedad, lo cual posibilita la presencia de cianobacterias que protegen la superficie de la arenisca.

▼ ARENISCA ESTRIADA
EN LOS BUNGLE BUNGLES

▲ CRÁTERES CON LAGOS EN RUAPEHU

Kata Tjuta

Ubicación en el sur del Territorio del Norte (Australia)

Visible a gran distancia, este grupo de 36 formaciones rocosas redondeadas domina el paisaje de los alrededores. Se trata de un conglomerado de bolos de roca en una matriz de arenisca, cuyo tinte naranja rojizo se debe a un fino recubrimiento de óxido de hierro. La mayor cima es el monte Olga, que se eleva 546 m sobre la llanura.

Waimangu

Ubicación Isla Norte (Nueva Zelanda)

En junio de 1886, la mayor erupción de Nueva Zelanda en 700 años formó el valle de Waimangu, un punto caliente de actividad hidrotermal desde entonces y con varias formaciones impresionantes. El lago ácido Frying Pan es la mayor fuente termal de la Tierra; el cercano lago Inferno Crater contiene el mayor géiser del mundo, que no se ve, ya que el chorro surge del fondo del profundo lago.

Ruapehu

Ubicación Isla Norte (Nueva Zelanda)

Ruapehu es el mayor volcán antiguo de Nueva Zelanda, así como la montaña más alta de la Isla Norte, y tiene un cráter rodeado de tres picos en el que, entre erupciones, se forma un lago. Una constante de sus erupciones ha sido la rotura de la presa del lago, que ha provocado destructivos lahares (flujos de lodo, agua y sedimentos volcánicos). En 1953, un lahar mató a 151 personas. La última gran erupción fue en 1995, pero ha habido otras menores desde entonces.

Otras montañas y volcanes en Australia y Nueva Zelanda

- Gran Cordillera Divisoria » p. 274
- Hyden Rock » p. 278
- Rotorua » pp. 276-277
- Alpes Neozelandeses » p. 279
- Parque volcánico de Tongariro » p. 275

GLACIARES E INLANDSIS

La mayor parte del hielo glacial de la Tierra se concentra en la Antártida y Groenlandia, pero hay glaciares en todas las grandes masas terrestres, salvo en Australia. La mayoría está en los polos o en zonas montañosas donde el clima es lo bastante frío (al menos durante parte del año) como para que la nieve acumulada se consolide en forma de hielo. La cantidad de nieve que recibe un glaciar es crucial para su existencia: en algunas regiones con temperaturas invernales propicias, pero con bajas precipitaciones, como Siberia, no se acumula hielo suficiente para que se formen glaciares.

Europa

Glaciar de Kongsvegen

Ubicación archipiélago Svalbard, al oeste de Spitsbergen (Noruega)

Kongsvegen es uno de los más de 1500 glaciares de Spitsbergen, y comparte su término en el fiordo de Is con otro glaciar, el de Krone. De ambos se desprenden bloques de hielo que caen al mar. El término de Kongsvegen está retrocediendo lentamente, pero es un glaciar galopante, es decir, que, de forma periódica, avanza rápidamente. Es un glaciar politérmico, menos frío en la base que en la superficie.

Glaciar del Ródano

Ubicación Alpes Berneses (Suiza)

Por debajo del pico gigante del Finsteraarhorn (4274 m), en la cabecera de un impresionante valle en forma de U que está orientado de noreste a sureste, este glaciar es la fuente del río Ródano (p. 372), y uno de los principales afluentes del lago Lemán. Mide aproximadamente 8 km de largo, aunque su morro ha retrocedido 1 km desde 1880. Cada verano, algunas partes del hielo son cubiertas con mantas blancas para intentar reducir su fusión.

Glaciar Pasterze

Ubicación Alpes orientales (Austria)

Con más de 8 km desde la cabecera al término, el Pasterze es el glaciar más largo de los Alpes orientales. Se encuentra también en uno de sus entornos más imponentes, por debajo del Grossglockner, el monte más alto de Austria, con 3798 m de altura. La cabecera está en el Johannisberg (3453 m), y en su término nace el río Moll. En la actualidad, el glaciar Pasterze retrocede 10 m al año, y su volumen es la mitad del que se midió a mediados del siglo XIX.

Otros glaciares e inlandsis en Europa
- **Glaciar Aletsch** » p. 151
- **Campo de hielo Jostedal** » p. 149
- **Mer de Glace** » p. 150
- **Glaciar Mónaco** » p. 148
- **Vatnajökull** » pp. 146-147

▲ CUEVA DE HIELO Y AGUA DE DESHIELO BAJO EL GLACIAR PASTERZE

▲ PICOS CUBIERTOS DE HIELO CERCA DEL GLACIAR SIACHEN

África

Casquete glaciar del Kilimanjaro

Ubicación extremo sur de la rama oriental del Gran Valle del Rift africano (noreste de Tanzania)

Pese a encontrarse casi en el ecuador, las bajas temperaturas en la cima del Kilimanjaro (5895 m) garantizan la acumulación de nieve, y en el pasado reciente se ha formado hielo glaciar. El cambio climático global redujo el área de hielo permanente en un 85 % entre 1912 y 2011. El campo de hielo del norte, en la cima, es la mayor de estas áreas, pero, tras haber perdido el 29 % de superficie desde 2000, ahora queda solo 1 km².

Asia

Glaciar Inylchek

Ubicación montañas Tian Shan de Kirguistán, Kazajistán y China (Asia central)

El sexto mayor glaciar no polar del mundo, el Inylchek tiene dos ramas, norte y sur. La fuente del glaciar es la ladera occidental del macizo de Khan Tengri, parte de las montañas Tian Shan. El Jengish Chokusu, o Pobieda, el pico más alto de Tian Shan con 7439 m de altura, domina la rama sur de este glaciar, que mide 60 km de largo, cubre un área de 17 km² y tiene un grosor de hasta 200 m. El Inylchek es el glaciar más largo y rápido de Tian Shan, y alimenta el lago estacional de Merzbacher (así nombrado en honor al explorador austriaco Gottfried Merzbacher, que descubrió la rama inferior en 1903). El lago drena anualmente al río Inylchek cuando se funde su presa de hielo.

Glaciar Siachen

Ubicación cordillera del Karakórum del estado de Jammu y Cachemira (India)

Este glaciar, situado entre la cordillera principal del Karakórum y las montañas de Saltoro, cae desde los 5753 m hasta los 3620 m a lo largo de sus 76 km de longitud. Es el segundo glaciar no polar más largo, y cubre un área de 700 km² (incluyendo sus glaciares afluentes), pero está retrocediendo rápidamente. Lo alimentan precipitaciones anuales de nieve de hasta 10 000 mm y avalanchas, en un medio en

Doda (o Stod), y es por tanto importante para la irrigación de los campos fértiles ubicados al pie de la ladera.

Glaciar de Rongbuk

Ubicación sur del Tíbet (China)

Dos glaciares afluentes (Rongbuk Oriental y Rongbuk Occidental) convergen en un solo curso de 22 km, constituyendo un buen ejemplo de los glaciares que, desde el Everest, fluyen hacia el norte sobre la meseta del Tíbet. Los alpinistas utilizan la impresionante morrena medial del Rongbuk Oriental como vía de acceso al collado norte del Everest, y es por este motivo que también la llaman «autopista mágica». A ambos lados de la morrena, el hielo está fracturado en campos de séracs (pináculos de hielo altos y serrados), algunos de hasta 30 m de altura, con puentes de hielo y pilares que acentúan la impresión caótica.

> **Otros glaciares e inlandsis en Asia**
>
> ● **Glaciar Baltoro** » p. 233
> ● **Glaciar Biafo** » p. 234
> ● **Glaciar Fedchenko** » p. 232
> ● **Glaciar de Khumbu** » p. 235
> ● **Glaciar Yulong** » p. 232

Australia y Nueva Zelanda

Glaciar Fox

Ubicación Alpes Neozelandeses, en la Isla Sur (Nueva Zelanda)

Alimentado por cuatro glaciares alpinos, este glaciar marítimo muy agrietado desciende bruscamente 2600 m a lo largo de su curso de 13 km desde el monte Tasman hasta la costa de la Isla Sur de Nueva Zelanda. Desemboca a 300 m de altura sobre el nivel del mar en el río Fox, y es uno de los pocos glaciares con término en una pluvisilva templada densa. La historia reciente de avances y retrocesos de este glaciar es fascinante. Durante la última glaciación se extendía más allá de la costa actual, época desde la que ha menguado mucho. Entre 1985 y 2009 volvió a avanzar, rápidamente en ocasiones, pero está en retirada desde entonces.

> **Otros glaciares e inlandsis en Australia y Nueva Zelanda**
>
> ● **Glaciar Franz Josef** » p. 280
> ● **Glaciar Tasman** » p. 281

▼ CREVASSES EN EL GLACIAR FOX

el que las temperaturas pueden desplomarse hasta los −50 °C.

3 m al año. Se cree que el interior del glaciar se está ahuecando.

Glaciar Kolahoi

Ubicación estado de Jammu y Cachemira (India)

Bajo la masa de roca piramidal del pico Kolahoi, este glaciar fluye desde un campo de hielo que alimenta otros tres glaciares. El glaciar Kolahoi, del que nace el río Lidar, tiene una elevación media de 4700 m. Entre 1963 y 2005, su superficie se redujo de 14 a 11 km², y sigue retrocediendo

Durung Drung

Ubicación estado de Jammu y Cachemira (India)

Uno de los glaciares más hermosos del Himalaya, el Durung Drung, es una corriente de hielo de meandros suaves que fluye entre las imponentes montañas nevadas de Zanskar. Es un inmenso glaciar de montaña de 23 km de largo, con un grosor medio de 150 m. Abastece al río

RÍOS Y LAGOS

Todos los continentes tienen ríos y lagos de agua dulce, ambos alimentados por aguas subterráneas, glaciares, escorrentías y otros ríos y lagos. Si medimos las cuencas hidrográficas por la cantidad de agua que fluye a través de sus canales, la del Amazonas-Orinoco (América del Sur) es la más grande del mundo. La del Nilo (África) es la más larga, seguida de cerca por la del Amazonas. Por volumen, el lago Baikal (Rusia), que se formó como resultado de la separación de la corteza terrestre, es el más grande del planeta. También se forman lagos en cuencas que carecen de drenaje, en cráteres y tras presas naturales y artificiales.

América del Norte

Gran Lago del Oso

Ubicación Territorios del Noroeste (oeste de Canadá)

El Gran Lago del Oso, con 413 m de profundidad, es el octavo más grande del mundo por superficie. Mediante el Gran río del Oso, al oeste, desagua hasta el poderoso río Mackenzie. Sus aguas son frías, y, como está lejos del océano y próximo al círculo polar ártico, permanece congelado de noviembre a julio. Es la mayor masa de agua interior a latitudes tan elevadas. Durante el último periodo glaciar, hace unos 10 000 años, formó parte del lago McConnell, un lago glacial aún más grande.

Spotted Lake

Ubicación Columbia Británica (oeste de Canadá)

El Spotted Lake (o lago Manchado) es una cuenca alcalina salada, cuyas aguas están entre las más ricas en minerales (y más coloridas) de la Tierra, con concentraciones elevadas de sulfato de magnesio, calcio y sulfato de sodio, además de plata y titanio (en cantidades menores). En verano, el agua del lago se evapora y solo quedan unas 300 lagunas pequeñas, todas de distinto color, según el mineral que se concentre en ellas: una combinación de azules, verdes, amarillos y naranjas. El lago es un centro de sanación tradicional para las Naciones Originarias de Okanagan (que lo llamaban Kliluk), que usan su barro para tratar dolencias y problemas de salud. También es conocido como lago de Okanagan.

▲ LLAMATIVOS DEPÓSITOS MINERALES EN SPOTTED LAKE (O LAGO MANCHADO)

Río Columbia

Ubicación desde Columbia Británica hasta Oregón (oeste de América del Norte)

El Columbia es el más caudaloso de los ríos americanos que desembocan en el Pacífico. Nace en las Montañas Rocosas de Columbia Británica, y recorre 2000 km por una cuenca de drenaje del tamaño de Francia antes de entrar en el Pacífico, entre Oregón y Washington. El elevado gradiente y su caudal hacen de este un río ideal para la generación de energía (en su cuenca se genera casi la mitad de la energía hidroeléctrica de EE UU).

Lago Manicouagan

Ubicación provincia de Quebec (este de Canadá)

Este lago de cráter con forma de anillo recibe el apodo de «Ojo de Canadá», por la forma circular con la que aparece en los mapas. Se formó hace unos 214 m.a., tras el impacto de un meteorito de unos 5 km de diámetro. El cráter original medía unos 100 km de diámetro, pero el del lago es ahora de 72 km. El monte Babel, en la isla del centro del lago, marca el pico central del cráter, que se formó cuando la corteza terrestre rebotó tras el impacto original. El lago desagua en el río Manicouagan, hacia el sur.

Lago Seneca

Ubicación estado de Nueva York (este de EE UU)

Es el mayor de los 11 lagos Finger («lagos Dedos») del estado de Nueva

▼ COLUMNAS DE TOBA EN EL LAGO MONO

York, y tiene la reputación de ser un lugar excelente para pescar truchas. Estos alargados lagos están en valles que van de norte a sur, erosionados primero por ríos y luego ahondados significativamente por glaciares que fluían hacia el sur hace unos 2 m.a. El lago Seneca alcanza una profundidad máxima de 188 m. Está alimentado por grandes arroyos subterráneos, cuyas corrientes lo mantienen sin hielo en la mayor parte de su superficie.

Río Hudson

Ubicación desde las montañas Adirondack hasta el estado de Nueva York (este de EE UU)

Sus 507 km de longitud no hacen del Hudson un río especialmente largo, pero sí que presenta grandes contrastes: brota en las apenas pobladas montañas Adirondack y fluye hacia el sur hasta desembocar en el puerto de Nueva York. Un aumento del nivel del mar tras el último periodo glacial «inundó»

el curso inferior, por lo que casi la mitad del curso del Hudson tiene mareas. Cuando el nivel del mar era menor, su estuario estaba a 320 km al sur de la ciudad de Nueva York, al borde de la plataforma continental.

Lago Mono

Ubicación California (oeste de EE UU)

El lago Mono es una somera masa de agua salada sin drenaje, en una cuenca justo al este de Sierra Nevada. Se estima que la cuenca tiene entre 3 y 4 m.a. de antigüedad, y se sabe que el lago ha existido durante unos 750 000 años. Aunque actualmente apenas supera los 50 m de profundidad, en el pasado fue mucho más profundo. A lo largo de partes de su orilla próximas a arroyos subterráneos se han formado torres de toba calcárea (una roca caliza). El agua salada del lago sustenta a una gran población de artemias que, a su

vez, son un alimento excelente para hasta 2 millones de aves acuáticas.

Río Bravo

Ubicación suroeste de EE UU y frontera de EE UU con México

Este río forma gran parte de la frontera entre México y EE UU (donde se llama río Grande). Cerca de su fuente, en las montañas de San Juan (Colorado), fluye como un arroyo alimentado por la nieve antes de cruzar por un conjunto de cañones profundos cerca de Big Bend (Texas) y de serpentear lentamente por los meandros de una amplia llanura de inundación antes de llegar al golfo de México. Con sus 3100 km de longitud, este río es el 20.° más largo de la Tierra, y su cuenca de drenaje es enorme, pero la gran extracción de agua para fines agrícolas, industriales y domésticos hace que solo el 20 % de su cauce natural llegue al océano. El río no es profundo en ningún tramo de su curso y solo es navegable para barcos pequeños.

Río Arkansas

Ubicación desde Colorado hasta Arkansas (sur de EE UU)

Es el segundo mayor afluente del sistema Misisipi-Misuri, brota en las Montañas Rocosas y su cabecera desciende 1400 m en 193 km por múltiples sistemas de rápidos. Cuando abandona las montañas, se le unen múltiples afluentes y se ensancha significativamente antes de unirse al Misisipi cerca de Napolean (Arkansas), a 2364 km de su fuente. La extracción de agua ha reducido de manera importante su caudal, pero aún es una vía fluvial importante para el transporte en barcazas en el este de Oklahoma y en Arkansas.

Río Rojo del Sur

Ubicación desde Colorado y Texas hasta Luisiana (sur de EE UU)

Además de ser uno de los ríos más largos de América del Norte, lo que distingue a este río es que la Prairie Dog Town Fork, una de las dos grandes bifurcaciones que forman su cabecera, discurre por el cañón de Palo Duro (norte de Texas), el segundo mayor cañón de EE UU. La mitad del curso del río, de 2190 km de longitud total, forma la frontera entre Texas y Oklahoma. En el pasado desaguaba en el río Misisipi, pero ahora confluye con el Atchafalaya. La mayor parte de su tráfico se concentra en Luisiana.

Cueva Colosal

Ubicación Apalaches, en el centro de Kentucky (este de EE UU)

La cueva Colosal (Mammoth Cave) es el sistema de cuevas conocido desde hace más tiempo, y consiste en 652 km de túneles, fosas y grutas subterráneas de caliza de más de 320 m.a. de antigüedad. Aunque la caliza está cubierta por un resistente casquete de arenisca, en los puntos en los que el agua lo ha erosionado se han formado sumideros y el agua fluye por el subsuelo, donde disuelve la caliza y crea estalactitas, estalagmitas y una espectacular acumulación de carbonato de calcio que recibe el nombre de Frozen Niagara («Niágara Congelado»), por su aspecto de cascada.

Gran Pantano Triste

Ubicación Virginia y Carolina del Norte (este de EE UU)

A pesar de lo descorazonador de su nombre, el Gran Pantano Triste (en inglés, Great Dismal Swamp) es un bello complejo de hábitats de humedal. El lago Drummond está en el centro de esta región boscosa apenas drenada y que conforma una de las áreas pantanosas más grandes de EE UU, con sus más de 450 km². Este pantano recibe aguas subterráneas procedentes de terrenos más elevados al oeste, aguas que quedan retenidas cerca de la superficie por la capa de arcilla impermeable que tienen debajo. En invierno y en primavera, el nivel freático asciende, y el pantano se inunda; en verano, casi toda el agua se evapora. Presenta una gran biodiversidad, con falsos cipreses blancos y calvos, arces, tupelos y muchas otras especies de árboles, una gran variedad de aves y reptiles y poblaciones de osos negros y linces.

▼ LA CABECERA DEL RÍO ARKANSAS

Ox Bel Ha

Ubicación Quintana Roo (sur de México)

Ox Bel Ha, que significa «tres cursos de agua» en lengua maya, es la red de cuevas submarinas más larga que se conoce en todo el mundo: son 270 km de túneles cerca y por debajo de la costa oriental de la península de Yucatán. Las cuevas se formaron cuando el agua disolvió la piedra caliza, y, luego, cuando el nivel del mar subió, se inundaron tanto con agua salada procedente del mar Caribe como con agua subterránea dulce. El agua dulce, más ligera, fluye sobre la capa de agua salada, cuasi estática. Se accede a las cuevas a través de varios sumideros.

Sistema Huautla

Ubicación Oaxaca (sur de México)

Las antiguas tierras altas de caliza de la sierra Mazateca contienen algunas de las cuevas más bellas del mundo. El Sistema Huautla de cavernas se descubrió en 1965 y, al parecer, es el más profundo del continente americano: se extiende

hasta 1545 m bajo la superficie, y los exploradores han de bucear en largos tramos sumergidos para llegar al punto más profundo del sistema, de 64 km de longitud total. Los investigadores tiñeron el agua del sistema y descubrieron que desagua en el cañón de Santo Domingo, a un nivel mucho más bajo, lo que indica que aún quedan pasajes por descubrir. A medida que ha ido ganando en profundidad, el cañón ha provocado cambios en todo el sistema de cuevas y ha formado nuevos cursos para los arroyos bajo túneles que ahora han quedado vacíos.

Sac Actun

Ubicación Quintana Roo (sur de México)

En lengua maya, Sac Actun significa «cueva blanca». Con un total de 331 km de longitud explorados, se trata del sistema de cuevas más largo de México y el segundo más largo de la Tierra. Aunque la parte superior de este sistema costero está por encima del agua, en su mayor parte está sumergido en una mezcla de agua dulce procedente de tierra firme y de agua salada del mar Caribe. Se puede acceder a las cuevas por alguno de los aproximadamente 170 sumideros. Todavía quedan por explorar varias fosas profundas e inundadas, lo que indica que también hay túneles por descubrir.

Otros ríos y lagos en América del Norte

- Lago Abraham » p. 49
- Cavernas de Carlsbad » p. 58
- Everglades » pp. 60-61
- Gran Cañón » pp. 54-57
- Grandes Lagos » pp. 50-51
- Misisipi-Misuri » p. 53
- Cataratas del Niágara » p. 52
- Pantano Okefenokee » p. 59
- Yukón » p. 48

▶ ESTALACTITAS Y ESTALAGMITAS DE LA CÁMARA DRAPERY (O DE LAS CORTINAS), EN LA CUEVA COLOSAL

América Central y del Sur

Cuevas de Windsor

Ubicación Jamaica, en el mar Caribe

Se trata de algunas de las cavernas subterráneas más grandes de las boscosas colinas de caliza de Cockpit Country (Jamaica). «Cockpit» alude a las depresiones abruptas de hasta 100 m de profundidad que dominan su paisaje. El agua de lluvia y las aguas subterráneas han meteorizado y erosionado gruesas capas de la White Limestone Formation (formación de caliza blanca) y han dado lugar a cuevas subterráneas y otros rasgos cársticos. El conjunto, también llamado Gran Cueva de Windsor, tiene 3 km de longitud y cuenta con un río subterráneo, estalactitas, estalagmitas y techos festoneados. También contiene vestigios de un antiguo sistema de drenaje, ahora prácticamente obstruido por varios depósitos de calcita, y alberga el mayor nido de murciélagos de la isla.

▼ LA GRAN CAÍDA DE LAS CATARATAS DE KAIETEUR

Lago Nicaragua

Ubicación costa pacífica de Nicaragua

Tanto este gigantesco lago de agua dulce como su vecino lago Managua se formaron en el fondo de un graben (una sección de la corteza terrestre que descansa, hundida, entre dos fallas). El lago Nicaragua (o Cocibolca) es el más grande de América Central, con 177 km de longitud y 58 km de anchura. Aunque entre el Nicaragua y el océano Pacífico solo hay una estrecha franja de tierra, el río San Juan drena las aguas de este lago en el mucho más lejano mar Caribe.

Orinoco

Ubicación desde el macizo de las Guayanas hasta el océano Atlántico (Venezuela y Colombia)

El Orinoco es uno de los cuatro grandes ríos de América del Sur, junto al Amazonas, el Paraná y el Tocantins. Nace en el boscoso macizo de las Guayanas, que atraviesa trazando un gran arco antes de atravesar los Llanos, los cuales inunda estacionalmente. En su tramo final, se divide en múltiples distributarios y forma un gran delta, por el que llega al océano Atlántico, a 2740 km de su fuente. La cuenca del Orinoco abarca el 80 % de Venezuela y el 25 % de Colombia. El caudal del río varía radicalmente: por ejemplo, en Ciudad Bolívar, la profundidad fluctúa entre los 15 m y los 50 m, dependiendo de la estación del año.

Cataratas de Kaieteur

Ubicación escudo Mazaruni-Potaro (Guyana)

Las cataratas de Kaieteur son unas de las mayores de salto único del mundo, gracias a una combinación de altura, anchura y caudal de agua. En la prístina pluvisilva del macizo

▲ LAS AGUAS TURQUESAS DE LA LAGUNA 69

de las Guayanas, el río Potaro cae 226 m en vertical por un saliente de conglomerado sobre un precipicio de caliza. Las salpicaduras de agua desde el fondo van erosionando la caliza, menos resistente, y crean un voladizo. A continuación, el río sigue descendiendo en tromba por otra serie de cascadas hasta una garganta de 32 km de longitud. Aunque hay muchas cataratas más altas, las de Kaieteur son extraordinarias por su caudal, de un promedio de unos 663 m³ por segundo.

Laguna 69

Ubicación Parque Nacional Huascarán, departamento de Ancash (centro oeste de Perú)

Es probable que la laguna 69 sea la más bella de los más de 400 lagos que contiene el Parque Nacional Huascarán y que compense con su entorno lo que le falta en tamaño. Debe el color turquesa de sus aguas al fino sedimento que los glaciares han erosionado y transportado. Se encuentra rodeada de montañas nevadas a 4600 m de altitud. En verano, el lago se vuelve a llenar con el agua de una cascada que desciende por la ladera del Chakraraju. En invierno, se congela. La mayoría de los lagos del parque nacional no tenía nombres tradicionales, de ahí la nomenclatura numérica.

Cataratas las Tres Hermanas

Ubicación Parque Nacional Otishi, departamento de Junín (centro de Perú)

Estas cataratas son el tercer salto de agua más alto del mundo, después del Salto Ángel (Venezuela) y del salto del Tugela (Sudáfrica), con una caída total de 915 m. Las Tres Hermanas llevan a un río andino sin nombre a una caída de tres escalones sobre una pluvisilva virgen. El agua cae por los dos primeros escalones sobre una gran poza natural, antes de que el último salto vierta el agua en el río Cutivireni.

Río Cotahuasi

Ubicación departamento de Arequipa, entre el Altiplano y el río Ocoña (suroeste de Perú)

La fuente del Cotahuasi, uno de los que posee las mejores aguas bravas del mundo para la práctica del kayak, se halla en el Altiplano. Desciende a gran velocidad por cascadas y rápidos por el cañón de Cotahuasi (de los más profundos del planeta, con una profundidad máxima de 3501 m) para confluir con el río Marán y formar el Ocoña, el más grande de Perú, y desembocar en el Pacífico. El Cotahuasi desciende 3500 m en 240 km.

Río Colca

Ubicación Arequipa, entre el Altiplano andino y el océano Pacífico (suroeste de Perú)

A lo largo de los 450 km que recorre desde su fuente en lo alto de los Andes occidentales hasta la costa pacífica, el río Colca desciende 4500 m, y toma los nombres Majes y Camaná en sus confluencias con otros ríos. Sin embargo, el Colca es conocido porque discurre por el cañón del Colca, uno de los más profundos del mundo. En su punto más profundo, el río está al menos a 3500 m por debajo de los picos elevados a ambos lados. El cañón tiene 120 km de longitud y es célebre entre los practicantes de *rafting* de aguas bravas.

▲ LAS AGUAS RICAS EN ALGAS DE LA LAGUNA COLORADA

Laguna Colorada

Ubicación Altiplano andino
(suroeste de Bolivia)

La laguna Colorada, a 4278 m de altitud en el árido Altiplano de Bolivia, debe su nombre a las grandes concentraciones de algas rojas en sus aguas hipersalinas, sobre las que flotan pequeñas islas de bórax blanco. Este lago endorreico cubre 60 km², pero tiene una profundidad promedio de tan solo 30 cm. Descansa sobre ignimbrita, una roca volcánica, y en sus aguas someras se alimentan grandes bandadas de flamencos de James (en peligro de extinción), así como cantidades menores de flamencos chilenos y andinos.

Río Paraguay

Ubicación desde Brasil, cruza Bolivia, Paraguay y Argentina
(sur de América del Sur)

El quinto río más grande de América del Sur nace en las tierras altas de Mato Grosso (Brasil), y fluye por diversos paisajes durante 2621 km antes de confluir con el río Paraná cerca de Corrientes. Las inundaciones estacionales caracterizan buena parte de su curso. Al norte de Corumbá (Brasil) alcanza su caudal máximo en febrero, pero, hacia el sur, el caudal máximo ocurre en julio. Cuando deja el Mato Grosso, el río discurre hacia el sur por el gran Pantanal antes de dividir Paraguay en dos,

Gruta de Janelão

Ubicación Minas Gerais (este de Brasil)

Este impresionante sistema de cuevas de caliza en el valle del río Peruaçu tiene muchos atractivos, pero se lo conoce sobre todo por sus pinturas rupestres, de más de 4000 años de antigüedad. El Peruaçu discurre por parte del sistema, de 4,7 km de longitud. Algunas de sus espectaculares formaciones son la estalagmita independiente más alta del mundo (mide 28 m desde la base hasta la punta) y una cámara que tiene 100 m de altura interior. En algunos puntos, los sumideros dejan pasar por el techo luz suficiente como para que la vegetación pueda crecer.

Otros ríos y lagos en América Central y del Sur

- **Amazonas** » pp. 106-109
- **Caño Cristales** » p. 105
- **Lago General Carrera** » p. 113
- **Cataratas del Iguazú** » pp. 110-111
- **Los Llanos** » p. 104
- **El Pantanal** » p. 112
- **Lago Titicaca** » p. 105

Europa

Cascada Detti

Ubicación Parque Nacional Vatnajökull (noreste de Islandia)

Se considera que la cascada Detti (Dettifoss, en islandés), alimentada por el agua de deshielo del glaciar Vatnajökull, es la cascada más potente de Europa, con una caída de 44 m y una anchura de 100 m. La alimentan las aguas ricas en sedimentos del río Jökulsá, que fluye desde el Vatnajökull a través de basalto columnar antes de caer en tromba por el precipicio de la cascada. El color del agua varía entre el blanco grisáceo y el blanco parduzco, en función de la carga de sedimento. El caudal promedio es de 175 m³ por segundo.

Cascada Seljalands

Ubicación Región Meridional (Islandia)

Esta cascada lleva el agua del río Seljalands sobre lo que fuera un acantilado marino, de ahí a una poza y, finalmente, hacia la costa. Se puede caminar por detrás de la cascada (algo muy poco habitual), ya que cae desde un voladizo de resistente lava solidificada sobre tillita (un depósito glaciar), menos firme. El río está alimentado por agua de deshielo del Eyjafjallajökull, glaciar que está sobre la caldera del volcán activo Eyjafjalla y que entró en erupción por última vez en 2010.

Cascada Skóga

Ubicación Región Meridional (Islandia)

Esta famosa cascada islandesa es donde el río Skóga cae súbitamente 60 m y produce nubes de rocío (y arcoíris en días soleados). Esta cascada (Skógafoss, en islandés) es la más impresionante de las que caen por los acantilados de basalto ubicados donde estuvo la antigua línea de costa hace unos 3000 años. Este vestigio de lo que fue línea de costa, ahora 5 km tierra adentro, data del último periodo glacial, cuando Islandia quedó bajo el hielo. Luego, la línea de costa cayó a medida que el suelo volvió a quedar emergido tras fundirse el hielo.

▼ EL AGUA CAE EN TROMBA POR LA CASCADA SKÓGA

con una sabana aluvial (el Gran Chaco) al oeste y regiones más húmedas y boscosas al este. El río es navegable en un trecho de su curso proporcionalmente mayor que cualquier otro río del continente, a excepción del Amazonas. En el río Paraguay viven peces como el dorado (parecido al salmón), la piraña y el pacú (semejante a la lubina).

Cascada de Jägala

Ubicación municipio de Jõelähtme
(Estonia)

La mayor cascada de Estonia, sobre
el río Jägala poco antes de que este
llegue al golfo de Finlandia, tiene
8 m de altura y más de 50 m de
anchura. Más abajo, el río pasa por
una pequeña garganta de 300 m de
longitud, donde el lento movimiento
de la cascada río arriba erosiona y
marca el resistente lecho de caliza.

En invierno, la cascada se congela y
forma un túnel entre el agua helada
y la roca detrás de la misma.

Lago Ness

Ubicación depresión del Gran Glen,
en Escocia (norte de Reino Unido)

Con una profundidad máxima de
230 m, el lago Ness es un lago de
agua dulce profundo, estrecho y
de 37 km de longitud a lo largo

de los pies del Gran Glen, un valle
recto creado por la falla del Gran
Glen y horadado por glaciares.
El Gran Glen es una antigua falla
de desgarre, donde la corteza del
norte se desplaza hacia el noreste
en relación con la corteza del sur.
Ahora está prácticamente inactiva.

Lago Derg

Ubicación condados de Clare, Galway
y Tipperary (República de Irlanda)

El río Shannon alimenta y
drena este lago largo y estrecho
(el segundo mayor de la República
de Irlanda). El lago Derg abarca un
área de 130 km^2 y tiene 39 km de
longitud. Aunque la profundidad
media es de tan solo 8 m, el punto
más profundo alcanza los 36 m,
porque los glaciares excavaron
el fondo del valle de Shannon
durante el último periodo glacial.

Río Severn

Ubicación desde los montes Cámbricos
hasta el canal de Bristol (Reino Unido)

Es el río más largo de Reino Unido,
con 354 km de longitud. También
tiene el caudal más grande, con un
promedio de 60 m^3 por segundo,
aunque a veces esta cantidad se
multiplica varias veces. Nace en
las alturas de Plynlimon (Gales), y
desemboca en un estuario mareal
y en el canal de Bristol. Este último
tiene una gran amplitud mareal
y, en las mareas más altas, el agua
en ascenso sube a contracorriente
por el curso del río. Este fenómeno
se conoce como macareo del Severn.

Río Támesis

Ubicación desde los montes Cotswold
hasta el mar del Norte (Reino Unido)

El Támesis es el segundo río
más largo de Reino Unido y,
por lo general, se acepta que
tiene una longitud de 346 km.
Nace en los montes Cotswold,

y fluye aproximadamente hacia el
este, cruza Londres y desemboca
en un amplio estuario en el mar
del Norte. Como se extraen de
él enormes cantidades de agua
para uso doméstico e industrial,
su caudal es significativamente
inferior al del Severn (izda.). Sin
embargo, supone una amenaza
considerable y ha inundado Londres
en numerosas ocasiones, cuando
lluvias abundantes han coincidido
con mareas excepcionalmente altas.
El tramo más bajo del río, de 89 km
de longitud, de Teddington Lock
al mar, es mareal.

▲ AGUA CONGELADA EN LA CASCADA DE JÄGALA

Río Rin

Ubicación desde los Alpes hasta el mar del Norte (Europa central)

Después del Danubio, es el segundo río más largo de Europa central y occidental; nace a gran altitud de dos fuentes, el Rin Anterior (Vorderrhein) y el Rin Posterior (Hinterrhein), en los Alpes suizos; y fluye por 1230 km. Su curso pasa por el lago Constanza (p. 373), el graben (un bloque de corteza que ha descendido entre dos fallas) del Rin Superior, el valle superior del Rin Medio y la llanura del Norte de Alemania antes de llegar a su delta, cerca de Rotterdam. Es una de las vías fluviales de transporte industrial más importantes del mundo.

Río Sena

Ubicación desde Borgoña hasta el canal de la Mancha (norte de Francia)

El Sena, segundo río más largo de Francia, nace en las colinas de caliza de Borgoña, desde donde recorre 777 km hacia el noroeste por el núcleo agrícola de la región Isla de Francia y cruza París hasta llegar al canal de la Mancha, entre El Havre y Honfleur. Soporta la mayor parte del transporte fluvial de Francia, y varios canales lo conectan al Rin (izda.), al Loira (dcha.) y al Ródano (p. 372). El estuario experimenta un macareo (*mascaret*), cuando las mareas más altas empujan agua río arriba.

▲ LA GARGANTA DEL RIN (O RUINAULTA), EN SUIZA, POR DONDE FLUYE EL RIN ANTERIOR

Río Loira

Ubicación desde el Macizo Central hasta el golfo de Vizcaya (Francia)

Este es el río más largo de Francia. Nace de tres fuentes a los pies del monte Gerbier de Jonc (un domo de lava del Macizo Central), y fluye hacia el norte hacia la región Centro-Valle de Loira, donde gira hacia el oeste para desembocar en el golfo de Vizcaya por un estuario mareal. Tiene 1012 km de longitud, y drena más del 20 % de Francia.

▲ ESTALACTITAS DE CALIZA EN LAS CUEVAS DEL VERCORS

al oeste de Marsella. Pasa por grandes valles glaciares hasta el lago Lemán, y entonces se dirige hacia el suroeste, hasta Lyon, donde converge con el Saona, su mayor tributario. El Ródano cambia de dirección hacia el sur, y fluye entre los Alpes y el Macizo Central antes de separarse en varios brazos en su delta, en Arles.

Cuevas del Vercors

Ubicación región Provenza-Alpes-Costa Azul, en el suroeste de los Alpes (sureste de Francia)

El gran macizo de caliza del Vercors comprende varias mesetas elevadas divididas por valles abruptos, como las gargantas de Borne y de Furon. Bajo la superficie hay múltiples sistemas de cuevas que se inundan rápidamente y se vuelven peligrosas cuando la nieve invernal se funde o tras lluvias abundantes. Algunas de las más espectaculares son la gruta de Bournillon, cuya entrada mide 80 m de alto y 30 m de ancho y de la que se dice que es la más grande de Europa. La sala de los Trece, el pasillo principal del sistema Gouffre Berger, tiene estalagmitas gigantescas y estalactitas delicadas. Gouffre Berger fue la primera cueva del mundo que se exploró a una profundidad superior a los 1000 m.

Gruta de Casteret

Ubicación Pirineos aragoneses (España)

El sistema de cuevas de caliza de la gruta de Casteret se halla a una altitud de 2600 m y contiene una enorme cámara subterránea que recibe el nombre de Gran Sala. Mide 70 m de largo y 60 m de ancho, y cuenta con un suelo congelado que cubre 2000 m². Se cree que las capas de hielo más profundas son muy antiguas. También hay unas columnas de hielo espectaculares y una pared de hielo de 20 m de alto. La caverna se descubrió en 1926.

Lascaux

Ubicación departamento de Dordoña (suroeste de Francia)

Las paredes de docenas de cuevas en el valle del río Vézère, que fluye por un paisaje cárstico de caliza, contienen pinturas rupestres. La Unesco ha declarado Patrimonio de la Humanidad las pinturas de las cuevas de Lascaux, entre las que hay una enorme representación de uros (un bovino salvaje extinguido) enfrentados entre ellos. Se cree que las pinturas datan de hace unos 17 000 años. La gruta principal de Lascaux mide 20 m de ancho y 5 m de alto.

Río Ródano

Ubicación desde los Alpes hasta el Mediterráneo (Suiza y sureste de Francia)

Este río nace del agua de deshielo del glaciar Ródano (p. 359), en los Alpes suizos, y recorre 813 km hasta llegar al Mediterráneo,

Lagos de Covadonga

Ubicación Picos de Europa,
en Asturias (España)

El paisaje de caliza permeable
del macizo de los Picos de Europa,
en la cordillera Cantábrica, es
conocido por sus extraordinarios
rasgos cársticos, como gargantas,
cuevas y sumideros, además de
por la práctica ausencia de agua
permanente en superficie. Los
lagos de Covadonga (el Enol
y el Ercina), a más de 1100 m de
altitud, son la excepción, y retienen
el agua gracias a la presencia de
depósitos glaciales impermeables
que la última glaciación dejó atrás.

Río Tajo

Ubicación desde la sierra de Albarracín
hasta Lisboa (España y Portugal)

Con 1007 km de longitud, es el río
más largo de la península Ibérica, y
drena su segunda cuenca de drenaje
más amplia (después de la del Ebro).
Nace en la sierra de Albarracín,
en Teruel (este de España), y fluye
por quebradas y gargantas de caliza
hacia la vasta y árida meseta Central.
Presas construidas en varios puntos
de su curso proporcionan agua
y energía hidroeléctrica antes de
llegar a las tierras bajas de Portugal,
donde desemboca en el océano
Atlántico cerca de Lisboa.

Doñana

Ubicación Andalucía (España)

Esta vasta área prácticamente al
nivel del mar es un parque
nacional con un rico mosaico de
marismas, cañaverales, arroyos
someros, lagunas y dunas de
arena, así como con una variada
fauna, especialmente aves
nidificadoras y migratorias.
Doñana estuvo sumergido bajo
agua dulce y salada, pero ahora se
está secando poco a poco, sobre
todo por la extracción de agua de
su acuífero para uso agrícola. Una
barrera de dunas de arena lo
protege de las inundaciones.

Lago Constanza

Ubicación oeste de Austria,
este de Suiza y sur de Alemania

Esta masa de agua dulce es un
lago glaciar que ocupa la larga
y profunda cuenca que dejó atrás
el glaciar del Rin en su retirada.
La cuenca se llenó de agua, y
ahora tiene 63 km de longitud
y hasta 252 m de profundidad.
El Rin y otros ríos depositan de
forma constante sedimentos en
el lago, lo que amplía su costa
y reduce su profundidad.

▼ AGUAS SOMERAS DEL LAGO CONSTANZA

Río Po

Ubicación desde los Alpes hasta el mar Adriático (norte de Italia)

Con 652 km de longitud, el Po es el río más largo de Italia. Recoge agua de la mayor cuenca de drenaje del país, que incluye su llanura más fértil. Desciende abruptamente desde su fuente en los Alpes Cocios, pero su desnivel es más suave a partir de Turín, en su paso por una amplia llanura. Varios canales lo conectan a Milán, y fluye hacia el este hasta su delta, el más complejo de todos los europeos, con al menos 14 desembocaduras en el Adriático.

Lagos de Plitvice

Ubicación cordillera Velebit (Croacia)

Esta serie escalonada de 16 lagos y de cascadas interconectadas desciende por el río Korana, en medio del paisaje de bosques y caliza de la cordillera Velebit. En 8 km, el río desciende 133 m, y sus aguas contienen elevadas concentraciones de carbonato cálcico, parte del cual se deposita y forma barreras de travertino, que actúan como presas de los lagos. El agua forma cascadas cuando rebasa estas presas, y la más alta, Veliki Slap (Gran Cascada), tiene una caída de 78 m. El río pasa por una garganta, y su valle incluye otras características cársticas, como cuevas y arroyos subterráneos.

▼ CASCADAS Y COLINAS DE CALIZA EN EL PARQUE NACIONAL DE LOS LAGOS DE PLITVICE

Cascada de Bigar

Ubicación montes Anina (suroeste de Rumanía)

En el condado de Caras-Severin se hallan las cascadas más famosas de Rumanía. Aunque no son ni espectacularmente elevadas ni atronadoramente poderosas, su belleza compensa con creces la falta de estatura. La cascada de Bigar es un arroyo que cae a la garganta del río Minis por una roca abovedada de 8 m de altura

que cuelga sobre el río a sus pies. Al fluir sobre la roca cubierta de musgo, se divide en una miríada de diminutos riachuelos y forma una delicada cortina de flecos que caen a la poza que hay debajo.

Optimisticheskaya

Ubicación provincia de Ternópil (oeste de Ucrania)

Con sus 230 km de pasillos, este es el mayor sistema de cuevas de yeso del mundo, además de la cueva más larga de Eurasia. A pesar de ello, consiste en capas de yeso de tan solo 20 m de grosor. El yeso es un sulfato blando más soluble que la caliza; se disuelve rápidamente cuando entra en contacto con agua de lluvia ligeramente ácida y forma accidentes subterráneos parecidos a los de una cueva de caliza. Optimisticheskaya tiene una red extraordinariamente densa y multinivel, que le ha valido el sobrenombre de «cueva del laberinto». Solo es accesible por una entrada que espeleólogos locales excavaron en el suelo de una dolina en 1966.

Mar Negro

Ubicación Bulgaria, Rumanía, Ucrania, Rusia, Georgia y Turquía

Esta masa de agua salina es un mar marginal: está prácticamente rodeado de tierra, pero cubre corteza oceánica que quedó atrapada tras colisiones de placas tectónicas. Al suroeste conecta con el mar Mediterráneo por el estrecho del Bósforo, el mar de Mármara y el estrecho de los Dardanelos. Al norte, conecta con el mar de Azov. Si se excluye este último, el mar Negro tiene una superficie de 436 000 km² y una profundidad máxima de 2200 m. Muchos ríos, como el Danubio y el Dniéper, desembocan en él.

Otros ríos y lagos en Europa

- Marismas de Biebrza » p. 158
- La Camarga » p. 154
- Danubio » pp. 156-157
- Lago Lemán » p. 155
- Hortobágy » p. 158
- Distrito de los Lagos » p. 153
- Lago Ladoga » p. 160
- Cascada de Litlanes » p. 152
- Grutas del karst de Eslovaquia » p. 159
- Gargantas del Verdon » p. 155
- Volga » p. 161

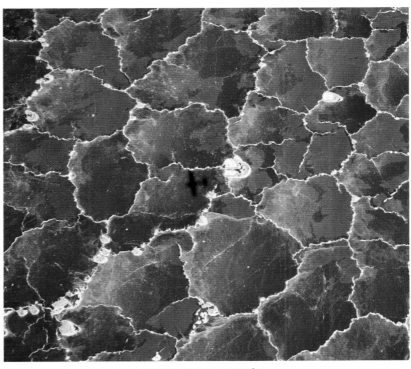

▲ ACUMULACIÓN DE CIANOBACTERIAS EN EL LAGO NATRÓN

África

Lago Chad

Ubicación cuenca del Chad (Nigeria, Níger, Chad y Camerún)

Este lago de agua dulce se halla en la cuenca del Chad, la segunda cuenca de drenaje endorreica más grande del mundo. Entre 1963 y 1998, su superficie se redujo de 26 000 km² a 1350 km², aunque luego volvió a crecer ligeramente. En su mayoría rodeado de marjales, su profundidad media es de tan solo 1,5 m, aunque varía de un año a otro. El lago Chad es alimentado por ríos como el Ngadda y el Komadugu Yobe, y no tiene salida. Es una fuente de agua y peces vital para las comunidades locales.

Lago Nakuru

Ubicación rama oriental del Rift de África Oriental (oeste de Kenia)

Esta masa de agua, uno de los lagos hiperalcalinos al fondo del Rift de África Oriental (la parte africana del Gran Valle del Rift), es famosa por los centenares de miles de flamencos que se alimentan de sus algas. El tamaño del Nakuru fluctúa entre los 5 km² y los 45 km², pero su profundidad máxima es de solo 3 m. Hace unos 10 000 años, el Nakuru y sus lagos vecinos (Elmenteita y Naivasha) formaban un único lago de agua dulce y profunda, que se encogió radicalmente cuando el clima se volvió más seco, dando lugar a tres lagos separados.

Lago Natrón

Ubicación región Arusha (norte de Tanzania)

Varios manantiales termales ricos en minerales y el río Ewaso Ng'iro alimentan el lago Natrón, caracterizado por los depósitos de las evaporitas natrón y trona, por sus aguas de colores llamativos y por las enormes bandadas de flamencos que se alimentan y anidan en sus aguas. La temperatura del agua puede subir hasta los 60 °C, por lo que este lago alcalino y somero, situado a los pies de la rama oriental del Rift de África Oriental, es inhabitable para la mayor parte de los organismos, aunque una gran cantidad de cianobacterias colorean sus aguas de un rojo y un naranja intensos.

Río Zambeze

Ubicación del noroeste de Zambia hasta la costa de Mozambique

Este es el cuarto río más largo de África, después del Nilo, el Congo y el Níger, y fluye a lo largo de 2574 km a través de seis países desde su fuente hasta el océano. Nace en una sabana arbolada de miombo próxima a la divisoria de aguas con la cuenca del Congo, y desagua en el océano Índico, en un gran delta de la costa mozambiqueña. Tras caer por las cascadas Victoria, el río llega a unas presas y forma los lagos Kariba y Cahora Bassa, en Zambia y Mozambique, respectivamente.

Cañón del río Blyde

Ubicación desde la cordillera de Drakensberg a Mpumalanga (Sudáfrica)

El río Blyde serpentea por la cordillera Drakensberg, donde ha excavado uno de los cañones más profundos de la Tierra. Tiene unos 25 km de longitud y una profundidad promedio de 750 m, y cuenta con algunas extraordinarias formaciones de roca, como tres cerros testigo coronados por una ultrarresistente cuarcita (del grupo Black Reef) y conocidos como los Tres Rondaveles, porque su forma recuerda a las chozas tradicionales así llamadas. El cañón también contiene una columna de cuarcita (el Pináculo), y al final del cañón está la cascada de Kadishi, la segunda cascada más alta sobre toba.

Cuevas de Cango

Ubicación montes Swartberg, en la provincia de Cabo Occidental (Sudáfrica)

Este sistema de grutas de caliza ubicada en una cresta de los montes Swartberg es quizá el más conocido en África. Aunque es relativamente

◀ POZAS DE LA SUERTE DE BOURKE, EN EL CAÑÓN DEL RÍO BLYDE

▲ EL AGUA DULCE Y SALADA DEL LAGO BALJASH

pequeño (se conocen unos 4 km de pasajes y cavernas), es famoso por sus pinturas rupestres, que se remontan a la Edad de Piedra temprana, y por sus impresionantes pantallas de estalactitas, enormes estalagmitas y también otros espeleotemas. Algunos de estos últimos se parecen a distintas figuras o estructuras, y han recibido nombres como Virgen con el Niño, Aguja de Cleopatra, Hojas de tabaco secas o Torre de Pisa.

Otros ríos y lagos en África

- Congo » p. 192
- Lago Malaui » p. 193
- Lago Retba » p. 192
- Lago Victoria » p. 196
- Nilo » pp. 190-191
- Delta del Okavango » p. 197
- Cataratas Victoria » pp. 194-195

Asia

Río Amur

Ubicación desde el noreste de China hasta el mar de Ojotsk (Asia oriental)

Este es uno de los ríos más largos de Asia: nace en la confluencia de los ríos Shilka y Argún, y recorre 2824 km hasta el estrecho de Tartaria. Si se incluye su cabecera, su longitud total es de 4444 km. Su extraordinaria cuenca de drenaje incluye desierto, estepa, taiga y tundra, y abarca una superficie de 1,8 millones de km². Se alimenta sobre todo de las lluvias monzónicas en verano y en otoño, épocas en las que el caudal suele estar 14 m por encima de lo habitual e inunda las riberas en el terreno pantanoso río abajo de Jabárovsk. Durante gran parte de su curso, el Amur

conforma la frontera entre China y Rusia.

Lago Baljash

Ubicación Kazajistán oriental

La sección occidental de este lago grande y somero es de agua dulce, y está separada de la salada sección oriental por la península de Saryesik, que prácticamente divide al Baljash por la mitad. El lago se estrecha y adquiere profundidad hacia el este, y hay poco intercambio de agua entre ambas partes. La mayoría del agua que llega al lago procede del río Ili, uno de los muchos que drenan la mayoritariamente árida depresión Baljash-Alakol (una cuenca endorreica) y desaguan en el lago. El Baljash tiene una superficie de 16 400 km².

Mar de Aral

Ubicación norte de Uzbekistán y sur de Kazajistán

En la década de 1960, este lago endorreico era el cuarto lago más grande del planeta, con una superficie de 66 000 km², pero encogió rápidamente tras el desvío de los ríos que lo alimentan para proyectos de irrigación. En 2007 había perdido tanta profundidad que se había separado en cuatro lagos y su superficie quedó reducida a una décima parte. Gran parte de lo que antes era agua es ahora un desierto. Se han llevado a cabo esfuerzos para recuperar el agua de la sección norte (mar de Aral Norte) que han conseguido aumentar la superficie y la profundidad del lago, por lo que la población de peces está aumentando también.

Cueva de Krúbera-Voronia

Ubicación macizo de Arabika (Georgia)

Los gruesos lechos de caliza plegada del macizo de Arabika albergan varios sistemas de cuevas importantes, como el de Krúbera-Voronia, la cueva más profunda conocida: desciende por una serie de pozos verticales y de abruptos pasajes serpenteantes hasta alcanzar los 2197 m por debajo de su entrada, en un valle glacial. En la mayoría de su recorrido está relativamente seco, y no hay indicios de inundaciones importantes, pero la parte más profunda, que se exploró en 2012, está sumergida.

Gruta de Jeita

Ubicación valle del Nahr el-Kelb (Líbano)

Este sistema de cuevas se extiende a lo largo de 9 km, distancia que lo convierte en el sistema de cuevas más largo de Oriente Próximo. Tiene dos secciones distintas pero conectadas, una 60 m por debajo de la otra. Las galerías superiores contienen la Cámara Blanca y la Cámara Roja. La primera alberga la estalactita más larga del mundo (8 m de longitud) y el óxido de hierro ha teñido de rojo las paredes de caliza de la segunda. Por las galerías inferiores fluye un río subterráneo, y también hay un lago. La sala conocida como Gran Caos tiene 500 m de longitud.

Lago salado de Sambhar

Ubicación Rajastán (noroeste de India)

Este es el lago salino más grande de India, con una superficie de entre 190 y 230 km^2 y una profundidad que fluctúa entre los 3 m, después del monzón, y los 60 cm, al final de la estación seca. Está en una cuenca endorreica y recibe agua sobre todo de los ríos Mendha y Rupangarh. Cuando el nivel de salinidad alcanza una concentración suficiente, se abre una presa que deja pasar agua a charcas de evaporación para la producción de sal. Muchos flamencos pasan el invierno en el lago.

Lago Lonar

Ubicación Maharashtra (noroeste de India)

El lago de cráter por impacto de meteorito más grande de India tiene una forma cuasi circular, con un diámetro promedio de 1,2 km y una profundidad de unos 6 m. El agua del lago es salina y está alimentada por un arroyo. El lago está rodeado por un borde de cráter que se formó por el impacto de un meteorito sobre la meseta del Decán. La fecha del impacto es objeto de controversia: las estimaciones varían entre hace 570 000 años y 52 000 años.

Cuevas de Borra

Ubicación Ghats orientales de Andhra Pradesh (India oriental)

Son de las cuevas más profundas de India, y contienen estalactitas, estalagmitas, columnas y formas que recuerdan a hongos, a un cerebro humano y a una madre y su hijo. La sala principal tiene 200 m de longitud y 12 m de altura. Manantiales ricos en azufre desaguan en el sistema de cuevas, que es la fuente del río Gosthani.

◀ SECCIÓN INFERIOR DE LA GRUTA DE JEITA

Cataratas de Dudhsagar

Ubicación Ghats occidentales de Karnataka-Goa (suroeste de India)

Esta cascada de cuatro niveles, una de las más altas de India, se forma cuando el río Mandovi cae 310 m desde las trampas del Decán (p. 353) en los Ghats occidentales. Las cascadas no tienen nada de extraordinario durante la estación seca, pero cambian durante los monzones, entre junio y septiembre. *Dudhsagar*, «mar de leche» en la lengua konkani local, alude al aspecto cremoso de sus aguas al caer por la roca cuasi vertical.

Cascadas Hogenakkal

Ubicación frontera entre Karnataka y Tamil Nadu (sur de India)

Hogenakkal significa «rocas humeantes», por las nubes de rocío que flotan en el aire sobre las cascadas. Aunque los 20 m de caída del río Kaveri parezcan poca cosa, la cascada lo compensa con su anchura. Al acercarse al «Niágara indio», el río se ramifica en múltiples arroyos que entran en torrente por ambos lados de una garganta estrecha. Hogenakkal es espectacular durante los monzones (de julio a agosto).

Gran Cañón del Yarlung Tsangpo

Ubicación Himalaya oriental (China [Tíbet] e India)

Probablemente este sea el cañón más profundo del planeta: la diferencia en altura entre el río Yarlung Tsangpo y los picos de las montañas a ambos lados supera los 5000 m en algunos puntos. Gran parte del curso del río discurre por valles abiertos de la meseta del Tíbet, pero en el sureste del Tíbet entra en un profundo cañón que atraviesa el Himalaya oriental y cambia su dirección de noreste a suroeste cuando se aproxima al monte Namcha Barwa. Después de 505 km, sale al amplio valle del Brahmaputra.

▼ LOS MÚLTIPLES BRAZOS DE LAS CASCADAS HOGENAKKAL

▲ EL AGUA SAGRADA DEL LAGO GURUDONGMAR

Río Irawadi

Ubicación desde el Himalaya oriental hasta el mar de Andamán (Birmania)

Este gran río nace de la confluencia de los ríos N'mai y Mali, que tienen sus fuentes en glaciares del Himalaya. El río Irawadi divide Birmania (Myanmar) en dos en su recorrido de 2170 km a través de pluvisilvas, bosques secos, extensos arrozales y (en el delta) bosques pantanosos de agua dulce y también manglares, antes de desembocar en el mar de Andamán. La extraordinaria carga de sedimentos del río amplía el delta unos 50 m anualmente. En los puntos máximos de la estación monzónica, el río Irawadi desagua más de 40 000 m³ por segundo.

Lago Gurudongmar

Ubicación Himalaya del norte del estado de Sikkim (noreste de India)

Este lago, próximo a la cima del Kanchengyao, es uno de los más altos del mundo: está a 5430 m de altitud. Está rodeado de montañas nevadas, es alimentado por agua de deshielo glacial y drena en un pequeño arroyo que, luego, se convierte en el río Tista. El lago Gurudongmar se congela en invierno, y tanto budistas como sijs lo consideran sagrado.

Lago Loktak

Ubicación valle de Manipur, en el estado de Manipur (noreste de India)

Es el lago de agua dulce más grande de India, conocido sobre todo por sus *phumdis* (islas con vegetación en distintas fases de descomposición), algunos de los cuales están habitados. El lago tiene una superficie de 287 km², y el *phumdi* más grande cubre 40 km². El agua entra y sale del lago por el río Manipur. Sugnu Hump, una barrera de rocas de 8 m de altura, reduce el flujo del río y limita el desagüe del lago.

Akiyoshi-do

Ubicación suroeste de Honshu (Japón)

La cueva de Akiyoshi-do, la más larga de Japón, es resultado de la acción del agua sobre una especial y gruesa caliza arrecifal (del grupo Akiyoshi) durante cientos de miles de años. Tiene 9 km de longitud, un techo de hasta 80 m de altura sobre el suelo y un río que fluye por ella. También hay un bello complejo de 500 piletas en terrazas escalonadas. Akiyoshi-do es una de las más de 400 cuevas de la zona, la región cárstica más importante de Japón.

Playa Roja de Panjin

Ubicación Liaoning (noreste de China)

Grandes partes de la marisma salada en el delta del río Liao, cerca de Panjin, han sido colonizadas por la sargadilla marina, una suculenta halófita (planta tolerante a la sal) que prolifera en suelos alcalinos y salinos. En verano, la planta es de un verde ordinario, pero, entre agosto y octubre, adquiere un color rojo encendido con el que pinta gran parte de la playa. La sargadilla ofrece importantes zonas de cría para las grullas de Manchuria y las gaviotas de Saunders, dos especies de aves amenazadas por la pérdida de hábitat.

Lago Qinghai

Ubicación cordillera Qilian, en Qinghai (centro oeste de China)

Este gran lago salino es el más grande de China y también el mayor lago de montaña sin salida de Asia central. Abarca una superficie de 4317 km² en una gran depresión de la cordillera Qilian, y se encuentra a 3205 m sobre el nivel del mar. Se está encogiendo, porque la mayoría de los ríos que antaño desaguaban en el lago ahora se secan antes de llegar a él, debido sobre todo a que sus aguas se desvían para la irrigación.

Parque Nacional del Valle del Jiuzhaigou

Ubicación cordillera de Minshan, en Sichuan (China central)

La extraordinaria belleza y los soberbios paisajes de este valle lo han hecho merecedor del estatus de Patrimonio de la Humanidad. Contiene cascadas espectaculares, múltiples lagos de transparentes aguas azules, verdes y turquesas ricas en minerales, y terrazas de caliza bajo elevados picos. El valle también cuenta con características clásicas de los paisajes de caliza, como diversos hábitats de bosque primario, donde viven pandas gigantes.

Xiaozhai Tiankeng

Ubicación municipio de Chongqing (China central)

Xiaozhai Tiankeng es el sumidero más grande y profundo de la Tierra. En la superficie, su abertura tiene un diámetro de más de 500 m, y, a excepción de una cornisa inclinada, sus paredes descienden 662 m en vertical por roca firme hasta la cueva Difeng, donde la caliza del sumidero se disolvió y fue arrastrada por el río Migong. Aunque la población local conoce Xiaozhai Tiankeng desde la antigüedad (lo llamaron «pozo celestial»), no fue explorado por occidentales hasta 1994.

▼ PAISAJE OTOÑAL EN EL PARQUE NACIONAL DEL VALLE DEL JIUZHAIGOU

▲ PINÁCULOS DE CALIZA EN EL PARQUE NACIONAL DE GUNUNG MULU

Río de las Perlas

Ubicación provincia de Cantón
y región de Guangxi (sur de China)

Esta denominación suele abarcar
los tres grandes ríos de Cantón (el
Xi, el Bei y el Dong), que comparten
un mismo delta. Medido desde
la fuente del más largo de los
tres (el Xi) hasta el mar de China
Meridional, el río de las Perlas
es el tercero más largo de China,
con 2197 km, y su cuenca abarca
un área de 410 000 km². El río
debe su nombre a las conchas
perladas que descansan sobre
su lecho en Cantón.

Parque Nacional del río subterráneo de Puerto Princesa

Ubicación costa occidental
de Palawan (Filipinas)

La característica más extraordinaria
de este parque, Patrimonio de la
Humanidad, es su río subterráneo,
de 8 km de longitud, que desagua
directamente en el mar de China
Meridional y que es mareal en su
tramo inferior. El sistema de cuevas
también cuenta con cámaras
subterráneas, cascadas, estalactitas
y estalagmitas. Medida por
volumen, la Cámara de los Italianos
es una de las más grandes del
mundo.

Gunung Mulu

Ubicación Sarawak, en Borneo (Malasia)

En este sistema de cuevas bajo
la pluvisilva tropical del Parque
Nacional de Gunung Mulu, todo
tiene una escala colosal. Contiene
la cámara Sarawak, que, con sus
600 m de longitud y 415 m de
anchura, es la más grande del
planeta. Gunung Mulu cuenta
con un total de 295 km de cuevas
exploradas, como la de Agua
Clara, que es la más larga de Asia.
La datación de los sedimentos de
esta cueva ha demostrado que

el sistema ha evolucionado a lo largo de dos millones de años. El paisaje que las rodea tiene muchos otros rasgos cársticos, como cañones profundos, ríos subterráneos y pináculos de caliza. En Gunung Mulu viven millones de murciélagos y de salanganas linchi.

Otros ríos y lagos en Asia

- **Lago Baikal** » pp. 238-239
- **Mar Muerto** » p. 236
- **Ganges** » p. 240
- **Cueva Son Doong** » pp. 244-245
- **Indo** » p. 240
- **Lena** » p. 237
- **Mekong** » p. 243
- **Obi Irtish** » p. 237
- **Karst de China Meridional** » pp. 246-249
- **Sundarbans** » p. 241
- **Yangtsé** » p. 242
- **Amarillo** » p. 242

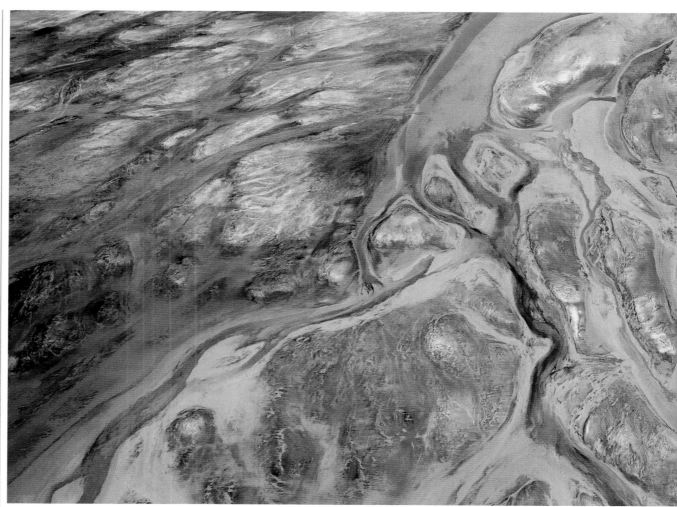

▲ EL LAGO EYRE, TEÑIDO DE ROJO POR LAS BACTERIAS

Australia y Nueva Zelanda

Cueva de Koonalda

Ubicación llanura de Nullarbor (Australia meridional)

La característica más importante de esta cueva es su arte aborigen. Un sumidero de 30 m de profundidad atraviesa una caliza relativamente blanda y lleva a un pasaje abrupto que conecta con una gran cámara de techo abovedado a 45 m del suelo. De la cámara salen otros dos pasillos, uno de los cuales lleva a tres lagos subterráneos. Su arte rupestre, de más de 20 000 años de antigüedad, consiste en círculos concéntricos, líneas paralelas y cenefas en espina de pez. En la primera cámara, los arqueólogos han hallado múltiples evidencias de que aquí se extraía pedernal hace entre 24 000 años y 14 000 años. Probablemente se iluminaba el espacio con hogueras y carbón para trabajar.

Lago Eyre

Ubicación Gran Cuenca Artesiana (Australia meridional)

Este lago endorreico, cuando está lleno, cubre un mínimo de 9500 km² de la Gran Cuenca Artesiana. La mayor parte del agua procede de las lluvias monzónicas que caen en Queensland, en la región noreste de la cuenca, y que llegan al lago por los ríos Diamantina y Cooper. Aproximadamente cada tres años ocurre una pequeña inundación, aunque el lago Eyre se llena por completo con mucha menos frecuencia. A veces, como en 1984 y en 1989, las lluvias locales ayudan a llenar el lago. Ahora se lo conoce oficialmente también como Kati Thanda, y constituye el punto más bajo de Australia: 15 m por debajo del nivel del mar.

Albufera de Waituna

Ubicación costa sur de la Isla Sur (Nueva Zelanda)

La albufera de Waituna es un área de alimentación importante para varias aves acuáticas nidificadoras y migratorias, sobre todo aves limícolas. Se trata de un lago de agua dulce tras una barrera costera de grava. El lago abarca un área de 36 km², y está alimentado por tres arroyos. Descansa sobre la grava depositada por agua de deshielo glacial durante el último periodo glacial, y, en el lado de tierra, está limitado por marismas saladas y turberas. La amplia barrera costera es resultado de la deriva litoral.

Cataratas Huka

Ubicación río Waikato, en la Isla Norte (Nueva Zelanda)

Esta serie de cascadas se halla sobre el río Waikato, el más largo de Nueva Zelanda y que drena el lago Taupo. Justo río arriba de las cascadas, el cauce se estrecha desde los 100 m hasta tan solo 20 m cuando pasa por un cañón excavado en dura roca volcánica. Este estrechamiento y el rápido descenso por una serie de cascadas pequeñas provocan la aceleración del agua cuando se acerca a la última caída, de 11 m, por la que se precipita con una inmensa fuerza.

Otros ríos y lagos en Australia y Nueva Zelanda

- **Cuevas de Jenolan** » p. 283
- **Murray-Darling** » p. 282
- **Cuevas de Waitomo** » p. 283

COSTAS, ISLAS Y ARRECIFES

Las costas bordean los continentes y las islas del planeta. América del Norte, con 310 000 km, y Canadá, con 210 000 km, son, respectivamente, el continente y el país con las costas de más longitud. Las costas pueden presentar orillas suaves con una amplia zona intermareal, dunas de arena, acantilados verticales, farallones y arcos marinos, manglares, marismas salinas, estuarios... Algunas penetran en tierra firme, sobre todo donde la subida del nivel del mar ha inundado valles costeros. La costa avanza en puntos donde la deposición supera la erosión, y retrocede cuando la erosión marina es mayor que la deposición.

América del Norte

Fiordo helado de Ilulissat

Ubicación cerca de Ilulissat, en la costa occidental de Groenlandia

Este fiordo mareal se abre al estrecho de Davis, y es la salida del glaciar Ilulissat, el glaciar en movimiento más rápido fuera de la Antártida, el cual se desplaza entre 20 m y 35 m diarios sobre el fiordo. Al retirarse el glaciar, el agua avanza hacia el interior del fiordo, que ahora tiene unos 50 km de longitud. Atraviesa gneis, granitos y esquistos de mica con antigüedades de entre 2500 y 1600 m.a. Excavado por el hielo, este fiordo alcanza una profundidad de hasta 1000 m, pero es más somero en el banco de icebergs, donde se abre al océano. Muchos icebergs grandes se quedan encallados.

▲ ICEBERGS EN EL FIORDO HELADO DE ILULISSAT

Estrecho de Puget

Ubicación estado de Washington (oeste de EE UU)

Este complejo de cuencas y canales mareales es el segundo mayor estuario de EE UU, y se extiende 160 km de norte a sur. Sus aguas conectan con las del estrecho Juan de Fuca y las del océano Pacífico en la ensenada del Almirantazgo. Sus profundas cuencas, excavadas y erosionadas por glaciares, se hunden hasta 280 m bajo el nivel del mar. Las partes más someras del estuario marcan puntos del fondo marino con depósitos glaciales.

Dungeness Spit

Ubicación costa norte del estado de Washington, oeste de EE UU

Dungeness Spit es el cordón litoral (o restinga) natural más largo de EE UU: se extiende por 9 km en el estrecho de Juan de Fuca. Vientos predominantes del oeste impulsan una deriva litoral que lo alarga un promedio de 4,5 m anuales desde hace 120 años. Es vulnerable a la acción destructiva del océano, y, en 2001, una tormenta lo fragmentó temporalmente en tres tramos.

Isla Mount Desert

Ubicación Maine (este de EE UU)

Es la segunda isla más grande de la costa este estadounidense. Gran parte de la misma es de granito, un vestigio de una antigua intrusión ígnea. Luego, la erosión de los glaciares la modeló, y excavó Somes Sound, un brazo de mar profundo que casi parte la isla por la mitad. Es el único brazo de mar similar a un fiordo en la costa este de EE UU. La mayor parte de la isla Mount Desert está en el Parque Nacional de Acadia.

Long Island

Ubicación estado de Nueva York (EE UU)

Es la isla más grande de la costa este de EE UU, con una longitud de 190 km de este a oeste, y está separada de tierra firme por el río Este (East River) y el estrecho de Long Island. Extraordinariamente diversa, contiene desde Brooklyn y Queens, dos barrios de Nueva York, hasta áreas naturales como la de Pine Barrens, un bosque templado de coníferas. La mayor parte de la geología superficial se compone de morrenas y otros depósitos glaciales.

Arrecife Lighthouse

Ubicación costa de Belice, en el mar Caribe

El arrecife Lighthouse es un gran atolón oblongo de 35 km de longitud de norte a sur y de menos de 6 m de profundidad que forma parte de la Barrera de arrecifes de Belice y al que se considera una de las mejores zonas de buceo del mundo. Cerca de su centro se halla el Cenote Azul, que se hunde hasta 124 m bajo el nivel del mar. Se formó durante el último periodo glacial, cuando el nivel del mar era mucho más bajo y la caliza circundante era tierra firme. El atolón alberga una extraordinaria variedad de corales y peces, como tiburones y tortugas marinas, y estas últimas anidan aquí.

Otras costas, islas y arrecifes en América del Norte

- Costa de Acadia » p. 65
- Bahía de Fundy » p. 64
- Big Sur » p. 63
- Islas de Hawái » pp. 316-319
- Bahía de Monterrey » p. 62
- Pozo de Thor » p. 62

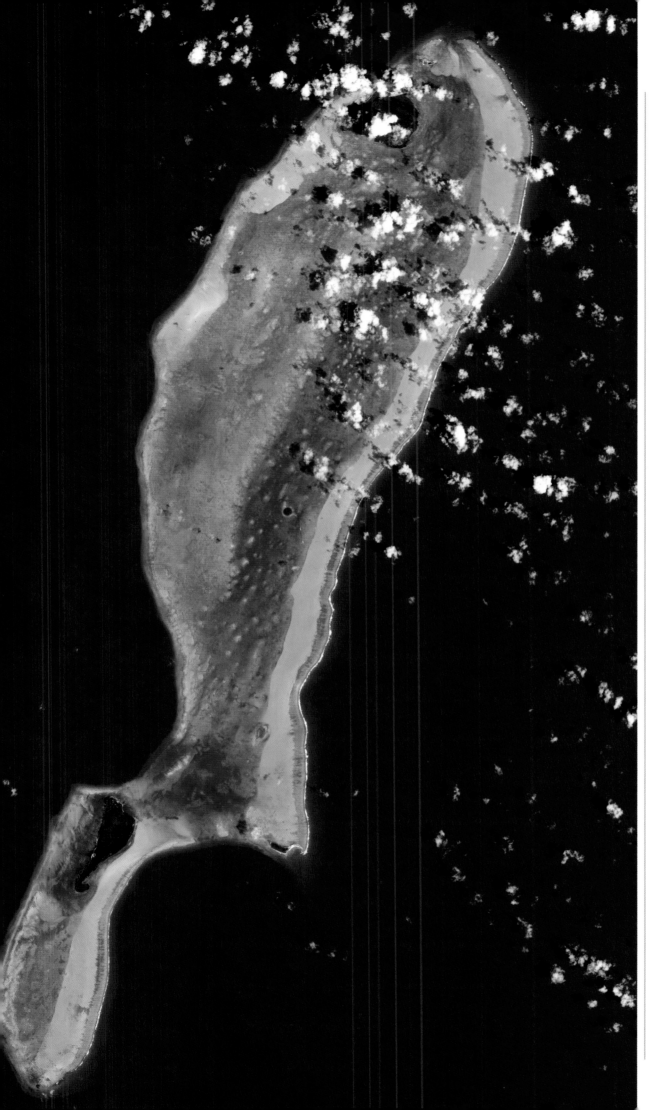

América Central y del Sur

Pitones

Ubicación bahía de Soufrière (Santa Lucía), en las Antillas Menores

Los Pitones son dos domos de lava cubiertos de bosque que se alzan sobre el océano Atlántico frente a Santa Lucía. Unidos por una cresta llamada Pitón Mediano (Piton Mitan), el Gran Pitón (770 m) y el Pequeño Pitón (743 m) están cubiertos por un bosque húmedo tropical y (en alturas más elevadas) subtropical. Las fumarolas de azufre, los manantiales termales y los depósitos de cenizas, pumita y lava indican el origen volcánico de los picos, que son los restos de un estratovolcán colapsado. En 2004, la región fue declarada Patrimonio de la Humanidad.

Península de Paracas

Ubicación costa pacífica de Perú

La península de Paracas, también conocida como las Galápagos de Perú, forma parte de la única reserva marina del país. Esta península árida se introduce en el océano Pacífico, hacia la corriente de Humboldt, fría y rica en nutrientes y con una gran diversidad de peces y otras formas de vida marinas, por lo que atrae a una cantidad enorme de aves, como pingüinos de Humboldt, ballenas, delfines y tortugas. El Candelabro de Paracas, un geoglifo prehistórico, se halla sobre la cara norte de la península. Los objetos de arcilla que se han encontrado cerca de allí datan del año 200 a.C., y el geoglifo podría tener la misma edad.

◀ EL ATOLÓN OBLONGO DEL ARRECIFE LIGHTHOUSE

▲ LAS ISLAS LOFOTEN SURGEN DEL AGUA AZUL VERDOSA DEL ESTRECHO DE NAPPSTRAUMEN

Costa de Bahía

Ubicación costa del estado de Bahía (este de Brasil)

Con unos 1000 km de longitud, es la costa más larga de Brasil, y contiene playas de arena, estuarios fluviales, pequeños deltas, grandes bahías y arrecifes de coral. Gran parte de la costa de Bahía está bordeada por mata atlántica. Hay arrecifes bordeantes en Praia do Forte e Itacimirim. Justo al sur de la idílica cala de arena de Trancoso se encuentra el Parque Nacional de Monte Pascoal, un bosque atlántico primario que alberga a una población de loros llamados amazonas de frente roja, un ave amenazada, y mamíferos ya escasos, como el jaguar, el puma y el armadillo gigante.

Otras costas, islas y arrecifes en América Central y del Sur

● Cabo de Hornos » p. 117
● Fiordos chilenos » p. 116
● Islas Galápagos » pp. 320-321
● Cenote Azul » p. 114-115
● Lençóis Maranhenses » p. 116

Europa

Islas Lofoten

Ubicación provincia de Nordland (norte de Noruega)

Este archipiélago de cinco islas grandes y muchas otras más pequeñas se extiende a lo largo de 160 km y se caracteriza por antiguas montañas abruptas de cuarcita y gneis metamórficos que se alzan directamente desde el mar. El paisaje de valles profundos y de fiordos es resultado de la acción de los glaciares. En 2002 se descubrió Røst, el arrecife de coral de aguas profundas más grande del mundo. Lo han construido corales Lophelia, y tiene 35 km de longitud. Cerca de la isla de Mosken se da uno de los flujos turbulentos de marea más potentes del mundo.

Dunas de Jutlandia Septentrional

Ubicación entre Frederikshavn y Skagen (norte de Dinamarca)

La arena transportada por el viento causó problemas durante siglos a los agricultores de Skagen. Persistentes vientos del sur empujaban las dunas sobre campos de cultivo, y llegaron a sepultar edificios. Ahora, la mayoría están estabilizadas gracias a que se ha plantado vegetación; una, la Råbjerg Mile, permanece libre. Esta colosal duna, de hasta 40 m de altura y con unos 4 millones de m³ de arena, se desliza hasta 18 m hacia el noreste cada año. Empezó a moverse en la costa de Skagerrak, el estrecho que separa Dinamarca del suroeste de Suecia, hace 300 años.

Rías de Devon

Ubicación Plymouth y Exmouth, en Devon (Reino Unido)

La costa del sur de Devon cuenta con varios valles hundidos, o rías, parcialmente sumergidos desde que el nivel del mar subiera hasta 25 m

Las capas horizontales de yeso blanco y gris claro de Étretat tienen entre 96 y 86 m.a. de antigüedad, y forman acantilados verticales de hasta 102 m de altura. La erosión marina ha producido tres arcos naturales y una estructura llamada L'Aiguille (La Aguja), que se alza 70 m sobre el mar.

Cabo Ferret

Ubicación Gironda (suroeste de Francia)

Este cordón litoral de guijarros y arena separa casi por completo el golfo de Vizcaya de la bahía de Arcachon, donde desemboca el río Leyre. Se formó por la deriva litoral de sedimentos procedentes del norte. Se sabe que el cabo Ferret ha crecido hacia el mar y hacia el sur desde principios del siglo XVIII, y que ha ido desplazando hacia el sur la entrada a la bahía. Por el contrario, el extremo sur se ha ido erosionando desde 1970.

Playa de Las Catedrales

Ubicación costa cantábrica de Lugo, en Galicia (norte de España)

Esta playa cuenta con una serie de arcos de roca que recuerdan la nave de una catedral, y de ella se dice que es una de las más bellas del mundo. Sus espectaculares cuevas, arcos y farallones se aprecian mejor con marea baja. La incesante acción de las olas aprovechó las fallas en los estratos de cuarcita y pizarra metamórficas y abrió cuevas que luego se transformaron en arcos y, después, en farallones, tras el colapso del techo de los arcos.

Costa gallega

Ubicación Galicia (noroeste de España)

La espectacular costa de Galicia, que mira hacia el océano Atlántico al oeste y hacia el mar Cantábrico al norte, tiene unos 1500 km de longitud y es muy irregular, con docenas de rías y cabos y un mínimo de 316 islas e islotes. Los acantilados de Vixía de Herbeira se alzan 621 m sobre el mar y son de los más altos de Europa. Las rías, como las de Arousa, Pontevedra o Vigo, son resultado de la subida del nivel del mar tras el último periodo glacial.

Cabo de Creus

Ubicación costa Brava, en Girona (noreste de España)

Los acantilados del cabo de Creus presentan muchas características clásicas de plegamiento, fallamiento, desgarre y deformación de la corteza terrestre. Está en Cataluña, en el extremo noreste de la península Ibérica, y marca el punto donde los Pirineos llegan al Mediterráneo: las estructuras de roca que se ven aquí evidencian la enormidad de la presión y la fuerza que la corteza soportó durante la formación de la cordillera. Capas plegadas de esquisto y de otras rocas metamórficas se han introducido en las rocas mediante diques de pegmatita, una roca ígnea de grandes cristales. En 1998, la Generalitat de Cataluña declaró la península del cabo de Creus y su entorno marino como parque natural protegido.

▼ UN ARCO EN LOS ACANTILADOS DE ÉTRETAT

tras el último periodo glacial. Las rías más importantes son los valles de Tamar-Lynher, Kingsbridge, Dart, Teign y Exe. La sección sumergida del valle de Kingsbridge es un amplio estuario que, a pesar de ser mareal hasta 8 km tierra adentro, solo está alimentado por arroyos pequeños. Frente a las bocas de los estuarios del Teign y del Exe, la deriva litoral ha levantado barreras, detrás de las cuales se acumulan sedimentos.

Acantilados de Étretat

Ubicación costa de Normandía (norte de Francia)

Forman parte de los 130 km de acantilados de yeso en la costa normanda del canal de la Mancha.

▲ MARGA DE UN BLANCO DESLUMBRANTE EN LA SCALA DEI TURCHI

Costa Amalfitana

Ubicación península de Sorrento
(costa occidental de Italia)

La costa sur de la península de Sorrento es una de las más bellas del mundo. Montañas de caliza y depósitos volcánicos se hunden en el mar en un paisaje de peñascos vertiginosos y de valles estrechos que descienden abruptamente hacia la orilla. La actividad sísmica asociada al volcán Vesubio, ubicado más al norte, provoca terremotos frecuentes, con lo que las rocas de la península presentan múltiples fallas. Esta costa sufre más avenidas torrenciales y corrimientos de tierra que ninguna otra región italiana.

Scala dei Turchi

Ubicación sur de Sicilia (Italia)

Estos acantilados («escalera de los Turcos») se componen de estratos de marga blanca ligeramente inclinados y que se han erosionado, adoptando así la forma de múltiples escalones paralelos. La marga, una roca calcárea sedimentaria relativamente blanda, se depositó en el fondo marino hace unos 5 m.a. Contiene rastros de animales, probablemente gusanos que vivieron en su interior mientras se depositaba.

**Otras costas, islas
y arrecifes en Europa**

- **Costa de Algarve** » p. 170
- **Acantilados de Dover** » p. 167
- **Acantilados de Moher** » p. 166
- **Costa Dálmata** » p. 171
- **Gran Duna de Pilat** » p. 167
- **Gruta de Fingal** » p. 166
- **Calzada del Gigante**
  » pp. 164-165
- **Gran Banco de Chagos** » p. 315
- **Costa Jurásica** » pp. 168-169
- **Fiordos noruegos** » pp. 162-163

África

Legzira

Ubicación costa atlántica
del sur de Marruecos

Hasta 2016, en la playa de Legzira hubo dos enormes arcos de caliza roja. Las capas de caliza tienen entre 100 y 150 m.a. de antigüedad, y se depositaron sobre una discordancia en granito mucho más antiguo. Deben su color al óxido de hierro en el cemento natural que une los granos de roca. Las olas han ido erosionando los arcos, y uno de ellos se derrumbó en septiembre de 2016.

Banco de Arguin

Ubicación golfo de Arguin,
en la costa oeste de Mauritania

Un parque nacional cubre 12 000 km² de esta costa, que contiene dunas de arena, praderas marinas, lodo intermareal, arena y fragmentos de conchas, además del somero golfo de Arguin, que se extiende hasta 60 km de la orilla. Una zona de surgencia frente a la costa genera una cantidad enorme de organismos invertebrados que alimentan a peces y a aves marinas: hasta 50 000 parejas de aves de colonia anidan en este parque, y más de dos millones pasan el invierno allí.

Socotra

Ubicación mar de Arabia

Es una de las islas más aisladas del mundo, y se originó como parte de un continente, no como corteza oceánica nueva. Está a 240 km de la tierra firme africana, y es un centro muy importante de animales y plantas endémicos. Tiene una superficie de 3665 km², con llanuras litorales, una meseta de caliza con cuevas y otras características cársticas y un centro montañoso. El clima es árido o semiárido, a excepción de en las grandes alturas, donde se dan más precipitaciones. Formó parte del supercontinente Gondwana hasta que se separó cuando se abrió el golfo de Adén. Más de un tercio de su flora no se halla en otro lugar, como el extraño árbol dragón, y también alberga a aves, reptiles e invertebrados endémicos.

Coffee Bay

Ubicación provincia de
Cabo Oriental (Sudáfrica)

Cerca de esta bahía se encuentra el espectacular Hole in the Wall (agujero en la pared), un agujero que la acción de las olas ha horadado en un acantilado de lutita y arenisca frente a la orilla. La erosión ha formado un arco de roca en vez de separar el acantilado en dos farallones, porque sobre las menos resistentes lutita y arenisca, de 260 m.a. de antigüedad, hay una intrusión de dura dolerita volcánica. El arco es tan grande que es navegable cuando hay marea alta.

▶ ÁRBOLES DRAGÓN,
EN SOCOTRA

Bahía de Jeffrey

Ubicación provincia de Cabo Oriental (Sudáfrica)

Este es uno de los mejores lugares del mundo para practicar el surf por sus olas ideales, atribuidas a una combinación del tamaño, dirección y frecuencia del mar de fondo, la dirección del viento, las mareas y la forma del lecho marino. Por delante de la costa pasa la cálida corriente de las Agujas hacia el oeste antes de girar sobre sí misma en el borde oriental del banco de las Agujas y mezclarse con agua fría del oeste. Aquí, el mar de fondo ha producido un enorme ecosistema marino.

Punta del Cabo

Ubicación provincia de Cabo Occidental (Sudáfrica)

Esta punta de tierra, justo al este del cabo de Buena Esperanza, forma la entrada occidental a la bahía Falsa. Duras areniscas de cuarzo forman unos acantilados que se alzan más de 200 m sobre el mar. Hay dos faros, aunque solo funciona uno. La península forma parte de la región florística del Cabo, un área con una gran variedad de plantas que no crecen en ningún otro lugar del mundo. Frente a la costa se hallan las aguas de la corriente de Benguela, de aguas frías y ricas en nutrientes que alimentan un crecimiento muy rápido de plancton y sustentan un ecosistema marino muy productivo.

> **Otras costas, islas y arrecifes en África**
> - **Acantilados de Los Gigantes** » p. 198
> - **Costa del mar Rojo** » p. 199
> - **Seychelles** » p. 314

Asia

Islas Yaeyama

Ubicación mar de China Oriental, suroeste de Okinawa (Japón)

Este archipiélago de 32 islas y múltiples islotes es de origen volcánico. Más del 90 % de Iriomote, la isla más grande, está cubierta de pluvisilva tropical, con manglares en la costa. Alberga al gato de Iriomote, endémico de la isla y en grave peligro de extinción. Ishigaki es la segunda isla por tamaño. Sus arrecifes de coral frente a la costa son un hábitat ideal para delfines, tortugas, mantas, tiburones ballena y dugones, aunque estos últimos casi se han extinguido ya.

▲ ARENA DE DESLUMBRANTE SÍLICE BLANCO EN LA PLAYA WHITEHAVEN

El Nido

Ubicación norte de la isla de Palawan (Filipinas)

El Nido es la puerta de entrada al famoso archipiélago de Bacuit, y comprende el extremo norte de la isla de Palawan, además de 45 islas e islotes. La erosión de gruesas capas de caliza ha dado lugar a un espectacular paisaje cárstico costero, con acantilados que caen al mar en vertical, cuevas, playas de arena blanca y también arrecifes de coral. La Laguna Secreta, que se encuentra en la isla de Miniloc, es una caverna llena de agua de mar a la que solo se puede acceder por una estrecha entrada. Los submarinistas más expertos pueden acceder a un túnel submarino por debajo de la isla Dilumacad a través de una entrada ubicada a 12 m bajo el agua. La fauna de los arrecifes es muy diversa, e incluye peces aguja, peces globo, escorpenas, peces león y muchas otras criaturas bellísimas.

Otras costas, islas y arrecifes en Asia

- Arrecifes del mar de Andamán » p. 253
- Agujero del Dragón » p. 251
- Bahía de Ha Long » p. 250-251
- Costa de Krabi » pp. 252-253
- Maldivas » p. 315
- Islas menores de la Sonda » p. 253
- Arrecife de Shiraho » p. 251

Australia y Nueva Zelanda

Horizontal Falls

Ubicación bahía de Talbot (Australia Occidental)

Estas cascadas mareales se deben a que el agua del mar pasa por estrechas gargantas que atraviesan las barreras de roca paralelas de la cordillera McLarty. Al subir la marea, el agua se acumula en un lado de las barreras más rápido de lo que puede pasar por las gargantas. La diferencia en el nivel de agua resultante alcanza 5 m y produce la cascada.

Playa Whitehaven

Ubicación isla Whitsunday, en Queensland (Australia)

Hace mucho que se debate acerca del origen de los 7 km de arena fina y deslumbrantemente blanca de la playa de Whitehaven. La isla Whitsunday forma parte de una antigua caldera volcánica, pero su arena, que es cuarzo en un 98 %, no puede proceder de la riolita y la dacita ígneas de la isla. En realidad, procede del granito erosionado en tierra firme en Queensland y que una antigua deriva litoral depositó en la isla. Esta «cinta transportadora» se detuvo hace como mínimo 6500 años, pero la arena sigue ahí.

Playa de las Noventa Millas

Ubicación costa occidental de la península de Aupouri, Isla Norte (Nueva Zelanda)

A pesar de su nombre, esta franja de tierra frente al mar de Tasmania se extiende 88 km (55 millas) entre los rocosos cabos de Ahipara y Scott Point. Aún más extraordinarias son las dunas de arena (quizá las más grandes del hemisferio sur y un lugar célebre entre los practicantes de *sandboarding*) que se alzan detrás de la playa. Las dunas ganan altura de sur a norte y culminan en cimas que superan los 140 m de altura.

Otras costas, islas y arrecifes en Australia y Nueva Zelanda

- Gran Barrera de Coral » pp. 284-287
- Playa Moeraki » p. 290
- Fiordos de Nueva Zelanda » p. 291
- Bahía Shark » pp. 288-289
- Doce Apóstoles » p. 290

BOSQUES

Cerca de un 30 % de la superficie de la Tierra está cubierta de bosques, que proporcionan algunos de los hábitats más ricos que existen. En latitudes elevadas, entre los 53° y 67° norte están los gigantescos bosques boreales de América del Norte y de Eurasia, dominados por coníferas. Entre los 10° sur y 10° norte están las grandes pluvisilvas tropicales, como la del Amazonas y la del Congo, regiones de gran biodiversidad. Entre ambas zonas hay una amplia variedad de bosques subtropicales y templados, y algunos de estos últimos son pluvisilvas. Rusia cuenta con la mayor área boscosa, y Surinam con la mayor proporción de terreno cubierto por bosques.

América del Norte

Bosque nacional Tongass

Ubicación Alaska (noroeste de EE UU)

Este es el mayor bosque nacional de EE UU: sus 69 000 km² cubren casi todo el sureste de Alaska. Forma parte de la mayor pluvisilva templada del mundo, la selva del Noroeste del Pacífico. Los árboles que predominan son el cedro rojo, la pícea de Sitka y la tsuga del Pacífico. La tala está estrictamente controlada en este bosque primario, hábitat de osos pardos y negros. La región también sustenta a grandes poblaciones de aves nidificadoras.

Parque Nacional Redwood

Ubicación California (oeste de EE UU)

La mitad de las secuoyas rojas de bosques vírgenes (las más altas de la Tierra) que quedan en el mundo están protegidas en esta reserva forestal. Una, llamada Hyperión, alcanza los 116 m de altura. Las secuoyas rojas son autóctonas de la costa del norte de California y el sur de Oregón. En este bosque, de 158 km², se han visto osos negros, pumas, castores, ardillas voladoras y más de 400 especies de aves.

Chaparral y bosque abierto de California

Ubicación California (oeste de EE UU) y Baja California (norte de México)

Muchas zonas costeras del centro y sur de California, el Valle Central y Baja California se caracterizan por este paisaje, que está dominado por matorrales. Algunas de las plantas típicas son robles chaparros, salvia y *Ceanothus*, y la flora está bien adaptada para recuperarse de los frecuentes incendios forestales.

El clima es de tipo Mediterráneo, con inviernos templados y húmedos y veranos cálidos y secos.

Bosques de pino-encino de la Sierra Madre

Ubicación entre el estado de Jalisco (noroeste de México) y Nuevo México (suroeste de EE UU)

Grandes áreas de estos bosques mixtos subtropicales sobreviven a altitudes elevadas en las montañas y los abruptos valles de la Sierra Madre Occidental, aunque también han sufrido una tala extensiva. Los árboles típicos de la región son varias especies de pino, el abeto de Douglas, la encina de Emory y el roble blanco. Los bosques albergan osos negros, jaguares y más de 300 aves nidificadoras, algunas de las cuales no se hallan en ningún otro lugar del mundo: el guacamayo militar, la cotorra serrana occidental, el surucuá silbador, la golondrina sinaloense, el águila real y la chara pinta (*Cyanocorax dickeyi*).

▶ ÁRBOLES CUBIERTOS DE NIEVE EN EL BOSQUE NACIONAL TONGASS

▲ LA CASCADA DEL CARACOL, RODEADA DE BOSQUE DE TIPO RESTINGA

Bosque seco de Jalisco

Ubicación estados de Nayarit, Jalisco y Colima (oeste y centro de México)

Aunque es relativamente pequeña, esta ecorregión a lo largo de la costa pacífica del centro de México es una de las más biodiversas de la Tierra. El 16 % de las 1200 especies de plantas que se hallan allí no se encuentran en ningún otro lugar, y 29 de sus 733 vertebrados son endémicos, como la musaraña del desierto, la cotorrita mexicana o el arrendajo de San Blas. El bosque seco de Jalisco también es una parada importante para las aves migratorias en su viaje desde América del Norte a América del Sur. Aunque la estación húmeda dura de junio a septiembre, la región es seca durante la mayor parte del año.

Otros bosques en América del Norte

- ● **Bosque nacional Cherokee** » p. 70
- ● **Giant Forest** » pp. 68-69
- ● **Bosque nacional Green Mountain** » p. 71
- ● **Bosque boreal de América del Norte** » p. 66
- ● **Pando** » p. 70
- ● **Selva del Noroeste del Pacífico** » p. 67

América Central y del Sur

Selva del Chocó

Ubicación noroeste de América del Sur (este de Panamá y norte de Ecuador)

Este bioma de pluvisilva tropical ultrahúmeda es una de las áreas de tierras bajas más ricas en especies de la Tierra. Aquí se han registrado más de 11 000 tipos de plantas, una cuarta parte de ellas endémicas, y hay 650 especies de aves, muchas de las cuales no se hallan en ningún otro lugar del planeta. Esta pluvisilva abarca unos 180 000 km² entre la costa del Pacífico y una elevación de unos 1000 m en los Andes occidentales. Las precipitaciones anuales superan los 13 000 mm.

Ecorregión de restingas del litoral atlántico

Ubicación tres enclaves de la mata atlántica brasileña (este de Brasil)

Ahora se limita a tres fragmentos relativamente pequeños de bosque tropical en el norte y, más al sur, de bosque subtropical de suelos arenosos, salinos y pobres en nutrientes que suele crecer sobre dunas de arena estabilizadas. El bosque incluye árboles planifolios de dosel cerrado y de 5–15 m de altura, pero también hay una variante de dosel arbóreo abierto, como en la sabana. Varios de los animales que dependen de las restingas están en peligro de extinción: el urbanismo ha destruido gran parte del bioma, y aún amenaza al resto.

Bosque seco de América del Sur

Ubicación oeste de Paraguay, norte de Argentina y sur de Bolivia y Brasil

Este tipo de bosque ocupa una vasta área de tierras bajas compuestas de sedimentos de arena y limo al oeste del río Paraguay, al sur del Pantanal y al este de los Andes. Suele pasar gradualmente de una sabana con aspecto de parque, en el este, a una sabana de palmeras y matorrales espinosos, en el oeste. El cambio se debe a las precipitaciones, que se van reduciendo hacia el oeste y pueden ser inferiores a los 50 mm anuales en el extremo occidental. Estas plantas toleran una baja disponibilidad de agua, y son uno de los últimos refugios del ñandú americano y otros animales: jaguares, ocelotes, pumas, tapires y osos hormigueros.

Matorral chileno

Ubicación entre el océano Pacífico y los Andes (centro de Chile)

Este bioma de matorral y de bosque cubre 148 000 km² de la franja costera del centro de Chile. Con un clima de tipo mediterráneo, de inviernos lluviosos y veranos secos, es un área de transición entre el árido desierto de Atacama, al norte, y la selva Valdiviana, más húmeda, al sur. Cuenta con una extraordinaria variedad de especies de plantas, un 95 % de las cuales son endémicas de Chile, como muchos matorrales esclerófilos (con duras hojas perennes que reducen la pérdida de agua), cactus y fucsias.

Otros bosques en América Central y del Sur

- ● **Pluvisilva amazónica** » pp. 120-121
- ● **Yungas andinos** » p. 119
- ● **Bosque nuboso de Monteverde** » pp. 118-119
- ● **Selva Valdiviana** » p. 119

Europa

Bosque caledonio

Ubicación Tierras Altas de Escocia (Reino Unido)

Los bosques de pino silvestre colonizaron la isla de Gran Bretaña tras el último periodo glacial, hace 9000 años. Las condiciones más húmedas y ventosas posteriores redujeron su extensión; y también el pastoreo de ciervos y ovejas ha contribuido a que el bosque caledonio se haya visto reducido a sus 180 km² actuales, repartidos en 35 bosques separados. Además de los pinos, hay también abedules, serbales, álamos, enebros y robles. El piquituerto escocés, la única especie vertebrada endémica de Gran Bretaña, se alimenta de piñas maduras.

Bosque Torcido

Ubicación Pomerania Occidental (Polonia)

El bosque Torcido consiste en 400 pinos de aspecto extraño y cuyo tronco se dobla en un ángulo recto hasta casi tocar el suelo para luego enderezarse y crecer verticalmente. Y más extraño todavía es que están rodeados de un bosque de árboles normales y de tronco recto. Se han formulado varias hipótesis para explicar este fenómeno, aunque la más probable de todas es que los agricultores que plantaron los árboles en la década de 1930 quisieran árboles con los troncos curvados para usarlos en astilleros o en fábricas de muebles.

Parque Nacional Hainich

Ubicación Turingia (centro de Alemania)

Este parque nacional contiene una parte del bosque caducifolio continuo más grande de Alemania, el bosque Hainich, dominado por hayas europeas. En la actualidad, el parque se gestiona con el objetivo de que recupere su estado natural, después de haber sido usado para maniobras militares. En primavera, antes de que el espeso dosel arbóreo se cierre, en el sotobosque crecen cantidades ingentes de ajo de oso. Después prosperan allí 16 especies de orquídeas. El lugar es un hábitat ideal para gatos monteses, murciélagos, pájaros carpinteros y miles de especies de invertebrados.

Selva Negra

Ubicación Baden-Wurtemberg (suroeste de Alemania)

Esta vasta zona de tierras altas se llama Selva Negra porque las píceas que la forman crecen tan cerca las unas de las otras que hay partes del bosque que quedan casi a oscuras. La zona es un macizo tectónico (una región elevada limitada por dos fallas normales paralelas) de arenisca, gneis y granito, limitado al sur y al oeste por el río Rin. El bosque tiene unas dimensiones de aproximadamente 160 km por 60 km. Aunque, en el siglo XIX, el bosque mixto original fue arrancado y sustituido por un monocultivo de píceas para silvicultura, durante los últimos años han vuelto a prosperar los árboles caducifolios. Las píceas y los abetos blancos se mezclan con hayas en las colinas y los valles del bosque. Los dos parques naturales más grandes de Alemania están en la Selva Negra, que también contiene un parque nacional.

▼ PINOS CURVADOS, EN EL BOSQUE TORCIDO

▲ ÁRBOLES HELADOS EN LOS BOSQUES DE LOS CÁRPATOS

Parque Nacional Kalkalpen

Ubicación Alpes Calcáreos del Norte (norte de Austria)

Más del 80 % de este parque natural protegido es bosque continuo (el más grande de Europa central), y cubre colinas, cordilleras y valles. Dentro de la masa boscosa hay varios enclaves vírgenes de bosques de píceas, abetos y hayas, los cuales se cree que datan de la última glaciación. Ahora se han dejado de gestionar áreas más amplias, para que la madera muerta pueda pudrirse y proporcionar un hábitat a muchos invertebrados y pájaros carpinteros. Aquí se han registrado casi mil especies de plantas, y viven linces, osos pardos y murciélagos en peligro de extinción.

Hayedos primarios de los Cárpatos

Ubicación Cárpatos septentrionales (oeste de Ucrania y este de Eslovaquia)

En 2007, la Unesco declaró Patrimonio de la Humanidad diez áreas de hayedos primarios (o vírgenes) en una franja de 185 km de los Cárpatos del norte, por la calidad y biodiversidad de sus bosques. Con unos 780 km² (un 70 % en Ucrania y un 30 % en Eslovaquia), dichos bosques incluyen robles y carpes, además de hayas. Contiene bosques antiguos, y sustenta a 64 especies de mamíferos, como osos pardos, linces, lobos y jabalíes. En 2011 y 2017, la Unesco amplió esta denominación a otros hayedos en los Cárpatos y fuera de ellos.

Ardenas

Ubicación región de Ardenas (Bélgica, Luxemburgo, Francia y Alemania)

Estas tierras altas comprenden un paisaje de crestas de hasta 694 m sobre el nivel del mar y valles abruptos sobre un lecho de roca arenisca, cuarcita, pizarra y caliza. Al menos la mitad de la zona está cubierta por bosques, con una rica mezcla de robles, hayas, fresnos, avellanos, arces, álamos, píceas y pinos. En el bosque anidan especies de aves ahora ya escasas, como el grévol, el picogordo, el mochuelo boreal, el pico ártico, el pito cano y el cascanueces.

Bosque perennifolio mediterráneo

Ubicación cuenca mediterránea (España, sur de Francia, Italia, Grecia, Marruecos, Túnez y Argelia)

Este bosque de perennifolios de hoja ancha es una zona de

África

Selva de las Tierras Altas de Camerún

Ubicación este de Nigeria y oeste de Camerún (África occidental)

Este bosque húmedo de planifolios crece a altitudes superiores a los 900 m en el fértil suelo de una cordillera de volcanes extinguidos, y cubre un área de unos 625 km por 180 km. Debido a su altitud, el clima es más frío que en la mayor parte del África tropical, y algunas de las zonas del bosque reciben copiosas precipitaciones. Abundan los árboles afromontanos, como el *Nuxia congesta*, el palo amarillo, el cerezo africano y el *Rapanea melanophloeos*. El bosque alberga múltiples plantas, reptiles, aves y mamíferos endémicos, y también viven en él varias especies de primates en peligro de extinción, como los gorilas y los chimpancés occidentales.

Selva costera oriental africana

Ubicación regiones costeras desde el sur de Mozambique al sur de Somalia (África oriental)

Este bosque húmedo tropical y subtropical se extiende sobre más de 112 000 km^2 a lo largo de una franja relativamente estrecha frente al océano Índico. Su mosaico de bosque abierto de dosel arbóreo cerrado, sabana abierta, herbazales y humedales varía de sur a norte. Aunque se ha talado extensamente con fines agrícolas, todavía sigue albergando más de 600 especies de aves residentes y migratorias estacionales.

transición entre el bosque de pino y matorral mediterráneo y el bosque caducifolio templado, y crece hasta una altitud de 1400 m. Está dominado por encinas de baja estatura, normalmente de entre 5 m y 12 m de altura. Estos árboles ofrecen una sombra profunda y tienen hojas duras y resistentes a la sequía. Aunque la superficie del bosque se ha reducido de modo significativo, aún sobreviven algunos tramos extensos, por ejemplo en los Pirineos aragoneses y en la Sierra Morena andaluza.

Otros bosques en Europa

- **Selva Bávara** » p. 173
- **Hallerbos** » p. 172

Otros bosques en África

- **Selva del Congo** » p. 200
- **Bosque seco de Madagascar** » pp. 202-203
- **Selva de Madagascar** » p. 201

Asia

Bosque templado del Extremo Oriente ruso

Ubicación cordillera Sijoté-Alín de los krais de Primorie y Jabárovsk (sur del extremo oriental de Rusia)

Tras dejar atrás la glaciación del último periodo glacial, esta región de bosque de planifolios y coníferas que cubre la cordillera de Sijoté-Alín se convirtió en un refugio para muchas especies animales. Hoy es un área de gran biodiversidad, con una pequeña población de tigres de Amur y leopardos de Amur. Es el único bosque de la Tierra donde coexisten tigres, leopardos y osos pardos. La diversidad de las plantas también es muy amplia, con al menos 2500 especies conocidas. Aunque los planifolios abundan en las altitudes más bajas, las coníferas empiezan a dominar a medida que la altitud aumenta. Los inviernos son muy crudos, y los veranos son templados; en verano y otoño las precipitaciones pueden ser muy abundantes.

Bosque de los cedros de Dios

Ubicación monte Makmel (norte de Líbano)

Protegido desde 1876, es el vestigio más famoso del bosque de cedros que antaño cubría la mayor parte de las montañas libanesas. Durante miles de años, civilizaciones sucesivas usaron madera de cedro para construir barcos y edificios importantes, por lo que el bosque es ahora una fracción de lo que fuera entonces. Los 375 árboles del bosque crecen a más de 1900 m de altitud sobre el monte Makmel, cuyas laderas quedan cubiertas de nieve en invierno. Cuatro de esos cedros superan los 35 m de altura.

▼ COLINAS ARBOLADAS EN EL BOSQUE DE LOS CEDROS DE DIOS

Bosque templado del Himalaya occidental

Ubicación laderas meridionales del Himalaya occidental (Nepal, norte de Pakistán y norte de India)

Este bioma comprende un bosque de planifolios a una altitud de entre 600 m y 2600 m y un bosque subalpino de coníferas a altitudes más elevadas, hasta los 3800 m. Más fragmentado que su contrapartida en el Himalaya oriental, recibe menos humedad del monzón de la bahía de Bengala. El rododendro y el abedul son dos de los planifolios más frecuentes, y abundan las coníferas como el pino azul, la pícea, el tejo y el abeto. El valle de Palas, una de las zonas del bosque, tiene la flora más rica de Pakistán. El bosque alberga aves como el tragopán occidental y el monal colirrojo, y mamíferos en peligro de extinción, como el tar del Himalaya.

▼ EL BOSQUE HÚMEDO DE LOS GHATS OCCIDENTALES DEL SUR

Bosque de Mudumalai

Ubicación Ghats occidentales del estado de Tamil Nadu (sur de India)

Hasta 80 tigres viven en la sección protegida del bosque, un parque nacional de 320 km². Otras especies en peligro son el leopardo indio, el oso bezudo y el gaur. También viven aquí más de 200 especies de aves, como el endémico papamoscas negro y naranja. Como reflejo de las diferencias en las precipitaciones, el bosque se puede dividir en tropical húmedo caducifolio, tropical seco caducifolio y tropical seco espinoso.

Bosque húmedo de los Ghats occidentales del sur

Ubicación Ghats occidentales (suroeste de India)

Con más de 4000 tipos de plantas de flores, esta ecorregión contiene una biodiversidad extraordinariamente rica. Muchos animales, como el tar del Nilgiri, el macaco de cola de león, 90 especies de reptiles y 85 especies de anfibios son endémicos de estos bosques planifolios húmedos subtropicales. Este bosque crece a altitudes de entre 250 m y 1000 m, a media altura entre los más bajos bosques húmedos de la costa de Malabar y el más elevado bosque montano. Presenta precipitaciones abundantes, la mayoría durante el monzón del suroeste. Los parques nacionales Indira Gandhi y Periyar son áreas protegidas.

Bosque húmedo de Sri Lanka

Ubicación suroeste de Sri Lanka

Este bosque húmedo tropical y subtropical de planifolios es uno de los puntos neurálgicos del endemismo en el planeta: muchos de los animales y plantas que viven aquí no se hallan en ningún otro lugar de la Tierra. La naturaleza del bosque cambia con la altitud. En los niveles inferiores se conocen más de 300 especies de árboles, algunos con más de 50 m de altura en áreas protegidas, como la reserva forestal de Sinharaja. La región es húmeda (las precipitaciones anuales superan los 5000 mm en algunos puntos), lo que explica que presente la mayor diversidad de anfibios del planeta.

Bosque de bambú de Sagano

Ubicación Arashiyama, cerca de Kioto, en la isla de Honshu (Japón)

Este bosque, plantado por un monje en el siglo xiv, cubre ahora 16 km². Aunque se cosecha con regularidad, el bambú se regenera rápidamente y crece hasta los 25 m de altura. Pasear por esta pequeña área de bambú *Phyllostachys* (moso) es una extraordinaria experiencia aural y visual: la brisa hace que los tallos se golpeen entre ellos y repiqueteen.

▶ ALTOS TALLOS DE BAMBÚ, EN
EL BOSQUE DE BAMBÚ DE SAGANO

Bosque de las islas Ryukyu

Ubicación islas Ryukyu
(suroeste de Japón)

Situado en las islas Ryukyu (islas
Nansei, oficialmente en Japón), este
archipiélago es una cadena de islas
volcánicas grandes e islas de coral
más pequeñas entre el sur de Japón
y Taiwán y China. Muchos de sus
tramos son bosques subtropicales
húmedos de planifolios, favorecidos
por inviernos templados, veranos
cálidos y precipitaciones abundantes.
Con una combinación única de
fauna y flora, muchas de sus especies
son endémicas del archipiélago,
como el conejo de Amami. Las islas
Iriomote contienen el único hábitat
para el gato de Iriomote, en peligro
de extinción. El mayor tramo de
bosque está en Okinawa, y alberga
al pito de Okinawa y al rascón de
Okinawa, endémicos de la isla.

Selva de Xishuangbanna

Ubicación cerca de Jinghong,
Yunnan (China)

Esta es la mayor área de la China
subtropical todavía cubierta de
bosque autóctono. A pesar de la
gran altitud del bosque (por encima
de los 500 m), cuenta con la
mayoría de las características de
la selva de tierras bajas del sureste
asiático. En parte, esto se debe a
que las montañas Hengduan lo
protegen del frío viento del norte
en invierno. En Xishuangbanna
vive una extraordinaria variedad
de más de 3300 especies de árboles
y otras plantas. Algunos de los
árboles superan los 80 m de altura.

Otros bosques en Asia

- Pluvisilva de Borneo
  » pp. 258-259
- Bosque del Himalaya
  oriental » p. 256
- Bosque montano
  de Taiheiyo » p. 256
- Taiga siberiana » pp. 254-255
- Bosques del Alto Yangtsé » p. 257

HERBAZALES Y TUNDRA

Este variado bioma incluye sabanas tropicales y praderas y estepas templadas. La estepa apenas tiene árboles; la sabana puede tener un dosel de bosque abierto. Las precipitaciones que reciben los herbazales, que pueden ser estacionales o estar repartidas a lo largo del año, no son suficientes como para sustentar un bosque, pero tampoco son tan escasas como para formar desiertos. Otros factores que influyen en su distribución y su naturaleza son: las inundaciones estacionales, que impiden el crecimiento de bosques; la geología, que determina el tipo de suelo y de vegetación; y el pastoreo intensivo, que transforma los bosques en praderas.

América Central y del Sur

El Cerrado

Ubicación entre el Pantanal, la pluvisilva amazónica y la mata atlántica (centro de Brasil)

Esta sabana se extiende sobre más del 20 % de la superficie de Brasil. Tiene un clima tropical semihúmedo, con una estación seca y una estación húmeda, e incluye distintos tipos de sabana cruzados por un bosque de dosel arbóreo cerrado que crece como un pasillo junto a los cursos de agua. Se han registrado más de 10 000 especies de plantas, entre ellas 800 árboles. Algunos mamíferos son el oso hormiguero gigante, el armadillo gigante, el jaguar, el lobo de crin y el ciervo de los pantanos.

▼ PALMAS DE MORICHE, EN EL CERRADO BRASILEÑO

Otros herbazales y tundra en América Central y del Sur

● La Pampa » pp. 122-123

África

Sabana arbolada de miombo central y oriental

Ubicación desde el sur de Zambia hasta el norte de Tanzania, y desde Angola oriental hasta el norte de Mozambique

Ampliamente repartidos entre la sabana arbolada de miombo de Zambia central y la oriental, estos herbazales, sabanas y montes bajos abarcan un área total de 1 930 000 km². Pese a las variaciones regionales, comparten características tales como unos suelos pobres en nutrientes, la dominancia de muchos tipos de miombo y una estación seca larga y cálida. El Parque Nacional de Kafue, la región protegida más extensa de Zambia, y la Reserva de Niassa, en Mozambique, son ejemplos de estas ecorregiones, que albergan a una gran diversidad de mamíferos.

Otros herbazales y tundra en África

● Región florística del Cabo » p. 205
● Praderas de montañas de Etiopía » p. 204
● Serengueti » pp. 206-207
● Sabana sudanesa » p. 204

Asia

Estepa de Mongolia y Manchuria

Ubicación se extiende, en forma de media luna, desde el norte del desierto del Gobi, en Mongolia, hasta el noreste de China

Desde las colinas de la costa noreste de China se extienden unos vastos herbazales templados que cubren casi 900 000 km² en dirección a los bosques boreales del sur de Siberia. La ondulante estepa experimenta inviernos crudos y azotados por el viento, y la mayor parte de las precipitaciones caen durante el débil monzón estival. La *Stipa* (de la familia del esparto) domina muchas áreas, y las especies resistentes a la sequía son más habituales cerca del desierto del Gobi. También hay matorrales pequeños y espinosos. Algunos de los mamíferos nativos son las gacelas de Mongolia y los asnos salvajes asiáticos; los caballos de Przewalski se han reintroducido recientemente. El faisán orejudo pardo es la única ave endémica, y, en invierno, se refugia en el hábitat de herbazal y monte bajo.

Otros herbazales y tundra en Asia

● Estepa oriental » p. 260
● Tundra siberiana » p. 261
● Sabanas del Terai-Duar » p. 260

DESIERTOS

Cerca de una tercera parte de la tierra firme del planeta es desértica, con precipitaciones anuales inferiores a los 25 cm. Los desiertos pueden ser cálidos, fríos o polares. El del Sáhara es el desierto cálido más grande, y se halla bajo una gran bolsa de aire caliente descendente, por lo que las lluvias son muy raras. El del Gobi es el desierto frío más extenso: tiene veranos calientes e inviernos fríos, y apenas recibe precipitaciones, porque está en la zona de sombra pluviométrica del Himalaya. El desierto más grande del mundo es polar: la Antártida, donde el aire es tan frío que apenas contiene vapor de agua que pueda transformarse en lluvia o nieve.

América del Norte

Meseta del Colorado

Ubicación estados de Arizona, Utah, Nuevo México y Colorado (suroeste de EE UU)

Esta árida y elevada meseta consta de capas de rocas sedimentarias y contiene algunos de los paisajes más espectaculares del mundo. Su altitud va de los 600 m, en la base del Gran Cañón excavado por el río Colorado, a los 3870 m, en la sierra de La Sal. La meseta debe su carácter a la extraordinaria estabilidad geológica de la zona: sus 337 000 km² de superficie albergan múltiples cañones profundos, mesas de cima plana, cerros testigo y arcos de roca naturales. Las paredes de las formaciones revelan rocas cuya edad va desde los miles de millones de años a unos pocos siglos.

Otros desiertos en América del Norte

- Cañón del Antílope » p. 80
- Cañón de Bryce » p. 78
- Desierto de Chihuahua » p. 81
- Desierto de la Gran Cuenca » p. 74
- Mesa Arch » p. 79
- Cráter Meteor » p. 79
- Desierto de Mojave » p. 75
- Monument Valley » pp. 76-77
- Desierto de Sonora » p. 76

América Central y del Sur

Desierto de La Guajira

Ubicación península de La Guajira (noreste de Colombia)

Esta zona árida y de plantas xerófilas (resistentes a la sequía) se halla en el área de sombra pluviométrica de la serranía de Macuira, una cordillera de montañas bajas situada en el extremo oriental de la península de La Guajira, y que intercepta vientos alisios del noreste. Este es un terreno de matorrales espinosos, cactus y otras suculentas. Muchos flamencos americanos anidan en el Santuario de fauna y flora Los Flamencos, y el cardenal bermejo, el carpinterito castaño y el pijuí barbiblanco son algunas de las aves características de esta área biogeográfica.

Desierto de Sechura

Ubicación provincias de Piura y Lambayeque (norte de Perú)

Este desierto ocupa 190 000 km² de la costa de Perú, y se extiende hasta 100 km hacia el interior, hasta las crestas secundarias de los Andes. Hacia el norte, se transforma en un bosque seco tropical; hacia el sur, en el desierto costero del Perú. Llueve pocos días al año, y debe su aridez a la subsidencia atmosférica causada por la surgencia de agua fría frente a la costa. Sin embargo, en 1998, durante el fenómeno de El Niño, precipitaciones muy superiores a las habituales aumentaron el caudal de los ríos que atraviesan el desierto e inundaron gran parte de esta región, creando así, temporalmente, el segundo lago más grande de Perú en la cuenca de Bayóvar.

▼ LA REGIÓN DE GLEN CANYON, EN LA MESETA DEL COLORADO

Catinga

Ubicación noreste de Brasil

Esta vasta ecorregión cubre casi el 10 % del territorio de Brasil: unos 850 000 km² de matorral y bosque espinoso resistente a la sequía. La Catinga tiene dos estaciones: una estación seca muy cálida, durante la que la temperatura del suelo puede alcanzar los 60 °C y las plantas se desprenden de las hojas para reducir la transpiración, y una estación lluviosa y cálida más breve. Tras las primeras precipitaciones, el cerrado se transforma en cuestión de días, y pasa de ser un paisaje grisáceo a estar cubierto de un verde vibrante y lleno de vida.

▲ DIBUJOS HEXAGONALES, EN EL SALAR DE SALINAS GRANDES

Salar de Arizaro

Ubicación puna de Atacama (noroeste de Argentina)

El sexto salar más grande del mundo tiene 1600 km² de superficie y está a una altitud de unos 3460 m en los Andes. Se originó por la evaporación del agua superficial y la deposición de sus sales constituyentes, y cuenta también con yardangs (crestas de roca alineadas con los vientos predominantes del noroeste), rocas que han sido erosionadas por el crecimiento repetido de cristales de roca, vestigios de orillas lacustres y el enigmático y pequeño Cono de Arita, que

se alza unos 150 m por encima de la planicie de sal.

Parque Nacional Talampaya

Ubicación La Rioja (noroeste de Argentina)

Declarado Patrimonio de la Humanidad en 2000, este parque protegido abarca 2150 km² de árido desierto de matorral en la zona de sombra pluviométrica de los Andes. El parque encierra paisajes espectaculares que han sido moldeados por el agua y por el viento, como la garganta Talampaya, y múltiples paredes verticales de arenisca roja. Uno de sus mayores atractivos son sus fósiles, ya que posee la variedad más completa conocida de formas de vida de hace 250–200 m.a., como el *Eoraptor* (uno de los primeros dinosaurios), mamíferos, pescados, anfibios y plantas.

Salinas Grandes

Ubicación provincias de Jujuy y Salta, en la puna de Atacama (noroeste de Argentina)

Este gran salar descansa sobre el lecho de una cuenca endorreica a 3350 m de altitud en la árida puna andina. Sus depósitos, de un blanco cegador, cubren más de 200 km, y se precipitaron de la escorrentía evaporada de las montañas circundantes. Lagunas rectangulares marcan los puntos para la extracción de sal, y los artesanos locales esculpen figuras de sal para demostrar sus habilidades.

> **Otros desiertos en América Central y del Sur**
>
> ● **Desierto de Atacama**
>   » pp. 124-125
> ● **Desierto de la Patagonia** » p. 127
> ● **Salar de Uyuni** » p. 126
> ● **Valle de la Luna** » p. 127

▼ GRANDES DUNAS EN ERG CHEBBI

Europa

Desierto de Tabernas

Ubicación Almería (sur de España)

La sierra de Alhamilla protege de los vientos húmedos del Mediterráneo esta área de 280 km², que es semiárida más que desértica. Las precipitaciones anuales, de entre 150 mm y 220 mm, se limitan a unos pocos días al año. Las ocasionales lluvias torrenciales han cortado ramblas abruptas, que suelen estar secas, y canalizaciones subterráneas naturales por donde el agua se filtra bajo la superficie en la cima de una pendiente, avanza por el subsuelo y vuelve a salir a la superficie a los

pies de la pendiente. La vegetación, resistente a la sequía, incluye adelfas, tamarisco y *Limonium*.

Pobiti Kamani

Ubicación depresión de
Varna (noreste de Bulgaria)

Esta región con bajas precipitaciones y vegetación escasa es el único desierto de Bulgaria. Pobiti Kamani significa «desierto de piedra» en búlgaro, y alude a sus 18 grupos de columnas de caliza de hasta 7 m de altura y 3 m de diámetro. Entre las teorías que explican estas formaciones, la más popular es que las bacterias oxidaron fluidos que contenían metano y que se filtraron por lo que fuera suelo oceánico,

formando así cilindros de carbonato de calcio. Posteriormente, la región se alzó, y la erosión eliminó los más blandos sedimentos arenosos que rodeaban los cilindros, dejándolos así erguidos sobre el paisaje.

África

Dunas de Erg Chebbi

Ubicación Erfoud, desierto del Sáhara (oeste de Marruecos)

Erg Chebbi es uno de dos grandes ergs (mares de dunas compuestas de arena depositada por el viento y con escasa o ninguna vegetación) en el Sáhara marroquí. Las dunas más grandes alcanzan los 150 m

sobre el desierto circundante. Erg Chebbi se extiende a lo largo de unos 28 km de sur a norte y 7 km de oeste a este. Las temperaturas diurnas suben hasta los 40 °C en julio, pero en las noches de invierno pueden caer hasta los 3 °C. El mes más húmedo del año es noviembre, con tan solo 10 mm de lluvia. A pesar de la aridez del entorno, aquí viven reptiles y mamíferos nocturnos, como jerbos y zorros del desierto.

Desierto de Nyiri

Ubicación al sur de Nairobi
(sur de Kenia)

También conocido como el Nyika y desierto de Taru, el Nyiri está

al norte del Kilimanjaro, y abarca el Parque Nacional de Amboseli, que incluye la mitad norte del lago Amboseli. Las precipitaciones son de unos 350 mm anuales, aunque fuera de la estación de lluvias, de abril y mayo, el agua en la región es muy escasa y se limita a algún riachuelo y lecho fluvial. La vegetación es una mezcla de herbazales y matorrales espinosos (algunos de ellos venenosos), además de baobabs dispersos. Algunos de los baobabs superan los 2000 años de edad, y sus troncos circulares pueden alcanzar diámetros de hasta 3 m. Sus grandes mamíferos incluyen jirafas, leones, kudúes menores, leopardos e impalas. De sus más de 400 especies de aves residentes o migratorias, 47 son rapaces.

Salares de Makgadikgadi

Ubicación desierto de Kalahari (noreste de Botsuana)

En realidad se trata de un grupo de salares enormes que, juntos, componen uno de los mayores del mundo, con un área de 16 000 km². Los salares de Sua, Nwetwe y Nxai, entre otros, son reliquias del enorme lago Magkadikgadi, que se secó hace ya varios miles de años. Son cortezas de sal prácticamente yermas durante gran parte del año, pero los ríos Nata, Boeti y otros los riegan con agua dulce de forma estacional, lo que fomenta el crecimiento de vegetación en los márgenes y atrae a flamencos, patos y otras aves migratorias. El salar de Makgadikgadi alberga a una de las dos únicas poblaciones nidificadoras de flamencos en el sur de África.

Otros desiertos en África

- Meseta de Adrar » p. 210
- Desierto del Kalahari » p. 211
- Karoo » p. 211
- Desierto del Namib » pp. 212-213
- Desierto del Sáhara » pp. 208-209
- Desierto Blanco » p. 210

Asia

Desierto de Kizil Kum

Ubicación entre los ríos Amu Daria y Sir Daria (Uzbekistán, Kazajistán y Turkmenistán)

Esta árida región de 300 000 km² de dunas de arena que descienden suavemente hacia el mar de Aral, al noroeste, entre los ríos Amu Daria y Sir Daria, está salpicada por colinas ocasionales, como Auminzatau, Tamditau y Bukantau. Otra de las características de este desierto es la presencia de takirs, depresiones someras que quedan sumergidas

durante la estación de lluvias y que se secan y forman cortezas cuarteadas al evaporarse el agua. Las precipitaciones medias anuales son de 150 mm, y las temperaturas fluctúan entre los 30 °C o más, en verano, y los –9 °C, en invierno.

Desierto de Siria

Ubicación sur de Siria, oeste de Irak, noreste de Jordania y norte de Arabia Saudí

El desierto de Siria abarca una extensa área de verdadero desierto y de estepa, y comprende una meseta elevada en el sur de Siria y el este de Jordania y una llanura que desciende suavemente hacia el noroeste, hacia el río Éufrates. Todo el desierto está diseccionado por uadi (valles secos). En algunas zonas, las precipitaciones anuales medias pueden ser de solo 100 mm. En verano, las temperaturas diurnas alcanzan los 45 °C, y el jamsin, un viento cálido y seco, suele azotar el desierto desde el sur o el suroeste y genera tormentas de arena. La parte meridional del desierto está habitada por varias tribus nómadas y por criadores de caballos árabes.

Desierto de Kavir

Ubicación al sureste de Teherán (norte de Irán)

El desierto de Kavir es una región extraordinariamente árida que se extiende unos 390 km hacia el sureste, desde las montañas Elburz hasta el desierto de Lut, y que está completamente rodeada de montañas. Prácticamente no recibe precipitaciones, pero las escorrentías de las montañas se acumulan en lagos estacionales y en las salinas de Kavir Buzorg, donde la evaporación da lugar a la formación de cortezas de sal en la superficie. Rig Jenn es una amplia área de dunas de arena donde la temperatura estival puede llegar a alcanzar los 50 °C. El Parque Nacional de Kavir alberga a una pequeña

población del guepardo asiático, en grave peligro de extinción.

Desierto del valle del Indo

Ubicación entre los ríos Chenab e Indo, en el noroeste de la provincia de Punyab (Pakistán)

Esta inhóspita llanura cubre 20 000 km² y soporta temperaturas de hasta 45 °C durante el día en verano, aunque los inviernos pueden ser gélidos. Las precipitaciones medias anuales fluctúan entre los 600 mm y los 800 mm y se ven reflejadas en la variedad de la vegetación. Abundan los matorrales *Prosopis* y otros árboles resistentes a la sequía. El desierto cuenta también con cinco especies de grandes mamíferos autóctonos: el lobo indio, la hiena rayada, el caracal, el leopardo indio y el urial (un carnero salvaje).

Otros desiertos en Asia

- Desierto de Arabia » pp. 262-263
- Desierto de Lut » p. 263
- Desierto del Gobi » pp. 266-267
- Desierto de Karakum » p. 264
- Desierto de Taklamakán » p. 264
- Desierto de Thar » p. 265

Australia y Nueva Zelanda

Pequeño Desierto Arenoso

Ubicación entre Newman y Wiluna (Australia occidental)

Este paisaje ondulante de dunas de arena roja cubre un área de 110 000 km² y está poblado por acacias y Spinifex, una planta herbácea resistente a la sequía. Escarpes de arenisca antigua, como Calvert Range, interrumpen el paisaje de vez en cuando. En el norte del desierto está el lago Disappointment, un lago salado endorreico que solo contiene agua en los periodos muy húmedos.

Otros desiertos en Australia y Nueva Zelanda

- Desierto de Gibson » p. 298
- Gran Desierto Arenoso » p. 295
- Gran Desierto Victoria » p. 299
- Los Pináculos » p. 298
- Desierto de Simpson » pp. 296-297

▲ SALARES DEL DESIERTO DE KAVIR

GLOSARIO

A

ABANICO ABISAL Acumulación de sedimentos en el suelo oceánico, normalmente en el fondo del talud continental, depositados por corrientes de turbidez. También se conoce como delta submarino. *Véase también* corriente de turbidez.

ABANICO ALUVIAL O cono de deyección: depósito con forma cónica de la carga sólida llevada por una corriente fluvial. Los abanicos suelen encontrarse en puntos donde cursos montañosos de agua rápida y rica en depósitos entran en zonas más llanas. *Véase también* aluvión.

ABISAL Relativo al suelo oceánico más profundo y a su entorno. La zona abisal es la región de suelo oceánico y de agua comprendida entre los 2000 m de profundidad y la llanura abisal. Es más profunda que la zona batial, pero no tanto como las fosas oceánicas. *Véase también* batial, fosa oceánica.

línea de equilibrio, donde la ablación y la acumulación se compensan

zona de ablación

agua de deshielo

hielo ganado anualmente | movimiento del hielo | hielo perdido anualmente

ABLACIÓN GLACIAR ▲ Pérdida de hielo de un glaciar debido a la fusión, evaporación, desprendimiento, sublimación o erosión por el viento. La zona de ablación del glaciar es donde hay una pérdida neta de hielo debido a estos procesos. *Véase también* zona de acumulación.

ACICULAR Hoja con forma de aguja, característica de las plantas coníferas. *Véase también* coníferas.

ACUÍFERO ▼ Capa subterránea de rocas permeables de la que puede extraerse agua subterránea. *Véase también* aguas freáticas.

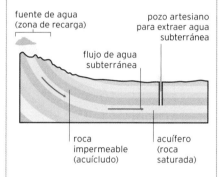

fuente de agua (zona de recarga)

pozo artesiano para extraer agua subterránea

flujo de agua subterránea

roca impermeable (acuícludo) | acuífero (roca saturada)

AEROSOL Partícula minúscula suspendida en el aire. Puede ser de polvo o de líquido, y su diámetro no suele superar la millonésima de milímetro.

AGUA DE DESHIELO Agua procedente de nieve y hielo fundidos que fluye por o desde un glaciar.

AGUA SALOBRE Agua con un contenido en sal inferior al del agua de mar y superior al del agua dulce.

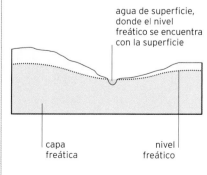

agua de superficie, donde el nivel freático se encuentra con la superficie

capa freática | nivel freático

AGUAS FREÁTICAS ▲ Agua acumulada en los intersticios de las rocas subterráneas. El nivel freático es el nivel superior de la capa freática. *Véase también* acuífero, nivel freático.

ALBEDO Porcentaje de radiación solar que la superficie de la Tierra refleja cuando incide sobre ella. La nieve fresca, por ejemplo, puede reflejar hasta un 90 %, y decimos que tiene un albedo de 0,9.

ALUVIÓN Cualquier material sedimentario depositado por los ríos, como arena, limo, barro, grava y materia orgánica. Las acumulaciones de aluvión se llaman depósitos aluviales. *Véase también* abanico aluvial, depósito aluvial.

AMPLITUD MAREAL Diferencia vertical entre una marea alta y la siguiente marea baja. Varía en función de las posiciones relativas del Sol y la Luna.

ANTEPLAYA Sección pendiente de la playa que queda expuesta a las olas. *Véase también* escurrimiento, playa (recuadro).

ANTICICLÓN ▼ Sistema meteorológico en el que la presión atmosférica es más elevada en el centro; en él, los vientos circulan en sentido horario en el hemisferio norte y en sentido antihorario en el hemisferio sur. *Véase también* ciclón, sistema de presión.

el aire frío, más pesado, baja hacia la superficie y eleva la presión

el aire descendente se esparce como viento de superficie

en el hemisferio norte, el aire circula en sentido horario | área de altas presiones

ANTICLINAL Pliegue combado hacia arriba de estratos originalmente planos, con frecuencia originado por una compresión horizontal. *Véase también* pliegue (recuadro), sinclinal.

ARCHIPIÉLAGO Cadena o grupo de islas. *Véase también* arco insular.

ARCILLA Tierra con partículas minerales de diámetro inferior a 0,002 mm. Aunque la arcilla es porosa, filtra el agua muy lentamente.

ARCO DE MAR Arco natural que la erosión del mar ha formado en un acantilado.

ARCO INSULAR Cadena de islas volcánicas próxima a una zona de subducción. A uno de los lados suele haber una fosa oceánica. *Véase también* arco volcánico, cuenca de retroarco, subducción.

ARCO RESIDUAL Antiguo arco volcánico insular que ha sido desplazado de su lugar original por los movimientos tectónicos. *Véase también* arco insular, subducción.

ARCO VOLCÁNICO Cadena de volcanes formada sobre una zona de subducción y dispuesta en forma de arco. Los volcanes pueden generar una cadena de islas en el océano. *Véase también* arco insular, placa tectónica, subducción.

ARCOÍRIS Prisma de luz que aparece cuando los rayos del Sol se refractan en sus colores constituyentes al atravesar gotas de lluvia.

ARISTA ▼ Cresta montañosa que separa dos circos adyacentes. *Véase también* circo.

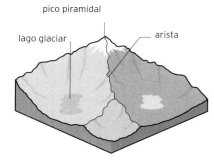

pico piramidal
lago glaciar
arista

ARRECIFE BORDEANTE Arrecife de coral que crece bordeando la costa y formando una barrera frente al oleaje. *Véase también* arrecife de coral, atolón.

ARRECIFE DE CORAL ▼ Estructura levantada a lo largo de muchos años a partir de esqueletos de corales. Hay varios tipos de arrecifes: bordeantes, de barrera y atolones, entre otros.

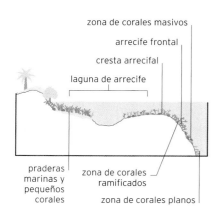

zona de corales masivos
arrecife frontal
cresta arrecifal
laguna de arrecife
praderas marinas y pequeños corales
zona de corales ramificados
zona de corales planos

ASTENOSFERA Capa viscosa del manto superior situada bajo la litosfera. Es lo suficientemente poco rígida como para fluir lentamente en estado sólido, y desempeña un papel esencial en el desplazamiento de las placas tectónicas. *Véase también* litosfera (recuadro), manto, placa tectónica.

ATMÓSFERA Capa gaseosa que rodea la Tierra. Se compone de cuatro capas diferenciadas: troposfera, estratosfera, mesosfera e ionosfera. *Véase también* estratosfera, troposfera.

ATOLÓN ▼ Isla coralina anular o anillo de pequeñas islas coralinas que rodea una laguna interior. Los atolones se crean cuando arrecifes

de coral se desarrollan en aguas poco profundas alrededor de islas volcánicas que se hunden. *Véase también* arrecife bordeante, arrecife de coral.

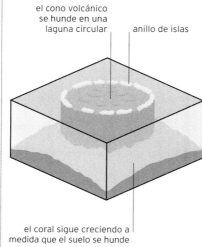

el cono volcánico se hunde en una laguna circular
anillo de islas
el coral sigue creciendo a medida que el suelo se hunde

AUREOLA Área de roca que rodea una intrusión ígnea cuya composición, estructura o textura ha sufrido una alteración térmica. *Véase también* metamorfismo, roca ígnea intrusiva, roca local.

AURORA POLAR Luminiscencia visible en el cielo nocturno en ciertas latitudes y en determinados momentos del año, que se produce cuando una eyección de partículas solares cargadas eléctricamente choca con el campo magnético de la Tierra. El fenómeno se conoce como aurora boreal en el hemisferio norte y como aurora austral en el sur.

AVENIDA TORRENCIAL Inundación repentina y a menudo destructiva consecuencia de una lluvia intensa.

B

BANCA DE HIELO Masa de hielo que flota sobre el mar, formada por múltiples trozos más pequeños que han quedado unidos al congelarse. *Véase también* banquisa.

BANQUISA Agua de mar congelada. El agua se congela en distintas fases: primero forma hielo grasoso y luego galletas de hielo, antes de formar placas continuas de banquisa. *Véase también* galleta de hielo, hielo grasoso.

BARJÁN Duna con forma de media luna formada por la acción del viento en un desierto de arena. La cara más inclinada, o de deslizamiento, está en el lado cóncavo. *Véase también* duna (recuadro).

BARNIZ DESÉRTICO Lustre de color naranja, marrón o negro que a veces se encuentra sobre la superficie de rocas del desierto que han quedado expuestas a los elementos durante mucho tiempo.

BARRA ▼ Depósito lineal de grava o arena formado por un río o por el mar. Las barras pueden quedar expuestas durante la marea baja o estar sumergidas permanentemente. *Véase también* barra de barrera, barra litoral, punta.

llanura de inundación
río
barra
playa

BARRA DE BAHÍA Barra o cordón de arena que atraviesa completamente la boca de una bahía. *Véase también* barra de barrera, cordón litoral.

BARRA DE BARRERA Barra de grava o arena relativamente paralela a la línea de costa y cuya superficie está por debajo del nivel medio del mar. *Véase también* barra litoral, isla de barrera.

BARRA LITORAL ▼ Cresta de arena, lodo o grava paralela a la costa en la zona intermareal

o justo después de la misma en dirección al mar. *Véase también* playa (recuadro).

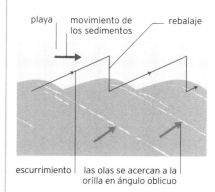

playa
movimiento de los sedimentos
rebalaje
escurrimiento
las olas se acercan a la orilla en ángulo oblicuo

BASALTO Roca volcánica vítrea de grano fino que suele originarse a partir de lava solidificada. La corteza oceánica está compuesta por basalto, y la lava basáltica también puede brotar en erupciones en los continentes. *Véase también* colada basáltica, roca ígnea extrusiva.

BATIAL Relativo a la zona del océano comprendida entre los 200 y los 2000 m de profundidad, también llamada batipelágica. *Véase también* abisal.

BATOLITO Gran intrusión volcánica, de 100 km o más de diámetro, que se origina a gran profundidad, pero que puede quedar expuesta por la erosión. *Véase también* intrusión ígnea (recuadro).

BERMA Franja de guijarros o grava en la parte superior de una playa, sobre la anteplaya, que normalmente marca el punto de las mareas altas más elevadas. *Véase también* anteplaya.

BIODIVERSIDAD Variedad de plantas y animales vivos en una zona o hábitat determinado.

BIOLUMINISCENCIA Producción de luz por parte de organismos vivos, como algunas bacterias, hongos, cefalópodos, medusas y peces.

BIOMA Cada una de las áreas bioclimáticas en que se divide el planeta, definida principalmente por su vegetación, como la pluvisilva tropical, la pradera templada, la taiga o la tundra.

BLANQUEO DE CORAL ▼ Proceso por el cual los corales expulsan de sus tejidos las algas que les proporcionan el color (zooxantelas) y, por lo tanto, se decoloran. Una de las principales causas del blanqueo es el aumento de la temperatura del agua del mar. Los corales blanqueados no necesariamente están muertos, pero el blanqueo puede conllevar su muerte.

pólipos   zooxantelas

CORAL SANO

expulsión de zooxantelas

CORAL BLANQUEADO

BLOQUE ERRÁTICO Bloque rocoso que ha sido desplazado de su lugar original, generalmente por el hielo de un glaciar. *Véase también* glaciar.

BLOQUES LÁVICOS Lava volcánica con una superficie compuesta por fragmentos pulidos y angulosos. Cuando se solidifica, suele formar la roca andesita.

BOREAL Relativo a las regiones del hemisferio norte comprendidas entre el Ártico y las zonas templadas.

BOSQUE SECO Bosque en un área de clima predominantemente seco.

BRAZO MUERTO ▼ Cuerpo de agua formado cuando un meandro queda totalmente aislado del curso principal de un río. *Véase también* meandro.

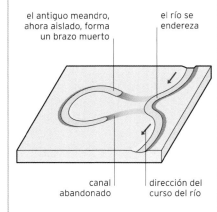
el antiguo meandro, ahora aislado, forma un brazo muerto

el río se endereza

canal abandonado

dirección del curso del río

BRECHA Roca formada por fragmentos angulosos de minerales y de otras rocas.

C

CABECERA Parte superior de un río o arroyo, cerca de su nacimiento.

CABO Área de tierra estrecha que se proyecta desde la costa, y que suele estar compuesta por una roca más dura que la costa que la flanquea.

CADUCIFOLIO Árbol o arbusto cuyas hojas mueren y se desprenden en una época determinada del año. *Véase también* coníferas, perennifolio.

CALCITA Forma mineral transparente u opaca muy frecuente del carbonato de calcio.

CALDERA Gran depresión volcánica cóncava, generalmente de más de 1 km de diámetro. Se forma cuando

un volcán se derrumba sobre su propia cámara magmática, vacía después de una erupción.

CALOR LATENTE Calor liberado, por ejemplo, cuando el vapor de agua se condensa en gotas de agua. Esta liberación de calor es un factor esencial en la formación de tormentas. *Véase también* condensación.

CÁMARA MAGMÁTICA Gran depósito subterráneo de roca fundida. A veces, la presión obliga al magma a ascender hacia la superficie y provoca una erupción. *Véase también* caldera, tapón volcánico.

CAMPO DE HIELO Extensa área de hielo cuya forma superficial y extensión están determinadas por las características del paisaje subyacente. Los campos de hielo suelen ser valles glaciares conectados de los que surgen picos montañosos más elevados. *Véase también* casquete glaciar, glaciar, nunatak.

CANAL DE DESHIELO ▼ Canal horadado en la nieve o el hielo que corre por debajo, a través o cerca de un glaciar. El canal y sus depósitos suelen permanecer tras la retirada del glaciar.

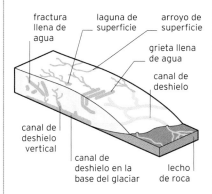
fractura llena de agua

laguna de superficie

arroyo de superficie

grieta llena de agua

canal de deshielo

canal de deshielo vertical

canal de deshielo en la base del glaciar

lecho de roca

CANCHAL Área de rocas fragmentadas, normalmente en regiones montañosas. También llamado berrocal.

CAÑÓN Valle profundo, de paredes abruptas y relativamente estrecho. *Véase también* garganta.

CÁRSTICO Paisaje (paisaje cárstico o karst) que suele encontrarse en regiones de tierra caliza y que se caracteriza por cuevas, sumideros y arroyos subterráneos. *Véase también* piedra caliza, sumidero.

CASCADA ▼ Salto de agua que se forma donde un arroyo o río cae por un acantilado o una pendiente muy inclinada.

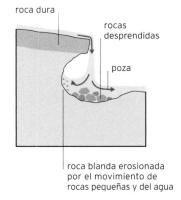
roca dura

rocas desprendidas

poza

roca blanda erosionada por el movimiento de rocas pequeñas y del agua

CASQUETE GLACIAR Masa de hielo que cubre un área considerable pero inferior a los 50 000 m². La forma del casquete oculta los rasgos del paisaje subyacente. *Véase también* campo de hielo, glaciar, inlandsis.

CATINGA Tipo de bosque espinoso que se halla en zonas semiáridas del noreste de Brasil.

CERRADO Tipo de sabana salpicada de árboles pequeños y arbustos, que se encuentra sobre todo en el centro de Brasil. *Véase también* sabana.

CHIMENEA HIDROTERMAL Conducto de salida del agua calentada por la proximidad de rocas calientes o fundidas. Las que emiten agua caliente y oscura procedente del suelo oceánico se llaman fumarolas negras. *Véase también* géiser, fumarola blanca, fumarola negra, manantial termal.

CICLÓN Sistema de presión en el cual el aire circula en torno a una zona de bajas presiones. *Véase*

también anticiclón, ciclón tropical, depresión, sistema de presión.

CICLÓN TROPICAL Gran sistema meteorológico que se desarrolla y se desplaza sobre océanos tropicales y subtropicales. Se caracteriza por vientos destructivos que circulan rápidamente alrededor de áreas de bajas presiones, por lluvias torrenciales y tormentas intensas. También llamado huracán o tifón. *Véase también* calor latente, ciclón.

CIÉNAGA ▼Área de terreno húmedo que retiene suelo húmedo y turboso. Las ciénagas suelen formarse en depresiones sobre rocas impermeables.

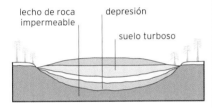

lecho de roca impermeable
depresión
suelo turboso

CIRCO ▼ Concavidad redondeada de paredes abruptas excavada por un glaciar en un valle o en la ladera de una montaña. Muchos glaciares se originan en un circo montañoso, desde el que descienden hacia cotas más bajas. *Véase también* glaciar.

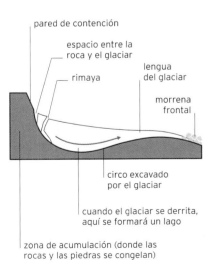

pared de contención
espacio entre la roca y el glaciar
lengua del glaciar
rimaya
morrena frontal
circo excavado por el glaciar
cuando el glaciar se derrita, aquí se formará un lago
zona de acumulación (donde las rocas y las piedras se congelan)

CLASTO Fragmento de grava, arena u otro sedimento incorporado en otra roca más reciente. Así, por ejemplo, la arenisca está compuesta por múltiples clastos de arena. *Véase también* grano.

COLADA Capa de un mineral de carbonato, como la calcita, en las paredes o el suelo de una cueva. El mineral se precipita del agua corriente. *Véase también* calcita, precipitado.

COLADA BASÁLTICA Resultado de una erupción masiva que cubre una extensa área de basalto. *Véase también* basalto.

COMBUSTIBLE FÓSIL Fuente de energía, como el carbón, el gas natural o el petróleo, derivada de los detritus de plantas y animales muertos hace millones de años y enterrados en el suelo.

CONDENSACIÓN Paso de una sustancia del estado gaseoso al líquido. Las nubes se forman cuando el vapor de agua se condensa y forma diminutas gotas de agua.

CONFLUENCIA Lugar donde se unen dos arroyos, ríos o glaciares.

CONÍFERA Árbol o arbusto cuyas semillas se hallan contenidas en piñas (conos). Los abetos y los pinos son ejemplos de coníferas.

CONO DE ESCORIAS Volcán de laderas abruptas compuesto por ceniza, hulla o clínker (fragmentos de lava rugosos e irregulares). *Véase también* volcán (recuadro).

CONVECCIÓN Movimiento de gases, líquidos y roca fundida como consecuencia de diferencias térmicas. Por ejemplo, cuando el aire se calienta al pasar sobre la tierra caliente y asciende hacia la atmósfera.

CORAL ▼ Organismo invertebrado que habita en el océano. Los corales suelen vivir en colonias gigantescas y pueden segregar un esqueleto de carbonato de calcio. La acumulación de estos corales acaba produciendo los arrecifes de coral. *Véase también* arrecife de coral.

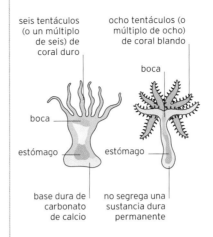

seis tentáculos (o un múltiplo de seis) de coral duro
ocho tentáculos (o múltiplo de ocho) de coral blando
boca
boca
estómago
estómago
base dura de carbonato de calcio
no segrega una sustancia dura permanente

CORDÓN LITORAL ▼ O restinga: península de arena o guijarros unida a la costa en un extremo. Los cordones litorales suelen formarse por la acción de la deriva litoral, a menudo donde la línea de costa cambia de dirección abruptamente. *Véase también* barra, deriva litoral, tómbolo.

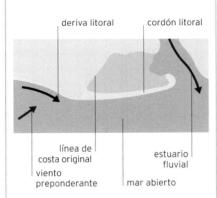

deriva litoral
cordón litoral
línea de costa original
viento preponderante
estuario fluvial
mar abierto

CORRIENTE ▼ Flujo de agua en un océano, lago o río.

el aire gira hacia una zona de bajas presiones
el aire caliente ascendente reduce la presión
el aire gira en sentido antihorario en el hemisferio norte
bajas presiones

CORRIENTE DE MAREA Fuerte corriente producida cuando un flujo de agua originado por la marea avanza por un canal estrecho.

CORRIENTE DE TURBIDEZ Flujo rápido de agua cargada de sedimentos, como el que baja por un talud continental hacia el fondo del mar.

CORRIENTE EN CHORRO Flujo de aire que sopla con gran fuerza y a gran altura y que mueve sistemas meteorológicos alrededor de la Tierra.

CORRIENTE GLACIAR Parte de un inlandsis que se mueve mucho más rápidamente que el hielo que la rodea. Estas corrientes son habituales en la Antártida. *Véase también* inlandsis.

CORROSIÓN Forma de erosión química en que el agua disuelve los minerales de las rocas y los arrastra.

CORTEZA Capa externa rocosa de la Tierra. Los continentes y sus márgenes están compuestos por corteza continental, más gruesa y menos densa que la oceánica que subyace en los suelos oceánicos profundos. *Véase también* corteza continental, corteza oceánica.

CORTEZA CONTINENTAL Capa compuesta básicamente por rocas sedimentarias y metamórficas que forma los continentes y el suelo oceánico relativamente poco profundo cerca de la costa. *Véase también* corteza, corteza oceánica, plataforma continental.

CORTEZA OCEÁNICA Capa superior de la litosfera bajo los océanos. Se forma en centros de expansión en dorsales oceánicas y se compone principalmente de basalto. *Véase también* corteza, corteza continental, dorsal de expansión, expansión del lecho marino.

COSTA DEPOSICIONAL Costa donde hay una deposición neta de sedimentos. Esto puede ser resultado de la deriva litoral o de la deposición de sedimentos en estuarios y deltas. *Véase también* deriva litoral.

COSTA EMERGIDA Área de costa anteriormente sumergida y que ha quedado expuesta por el descenso del nivel del mar.

COSTA SUMERGIDA Zona costera que ha quedado inundada por un aumento del nivel del mar y que se caracteriza por sus valles inundados (o rías). *Véase también* isostasia, ría.

CRÁTER ▼ Depresión cóncava por la que un volcán expulsa gases, lava, ceniza o piroclastos. También, depresión circular formada en el suelo por el impacto de un meteorito.

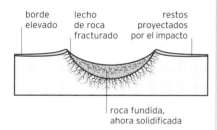

borde elevado
lecho de roca fracturado
restos proyectados por el impacto
roca fundida, ahora solidificada

CRATÓN *Véase* escudo.

CREVASSE *Véase recuadro* (abajo).

CRIOTURBACIÓN Alteración de las capas superficiales del suelo ocasionada por las alternancias de hielo y deshielo. También llamada geliturbación.

CRISTAL Cualquier sólido cuyas moléculas están dispuestas en un patrón geométrico regular. La calcita y el cuarzo, por ejemplo, forman cristales.

CUENCA Área baja o depresión en tierra o en el suelo oceánico, donde el sedimento se suele acumular. *Véase también* cuenca hidrográfica, hoya hidrográfica.

CUENCA DE DRENAJE Área en la que un único sistema fluvial recoge todo el agua de la superficie procedente de la lluvia o el deshielo. *Véase también* cuenca hidrográfica, divisoria de aguas, hoya hidrográfica.

CUENCA DE RETROARCO Cuenca submarina formada detrás de un arco insular y cerca del límite entre dos placas tectónicas. *Véase también* arco insular.

CUENCA HIDROGRÁFICA Área total drenada por un río y sus afluentes. *Véase también* cuenca de drenaje, cuenca hidrográfica.

CUEVA MARINA Cueva que la erosión del mar ha horadado en un acantilado.

CUÑA DE HIELO Masa de hielo vertical y cuneiforme que se halla en el suelo de un área periglaciar. *Véase también* descalce por helada, periglaciar.

DEFORMACIÓN Cambio en la forma de las rocas debido a la presión de los movimientos geológicos.

DELTA Área de pendiente suave en la desembocadura de un río donde se acumula cieno, arena y otros sedimentos.

DEPOSICIÓN Acción de depositarse fango, arena, grava y otros sedimentos arrastrados por ríos, corrientes oceánicas, hielo en movimiento o el viento.

DEPÓSITO ALUVIAL Depósito fluvial que incluye arena, limo, barro, grava y materia orgánica. Puede ser rico en minerales. *Véase también* aluvión.

DEPÓSITO PIROCLÁSTICO Acumulación de fragmentos de roca, ceniza y bombas de lava expulsados por un volcán.

DEPRESIÓN Sistema meteorológico en que los vientos circulan en torno a un área de bajas presiones. También se denomina ciclón. *Véase también* ciclón, sistema de presión.

DERIVA LITORAL Transporte de arena, lodo y grava a lo largo de la

línea de costa por parte de una corriente que fluye paralela a la misma. *Véase también* corriente.

DESCALCE POR HELADA Alteración de la superficie del terreno debida a la acumulación de hielo bajo el suelo. Es característico de las regiones periglaciares. *Véase también* cuña de hielo, periglaciar, pingo.

DESERTIFICACIÓN Transformación en desierto de una región antes fértil.

DESIERTO FRÍO Desierto que es muy frío al menos durante parte del año, por hallarse a una altitud o latitud elevadas. Por ejemplo, la Antártida y el desierto de Gobi.

DESPRENDIMIENTO Proceso por el cual bloques de hielo se separan del cuerpo de un glaciar o de una placa de hielo. *Véase también* glaciar, inlandsis.

DIACLASA ▼ Fractura de la roca que, a diferencia de una falla, no va acompañada del desplazamiento de los bloques. *Véase también* falla.

diaclasa vertical
arroyo
plano de estratificación entre los estratos rocosos

DIQUE Intrusión laminar de roca ígnea que forma un ángulo abrupto con la superficie. La concentración de un gran número de diques se denomina malla de diques. *Véase también* basalto, intrusión ígnea (recuadro), sill.

DIQUE DE CONTENCIÓN ▼ Acumulación de sedimentos depositados en las orillas de un río durante una inundación, o dique artificial levantado para impedir que un río inunde su llanura de

---

CREVASSE

Una crevasse es una fisura profunda en un glaciar u otro cuerpo de hielo. Normalmente aparece en puntos donde unas áreas de hielo se mueven a mayor velocidad que otras y rompen del hielo, lo que sucede cuando los glaciares cambian de dirección o pasan sobre una topografía irregular. Suele ser más ancha en la parte superior que en la inferior.

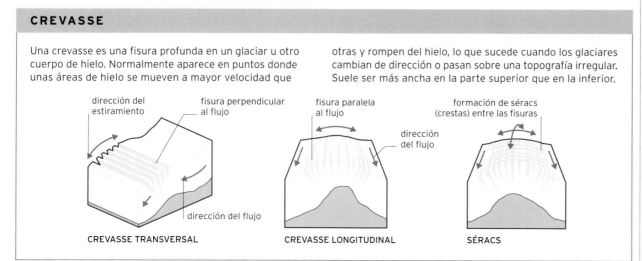

dirección del estiramiento
fisura perpendicular al flujo
fisura paralela al flujo
formación de séracs (crestas) entre las fisuras
dirección del flujo
dirección del flujo

CREVASSE TRANSVERSAL · CREVASSE LONGITUDINAL · SÉRACS

inundación. *Véase también* llanura de inundación.

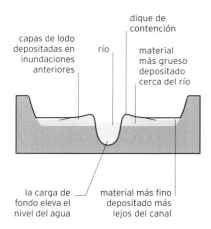

capas de lodo depositadas en inundaciones anteriores · río · dique de contención · material más grueso depositado cerca del río · la carga de fondo eleva el nivel del agua · material más fino depositado más lejos del canal

DISTRIBUTARIO Corriente de agua que se aleja del río principal y que no vuelve a unirse con él más adelante, por ejemplo, en un delta.

DIVISORIA CONTINENTAL Línea que marca la frontera entre dos vertientes hidrográficas a escala continental. El agua a cada lado de la divisoria fluye a océanos o mares distintos. *Véase también* cuenca hidrográfica, divisoria de aguas.

DIVISORIA DE AGUAS Línea imaginaria que separa dos o más cuencas hidrográficas vecinas. *Véase también* cuenca de drenaje, cuenca hidrográfica.

DOLINA *Véase* sumidero.

DOMO DE EXFOLIACIÓN O granítico: gran masa rocosa en forma de domo, forma que se debe al proceso de exfoliación. *Véase también* exfoliación.

DOMO VOLCÁNICO Volcán de laderas abruptas cuya forma se debe a la naturaleza viscosa de la lava, que no puede alejarse demasiado de la chimenea. *Véase también* volcán (recuadro).

DORSAL ANTICICLÓNICA Área alargada y estrecha de alta presión que se extiende desde un anticiclón. *Véase también* anticiclón.

DORSAL DE EXPANSIÓN Zona montañosa en el fondo del océano

DORSAL OCEÁNICA

Las dorsales oceánicas son cadenas montañosas que discurren por el fondo de los océanos. Se forman allí donde dos placas tectónicas se separan y el magma asciende desde el manto para crear nueva corteza oceánica. *Véase también* corteza oceánica, dorsal oceánica de expansión, placa tectónica.

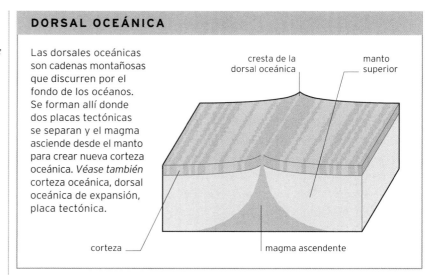

cresta de la dorsal oceánica · manto superior · corteza · magma ascendente

donde dos placas tectónicas se separan lentamente. La roca fundida del manto asciende y mana a lo largo de la dorsal, donde se solidifica y se transforma en corteza oceánica nueva. La dorsal del Pacífico oriental, situada entre las placas de Nazca y pacífica, es uno de los sistemas dorsales de expansión más rápidos de la Tierra. *Véase también* dorsal oceánica (recuadro), límite de placas (recuadro), placa tectónica.

DORSAL OCEÁNICA *Véase recuadro* (arriba).

DOSEL ARBÓREO Capa de follaje formada por las copas de los árboles más altos del bosque, que reciben la luz solar directamente. El dosel puede ser cerrado, si las copas se tocan entre sí y forman una capa continua, o abierto. *Véase también* pluvisilva.

DRENAJE DENDRÍTICO Trazado de los ríos y arroyos de una cuenca hidrográfica que recuerda a un árbol con sus ramas. *Véase también* cuenca hidrográfica.

DRUMLIN Montículo de sedimentos alargado que un glaciar en retroceso ha dejado atrás. *Véase también* glaciar, morrena (recuadro).

DUNA *Véase recuadro* (izda.).

DUNA EN ESPADA *Véase* duna longitudinal.

DUNA EN ESTRELLA Montículo de arena en forma de pirámide con tres o más «brazos» que salen del centro. Estas dunas suelen formarse donde el viento sopla desde varias direcciones, y tienden a crecer a lo alto más que a lo ancho.

DUNA LONGITUDINAL (SEIF) Montículo de arena largo y estrecho que se alinea en paralelo a la

DUNA

Una duna es una acumulación de arena en el desierto, el lecho de un río o las proximidades de la orilla del mar o de un lago, que se forma por la acción del viento o el flujo de las corrientes de agua. Las dunas pueden adoptar diversas formas y tamaños en función de cómo se hayan formado. En el desierto, si el viento predominante sopla en una misma dirección, se formarán dunas en media luna o parabólicas; si el viento es variable, se formarán dunas longitudinales o en estrella. Las dunas se pueden desplazar a lo largo de kilómetros o quedar fijadas por la vegetación.

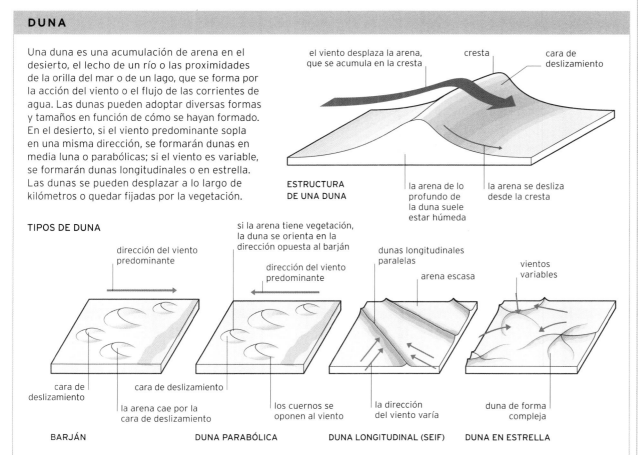

ESTRUCTURA DE UNA DUNA

el viento desplaza la arena, que se acumula en la cresta · cresta · cara de deslizamiento · la arena de lo profundo de la duna suele estar húmeda · la arena se desliza desde la cresta

TIPOS DE DUNA

dirección del viento predominante · cara de deslizamiento · la arena cae por la cara de deslizamiento · **BARJÁN**

si la arena tiene vegetación, la duna se orienta en la dirección opuesta al barján · dirección del viento predominante · los cuernos se oponen al viento · **DUNA PARABÓLICA**

dunas longitudinales paralelas · arena escasa · la dirección del viento varía · **DUNA LONGITUDINAL (SEIF)**

vientos variables · duna de forma compleja · **DUNA EN ESTRELLA**

dirección del viento predominante. Suelen formarse en zonas donde predomina el viento de una dirección y pueden formar crestas paralelas de varios kilómetros de longitud.

DUNA PARABÓLICA Montículo de arena de grano fino o medio con forma de U o V y con brazos largos que se extienden contra el viento. En ella, a diferencia del barján, la cara más abrupta (cara de deslizamiento) es la convexa. *Véase también* barján.

E

ECORREGIÓN Gran área geográfica que acoge un grupo característico de especies, comunidades de especies y condiciones medioambientales.

ECOSISTEMA Comunidad de organismos que interactúan entre sí y con su entorno. Puede ser tan pequeño como un tronco en descomposición o tan grande como la Tierra.

EFECTO DE CORIOLIS Efecto que explica la desviación de las corrientes de aire y oceánicas. La rotación de la Tierra desvía los vientos hacia la derecha en el hemisferio norte y hacia la izquierda en el sur. Sin este efecto, el aire fluiría directamente de zonas de altas presiones a zonas de bajas presiones. *Véase también* anticiclón, ciclón.

EFECTO INVERNADERO Tendencia de la atmósfera a absorber parte del calor que irradia el Sol una vez reirradiado por la Tierra. Se ha intensificado conforme la cantidad de dióxido de carbono en la atmósfera ha ido aumentando. *Véase también* gas de efecto invernadero.

EL NIÑO Fenómeno por el cual el agua cálida del Pacífico occidental

fluye hacia el este, provocando que las aguas del Pacífico oriental sean más cálidas de lo habitual y desencadenando cambios en el patrón climático de todo el mundo. *Véase también* La Niña.

ELEMENTO NATIVO Elemento químico que se halla en estado puro en la naturaleza, por ejemplo, el cobre, el oro, el azufre y el estaño. *Véase también* mineral.

EMBUDO Tubo de aire que desciende de una nube en rápida rotación. Si su extremo inferior toca el suelo, se convierte en un tornado. *Véase también* tornado.

ENDÉMICO Se dice de los animales y las plantas nativos (autóctonos o indígenas) de una región y que no se encuentran en ningún otro lugar.

ENDORREICO Lago o cuenca que no tiene salida fluvial hacia una masa de agua mayor.

EPÍFITA Planta no parasitaria que crece sobre otra.

ERG En un desierto, amplia región arenosa y carente de vegetación.

EROSIÓN Proceso por el cual las rocas o el suelo se desprenden, desgastan o aplanan. Los principales agentes erosivos son el viento, el agua y el hielo en movimiento, así como los granos de arena y otras partículas que estos transportan. *Véase también* meteorización.

EROSIÓN LITORAL En una costa, proceso por el cual se da una eliminación neta de arena, grava y otros sedimentos.

ERUPCIÓN *Véase recuadro* (dcha.).

ERUPCIÓN ESTROMBOLIANA Erupción volcánica explosiva y breve, caracterizada por la eyección de ceniza, lava y bombas volcánicas.

ERUPCIÓN FISURAL Emisión de lava por una hendidura lineal, cuya longitud puede ser de kilómetros.

ERUPCIÓN FREÁTICA Erupción explosiva que ocurre cuando magma o rocas calientes entran en contacto con agua subterránea o de superficie y la transforman en vapor.

ERUPCIÓN HAWAIANA Es la clase de erupción volcánica menos explosiva, con un flujo de lava basáltica relativamente suave.

ERUPCIÓN PLINIANA Es la clase de erupción volcánica más grande y violenta, que expulsa enormes cantidades de ceniza, lava y gas. Puede llegar incluso a destruir gran parte del propio volcán.

ERUPCIÓN SURTSEYANA Erupción volcánica en aguas relativamente poco profundas y en la que el magma o la lava interactúan de manera explosiva con el agua. Las erupciones

surtseyanas tienen lugar cuando un volcán submarino alcanza el tamaño suficiente como para atravesar la superficie del agua.

ERUPCIÓN VULCANIANA Erupción volcánica explosiva que se produce cuando la presión de los gases atrapados en el magma es tan fuerte que hace saltar por los aires la corteza superior de magma solidificado. *Véase también* magma.

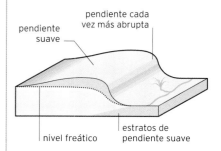

pendiente suave

pendiente cada vez más abrupta

nivel freático

estratos de pendiente suave

ESCARPE ▲ O escarpa: pendiente abrupta al borde de una meseta o de un área de estratos expuestos, que separa dos áreas relativamente planas pero a distinta altitud.

ERUPCIÓN

La expulsión de gas, lava, ceniza o piroclastos por parte de un volcán se denomina erupción. Se distinguen varios tipos de erupción, como hawaiana, pliniana, estromboliana, surtseyana o vulcaniana. Según el tipo de erupción, la chimenea principal expulsa lava, polvo, ceniza o bombas piroclásticas, mientras que las chimeneas secundarias, o fumarolas, pueden despedir humo y vapor.

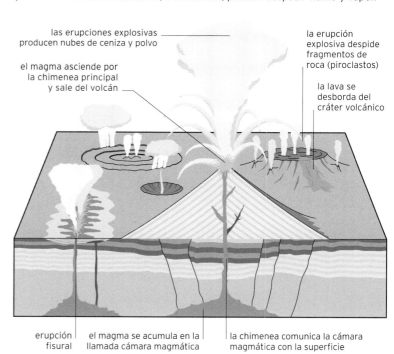

las erupciones explosivas producen nubes de ceniza y polvo

el magma asciende por la chimenea principal y sale del volcán

la erupción explosiva despide fragmentos de roca (piroclastos)

la lava se desborda del cráter volcánico

erupción fisural

el magma se acumula en la llamada cámara magmática

la chimenea comunica la cámara magmática con la superficie

ESCUDO Gran área de corteza continental con rocas metamórficas antiguas en la superficie.

ESCURRIMIENTO Agua que asciende por la playa al romper las olas.

ÉSKER Larga y generalmente sinuosa línea de grava o arena que deja atrás un glaciar. Los éskeres marcan la posición de antiguos canales de deshielo bajo o sobre el hielo. *Véase también* canal de deshielo, glaciar.

ESPIRAL DE EKMAN Tendencia de las corrientes oceánicas profundas a cambiar de dirección cuando se aproximan a la superficie, y de los vientos a cambiar de dirección al acercarse al suelo. *Véase también* efecto de Coriolis.

ESPOLÓN Cresta descendente que se proyecta desde la ladera de una montaña hacia un valle. Los espolones truncados tienen un extremo romo, debido a la erosión causada por un glaciar o a la formación de una falla.

ESTALACTITA ▼ Depósito, normalmente de calcita, que cuelga del techo de una cueva. Las estalactitas se forman por la precipitación de los minerales del agua que gotea. *Véase también* calcita, cárstico, estalagmita, precipitado.

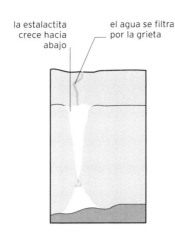

la estalactita crece hacia abajo

el agua se filtra por la grieta

ESTALAGMITA ▼ Depósito, normalmente de calcita, que asciende desde el suelo de una cueva. Como las estalactitas, las estalagmitas se forman por la precipitación de minerales del agua que gotea. *Véase también* calcita, cárstico, estalactita, precipitado.

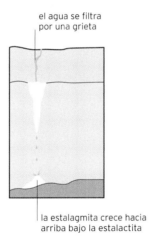

el agua se filtra por una grieta

la estalagmita crece hacia arriba bajo la estalactita

ESTEPA Llanura templada con muy pocos árboles, que se halla sobre todo en regiones con veranos cálidos y secos e inviernos fríos.

ESTRATIFICACIÓN Secuencia en que se depositaron originalmente, una sobre otra, las capas de roca sedimentaria. *Véase también* plano de estratificación, roca sedimentaria.

ESTRATO Capa de roca sedimentaria. *Véase también* plano de estratificación, roca sedimentaria.

ESTRATOSFERA Capa atmosférica comprendida entre la parte superior de la troposfera, a 8–16 km de la superficie terrestre, y la inferior de la mesosfera, a unos 50 km. *Véase también* mesosfera, troposfera.

ESTRATOVOLCÁN Volcán cónico compuesto por muchas capas de ceniza, pumita y lava solidificada. A diferencia de los volcanes en escudo, sus erupciones suelen ser violentas. Los estratovolcanes son comunes cerca de las zonas de subducción. *Véase también* pumita, subducción, volcán (recuadro).

ESTROMATOLITO Montículo, columna o lámina formado por capas de cianobacterias unicelulares en mares antiguos. Cuando estas proliferaron hace 2500 m.a., el oxígeno que producían alteró la atmósfera y permitió el desarrollo de otras formas de vida.

ESTUARIO Desembocadura en el mar de un río ancho y profundo. Los estuarios suelen experimentar flujos de marea y ser zonas de deposición.

EUSTATISMO Alteración global del nivel del mar debida a un cambio en la cantidad de agua en los océanos, generalmente debido a su vez a un cambio en el volumen de las capas de hielo de la Tierra.

EUTROFIZACIÓN Proceso por el cual lagos y otras masas de agua se enriquecen con nutrientes procedentes de fertilizantes.

EVAPORITA Roca sedimentaria formada por la evaporación de un lago salado o de una laguna costera. La calcita, el yeso y la halita son evaporitas.

EXFOLIACIÓN Proceso de meteorización consistente en la separación o desprendimiento de las capas externas de la roca en láminas, en lugar de grano a grano.

EXPANSIÓN DEL LECHO MARINO Proceso que se da en las dorsales oceánicas, donde se forma corteza oceánica nueva que se aleja gradualmente de la dorsal. *Véase también* dorsal de expansión, dorsal oceánica (recuadro), placa tectónica.

F

FALLA *Véase recuadro* (abajo).

FALLA

Una falla es una fractura de la masa rocosa en la que una parte se ha desplazado respecto a la otra. En las fallas normales e inversas, una sección de la corteza se desliza hacia abajo o hacia arriba respecto a la otra. En las fallas de desgarre, una sección se desliza horizontalmente junto a la otra, con escaso o ningún movimiento vertical. En las fallas de cabalgamiento intervienen gigantescas fuerzas, que hacen que rocas antiguas queden sobre estratos más recientes.

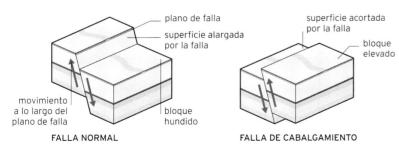

plano de falla

superficie alargada por la falla

movimiento a lo largo del plano de falla

bloque hundido

FALLA NORMAL

superficie acortada por la falla

bloque elevado

FALLA DE CABALGAMIENTO

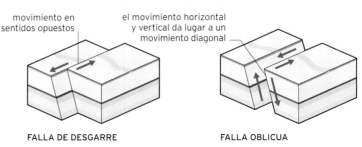

movimiento en sentidos opuestos

FALLA DE DESGARRE

el movimiento horizontal y vertical da lugar a un movimiento diagonal

FALLA OBLICUA

FALLA DE CABALGAMIENTO ▼
Tipo de falla inversa cuyo ángulo
de inclinación es inferior a 45°.
Véase también falla inversa.

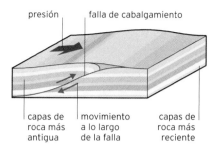

presión   falla de cabalgamiento

capas de   movimiento   capas de
roca más   a lo largo   roca más
antigua   de la falla   reciente

FALLA DE DESGARRE Falla
cuasi vertical con desplazamiento
horizontal de las rocas a ambos lados.
La falla de San Andrés, en California,
es una falla de desgarre transformante.

FALLA INVERSA Falla en la que un
flanco (labio elevado) se ha alzado
respecto al otro (labio hundido). Estas
fallas se dan allí donde la compresión
ha empujado dos bloques de roca el
uno contra el otro.

FALLA NORMAL Falla en la que un
lado (labio hundido) se ha desplazado
hacia abajo respecto al otro (labio
elevado).

FALLA OBLICUA Falla en la que el
movimiento de las masas rocosas
es mixto, horizontal y vertical.

FALLA TRANSFORMANTE Falla de
desgarre asociada a los movimientos
de placas. *Véase también* límite de
placas (recuadro), placa tectónica.

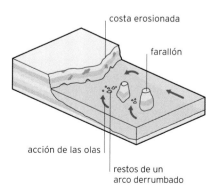

costa erosionada

farallón

acción de las olas

restos de un
arco derrumbado

FARALLÓN ▲ Columna de roca
que se alza sobre el mar cerca de la

costa, originada por la erosión de los
acantilados adyacentes, que suelen
ser de una roca menos resistente.

FETCH Distancia que recorre el
viento a lo largo de la superficie
del mar generando olas.

FILÓN Fractura en una roca
que contiene depósitos minerales.
Suele formarse por la precipitación
de minerales del líquido caliente
en el que estaban disueltos. *Véase
también* filón hidrotermal.

FILÓN HIDROTERMAL Cúmulo
de minerales formados por la
precipitación de sustancias disueltas
en aguas profundas muy calientes y
sometidas a fuertes presiones. *Véase
también* filón, mineral.

FIORDO Antiguo valle glaciar
costero que quedó sumergido tras
un aumento del nivel del mar y que se
ha convertido en un brazo de mar.

FITOPLANCTON Conjunto
de los diminutos organismos
fotosintetizadores que flotan en la
capa superior y soleada de un lago
u océano y que constituyen la base
de la mayoría de las cadenas tróficas
acuáticas. *Véase también* zooplancton.

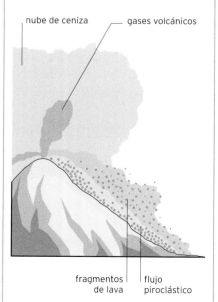

nube de ceniza   gases volcánicos

fragmentos   flujo
de lava   piroclástico

FLUJO PIROCLÁSTICO ▲ Nube
densa y destructiva de ceniza caliente,

fragmentos de lava y gas que avanza
rápido después de ser expulsada
violentamente por un volcán. *Véase
también* erupción (recuadro).

FLUJO TURBULENTO Movimiento
circular de cualquier tamaño o
velocidad, en el agua o en el aire.
Véase también vórtice.

FOLIACIÓN Disposición de
minerales en bandas paralelas en
rocas metamórficas. *Véase también*
laminación.

FOSA OCEÁNICA Depresión
alargada, similar a un cañón,
en el fondo del océano. Las fosas
suelen darse donde se produce la
subducción de una placa tectónica
bajo otra, y son las regiones más
profundas de los océanos. *Véase
también* subducción.

FÓSIL La impresión o los restos
de un animal o planta antiguos
incrustados en la roca y petrificados.

FOSILIZACIÓN Proceso de
transformación en fósil.

FRENTE ▼ En meteorología,
borde anterior de una masa de
aire en movimiento. *Véase también*
masa de aire.

las nubes y la lluvia suelen darse
a lo largo de la línea del frente

frente cálido:
borde de una masa
de aire cálido

frente frío: borde de
una masa de aire frío

FUMAROLA En regiones volcánicas,
pequeña abertura en el suelo por la
que salen gases calientes.

FUMAROLA BLANCA Chimenea
hidrotermal en el fondo marino de
la que manan minerales de color

claro, como los ricos en bario, calcio y
sílice. Las fumarolas blancas tienden
a ser más frías que las negras. *Véase
también* chimenea hidrotermal,
fumarola negra.

FUMAROLA NEGRA O humero
negro: chimenea hidrotermal de
la que mana agua muy caliente
ennegrecida por partículas de
minerales oscuros, sobre todo sulfuro
de hierro. *Véase también* chimenea
hidrotermal, fumarola blanca.

FUSIÓN PARCIAL Proceso
por el cual, en una roca que se
calienta a temperaturas elevadas,
algunos minerales se funden y
otros permanecen en estado sólido.
Esto sucede porque unos minerales
tienen un punto de fusión más bajo
que otros. *Véase también* roca ígnea.

G

GALLETA DE HIELO Pequeña placa
de hielo flotante, plana, circular y con
bordes ondulados debido al choque
con otras semejantes. Las galletas
constituyen una de las fases iniciales
de la formación de banquisas. *Véase
también* banquisa.

GARGANTA Valle profundo y
estrecho flanqueado por paredes
verticales o cuasi verticales. *Véase
también* cañón.

GAS DE EFECTO INVERNADERO
Todo gas que favorece el efecto
invernadero. Los principales son
el dióxido de carbono, el metano
y el vapor de agua. *Véase también*
efecto invernadero.

GÉISER ▼ Chorro de agua hirviente
y vapor que periódicamente brota
del suelo, alimentado por agua del
subsuelo caldeada por rocas calientes.
Véase también manantial termal.

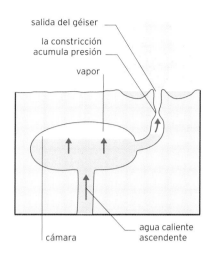

salida del géiser

la constricción acumula presión

vapor

cámara

agua caliente ascendente

GEODA Cavidad revestida de cristales en el interior de una roca.

GEOTÉRMICO Relativo a la energía térmica que se genera en el interior de la Tierra, fundamentalmente por la desintegración radiactiva natural de uranio, torio y potasio.

GIRO OCEÁNICO Gran sistema de corrientes marinas rotatorias.

GLACIAR Masa de hielo formada por la acumulación y compactación de nieve durante un largo periodo de tiempo y que se desplaza lentamente. Hay muchos tipos de glaciar.

GLACIAR DE CIRCO Glaciar que se origina en (y normalmente se limita a) un circo. Si el glaciar de circo avanza lo suficiente, puede convertirse en un glaciar de valle.

GLACIAR DE DESBORDAMIENTO Glaciar que fluye desde un casquete glaciar, un inlandsis o un campo de hielo antes de entrar en un valle.

GLACIAR DE PIEDEMONTE Área de hielo que fluye con lentitud, formada a partir de la convergencia de varios glaciares de valle al pie de una cordillera montañosa.

GLACIAR DE VALLE Glaciar confinado entre las laderas de un valle, a menudo un valle preglaciar en forma de V que la acción erosiva del hielo ha modificado.

GLACIAR EN OLEADAS Glaciar en cuyo desplazamiento se alternan periodos de avance normal y episodios de avance mucho más rápido (hasta 100 veces más).

GLACIAR POLITERMAL Glaciar cuya base está compuesta en parte por hielo templado (a 0 °C) y en parte por hielo frío (por debajo de 0 °C). Normalmente, el área central es más cálida que las áreas marginales.

GLACIS CONTINENTAL Parte inferior del margen continental, adyacente a la llanura abisal. *Véase también* llanura abisal.

GRABEN Bloque de la corteza terrestre que descansa entre fallas paralelas y hundido respecto a los bloques de ambos lados. *Véase también* rift.

GRADIENTE DE PRESIÓN Medida del cambio de la presión atmosférica con la distancia.

GRANITO Roca ígnea de grano grueso compuesta por los minerales cuarzo, feldespato y mica.

GRANO Textura de una roca. La arcilla se compone de partículas muy finas, por lo que se dice que es de grano fino, mientras que el conglomerado es de grano grueso.

GUYOT Monte volcánico submarino de cima plana. La cima de un guyot se encuentra a más de 200 m bajo el nivel del mar. *Véase también* monte submarino.

H

HÁBITAT Ámbito capaz de ofrecer sustento a un grupo o comunidad de seres vivos.

HALO Anillo iridiscente alrededor de la Luna o del Sol, producido por la refracción de la luz a su paso a través de nubes altas.

HAMADA Desierto plano, rocoso y prácticamente desprovisto de arena. *Véase también* pavimento desértico.

HIELO GRASOSO Una de las primeras fases de la formación de hielo sobre el mar, cuando cristales diminutos se unen y confieren a la superficie del agua el aspecto de una mancha de aceite. *Véase también* banquisa.

HIELO PERMANENTE Agua congelada fijada a la costa. Si se alza más de 2 m sobre el nivel del mar, se denomina plataforma de hielo. *Véase también* plataforma de hielo.

HOYA HIDROGRÁFICA Región drenada por un río y sus tributarios y en la que se van acumulando los sedimentos.

HUMEDAD RELATIVA Cantidad de vapor de agua en una porción de aire en relación con la cantidad total de humedad que esa porción puede contener a una temperatura determinada. El aire cálido puede contener más vapor de agua que el frío. *Véase también* condensación, punto de rocío.

HUMUS Componente del suelo de color oscuro y principalmente compuesto por materia vegetal en descomposición.

HURACÁN *Véase* ciclón tropical.

I

ICEBERG ▼ Gran masa de hielo desprendida de un glaciar, un inlandsis o una plataforma de

hielo, y que flota a la deriva en el mar. *Véase también* desprendimiento, glaciar, inlandsis, plataforma de hielo.

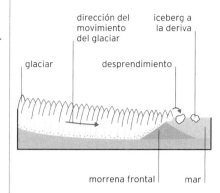

dirección del movimiento del glaciar · iceberg a la deriva · glaciar · desprendimiento · morrena frontal · mar

INFRARROJA Radiación invisible con una longitud de onda larga, que sentimos como calor. *Véase también* ultravioleta.

INLANDSIS Extensión de hielo que cubre un área superior a los 50 000 km² durante un periodo de tiempo prolongado. *Véase también* campo de hielo, casquete glaciar.

INSELBERG Colina o monte bajo, aislado y abrupto, que se alza sobre un terreno por lo demás plano. El Pan de Azúcar, en Río de Janeiro, es un inselberg.

INTRUSIÓN ÍGNEA *Véase recuadro* (p. 414).

ISLA DE BARRERA Isla de sedimentos larga y estrecha, relativamente paralela a la línea de costa, cuya superficie suele estar expuesta. *Véase también* barra de barrera, barra litoral.

ISOBARA En un mapa, línea imaginaria que une aquellos puntos que presentan la misma presión atmosférica.

ISOSTASIA Condición que implica que los continentes se alzan sobre el lecho marino porque la corteza continental es menos densa que la oceánica.

INTRUSIÓN ÍGNEA

Una intrusión ígnea es una masa de magma que se introduce en la corteza terrestre y se enfría y se solidifica antes de llegar a la superficie. Hay tres tipos principales: batolitos, diques y sills. Los batolitos son grandes cuerpos ígneos que pueden formar domos en la corteza terrestre. Los diques y los sills son intrusiones tabulares de roca ígnea incrustada entre estratos de rocas sedimentarias, metamórficas o volcánicas más antiguas. Los diques son verticales o tienen un alto ángulo de elevación, mientras que los sills son horizontales o tienen un bajo ángulo de elevación. El granito, el gabro, la diorita y la pegmatita son rocas ígneas intrusivas. Con el tiempo, la intrusión puede quedar expuesta por la erosión de las rocas más blandas que la rodean.

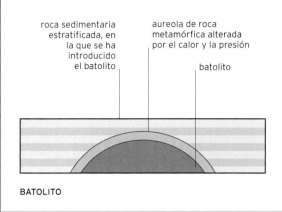

BATOLITO

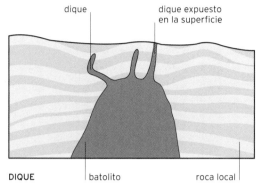

DIQUE

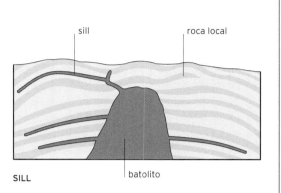

SILL

L

LA NIÑA Fenómeno por el cual las aguas del Pacífico oriental se vuelven anormalmente frías: lo contrario al efecto de El Niño. *Véase también* El Niño.

LAGO DE GLACIAR Cuerpo de agua que ocupa la depresión que queda después de que se haya fundido un bloque de hielo de un antiguo glaciar.

LAGUNA COSTERA ▼ Cuerpo de agua de mar prácticamente separado del mar abierto y, por lo tanto, relativamente resguardado. *Véase también* atolón.

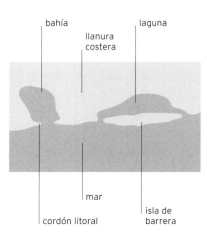

LAHAR Colada de lodo, agua, ceniza y otros materiales volcánicos que desciende por la ladera de un volcán. *Véase también* movimiento de masas.

LAMINACIÓN Capas finas y generalmente paralelas en las rocas. Suele estar menos definida que la estratificación. *Véase también* estratificación.

LAPIAZ O lenar: forma de erosión consistente en una serie de acanaladuras separadas por estrías producida en la superficie de la piedra caliza por la acción disolvente del agua de lluvia.

LAVA Roca fundida que alcanza la superficie terrestre como resultado de una erupción. *Véase también* basalto.

LAVA AA Lava basáltica con una superficie rugosa de bloques lávicos rotos o clínker. *Véase también* bloques lávicos.

LAVA ALMOHADILLADA Roca fundida eyectada bajo el agua sobre el suelo oceánico, que se enfría con gran rapidez y produce montículos con forma de almohada. Suele ser basáltica.

LAVA PAHOEHOE Lava basáltica con una superficie lisa u ondulada. Suele transformarse en lava aa conforme desciende por la ladera del volcán. *Véase también* bloques lávicos.

LÍMITE ARBÓREO ▼ Altitud o latitud por encima de la cual las condiciones son demasiado duras para que los árboles puedan crecer en un lugar determinado.

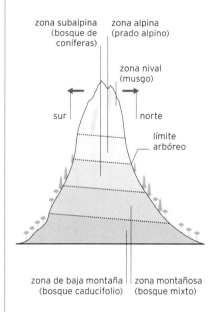

LÍMITE CONVERGENTE O límite destructivo: línea a lo largo de la cual dos o más placas tectónicas se aproximan y acaban colisionando. El resultado es o bien una zona de subducción o bien una colisión continental. *Véase también* placa tectónica, subducción.

LÍMITE DE PLACAS *Véase recuadro* (p. siguiente).

LÍMITE DIVERGENTE O límite constructivo: línea a lo largo de la cual dos o más placas tectónicas se alejan entre sí, por ejemplo, en una dorsal oceánica. *Véase también* dorsal oceánica (recuadro).

LÍMITE TRANSFORMANTE O límite pasivo: borde a lo largo del cual dos placas tectónicas se deslizan longitudinalmente en sentidos opuestos o a distintas velocidades.

LITORAL Relativo a la costa, especialmente entre las marcas de marea baja y marea alta. *Véase también* marea, playa (recuadro).

LITOSFERA *Véase recuadro* (p. siguiente).

LIXIVIACIÓN Proceso de lavado de los minerales y los nutrientes del mantillo por el agua de lluvia. El mantillo tiende a perder el material lixiviado, que se va depositando en el subsuelo.

LÍMITE DE PLACAS

La frontera entre dos o más placas tectónicas se llama límite. En un límite divergente (constructivo), las placas se separan y forman una fosa. El magma se eleva desde el manto bajo la fosa y brota por largas fisuras. Un límite convergente (destructivo) se forma cuando dos placas colisionan, generalmente en puntos donde la corteza oceánica presiona la corteza continental y se acaba deslizando bajo ella (subducción). La corteza continental se suele plegar formando elevaciones montañosas, mientras que la corteza oceánica subducida forma una profunda fosa oceánica. Sobre el área de subducción se forman volcanes. En un límite transformante (pasivo), las placas se deslizan longitudinalmente en sentido opuesto y, aunque no llega magma a la superficie, los terremotos son habituales.

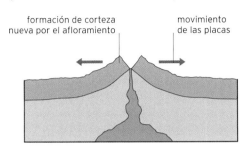

LÍMITE DIVERGENTE (CONSTRUCTIVO)

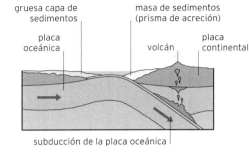

LÍMITE CONVERGENTE (DESTRUCTIVO)

LÍMITE TRANSFORMANTE (PASIVO)

LLANURA ABISAL Región casi plana y cubierta de sedimentos que forma el lecho de la mayoría de las cuencas oceánicas, más allá de los taludes continentales y a una profundidad de entre 4000 y 6000 m. *Véase también* talud continental.

LLANURA DE INUNDACIÓN También llamado llanura aluvial o valle de inundación, se trata del territorio llano cercano a un río susceptible de quedar cubierto de agua durante las crecidas. *Véase también* aluvión.

LLANURA DE MAREA Zona fangosa o arenosa casi horizontal que la marea baja descubre y la marea alta sumerge. Las llanuras de marea son propias de zonas resguardadas como los estuarios. *Véase también* estuario.

LLUVIA ÁCIDA Precipitación (lluvia o nieve) que contiene ácidos disueltos. La mayor parte de la lluvia es ligeramente ácida, pues contiene dióxido de carbono, pero la contaminación atmosférica o los gases que liberan las erupciones volcánicas pueden aumentar el nivel de acidez.

LITOSFERA

La capa exterior sólida de la Tierra, que comprende la corteza y la parte superior del manto, recibe el nombre de litosfera. Descansa sobre la astenosfera, donde las rocas son calientes y viscosas, y se halla bajo la atmósfera y la hidrosfera. La litosfera oceánica se asocia a la corteza oceánica y es algo más densa que la litosfera continental, que está asociada a la corteza continental y puede extenderse a 200 km de profundidad.

M

MAAR Cráter volcánico poco profundo y abrupto formado cuando el magma entra en contacto con agua subterránea, lo cual produce una violenta explosión de vapor.

MACAREO *Véase* ola de marea.

MACIZO Masa montañosa bien definida o grupo de montañas de composición y orografía similares.

MAGMA Roca fundida o semifundida que se eleva desde partes del manto hasta alcanzar la corteza terrestre. Puede enfriarse y solidificarse bajo la superficie o sobre ella. *Véase también* lava, manto, roca ígnea intrusiva.

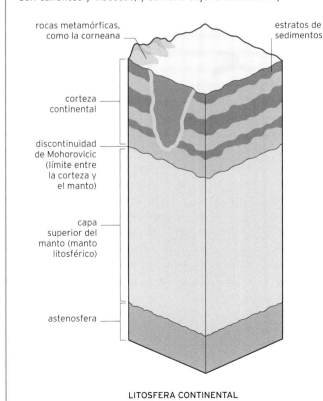

LITOSFERA CONTINENTAL

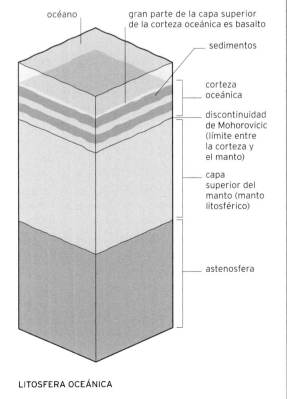

LITOSFERA OCEÁNICA

MANANTIAL ▼ Fuente natural de agua que fluye desde rocas porosas subterráneas. *Véase también* aguas freáticas.

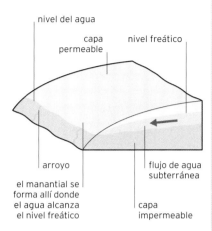

nivel del agua
capa permeable
nivel freático
arroyo
el manantial se forma allí donde el agua alcanza el nivel freático
flujo de agua subterránea
capa impermeable

MANANTIAL TERMAL Emanación de agua caliente y vapor del suelo, debida al calentamiento del agua subterránea por rocas calientes. *Véase también* géiser.

MANGLAR ▼ Zona intermareal donde viven árboles tolerantes a la sal (halófilos). Son comunes en costas poco profundas de zonas tropicales y subtropicales. *Véase también* marismas.

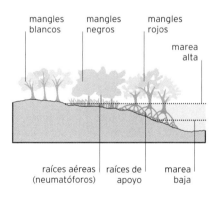

mangles blancos
mangles negros
mangles rojos
marea alta
raíces aéreas (neumatóforos)
raíces de apoyo
marea baja

MANTO Capa rocosa de la Tierra situada entre el núcleo y la corteza. Constituye el 84 % del volumen del planeta. *Véase también* corteza, núcleo.

MAREA ▼ Ascenso y retroceso (normalmente dos veces al día) del agua costera como consecuencia de la atracción gravitatoria de la Luna y del Sol y de la rotación de la Tierra. *Véase también* amplitud mareal, marea muerta, marea viva.

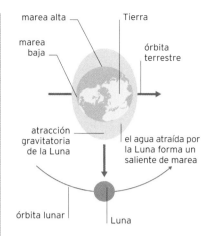

marea alta
Tierra
marea baja
órbita terrestre
atracción gravitatoria de la Luna
el agua atraída por la Luna forma un saliente de marea
órbita lunar
Luna

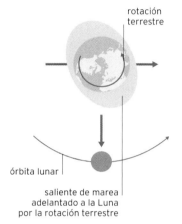

rotación terrestre
órbita lunar
saliente de marea adelantado a la Luna por la rotación terrestre

MAREA MUERTA Se llama así la marea con la menor diferencia entre la marea alta y la marea baja. Se da dos veces al mes, cuando la atracción gravitatoria de la Luna y del Sol sobre los océanos de la Tierra se opone.

MAREA VIVA Así se denomina la marea con la mayor diferencia entre la marea alta y la marea baja. Las mareas vivas ocurren dos veces al mes, cuando la atracción gravitatoria de la Luna y del Sol se refuerzan mutuamente. Baja mucho más que una marea muerta y expone más orilla, e igualmente asciende mucho más unas horas después.

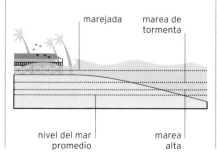

marejada
marea de tormenta
nivel del mar promedio
marea alta

MAREJADA CICLÓNICA ▲ Aumento anormal del nivel del mar, por encima de la marea prevista, debido a vientos de tormenta que empujan el agua hacia la orilla.

MARGEN CONTINENTAL Zona del suelo oceánico que separa la delgada corteza oceánica de la gruesa corteza continental. La plataforma continental, el talud continental y el glacis continental componen el margen continental. *Véase también* glacis continental, plataforma continental, talud continental.

MARISMA Humedal de agua dulce o salada dominado por árboles. *Véase también* manglar, marisma salina, marjal.

MARISMA SALINA *Véase recuadro* (abajo).

MARJAL Humedal dominado por plantas herbáceas y juncos. Los marjales se inundan con regularidad, de agua salada o dulce. *Véase también* marisma salina (recuadro), pantano.

MÁRMOL Caliza metamórfica muy dura que, pulida, se emplea en la construcción y la escultura. *Véase también* metamorfismo térmico, piedra caliza.

MASA DE AIRE Cuerpo de aire con características relativamente uniformes derivadas de la región superficial sobre la que se ha formado y que se diferencia de las masas de aire circundantes. Así, por ejemplo, hay masas de aire polares marítimas y tropicales continentales.

MATRIZ Material de grano fino que envuelve grandes cristales o clastos en rocas ígneas (y algunas sedimentarias).

MEANDRO Curva pronunciada en el curso de un río. Los ríos con meandros cambian gradualmente su curso por el efecto de la erosión en la cara externa de la curva y al de la deposición en la interna. *Véase también* valle fluvial.

MENA Roca de la que se puede extraer un metal o un mineral valioso.

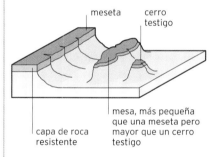

meseta
cerro testigo
capa de roca resistente
mesa, más pequeña que una meseta pero mayor que un cerro testigo

MESA ▲ Área de terreno elevada con cima plana y paredes abruptas. Las mesas se caracterizan por sus estratos horizontales, coronados por capas más resistentes.

MARISMA SALINA

Las marismas salinas son humedales que se inundan y se vacían del agua salada que llega con las mareas. Acogen vegetación tolerante a la sal (halófita), que crece sobre el barro y la turba. Muchas marismas salinas están bordeadas por llanuras mareales. *Véase también* llanura mareal.

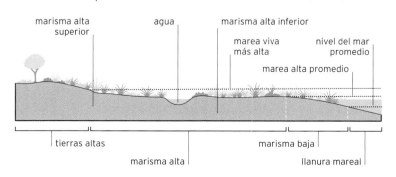

marisma alta superior
agua
marisma alta inferior
marea viva más alta
nivel del mar promedio
marea alta promedio
tierras altas
marisma alta
marisma baja
llanura mareal

MESETA ▼ Área extensa de terreno llano o levemente ondulado cuya superficie está notablemente más elevada que el paisaje circundante.

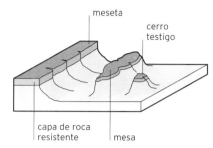

meseta
cerro testigo
capa de roca resistente
mesa

MESOSFERA Capa de la atmósfera terrestre que se extiende entre la estratosfera y la termosfera, entre los 50 y los 80 km de altitud. *Véase también* estratosfera, termosfera.

METAMORFISMO Proceso de transformación de las rocas debido generalmente a una presión o un calor extremos.

METAMORFISMO DE CONTACTO Proceso por el cual rocas ígneas intrusivas muy calientes alteran las rocas locales próximas. *Véase también* intrusión ígnea (recuadro), roca local, roca metamórfica.

METAMORFISMO DINÁMICO Transformación de las rocas por la presión o la tensión ejercidas sobre ellas, más que por calor o por cambios químicos.

METAMORFISMO REGIONAL Procesos de presión y de calor extremos que transforman la mineralogía y la textura de las rocas de una extensa área.

METAMORFISMO TÉRMICO Transformación de las rocas debida al calor intenso, más que a la presión.

METEORIZACIÓN Alteración gradual de las rocas de la superficie terrestre por las sustancias químicas del agua de lluvia, los cambios de temperatura y la actividad biológica, como el crecimiento de líquenes y plantas. Las rocas se rompen en pequeños fragmentos, que luego son transportados. *Véase también* erosión.

MICROCLIMA Clima característico de un lugar concreto, como un pequeño valle o una colina.

MINERAL Material inorgánico de origen natural con una composición química bien definida. La mayoría de las rocas son una mezcla de diversos minerales.

MONTE SUBMARINO Montaña submarina, normalmente de origen volcánico, cuyo pico no llega a la superficie. *Véase también* guyot.

MONZÓN Viento estacional que afecta sobre todo a Asia meridional y que sopla de una dirección a lo largo de una mitad del año y de la otra durante la otra mitad. También se llama así a la intensa lluvia que traen estos vientos en ciertas épocas del año. El monzón del suroeste suele llevar lluvias abundantes a India entre junio y septiembre.

MORRENA *Véase recuadro* (dcha.).

MORRENA FRONTAL Cresta de lodo, arena o grava que se acumula en el extremo distal de un glaciar. Marca el nivel máximo de avance del glaciar.

MORRENA LATERAL Sedimento de lodo, arena y grava acumulado en las orillas del lecho de un glaciar. Marca la extensión del hielo antes de que el glaciar se retirara.

MORRENA MEDIAL Cresta de sedimentos que se extiende a lo largo del centro de un valle glaciar y en paralelo a los lados. Suele formarse allí donde dos glaciares convergen y dos de sus morrenas laterales se unen. *Véase también* confluencia.

MOVIMIENTO DE MASAS Deslizamiento de rocas, tierra o lodo por una pendiente. Suele suceder cuando el suelo y otros materiales de superficie se saturan de agua. *Véase también* transporte.

N

NATIVO Se dice de una planta o un animal indígena (o autóctono) de una o varias áreas determinadas. *Véase también* endémico.

NIEBLA Nube de gotitas de agua (o de cristales de hielo) suspendida en el aire cerca de la superficie de la Tierra.

NIEBLA DE ADVECCIÓN Tipo de niebla que se forma cuando el aire húmedo pasa sobre superficies más frías que él. Puede formarse sobre la tierra o sobre el océano.

NIEBLA DE RADIACIÓN Niebla producida por el enfriamiento nocturno del aire próximo al suelo hasta la condensación de su contenido de vapor de agua.

NIEBLA DE VALLE Niebla que se forma en noches serenas y frías en áreas de baja altitud, donde el pesado aire frío se asienta y el vapor de agua que contiene se condensa cuando la temperatura cae por debajo del punto de rocío.

NIMBOSILVA O bosque nuboso: bosque húmedo de alta montaña que suele estar cubierto de niebla.

NIVEL FREÁTICO ▼ Superficie superior de un acuífero. Por debajo del nivel freático, el suelo o las rocas están permanentemente saturados de agua. Su posición fluctúa, con frecuencia estacionalmente.

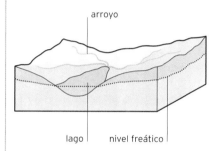

arroyo
lago
nivel freático

NUBE NOCTILUCENTE Las nubes más altas de la atmósfera terrestre, que se iluminan por la noche cuando el Sol está por debajo del horizonte y las capas inferiores de la atmósfera quedan en la sombra. Se suelen hallar a una altitud de entre 76 y 85 km. *Véase también* mesosfera.

MORRENA

Las morrenas son crestas de lodo, arena, grava y fragmentos de roca producidas por la acción del hielo. Suelen permanecer incluso cuando el glaciar ya se ha retirado. Las mediales se forman en la convergencia de dos glaciares; las laterales se forman a lo largo de los lados de un glaciar, y las frontales se forman en el extremo distal del hielo.

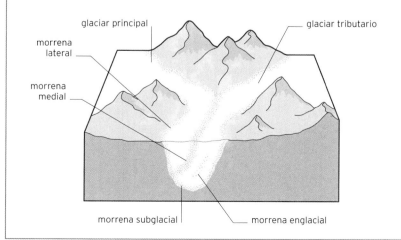

glaciar principal
glaciar tributario
morrena lateral
morrena medial
morrena subglacial
morrena englacial

NÚCLEO Parte más interna de la Tierra. Consta de un núcleo interno sólido y de un núcleo externo líquido, ambos de níquel y hierro.

NUNATAK Cima de montaña que sobresale del hielo. *Véase también* campo de hielo.

O

OASIS En un desierto, área fértil aislada que suele recibir agua de un manantial. *Véase también* acuífero.

OCLUSIÓN En meteorología, situación en la que una masa de aire frío alcanza a otra de aire cálido y obliga a esta a elevarse y, por tanto, a alejarse de la superficie terrestre. Hay oclusiones de dos tipos: frías y cálidas. *Véase también* frente.

OLA Perturbación en el océano, generada normalmente por el viento. El punto más alto de la ola se llama cresta, y el más bajo, valle. A la distancia entre dos crestas sucesivas se le llama longitud de onda, y la altura de la ola es la diferencia de altura entre una cresta y un valle.

OLA DE MAREA O macareo: gran ola única que se forma a veces cuando una marea alta remonta un canal que se estrecha, como un estuario fluvial. *Véase también* estuario.

ONDA SÍSMICA Onda vibratoria generada por un seísmo o terremoto. Las hay de tres tipos: ondas P, ondas S y ondas superficiales.

OROGÉNESIS Proceso de formación de cordilleras montañosas como resultado de la colisión de placas tectónicas, fenómeno que da lugar a la compresión, el pliegue y el fallamiento de la corteza terrestre. *Véase también* placa tectónica.

P

PAVIMENTO DESÉRTICO ▼ En un desierto, capa superficial y apretada de fragmentos de roca.

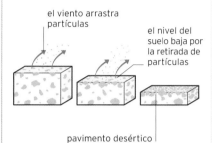

el viento arrastra partículas

el nivel del suelo baja por la retirada de partículas

pavimento desértico

PENACHO DEL MANTO Columna de roca caliente que se eleva desde el manto y entra en la corteza generando puntos calientes, que pueden producir actividad volcánica en la superficie. *Véase también* punto caliente.

PENÍNSULA Extensión de tierra rodeada de agua por todas partes excepto por una parte (istmo) que la une a otra extensión de tierra mayor.

PERENNIFOLIO Árbol o arbusto que conserva las hojas a lo largo de todo el año. *Véase también* caducifolio.

PERIGLACIAR Relativo a los procesos resultantes del ciclo glaciación-deshielo que se da en las regiones de alta latitud o altitud donde no hay hielo permanente. Las cuñas de hielo y los pingos son dos de sus elementos característicos. *Véase también* cuña de hielo, permafrost, pingo, tundra.

PERIODO GLACIAL Periodo prolongado de descenso de la temperatura global que da lugar a la expansión de inlandsis y glaciares. *Véase también* glaciar, inlandsis.

PERMAFROST Roca o subsuelo que permanece congelado durante al menos dos años. El permafrost es característico de las regiones periglaciares y glaciares. *Véase también* periglaciar, tundra.

PIEDRA ARENISCA Roca sedimentaria que se compone básicamente de fragmentos de cuarzo o feldespato del tamaño de granos de arena que se han compactado juntos.

PIEDRA CALIZA Roca sedimentaria compuesta básicamente por los esqueletos de organismos marinos, como foraminíferos y corales. Químicamente, se compone sobre todo de carbonato de calcio. *Véase también* cárstico.

PINGO Accidente geográfico periglaciar con forma de loma abovedada y núcleo de hielo. Los pingos se forman allí donde el agua subterránea (a menudo un antiguo lago) asciende hasta un área donde se congela y se expande, empujando los sedimentos que tiene encima. *Véase también* periglaciar.

PLACA TECTÓNICA Cada uno de los grandes fragmentos rígidos en que se divide la litosfera terrestre. La mayoría de los seísmos y erupciones volcánicas son producidos por el movimiento de las placas. *Véase también* litosfera (recuadro).

PLANIFOLIO Término con el que se describe a los árboles de hojas anchas, en contraposición a los de hojas aciculares (con forma de aguja). Castaños, arces y robles son ejemplos de árboles planifolios.

PLAYA

Una playa es una acumulación de arena, grava, restos de conchas y otros sedimentos a lo largo de la línea de costa de un océano, lago o río. Las playas marítimas cambian constantemente conforme la acción de las mareas y olas deposita y retira sedimentos. Cada playa tiene un perfil distintivo sobre y bajo el nivel del agua. Se llama zona intermareal a la comprendida entre los límites de las mareas alta y baja.

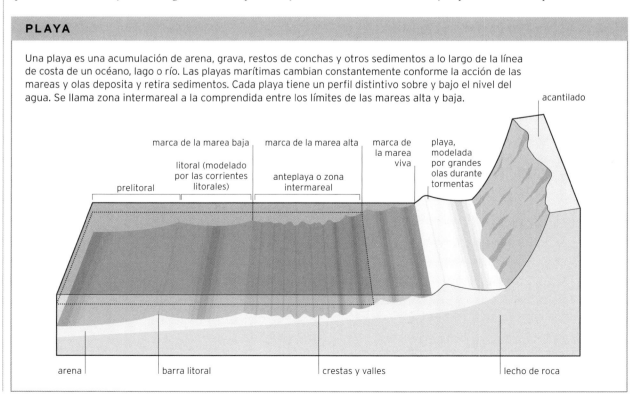

acantilado

marca de la marea baja

litoral (modelado por las corrientes litorales)

marca de la marea alta

anteplaya o zona intermareal

marca de la marea viva

playa, modelada por grandes olas durante tormentas

prelitoral

arena

barra litoral

crestas y valles

lecho de roca

PLIEGUE

Las estructuras geológicas en las que estratos de roca anteriormente planos se han doblado y curvado se llaman pliegues, y aparecen cuando las rocas se ven sometidas a compresión o a tensión. Si las capas se doblan hacia arriba y forman una cresta, reciben el nombre de anticlinales; si se inclinan hacia abajo y forman un valle, se denominan sinclinales. Los pliegues pueden ser simétricos o asimétricos. Los pliegues inclinados y tumbados son pliegues cuyo plano axial forma un ángulo menor de 45° con la vertical.

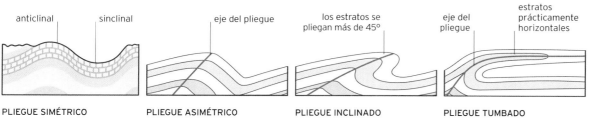

PLIEGUE SIMÉTRICO   PLIEGUE ASIMÉTRICO   PLIEGUE INCLINADO   PLIEGUE TUMBADO

Véase también caducifolio, conífera, perennifolio.

PLANO DE ESTRATIFICACIÓN Superficie que separa una capa de roca sedimentaria de la inmediatamente superior o inferior. *Véase también* estratificación, roca sedimentaria.

PLATAFORMA CONTINENTAL Porción sumergida de la corteza continental en suave declive hacia el mar que se halla entre la costa y el talud continental. *Véase también* corteza.

PLATAFORMA DE HIELO Gran área de hielo flotante unida a la tierra. La más grande es la plataforma de hielo de Ross, unida a la Antártida.

PLAYA *Véase recuadro* (p. anterior).

PLIEGUE *Véase recuadro* (arriba).

PLIEGUE ASIMÉTRICO Pliegue cuyo plano axial está inclinado en la misma dirección que el flanco de manteo (o de buzamiento) más suave. *Véase también* anticlinal, sinclinal.

PLIEGUE INCLINADO Pliegue en el que ambos flancos se inclinan (o buzan) en la misma dirección más de 45° respecto al plano vertical. Esta clase de pliegue se da en áreas de intensa deformación de las capas de roca.

PLIEGUE SIMÉTRICO Estructura geológica en la que las rocas originalmente horizontales se han plegado de tal modo que el eje del pliegue es vertical.

PLIEGUE TUMBADO Pliegue de rocas estratificadas en que los dos flancos son casi paralelos y próximos al plano horizontal.

PLUTÓN Gran cuerpo de magma que se solidificó lentamente a gran profundidad y formó una roca ígnea de grano grueso, como el granito. *Véase también* batolito.

PLUTÓNICO Relativo a procesos ígneos producidos o a rocas ígneas formadas a gran profundidad. *Véase también* batolito, intrusión ígnea (recuadro), plutón.

PLUVISILVA Selva o bosque con abundantes precipitaciones y mucha humedad durante todo el año. La mayoría de ellas se encuentra en zonas tropicales o subtropicales, pero hay alguna en áreas templadas.

PÓLDER Área de tierra ganada al mar y bordeada por diques.

POLINIA Área de aguas abiertas rodeada de hielo marino. *Véase también* banca de hielo, banquisa.

PRECIPITACIÓN Agua originada en la atmósfera y que llega a la superficie de la Tierra en forma de lluvia, nieve o granizo.

PRECIPITADO Depósito sólido que se produce en una disolución por efecto de una reacción química.

PUMITA Roca volcánica porosa y ligera que se solidificó rápidamente a partir de magma espumoso rico en gas (sus múltiples poros eran burbujas de gas). También llamada piedra pómez.

PUNTA Área de arena, lodo o grava en el interior de un meandro fluvial, donde el flujo del agua es más lento. *Véase también* barra, meandro.

PUNTO CALIENTE Área de actividad volcánica prolongada cuyo origen presuntamente se encuentra en las profundidades del manto terrestre. Las placas tectónicas que atraviesan puntos calientes están marcadas por cadenas de volcanes, que son de mayor antigüedad cuanto más grande es su distancia respecto al punto caliente. *Véase también* penacho del manto.

PUNTO DE EBULLICIÓN Temperatura a la que el agua se convierte en vapor.

PUNTO DE ROCÍO Temperatura a la que, bajo unas condiciones determinadas, el agua líquida de la atmósfera empieza a condensarse. *Véase también* condensación.

R

RÁPIDO Tramo de un curso de agua con una gradiente abrupta que aumenta la velocidad y la turbulencia del agua.

REBALAJE Agua de mar batida que se extiende sobre la costa después de que una ola haya roto sobre ella. *Véase también* escurrimiento.

REGOLITO Capa de tierra y fragmentos de roca que cubre la roca sólida en la superficie terrestre.

RELÁMPAGO Chispazo visible de la descarga eléctrica, o rayo, de las nubes de tormenta. *Véase también* tormenta eléctrica.

RELÁMPAGO DIFUSO Descarga eléctrica dentro de una nube o entre nubes. La descarga queda total o parcialmente cubierta por la nube o las nubes.

RELÁMPAGO SINUOSO O zigzagueante: relámpago que se produce entre las nubes y el suelo y que se ramifica en la descarga.

REMOLINO Cuerpo de agua que gira rápidamente en un río u océano. *Véase también* flujo turbulento, vórtice.

RESURGENCIA Emergencia a la superficie de un acuífero subterráneo en forma de manantial de agua. *Véase también* cárstico, piedra caliza.

RÍA Antiguo valle que ha quedado sumergido por un aumento del nivel del mar y se ha convertido en un brazo de mar.

RIFT ▼ Bloque de terreno de gran longitud hundido verticalmente respecto a las regiones adyacentes. Los rifts se forman por la distensión horizontal de la corteza terrestre y la formación de fallas normales. También recibe el nombre de valle tectónico o graben. *Véase también* falla normal.

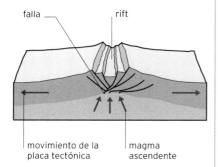

falla   rift

movimiento de la   magma
placa tectónica   ascendente

RIMAYA Grieta o fisura profunda que se forma en el punto donde el hielo en movimiento de un glaciar se separa de la cabecera del mismo. *Véase también* crevasse (recuadro), glaciar.

RÍO TRENZADO (o anastomosado) Cauce fluvial en que el agua fluye por múltiples canales someros que se unen y se separan constantemente. Este sistema es habitual aguas abajo de muchos glaciares. *Véase también* agua de deshielo, glaciar.

ROCA Material natural compuesto por uno o más minerales. *Véase también* mineral.

ROCA ÍGNEA Roca originada por la solidificación de magma fundido.

ROCA ÍGNEA EXTRUSIVA Roca formada cuando el magma alcanza la superficie terrestre y se enfría y se solidifica rápidamente, como el basalto y la riolita.

ROCA ÍGNEA INTRUSIVA Roca formada por el enfriamiento del magma bajo la superficie de la Tierra, por ejemplo, el granito y la diorita. *Véase también* granito, intrusión ígnea (recuadro).

ROCA LOCAL Roca preexistente en un lugar en el que se encuentra una intrusión ígnea. *Véase también* intrusión ígnea (recuadro).

ROCA MASIVA Roca homogénea y dura, sin estructuras evidentes (como planos de estratificación) ni cristales (en rocas ígneas). *Véase también* matriz.

ROCA METAMÓRFICA Roca cuya textura o composición mineral han sido alteradas por la acción del calor, la presión o una combinación de ambos.

ROCA SEDIMENTARIA Material formado cuando lodo, arena, grava u otras partículas se depositan en un océano o lago y se endurecen por los procesos de compactación y cimentación.

S

SABANA Ecosistema que combina rasgos de la pradera y del bosque, con una vegetación compuesta por plantas herbáceas y arbustos o árboles aislados. Se da en zonas de clima tropical, como transición entre selvas y desiertos, y se caracteriza por las lluvias estacionales y los incendios regulares. *Véase también* cerrado.

SALINIDAD Concentración de sales disueltas en el agua, normalmente expresada en partes por mil.

SASTRUGI Surcos y crestas agudos e irregulares que se forman sobre una superficie nevada o de hielo por la erosión del viento, particularmente por la acción de los cristales de hielo que azotan la superficie.

SEBKHA Depresión de fondo plano en una cuenca desértica. Se puede inundar estacional y someramente,

pero carece de salida natural y toda el agua se evapora.

SEDIMENTO ▼ Lodo, arena, grava y otras partículas transportadas y luego depositadas por el agua, el viento, la gravedad o la actividad volcánica. El agua corriente puede transportar su carga de sedimentos mediante distintos procesos.

sedimento más ligero sostenido en suspensión por remolinos turbulentos, con las partículas más ligeras más próximas a la superficie

dirección de   sedimento disuelto
la corriente   transportado en
   solución

sedimento   lecho
transportado   de roca
por saltación

sedimento más pesado
transportado por tracción

SEDIMENTO PELÁGICO Sedimento fino que cubre gran parte del suelo oceánico, y compuesto sobre todo por restos de microorganismos marinos, como foraminíferos y radiolarios.

SEMIDESIERTO Región árida que recibe lluvias suficientes para sustentar cierta vida vegetal.

SÉRAC Pináculo o cresta de hielo glaciar.

SILL Intrusión ígnea laminar que se forma cuando la roca ígnea penetra entre capas de roca sedimentaria. La mayoría son más o menos horizontales. *Véase también* batolito, dique, intrusión ígnea (recuadro).

SINCLINAL Pliegue combado hacia abajo de estratos originalmente planos, a menudo originado por una compresión horizontal. *Véase también* anticlinal, pliegue (recuadro).

SISTEMA DE PRESIÓN Patrón meteorológico en el que el aire circula en torno a un área de altas o bajas

presiones (anticiclón y depresión o ciclón, respectivamente). *Véase también* anticiclón, ciclón, isobara.

SOMBRA PLUVIOMÉTRICA Área situada a sotavento de una montaña o cadena de montañas, donde la lluvia es mucho menos abundante que en el lado de barlovento debido a la pérdida de humedad del aire a su paso por la montaña.

SOTOBOSQUE Capa de árboles bajos y arbustos que crecen a la sombra del dosel arbóreo en un bosque. *Véase también* dosel arbóreo.

SUBDUCCIÓN Hundimiento de una placa tectónica bajo otra debido a la convergencia de dos placas tectónicas. Las zonas de subducción se pueden clasificar como oceánica-oceánica u oceánica-continental, en función de la naturaleza de las placas que convergen. *Véase también* fosa oceánica, límite de placas (recuadro), placa tectónica.

SUBLIMACIÓN Cambio de una sustancia, como el hielo de un glaciar, del estado sólido al gaseoso sin pasar por el líquido

SUCESIÓN Cambio gradual de una comunidad de plantas a otra a lo largo del tiempo en una zona determinada. Así, por ejemplo, una pradera puede convertirse en bosque si los animales de pasto desaparecen de ella.

SUMIDERO O dolina: depresión que se forma allí donde el agua ha disuelto el lecho de piedra caliza. Son típicos de los paisajes cársticos. *Véase también* cárstico, piedra caliza.

SUPERCELDA Nube gigantesca caracterizada por la presencia de una corriente ascendente profunda y en giro constante (mesociclón), relámpagos, lluvia torrencial y granizo, fuertes vientos y, a veces, tornados. *Véase también* tormenta eléctrica, tornado.

SUPRAMAREAL Relativo a la zona de la orilla que está por encima del nivel medio de la marea alta, que solo queda sumergida durante tormentas y con las mareas más altas. *Véase también* intermareal.

SURGENCIA Proceso por el cual agua fría y normalmente rica en nutrientes del fondo del mar asciende hacia la superficie.

T

TAIGA Bioma de bosque húmedo de coníferas (bosque boreal) que cubre gran parte del norte de Eurasia y América del Norte, al sur de la tundra. *Véase también* bioma, conífera, tundra.

TALUD CONTINENTAL Fondo oceánico en declive entre la plataforma y el glacis continentales. *Véase también* glacis continental, plataforma continental.

TAPÓN VOLCÁNICO Masa de roca ígnea que tapa la chimenea de un volcán activo. Si gases o magma quedan atrapados bajo el tapón, la presión se acumula y aumentan las probabilidades de que la próxima erupción sea especialmente violenta. *Véase también* magma.

TECTITA Partícula de vidrio formada, al parecer, por el impacto de un gran meteorito en la superficie terrestre, al fundirse o vaporizarse las rocas superficiales.

TEMPLADO Relativo a las áreas terrestres que se encuentran entre las regiones polares y las tropicales. *Véase también* tropical.

TERMOCLINA Región de un océano o lago o de la atmósfera donde la temperatura cambia más rápidamente con la profundidad o la altura.

TERMOHALINA Término que se refiere a la temperatura y el contenido en sal del agua. Juntas, estas propiedades determinan la densidad del agua e influyen en las corrientes oceánicas.

TERMOPAUSA Límite superior de la termosfera, a unos 640 km de la superficie de la Tierra y por debajo de la exosfera. *Véase también* termosfera.

TERMOSFERA Capa de la atmósfera comprendida entre la mesosfera y la exosfera (la capa que separa la atmósfera del espacio). Se extiende entre los 80 y los 640 km sobre la superficie terrestre.

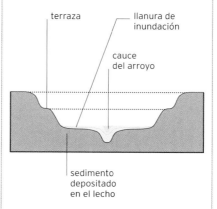

- terraza
- llanura de inundación
- cauce del arroyo
- sedimento depositado en el lecho

TERRAZA ▲ Región llana de un valle fluvial más elevada que la llanura de inundación. Es un remanente de una antigua llanura de inundación formada cuando el río fluía a un nivel superior al actual. *Véase también* llanura de inundación.

TIFÓN *Véase* ciclón tropical.

TILL GLACIAR Mezcla de arcilla, arena y fragmentos de roca depositada por un glaciar. Muchas regiones terrestres están cubiertas por el till que dejaron los glaciares tras la última glaciación. También recibe el nombre de arrastre glaciar. *Véase también* morrena (recuadro).

TOBA VOLCÁNICA Roca ígnea de materiales piroclásticos de grano fino, como ceniza, producidos por una erupción explosiva. *Véase también* depósito piroclástico.

TOLMO Intrusión ígnea de sección horizontal y más o menos circular. *Véase también* intrusión ígnea (recuadro).

TÓMBOLO Cordón litoral o istmo que une una isla con tierra firme. *Véase también* cordón litoral.

TSUNAMI

Un tsunami (llamado a veces erróneamente ola de marea) no se debe a la acción de la marea, sino de un maremoto, una erupción volcánica o un corrimiento de tierra, por encima o por debajo del agua. Si el tsunami llega a aguas someras, alcanza gran altura con rapidez y puede superar alturas de decenas de metros y causar una enorme destrucción en la costa. El tsunami producido en el océano Índico en el año 2004 afectó a 14 países y mató al menos a 230 000 personas.

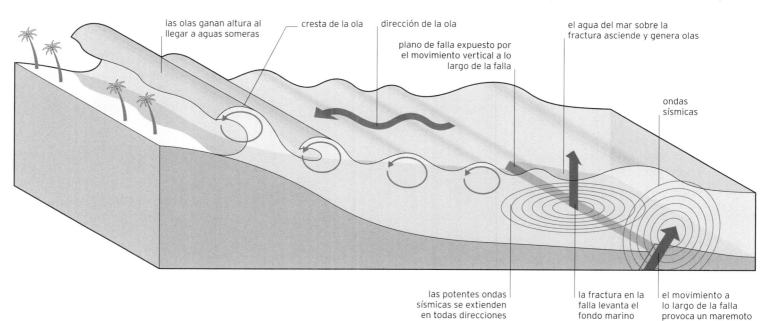

- las olas ganan altura al llegar a aguas someras
- cresta de la ola
- dirección de la ola
- plano de falla expuesto por el movimiento vertical a lo largo de la falla
- el agua del mar sobre la fractura asciende y genera olas
- ondas sísmicas
- las potentes ondas sísmicas se extienden en todas direcciones
- la fractura en la falla levanta el fondo marino
- el movimiento a lo largo de la falla provoca un maremoto

TORMENTA ELÉCTRICA Tormenta con descargas de relámpagos y su efecto acústico, el trueno. Suelen asociarse a grandes cumulonimbos y se caracterizan por abundantes lluvias, granizo, vientos fuertes pero localizados y, en ocasiones, tornados. *Véase también* relámpago, supercelda.

TORNADO Tormenta de viento localizada, violenta y destructiva, caracterizada por una alta columna de aire tubular que une una nube con el suelo. *Véase también* supercelda.

TRANSPORTE Movimiento de material erosionado y meteorizado por la acción del agua, el hielo o el viento. *Véase también* erosión, meteorización.

TRANSPORTE VERTICAL Ascenso (surgencia) o descenso de agua marina rica en nutrientes.

TRAVERTINO Roca sedimentaria, principalmente carbonato de calcio, que se precipita alrededor de los bordes de un manantial termal. *Véase también* precipitado, roca sedimentaria.

TRIBUTARIO Río o arroyo que desemboca en otro río. También llamado afluente.

TROPICAL Relativo a las regiones de la Tierra que se hallan en torno al ecuador, entre los trópicos de Cáncer (latitud 23° 26′ N) y Capricornio (latitud 23° 26′ S). *Véase también* templado.

TROPOPAUSA Límite entre la troposfera y la estratosfera, a una altitud de 16 km en el ecuador y de 8 km en los polos. Por encima de la tropopausa, el aire se vuelve más cálido con la altitud. *Véase también* estratosfera, troposfera.

TROPOSFERA Capa inferior y más rica en oxígeno de la atmósfera, donde se da la mayoría de los fenómenos meteorológicos. Su límite superior es más bajo en los polos que en el ecuador. *Véase también* tropopausa.

TSUNAMI *Véase recuadro* (p. 421).

TUNDRA Bioma de vegetación baja tolerante al frío que se extiende por encima del límite arbóreo en el norte de Eurasia y de América del Norte. *Véase también* bioma, taiga.

TURBA Materia vegetal parcialmente descompuesta que se acumula en turberas y ciénagas. La turba tiene un contenido mineral muy bajo.

TURBERA MINEROTRÓFICA Humedal que recibe el agua por la filtración de aguas subterráneas y cuya tierra está compuesta casi en su totalidad por materia vegetal muerta, como la turba.

TURBERA OMBROTRÓFICA Humedal en el que, con el paso del tiempo, se ha acumulado turba. Las turberas son ácidas, con bajos niveles de nutrientes, y su suelo se compone casi totalmente de materia vegetal descompuesta. *Véase también* marjal.

TURBIDITA Sedimento depositado por una corriente de turbidez. *Véase también* corriente de turbidez.

VALLE FLUVIAL

Un valle fluvial es un área deprimida, más larga que ancha, excavada por un río. La forma del valle depende del terreno, de la geología y de si ha sido modificado por el hielo. En el curso de un río se distinguen tres tramos –alto, medio y bajo–, y la forma de su valle lo refleja. En el curso superior, el valle tiene forma de V, a no ser que el hielo de un glaciar le haya dado forma de U. Las laderas son menos abruptas en el curso medio, y suelen ser muy suaves en el curso bajo, donde el río puede formar meandros y depositar sedimentos en una llanura de inundación, dividiéndose a menudo en canales, llamados distributarios, para formar un delta. El río se vierte en el mar en la desembocadura y deposita sedimentos en el lecho marino.

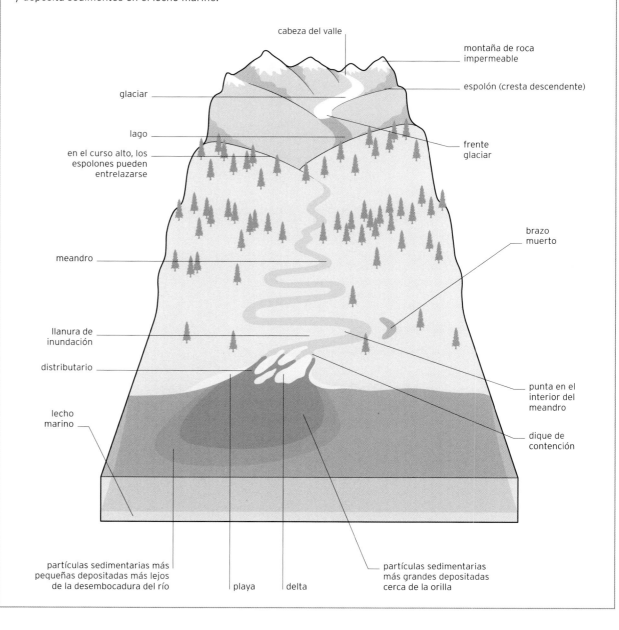

cabeza del valle

montaña de roca impermeable

espolón (cresta descendente)

glaciar

lago

frente glaciar

en el curso alto, los espolones pueden entrelazarse

brazo muerto

meandro

llanura de inundación

distributario

punta en el interior del meandro

dique de contención

lecho marino

partículas sedimentarias más pequeñas depositadas más lejos de la desembocadura del río

playa

delta

partículas sedimentarias más grandes depositadas cerca de la orilla

VOLCÁN

Montaña con una abertura, o chimenea, por la que salen a la superficie lava fundida, ceniza volcánica y gases. Las erupciones pueden ser desde lentos flujos de lava hasta violentas erupciones vulcanianas. Estructuralmente, hay muchos tipos de volcán, cuya forma depende sobre todo del tipo de erupción y de la cualidad del magma expulsado. Los domos volcánicos tienen laderas muy abruptas, dado que la lava que expulsan es muy viscosa y no se aleja mucho. Los estratovolcanes se componen de múltiples capas de ceniza y lava solidificada.

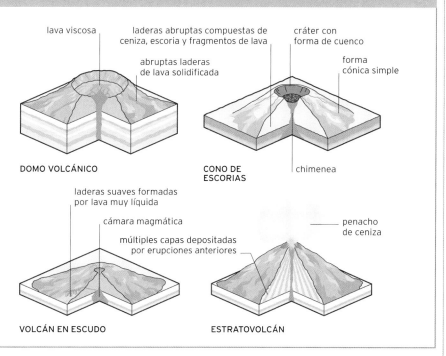

DOMO VOLCÁNICO

CONO DE ESCORIAS

VOLCÁN EN ESCUDO

ESTRATOVOLCÁN

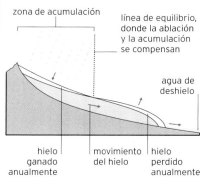

fusión, evaporación, sublimación, desprendimiento y erosión. *Véase también* ablación glaciar.

ZONA DE ROMPIMIENTO Zona de una playa donde rompen las olas. *Véase también* anteplaya, escurrimiento, playa (recuadro).

ZOOPLANCTON Conjunto de animales, en su mayoría microscópicos, que flotan en el agua de océanos, lagos y ríos. *Véase también* fitoplancton.

ZOOXANTELAS Algas unicelulares que viven en los corales y les proporcionan nutrientes vitales para crecer. *Véase también* blanqueo de coral.

UADI En un desierto, rambla o cauce estacional que solo lleva agua en temporadas de lluvias intensas.

ULTRAVIOLETA Radiación invisible con una longitud de onda corta. Se trata de uno de los principales componentes de la luz solar. *Véase también* infrarroja.

VAGUADA BAROMÉTRICA En meteorología, área alargada y relativamente estrecha de baja presión atmosférica. *Véase también* frente.

VALLE COLGADO ▼ Valle tributario que desemboca a gran altura en un valle mayor. Este tipo de valles suelen encontrarse en áreas donde un glaciar ha excavado el valle principal.

VALLE FLUVIAL *Véase recuadro* (p. anterior).

VENTIFACTO Roca o guijarro pulido por la acción de la arena empujada por el viento.

VOLÁTIL Característica del agua, el dióxido de carbono y algunos otros gases disueltos en el magma que forman burbujas a baja presión cerca de la superficie. Esas burbujas pueden aumentar la explosividad de una erupción, que arrojará chorros de lava. *Véase también* erupción (recuadro).

VOLCÁN *Véase recuadro* (arriba).

VOLCÁN EN ESCUDO En términos de superficie, es el tipo de volcán más grande, con laderas de pendiente suave y formado principalmente a partir de arroyos de lava líquida. Es también el menos violento. *Véase también* volcán (recuadro).

VÓRTICE Masa de aire o agua que circula a gran velocidad. *Véase también* flujo turbulento, remolino, tornado.

YARDANG Roca del desierto moldeada por la erosión de las partículas de arena y polvo que lleva el viento.

ZONA DE ACUMULACIÓN ▼ Zona del glaciar donde los depósitos de nieve superan las pérdidas por

ÍNDICE

Los números en *cursiva* remiten a fotografías e ilustraciones.

A

Abraham, lago 49
acacia 203, 206, *206–207*
Acadia, costa de 65
Acadia, Parque Nacional de 384
acantilados
  cabo de Creus 387
  costa del Algarve 170
  Doce Apóstoles 290
  Dover 133, 167
  Étretat *387*, 387
  Los Gigantes 198
  Moher 166
  Palisades 342, *342–343*
  scala dei Turchi 388, *388*
Aconcagua, monte *92–93*
acuáticas, plantas 105, 112, *160*
  véase también marina, vida
Adirondack, montañas 363
Adrar, meseta de 210
Adriático, mar 171
Afar, depresión de 183, 184
África 178–179, 180–181
  véase también países particulares
africana, placa 133, 183, 186, 199
Agassiz, lago 23
aguas negras, pantanos de 59
Agujero Azul de Dean 251
Agujero del Dragón 251
agujeros azules 114–115, 251, 384
Ahaggar, macizo de (o macizo de Hoggar) 209, 349–350
Akiyoshi-do 380
Alaska, cordillera de 24
Albania
  Alpes Dináricos 348, *348*
Aldabra, atolón 314, *314–315*
Alemania
  Alpes 136, 138–139, 359, 372
  Ardenas 394
  Danubio 156–157, 161, 173
  graben del Rin 346
  lago Constanza *373*, 373
  Parque Nacional Hainich 393
  Rin *370–371*, 371
  Selva Bávara 172–173
  Selva Negra 393

aletas de hielo 43
Aletsch, glaciar 138, 150–151
Algarve, costa del 170
algas 97, *192*, 368, *368–369*, *375*
Almirante Nieto, monte 99, *99*
almohadillada, lava 312
Alpes 136, 138–139, 359, 372
  véase también Alpes Neozelandeses
Alpes Dináricos 348
Alpes Neozelandeses 273, *273*, 278–279
Alpina, falla 273, 278, 279
alpina, tundra 25, 72
alpinismo 226, *234*, 235, *235*
alpino, lago 155
Altái, macizo de 175, 224, 237, 266, *266–267*
altas mesetas, regiones de 92, *95*, 96, 189, 224
Altiplano 92, 94, *95*, 96–97, 105
Alto Atlas, cordillera del *181*, 182
Alto Yangtsé, bosques del 257
Amalfitana, costa 388
Amarillo, río 242–243
Amazonas, río 84, 87, *87*, 106–107
  cuenca del Amazonas 108, *108–109*
amazónica, pluvisilva *82–83*, 106, 120–121, 190
América Central 84–85, 86–87
  véase también países particulares
América del Norte 20–21, 22–23
  véase también países particulares
América del Sur 84–85, 86–87
  véase también países particulares
amonites 168, *168–169*
Amur 377
Andamán, mar de
  arrecifes 253
Andes 92–93, 94–95, 105, 125
Angola
  delta del Okavango 196–197
  desierto del Namib *176–177*, 212–213
  río Congo 106, 192, 200
  sabana arbolada de miombo central y oriental 398
animales 16
  véase también salvaje, vida
Annamita, cordillera 245
antártica, placa 94, 305
Antártida 273, *300–301*, 302–303
  inlandsis de la Antártida 39, 306–307, 308, 309

Antártida (*Cont.*)
  montañas Transantárticas 304, *307*
  monte Erebus 304–305
  plataforma de hielo de Ross *306–307*, 308–309
  tundra antártica 309
  valles secos de McMurdo 309
Antiatlas, cordillera del 182
Antílope, cañón del 80
Aoraki (o monte Cook) *278*, 279, 281
Apalaches 22, 35, 70
Apeninos 347
ar-Rub al-Jali *262–263*
Arabia, desierto de 262–263
Arabia Saudí
  costa del mar Rojo 198–199
  desierto de Arabia 262–263
  desierto de Siria 403
  Tierras Altas de Arabia 352
Aral, mar de 377, 403
Aran, islas 166
araucaria *119*
árboles 68, 120–121, 255
  acacia 203, 206, *206–207*
  araucaria *119*
  arce *71*
  coníferas 66, 67, 68, *69*, 119, 255, *255*, 293, *293*
  de Josué *74–75*, 75
  emergentes 120, *259*, *293*
  eucalipto 292
  kauri 293, *293*
  Pando 70
  pícea *66*, *172*, 173, 174
  secuoya 68, 391
  véase también vegetación
Arcaico, eón 15, 180, 272
arce *71*
archipiélagos
  bosque de las islas Ryukyu 397
  costa Dálmata 171
  Hawái 13, *13*, 316–317, 318–319
  islas Galápagos 320–321
  islas Lofoten 386
  islas Yaeyama 389
  Santorini 348
  véase también islas
Arcoíris, catarata del (cataratas Victoria) *195*
arcos marinos 169, *169*, 170
arcos naturales 79, *79*
Ardenas 394
arena, tormentas de 264, *326–327*, 334–335

Arenal 344–345, *344*
Argelia
  bosque perennifolio mediterráneo 394–395
  cordillera del Atlas 178, *181*, 182–183
  desierto del Sáhara *181*, 208–209, 211, 349, 401
  macizo de Ahaggar 349–350
Argentina
  Altiplano 92, 94, *95*, 96–97, 105
  Andes 92–93, 94–95, 105, 125
  bosque seco de América del Sur 392
  campos de hielo de Patagonia Sur 101, 103
  cataratas del Iguazú 110–111
  desierto de la Patagonia 127
  glaciar Perito Moreno 102–103
  lago Argentino 103
  lago Buenos Aires 113
  Ojos del Salado 345
  Pampa 122–123
  Parque Nacional Los Glaciares 103
  Parque Nacional Talampaya 400
  río Paraguay 368–369
  Salar de Arizaro 400
  Salinas Grandes 400
  selva Valdiviana 119
  serranía de Hornocal 98
  Valle de la Luna 127
  yungas andinos 119
Argentino, lago 103
Arguin, banco de 388
Arizaro, salar de 400
Arizona, desierto de 79, 80
Arkansas, río 364, *364*
Armenia
  montañas del Cáucaso 221
arqueas 16, *16*
arrecifes
  Agujero del Dragón 251
  Cenote Azul 114–115, 384
  costa del mar Rojo 198–199
  Gran Banco de Chagos 315
  Gran Barrera de Coral 284–285, 286–287
  islas menores de la Sonda 253
  Lighthouse 384, *384–385*
  Maldivas 315
  mar de Andamán 253
  Shiraho 251
ártica, tundra 72, 175

Asia 216–217, 218–219
   véase también países particulares
Assiniboine, monte 24–25
astenosfera 312
Asuán, presa de 191
Atacama, desierto de 92, *94–95*, 97, 124–125, 392
atlántica, mata *110*
Atlántico, dorsal del 312–313
Atlas, cordillera del 178, *181*, 182–183
Atlas telliano 182
atmósfera de la Tierra *10*, 11, *11*
atolones *véase* arrecifes; lagunas
aurora 338–339
Australia 272
   Alpes Australianos 274, 275
   bahía Shark 288–289
   bosque templado del este de Australia 292
   Bungle Bungles 357, *357*
   cueva de Koonalda 383
   cuevas de Jenolan 283
   desierto de Gibson 298
   desierto de los Pináculos 298
   desierto de Simpson 295, 296–297
   Doce Apóstoles 290
   Gran Barrera de Coral 284–285, 286–287
   Gran Cordillera Divisoria 274–275
   Gran Desierto Arenoso 295, 298
   Gran Desierto Victoria 295, 298, 299
   Horizontal Falls 390
   Hyden Rock 278
   Kata Tjuta 358
   lago Eyre *268–269*, 271, *299*
   Murray-Darling 274, 282–283
   Pequeño Desierto Arenoso 403
   playa Whitehaven 390, *390*
   sabanas del norte de Australia 294
   selva tropical Daintree 292–293
   tiempo meteorológico 334–335
australiana, placa 270, 273
australiano, escudo 272
Austria
   Alpes 136, 138–139, 359, 372
   Danubio 156–157, 161, 173
   glaciar Pasterze 359, *359*
   lago Constanza 373, *373*
   Parque Nacional Kalkalpen 394, *394*
Auyantepui 91
avalanchas *89, 226, 232–233*
Avalonia 132
aves
   hábitats desérticos *210, 265, 296*
   hábitats forestales *68, 120, 200, 255, 256*
   humedales *61, 154, 241*
   regiones costeras e islas *117, 166, 321*

aves *(Cont.)*
   regiones montañosas *189, 279*
   ríos y lagos *52, 110, 157, 191, 196, 246, 282–283*
Ayers Rock *véase* Uluru
Azerbaiyán 221, 352
Azul, bosque (Hallerbos) 172, *172*
Azules, montañas 274, *274–275*, 292

B

Badwater, cuenca 75
Bagley, campo de hielo *40–41*, 41
Bahía, costa de 386
Baikal, lago 237, 238–239
Baishuitai, manantiales y terrazas de 355
Bale, montañas de 204
Baljash, lago 377, *377*
Baltoro, glaciar 225, 232–233
Bangladesh 332
   Ganges 106, 240, 260
   Sundarbans 241
   tornados 332
baobab 202, *202–203*, 203
Baradla-Domica, sistema de cuevas 159
Bardarbunga, volcán 147
barreras de arrecife
   Gran Barrera de Coral 284–285, 286–287
   véase también arrecifes
basalto *165*, 165, 189, 198
   coladas basálticas *110*, 318
Bassenthwaite, lago 153
Bélgica
   Ardenas 394
   Hallerbos 172
Belice
   arrecife Lighthouse 384, *384–385*
   Cenote Azul 114–115, 384
Beluja, monte 224
Ben Nevis 134
Benagil, playa de *170*
Bengala, bahía de 241
Beppu, fuentes termales de 354
Bering, glaciar de 40–41
Biafo, glaciar 234
Bialowieza, bosque de 174
Biebrza, marismas de 158–159
Bielorrusia
   bosque de Bialowieza 174
Big Muddy *véase* Misisipi-Misuri
Big Room (cavernas de Carlsbad) 58
Big Sur 63
Bigar, cascada de 374–375
Binggou Danxia 228

biomas 66, 392
Birmania (Myanmar) 243, 253, 380
Black Rapids, glaciar 24, 43
Blackburn, monte 44, *45*
Blanc-Nez, cabo 167
Blancas, montañas *35*
Blanco, desierto 210
Blue Ridge, cordillera 35
Blyde, cañón del río 376, *376*
Blyde, río *180*, 376
Bogoria, lago 351
Bolivia
   Altiplano 92, 94, *95*, 96–97, 105
   Andes 92–93, 94–95, 105, 125
   bosque seco de América del Sur 392
   lago Titicaca 105
   laguna Colorada 368, *368–369*
   Pantanal 112–113
   pluvisilva amazónica 82–83, 106, 120–121, 190
   salar de Uyuni 96, 126
   yungas andinos 119
Boma, Parque Nacional *204*
boreal, bosque 21, 66, 174
   América del Norte 66
   taiga siberiana 254–255
Borneo
   Gunung Mulu 382–383, *382*
   pluvisilva 258–259
Borra, cuevas de 378
borrascas (tiempo meteorológico) 328
bosques 71, 120, *156–157*, 174, 204
   Alto Yangtsé 257
   Ardenas 394
   Bialowieza 174
   boreal de América del Norte 66
   caledonio 392
   Cárpatos 394
   cedros de Dios 395, *395*
   chaparral y bosque de California 391
   de bambú de Sagano 396, *397*
   de Mudumalai 396
   de pino-encino de la Sierra Madre 391
   ecorregión de restingas del litoral atlántico 392, *392*
   Hallerbos 172
   Himalaya oriental 256
   húmedo de los Ghats occidentales del sur 396, *396–397*
   húmedo de Sri Lanka 396
   islas Ryukyu 397
   matorral chileno 392
   montano de Taiheiyo 256
   nacional Cherokee 70
   nacional Green Mountain 71
   nacional Tongass 391, *391*
   Parque Nacional Hainich 393
   Parque Nacional Kalkalpen 394, *394*

bosques *(Cont.)*
   Parque Nacional Redwood 391
   perennifolio mediterráneo 394–395
   sabana arbolada de miombo central y oriental 398
   seco de América del Sur 392
   seco de Jalisco 392
   seco de Madagascar 202–203
   Selva Bávara 172–173
   selva costera oriental africana 395
   selva de las Tierras Altas de Camerún 395
   Selva Negra 393
   taiga siberiana 254–255
   templado del este de Australia 292
   templado del Extremo Oriente ruso 395
   templado del Himalaya occidental 396
   templados costeros 67, 119
   Torcido 393, *393*
   Waipoua 293
   yungas andinos 119
Botsuana
   delta del Okavango 196–197
   desierto del Kalahari 197, 211
   salares de Makgadikgadi *402*, 403
   Zambeze 195, 376
Brahmaputra, río 240
Brandberg, macizo 188
Brasil
   bosque seco de América del Sur 392
   cataratas del Iguazú 110–111
   Catinga 400
   cerrado 398, *398*
   costa de Bahía 386
   ecorregión de restingas del litoral atlántico 392, *392*
   gruta de Janelão 369
   Lençóis Maranhenses 116–117
   macizo de Las Guayanas 90–91, 366
   Pampa 122–123
   Pan de Azúcar 98
   Pantanal 112–113
   pluvisilva amazónica *82–83*, 106, 120–121, 190
   río Amazonas 84, 87, *87*, 106–107
   río Paraguay 368–369
Bravo, río 363
brazo Rico, presa de hielo del 103, *103*
Bridal Veil, cascada *véase* Velo de la Novia, cascada del (Niágara)
Briksdalsbreen *149*
Bromo, monte 230, *230*
Brunéi 258
Bryce, cañón de 78
Buena Esperanza, cabo de 188
Buenos Aires, lago *véase* General Carrera, lago

Bulgaria
    Danubio 156–157, 161, 173
    mar Negro 375
    Pobiti Kamani 401
Bungle Bungles 357, *357*
Burntcoat Head 64
Burundi
    Nilo 106, 190–191, 196
    río Congo 106, 192, 200
Bután
    bosque del Himalaya oriental 256
    Himalaya 94, 219, 222–223, 240
    sabanas del Terai-Duar 260–261
Byrd, glaciar *306*

C

cabalgamiento, fallas de 24, 94, *95*
Cabo, Punta del 389
Cabo, región florística del 205, 389
cactus 81, *81*, *126*
Cadena Costera del Pacífico 343
Cairngorms 134
calcio, carbonato de 220, 221, 285
calcita, depósitos de *58*, *59*, *245*, *283*
    estalactitas y estalagmitas *114*,
        252–253, *283*, 369
calderas 32–33, 89, 230, *231*, *321*
    lago del Cráter 28–29
Caledonia, montes de 134
caledonio, bosque 392
calentamiento global 15, 39, 100,
    285
California, chaparral y bosque de
    391
Calzada del Gigante 152, 164–165
Camarga, la 154
Camboya
    Mekong 243
Cámbrico, periodo 16
Camerún
    lago Chad 375
    lago Nyos 350
    pico Kapsiki 350
    río Congo 106, 192, 200
    selva de las Tierras Altas 395
    selva del Congo 200–201
campo base *226*
Campo de Golf del Diablo (Valle
    de la Muerte) *75*
campos de hielo
    Jostedal *133*, 149
    Juneau 46
    Patagonia Sur 101, 103
Canadá
    Apalaches 22, 35, 70
    bahía de Fundy 64–65

Canadá *(Cont.)*
    bosque boreal de América del
        Norte 66
    Cadena Costera del Pacífico 343
    cataratas del Niágara 51, 52
    diques Mackenzie 342
    glaciar Kaskawulsh 42
    Gran Lago del Oso 362
    Grandes Lagos 23, 50–51, 238, *336*
    Grandes Llanuras 73
    lago Abraham 49
    lago Manicouagan 363
    Montañas Rocosas *22*, 23, 24–25
    río Columbia 362–363
    selva del Noroeste del Pacífico 67
    Spotted Lake 362, *362*
    tiempo meteorológico 336–337, 338
    tundra norteamericana 72
    Yukón 48–49
Canadiense, cascada *véase*
        Herradura, cascada de la
        (Niágara)
canadiense, escudo 21, *22*
Cango, cuevas de 376–377
Cantábrica, cordillera 346, 373
Canyonlands, Parque Nacional 79, *79*
cañaveral *154*, 159
Caño Cristales 105
cañones 31, 37, 62, 56–57
    Antílope 80
    Bryce 78
    del río Blyde *180*, 376, *376*
    gargantas del Verdon 155
    Gran Cañón 54–55, 56–57
    Gran Cañón del Yarlung Tsangpo
        379
    Mesa Arch 79
    Valle de la Luna 127
Cão Grande, pico 350
Capadocia 348–349, *348–349*
capas de roca (estratos) 14, 56, *57*, 228
Capitán, El 26
captación, cuencas de (drenaje) 48,
    87, 197, 238, *238*
    Amazonas 106, 108–109
    lago Ladoga 160
Carelia, istmo de 160
Caribe, islas del mar
    cuevas de Windsor 366
    La Soufrière 89
    monte Pelée (Martinica) 344
    Pitones 385
Carlsbad, cavernas de 58
Cárpatos, hayedos primarios de los 394
Carrizo, llanura de *30*
cársticos, paisajes 248–249, 252, 348
    bahía de Ha Long 250–251
    Bungle Bungles 357, *357*
    China Meridional 246–247, *248–249*
    grutas del karst de Eslovaquia 159

cascadas 111
    Bigar 374–375
    Detti (Dettifoss) 369
    Drakensberg *189*
    Dudhsagar 379
    fiordos de Nueva Zelanda 291, *291*
    Hogenakkal 379, *379*
    Huka 383
    Iguazú 110–111
    Jägala 370, *370*
    Kaieteur 366–367, *366*
    lagos de Plitvice 374, *374*
    Litlanes (Litlanesfoss) 152
    macizo de Las Guayanas 90–91, 366
    Niágara 51, 52
    Pirineos 137
    Seljalands (Seljalandsfoss) 369
    Skóga (Skógafoss) 369, *369*
    Tres Hermanas 367
    Victoria 194–195
Cascadas, cordillera de las 27
cascadas de hielo 235, *235*
Caspio, mar 221
casquetes glaciares
    Kilimanjaro 360
    Quelccaya 100–101
    Vatnajökull 146–147, 369
Casteret, gruta de 372
Catania 140
Catar 262
cataratas *véase* cascadas
Catedral de Mármol 113, *113*
Catedrales, playa de Las 387
Cathedral Chamber (cuevas de
    Jenolan) 283
Catinga 400
Cáucaso, montañas del 221
cedro 68, 395, *395*
ceniza, nubes de *141*, *143*, 345
Cenote Azul 114–115, 384
Cenozoico 14
cerrado 398, *398*
Cerro Azul, volcán 345
cerros testigo 35, *76*, 77
Cerulean, lago *24–25*
Cervino, monte (o Matterhorn) 138,
    139
Chad
    desierto del Sáhara *181*, 208–209,
        211, 349, 401
    lago Chad 375
Challenger, sima 324
Chamonix, valle de 150
Chapada Diamantina, Parque
    Nacional *86–87*
Cherokee, bosque nacional 70
Chesil, playa *169*
Chichón, El 344
Chignecto, bahía 64
Chihuahua, desierto de 81

Chile
    Altiplano 92, 94, *95*, 96–97, 105
    Andes 92–93, 94–95, 105, 125
    cabo de Hornos 117
    campos de hielo de Patagonia Sur
        101, 103
    cordillera de la Costa 125
    cráter Quizapú (Cerro Azul) 345
    desierto de Atacama 92, *94–95*,
        97, 124–125, 392
    desierto de la Patagonia 127
    fiordos 92, 116
    géiseres de El Tatio 97
    lago General Carrera 113
    matorral 392
    Ojos del Salado 345
    selva Valdiviana 119
    Torres del Paine 99
    volcán Cerro Azul 345
Chimborazo, volcán 87
chimeneas de hadas 78, *78*, 348,
    348–349
China
    Agujero del Dragón 251
    Amur 377
    bosques del Alto Yangtsé 257
    cordillera del Karakórum 225, 234
    desierto de Taklamakán 264–265
    desierto del Gobi 224, 266–267, 398
    estepa de Mongolia y Manchuria
        398
    estepa oriental (euroasiática) 260
    glaciar Inylchek 360
    glaciar Rongbuk 361
    glaciar Yulong 232
    Gran Cañón del Yarlung Tsangpo
        379
    Himalaya 94, 219, 222–223, 240
    karst de China Meridional
        246–247, *248–249*
    macizo de Altái 175, 224, 237,
        266–267, 266
    Mekong 243
    montañas Tian Shan 224
    montañas y volcanes *214–215*,
        354–355, 355
    monte Everest 219, 226–227, 235,
        361
    Obi-Irtish 237
    río Amarillo 242–243
    ríos y lagos 379–382, *380–381*
    selva de Xishuangbanna 397
    Yangtsé 190, 242
    Zhangye Danxia 228
China Meridional, karst de 246–247,
    248–249
Chitwan, Parque Nacional de *260–261*
Chocó, selva del 392
Chugach, montañas 40, 41
Chukotka, península de 261

Churún, río 91
cianobacterias 288, 375, *375*
ciclo de las rocas 11, *11*
ciclones 328–329, *330*
Cinturón de Fuego del Pacífico 27
circos glaciares 138
Claron, formación 78
climas 11, 15
    África 178, 205
    América Central y del Sur 84, 113, 119, 122
    América del Norte 20, 71
    Antártida 303
    Asia 217, *227*, 255, 257, 261
    Australia y Nueva Zelanda 271, 294
    Europa 130
    microclimas *119*, *155*, 245, 292
    véase también precipitaciones
clonales, colonias 70
Clutha, río 279
Cobre, barrancas del (o cañón del Cobre) 37, *37*
Coffee Bay 388
cola de caballo, formación en (cascadas) *152*
Colca, río 367
Colima, volcán de 343, *343*
Colombia
    Andes 92–93, 94–95, 105, 125
    Caño Cristales 105
    desierto de La Guajira 399
    Galeras 345
    Llanos 104
    Orinoco 366
    pluvisilva amazónica *82–83*, 106, 120–121, 190
    río Amazonas 84, 87, *87*, 106–107
Colorada, laguna 368, *368–369*
Colorado, meseta del 399, *399*
Colorado, río 54, *55*, 56, *57*
Colosal, cueva 364, *365*
Columbia, glaciar 40
Columbia, río 362–363
columnas basálticas, formaciones de 35, 152, 165
Cone Peak (Big Sur) 63
confluencia de ríos *56*, *109*, *240*
Congo, República del
    río Congo 106, 192, 200
    selva del Congo 200–201
Congo, República Democrática del
    Nilo 106, 190–191, 196
    río Congo 106, 192, 200
    sabana sudanesa 204
    selva del Congo 200–201
coníferas 68, *69*, 255, *255*, 293, *293*
    bosques boreales 66
    bosques templados *119*
    pluvisilvas *67*
Constanza, lago 371, 373, *373*

Cook, monte *véase* Aoraki
Coorong *283*
coral, arrecifes de
    Agujero del Dragón 251
    arrecife Lighthouse 384, *384–385*
    Cenote Azul 114–115, 384
    costa del mar Rojo 198–199
    Gran Banco de Chagos 315
    Gran Barrera de Coral 284–285, 286–287
    islas menores de la Sonda 253
    Maldivas 315
    mar de Andamán 253
    Shiraho 251
coral, blanqueo de 286, *286*
cordilleras 94–95
    África 178
    Alaska 24
    Alpes 136, 138–139, 359, 372
    Alpes Neozelandeses 273, *273*, 278–279
    Andes 92–93, 94–95, 105, 125
    Apalaches 22, 35, 70
    Asia 352, 355
    Atlas 178, *181*, 182–183
    Cadena Costera del Pacífico 343
    Cáucaso 221
    costeras 39, 63
    de las Cascadas 27
    Distrito de los Lagos 152–153
    Dolomitas 136
    Drakensberg *180*, 189, 376
    Europa 346–347
    Gran Cordillera Divisoria 274–275
    Himalaya 94, 219, 222–223, 240
    Karakórum 225, 234
    macizo de Ahaggar 349–350
    macizo de Altái 175, 224, 237, *266–267*, 266
    macizo de Las Guayanas 90–91, 366
    macizo etíope 350–351, *350–351*
    Montañas Rocosas 22, 23, 24–25
    montañas Transantárticas 304, *307*
    montes Zagros 220
    Pirineos 137
    serranía de Hornocal 98
    Sierra Madre 37
    Sierra Nevada (EE UU) 342
    Sierra Nevada (España) 347
    Tian Shan 224
    Tierras Altas de Escocia 132, *132*, 134
    Torres del Paine 99
    Urales 130, 144–145, *218*
    véase también montañas
cordones litorales *véase* costas
Corea del Sur
    Seongsan Ilchulbong 353
Coriolis, efecto 328

corteza continental 10, *10*, 132
corteza oceánica 10, *10*
corteza terrestre *10*, 10–11
Costa Rica
    Arenal *344*, 344–345
    bosque nuboso de Monteverde 118–119
costas
    Acadia 65
    acantilados de Dover 133, 167
    Amalfitana 308
    Algarve 170
    Bahía 386
    bahía de Fundy 64–65
    bahía de Jeffrey 389
    bahía Shark 288–289
    banco de Arguin 388
    Big Sur 63
    cabo de Hornos 117
    Calzada del Gigante 152, 164–165
    Coffee Bay 388
    Dálmata 171
    Doce Apóstoles 290
    El Nido 390
    estrecho de Puget 384
    Europa 386–388
    Gran Duna de Pilat 167
    Jurásica 168–169
    Krabi 252–253
    Lençóis Maranhenses 116–117
    península de Paracas 385
    playa de las Noventa Millas 390
    playa Moeraki 290
    playa Whitehaven 390, *390*
    punta del Cabo 389
    véase también fiordos
costra de sal 126
Cotahuasi, río 367
Cotopaxi 87, 93
Cráter, lago del 28–29
cráteres
    artificiales *264*
    de subsidencia 89
    lago del Cráter 28–29
    Meteor 79
    volcánicos 89, *143*, 275, 351
cratones 132, 180, 181, 272
    cratón europeo oriental 132
    véase también corteza continental
creta
    acantilados de 167, *167*, 387
    desiertos de 210
Creus, cabo de 387
crevasses *227*, 233, 235, 281, *361*
Cristales, cueva de los 36
Croacia
    costa Dálmata 171
    Danubio 156–157, 161, 173
    lagos de Plitvice 374, *374*
cuenca de semigraben 238

Cuernos del Paine 99, *99*
cuevas y sistemas de cuevas *248*, 251
    Akiyoshi-do 380
    Alpes Dináricos 348
    América Central y del Sur 114
    Asia 246
    bahía de Ha Long 250–251
    Borra 378
    Cango 376–377
    Carlsbad 58
    Colosal 364, *365*
    de hielo *100*, *146–147*, *149*, *151*
    de los Cristales 36
    decoraciones 58, *249*
    estalactitas *114*, *252–253*, *283*
    estalagmitas 245, *283*, 369
    gruta de Casteret 372
    gruta de Janelao 369
    gruta de Jeita 378, *378*
    grutas del karst de Eslovaquia 159
    Gunung Mulu *382*, 382–383
    Huautla 364–365
    Jenolan 283
    Koonalda 383
    Krúbera-Voronia 221, 378
    Lascaux 372
    marinas *64–65*, 166, *170*
    Optimischeskaya 375
    Ox Bel Ha 364
    Sac Actun 365
    Son Doong 244–245
    Vercors 372, *372*
    Waitomo 283
    Windsor 366
cursos fluviales 156, 243

D

Daba, montañas 257
Daintree, selva tropical 292–293
Dálmata, costa 171
Damietta (Nilo) 191
Danubio 156–157, 161, 173
Darling, río 274, 282–283
Decán, trampas del 218, *218*, 353
deforestación *109*, 120, 202, 258
deltas *15*, *340–341*
    Danubio 156, *157*
    Lena *239*
    Mekong *243*
    Misisipi-Misuri 53, *53*
    Nilo 191
    Okavango 196–197
    Ródano 154, 155
    Sundarbans 240–241
    Volga 161, *161*
Denali 24, *24*

Derwentwater, laguna *152*
deshielo, agua de 46, *128–129*
  flujos *38, 234, 280*
  lagos *45, 280,* 281, *281*
  túneles *146, 151*
desiertos
  Arabia 262–263
  Atacama *92, 94–95,* 97, 124–125, 392
  Blanco 210
  Catinga 400
  Chihuahua 81
  costeros 212, 298
  cráter Meteor 79
  de sal 263, *400*
  fríos 74, 264, 309
  Gibson 298
  Gobi 224, 266–267, 398
  Gran Cuenca 74
  Gran Desierto Arenoso 295, 298
  Gran Desierto Victoria 295, 298, 299
  Kalahari 197, 211
  Karakum 264
  Karoo 211
  Kavir *403, 403*
  Kizil Kum 403
  La Guajira 399
  Lut 263
  meseta del Colorado *399, 399*
  Mojave 74–75
  Monument Valley 76–77
  Namib *176–177,* 212–213
  navajo 34
  Nyiri 401
  Parque Nacional Talampaya 400
  Patagonia 127
  Pequeño Desierto Arenoso 403
  Pobiti Kamani 401
  Sáhara *181,* 208–209, 211, 349, 401
  Sechura 399
  Simpson 295, 296–297
  Siria 403
  Sonora 76
  Tabernas 400–401
  Taklamakán 264–265
  Thar 265
  valle del Indo 403
  valles secos de McMurdo 309
desplazamiento continental 12
Detti, cascada (Dettifoss) 369
Devils Postpile 342–343
Devon, rías de 386–387
Diablo, catarata del (cataratas Victoria) 195, *195*
Dinamarca
  dunas de Jutlandia Septentrional 386
dipterocarpáceo 258
diques, malla de 342

Distrito de los Lagos 152–153
divisoria continental 25
divisoria de aguas 108, *108*
divisorias glaciales 39, 307
Dobrudja, colinas de 156
Dobšiná, gruta helada de 159
Doce Apóstoles 290
dolinas 244, 245, 248, *249*
  véase también sumideros
Dolomitas 136
Doñana 373
dorsales oceánicas
  dorsal del Atlántico 312–313
  dorsal del Pacífico oriental 322–323
dosel *67,* 120, *121,* 255
Doubtful Sound 291
Dover, acantilados de 133, 167
Drakensberg *180,* 189, 376
drenaje de ríos, sistemas de
  Amazonas 106, 108–109
  cuencas de drenaje 48, 87, 197, 238, *238*
  Danubio 156, *157*
  delta del Nilo 191
  delta del Okavango 196–197
  delta del Ródano 154, 155
  delta del Volga 161, *161*
  deltas 15, *340–341*
  lago Ladoga 160
  Lena *239*
  Mekong *243*
  Misisipi-Misuri 53, *53*
  Sundarbans 240–241
drenaje, cuencas de 48, 87, 197, 238, *238*
  Amazonas 106, 108–109
  lago Ladoga 160
Dry Falls 23
Dudhsagar, cataratas de 379
Dugi Otok 171
dunas 81, 265, 297, 299
  desierto de Arabia 263
  desierto de Atacama *124–125*
  desierto de los Pináculos 298
  desierto de Taklamakán 264–265
  desierto del Namib *176–177,* 212, *212–213*
  Erg Chebbi *400–401,* 401
  Gran Desierto Arenoso 295
  Gran Duna de Pilat 167
  Jutlandia Septentrional 386
  Lençóis Maranhenses 116–117
  parabólicas 299
  seifs (o dunas longitudinales) 265
Dungeness Spit 384
Durdle Door *169*
Durung Drung, glaciar 361

E

ecorregión de restingas del litoral atlántico 392, *392*
ecosistemas
  África 179
  América Central y del Sur 85
  América del Norte 21
  Antártida 302
  Asia 217
  Australia y Nueva Zelanda 270
  Europa 131
Ecuador
  Andes 92–93, 94–95, 105, 106
  Cotopaxi 87, 93
  islas Galápagos 320–321
  pluvisilva amazónica 82–83, 106, 120–121, 190
  selva del Chocó 392
  volcán Tungurahua *87*
EE UU *véase* Estados Unidos
Egipto
  costa del mar Rojo 198–199
  desierto Blanco 210
  desierto de Arabia 262–263
  desierto del Sáhara *181,* 208–209, 211, 349, 401
  Nilo 106, 190–191, 196
Eiger 138
Elbert, monte 25
Elbrús, monte 221
eléctricas, tormentas *73, 93,* 330–331
  véase también secas, tormentas
Emiratos Árabes Unidos (EAU)
  desierto de Arabia 262–263
endémicas, especies
  animales *53, 184, 238, 283*
  en bosques *172,* 201, *201,* 202, *293*
  peces *51,* 192–193
  plantas 68, *91, 106,* 294, *314*
endorreicas, cuencas 197
Erebus, monte 304–305
Erg Chebbi, dunas de *400–401,* 401
ergs 209, 401
Erie, lago *50–51,* 51
Eritrea 204
  costa del mar Rojo 198–199
  depresión de Afar 183, 184
  Nilo 106, 190–191, 196
Erta Ale, volcán 181
erupciones volcánicas 29, 142, *143*
  América Central y del Sur 88, *88,* 89, 344–345, *344*
  América del Norte 37, 316, 342, 343, *343,* 344
  Asia 229, 230, 231
  Europa 140, 144, 145, 345
  véase también lava

escarpes 37, *186,* 188, *295, 350–351*
Escocia
  bosque caledonio 392
  gruta de Fingal 152, 166
  lago Ness 370
  Tierras Altas 132, *132,* 134
escorias, conos de *28, 135,* 135
  véase también piroclásticas, coladas
escudo, volcanes en 142, 183, 318
Eslovaquia
  Danubio 156–157, 161, 173
  grutas del karst de Eslovaquia 159
  hayedos primarios de los Cárpatos 394
Eslovenia
  Alpes Dináricos 348
España
  acantilados de Los Gigantes 198
  bosque perennifolio mediterráneo 394–395
  cabo de Creus 387
  cordillera Cantábrica 346
  costa gallega 387
  desierto de Tabernas 400–401
  Doñana 373
  gruta de Casteret 372
  lagos de Covadonga 373
  Pirineos 137
  playa de Las Catedrales 387
  Sierra Nevada 347
  Tajo 373
Esqueletos, costa de los 213
Estados Unidos
  Apalaches 22, *35,* 70
  archipiélago de Hawái 13, *13,* 316–317, 318–319
  bahía de Monterrey 62
  Big Sur 63
  bosque boreal de América del Norte 66
  bosque nacional Cherokee 70
  bosque nacional Green Mountain 71
  bosques 391
  cañón de Bryce 78
  cañón del Antílope 80
  cataratas del Niágara 51, 52
  cavernas de Carlsbad 58
  cordillera de Alaska 24
  costa de Acadia 65
  cráter Meteor 79
  desierto de Chihuahua 81
  desierto de la Gran Cuenca 74
  desierto de Mojave 74–75
  desierto de Sonora 76
  Dungeness Spit 384
  El Capitán y Half Dome 26
  estrecho de Puget 384
  Everglades 60–61
  falla de San Andrés 23, *23,* 30

Estados Unidos *(Cont.)*
Giant Forest 68–69
glaciar Black Rapids 24, 43
glaciar Columbia 40
glaciar de Bering 40–41
glaciar Kennicott 44–45
glaciar Malaspina 42
glaciar Margerie 47
glaciar Mendenhall 46–47
Gran Cañón 54–55, 56–57
Grandes Lagos 23, 50–51, 238, 336
Grandes Llanuras 73
isla Mount Desert 384
lago del Cráter 28–29
Long Island 384
Mesa Arch 79
Misisipi-Misuri 53, 106, 190, 364
Montañas Rocosas 22, 23, 24–25
montañas y volcanes 342–343
Monument Valley 76–77
Pando 70
pantano Okefenokee 59
Parque Nacional Yellowstone *18–19*, 25, 30–31, 32–33
pozo de Thor 62
ríos y lagos 362–364
selva del Noroeste del Pacífico 67
Shiprock 34
tiempo meteorológico 332–333, 334–335, 336–337
Torre del Diablo 35
tundra norteamericana 72
Yukón 48–49
Estadounidense, cascada (Niágara) 52
estalactitas 58, *58*, *114*, 252–253, *283*
estalagmitas 58, 245, *283*, 369
estepas
estepa de Mongolia y Manchuria 398
gran estepa euroasiática 260
oriental (euroasiática) 260
Patagonia 99
póntica (euroasiática) 175, 260
Estonia
cascada de Jägala 370, *370*
estratos 14, 56, *57*, 228
estratovolcanes 29, 142–143
estromatolitos *16*, 288, *288*
Estrómboli 144
estuarios 60, *60*, *109*
Etiopía
depresión de Afar 183, 184
macizo etíope 350–351, *350–351*
Nilo 106, 190–191, 196
praderas de montaña 204–205
sabana sudanesa 204

Etna, monte 140–141, 142–143
Étretat, acantilados de 387, *387*
eucalipto 292
eucariotas 15, 16
euroasiática, placa 133, 218, 273
Europa 130–131, 132–133
véase también países particulares
Everest, monte 219, 226–227, 235, 361
véase también Khumbu, glaciar de
Everglades 60–61
extinciones 16
Eyjafjallajökull 369
Eyre, lago (o Kati Thanda) *268–269*, 271, *299*

F

fallas *13*, 24
fractura continental 12, 186–187, 322, 346
de cabalgamiento 24, 94, *95*
San Andrés 23, *23*, 30
farallones 170, *170*, 290, *290*
Fedchenko, glaciar 232
fengcong 248, 246-249
fenglin **248**, 246-249
Ferret, cabo 387
filipina, placa 324, *325*
Filipinas
El Nido 390
monte Pinatubo 231
Parque Nacional del río subterráneo de Puerto Princesa 382
volcán Mayon 355
volcán Taal 356, *356*
Fingal, gruta de 152, 166
Finke, río *272*
fiordos
Chile 92, 116
helado de Ilulissat 384, *384*
Noruega 162–163
Nueva Zelanda 291
fisuras 142, *313*, 322
fitoplancton *310–311*, 315
Five Finger Rapids *49*
fósiles 14, 64, 127, 167
costa Jurásica *168–169*, 169
Fox, glaciar 361, *361*
fractura continental 12, 186–187, 322, 346
véase también Gran Valle del Rift
Francia
acantilados de Étretat 387, *387*
Alpes 136, 138–139, 359, 372

Francia *(Cont.)*
Ardenas 394
bosque perennifolio mediterráneo 394–395
cabo Ferret 387
cadena de los Puys *135*, 346, *346*
cuevas Vercors 372, *372*
gargantas del Verdon 155
glaciar del Ródano 372
graben del Rin 346
Gran Duna de Pilat 167
Jura 346
la Camarga 154
lago Lemán 155, 359
Lascaux 372
Loira 371
Macizo Central 135, 346
Mer de Glace 150
Pirineos 137
Sena 371
Franz Josef, glaciar 280
fuentes termales volcánicas 10, 13, 318
Fuji, monte 229
fumarolas *33*, 97, *276*, 305
Fundy, bahía de 64–65
Furnace Creek 75
fynbos 205, *205*

G

Gabón
islas Galápagos 320–321
río Congo 106, 192, 200
selva del Congo 200–201
Galeras 345
Gales
Severn 370
gallega, costa 387
Ganges 106, 240, 260
gargantas 195, 246
Gran Cañón 54–55, 56–57
Verdon 155
véase también cañones
Garona, río 137
Gasherbrum, grupo 225, *232*, 233
Gavarnia, circo de 137
géiseres 277
El Tatio 97
Rotorua 276–277
Strokkur 135
valle de los géiseres 352, *352*
Yellowstone 31
véase también chimeneas hidrotermales: manantiales
gelifracción 78

General Carrera, lago (o lago Buenos Aires) 113
General Sherman (Giant Forest) 68
geología
África 179
América Central y del Sur 85
América del Norte 21
Antártida 302
Asia 216
Australia y Nueva Zelanda 270
Europa 131
Georgia
cueva de Krúbera-Voronia 221, 378
mar Muerto 375
montañas del Cáucaso 221
geotermal, actividad 10, *18–19*, 276–277
aguas termales de Pamukkale 220–221
chimeneas hidrotermales 322, *322–323*
depresión de Afar 183, 184
fuentes termales de Beppu 354
fumarolas 33, 97, *276*, 305
géiser Strokkur 135
géiseres 277
géiseres de El Tatio 97, *97*
manantiales y terrazas de Baishuitai 355
Rotorua 276–277
termas de Saturnia 347, *347*
valle de los géiseres 352, *352*
Yellowstone *18–19*, *30–31*, 31, 32
Ghash Mastan 220
Ghats occidentales del sur, bosque húmedo de los 396, *396–397*
Giant Forest 68–69
Gibson, desierto de 298
Gigantes, acantilados de Los 198
Giles Corridor (Gran Desierto Victoria) 299
glaciaciones 15, 23, 114, 132–133
glaciales, lagos *101*, 279, *306*
lago Abraham 49
lago General Carrera 113
glaciares
Aletsch 138, 150–151
Antártida *300–301*
Asia 360–361, *361*
Baltoro 225, 232–233
Bering 40–41
Biafo 234
Black Rapids 24, 43
campo de hielo Jostedal *133*, 149
colgantes 232, *232*
Columbia 40
continentales (o inlandsis) 23, 162
de circo 100, 232
de marea 47

Fedchenko 232
Fox 361, *361*
Franz Josef 280
inlandsis de Groenlandia 38–39
inlandsis de la Antártida 39,
    306–307, 308, 309
Kaskawulsh 42
Kennicott 44–45
Khumbu *227*, 234–235
Kongsvegen 359
Malaspina 42
Margerie 47
Mendenhall 46–47
Mer de Glace 150
Mónaco 148
Pasterze 359, *359*
Pastoruri 100
Perito Moreno 102–103
plataforma de hielo de Ross
    306–307, 308–309
retroceso 40, 151, 281
Ródano 359
Tasman 280–281
Yulong 232
véase también fiordos; inlandsis;
    morrenas
Glaciares, bahía de los 47, *47*
Glaciares, Parque Nacional Los 103
Glossglockner 138
Gobi, desierto del 224, 266–267, 398
Godwin-Austen, glaciar 233
Godwin-Austen, monte *véase* K2,
    monte
Gondwana 86, 132, 180, 181, 272,
    303
gours *248*
Graah, glaciar *38–39*
graben 160, 236, 238
    Rin 346
Grampianos, montes 134
Gran Bahía Australiana 282
Gran Banco de Chagos 315
Gran Barrera de Coral 284–285,
    286–287
Gran Bretaña 133, *133*
    acantilados de Dover 133, 167
    bosque caledonio 392
    Calzada del Gigante 152, 164–165
    costa Jurásica 168–169
    Distrito de los Lagos 152–153
    gruta de Fingal 152, 166
    lago Ness 370
    rías de Devon 386–387
    Severn 370
    Támesis 370
    Tierras Altas de Escocia 132, *132*,
        134
    véase también Irlanda
Gran Canal 242
Gran Cañón 54–55, 56–57

Gran Cañón del Yarlung Tsangpo
    379
Gran Cordillera Divisoria 274–275
Gran Cuenca, desierto de la 74
Gran Desierto Arenoso 295, 298
Gran Desierto Victoria 295, 298, 299
Gran Dique 351
Gran Duna de Pilat 167
Gran Fuente Prismática
    (Yellowstone) *30–31*
Gran Glen, falla 134, 370
Gran Lago del Oso 362
gran llanura húngara 156, 158
Gran Pantano Triste 364
Gran Valle del Rift 13, 184–185,
    186–187, 193, 196
Grandes Lagos 23, 50–51, 238, *336*
Grandes Lagos de África 193, 196
Grandes Llanuras 73
Grandes Montañas Humeantes,
    Parque Nacional de las *70*
granito, formaciones de 26, 98, 99,
    188
granizo 330
Grecia
    bosque perennifolio mediterráneo
        394–395
    macizo de Pindo 348, *348*
    Santorini 348
Green Mountain, bosque nacional
    71
Grey, glaciar *101*
Grímsvötn 147, 345
Groenlandia
    fiordo helado de Ilulissat 384, *384*
    inlandsis 38–39
    tundra norteamericana 72
Grose, valle del *274–275*
Grossglockner 359
Guadalupe, sierra de 58
Guajira, desierto de La 399
Guam, bahía de 325
Guanabara, bahía de 98, *98*
Guatemala 88
Guayana Francesa
    pluvisilva amazónica 82–83, 106,
        120–121, 190
Guayanas, macizo de las 90–91, 366
guayanés, escudo 86, *86*
Guinea
    sabana sudanesa 204
Gunung Mulu *382*, 382–383
Gurudongmar, lago 380, *380*
Guyana
    cataratas de Kaieteur 366–367,
        366
    macizo de Las Guayanas 90–91,
        366
    pluvisilva amazónica 82–83, 106,
        120–121, 190

H

Ha Long, bahía de 250–251
Haakon VII, Tierra de 148
habub *326–327*, 334
Hádico, eón 15
Hainburger, puerta 156
Hainich, Parque Nacional 393
Half Dome 26
Hall of Giants (cavernas de Carlsbad)
    58
Hallerbos 172
hamadas 209
Hamelin Pool 288
Hawái, archipiélago de 13, *13*,
    316–317, 318–319
Hébridas Interiores, islas 166
Hengduan, montañas 257
Hengi, cascada (Hengifoss) 152
herbáceas, especies de plantas 73,
    122–123, 123, *260*, 260
herbazales
    cerrado 398, *398*
    desierto del Kalahari 197, 211
    estepa de Mongolia y Manchuria
        398
    estepa oriental (euroasiática) 260
    estepa póntica (euroasiática) 175,
        260
    Grandes Llanuras 73
    Hortobágy 158
    Llanos 104
    Pampa 122–123
    praderas de montaña de Etiopía
        204–205
    sabana arbolada de miombo
        central y oriental 398
    sabana sudanesa 204
    sabanas del norte de Australia
        294
    sabanas del Terai-Duar 260–261
    Serengueti 206–207
Herradura, cascada de la (Niágara)
    52, *52*
herradura, lagos en *48–49*, 49
hidroeléctrica, energía 242, 363, 373
hidrotermales, chimeneas 322,
    322–323
hielo, cuevas de *100, 146–147, 149,*
    151
    glaciar Mendenhall 46, *46–47*
    monte Erebus 305, *305*
hielo, tormentas de 336–337
hielo glaseado 337
higuera estranguladora 258
Hillman, pico (lago del Cráter) 28
Himalaya 94, 219, 222–223, 240
Himalaya occidental, bosque
    templado del 396

Himalaya oriental, bosque del 256
Hispar, glaciar de 234
Hjelte, fiordo de *162*
Hogenakkal, cascadas 379, *379*
Hoggar, macizo de *véase* Ahaggar,
    macizo de
Hongo, El 127
hongos 16, 174
Horizontal Falls 390
Hornocal, serranía de 98
Hornos, cabo de 117
Hortobágy 158
Huang Shan 355
Huautla, Sistema 364–365
Hudson, río 363
Huka, cataratas 383
Humboldt, corriente de *124*
humedales
    costeros 154
    Everglades 60–61
    Gran Pantano Triste 364
    Hortobágy 158
    la Camarga 154
    marismas de Biebrza 158–159
    Pantanal 112–113
    pantano Okefenokee 59
humeros negros (chimeneas
    hidrotermales) 322, *322–323*
Hungría
    Danubio 156–157, 161, 173
    gran llanura húngara 156, 158
    grutas del karst de Eslovaquia 159
    Hortobágy 158
huracanes *11*, 328
Hurón, Lago *50*, 51
Hyden Rock (o Wave Rock) 278

I

Iberia 137
icebergs *148, 307*, 309
    desprendimiento 47, 103
    inlandsis de Groenlandia *38–39*,
        39
ígneas, rocas 10
Iguazú, cataratas del 110–111
Iguazú, río *110*
Ilulissat, fiordo helado de 384, *384*
Incahuasi, isla 126, *126*
India
    bosque de Mudumalai 396
    bosque del Himalaya oriental 256
    bosque húmedo de los Ghats
        occidentales del sur 396,
        396–397
    bosque templado del Himalaya
        occidental 396

India *(Cont.)*
  cordillera del Karakórum 225, 234
  desierto del Thar 265
  Durung Drung 361
  Ganges 106, 240, 260
  glaciar de Siachen 360–361, *360–361*
  glaciar Kolahoi 361
  Himalaya 94, 219, 222–223, 240
  Indo 240
  meseta del Tíbet 355
  ríos y lagos 378–380
  sabanas del Terai-Duar 260–261
  Sundarbans 240–241
  trampas del Decán 218, *218*, 353
Indo 240
  desierto del valle del Indo 403
indogangética, llanura 240
Indonesia
  complejo volcánico del macizo del Tengger 230
  islas menores de la Sonda 253
  Kelimutu 356
  lago Toba 356
  monte Merapi 356
  pluvisilva de Borneo 258–259
  Tambora 356
Inglaterra
  acantilados de Dover 133, 167
  costa Jurásica 168–169
  Distrito de los Lagos 152–153
  rías de Devon 386–387
  Severn 370
  Támesis 370
inlandsis (o glaciares continentales) 23, 162
  Antártida 39, 306–307, 308, 309
  Groenlandia 38–39
  véase también glaciares
inselbergs 188
interglaciales, periodos 15
Interior Occidental, vía marítima 23
inundaciones 104, 108
  avenidas torrenciales 147
  coladas basálticas de inundación *110*, 318
  llanuras de inundación *48–49*, 108, *109*, *112–113*, *240*, *243*
Inylchek, glaciar 360
Irak
  desierto de Arabia 262–263
  desierto de Siria 403
  montes Zagros 220
Irán
  desierto de Kavir 403, *403*
  desierto de Lut 263
  montes Zagros 220
Irawadi (Myanmar) 380
Irlanda del Norte 164–165
  véase también Irlanda

Irlanda, República de
  gruta de Fingal 152, 166
  lago Derg 370
  véase también Irlanda del Norte
Irtish, río 237
Ischigualasto *véase* Valle de la Luna
Islandia
  cascada Detti (Dettifoss) 369
  cascada Litlanes (Litlanesfoss) 152
  cascada Seljalands (Seljalandsfoss) 369
  cascada Skóga (Skógafoss) 369, *369*
  géiser Strokkur 135
  glaciares e inlandsis *128–129*
  Grímsvötn 345
  Surtsey 345, *345*
  tiempo meteorológico 338–339
  Vatnajökull 146–147, 369
islas
  archipiélago de Hawái 13, *13*, 316–317, 318–319
  bahía de Ha Long 250–251
  bosque de las islas Ryukyu 397
  cadenas de islas volcánicas 312, *313*, 315, 318–319
  costa Dálmata 171
  costa de Krabi 252–253
  El Nido 390
  Galápagos 320–321
  Guam 325
  lagos *28*, *51*, *239*
  Lofoten 386
  Long Island 384
  Maldivas 315
  Mount Desert 384
  Pitones 385
  Santorini 348
  Seychelles 314–315
  Surtsey 345
  Yaeyama 389
Israel
  costa del mar Rojo 198–199
  mar Muerto 192, 236
Italia
  Alpes 136, 138–139, 359, 372
  bosque perennifolio mediterráneo 394–395
  costa Amalfitana 388
  Dolomitas 136
  Estrómboli 144
  montañas y volcanes 347–348
  monte Etna 140–141
  Po 374
  scala dei Turchi 388, *388*
  Vesubio 145
Itasca, lago 53

J

jacinto 172, *172*
Jägala, cascada de 370, *370*
Jakobshavn, glaciar 39
Jalisco, bosque seco de 392
Janelao, gruta de 369
Japón
  Akiyoshi-do 380
  arrecife de Shiraho 251
  bosque de bambú de Sagano 396, *397*
  bosque de las islas Ryukyu 397
  bosque montano de Taiheiyo 256
  fuentes termales de Beppu 354
  islas Yaeyama 389
  monte Fuji 229
  monte Unzen 354
  Sakurajima 354–355, *355*
Jasov, gruta *159*
Jeffrey, bahía de 389
Jeita, gruta de 378, *378*
Jenolan, cuevas de 283
Jiuzhaigou, Parque Nacional del Valle de *380–381*, 381
Jordania
  costa del mar Rojo 198–199
  desierto de Arabia 262–263
  desierto de Siria 403
  mar Muerto 192, 236
Jostedal, campo de hielo (o Jostedalsbreen) *133*, 149
Josué, árbol de *74–75*, 75
Juneau, campo de hielo de 46
Jungfrau 151
Jungfraujoch 151
Jura 346
Jurásica, costa 168–169
Jutlandia Septentrional, dunas de 386

K

K2, monte (o monte Godwin-Austen) 225, *225*, 233
Kagera, río 196
Kaibab, meseta de *57*
Kaieteur, cataratas de *366*, 366–367
Kakahi, cataratas 276
Kalahari, desierto del 197, 211
Kalkalpen, Parque Nacional 394, *394*
Kamchatka, península de 229
Kaoko, desierto de 212
Kapsiki, pico 350

Karakórum, cordillera del 225, 234
  véase también Biafo, glaciar
Karakum, desierto de 264
Karoo 211
karst *véase* cársticos, paisajes
Kaskawulsh, glaciar 42
Kata Tjuta 358
Kati Thanda *véase* Eyre, lago
Katmai, monte 342
kauri 293, *293*
Kavir, desierto de 403, *403*
Kazajistán
  desierto de Kizil Kum 403
  estepa póntica (euroasiática) 175, 260
  glaciar Inylchek 360
  lago Baljash 377, *377*
  macizo de Altái 175, 224, 237, 266, *266–267*
  mar de Aral 377
  montañas Tian Shan 224
  Obi-Irtish 237
  Urales 130, 144–145, *218*
Kelimutu 356
Kenia
  desierto de Nyiri 401
  lago Bogoria 351
  lago Magadi *8–9*
  lago Nakuru 375
  lago Victoria 196
  Nilo 106, 190–191, 196
  selva costera oriental africana 395
  Serengueti 206–207
Kennicott, glaciar 44–45
Khumbu, glaciar de *227*, 234–235
Kierk, fiordo *162–163*
Kilauea *316–317*, 319
Kilimanjaro, casquete glaciar del 360
Kilimanjaro, monte *187*
Kirguistán
  glaciar Inylchek 360
  montañas Tian Shan 224
Kizil Kum, desierto de 403
Kliuchevskói 229
Klondike, fiebre del oro de 48
Kluane, lago 42
Kola, tundra de la península de 175
Kolahoi, glaciar 361
Kongsvegen, glaciar 359
Konkordiaplatz 151
Koonalda, cueva de 383
kopjes 206
Kornati, archipiélago de *171*
Kosciuszko, monte 274
Krabi, costa de 252–253
Krúbera-Voronia, cueva de 221, 378

Kukenán, tepui 91
Kuwait
    desierto de Arabia 262–263

L

Ladoga, lago 160–161
lagos
    Abraham 49
    albufera de Waituna 383
    Asia 377–381, *380–381*
    Baikal 238–239
    Chad 375
    Constanza 373, *373*
    de Covadonga 373
    de Plitvice 374, *374*
    del Cráter 28–29
    Derg 370
    Distrito de los Lagos 152–153
    Eyre *268–269*, 271, *299*
    General Carrera 113
    glaciales *101*, 279, *306*
    Gran Lago del Oso 362
    Gran Valle del Rift 184, *184*
    Grandes Lagos 23, 50–51, 238, *336*
    Ladoga 160–161
    «lagos explosivos» 350
    Lemán 155, 359
    Manicouagan 363
    mar Muerto 192, 236
    Mono *362–363*, 363
    Nakuru 375
    Natrón *340–341*, 375, *375*
    Ness 370
    Nicaragua 366
    Nyos 350
    Retba 192
    salados (o salinos) *95*, 183, *184*, *299*
    Séneca 363
    Spotted Lake 362, *362*
    Titicaca 105
lagunas *100*, 116, *283*, *315–316*, 383
    Colorada 368, *368–369*
    laguna 69 367, *367*
    Miscanti *96–97*
    Roja *97*
Laos
    Mekong 243
Lascaux 372
Laurentia 22, 132
Lautaro, volcán 101
lava
    almohadillada *312*
    archipiélago de Hawái *316–317*, *319*

lava *(Cont.)*
    coladas 140, *140*, 152, *229*
    domos 88, 89, *89*
    en estratovolcanes 142, *142–143*
    lagos 89, *89*, 305, *305*
    tubos *140*
Legzira 388
Lemán, lago 155, 359
Lena 237, *239*
Lençóis Maranhenses 116–117
Lhotse *226*, 227
Líbano 378, 395
    bosque de los cedros de Dios 395, *395*
    Gran Valle del Rift 13, 184–185, 186–187, 193, 196
    gruta de Jeita 378, *378*
Libia
    desierto del Sáhara *181*, 208–209, 211, 349, 401
Liefde, fiordo 148
Lighthouse, arrecife 384, *384–385*
Lisán, península 236
Litlanes, cascada (Litlanesfoss) 152
litosfera 12
Llanos 104
llanuras *véase* mesetas; sabanas
Llao Rock *28*
lodo, hervideros de 31, 32, 276, *276*
Lofoten, islas 386
Loira 371
Loktak, lago 380
Lonar, lago 378
Long Island 384
lopolitos 351
Luna, valle de la (o Wadi Rum) 263
Lupke Lawo, cubeta glacial 234
Lut, desierto de 263
Luxemburgo
    Ardenas 394

M

Macarena, serranía de la 105
Machu Picchu *119*
Macizo Central 135, 346
Mackenzie, diques 342
Madagascar 181
    bosque seco 202–203
    selva 201
madera muerta 174
Magadi, lago *8–9*
magma 10
    cámaras 32–33, *143*, 319

magnéticos, polos 312, 338
magnetita *221*, 263
Makgadikgadi, salares de *402*, 403
Malasia
    pluvisilva de Borneo 258–259
Malaspina, glaciar 42
Malaui
    lago Malaui 192–193
Maldivas 315
Mali
    desierto del Sáhara *181*, 208–209, 211, 349, 401
manantiales
    aguas termales de Pamukkale 220–221
    depresión de Afar 183, 184
    fuentes termales de Beppu 354
    géiseres de El Tatio 97, *97*
    manantiales y terrazas de Baishuitai 355
    Rotorua 276–277
    termas de Saturnia 347, *347*
    Yellowstone *18–19*, *30–31*, 31, *32*
    véase también géiseres
manglares 240–241, *288–289*
Manicouagan, lago 363
Manpupuner, formaciones rocosas 349
manto 10, *10*
    convección 10, *10*
    penachos *33*, 186, 187, *319*
marea, amplitud de la 64
mares de arena 212–213
Margerie, glaciar 47
Marianas, fosa de las 324–325
marina, vida
    costa del mar Rojo *198–199*, 199
    fiordos 291
    Gran Barrera de Coral *284–285*, 285, *286*, *287*
    hábitats de arrecife 251, 253, 285, 315, *315*
    plantas acuáticas 105, 112, *160*
    profundidades marinas 322, *322*, *323*, 325
    regiones costeras *171*, 288, *288*
    véase también peces
marinas, profundidades 322, *322*, *323*, 325
Marmolada 136
Marruecos
    bosque perennifolio mediterráneo 394–395
    cordillera del Atlas 178, *181*, 182–183
    desierto del Sáhara *181*, 208–209, 211, 349, 401

Marruecos *(Cont.)*
    dunas de Erg Chebbi *400–401*, 401
    Legzira 388
Masaya, volcán 89
Matterhorn *véase* Cervino, monte
Matusevich, glaciar *300–301*
Maumturks, cordillera de los 166
Mauritania
    banco de Arguin 388
    desierto del Sáhara *181*, 208–209, 211, 349, 401
    meseta de Adrar 210
Mayon, volcán 355
Mazama, monte 29
    véase también Cráter, lago del
McMurdo, valles secos de 309
meandros 48, *53*, *57*, *65*, 108
mediterráneo, bosque perennifolio 394–395
Mediterráneo, mar 130, 133, *133*, 171
Meghna, río 240
Mekong 243
Melanesia 272
Mendenhall, glaciar 46–47
Mer de Glace 150
Merapi, monte 356
Mesa, montaña de la 188
Mesa Arch 79
mesas 77, 79
mesetas *109*
    Adrar 210
    Altiplano 92, 94, *95*, 96–97, 105
    Colorado 399, *399*
    desierto de Atacama 92, *94–95*, 97, 124–125, 392
    desierto del Sáhara 209, *209*
    salar de Uyuni 96, 126
    Tíbet 355
Mesozoico 14
metamórficas, rocas 10
metano, gas 49, *49*
Meteor, cráter 79
México
    bosque seco de Jalisco 392
    bosques de pino-encino de la Sierra Madre 391
    chaparral y bosque de California 391
    cueva de los Cristales 36
    desierto de Chihuahua 81
    desierto de Sonora 76
    El Chichón 344
    Ox Bel Ha 364
    Paricutín 343
    Popocatépetl 37
    río Bravo 363
    Sac Actun 365
    Sierra Madre 37

México *(Cont.)*
 Sistema Huautla 364–365
 volcán de Colima 343, *343*
Michigan, lago 51
micorriza 174
microclimas *119*, *155*, 245, 292
Milford Sound 291, *291*
Minas, ensenada de las 64
minerales 14–15
miombo central y oriental, sabana
 arbolada de 398
Misisipi-Misuri 53, 106, 190, 364
Moeraki, playa 290
Moher, acantilados de 166
Mojave, desierto de 74–75
Moldavia
 Danubio 156–157, 161, 173
Mónaco, glaciar 148
Mönch 151
Mongolia
 desierto del Gobi 224, 266–267,
  398
 estepa de Mongolia y Manchuria
  398
 estepa oriental (euroasiática) 260
 macizo de Altái 175, 224, 237, 266,
  266–267
 Obi-Irtish 237
Mono, lago *362–363*, 363
monolitos *113*, 127
 desierto Blanco 210
 Monument Valley 77
 Pan de Azúcar 98
 Torre del Diablo 35
Mont Blanc 138, 150, *150*
montañas
 de la Mesa 188
 El Capitán y Half Dome 26
 macizo Brandberg 188
 monte Bromo 230, *230*
 monte Everest 219, 226–227, 235,
  361
 monte Fuji 229
 Pan de Azúcar 98
Monterrey, bahía de 62
Monteverde, bosque nuboso de
 118–119
Montserrat 89
Monument Valley 76–77
monumentos 34, *34*, 76–77,
 342–343
morrenas *42*, 361
 frontal 47, 151, 234, 281
 lateral *42*, *44*, 150
 medial *42*, *44*, *45*, 150, *150–151*
Mount Desert, isla 65, 384
Mozambique
 Gran Valle del Rift 13, 184–185,
  186–187, 193, 196
 lago Malaui 193

Mozambique *(Cont.)*
 sabana arbolada de miombo
  central y oriental 398
 selva costera oriental africana
  395
 Zambeze 195, 376
Mudumalai, bosque de 396
Muerte, Valle de la 75, *75*
Muerto, mar 192, 236
Mull, isla de 166
Murchison, cascadas 191
Murray-Darling 274, 282–283
Myanmar 243, 253, 380

N

Naica, montaña de 36
Nakuru, lago 375
Nambung, Parque Nacional 298,
 298
Namib, desierto del *176–177*,
 212–213
Namibia
 desierto del Kalahari 197, 211
 desierto del Namib *176–177*,
  212–213
 macizo Brandberg 188
 Zambeze 195, 376
Nanga Parbat, macizo de 240
Nansei, bosque de las islas *véase*
 Ryukyu, bosque de las islas
Naródnaia Gorá 144
nativas, especies
 animales 53, *184*, *238*, 283
 en bosques *172*, 201, *201*, 202,
  293
 peces *51*, 192–193
 plantas 68, *91*, *106*, 294, *314*
Natrón, lago *340–341*, 375, *375*
Navajo, Nación 34, 77, 80
Nazca, placa de 86–87, 94, 320
Negro, mar 375
Negro, río 116
Nepal
 bosque del Himalaya oriental 256
 bosque templado del Himalaya
  occidental 396
 glaciar de Khumbu *227*, 234–235
 Himalaya 94, 219, 222–223, 240
 monte Everest 219, 226–227, 235,
  361
 sabanas del Terai-Duar 260–261
Neva, río 160
Ngami, lago 197
Ngauruhoe 275
Ngorongoro, cráter del *187*
Niágara, cataratas del 51, 52

Nicaragua
 lago Nicaragua 366
 volcán Masaya 89
Nicobar, islas 253
Nido, El 390
niebla
 en bosques *70*, 118, *172–173*
 en desiertos *124*, 213
nieve, formaciones de *véase*
 penitentes
Nigard, glaciar 149
Níger
 desierto del Sáhara *181*, 208–209,
  211, 349, 401
 lago Chad 375
Nigeria
 lago Chad 375
 selva de las Tierras Altas de
  Camerún 395
Nilo 106, 190–191, 196
 Nilo Azul 191, *191*
 Nilo Blanco 191, 196
Niño, El 294, 399
nivel del mar 15, 133
norteamericana, placa 22, 30, 33,
 229
Noruega
 campo de hielo Jostedal *133*, 149
 fiordos 162–163
 glaciar Kongsvegen 359
 glaciar Mónaco 148
 islas Lofoten 386, *386–387*
Noventa Millas, playa de las 390
nubes *330*, *331*
nublados, bosques 91, 118–119
Nueva Guinea 272
Nueva Zelanda 273
 albufera de Waituna 383
 Alpes Neozelandeses 273, *273*,
  278–279
 bosque de Waipoua 293
 cataratas Huka 383
 cuevas de Waitomo 283
 fiordos 291
 glaciar Fox 361, *361*
 glaciar Franz Josef 280
 glaciar Tasman 280–281
 parque volcánico de Tongariro
  275, 276
 playa de las Noventa Millas 390
 playa Moeraki 290
 Rotorua 276–277
 Ruapehu 358, *358*
 Waimangu 358
nunatak 44
Nuptse, pico *226*, 227
Nusa Tenggara *véase* Sonda, islas
 menores de la
Nyiri, desierto de 401
Nyos, lago 350

O

Oakover, río *295*
Obi-Irtish 237
Oceanía 270–271
océanos 14, *94*, *310–311*, 324
 dorsal del Atlántico 312–313
 dorsal del Pacífico oriental
  322–323
 fosa de las Marianas 324–325
Ohio, río 53
ojivas 150
Ojos del Salado 345
Okanagan, lago 362, *362*
Okavango, delta del 196–197
Okefenokee, pantano 59
Ol Doinyo Lengai 184, *185*
Old Faithful, géiser (Yellowstone) 31
Omán 262
Ontario, lago 51
Optimisticheskaya 375
Öræfajökull, volcán 147
Oriental, catarata (cataratas Victoria)
 195
Orinoco 366
orquídeas *121*, *188*, *259*
Ox Bel Ha 364

P

pacífica, placa 20, 22, 270, 324, *324*
Pacífico, océano 87, *124*, 125
Pacífico oriental, dorsal del 322–323
Paine Grande, cerro 99
Painted Grotto (cavernas de
 Carlsbad) 58
Pakistán
 bosque templado del Himalaya
  occidental 396
 cordillera del Karakórum 225, 234
 desierto del Thar 265
 desierto del valle del Indo 403
 glaciar Baltoro 225, 232–233
 glaciar Biafo 234
 Himalaya 94, 219, 222–223, 240
 Indo 240
Paleozoico 14
Palisades 342, *342–343*
Palo Duro, cañón de 364
Palouse, río *23*
plataformas de hielo *306–307*,
 308–309
Pampa 122–123
Pamukkale, aguas termales de
 220–221
Pan de Azúcar 98

Panamá
    istmo de Panamá 84
    selva del Chocó 392
Panamint, cordillera 75
Pando 70
Pangea 22, 132, 180–181, 218
Pantanal 112–113
pantanos
    Everglades 60–61
    de cipreses 60–61
    Gran Pantano Triste 364
    Okefenokee 59
    Sundarbans 241
Papúa Nueva Guinea 272, 272
    caldera de Rabaul 357
Paracas, península de 385
Paraguay
    bosque seco de América del Sur
        392
    Pantanal 112–113
    río Paraguay 368–369
Paricutín 343
paseo de los tornados véase Tornado
    Alley
Pasterze, glaciar 359, 359
Pastoruri, glaciar 100
Patagonia
    desierto 127
    escudo patagónico 86
    estepa 99
pavimentos desérticos 266
peces
    hábitats fluviales 106
    lagos 192–193, 193
    lagunas 51, 116, 116
Pelée, monte (Martinica) 344
penínsulas véase costas
penitentes 124, 125
Pequeño Desierto Arenoso 403
Perito Moreno, glaciar 102–103
Perlas, río de las 382
permafrost 72, 175
Perpetua, cabo 62
Perú
    Altiplano 92, 94, 95, 96–97, 105
    Andes 92–93, 94–95, 105, 125
    cataratas las Tres Hermanas 367
    desierto de Sechura 399
    glaciar Pastoruri 100
    lago Titicaca 105
    laguna 69 367, 367
    península de Paracas 385
    pluvisilva amazónica 82–83, 106,
        120–121, 190
    casquete glaciar Quelccaya
        100–101
    río Amazonas 84, 87, 87, 106–107
    río Colca 367
    río Cotahuasi 367
    yungas andinos 119

Phantom Ship (lago del Cráter) 29
Phi Phi Le 252
pícea 66, 172, 173, 174
piedemonte, glaciares de 42
piedras deslizantes 74, 75, 75
Pieter Botte, monte 293
pilares, formaciones de 58, 145,
        214–215, 237
    desierto de los Pináculos 298
    farallones 170, 170, 290, 290
Pináculos, desierto de los 298
Pinatubo, monte 231
Pindo, macizo de 348, 348
Pirineos 137
piroclásticas, coladas 89, 89, 231, 344
    véase también escorias, conos de
Pitón de la Fournaise 351
Pitones 385
placas, límites de
    convergentes 13, 13
    divergentes 12, 13, 312–313
    transformantes 13, 13
placas tectónicas 12–13, 134, 223
    africana 133, 183, 186, 199
    euroasiática 133, 218, 273
    falla de San Andrés 23, 23, 30
    fallas 13, 24
    fallas de cabalgamiento 24, 94, 95
    formación de cadenas de islas
        volcánicas 318–319
    formación de cadenas montañosas
        94, 94–95
    fractura continental 12, 186–187,
        322, 346
    Nazca 86–87, 94, 320
    norteamericana 22, 30, 33, 229
    pacífica 20, 22, 270, 324, 324
    subducción 324, 324–325
plancton 310–311, 315
plantas
    acuáticas 105, 112, 160
    bosques africanos 200, 200–201,
        202, 202–203
    bosques asiáticos 255, 256, 257,
        257, 258, 259
    bosques de Australia y Nueva
        Zelanda 292, 292–293, 293
    bosques europeos 173, 174
    bosques norteamericanos 67, 67,
        70
    desiertos africanos 211, 211
    desiertos asiáticos 264, 264–265
    desiertos australianos 296, 297,
        298, 299
    desiertos norteamericanos 74,
        74–75, 76, 81
    entornos glaciales 41
    hábitats fluviales 156–157, 190
    hábitats forestales 120, 121
    herbazales 122–123, 123, 207

plantas (Cont.)
    humedales 60, 112, 158–159
    regiones de tundra 175, 175, 309,
        309
    regiones montañosas 188, 189,
        189, 205, 205, 229
    regiones pantanosas 59, 59, 241
    véase también árboles
plataforma continental 109, 286
playas véase costas
Plitvice, lagos de 374, 374
plutones 26
pluvisilvas
    Amazonas 82–83, 106, 120–121,
        190
    Borneo 258–259
    bosque nuboso de Monteverde
        118–119
    Chocó 392
    Congo 200–201
    Madagascar 201
    selva del Noroeste del Pacífico 67
    selva tropical Daintree 292–293
    selva Valdiviana 119
    Xishuangbanna 397
Po 374
Pobieda, pico 224
Pobiti Kamani 401
Pohutu, géiser 277
Polonia
    bosque de Bialowieza 174
    bosque Torcido 393, 393
    marismas de Biebrza 158–159
polvo, tormentas de 326–327,
        334–335
póntica (euroasiática), estepa 175,
        260
Popocatépetl (o «Popo») 37
Port Campbell, Parque Nacional
        290
Portugal
    costa del Algarve 170
    Tajo 373
pozo de Thor 62
praderas 73
    véase también herbazales
precipitaciones
    Asia 263, 264, 265, 266, 403
    Australia 295, 296, 299
    bosques 118, 120, 201, 392, 396
    desiertos 76, 125, 211, 401
    regiones montañosas 96, 279
Preikestolen (o Prekestolen) 162
presas de hielo 103, 103
Presidente, El (Giant Forest) 68–69
Príncipe Guillermo, estrecho del 40
procariotas 15, 16
Proterozoico, eón 15
Puerto Princesa, Parque Nacional del
    río subterráneo de 382

Puget, estrecho de 384
Pukaki, lago 279
Puy de Côme 135
Puys, cadena de los 135, 346,
        346

Q

Qinghai, lago 380–381
Qinling, montes 257, 257
Quelccaya, casquete glaciar 100–101
Quizapú, cráter 345

R

Rabaul, caldera de 357
raíces, sistema de 70, 258
Rao Thuong, río 245
Redwood, Parque Nacional 391
Reina Maud, montes de la 304
República Centroafricana
    río Congo 106, 192, 200
    selva del Congo 200–201
República Democrática del Congo
    véase Congo, República
    Democrática del
restingas véase costas
Retba, lago (o lago Rosa) 192
rías 386–387
Richat, estructura de 209, 210
rift de África oriental 184,
        186–187
Rin 370–371, 371, 373
    graben del Rin 346
ríos
    Amarillo 242–243
    Amazonas 84, 87, 87, 106–107
    Arkansas 364, 364
    Asia 377, 380, 382
    Blyde 180, 376, 376
    Bravo 363
    Caño Cristales 105
    Colca 367
    Columbia 362–363
    Congo 192
    Cotahuasi 367
    cuencas 48, 87, 197, 238, 238
    Danubio 156–157, 161, 173
    deltas 15, 340–341
    Europa 374, 373
    Ganges 106, 240, 260
    Hudson 363
    Lena 237, 239
    Loira 371
    Mekong 243

ríos *(Cont.)*
    Misisipi-Misuri 53, 106, 190, 364
    Murray-Darling 274, 282–283
    Nilo 106, 190–191, 196
    Obi-Irtish 237
    Orinoco 366
    Paraguay 368–369
    Rin *370–371*, 371
    Ródano 372
    Rojo del Sur 364
    Sena 371
    Severn 370
    sistemas 108
    Támesis 370
    Volga 161
    Yangtsé 190, 242
    Yukón 48–49
    Zambeze 195, 376
rocas
    capas 11, *11*
    ciclo 14, 56, *57*, 228
    estratos 14, 56, *57*, 228
    ígneas 10
    metamórficas 10
    sedimentarias 10, 14
rocas y piedras, formaciones de
    bahía de Ha Long 250–251
    Bungle Bungles 357, *357*
    chimeneas de hadas 78, 78, 348,
       348–349
    desierto de los Pináculos 298
    farallones 170, *170*, 290, *290*
    formaciones de pilares 58, 145,
       214–215, 237
    Hyden Rock 278
    karst de China Meridional
       246–247, *248–249*
    Monument Valley 76–77
    paisajes cársticos 248–249, 252, 348
    playa Moeraki 290
    Torre del Diablo 35
    Valle de la Luna 127
Rocha, playa de *170*
Rocosas, Montañas 22, 23, 24–25
Ródano, delta del 154, 155
Ródano, glaciar del 359, 372
Ródano, río 371, 372
Rodinia 22
Roja, laguna *97*
Roja de Panjin, playa 380
Rojo, costa del mar 198–199
Rojo del Sur, río 364
Rongbuk, glaciar 361
Root, glaciar del 44, *45*
Roraima, monte 91, *91*
Rosa, lago *véase* Retba, lago
Rosetta (Nilo) 191
Ross, mar de 304, *304*
Ross, plataforma de hielo de
    306–307, 308–309

Rotorua 276–277
Ruanda
    Nilo 106, 190–191, 196
    río Congo 106, 192, 200
Ruapehu 275, 358, *358*
Ruhuhu, río 193
Rumanía
    bosque de Bialowieza 174
    cascada de Bigar 374–375
    Danubio 156–157, 161, 173
    mar Negro 375
Rusia
    Amur 377
    bosque templado del Extremo
       Oriente ruso 395
    estepa de Mongolia y Manchuria
       398
    estepa oriental (euroasiática)
       260
    estepa póntica (euroasiática) 175,
       260
    formaciones rocosas Manpupuner
       349
    Kliuchevskói 229
    lago Baikal 238–239
    lago Ladoga 160–161
    Lena 237, *239*
    macizo de Altái 175, 224, 237, 266,
       266–267
    mar Negro 375
    montañas del Cáucaso 221
    Obi-Irtish 237
    taiga siberiana 254–255
    trampas siberianas 352
    tundra de la península de Kola
       175
    tundra siberiana 261
    Urales 130, 144–145, *218*
    valle de los géiseres 352, *352*
    Volga 161
Russell, glaciar *38*
Ryukyu, bosque de las islas (o
    bosque de las islas Nansei) 397

S

sabanas
    desierto del Kalahari 197, 211
    Llanos 104
    norte de Australia 294
    Serengueti 206–207
    sudanesa 204
    Terai-Duar 260–261
    véase también estepas; herbazales
Sac Actun 365
Sagano, bosque de bambú de 396,
    397

Sáhara, desierto del *181*, 208–209,
    211, 349, 401
Saint Helens, monte 27, *27*
Saint Martins (bahía de Fundy)
    64–65
Sainte-Croix, lago 155
Sakurajima 354–355, *355*
salados, lagos 95, 183, *184*, 299
    mar Muerto 192, 236
    Natrón *340–341*, 375, *375*
    Retba 192
    Sambhar 378
    Spotted Lake 362, *362*
salares
    Arizaro 400
    desierto de la Gran Cuenca 74
    Makgadikgadi *402*, 403
    Salinas Grandes 400
    Uyuni 96, 126
Salinas Grandes 400
salinas *véase* salares
salinos, lagos *véase* salados, lagos
Salto Ángel *90–91*, 91
salvaje, vida
    bosques africanos *200–201*, 200
    bosques americanos 66, *66*, 70, *70*,
      71, *118*, 125, 127
    bosques asiáticos *202, 203*, 257,
      257, *258, 259*
    desiertos africanos *209, 211, 212,
      213*
    desiertos americanos *77*, 125
    desiertos asiáticos 262, *262, 264*,
      265, *266*
    desiertos australianos *295*, 298,
      298, 299, *299*
    hábitats fluviales 116, *156, 194,
      195, 282*
    herbazales africanos 204, *204*,
      206, *206*
    herbazales americanos 73, *123*,
      123
    herbazales asiáticos 260, *260–261*
    humedales *60, 61*, 154, 158, 241
    regiones glaciales 46, *46, 147*, 148,
      148, 234
    regiones montañosas *54, 92, 183*,
      222, 224
    regiones polares *39*, 304, *308*
    tundra 72, *72*, 261, *261*
    véase también aves; marina, vida;
      peces
Sambhar, lago salado de 378
San Andrés, falla de 23, *23*, 30
San Lorenzo, río 51
Santa María, río 59
Santa María, volcán 88
Santiago, cráter 89
Santiaguito, complejo volcánico 88
Santo Tomé y Príncipe 350

Santorini 348
Saturnia, termas de 347, *347*
Scafell Pike (Inglaterra) 153
scala dei Turchi 388, *388*
secas, tormentas 330, *330, 331*
    véase también eléctricas, tormentas
Sechura, desierto de 399
secuoya 68, 391
Secuoyas, Parque Nacional de las
    68
sedimentarias, rocas 10, 14
    estratos 14, 56, *57, 228*
seiches 155
seifs (o dunas longitudinales) 265
Selenga, río *239*
Seljalands, cascada (Seljalandsfoss)
    369
Selva Bávara 172–173
Selva de Bohemia 173
Selva Negra 393
selvas *véase* pluvisilvas
Semeru, monte 230, *230*
Sena 371
Seneca, lago 363
Senegal 192
Seongsan Ilchulbong 353
sequías *véase* precipitaciones
seracs 233, *233, 235*
Serbia
    Danubio 156–157, 161, 173
Serengueti 206–207
Severn 370
Seychelles 314–315
shamal (viento del desierto) 262–263
Shark, bahía 288–289
shilin 246, *246*
Shiprock 34
Shiraho, arrecife de 251
Shire, río 193
Siachen, glaciar de 360–361,
    360–361
Siberia *véase* Rusia
siberiana, plataforma 218
siberiana, tundra 261
Sichuan, cuenca de 257
Sierra Madre 37, 81
    bosques de pino-encino de la 391
Sierra Negra, volcán *321*
Sierra Nevada (EE UU) 342
Sierra Nevada (España) 347
Sigiriya 353, *353*
Simien, montañas 204, *204–205*
Simpson, desierto de 295, 296–297
Siria
    desierto 403
Skóga, cascada (Skógafoss) 369, *369*
Skye, isla de *134*
sloughs 60, *60*
Smólikas, monte 348, *348*
Socotra 388, *388–389*

Sogn, fiordo de 162
Solfatara 348
Somalia
    selva costera oriental africana 395
sombra pluviométrica 93
Somma, monte 145
Son Doong, cueva 244–245
Sonda, islas menores de la (o Nusa Tenggara) 253
Sonora, desierto de 76
Soufrière, La 89
Spotted Lake 362
Sri Lanka 353, 353, 396
Sri Lanka, bosque húmedo de 396
St. Elias, montañas 42, 47
Stanley, monte 187
Stara Baška 171
Stirling Falls (Milford Sound) 291
Strokkur, géiser 135
Sudáfrica
    bahía de Jeffrey 389
    cañón del río Blyde 180, 376, 376
    Coffee Bay 388
    cuevas de Cango 376–377
    desierto del Kalahari 197, 211
    desierto del Namib 176–177, 212–213
    Drakensberg 180, 189, 376
    Karoo 211
    montaña de la Mesa 188
    punta del Cabo 389
    región florística del Cabo 205, 389
sudamericana, placa 95
Sudán
    costa del mar Rojo 198–199
    desierto del Sáhara 181, 208–209, 211, 349, 401
    Nilo 106, 190–191, 196
    sabana 204
Sudán del Sur
    Nilo 106, 190–191, 196
    Parque Nacional Boma 204
sudanesa, sabana 204
Suiza
    Alpes 136, 138–139, 359, 372
    glaciar Aletsch 138, 150–151
    glaciar del Ródano 359
    Jura 346
    lago Constanza 373, 373
    lago Lemán 155, 359
    Rin 346, 370–371, 371
    río Ródano 372
sumideros 29, 246, 248, 249, 251
    Agujero del Dragón 251
    Cenote Azul 114–115, 384
    Lighthouse, arrecife 384, 385
    Xiaozhai Tiankeng 381
    véase también dolinas

Sunburst, pico 24–25
Sundarbans 240–241
supercelulares, tormentas (tormentas eléctricas) 330, 330–331, 331
supercontinentes 12
Superior, lago 51, 51
supervolcanes 32–33
Surinam 391
    pluvisilva amazónica 82–83, 106, 120–121, 190
Surtsey 345, 345
Suwannee, río 59
Svalbard, archipiélago (Noruega) 148, 359

T

Taal, volcán 356, 356
Tabernas, desierto de 400–401
taiga 255
    siberiana 254–255, 261
    véase también boreal, bosque
Taiheiyo, bosque montano de 256
Tailandia
    arrecifes del mar de Andamán 253
    costa de Krabi 252–253
    Mekong 243
Tajo 373
Taklamakán, desierto de 264–265
Talampaya, Parque Nacional 400
Tambora 356
Támesis 370
Tana, lago 191
Tanami, desierto de 295
Tanganika, lago 186
Tanggula, montañas 242
Tanzania
    casquete glaciar del Kilimanjaro 360
    Gran Valle del Rift 13, 184–185, 186–187, 193, 196
    lago Malaui 193
    lago Natrón 340–341, 375, 375
    lago Victoria 196
    Nilo 106, 190–191, 196
    río Congo 106, 192, 200
    sabana arbolada de miombo central y oriental 398
    selva costera oriental africana 395
    Serengueti 206–207
tapones volcánicos 34, 353
Tarim, cuenca del 264
Tarn, garganta del 135
tarns (lagos glaciares) 153
Tasman, glaciar 280–281
Tatio, géiseres de El 97

Taupo, lago 276
Tavurvur, monte 272
Tayikistán
    cordillera del Karakórum 225, 234
    glaciar Fedchenko 232
tectónica de placas 12–13, 134, 223
    falla de San Andrés 23, 23, 30
    fallas de cabalgamiento 24, 94, 95
    formación de cadenas de islas volcánicas 318–319
    formación de cadenas montañosas 94, 94–95
    fractura continental 12, 186–187, 322, 346
    placa africana 133, 183, 186, 199
    placa de Nazca 86–87, 94, 320
    placa euroasiática 133, 218, 273
    placa norteamericana 22, 30, 33, 229
    placa pacífica 20, 22, 270, 324, 324
Teide, pico del 349
Tekapo, lago 279
Telescope Peak 75
témpanos de hielo 161, 237, 306
Tenerife
    acantilados de Los Gigantes 198
    pico del Teide 349
Tengger, complejo volcánico del macizo del 230
Teno, macizo de 198
tepuis 91
Terai-Duar, sabanas del 260–261
terrazas véase manantiales
terrazas marinas 63
terremotos 10, 30, 92
Teton, cordillera 25
Thar, desierto del 265
Tian Shan, montañas 224
Tianzi, montes 214–215, 354–355, 355
Tíbet, meseta del 216, 219, 222, 242, 355
tiempo meteorológico 11
    auroras 338–339
    ciclones 328–329, 330
    tormentas de arena y de polvo 264, 326–327, 334–335
    tormentas de hielo 336–337
    tormentas eléctricas 73, 93, 330–331
    tormentas secas 330, 330, 331
    tornados 73, 330, 330, 332–333
Tierra
    convección del manto 10, 10
    corteza 10, 10, 12
    estructura 10–11, 10
    manto 10, 10
    orígenes 14–15

Tierra (Cont.)
    penachos del manto 33, 186, 187, 319
    vida 16–17
    véase también tectónica de placas
Tierra del Fuego 116, 117
Tierras Altas de Arabia 352
Tierras Altas de Escocia 132, 132, 134
tifones 328
Titicaca, lago 105
Toba, lago 356
toba calcárea 362–363, 363
tómbolo 169, 169
Tongariro, parque volcánico de 275, 276
Tongass, bosque nacional 391, 391
Torcido, bosque 393, 393
tormentas
    de arena 264, 326–327, 334–335
    de hielo 336–337
    de polvo 326–327, 334–335
    eléctricas 73, 93, 330–331
    secas 330, 330, 331
    supercelulares 330, 330–331, 331
Tornado Alley 332
tornados 73, 330, 330, 332–333
Torre del Diablo 35
Torre sin Nombre 225
Torres del Paine 99
Torres del Trango 225, 225
trampas siberianas 352
Transantárticas, montañas 304, 307
travertino 220, 221
Tres Gargantas, presa de las 242
Tres Hermanas, cataratas las 367
tributarios 108
trombas marinas 333
Trópicos húmedos de Queensland 292
tsunamis 155
Tubqal, monte 182–183
Tularosa, cuenca de 81
tundra
    antártica 309
    norteamericana 72
    península de Kola 175
    siberiana 261
Túnez
    bosque perennifolio mediterráneo 394–395
    cordillera del Atlas 178, 181, 182–183
    desierto del Sáhara 181, 208–209, 211, 349, 401
turba véase turbera
turbera 59, 158, 174, 174
Turkmenistán 264, 403

Turquía
aguas termales de Pamukkale
220–221
Capadocia 348–349, *348–349*
mar Negro 375
montes Zagros 220

U

Ucrania
Danubio 156–157, 161, 173
estepa póntica (euroasiática) 175,
260
hayedos primarios de los Cárpatos
394
mar Negro 375
Optimisticheskaya 375
Uganda
lago Victoria 196
Nilo 106, 190–191, 196
Uluru (o Ayers Rock) 296–297
Unzen, monte 354
Urales 130, 144–145, *218*
Urique, cañón (barrancas del Cobre)
37
Uyuni, salar de 96, 126
Uzbekistán
desierto de Kizil Kum 403
mar de Aral 377, 403

V

Valaam, islas (lago Ladoga) 160
Valdái, meseta de 161
Valdiviana, selva 119
Valle de la Luna (o Ischigualasto) 127
Vatnajökull 146–147, 369
vegetación
bosques africanos 200, *200–201*,
202, *202–203*
bosques asiáticos 255, 256, 257,
257, 258, *259*
bosques de América del Norte 67,
67, 70
bosques de Australia y Nueva
Zelanda 292, *292–293*, 293
bosques europeos 173, 174
desiertos africanos 211, *211*
desiertos asiáticos 264, *264–265*
desiertos australianos 296, *297*,
298, 299
desiertos de América del Norte
74, *74–75*, 76, *81*
entornos glaciales *41*
hábitats fluviales *156–157*, 190

vegetación (*Cont.*)
herbazales *122–123*, 123, 207
humedales 60, 112, *158–159*
plantas acuáticas 105, 112, *160*
regiones de tundra 175, *175*, *309*,
309
regiones montañosas *188*, 189,
189, 205, *205*, 229
regiones pantanosas 59, *59*, 241
véase también árboles
Velo de la Novia, cascada del
(Niágara) 52
Venezuela
Andes 92–93, 94–95, 105, 125
Llanos 104
macizo de Las Guayanas 90–91, 366
Orinoco 366
pluvisilva amazónica 82–83, 106,
120–121, 190
Vercors, cuevas del 372, *372*
Verdon, gargantas del 155
Vesubio 145
Victoria, cataratas 194–195
Victoria, lago 186, 191, 196
viento del desierto 209, *262–263*, 263
vientos alisios 119
Vietnam
Agujero del Dragón 251
bahía de Ha Long 250–251
cueva Son Doong 244–245
Mekong 243
Vitus, lago *40*, 41
volcanes
América Central y del Sur 344,
344–345
América del Norte 342–344, *343*
archipiélago de Hawái 13, 13,
316–317, 318–319
Asia 354–357, 355, 356
cadena de los Puys 135, 346, *346*
cadenas de islas volcánicas 312,
313, 315, 318–319
complejo volcánico del macizo del
Tengger *230*
compuestos 89
cordillera de las Cascadas 27
de lodo 352
depresión de Afar 183, 184
Estrómboli *144*
Europa 348–349, *348–349*
extinguidos 92, 95, 134, 135
Gran Valle del Rift 184
Grímsvötn 345
islas Galápagos 320–321
Kliuchevskói 229
La Soufrière 89
Masaya 89
monte Erebus 304–305
monte Etna *140–141*
monte Fuji 229

volcanes (*Cont.*)
monte Pinatubo *231*
parque volcánico de Tongariro
275, 276
pico Cão Grande 350
pico del Teide 349
pico Kapsiki 350
Pitón de la Fournaise 351
Popocatépetl 37
Ruapehu 358, *358*
Santa María 88
Shiprock 34
supervolcanes 32–33
Surtsey 345, *345*
Torre del Diablo 35
Vatnajökull 146–147, 369
Vesubio 145
Waimangu 358
véase también volcánica, actividad
volcánica, actividad 10, 13
América Central y del Sur 88, *88*,
89, 344–345, *344*
América del Norte 37, 316, 342,
343, *343*, 344
Asia 229, 230, 231
coladas piroclásticas 89, *89*, 231, 344
domos de lava 88, 89, 89
erupciones 29, 142, *143*
Europa 140, 144, 145, 345
fallas tectónicas 186, *186*, 187
índice de explosividad volcánica
(IEV) 32
lagos 356, 385
lagos de lava 89, *89*, 305, *305*
lava almohadillada *312*
lava en estratovolcanes 142,
142–143
nubes de ceniza *141*, *143*, 345
surtidores/fuentes de lava 140,
140, 152, *229*
tubos de lava *140*
volcanes submarinos *324*
véase también volcanes
Volga 161
Vulcano 348

W

Wadi Rum *véase* Luna, valle de la
Waimangu 358
Waipoua, bosque de 293
Waitomo, cuevas de 283
Waituna, albufera de 383
Warrumbungle, cadena 274, *274*
Wastwater, lago 153
Wave Rock *véase* Hyden Rock
Whitehaven, playa 390, *390*

Whitney, monte 342
Windermere 152, 153
Windsor, cuevas de 366
Wizard Island (lago del Cráter) 28
Wrangell-St. Elias, Parque Nacional
44

X

Xiaozhai Tiankeng 381
Xishuangbanna, selva de 397

Y

Yacoraite, Formación 98
Yaeyama, islas 389
Yangtsé 190, 242
véase también Alto Yangtsé,
bosques del
Yellowstone, Parque Nacional *18–19*,
25, 30–31, 32–33
Yemen
costa del mar Rojo 198–199
desierto de Arabia 262–263
Socotra 388, *388–389*
Tierras Altas de Arabia 352
Yibuti
depresión de Afar 183, 184
York, península del cabo 294
Yosemite, Parque Nacional 26, *26*
Yukón 48–49
Yukón, llanos del (Yukon Flats) 48
Yulong, glaciar 232
yungas andinos 119

Z

Zagros, montes 220
Zambeze, río 195, 376
Zambia
cataratas Victoria 194–195
río Congo 106, 192, 200
sabana arbolada de miombo
central y oriental 398
Zambeze 195, 376
Zanskar, río *240*
Zelandia 273, 275
Zhangye Danxia 228
Zimbabue
cataratas Victoria 194–195
Gran Dique 351
Zambeze 195, 376

AGRADECIMIENTOS

Dorling Kindersley desea agradecer a las siguientes personas su colaboración en este libro: profesor Simon Lamb, Dr. Tony Waltham y Tim Harris por la comprobación de datos; Katie John por la revisión de estilo; Rob Houston por su ayuda en la edición; Gregory McCarthy, Duncan Turner y Adam Spratley por su asistencia en el diseño; Steve Crozier por el retoque en Photoshop, y Simon Mumford por el trabajo cartográfico y las recomendaciones.

DK India agradece a Aisvarya Misra y Nisha Shaw su asistencia en la edición; Himshikha, Konica Juneja, Avinash Kumar y Anjali Sachar su asistencia en el diseño, y Deepak Negi su asistencia en la búsqueda de imágenes.

Los datos de los mapas geológicos en las introducciones a los continentes están tomados del «Generalized geological map of the world», del Geological Survey of Canada, e incluyen información autorizada por la Open Government Licence de Canadá.

Los datos y las imágenes del material gráfico se han tomado de los siguientes recursos: **pp. 28-29, lago del Cráter** USGS/USDA: NAIP Digital Ortho Photo Image y USGS NED; **pp. 32-33, Yellowstone** Landsat 8 y USGS SRTM; **pp.44-45, Kennicott** datos de Sentinel del programa Copérnico modificados (2016) y USGS NED; **pp. 94-95, los Andes** Landsat 8 y USGS SRTM; **pp. 108-109, cuenca del Amazonas** Blue Marble/NASA Earth Observatory y ETOPO1–NOAA; **pp. 186-87, the Great Rift Valley** Landsat 8 y USGS SRTM; **pp. 226–27, monte Everest** imagen de Jesse Allen y Robert Simmon del NASA Earth Observatory, usando datos del EO-1 ALI del NASA EO-1 Team, almacenada en el USGS Earth Explorer y ASTER GDEM (producto de la NASA y METI); **pp. 238–239 lago Baikal** Landsat 8 and USGS SRTM; **pp. 286-287, Gran Barrera de Coral** Landsat 8 y Deepreef Explorer, R. J. Beaman, 2010, Project 3DGBR: a high-resolution depth model for the Great Barrier Reef and Coral Sea. Marine and Tropical Sciences Research Facility (MTSRF) Project 2.5i.1a Final Report, MTSRF (Cairns, Australia), p. 13 y Apéndice 1; **pp. 306-307, manto de hielo Antártico** British Antarctic Survey BedMap2 (www.bas.ac.uk/project/bedmap-2/); **pp. 312–313, dorsal del Atlántico central** Blue Marble/NASA's Earth Observatory and ETOPO1– NOAA; **pp. 318-319, archipiélago de Hawái** Landsat 8 y Hawaii Mapping Research Group/School of Ocean and Earth Science and Technology - Main Hawaiian Islands Multibeam Bathymetry and Backscatter Synthesis: University of Hawai'i (Manoa); **pp. 324–325, fosa de las Marianas** Landsat 8 y Bathymetric Digital Elevation Model of the Mariana Trench - NOAA: National Geophysical Data Center (NGDC).

El editor agradece a las siguientes personas e instituciones su generosidad al conceder permiso para reproducir sus fotografías:

(Clave: a-arriba; b-abajo; c-centro; e-extremo; i-izquierda; d-derecha; s-superior)

Guardas: AirPano Images **1 Getty Images:** DigitalGlobe. **2-3** Peter Franc. **4 Alamy Stock Photo:** National Geographic Creative (ecia). **Getty Images:** Mike Lanzetta (ca); G & M Therin-Weise (ecda). **Imagelibrary India Pvt Ltd:** Jinhu Wang (cia). **Philip Klinger (philip-klinger.photography):** (cda). **5 Getty Images:** Sue Flood / Oxford Scientific (ca); Buena Vista Images / DigitalVision (ecia); Wil Meinderts / Buiten-beeld / Minden Pictures (cda); James D. Morgan (ecda). **Matt Hutton:** (cia). **6-7 Alamy Stock Photo:** Steven Sandner. **8-9 Getty Images:** Yann Arthus-Bertrand. **11 Getty Images:** Danita Delimont (s); NOAA (b). **12 naturepl.com:** Alex Mustard (bd). **13 Getty Images:** Education Images (bc); Mark Hannaford (bi); Douglas Peebles (bd). **14 NASA:** JPL–Caltech (ci). **J. W. Valley, University of Wisconsin-Madison:** (sd). **14-15 Getty Images:** John Lund / Tom Penpark. **15 NASA:** (cd). **16 Alamy Stock Photo:** Science History Images (cda). **Allen Nutman, University of Wollongong:** (ci). **Science Photo Library:** (ca). **17 Alamy Stock Photo:** Life On White. **18-19 Getty Images:** Peter Adams. **22 Getty Images:** Ron Garnett (sc); Mike Grandmaison (si). **22-23 Zack Frank:** (s). **23 Alamy Stock Photo:** Kip Evans (ca). **Science Photo Library:** W.K. Fletcher (ca). **24-25 Imagelibrary India Pvt Ltd:** Victor Aerden (s). **24 Carl Battreall / photographalaska.com:** (bi). **25 Copyright Tom Lussier Photography 2017:** (bd). **26 Dorling Kindersley:** National Birds of Prey Centre (Gloucestershire) (bc). **Imagelibrary India Pvt Ltd:** Mike Wilson (s). **27 Alamy Stock Photo:** Image Source (cib). **Science Photo Library:** USDA / Science Source (cd). **28 Dreamstime.com:** Maria Luisa Lopez Estivill (si). **Getty Images:** Thomas Winz / Lonely Planet Images (bi). **29 123RF.com:** William Perry (si). **Alamy Stock Photo:** Gerhard Zwerger-Schoner / Imagebroker (bi). **30 Getty Images:** Kevin Schafer (cib). **30-31 Alamy Stock Photo:** Christian Handl / Imagebroker (s). **National Geographic Creative:** Michael Nichols (b). **31 Brett Lange:** (bc). **32 Alamy Stock Photo:** robertharding (cda). **Getty Images:** Babak Tafreshi / National Geographic (cia, bc). **33 Alamy Stock Photo:** Gaertner (cb). **34 Alamy Stock Photo:** Brad Mitchell (sd). **Getty Images:** Wild Horizon / Contributor (b). **35 Getty Images:** DenisTangneyJr (bd). **Imagelibrary India Pvt Ltd:** Josh Baker (sc). **36 Getty Images:** Carsten Peter / Speleoresearch & Films / National Geographic (bi). **37 Alamy Stock Photo:** Leonardo Díaz Romero / age fotostock

(bd). **Getty Images:** Manfred Gottschalk (ci). **38-39 Steve Morgan:** (s). **38 Getty Images:** Jason Edwards / National Geographic (bd); Patrick Robert / Corbis Premium Historical (cib). **39 Dorling Kindersley:** Jerry Young (cb). **40-41 Alamy Stock Photo:** NASA / Dembinsky Photo Associates (s). **40 Alamy Stock Photo:** Frans Lanting Studio (bd). **Getty Images:** DEA / M. Santini / De Agostini (bi). **National Geographic Creative:** Design Pics Inc (cib). **41 Jason Hollinger:** (cb). **42 Alamy Stock Photo:** Marion Bull (cdb). **David P. Reilander:** (cd). **43 Carl Battreall / photographalaska.com:** (c). **Imagelibrary India Pvt Ltd:** Lee Petersen (cia). **44 Getty Images:** Daniel A. Leifheit (sd). **45 123RF.com:** Galyna Andrushko (bd). **Alamy Stock Photo:** John Schwieder (sd); Zoonar GmbH (cdb). **46-47 Getty Images:** John Hyde. **46 Getty Images:** Sergey Gorshkov / Minden Pictures (cib). **47 Larry McCloskey:** (cb). **48-49 Getty Images:** Kevin Smith / Design Pics. **48 Alamy Stock Photo:** Fred Lord (cib). **49 Ardea:** Steffen & Alexandra Sailer (sc). **Getty Images:** Emmanuel Coupe / Photographer's Choice (bd). **50 Imagelibrary India Pvt Ltd:** Jeff Moreau (bd). **50-51 Dave Sandford:** (s). **51 Getty Images:** David Doubilet / National Geographic (cdb); Rolf Hicker / All Canada Photos (bi). **52 Dorling Kindersley:** Neil Fletcher (bd). **Imagelibrary India Pvt Ltd:** Jin Kim (s). **53 Alamy Stock Photo:** NASA / Landsat / Phil Degginger (si). **Getty Images:** Cameron Davidson / Photographer's Choice (sd); Joel Sartore / National Geographic (cdb). **54-55 Getty Images:** Paul Rojas / Moment Select. **54 123RF.com:** Tom Tietz (c). **56 Alamy Stock Photo:** Inge Johnsson (cb). **57 Alamy Stock Photo:** B.A.E. Inc. (bc); John Barger (sd). **Getty Images:** Pete Mcbride / National Geographic (ca). **58 Getty Images:** Joel Sartore / National Geographic (cia). **Imagelibrary India Pvt Ltd:** Cynthia Spence (sd). **SuperStock:** Keith Kapple (bd). **59 Getty Images:** David Sieren / Visuals Unlimited (bc). **Diane Kirkland / dianekirklandphoto.com:** (s). **60 Getty Images:** Jupiterimages / Photolibrary (c). **iStockphoto.com:** Donyanedomam (cib). **Robert Harding Picture Library:** David Fleetham / Okapia (cda). **61 Courtesy of National Park Service, Lewis and Clark National Historic Trail:** G. Gardner. **62 Getty Images:** Nick Boren Photography / Moment (sd). **SeaPics.com:** Phillip Colla (bc). **63 Getty Images:** James P. Blair / Contributor / National Geographic (cb). **Imagelibrary India Pvt Ltd:** Clemens Ruehl (s). **64-65 Khanh Ngo, landscape photographer in Atlantic, Canada:** (b). **65 Getty Images:** Dale Wilson / Photographer's Choice (cia). **Imagelibrary India Pvt Ltd:** Arun Sundar (bd). **66 Getty Images:** Thomas Kitchin & Victoria Hurst (cd). **Imagelibrary India Pvt Ltd:** 500px / Jakub Sisak (bi). **67 Alamy Stock Photo:** All Canada Photos (bc); Spring Images (bi). **Getty Images:** Konrad Wothe (s). **68 Alamy Stock Photo:** age fotostock (bc); Tierfotoagentur (c). **68-69 National Geographic Creative:** Micheal Nichols.

70 Dreamstime.com: Betty4240 (bc). **Getty Images:** Danita Delimont (si). **Stacey Putman Photography:** (bd). **71 iStockphoto.com:** Gary R. Benson (s). **William Neill Photography:** (cb). **72 Alamy Stock Photo:** FLPA (bd). **Getty Images:** Steven Kazlowski / Science Faction (s). **73 Alamy Stock Photo:** Tom Bean (bd). **Getty Images:** Antonyspencer / E+ (cd). **74 Getty Images:** Witold Skrypczak / Lonely Planet Images (cb). **iStockphoto.com:** Avatar Knowmad (bi). **74-75 iStockphoto.com:** Gary Kavanagh (s). **75 FLPA:** Mark Newman (bc). **Getty Images:** Andrew Kennelly / Moment Open (cdb). **76 Getty Images:** Danita Delimont / Gallo Images (bi). **Imagelibrary India Pvt Ltd:** Jinhu Wang (sd). **76-77 Alamy Stock Photo:** Phil Degginger (b). **78 Getty Images:** Jeremy Duguid Photography / Moment (bc). **Katharina Winklbauer / www.winka-photography.de:** (s). **79 Getty Images:** Chris Saulit / Moment (cda). **Kris Walkowski / kriswalkowski.com:** (cib). **80 Imagelibrary India Pvt Ltd:** Michael T. Lim (d). **Alex E. Proimos:** (bc). **81 Dreamstime.com:** Eutoch (b). **FLPA:** Yva Momatiuk &, John Eastcott / Minden Pictures (cda). **82-83 Getty Images:** Mint Images - Frans Lanting. **86 Getty Images:** Apomares (si). **86-87 Alamy Stock Photo:** Pulsar Images (s). **87 Getty Images:** EyeEm / André Reis (sc); Mint Images / Frans Lanting (cb). **iStockphoto.com:** Pxhidalgo (cia). **88 Getty Images:** traumlichtfabrik / Moment (c). **Rex Shutterstock:** WestEnd61 / REX (s). **89 Getty Images:** Andoni Canela / age fotostock (bd). **Martin Rietze:** (sd). **90-91 AirPano images. 91 Ardea:** Adrian Warren (cib). **naturepl.com:** Luiz Claudio Marigo (c). **92 123RF.com:** Eric Isselee (bd). **92-93 Ricardo La Pietra. 93 Alamy Stock Photo:** Francisco Negroni / Biosphoto (bi). **94 Alamy Stock Photo:** Kseniya Ragozina (sd). **95 Alamy Stock Photo:** Hemis (cda). **Getty Images:** Mint Images / Art Wolfe (bd/flamenco volando). **iStockphoto.com:** DC_Colombia (bd); Elisalocci (si). **96-97 Getty Images:** Hans Neleman / Stone. **96 123RF.com:** Jarous (cib). **97 Getty Images:** Richard I'Anson / Lonely Planet Images (bd). **Science Photo Library:** Bernhard Edmaier (bi). **98 Thanat Charoenpol:** (ca). **Getty Images:** Marisa López Estivill / Moment Open (bi). **99 Getty Images:** Gina Pricope / Moment (c). **Imagelibrary India Pvt Ltd:** Craig Holden (b). **100 Alamy Stock Photo:** Minden Pictures (bd). **Getty Images:** Bobby Haas / National Geographic (cda). **100-101 ESA:** KARI (s). **101 Alamy Stock Photo:** Tino Soriano / National Geographic Creative (bc). **Lucas Cometto / www.lucascometto.com:** (cda). **102-103 Imagelibrary India Pvt Ltd:** Alejandro Ferrand. **103 Getty Images:** Walter Diaz / Stringer / Afp (bd); Travel Images / UIG (bc). **104 Thomas Marent:** (s). **105 Getty Images:** Veronique Durruty (cb). **Claudio Sieber:** (si). **106-107 Getty Images:** Mint Images / Frans Lanting. **106 Alamy Stock Photo:** Photiconix (cdb). **108 James Contos:** (sd). **FLPA:** Kevin Schafer / Minden Pictures (cdb). **109 Alamy Stock Photo:** blickwinkel (cda); Jacques Jangoux (bc). **NASA:** GSFC / JPL, MISR Team (cdb).

110 Alamy Stock Photo: Junior Braz (cda); Chris Howarth / Argentina (ci); Michele Burgess (cib). **111 Getty Images:** Norberto Duarte / AFP (cb); Javier Larrea (cia). **112 123RF.com:** Ana Vasileva / ABV (bd). **112-113 Getty Images:** Minden Pictures / Luciano Candisani (s). **113 Alamy Stock Photo:** imagebroker (cd). **Getty Images:** Barcroft Media / Linde Waidehofer (bd). **114 Getty Images:** Tim Rock / Lonely Planet (sc). **Ramon F. Llaneza:** (cb, crb). **115 Getty Images:** David Doubilet (bd); Brian J. Skerry (sd). **116-117 Alamy Stock Photo:** Giovanni Monterzino (s). **116 Getty Images:** Holger Leue / Lonely Planet Images (bd). **Johnny Jensen:** (c). **117 Alamy Stock Photo:** Stichelbaut Benoit / Hemis (bc). **Dorling Kindersley:** Blackpool Zoo (Lancashire, RU) (cdb). **118-119 Getty Images:** Mike Lanzetta (s). **118 Getty Images:** Javier Fernández Sánchez (bd); Panoramic Images (bc). **119 Alamy Stock Photo:** Ian Watt (bd). **naturepl.com:** Luiz Claudio Marigo (cda). **120 Alamy Stock Photo:** Nature Picture Library (sd). **FLPA:** Minden Pictures / Chris van Rijswijk (sc). **121 Ardea:** Nick Gordon (bd). **Getty Images:** Hemis.fr / Aurélien Brusini (sd). **naturepl.com:** Luiz Claudio Marigo (cia). **122-123 iStockphoto.com:** NormaZaro (s). **122 Ardea:** Yves Bilat (bd). **123 Alamy Stock Photo:** Robert Eastman (cd). **iStockphoto.com:** Stephen Meese (bc). **124-125 Imagelibrary India Pvt Ltd:** Goetze. **124 Laurent Abad:** (bd). **ESO:** (cib). **126 Dreamstime.com:** Jorg Hackemann (cda). **Imagelibrary India Pvt Ltd:** Thomas Heinze (b). **127 Alamy Stock Photo:** Kevin Schafer (cdb). **Imagelibrary India Pvt Ltd:** Martin Marilungo (sd). **Javier Etcheverry Photography:** (bd). **128-129 Getty Images:** Werner Van Steen. **132 Alamy Stock Photo:** David Gowans (cia); Chris Warham (sd). **133 Alamy Stock Photo:** Hemis (si); Worldspec / NASA (ca); Stefano Politi Markovina (sd). **134 Alamy Stock Photo:** Art Directors & TRIP (bc). **Getty Images:** Frank Krahmer / Corbis Documentary (cdb). **Imagelibrary India Pvt Ltd:** George Turner (s). **135 Getty Images:** Picavet / Photodisc (bc). **Imagelibrary India Pvt Ltd:** Marc Brulard (sd); Hans-Peter Deutsch (sc). **136 Getty Images:** Mariusz Kluzniak / Moment (i). **137 Imagelibrary India Pvt Ltd:** Denis Roschlau (s). **138-139 Getty Images:** Katarina Stefanovic / Moment Open. **138 Alamy Stock Photo:** Ashley Cooper pics (bc). **Dreamstime.com:** Isselee (c). **140-141 Imagelibrary India Pvt Ltd:** Fernando Famiani. **140 National Geographic Creative:** Robbie Shone (cdb). **142 Alamy Stock Photo:** Richard Roscoe / Stocktrek Images, Inc. (bc); Tromp Willem van Urk (cda). **143 Alamy Stock Photo:** Wead (cd). **Getty Images:** Vittoriano Rastelli / Corbis Documentary (sc). **144-145 Sergei Proshchenko / https://500px.com/sergurai:** (b). **144 Dorling Kindersley:** Natural History Museum (Londres) (cb). **Dreamstime.com:** Bierchen (cda). **145 Alamy Stock Photo:** Andrey Vishin (cdb). **Getty Images:** Alberto Incrocci / The Image Bank (cda). **146 Getty Images:** Danita Delimont (bc). **146-147 Imagelibrary India Pvt Ltd:** Frank Kaiser (b). **iStockphoto.com:** golfer2015 (s). **148 Getty Images:** Olaf Kruger (cib); Kevin Schafer / Photolibrary (d). **149 Getty Images:** Kim Walker / robertharding (ca). **iStockphoto.com:** konstantin32 (b). **150 Getty Images:** Hagenmuller Jean-Francois / Hemis.fr (b). **150-151 Getty Images:** Achim Thomae / Moment Open. **151 Tobias Hunziker:** (b). **152-153 Jason Chambers Photography:** (s). **152 Alamy Stock Photo:** Danita Delimont (bi); Prisma de Dukas Presseagentur GmbH (ca). **154 Marc Lelievre / Paysages Corse Provence:** (b). **155 Getty Images:** Samuel Gachet (cdb). **iStockphoto.com:** Marcobarone (ca). **156-157 Mark D. Babbidge:** (s). **156 123RF.com:** Rudmer Zwerver (cb). **157 Alamy Stock Photo:** Stelian Porojnicu (bi). **Science Photo Library:** Planet Observer (bc). **158 Alamy Stock Photo:** Nature Picture Library (bd). **Getty Images:** Minden Pictures / NiS / Grzegorz Lesniewski (c). **158-159 © Manfred Bächler / Naturelodge.info:** (s). **159 Imagelibrary India Pvt Ltd:** Dmytro Gilitukha (bd). **160-161 Fedor Lashkov:** (s). **161 Dorling Kindersley:** Robert Royse (ca). **Imagelibrary India Pvt Ltd:** Lilinum (cda). **Fedor Lashkov:** (bi). **NASA:** NASA image courtesy Jeff Schmaltz, MODIS Land Rapid Response Team at NASA GSFC (cdb). **162-163 Imagelibrary India Pvt Ltd:** Adnan Bubalo. **162 Getty Images:** Copyright Morten Falch Sortland / Moment (cdb). **Imagelibrary India Pvt Ltd:** Johannes Hulsch (cb). **164-165 Getty Images:** Mammuth / E+. **165 Alamy Stock Photo:** Siim Sepp (c). **Getty Images:** Chris Hill / National Geographic (bd); Peter Langer / Perspectives (cib). **166 Alamy Stock Photo:** Chris Gomersall (cdb). **Getty Images:** Jim Richardson / National Geographic (cda); Peter Unger / Lonely Planet Images (bc). **167 Alamy Stock Photo:** John Miller / The National Trust Photolibrary (cda). **iStockphoto.com:** Ian_Redding (ca). **Jean-Baptiste Meunier:** (bi). **169 Alamy Stock Photo:** Skyscan Photolibrary (cdb). **Geoff Griffiths:** (bc). **170 Dorling Kindersley:** Ruth Jenkinson / Holts Gems (bc). **Imagelibrary India Pvt Ltd:** Radius Images (bd). **Juan Pablo de Miguel:** (s). **171 123RF.com:** Andrei Pop (bd). **Getty Images:** Romulic-Stojcic (cib). **172-173 Philip Klinger (philip-klinger. photography)**. **172 Alamy Stock Photo:** Blickwinkel (sd). **Kilian Schönberger:** (bi). **173 123RF.com:** Eric Isselee (cda). **174 123RF.com:** Aleksander Bołbot (b). **Alamy Stock Photo:** imagebroker (cia). **175 123RF. com:** Maxim Tatarinov (ci). **Alamy Stock Photo:** Iryna Rasko (bc). **Getty Images:** Yevgen Timashov (ca). **176-177 NASA:** USGS EROS Data Center Satellite Systems Branch. **180 Hougaard Malan:** (s). **181 123RF.com:** Vladislav Gajic (sd). **Alamy Stock Photo:** Prisma de Dukas Presseagentur GmbH (ca). **Getty Images:** Radius Images (ci); Visions of Our Land / The Image Bank (si). **182-183 David Kiff**. **182 U.S. Geological Survey:** (bc). **183 Imagelibrary India Pvt Ltd:** Michael Wilhelmi (bi). **National Geographic Creative:** Carsten Peter (bd). **184-185 Getty Images:** Nigel Pavitt / AWL Images. **184 Alamy Stock Photo:** John Downer / Bluegreen Pictures (cdb). **Getty Images:** Tom Brakefield / Corbis Documentary (c). **186 Getty Images:** Werner Van Steen (sd). **187 Getty Images:** Christopher Kidd (si); Westend61 (cda); Pete Turner (bd). **188 Alamy Stock Photo:** AfriPics.com (bc). **Getty Images:** Stocktrek Images (cda); 4FR / Vetta (cdb). **189 AirPano images:** (s). **Alamy Stock Photo:** FLPA (bi); Ilko SouthAfrica (cdb). **190 123RF.com:** Oleg Znamenskiy (bd). **190-191 Johann Stritzinger, Wels, Austria:** (s). **191 Alamy Stock Photo:** Aleksandra Kossowska (bi). **Getty Images:** Morgan Trimble (cd). **192-193 Elena Kis:** (s). **192 Getty Images:** Yann Arthus-Bertrand (bc). **Science Photo Library:** Massimo Brega, The Lighthouse (c). **193 Alamy Stock Photo:** Graham Prentice (bc). **Imagelibrary India Pvt Ltd:** David Hobcote (cdb). **194-195 Marsel van Oosten**. **196 Alamy Stock Photo:** Universal Images Group North America LLC (bi). **SuperStock:** Roger de la Harpe (sd). **196-197 SuperStock:** age fotostock / Roger de la Harpe (b). **197 Dorling Kindersley:** Peter Janzen (cda). **198 Getty Images:** Zu Sanchez Photography / Moment Open (bi). **198-199 Getty Images:** Georgette Douwma / Stockbyte. **199 Alamy Stock Photo:** Jeff Rotman (bd). **200 Alamy Stock Photo:** Ivan Kuzmin (bc). **Dreamstime. com:** Ricardo De Paula Ferreira (cib). **200-201 FLPA:** Imagebroker / Robert Haasmann (s). **Dr Michele Menegon:** (b). **201 Getty Images:** Keren Su (bd). **202-203 Getty Images:** G & M Therin-Weise. **203 naturepl.com:** Bernard Castelein (sc); Peter Oxford (sd). **204-205 Getty Images:** BremecR / E+ (s). **204 Alamy Stock Photo:** FLPA (ca). **National Geographic Creative:** George Steinmetz (bi). **205 Alamy Stock Photo:** AfriPics.com (bd); GFC Collection (bc). **206-207 Getty Images:** Russell Burden / Photodisc. **206 123RF.com:** StarJumper (c). **Getty Images:** James Hager / robertharding (bi); Ariadne Van Zandbergen / Lonely Planet Images (bc). **208 Getty Images:** Yann Arthus-Bertrand. **209 Getty Images:** George Steinmetz (bc). **NASA:** JPL / NIMA (cib). **210 123RF.com:** Michael Lane (cd). **Getty Images:** Eric Teissedre (sd). **Michal Huniewicz / m1key. me:** (b). **211 Alamy Stock Photo:** AfriPics. com (bd); Friedrichsmeier (ci). **212-213 Getty Images:** Mariusz Kluzniak (s). **Katja Schilling:** (b). **213 Alamy Stock Photo:** Martin Harvey (cb). **214-215 AirPano images**. **218 123RF.com:** Anton Starikov (ca). **Alamy Stock Photo:** Dinodia Photos (sd). **Imagelibrary India Pvt Ltd:** 500px / Vadim Balakin (si). **219 123RF.com:** Raimond Klavinsh (cd). **Science Photo Library:** NASA (s). **220-221 Getty Images:** Mauro Cociglio (Turín, Italia) / Moment Open (s). **220 Dreamstime.com:** Isselee (bd). **Marek Zgorzelski, Poland:** (bi). **221 Dorling Kindersley:** Colin Keates / Natural History Museum (Londres) (bc). **iStockphoto.com:** Andrew_Mayovskyy (bd). **222 Dorling Kindersley:** Wildlife Heritage Foundation (Kent, RU) (bd). **222-223 Imagelibrary India Pvt Ltd:** Bibi Bielekova. **223 Alamy Stock Photo:** Daniel J. Rao (cb). **224 123RF.com:** Dmytro Pylypenko (cda). **Getty Images:** Feng Wei Photography / Moment Open (bd). **Imagelibrary India Pvt Ltd:** George Balyasov (c). **225 Syed Sadaqat Ali:** (i). **Getty Images:** Colin Monteath / Hedgehog House / Minden Pictures (bc). **226 Alamy Stock Photo:** Vick Fisher (sd); National Geographic Creative (bd). **227 Robert Downie:** (sd). **Getty Images:** Barry C. Bishop / Contributor / National Geographic (cdb). **228 Getty Images:** MelindaChan / Moment (s); Hou / Moment (cdb). **229 AirPano images:** (bd). **Dreamstime.com:** Suriyaphoto (cia). **Imagelibrary India Pvt Ltd:** Hidetoshi Kikuchi (sd). **230 Imagelibrary India Pvt Ltd:** EC_Tong (cda); Puripat Lertpunyaroj (b). **231 Alamy Stock Photo:** Josef Beck / Imagebroker (s). **Getty Images:** InterNetwork Media / Photodisc (cdb). **232-233 Getty Images:** Colin Monteath / Hedgehog House / Minden Pictures. **232 Ranjit Doroszkiewicz:** (bc). **NASA:** JSC Gateway to Astronaut Photography of Earth (cda). **233 Oleg Bartunov / Sternberg Astronomical Institte, Moscow, Russia:** (cb). **234-235 Getty Images:** Bardon, Andrew / National Geographic. **234 Getty Images:** Feng Wei Photography / Moment (bi). **235 Alamy Stock Photo:** Iuliia Kryzhevska (cda). **Getty Images:** Lowe, Max / National Geographic (cdb). **236 Alamy Stock Photo:** Albatross / Duby Tal (s). **Dreamstime.com:** Vvoevale (bd). **237 123RF.com:** Victoria Ivanova (b); Vladimir Melnikov (cda). **238 AirPano images:** (cda). **Alamy Stock Photo:** Remo Savisaar (cb). **239 AirPano images:** (cb). **U.S. Geological Survey:** National Center for Earth Resources Observation and Science (EROS) y la National Aeronautics and Space Administration (NASA) (bi). **240 Imagelibrary India Pvt Ltd:** Issy3 (cdb); Ajeet Maurya (cda). **240-241 Alamy Stock Photo:** B.A.E. Inc. (s). **241 123RF.com:** Thawat Tanhai (bd). **Getty Images:** Md. Akhlas Uddin (cib). **242 Alamy Stock Photo:** Chris Mattison (c). **Getty Images:** Chen Hanquan (cda); Suttipong Sutiratanachai (bd). **242-243 Dreamstime. com:** Qin0377 (s). **243 Getty Images:** Istvan Kadar Photography (cdb). **Cortesía de Zeb Hogan:** (bd). **244-245 Samuel Lainez**. **245 Alamy Stock Photo:** Aurora Photos (bc). **Getty Images:** Carsten Peter (cdb). **246 Getty Images:** John Roberts (bd). **246-247 Karl Willson:** (s). **247 Getty Images:** National Geographic / Carsten Peter (bi). **248 naturepl.com:** Dong Lei (sd). **249 123RF.com:** millions27 (si). **Alamy Stock Photo:** Geir Olaf Gjerden (bc). **Imagelibrary India Pvt Ltd:** Yulong (cda). **250-251 Getty Images:** SimonDannhauer / iStock / Getty Images Plus (b). **250 Getty Images:** Ly Hoang Long Photography / Moment Open (sd); Jed Weingarten / National Geographic My Shot (ca). **251 Getty Images:** The Asahi Shimbun Premium / Contributor (ca); VCG / Contributor (bd). **252 Getty Images:** Pete Atkinson / Photographer's Choice (bi). **252-253 Imagelibrary India Pvt Ltd:** Alex Saluk. **253 Alamy Stock Photo:** Jose B. Ruiz / Nature Picture Library (bd); WaterFrame (cda). **254-255 naturepl.com:** Bryan and Cherry Alexander. **255 FLPA:** (cda). **Getty Images:** Elena Liseykina (cb). **256 123RF.com:** Yokokenchan (bc). **Alamy Stock Photo:** Ger Bosma (c). **Getty Images:** Feng Wei (cd). **257 123RF.com:** Okjyt (ca). **FLPA:** Minden Pictures / Mitsuaki Iwago (b). **258-259 Imagelibrary India Pvt Ltd:** Kim Briers (s). **259 Getty Images:** Peter Langer / Design Pics (bi). **naturepl.com:** Tim Laman (bc). **260-261 Getty Images:** Jacek Kadaj / Moment Open (s). **260 Getty Images:** Tuul and Bruno Morandi / The Image Bank (bc). **iStockphoto.com:** Roongzaa (ca). **261 123RF.com:** Iakov Filimonov (bc). **Imagelibrary India Pvt Ltd:** Robertharding (bd). **262-263 Getty Images:** Buena Vista Images / DigitalVision (s). **262 123RF.com:** Robhillphoto (bd). **263 Getty Images:** George Steinmetz / Corbis Documentary (bd); Peter Unger / Lonely Planet Images (cib). **264 Rex Shutterstock:** Amos Chapple / REX (cda). **264-265 Alamy Stock Photo:** Liu Kuanxin / TAO Images Limited. **265 Dreamstime.com:** Joan Egert (sd). **Priyankar K. Datta / www.priyankarkdatta.space:** (cda). **266-267 Getty Images:** Timothy Allen / Photonica World. **266 Dreamstime.com:** Aleksandr Frolov (cdb); Matthijs Kuijpers (c). **268-269 Peter Elfes Photography. 272 Alamy Stock Photo:** Redbrickstock.com (ca). **Getty Images:** Australian Scenics (si); Ted Mead (sd). **273 Alamy Stock Photo:** Ingo Oeland (cia). **Serge Horta:** (sd). **274-275 Gary P Hayes Photography. 274 Alamy Stock Photo:** Christian Kapteyn (cib). **275 Getty Images:** DEA / C. Dani I. Jeske / Contributor / De Agostini (bd). **276 Alamy Stock Photo:** Zoonar GmbH (cb). **Getty Images:** Frank Krahmer (ca). **277 Imagelibrary India Pvt Ltd:** Jeremy Larrumbe (sc). **iStockphoto.com:** rusm (cb). **278-279 Adrian Liedtke / www.facebook.com/Captured.AdrianLiedtke. 278 Dreamstime.com:** Joanne Harris (cib). **Getty Images:** Artie Photography (Artie Ng) / Moment (bi). **National Geographic Creative:** Ned Norton / Hedgehog House / Mind (cdb). **279 123RF.com:** Eric Isselee (bd). **280 Getty Images:** Laurenepbath / Room (bd). **Tim Hayes / www.thetravelyear.com:** (bi). **280-281 Getty Images:** Colin Monteath / Hedgehog House / Minden Pictures. **281 Getty Images:** Southern Lightscapes-Australia / Moment (bi). **282-283 Grant Schwartzkopff:** (s). **282 Alamy Stock Photo:** Juniors Bildarchiv / F259 (bd). **283 Discover Waitomo:** (bd). **Getty Images:** Auscape (bi); EyeEm / Amrish Aroonda Manikoth (cda). **284-285 Jennifer Watson www.500px.com/jensphotos1:** (s). **284 AirPano images:** (bd). **NASA:** (bc). **285 Alamy Stock Photo:** Reinhard Dirscherl (c). **286 Alamy Stock Photo:** Global Warming Images (bc). **Getty Images:** Oliver Lucanus / NiS / Minden Pictures (cda). **287 Getty Images:** Auscape / UIG (cda); Len Zell / Lonely Planet Images (cdb). **288-289 Matt Hutton. 288 Getty Images:** Hiroya Minakuchi / Minden Pictures (c). **iStockphoto.com:** Totajla (cib). **290 AirPano images:** (cda). **Pascal Kross:**

(cdb). **291 Imagelibrary India Pvt Ltd:** Alok Gohil (b). **292-293 Marc Schmittbuhl www.marcsphoto.com:** (s). **292 Alamy Stock Photo:** imagebroker (ca); Stephanie Jackson (bd). **Fotolia:** Eric Isselée (bc). **293 Alamy Stock Photo:** National Geographic Creative (sd). **Ardea:** Pat Morris (bd). **Robert Menard:** (bi). **294 Getty Images:** Auscape (sd); Minden Pictures / Ingo Arndt (b). **295 Alamy Stock Photo:** Auscape International Pty Ltd (s). **Getty Images:** Robert McRobbie (bi); Ted Mead (bd). **296 Getty Images:** Minden Pictures / BIA / Simon Bennett (cda). **296-297 Getty Images:** Ignacio Palacios (s). **297 Alamy Stock Photo:** Ingo Oeland (cia). **Getty Images:** UIG / MyLoupe (ca). **298 Getty Images:** Artie Photography (Artie Ng) (bd). **Steve Strike:** (ca). **299 Ardea:** Auscape (c). **Peter MacDonald / www.thesentimentalbloke.com:** (b). **300-301 NASA:** imagen del NASA Earth Observatory creada por Jesse Allen y Robert Simmon, usando datos del EO-1 ALI cortesía del NASA EO-1 Team. **304-305 Getty Images:** George Steinmetz / Corbis Documentary. **304 Alamy Stock Photo:** Minden Pictures (bd). **NASA:** Michael Studinger (bi). **305 National Geographic Creative:** Carsten Peter (bi). **306 Alamy Stock Photo:** LWM / NASA / LANDSAT (cib). **Science Photo Library:** Maria-Jose Vinas, NASA (bc). **307 Alamy Stock Photo:** Danita Delimont (cd); Kim Westerskov (cia); Tui De Roy / Minden Pictures (cdb). **308-309 Getty Images:** Sue Flood / Oxford Scientific. **308 Getty Images:** Frank Krahmer / Photographer's Choice RF (bi). **309 Alamy Stock Photo:** Colin Harris / Era-Images (bc). **Dr Roger S. Key:** (cda). **Getty Images:** NASA - digital version copyright Science Faction (bi). **Cortesía de la National Science Foundation:** Elizabeth Mockbee (cdb). **310-311 NASA:** Norman Kuring, NASA's Ocean Color Web. **312 NOAA:** IFE, URI-IAO, UW, Lost City Science Party; NOAA / OAR / OER; The Lost City 2005 Expedition (cda). **Science Photo Library:** B. Murton / Southampton Oceanography Centre (cb). **313 Getty Images:** Alex Mustard / Nature Picture Library (cda); Planet Observer (cd). **314-315 Getty Images:** Rene van Bakel / Contributor / ASAblanca (b); Wil Meinderts / Buiten-beeld / Minden Pictures (s). **314 123RF.com:** Thomas Lenne (bc). **315 Alamy Stock Photo:** Doug Perrine / Nature Picture Library (bd). **Alasdair Harris:** (c). **316-317 naturepl.com:** Doug Perrine. **316 Alamy Stock Photo:** Tami Kauakea Winston / Photo Resource Hawaii (cb). **318 Getty Images:** jimkruger (cb). **319 123RF.com:** Nikki Gensert (sc). **Alamy Stock Photo:** RGB Ventures / SuperStock (cda). **NOAA:** OAR / National Undersea Research Program (NURP); University of Hawaii (Manoa) (cdb). **320 FLPA:** David Hosking (cda). **320-321 Valeria Jaramillo Ramón / 500px.com/valeriajaramillo. 321 Alamy Stock Photo:** Michael Nolan / robertharding (ca). **Getty Images:** Mint Images - Frans Lanting (cia). **322 NOAA:** Okeanos Explorer Program, Galapagos Rift Expedition 2011 (cda). **323 Ocean**

Networks Canada: (ti, td). **Science Photo Library:** Dr Ken Macdonald (cdb). **324 Alamy Stock Photo:** Science History Images (sd). **325 123RF.com:** Jonghyun Kim (c). **NOAA:** NOAA Office of Ocean Exploration and Research, 2016 Deepwater Exploration of the Marianas. (bc). **326-327 NASA:** Earth Science and Remote Sensing Unit, NASA JSC. **328 Alamy Stock Photo:** World History Archive (cd). **Getty Images:** Mike Theiss (bc). **329 Getty Images:** AFP / Stringer (cdb). **NASA:** ESA / Terry Virts (ca). **330 ESA:** NASA (cda). **331 Alamy Stock Photo:** Cultura Creative (RF) (cd). **Getty Images:** Scott J McPartland - Footage (cda). **332-333 Brittany Dawson:** (s). **333 Alamy Stock Photo:** Luca Pescucci (bc). **Getty Images:** Jim Reed (bi). **334-335 Matthew McIver Photo & Design:** (s). **334 Getty Images:** James D. Morgan (bd). **335 Alamy Stock Photo:** CPRESS Photo Limited (bi). **336-337 Imagelibrary India Pvt Ltd:** Michael Lanzetta (s). **336 NASA:** Jeff Schmaltz, LANCE / EOSDIS MODIS Rapid Response Team (bd). **337 Imagelibrary India Pvt Ltd:** Elena Elisseeva (cdb). **338-339 Getty Images:** Sascha Kilmer / Moment (s). **338 NASA:** ESA (bd). **339 Getty Images:** Babak Tafreshi / National Geographic (bi). **340-341 Alamy Stock Photo:** National Geographic Creative. **342-343 Imagelibrary India Pvt Ltd:** Stuart Gordon. **343 Getty Images:** Hector Guerrero / Stringer / AFP (d). **344-345 Getty Images:** Kevin Schafer / Corbis Documentary. **345 Science Photo Library:** Omikron (sd). **346 Pierre Tichadou. 347 Alamy Stock Photo:** Agenzia Sintesi. **348-349 Imagelibrary India Pvt Ltd:** Miguel Angel Martín Campos. **348 Getty Images:** Alexandros Maragos / Moment Open (bi). **350-351 Kjeld Friis. 352 Getty Images:** AFP / Stringer. **353 Getty Images:** Tuul and Bruno Morandi / The Image Bank. **354-355 Getty Images:** Feng Wei Photography / Moment. **355 Getty Images:** Moodboard / Cultura (sd). **356 Getty Images:** Ted Spiegel / Contributor / National Geographic. **357 Francesco Riccardo Iacomino. 358 Getty Images:** Piskunov / Vetta. **359 Robert Haasmann / www.roberthaasmann.com. 360-361 Alamy Stock Photo:** Maxim Toporskiy. **361 Bernard Spragg:** (bd). **362 Alamy Stock Photo:** Darrel Giesbrecht / All Canada Photos (ca). **362-363 Joao Eduardo Figueiredo. 364 Mike Payne:** (b). **365 Getty Images:** Danita Delimont. **366 Alamy Stock Photo:** Tom Till. **367 Getty Images:** Westend61. **368-369 National Geographic Creative:** Dordo Brnobic / National Geographic My Shot. **369 Imagelibrary India Pvt Ltd:** Dirk Vonten (bd). **370 Dreamstime.com:** Gemini808. **370-371 age-m-fotoart / Martin Herrsche. 372 Imagelibrary India Pvt Ltd:** Jean-Michel Deborde. **373 Alamy Stock Photo:** Stefan Arendt / Imagebroker. **374-375 Imagelibrary India Pvt Ltd:** Paniti Márta. **375 Getty Images:** George Steinmetz / Corbis Documentary (sd). **376 iStockphoto.com:** Freder. **377 Getty Images:** Planet Observer / Universal Images Group. **378 Getty Images:** Tim

Gerard Barker / Lonely Planet Images. **379 Xsalto. 380 Alamy Stock Photo:** Roop Dey (si). **380-381 iStockphoto.com:** Sahachat. **382 Getty Images:** Alan Cressler / Moment. **383 Getty Images:** Ignacio Palacios / Lonely Planet Images. **384 Alamy Stock Photo:** Zoonar GmbH. **385 NASA:** Jesse Allen, usando datos del EO-1 ALI por cortesía del NASA EO-1 Team. **386-387 Imagelibrary India Pvt Ltd:** Nick Fox. **387 Gerry van Roosmalen / www.OneEyeArt.nl:** (bd). **388 iStockphoto.com:** AlbertoLoyo (si). **388-389 iStockphoto.com:** javarman3. **390 Dreamstime.com:** Tanya Puntti. **391 Getty Images:** Carlos Rojas. **392 Renato Duarte da Cunha. 393 Radek Dranikowski. 394-395 Alamy Stock Photo:** Yuriy Brykaylo. **395 Getty Images:** jcarillet (bd). **396-397 anilsphotography. 397 iStockphoto.com:** AlxeyPnferov (sd). **398 Getty Images:** Mark Jones Roving Tortoise Photos / Oxford Scientific. **399 Imagelibrary India Pvt Ltd:** Gleb Tarro. **400 Alejandro Ferrand:** (bi). **400-401 Getty Images:** Cosmo Condina. **402 Alamy Stock Photo:** Athol Pictures. **403 Alamy Stock Photo:** Planet Observer / Universal Images Group North America LLC

Las demás imágenes © Dorling Kindersley Para más información, consulte: www.dkimages.com

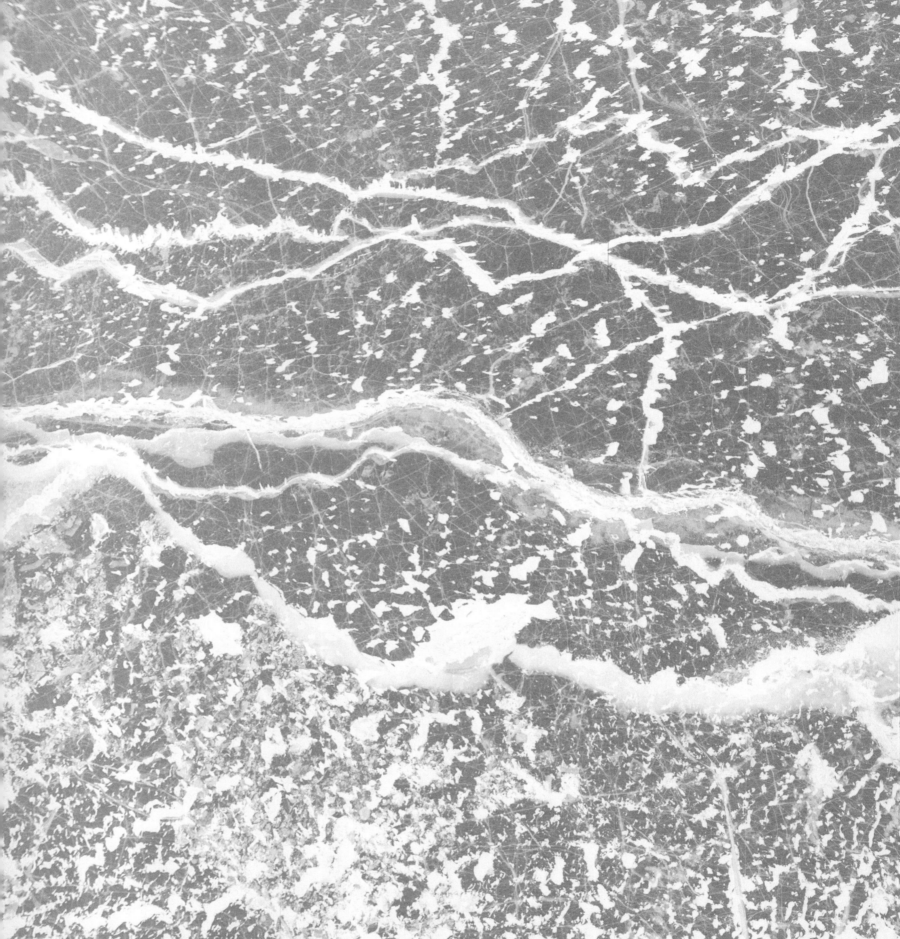